高等学校电子信息类规划教材

电磁场与电磁波理论基础

（第二版）

孙国安　编著

东南大学出版社
·南京·

内容提要

本书介绍电磁场与电磁波的基本理论、基本概念和基本方法。主要内容包括:电磁场基本定律,静电场和恒流电场,恒流磁场,静态电磁场的解法,时变电磁场,均匀媒质中平面电磁波的传播,导行电磁波,电磁波的辐射。

全书以麦克斯韦电磁场方程组为线索,系统性强,物理概念清晰,公式推导详细。书中选配了不少例题和习题,并附有习题答案,适合于读者自学。

本书可用作电子工程、信息工程、电磁场与微波技术等专业大学本科教材,也可供其他电类专业学生、教师及工程技术人员参考。

图书在版编目(CIP)数据

电磁场与电磁波理论基础 / 孙国安编著 ·—2 版 · 南京:东南大学出版社,2003.7(2025.1重印)

高等学校电子信息类规划教材

ISBN 978-7-81050-532-1

Ⅰ. 电… Ⅱ. 孙… Ⅲ. ①电磁场—高等学校—教材②电磁波—高等学校—教材 Ⅳ. 0441.4

中国版本图书馆 CIP 数据核字(2003)第054915号

东南大学出版社出版发行

(南京四版楼2号 邮编210096)

出版人:江建中

江苏省新华书店经销 大丰市科星印刷有限责任会司印刷

开本:787mm×1092mm 1/16 印张:23 字数:568 千字

2003年7月第2版 2025年1月第14次印刷

ISBN 978-7-81050-532-1

印数:20 701～21 700 定价:32.00元

再版前言

本教材系按信息产业部(原电子工业部)《1996—2000年全国电子信息类专业教材编审出版规划》,由全国高校电磁场与微波技术专业教学指导委员会编审、推荐出版。

本教材参考学时数为60～70学时。全书共八章。以麦克斯韦电磁场方程组为贯穿全教材的主线索,讨论各种电磁场的基本概念、基本理论和基本分析方法,以形成关于电磁场和电磁波的整体观念,有益于在一般规律指导下分析讨论具体的电磁场问题能力的培养,并避免了与《普通物理》电磁学重复之嫌。教材内容具体安排为:第一章"电磁场的基本定律"。简要回顾《普通物理》电磁学的基本实验定律,以起承上启下作用。对实验定律推广与概括,由此总结出麦克斯韦电磁场方程组,并进一步得出其微分形式,以此作为讨论各种电磁场的基本出发点。如此既避免了与《普通物理》的过多重复,又达到知识平稳过渡提高的目的。第二、第三章分别讨论静电场、恒流电场、恒流磁场等静态电磁场的基本概念和性质。第四章"静态电磁场的解法"。总结了静态电磁场的基本方程与边界条件。介绍静态电磁场的分析计算方法,包括镜像法、边值问题的解析解法(以分离变量法为代表)及数值解法(以有限差分法为代表)。静态电磁场作为一般电磁场的特殊情况,其基本特性和计算方法本身是十分重要和有用的,另一方面也为学习和讨论更为复杂的时变电磁场奠定必要的基础。第五章"时变电磁场"。讨论时变电场与磁场的紧密关系。由麦克斯韦电磁场方程组导出时变电磁场在传播过程中满足的波动方程。第六章"平面波的传播,反射和折射"。分析讨论了无限大均匀媒质中平面电磁波的传播特性及电磁波在媒质分界面的反射、折射规律。第七章"导行电磁波"。介绍了几种典型的导行系统及导行电磁波的分析方法和传播特性。第八章"电磁波的辐射",介绍了电磁波辐射的基本原理和分析方法。每章均附有适当数量的习题。

本教材适用于电子信息工程、通信工程、电子科学与技术、生物医学工程专业,也可应用于电类其他专业。教材中带有*号的内容,可根据不同专业和学时要求取舍使用。

本教材由东南大学孙国安编写,上海大学徐得名教授主审(徐得名教授并兼任责任编委),上海大学钮茂德副教授亦对本教材提出了许多宝贵意见,东南大学杨铨让教授在工作中给予鼓励和支持,电磁场与微波技术学科张明博士及其他同志亦予以许多帮助,东南大学出版社为本教材的出版付出了辛勤的劳动,在此一并表示诚挚的感谢。

本教材自出版后,受到广大读者,尤其是高校有关专业师生的欢迎,但同时在教学实践中也发现了一些缺点和不足。本书再版中,编者吸收了同行和热心读者的意见,进行了一些必要修改。如在第一章中增加了"电荷分布图",改绘了"电容充放电图";对第二章恒定电流电场进行了部分改写;在第七章中"常用的波导"类型由7种增加至9种;对各章中的习题进行了适当的增删；同时对原书部分公式的错误进行修正。由于编者水平有限，书中不妥和错误之处在所难免，殷切希望使用本教材的师生和读者批评指正。

编　者

2003 年 6 月于东南大学

出版说明

为做好全国电子信息类专业“九五”教材的规划和出版工作，根据国家教委《关于“九五”期间普通高等教育教材建设与改革的意见》和《普通高等教育“九五”国家级重点教材立项、管理办法》，我们组织各有关高等学校、中等专业学校、出版社，各专业教学指导委员会，在总结前四轮规划教材编审、出版工作的基础上，根据当代电子信息科学技术的发展和面向21世纪教学内容和课程体系改革的要求，编制了《1996—2000年全国电子信息类专业教材编审出版规划》。

本轮规划教材是由个人申报，经各学校、出版社推荐，由各专业教学指导委员会评选，并由我部教材办商各专指委、出版社后，审核确定的。本轮规划教材的编制，注意了将教学改革力度较大、有创新精神、特色风格的教材和质量较高、教学适用性较好、需要修订的教材以及教学急需，尚无正式教材的选题优先列入规划。在重点规划本科、专科和中专教材的同时，选择了一批对学科发展具有重要意义，反映学科前沿的选修课、研究生课教材列入规划，以适应高层次专门人才培养的需要。

限于我们的水平和经验，这批教材的编审、出版工作还可能存在不少缺点和不足，希望使用教材的学校、教师、同学和广大读者积极提出批评和建议，以不断提高教材的编写、出版质量，共同为电子信息类专业教材建设服务。

电子工业部教材办公室

目　录

第一章　电磁场的基本定律

在电磁学中阐述了电磁现象及其基本规律，本章对这些基本概念和规律总结得出的实验定律进行概括和推广，由此引出麦克斯韦电磁场方程组，导出电磁场的边界条件和电磁场的能量关系，以此作为本教材其后章节的共同基础和同一出发点。以这样一条主线索，讨论电磁场和电磁波在各种具体条件下的基本概念、特点、基本定律和分析方法，有益于形成关于电磁场和电磁波的整体观念。

§1.1　电　　场

一、库仑定律

实验发现电荷之间存在着相互作用力。如果两个带电体的尺寸远比它们之间的距离小得多，则带电体的电荷都可看作为点电荷。1785 年库仑通过实验总结出两个点电荷相互作用力的大小，与它们各自所带电量成正比，而与距离的平方成反比。作用力的方向在两点电荷的连线上，同性电荷相斥，异性电荷相吸。如图 1.1.1 所示。

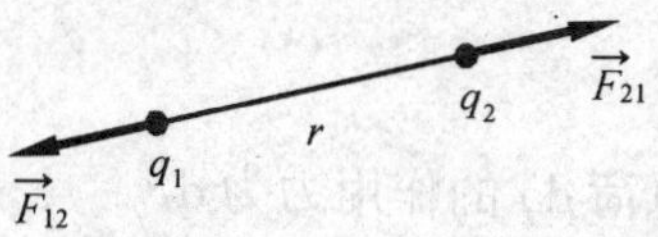

图 1.1.1　两点电荷的作用力

库仑定律的表达式为

$$\vec{F}_{21}=-\vec{F}_{12}=k\frac{q_1q_2}{r^2}\vec{a}_{21} \tag{1.1.1}$$

式中，$\vec{F}_{21}$为点电荷 q_1 对点电荷 q_2 的作用力；

$\vec{F}_{12}$为点电荷 q_2 对点电荷 q_1 的作用力；

q_1、q_2 为点电荷 1、2 所带电量（代数量）；

r 为两点电荷之间的距离；

$\vec{a}_{21}$为沿 r 直线由点电荷 1 指向点电荷 2 的单位矢量；

k 为比例系数，决定于电荷所在空间媒质的特性及式中各物理量所选用的单位。在国际单位制(SI)中，$\vec{F}$ 的单位为牛[顿](N)*，r 的单位为米(m)，q 的单位为库[仑](C)，则 k 为

$$k=\frac{1}{4\pi\varepsilon}$$

* 牛顿为力的单位名称，其中文符号为“牛”，国际符号为 N。

其中 ε 为表示媒质电性质的介电系数，其单位为$\frac{库^2}{牛·米^2}=\frac{库^2}{焦·米}=\frac{法}{米}$(F/m)。真空或空气的介电系数用 ε_0 表示，

$$\varepsilon_0=\frac{1}{36\pi\times10^9}\approx8.854188\times10^{-12}\quad(\mathrm{F/m})$$

二、电场与电场强度

由库仑定律总结出：在空间中有一电荷 q_1，则空间中其他电荷 q_2 将受到电荷 q_1 的作用力。表明电荷 q_1 引入空间后，它改变了空间的性质，在空间中产生了一种特殊物质——电场，其他电荷 q_2 再进入此空间将受到这个电场的作用力，这个力称作电场力。电场力反映了电场的存在与性质，因此通过电场力可以表征电场的特性。

通过试验电荷 Δq 在电场中所受到的作用力 $\Delta\vec{F}$ 来描述电场的特性。所有电荷均能产生电场，为了使被研究的电场尽量少受到试验电荷的影响，试验电荷 Δq 应当为足够微小的点电荷 $\mathrm{d}q$，即几何尺寸与所带电量均很小。用电场强度 $\vec{E}$表征电场特性，此物理量定义为

$$\vec{E}=\lim_{\Delta q\to0}\frac{\Delta\vec{F}}{\Delta q}=\frac{\mathrm{d}\vec{F}}{\mathrm{d}q}\tag{1.1.2}$$

式中，$\mathrm{d}\vec{F}$ 为试验电荷 $\mathrm{d}q$ 在电场中所受到的力，显然电场强度 $\vec{E}$ 仅与试验电荷所在点的电场特性有关，而与试验电荷无关。

电场强度 $\vec{E}$ 的物理意义为：单位正电荷在电场中所受到的力。在国际单位制(SI)中，电场强度的单位为伏[特]/米(V/m)，1(V/m)=1(N/C)。

三、电荷产生的电场

1. 点电荷产生的电场

据库仑定律，点电荷 q 对试验电荷 $\mathrm{d}q$ 的作用力为 $\mathrm{d}\vec{F}$

$$\Delta\vec{F}=\frac{1}{4\pi\varepsilon}\frac{q\Delta q}{r^2}\vec{a}_r,\qquad \mathrm{d}\vec{F}=\frac{1}{4\pi\varepsilon}\frac{q\mathrm{d}q}{r^2}\vec{a}_r$$

式中，$\vec{a}_r$ 为点电荷 q 指向场中试验电荷所在点的矢径方向单位矢量。如取球坐标原点为电荷所在位置，则此 $\vec{a}_r$ 即球坐标系矢径方向单位矢量。

根据电场强度的定义，点电荷 q 产生的电场的电场强度为

$$\vec{E}=\lim_{\Delta q\to0}\frac{\Delta\vec{F}}{\Delta q}=\frac{1}{4\pi\varepsilon}\frac{q}{r^2}\vec{a}_r,\qquad \vec{E}=\frac{\mathrm{d}\vec{F}}{\mathrm{d}q}=\frac{1}{4\pi\varepsilon}\frac{q}{r^2}\vec{a}_r\tag{1.1.3}$$

上式表示对于线性媒质(媒质介电系数 ε 与电场强度无关)电场强度 $\vec{E}$ 与产生电场的源电荷量 q 成正比。

2. 离散电荷系的电场

当产生电场的源电荷有 n 个，并作离散分布时，在线性媒质中，电场强度亦服从叠加原理。即在由若干个点电荷共同产生的电场中，任一点的电场强度，等于每一个点电荷 q_k 单独存在时，在该点所产生的电场强度 $\vec{E}_k$ 的矢量叠加(矢量和)。即

$$\vec{E}=\sum_{k=1}^{n}\vec{E}_k\tag{1.1.4}$$

在讨论场的问题，尤其是有多个场源时，经常遇到两类“点”。一类是表示场源(例如点电

荷)所在的点,称为源点;另一类是需确定场量的点,称为场点。它们的位置符号必须明确区分。由于存在多个源点,因此座标原点不可能如单个源点那样取在源点所在位置。我们用加撇的坐标(例如直角坐标 x',y',z')或球坐标矢径($\vec{r}'$)表示源点位置,而用不加撇的坐标(x,y,z)或($\vec{r}$)表示场点位置。则由源点到场点的矢径为矢量差 $\vec{r}-\vec{r}'$,并用 $\vec{R}$ 表示(如图 1.1.2),即

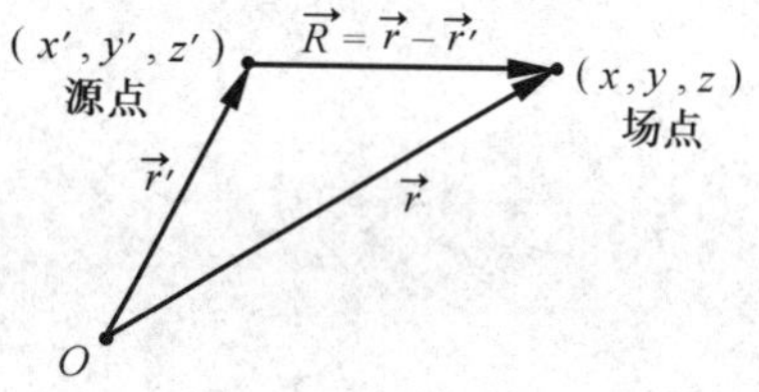

图 1.1.2

$$\vec{R}=\vec{r}-\vec{r}'=R\vec{R}^0$$

式中,R 为 $\vec{R}$ 的大小,即 $R=\sqrt{(x-x')^2+(y-y')^2+(z-z')^2}$;

$\vec{R}^0$ 为 $\vec{R}$ 方向的单位矢量,即 $\vec{R}^0=\dfrac{\vec{R}}{R}=\dfrac{\vec{r}-\vec{r}'}{|\vec{r}-\vec{r}'|}$。

点电荷 q_k 产生的电场强度 $\vec{E}_k$,则可表示为

$$\vec{E}_k=\frac{q_k}{4\pi\varepsilon R_k^2}\vec{R}_k^0 \quad 或 \quad \vec{E}_k=\frac{q_k}{4\pi\varepsilon}\frac{1}{|\vec{r}-\vec{r}_k'|^2}\frac{\vec{r}-\vec{r}_k'}{|\vec{r}-\vec{r}_k'|}$$

n 个点电荷在场点($\vec{r}$)点产生的电场强度为

$$\vec{E}(\vec{r})=\sum_{k=1}^{n}\vec{E}_k=\frac{1}{4\pi\varepsilon}\sum_{k=1}^{n}\frac{q_k}{|\vec{r}-\vec{r}_k'|^2}\frac{\vec{r}-\vec{r}_k'}{|\vec{r}-\vec{r}_k'|}=\frac{1}{4\pi\varepsilon}\sum_{k=1}^{n}\frac{q_k}{R_k^2}\vec{R}_k^0 \tag{1.1.5}$$

3. 连续分布电荷的电场

对电荷作连续分布所产生的电场仍可以运用叠加原理。将连续分布的电荷进行无限分割,分割后的每一无限小电荷元就可视为点电荷,这样可认为此电场是由无限多个连续分布的点电荷所共同产生,利用场的叠加原理,即可求得场中每点的电场强度。

对于连续分布的电荷,引入电荷密度的概念。例如电荷线状分布的电荷线密度、电荷面状分布的电荷面密度、电荷体状分布的电荷体密度,分别定义为

电荷线密度 $\rho_l=\lim\limits_{\Delta l\to 0}\dfrac{\Delta q}{\Delta l}=\dfrac{dq}{dl}$ (库/米,c/m) (图 1.1.3(a)) (1.1.6a)

电荷面密度 $\rho_s=\lim\limits_{\Delta s\to 0}\dfrac{\Delta q}{\Delta s}=\dfrac{dq}{ds}$ (库/米^2,c/m^2) (图 1.1.3(b)) (1.1.6b)

电荷体密度 $\rho=\lim\limits_{\Delta V\to 0}\dfrac{\Delta q}{\Delta V}=\dfrac{dq}{dV}$ (库/米^3,c/m^3) (图 1.1.3(c)) (1.1.6c)

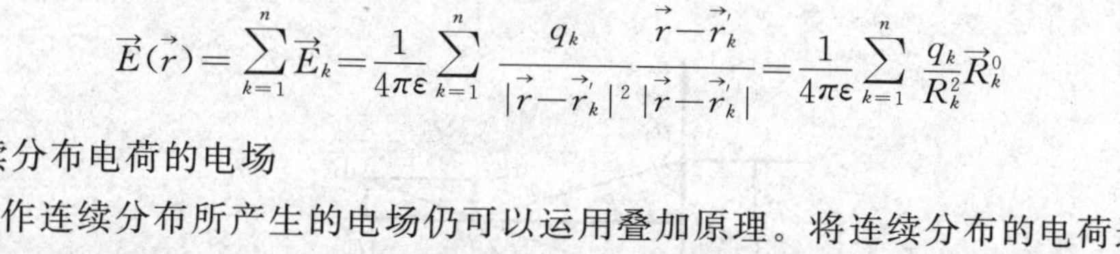

(a)电荷线状分布 (b)电荷面状分布 (c)电荷体状分布

图 1.1.3 电荷分布

连续分布电荷的电荷元 dq 及其产生的电场 $d\vec{E}$则分别为

$$dq=\rho_l\,dl,\qquad d\vec{E}=\frac{\rho_l\,dl}{4\pi\varepsilon R^2}\vec{R}^0$$

$$dq=\rho_s\,ds,\qquad d\vec{E}=\frac{\rho_s\,ds}{4\pi\varepsilon R^2}\vec{R}^0$$

$$dq=\rho\,dV,\qquad d\vec{E}=\frac{\rho\,dV}{4\pi\varepsilon R^2}\vec{R}^0$$

利用叠加原理即可求得连续分布电荷的电场：

$$\vec{E}=\int_l\frac{\rho_l\,dl}{4\pi\varepsilon R^2}\vec{R}^0 \tag{1.1.7a}$$

$$\vec{E}=\int_s\frac{\rho_s\,ds}{4\pi\varepsilon R^2}\vec{R}^0 \tag{1.1.7b}$$

$$\vec{E}=\int_V\frac{\rho\,dV}{4\pi\varepsilon R^2}\vec{R}^0 \tag{1.1.7c}$$

【例 1.1.1】 长度为 $2L$ 的直线上均匀分布有电荷 Q，试求直线外任一点处的电场强度。

解： 建立一圆柱坐标系，令 z 轴通过带电直线，坐标原点位于带电直线的中点，如图 1.1.4 所示。

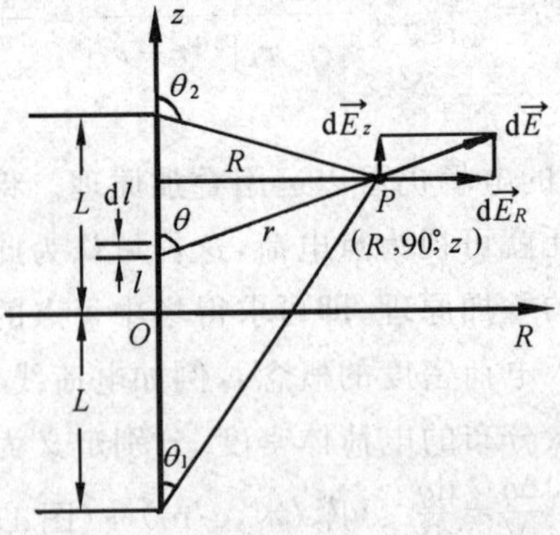

图 1.1.4 例 1.1.1 附图

由于电场对带电直线作轴对称分布，因此研究 α 等于任意常数的坐标平面上的电场分布具有普遍性。现取圆柱坐标系 $\alpha=90°$ 的半平面上任一点 $P(R,90°,z)$ 作为所研究点。

带电直线的电荷量 Q 在长度 $2L$ 上均匀分布，因此直线上的线电荷密度 ρ_l 为

$$\rho_l=\frac{Q}{2L}$$

在带电直线上 l 处线元 dl 所带电量为 $dq=\rho_l\,dl$，线电荷元 dq 在点 P 处的电场强度 $d\vec{E}$ 沿线元 dl 到 P 的矢径 $\vec{r}$ 方向($\vec{a}_r$)。设 z 轴与矢径 $\vec{r}$ 的夹角为 θ，线电荷元 dq 到场点 P 的距离为 r，则电场强度为

$$d\vec{E}=\frac{\rho_l\,dl}{4\pi\varepsilon r^2}\vec{a}_r$$

根据叠加原理，场点 P 处的场强 $\vec{E}=\int_l \mathrm{d}\vec{E}$，即由所有线电荷元 $\mathrm{d}q$ 在 P 点的场强 $\mathrm{d}\vec{E}$ 进行矢量叠加。在坐标系中矢量叠加总是先求出每一矢量 $\mathrm{d}\vec{E}$ 在各坐标轴上的分量，把矢量叠加转化为各坐标分量大小的标量代数和运算。$\mathrm{d}\vec{E}$ 在圆柱坐标系中的各坐标分量为

$$\mathrm{d}E_R=\mathrm{d}E\sin\theta=\frac{\rho_l\,\mathrm{d}l}{4\pi\varepsilon r^2}\sin\theta$$

$$\mathrm{d}E_\alpha=0$$

$$\mathrm{d}E_z=\mathrm{d}E\cos\theta=\frac{\rho_l\,\mathrm{d}l}{4\pi\varepsilon r^2}\cos\theta$$

式中，l、r、θ 对于不同的线电荷元都是变量，但它们是有联系的，可统一用一个变量 θ 来表示，以便于积分：

$$r=\frac{R}{\sin\theta}$$

$$l=z-R\cot\theta$$

$$\mathrm{d}l=\frac{R}{\sin^2\theta}\mathrm{d}\theta$$

因而点 P 处电场强度为

$$\vec{E}=\int_l \mathrm{d}\vec{E}=\vec{a}_R\int_l \mathrm{d}E_R+\vec{a}_\alpha\int_l \mathrm{d}E_\alpha+\vec{a}_z\int_l \mathrm{d}E_z=\vec{a}_R E_R+\vec{a}_\alpha E_\alpha+\vec{a}_z E_z$$

$$E_R=\int_l \mathrm{d}E_R=\int_{\theta_1}^{\theta_2}\frac{\rho_l}{4\pi\varepsilon R}\sin\theta\mathrm{d}\theta=\frac{\rho_l}{4\pi\varepsilon R}(\cos\theta_1-\cos\theta_2)$$

$$E_\alpha=\int_l \mathrm{d}E_\alpha=0$$

$$E_z=\int_l \mathrm{d}E_z=\int_{\theta_1}^{\theta_2}\frac{\rho_l}{4\pi\varepsilon R}\cos\theta\mathrm{d}\theta=\frac{\rho_l}{4\pi\varepsilon R}(\sin\theta_2-\sin\theta_1)$$

式中，θ_1 和 θ_2 分别是带电直线两端点到场点的矢径方向与正 z 轴方向之间的夹角。

当带电直线为无限长时，$\theta_1\rightarrow 0$，$\theta_2\rightarrow\pi$，这时 $E_R=\frac{\rho_l}{2\pi\varepsilon R}$，$E_\alpha=0$，$E_z=0$，即 $\vec{E}=\vec{a}_R\frac{\rho_l}{2\pi\varepsilon R}$，电场只有径向分量。

§1.2 高斯定律

一、电力线

电场强度在空间分布形成矢量场，可用矢量线来形象地表示它在电场中的分布，该矢量线称为电力线。电力线上每一点的切线方向代表该点的电场强度的方向，而电力线的密度与该点电场强度的大小成正比。如图 1.2.1 所示。

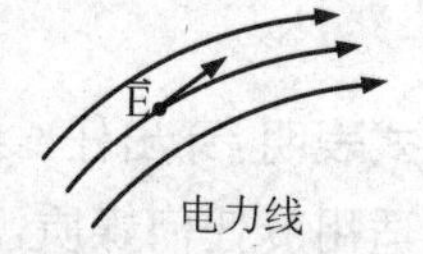

图 1.2.1 电力线

二、电场通量、高斯定律

根据电力线的概念，电力线密度与场中该点的电场强度成正比，

因此电场中电场矢量$\vec{E}$穿过某微小面积$d\vec{s}$的通量$d\Psi_E$与穿过此面积的电力线数成正比。根据矢量场通量的定义，电场的通量为

$$d\Psi_E=\vec{E}\cdot d\vec{s} \tag{1.2.1}$$

点电荷q的电力线穿过$d\vec{s}$的通量为

$$d\Psi_E=\vec{E}\cdot d\vec{s}=\frac{q}{4\pi\varepsilon r^2}\vec{a}_r\cdot d\vec{s}=\frac{q}{4\pi\varepsilon}\frac{ds\cos\theta}{r^2}=\frac{q}{4\pi\varepsilon}d\Omega$$

式中，$d\Omega$为点电荷q所在点O对$d\vec{s}$所张的立体角，如图1.2.2所示，则点电荷的电场对包围它的封闭曲面所产生的电场通量为

$$\Psi_E=\oint_s\vec{E}\cdot d\vec{s}=\oint_s\frac{q}{4\pi\varepsilon}d\Omega=\frac{q}{4\pi\varepsilon}\oint_s d\Omega=\frac{q}{4\pi\varepsilon}4\pi=\frac{q}{\varepsilon} \tag{1.2.2}$$

由上式可见，穿出封闭曲面的电场强度矢量的通量，仅与封闭曲面内的电荷有关，而与电荷在封闭曲面内的位置无关。如果q在包围曲面之外，则$\oint_s d\Omega=0$，因而$\Psi_E=0$。表示在此情况下穿出封闭曲面的通量与穿入封闭曲面的通量相等，而其代数和为零。如果封闭曲面内的电荷不只一个，或电荷是连续分布在这一封闭曲面所包围的体积内，则电场通量为

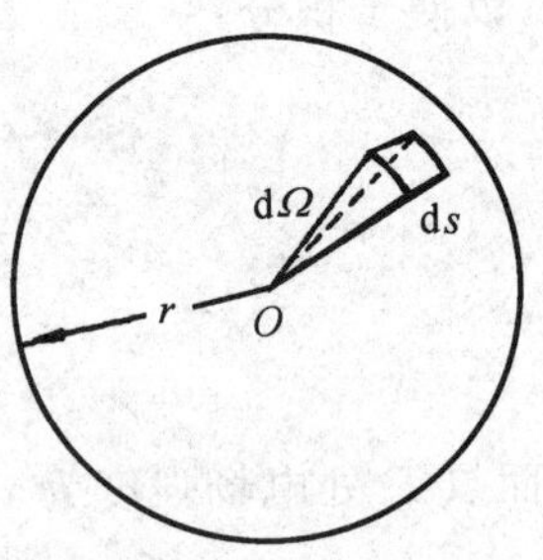

图1.2.2 立体角

$$\Psi_E=\oint_s\vec{E}\cdot d\vec{s}=\frac{1}{\varepsilon}\sum_{k=1}^{n}q_k=\frac{Q}{\varepsilon} \tag{1.2.3a}$$

或

$$\Psi_E=\frac{1}{\varepsilon}\int_V\rho\,dV=\frac{Q}{\varepsilon} \tag{1.2.3b}$$

式中，$Q=\sum_{k=1}^{n}q_k$或$Q=\int_V\rho dV$为封闭曲面s内的电荷总量。上式表明：在各向同性的均匀媒质中，穿出任一封闭曲面的电场强度矢量的通量等于此封闭曲面内的电荷总量Q除以媒质的介电系数ε，而与此曲面的形状、大小及封闭曲面内电荷的分布情况无关。这称为高斯定律。

三、电通密度

引入辅助物理量$\vec{D}$，定义为

$$\vec{D}=\varepsilon\vec{E} \tag{1.2.4}$$

矢量$\vec{D}$的通量$d\Psi_D=\vec{D}\cdot d\vec{s}$称为电通，故$\vec{D}$称为电通密度，单位为库/米^2(C/m^2)。

引入电通及电通密度概念后得

$$\Psi_D=\oint_s\vec{D}\cdot d\vec{s}=\oint_s\varepsilon\vec{E}\cdot d\vec{s}=\int_V\rho\,dV=Q \tag{1.2.5}$$

上式表明：穿出任一封闭曲面的电通等于封闭曲面内的电荷总量，而与媒质无关。因而上式可适用於任何媒质，包括不均匀媒质与各向异性媒质在内。此为推广的高斯定律。必须注意：尽管$\vec{D}$在封闭曲面上的电通与媒质的ε无关，但是$\vec{D}$在空间的分布仍与ε有关的。

根据高斯定律可以推断：电通力线（$\vec{D}$线）由正电荷发出而终止于负电荷，在中间是连续的，既不会分岔，亦不会中断。

高斯定律虽由库仑定律推演而出，但从高斯定律得出的结果与电荷在封闭曲面内的位置及分布无关，因而它不受库仑定律仅适用于点电荷的限制。

四、应用高斯定律求解电场

在场强分布具有充分对称的情况下，应用高斯定律求解电场是非常方便的。但亦只有在已知场分布具有充分对称性的情况下，才显现出它的方便之处。因为如果场强的分布规律（即使为定性的规律）为未知，则尽管应用了高斯定律得到了任一封闭曲面上电通总和，亦难以进一步确定封闭曲面上任一点的电通密度，因而电场强度仍无法求得。

当高斯定律中的封闭曲面 s 可分为几个部分，例如 s 由 s_1 与 s_2 组成（$s=s_1+s_2$），因此 $\oint_s \vec{D}\cdot d\vec{s}=\int_{s_1}\vec{D}\cdot d\vec{s}_1+\int_{s_2}\vec{D}\cdot d\vec{s}_2$。若 s_1 与 s_2 分别具有下列特性：在 s_1 上 $\vec{D}$ 与 $d\vec{s}_1$ 平行，$\vec{D}\cdot d\vec{s}_1=D\,ds_1$，且 D 在 s_1 上均匀分布，则 $\int_{s_1}\vec{D}\cdot d\vec{s}_1=\int_{s_1}D\,ds_1=D\int_{s_1}ds_1=D\,s_1$；而在 s_2 上 $\vec{D}$ 与 $d\vec{s}_2$ 正交，$\vec{D}\cdot d\vec{s}_2=0$，则 $\int_{s_2}\vec{D}\cdot d\vec{s}_2=0$。具有如此特性的封闭曲面 s 称作为高斯面，因此在高斯面上的电通量为

$$\Psi_D=\oint_s \vec{D}\cdot d\vec{s}=\int_{s_1}\vec{D}\cdot d\vec{s}_1+\int_{s_2}\vec{D}\cdot d\vec{s}_2=D\,s_1$$

利用高斯定律

$$\oint_s \vec{D}\cdot d\vec{s}=\int_V \rho\,dV$$

就可很方便地求解电场

$$D=\frac{\int_V \rho\,dV}{s_1}$$

$$\vec{D}=\vec{a}_{n1}\frac{\int_V \rho dV}{s_1}$$

式中，$\vec{a}_{n1}$ 为 s_1 的法线方向单位矢量。

当场可能具有某种对称性，例如面对称、轴对称、和球对称。在这种情况下，场量 $\vec{E}$、$\vec{D}$ 只是某一坐标变量的函数。即在直角坐标系中仅为 x（或 y、z）的函数；在圆柱坐标系中仅为 R 的函数；在球坐标系中仅为 r 的函数。此时高斯面 s 中的 s_1 在直角坐标系中 x 为常数；圆柱坐标系中 R 为常数；球坐标系中 r 为常数的坐标面。而 s_2 为与它们正交的曲面。由此可见，利用高斯定律求解电场问题的关键在于对场的对称性进行分析，确定高斯面。

【例 1.2.1】 一无限大平面上均匀分布有正电荷，其面密度为 ρ_s，求其两侧产生的电场。

解： 由于场源电荷分布及空间媒质分布具有平面对称性，因此空间的电场 $\vec{D}$ 亦具有平面对称性，即带电平面两侧等远的点上电场量 $\vec{D}$ 大小相等，方向处处与平面垂直，且指向两侧，如图 1.2.3 图(a)所示。根据场量 $\vec{D}$ 分布的这个特点，取高斯面如图 1.2.3(b)，它是一柱体表面，其两底面 s_1、s_1' 与带电平面平行，且对带电平面对称，并有 $s_1'=s_1$，其侧面 s_2 与带电平面垂直。在此高斯面上的电通量

$$\Psi_D = \oint_s \vec{D} \cdot d\vec{s} = \int_{s_1} \vec{D} \cdot d\vec{s}_1 + \int_{s_1'} \vec{D} \cdot d\vec{s}_1' + \int_{s_2} \vec{D} \cdot d\vec{s}_2 =$$

$$\int_{s_1} D\, ds_1 + \int_{s_1'} D\, ds_1' = 2\, D s_1$$

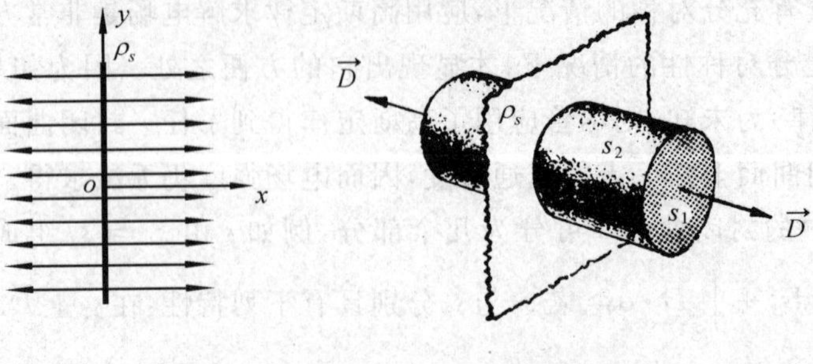

(a)电力线分布　　　　(b)高斯面

图 1.2.3　例 1.2.1 均匀带正电荷的无限大平面的电场

利用高斯定律 $\oint_s \vec{D} \cdot d\vec{s} = \int_{s_1} \rho_s\, ds = \rho_s\, s_1$

因此

$$D = \frac{\rho_s}{2}$$

应同时表出 $\vec{D}$ 的大小与方向，在图 1.2.3(a)的直角坐标系中，带电平面为 $x=0$ 平面，则电通密度：

$$\vec{D} = \begin{cases} \vec{a}_x \dfrac{\rho_s}{2} & (x \geqslant 0) \\ -\vec{a}_x \dfrac{\rho_s}{2} & (x \leqslant 0) \end{cases}$$

电场强度：

$$\vec{E} = \begin{cases} \vec{a}_x \dfrac{\rho_s}{2\varepsilon} & (x \geqslant 0) \\ -\vec{a}_x \dfrac{\rho_s}{2\varepsilon} & (x \leqslant 0) \end{cases}$$

故无限大带电平面产生的电场，电力线为垂直于平面的平行线，其大小与平面的距离无关。

上述表达式对于均匀带负电荷的无限大平面的电场也适用，只是电力线的方向与带正电荷时相反，即从两侧指向平面。

利用以上结果很易证明：带等量异号电荷的一对无限大平行平面之间的电场量为

$$\vec{D} = \vec{a}_n \rho_s, \quad \vec{E} = \vec{a}_n \frac{\rho_s}{\varepsilon}$$

式中，$\vec{a}_n$ 为由正电荷指向负电荷平面的法向单位矢量。在两平行平面以外空间电场量 $\vec{D} = 0$，$\vec{E} = 0$。

【例 1.2.2】 无限长直线上均匀分布有电荷，电荷线密度为 ρ_l，求线外电场分布。

解： 场源电荷均匀分布在直线上，具有轴对称性，因而其电场亦具有此对称性。根据此电场的轴对称性，取高斯面为与线电荷同轴的圆柱体表面，其长度为 l，设其圆柱侧面为 s_1，上下底分别为 s_2，s_2'。取圆柱坐标系如图 1.2.4 所示，以带电直线为其 z 轴，则 s_1 的法向单位矢量 $\vec{a}_{n1}=\vec{a}_R$；s_2，s_2' 的法向单位矢量 $\vec{a}_{n2}=\vec{a}_z$，$\vec{a}_{n_2}'=-\vec{a}_z$。

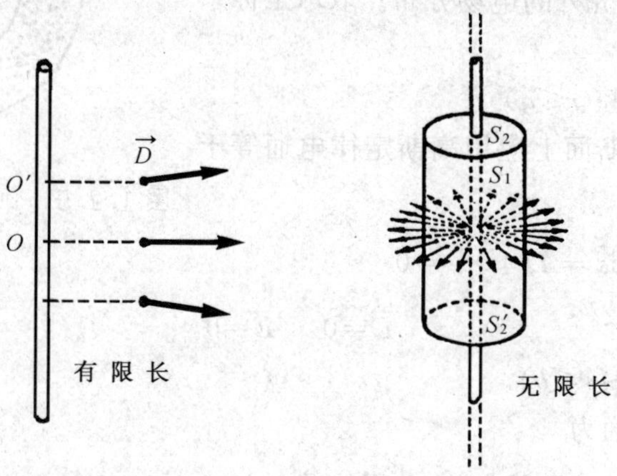

(a) 对称性分析　　(b) 高斯面的取法

图 1.2.4　例 1.2.2 无限长均匀带电线电荷

在所取高斯面上电通则为 s_1、s_2、s_2' 面上电通之和，即

$$\oint_s \vec{D}\cdot d\vec{s}=\int_{s_1}\vec{D}\cdot d\vec{s}_1+\int_{s_2}\vec{D}\cdot d\vec{s}_2+\int_{s_2'}\vec{D}\cdot d\vec{s}_2'$$

无限长均匀分布直线电荷的电场不仅具有圆柱对称性，且其方向垂直于直线，即 $\vec{D}=\vec{a}_R D$。因此

$$\vec{D}\cdot d\vec{s}_1=\vec{a}_R D\cdot\vec{a}_R\, ds_1=D\, s_1$$

$$\vec{D}\cdot d\vec{s}_2=\vec{a}_R D\cdot\vec{a}_z\, ds_2=0$$

$$\vec{D}\cdot d\vec{s}_2'=\vec{a}_R D\cdot(-\vec{a}_z ds_2')=0$$

$$\oint_s \vec{D}\cdot d\vec{s}=\int_{s_1} D\, ds_1=Ds_1=D\, 2\pi Rl$$

根据高斯定律

$$\oint_s \vec{D}\cdot d\vec{s}=Q,\quad Q=\int_l \rho_l\, dl=\rho_l\, l$$

由此得均匀带电直线外电场分布为

$$\vec{D}=\vec{a}_R\frac{\rho_l\, l}{2\pi R\, l}=\vec{a}_R\frac{\rho_l}{2\pi R},\quad \vec{E}=\vec{a}_R\frac{\rho_l}{2\pi\varepsilon\, R}$$

以上结果与例 1.1.1. 利用叠加原理计算所得结果相同。

【例 1.2.3】　在一介电系数为 ε 的介质球壳中均匀分布有电荷，其体密度为 ρ，介质球壳内半径为 a，外半径为 b，求空间各区域电场分布。

解： 由于带电体具有球对称性，使得其产生的电场亦具有此球对称特性。取高斯面为带电球壳的同心球面 s，应用高斯定律可以很方便地求出介质球壳内空腔、介质球壳及球壳外的电场分布。取球坐标系原点与球心同心。

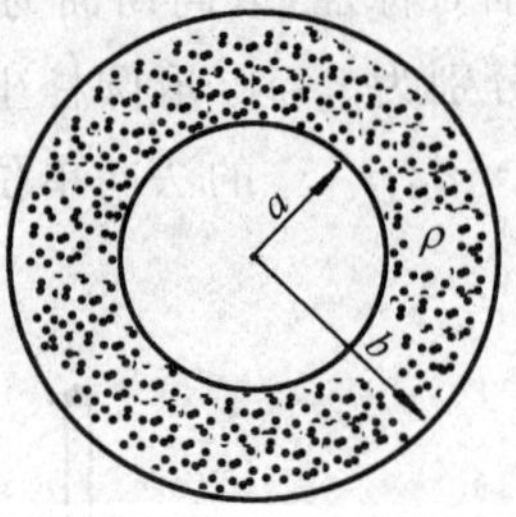

图 1.2.5 例 1.2.3 带电介质球壳

1. 介质球壳内空腔($r\leqslant a$)

在半径为 r 的高斯面上应用高斯定律电通等于其包围的总电量

$$\oint_s \vec{D}\cdot d\vec{s} = D\,4\pi r^2 = 0$$

因而

$$\vec{D}=0,\quad \vec{E}=0$$

2. 介质球壳中($a\leqslant r\leqslant b$)

在高斯面上的电通为

$$\oint_s \vec{D}\cdot d\vec{s} = D4\pi r^2$$

s 所包围的电荷量为

$$\int_V \rho\, dV = \int_a^r 4\pi r^2\rho dr = \frac{4}{3}\pi\,(r^3-a^3)\,\rho$$

根据高斯定律：

$$\oint_s \vec{D}\cdot d\vec{s} = \int_V \rho\, dV,\quad 4\pi r^2 D = \frac{4}{3}\,\pi\,(r^3-a^3)\rho$$

得

$$D=\frac{r^3-a^3}{3\,r^2}\,\rho,\quad \vec{D}=\vec{a}_r\frac{r^3-a^3}{3\,r^2}\,\rho$$

若球壳介质介电系数为 ε，则

$$\vec{E}=\vec{a}_r\frac{r^3-a^3}{3\varepsilon r^2}\,\rho$$

3. 介质球壳外($r\geqslant b$)

在高斯面 s 上的电通

$$\oint_s \vec{D}\cdot d\vec{s} = D\,4\pi r^2$$

s 面所包围的电荷量为

$$\int_V \rho\, dV = \int_a^b \rho\,4\pi r^2\,dr = \frac{4}{3}\pi(b^3-a^3)\rho$$

根据高斯定律

$$\oint_s \vec{D}\cdot d\vec{s} = \int_V \rho dV,\quad 4\pi r^2\,D = \frac{4}{3}\pi(b^3-a^3)\rho$$

得

$$D=\frac{b^3-a^3}{3r^2}\,\rho,\quad \vec{D}=\vec{a}_r\frac{b^3-a^3}{3\,r^2}\,\rho$$

介质球壳外媒质为空气，介电系数为 ε_0，则

$$\vec{E}=\vec{a}_r\frac{b^3-a^3}{3\varepsilon_0 r^2}\rho$$

§1.3 磁场

一、磁场

在电荷周围有电场存在，电荷之间通过电场相互作用。电荷的运动形成电流，在电流周围存在着另一种性质的场，它不同于电场，它对静止电荷没有作用，而对运动电荷有作用力，由于电流由运动电荷形成，这场对载流导体亦有作用力，这种场称为磁场。

磁场的特征是对引入场中的运动电荷有力的作用，利用这一点可以检验磁场的存在与性质。速度为 $\vec{v}$ 的运动电荷 $\mathrm{d}q$ 在磁场中受到磁场力 $\mathrm{d}\vec{F}$ 的作用，这力称为洛仑兹力。

$$\mathrm{d}\vec{F}=\mathrm{d}q\,\vec{v}\times\vec{B} \tag{1.3.1}$$

式中，$\vec{B}$ 为反映磁场特性的物理量，称之为磁感应强度。在国际单位(SI)制中，磁感应强度 $\vec{B}$ 的单位为特[斯拉](T)或韦[伯]/米²(Wb/m²)。

由于导线中电流为运动电荷所形成，故载流导体在磁场中，亦受到磁场力的作用。载流微小线元 $I\mathrm{d}\vec{l}$(其中 $\mathrm{d}\vec{l}$ 方向为电流流向)，在磁场中所受到的磁场力为 $\mathrm{d}\vec{F}$。而 $\mathrm{d}q\,\vec{v}=\mathrm{d}q\,\frac{\mathrm{d}\vec{l}}{\mathrm{d}t}=\frac{\mathrm{d}q}{\mathrm{d}t}\mathrm{d}\vec{l}=I\mathrm{d}\vec{l}$，故有

$$\mathrm{d}\vec{F}=\mathrm{d}q\vec{v}\times\vec{B}=I\,\mathrm{d}\vec{l}\times\vec{B} \tag{1.3.2}$$

此式亦可作为磁感应强度 $\vec{B}$ 的定义式。

二、毕奥-沙伐尔定律

库仑定律是一个以实验为基础的基本定律，点电荷 $\mathrm{d}q$ 产生的电场强度 $\mathrm{d}\vec{E}=\vec{a}_r k\,\frac{\mathrm{d}q}{r^2}$，比例系数 $k=\frac{1}{4\pi\varepsilon}$。毕奥、沙伐尔二人曾用实验归纳出微小载流线元 $I\mathrm{d}\vec{l}$ 在空间某点所产生的磁感应强度 $\mathrm{d}\vec{B}$ 的表达式，与点电荷产生的电场强度表达式相似，但其方向表示较复杂，其方向决定于 $I\mathrm{d}\vec{l}\times\vec{a}_r$。$\mathrm{d}\vec{B}$ 的表达式为

$$\mathrm{d}\vec{B}=k'\,\frac{I\mathrm{d}\vec{l}\times\vec{a}_r}{r^2} \tag{1.3.3}$$

此式称为毕奥-沙伐尔定律。式中，r 为载流线元 $I\mathrm{d}\vec{l}$ 至被研究点(场点)之间的矢径距离，$\vec{a}_r$ 为矢径方向单位矢量；k' 为比例系数，它决定于式中各物理量所取单位及空间媒质的特性，在SI制中：

$$k'=\frac{\mu}{4\pi}$$

μ 为表示媒质特性的参量称为导磁系数或磁导率，在SI制中其单位为亨[利]/米(H/m)。真空的磁导率用 μ_0 表示：

$$\mu_0=4\pi\times10^{-7}(\mathrm{H/m})$$

如果电流不是集中于线状导线，而是分布在一个有较大截面的体积中，则可应用电流密度矢量 $\vec{J}$(体电流的面密度)的概念。其大小为通过单位横面积中的电流强度 $J=\frac{\mathrm{d}I}{\mathrm{d}s}$，电流密度矢量 $\vec{J}$ 的方向反映电流的流向，则电流元

$$I\mathrm{d}\vec{l}=(\vec{J}\cdot\mathrm{d}\vec{s})\ \mathrm{d}\vec{l}=\vec{J}\ (\mathrm{d}\vec{s}\cdot\mathrm{d}\vec{l})=\vec{J}\ \mathrm{d}V$$

电流元 $I\mathrm{d}\vec{l}$ 产生的磁场磁感应强度表示为

$$\mathrm{d}\vec{B}=\frac{\mu}{4\pi}\frac{\vec{J}\times\vec{a}_r}{r^2}\ \mathrm{d}V \tag{1.3.4}$$

毕奥-沙伐尔定律是基于实验归纳而得出的。实验条件为在均匀线性媒质中，此时磁场的磁感应强度 $\vec{B}$ 与场源电流元 $I\mathrm{d}\vec{l}$ 成线性关系。因此可以运用叠加原理求得闭合载流回路 C 中电流 I 在空间产生的磁感应强度：

$$\vec{B}=\frac{\mu}{4\pi}\oint_C\frac{I\ \mathrm{d}\vec{l}\times\vec{a}_r}{r^2} \tag{1.3.5}$$

电流元 $I\mathrm{d}\vec{l}$ 仅是电流回路的一部分，由于电流的连续性，我们不可能在回路中分离出微小电流元 $I\mathrm{d}\vec{l}$ 直接进行实验验证毕奥-沙伐尔定律。但是根据上述由毕奥-沙伐尔定律并利用叠加原理推算出的各种载流回路所产生的磁场都能由实验验证，从而证实了毕奥-沙伐尔定律的正确性。它是磁场的基本实验定律。

【例 1.3.1】 长度为 $2L$ 的载流细直导线通有电流 I，试求直线外任一点 P 的磁感应强度 $\vec{B}$。

解： 取圆柱坐标系，以直导线为 z 轴，电流流向沿 $+z$ 轴方向($\vec{a}_z$)，导线中点为坐标原点。如图 1.3.1 所示。

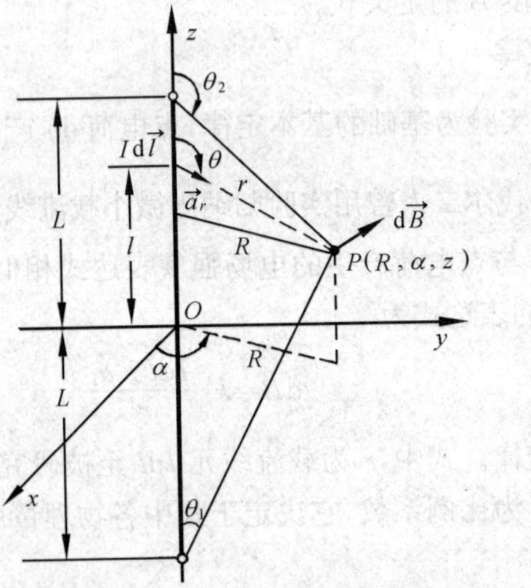

图 1.3.1 例 1.3.1 附图

细直导线上电流元 $I\mathrm{d}\vec{l}$ 在空间点 $P(R,\alpha,z)$ 的磁感应强度 $\mathrm{d}\vec{B}$ 为

$$d\vec{B}=\frac{\mu}{4\pi}\frac{Id\vec{l}\times\vec{a}_r}{r^2}=\vec{a}_\alpha\frac{\mu}{4\pi}\frac{Idl\ \sin\theta}{r^2}$$

式中，θ 为矢量 $d\vec{l}=dl\ \vec{a}_z$ 转向矢径方向 $\vec{a}_r$ 的夹角。直导线上每一电流元在 P 点的 $d\vec{B}$ 方向均为 $\vec{a}_\alpha$ 方向，因此其叠加时，为标量叠加。得到 P 点的磁感应强度

$$B=\int_l dB=\frac{\mu}{4\pi}\int_{-L}^{+L}\frac{Idl\ \sin\theta}{r^2}$$

式中，l,r,θ 均为变量。为求得积分结果，将它们用统一变量 θ 表示

$$r=\frac{R}{\sin\theta},\quad l=z-R\cot\theta,\quad dl=\frac{R}{\sin^2\theta}$$

故

$$B=\frac{\mu}{4\pi}\int_{\theta_1}^{\theta_2}\frac{I\ \sin\theta}{R}\,d\theta=\frac{\mu I}{4\pi R}(\cos\theta_1-\cos\theta_2)$$

式中，θ_1 和 θ_2 分别是直导线两端电流元方向与至场点 P 的矢径方向之间的夹角，R 为场点到直导线距离。直导线电流在 $P(R,\alpha,z)$ 点的磁感应强度为

$$\vec{B}=\vec{a}_\alpha\frac{\mu I}{4\pi R}(\cos\theta_1-\cos\theta_2)$$

当导线为无限长时，$\theta_1\rightarrow 0$，$\theta_2\rightarrow\pi$，则导线外 P 点的磁感应强度为

$$\vec{B}=\vec{a}_\alpha\frac{\mu I}{2\pi R}$$

三、磁通、磁通连续性原理

描述磁场特性的物理量——磁感应强度 $\vec{B}$，是一矢量，它在空间分布形成一矢量场。为形象地描绘这矢量场在空间的分布，引入磁场的矢量线的概念。磁场的矢量线称为磁力线（或磁感应线，$\vec{B}$ 线）。磁力线上每一点的切线方向代表该点磁感应强度矢量的方向，磁力线的密度与该点磁感应强度的大小成正比。

由矢量线在面积上的通量概念知，磁力线在微小面积元 $d\vec{s}$ 上的通量称为磁通量或磁通

$$d\Phi=\vec{B}\cdot d\vec{s} \tag{1.3.6}$$

在 SI 单位制中，磁通的单位为韦[伯]（Wb）。根据上式磁通的定义，磁感应强度 $\vec{B}$ 又可称为磁通密度矢量。

$\vec{B}$ 线在空间某曲面 S 上的磁通应为该曲面 S 上所有面积元磁通之和，即

$$\Phi=\int_s\vec{B}\cdot d\vec{s} \tag{1.3.7}$$

根据毕奥-沙伐尔定律可以证明，$\vec{B}$ 线穿过任一封闭曲面 s 的磁通恒等于零，

$$\oint_s\vec{B}\cdot d\vec{s}\equiv 0 \tag{1.3.8}$$

上式表明：在空间任意作一封闭曲面，则穿入这一封闭曲面的任一磁力线必然从这封闭曲面的另一处穿出，因而通过任意封闭曲面的磁通的代数和恒等于零。磁通在磁场中处处连续，磁力线在空间自成封闭曲线。这一原理称为磁通连续性原理。

磁通永远连续，磁力线不同于电力线。电力线自正电荷发出终止于负电荷，磁力线则连续不中断，在空间自成封闭曲线，这是不存在磁荷的数学说明，客观上至今亦未发现磁荷的

存在。

§1.4 安培环路定律

一、磁感应强度 $\vec{B}$ 的环量　安培环路定律

上节中从毕奥-沙伐尔定律出发，对磁场进行了初步研究。从研究磁感应强度矢量 $\vec{B}$ 沿空间任意封闭曲面的积分，得出了磁通连续性原理。现仍从这一基本定律出发研究磁感应强度 $\vec{B}$ 沿空间任意闭合曲线 C 的积分（$\vec{B}$ 在闭合曲线 C 上的环量），可以导出磁场矢量 $\vec{B}$ 与其场源电流 I 的关系——安培环路定律。

安培环路定律的表达式为

$$\oint_C \vec{B} \cdot d\vec{l} = \mu \sum_k I_k \tag{1.4.1}$$

上式表明：在均匀媒质中，磁感应强度 $\vec{B}$ 沿任意闭合曲线 C 的环路积分，等于该闭合曲线 C 所交链（包围）的电流的代数和与媒质导磁率的乘积。当所交链的电流流向与闭合曲线 C 的积分路径绕行方向符合右手螺旋关系时，该电流取正，反之则取负。若闭合曲线 C 不包围电流，即 C 不与电流交链，则 $\vec{B}$ 在闭合曲线 C 上的环量为零。

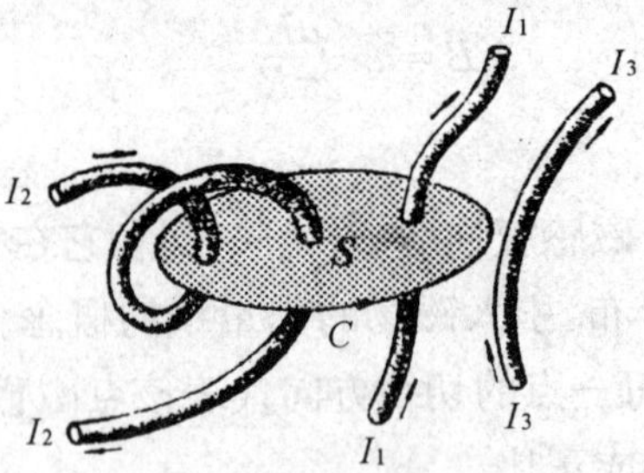

图 1.4.1

如果电流不是集中于穿过闭合曲线 C 所包围曲面 S 的导线，而是分布在这曲面 S 上，则穿过曲面 S 的电流等于该曲面上电流密度的通量（如图 1.4.1），即

$$\sum_k I_k = \int_s \vec{J} \cdot d\vec{s}$$

因此

$$\oint_C \vec{B} \cdot d\vec{l} = \mu \int_s \vec{J} \cdot d\vec{s} \tag{1.4.2}$$

二、磁场强度 $\vec{H}$

引入反映磁场特性的另一物理量 $\vec{H}$。令

$$\vec{B} = \mu \vec{H} \tag{1.4.3}$$

$\vec{H}$ 称为磁场强度，在 SI 单位制中其单位为安[培]/米(A/m)。

引入了磁场强度 $\vec{H}$ 后，环量 $\oint_C \vec{H} \cdot d\vec{l}$ 可以在任何媒质或不同媒质之间进行计算，其结

果等于此环路 C 所交链的电流的代数和，而与媒质无关，即

$$\oint_C \vec{H}\cdot d\vec{l}=\sum_k I_k \quad 或 \quad \oint_C \vec{H}\cdot d\vec{l}=\int_s \vec{J}\cdot d\vec{s} \tag{1.4.4}$$

此为推广的安培环路定律。

三、应用安培环路定律求解磁场

对于具有一定对称性的载流导线的磁场分布，在磁场中存在一些特殊的环路 C。在这些环路上，各点的 $\vec{B}$ 与该处的 $d\vec{l}$ 方向有相同的夹角，且 $\vec{B}$ 的大小各点相同。这时便可将积分 $\oint_C \vec{B}\cdot d\vec{l}$ 中的 $\vec{B}$ 提到积分号外，从而利用安培环路定律方便地求解磁场问题。这犹如在静电场中运用高斯定理求解电场问题。

【例 1.4.1】 圆柱直长导线中均匀分布电流 I，设导线半径为 a，导磁率为 μ。求导线内、外部空间的磁场分布。

解： 载流导线中电流分布的圆柱对称性，其磁场亦具有此对称性，利用安培环路定律可方便地求得其磁场分布。

以圆柱导线中心线为轴线取圆柱坐标系。在导线垂直平面上作以轴心 O 为圆心，R 为半径的圆，作为闭合环路 C，则由于载流导线中电流分布的圆柱对称性，沿 C 路径上各点 $\vec{H}$ 的大小均相等，方向都和圆相切，因此

$$\oint_C \vec{H}\cdot d\vec{l}=2\pi R\, H$$

在导线内部，$R\leqslant a$，环路 C 所交链的电流为

$$I'=Js$$

式中，J 为载流导线中电流密度，$J=\dfrac{I}{\pi a^2}$；s 为 C 所界定的面积，$s=\pi R^2$。因此

$$I'=\frac{R^2}{a^2}I,\quad 2\pi RH=\frac{R^2}{a^2}I,\quad H=\frac{R}{2\pi a^2}I$$

$$\vec{H}=\vec{a}_\alpha\frac{R}{2\pi a^2}I,\quad \vec{B}=\mu\vec{H}=\vec{a}_\alpha\frac{\mu R}{2\pi a^2}I$$

在导线外部，$R\geqslant a$，环路 C 所交链的电流为导线中全部电流 I，则

$$2\pi RH=I,\quad H=\frac{I}{2\pi R}$$

$$\vec{H}=\vec{a}_\alpha\frac{I}{2\pi R},\quad \vec{B}=\mu_0\vec{H}=\vec{a}_\alpha\frac{\mu_0 I}{2\pi R}$$

§1.5 电磁感应定律

电磁感应现象是由法拉第发现的，他通过大量的实验归纳出了电磁感应定律。此定律表明：在磁场中一闭合导电回路，当穿过该导电回路所界定的曲面中磁通发生变化时，回路中就感应电流，也表明在回路中感应了电动势，说明回路中存在电场 $\vec{E}_s$。此感应电动势的大小正比于磁通对时间的变化率，而其方向可由楞次定律决定。楞次定律指出：感应电动势在回

路中产生的电流总是企图抵制与回路相交链的磁通的变化。

如果规定感应电动势的参考方向与该回路相交链的磁通密度的正方向成右手螺旋关系(如图 1.5.1(a)所示),则电磁感应定律可以表示为

$$\mathscr{E}=-\frac{\mathrm{d}\Phi}{\mathrm{d}t}=-\frac{\mathrm{d}}{\mathrm{d}t}\int_s \vec{B}\cdot\mathrm{d}\vec{s} \tag{1.5.1}$$

式中,s 是由导电回路周界 C 所界定的曲面,曲面的正方向和 C 的绕向成右手螺旋关系。

(a) $\frac{\mathrm{d}\Phi}{\mathrm{d}t}>0$　　(b) $\frac{\mathrm{d}\Phi}{\mathrm{d}t}<0$

图 1.5.1　法拉第电磁感应定律:感应电动势的方向

导电回路中出现感应电流意味着在导体中存在电场,导体中自由电子受此电场的作用而作定向运动形成电流,这电场称为感应电场。因此产生电场的场源除电荷外,尚有变化的磁场。由电荷产生的电场用 $\vec{E}_c$ 表示,凡不是由电荷产生的电场统称为局外场,用 $\vec{E}_s$ 表示。局外场 $\vec{E}_s$ 在闭合回路 C 上的线积分($\vec{E}_s$ 在 C 上的环量),即为回路 C 上的感应电动势

$$\mathscr{E}=\oint_C \vec{E}_s\cdot\mathrm{d}\vec{l}=-\frac{\mathrm{d}}{\mathrm{d}t}\int_s \vec{B}\cdot\mathrm{d}\vec{s} \tag{1.5.2}$$

回路中磁通的变化可由三种情况发生。其一,导电回路或其部分和恒定磁场有相对运动(例如回路的导线切割 $\vec{B}$ 线)。设回路上元线段 $\mathrm{d}\vec{l}$ 对磁场的相对速度为 $\vec{v}$,则其中自由电荷 $\mathrm{d}q$ 将受到磁场力 $\mathrm{d}\vec{F}=\mathrm{d}q\ (\vec{v}\times\vec{B})$,因此局外场强即为单位正电荷所受到的力

$$\vec{E}_s=\frac{\mathrm{d}\vec{F}}{\mathrm{d}q}=\vec{v}\times\vec{B}$$

从而感应电动势

$$\mathscr{E}=\oint_C \vec{E}_s\cdot\mathrm{d}\vec{l}=\oint_C(\vec{v}\times\vec{B})\cdot\mathrm{d}\vec{l} \tag{1.5.3}$$

这种由相对运动引起的感应电动势在工程上称为发电机电动势。

其二,导电回路虽不运动但与该回路相交链的磁场随时间变化,从而引起磁通的变化,由此引起感应电动势

$$\mathscr{E}=\oint_C \vec{E}_s\cdot\mathrm{d}\vec{l}=-\frac{\partial}{\partial t}\int_s \vec{B}\cdot\mathrm{d}\vec{s}=-\int_s\frac{\partial\vec{B}}{\partial t}\cdot\mathrm{d}\vec{s} \tag{1.5.4}$$

这种感应电动势,工程上称为变压器电动势。

其三,上述两种情况的复合,回路中感应电动势应表示为两部分的总和,即

$$\begin{aligned}\mathscr{E}&=\oint_C \vec{E}_s\cdot\mathrm{d}\vec{s}=-\frac{\mathrm{d}\Phi}{\mathrm{d}t}=-\frac{\mathrm{d}}{\mathrm{d}t}\int_s \vec{B}\cdot\mathrm{d}\vec{s}\\&=-\int_s\frac{\partial\vec{B}}{\partial t}\cdot\mathrm{d}\vec{s}+\oint_C(\vec{v}\times\vec{B})\cdot\mathrm{d}\vec{l}\end{aligned} \tag{1.5.5}$$

法拉第发现电磁感应现象虽然是在闭合导电回路的情况，但是感应电动势的大小和构成回路的材料之电导率无关。后来，麦克斯韦将电磁感应定律的适用范围推广到非导电回路甚至空间任何假想回路的情况。回路可以在介质中，也可在真空等任何媒质中，只要穿过由它所界定的面积中的磁通发生变化，沿该回路中将产生电动势，即使没有感应电流，感应电场依然存在。

$$\oint_C \vec{E}_s \cdot d\vec{l} = -\frac{d}{dt}\int_s \vec{B} \cdot d\vec{s}$$

在一般媒质中，可能既有 $\vec{E}_s$，亦有静止电荷产生的库仑电场 $\vec{E}_C$，则总电场 $\vec{E}=\vec{E}_C+\vec{E}_s$，而电场 $\vec{E}$ 沿任意回路 C 的线积分

$$\oint_C \vec{E} \cdot d\vec{l} = \oint_C \vec{E}_c \cdot d\vec{l} + \oint_C \vec{E}_s \cdot d\vec{l} = \oint_C \vec{E}_s \cdot d\vec{l} = -\frac{d}{dt}\int_s \vec{B} \cdot d\vec{s} \tag{1.5.6}$$

其中 $\vec{E}_C$ 为位场，$\oint_C \vec{E}_C \cdot d\vec{l} = 0^*$（有 关内容见下章）。

在静止媒质中，其回路 C 亦静止不动，则

$$\oint_C \vec{E} \cdot d\vec{l} = -\frac{\partial}{\partial t}\int_s \vec{B} \cdot d\vec{s} = -\int_s \frac{\partial \vec{B}}{\partial t} \cdot d\vec{s} \tag{1.5.7}$$

§1.6　电磁场方程的积分形式

一、电磁场实验定律

将前面几节所研究的电磁场实验定律汇总如下：

高斯定律　$\oint_s \vec{D} \cdot d\vec{s} = \int_V \rho\, dV$

磁通连续性原理　$\oint_s \vec{B} \cdot d\vec{s} = 0$

安培环路定律　$\oint_C \vec{H} \cdot d\vec{l} = \int_s \vec{J} \cdot d\vec{s}$

法拉第电磁感应定律　$\oint_C \vec{E} \cdot d\vec{l} = -\int_s \frac{\partial \vec{B}}{\partial t} \cdot d\vec{s}$

这些定律是大量实验结果的总结归纳，它们是电磁场理论的实验依据。把这些实验定律推广到更一般的情况，赋予新的概念，使它们具有更高的概括性，更反映事物的本质，这样便在理论上获得了进一步的发展。

实验总是伴随着一定的条件的，如果离开了实验条件，将实验定律推广到更一般情况，其正确性则有待于新的实验或实践运用的继续验证。常常发现逻辑推论与新的实验事实不符，这时便须修正原来的概念与定律，使之既反映原来的实验事实，又符合新的情况；或者建立新的理论使之具有更高的概括性。麦克斯韦完成了这项工作。

二、全电流定律

安培环路定律是由毕奥-沙伐尔定律推演得来的，此定律的实验条件是通过导线的电流是恒定电流，离开了这条件，安培环路定律将不再适用。例如一个简单的电容器充电电路，如图 1.6.1 所示。在电容器充电的瞬间，连接电源与电容器极板的导线中有传导电流 $i(t)$ 通

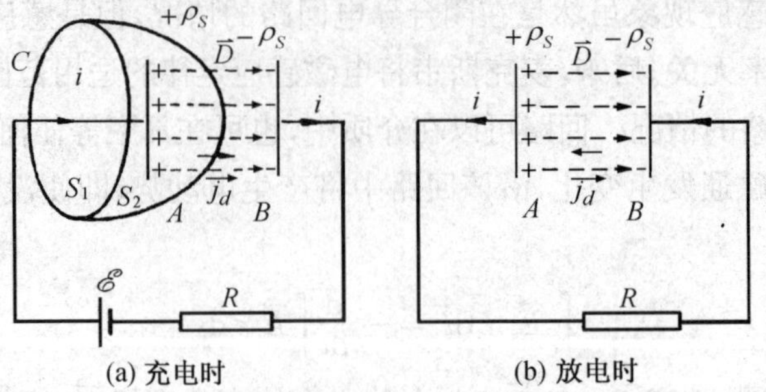

图 1.6.1　电容器充、放电电路示意图

过，而电容器两极板之间填充的绝缘介质中无传导电流通过。围绕导线作一闭合回路 C，并以 C 为周界的面 s_1 有电流 $i(t)$ 穿过，则由安培环路定律可得

$$\oint_C \vec{H} \cdot d\vec{l} = \int_{s_1} \vec{J} \cdot d\vec{s} = i(t)$$

现取同一周界 C 的曲面 s_2，而 s_2 经过电容器两极板间介质，则 s_2 中无传导电流穿过，再用安培环路定律，便有

$$\oint_C \vec{H} \cdot d\vec{l} = \int_{s_2} \vec{J} \cdot d\vec{s} = 0$$

这样，$\vec{H}$ 在同一回路 C 上的环量便有两个不同的结果：

$$\oint_C \vec{H} \cdot d\vec{l} = \begin{cases} \int_{s_1} \vec{J} \cdot d\vec{s} = i(t) \\ \int_{s_2} \vec{J} \cdot d\vec{s} = 0 \end{cases}$$

此矛盾的出现是由于安培环路定律是在恒定电流的条件下得出的。在恒定电流条件下，流入任一封闭曲面的电流，必等于从这一封闭曲面流出的电流，即流经一封闭曲面的电流代数和恒等于零，亦即满足电流连续性原理。以上曲面 S_1 和 S_2 组成封闭曲面 S，则

$$\oint_s \vec{J} \cdot d\vec{s} = \oint_{s_1+s_2} \vec{J} \cdot d\vec{s} \equiv 0 \tag{1.6.1}$$

在电容器充电电路中，离开了恒定电流这一实验条件，即离开了条件 $\oint_s \vec{J} \cdot d\vec{s} = 0$，因此出现以上矛盾，即 $\oint_{s_1+s_2} \vec{J} \cdot d\vec{s} = \int_{s_1} \vec{J} \cdot d\vec{s} + \int_{s_2} \vec{J} \cdot d\vec{s} = i(t) \neq 0$。

电容器充电电路中，在导线中有电流 $i(t)$，而在电容器极板上出现电荷的积聚。根据电荷守恒定律，流入这一以 s_1 和 s_2 组成的封闭曲面 s 的电流应等于这一封闭曲面所包围的体积中单位时间内所积聚的电荷。令 $\vec{J}_C$ 为传导电流密度，则

$$\oint_s \vec{J}_c \cdot d\vec{s} = \oint_{s_1+s_2} \vec{J}_c \cdot d\vec{s} = -\frac{d}{dt}\int_V \rho \, dV \tag{1.6.2}$$

麦克斯韦将高斯定律推广应用于时变电磁场：

$$\oint_s \vec{D} \cdot d\vec{s} = \int_V \rho \, dV$$

则

$$\oint_s \vec{J}_c \cdot d\vec{s} = -\frac{d}{dt}\int_V \rho\, dV = -\frac{d}{dt}\oint_s \vec{D} \cdot d\vec{s}$$

由于 S 不随时间变动，上式中导数与积分运算的次序可以互换，即

$$\frac{d}{dt}\oint_s \vec{D} \cdot d\vec{s} = \oint_s \frac{\partial \vec{D}}{\partial t} \cdot d\vec{s}$$

因此

$$\oint_s \left(\vec{J}_c + \frac{\partial \vec{D}}{\partial t}\right) \cdot d\vec{s} = 0 \tag{1.6.3}$$

式中，$\frac{\partial \vec{D}}{\partial t}$为与 $\vec{J}_c$ 具有相同量纲与相同效应的物理量，麦克斯韦称它为位移电流密度 $\vec{J}_d$（$\vec{J}_d = \frac{\partial \vec{D}}{\partial t}$），这样便扩大了电流的概念，使之不仅代表自由电荷定向流动形成的电流，而且包括电场随时间变化形成的位移电流。上式表明，在时变情况下，传导电流与位移电流两者之和是适用于电流连续性原理的，而在上例电容器充电电路中出现的矛盾就不复存在了。

自由电荷在导体中流动形成传导电流，带电质点在空间流动亦将形成电流，这种电流称为运流电流。从电荷流动形成电流这一点来看，运流电流与传导电流在本质上是相同的，都是带电质点的定向运动，但它们分别在不同媒质中，传导电流仅存在于导体中，运流电流存在于空间中。它们的电流密度分别为

传导电流密度 $$\vec{J}_c = \sigma \vec{E} \tag{1.6.4}$$

运流电流密度 $$\vec{J}_v = \rho \vec{v} \tag{1.6.5}$$

式中，σ 为导体的电导率，其单位在 SI 制中为西[门子]每米(S/m)。

扩大电流概念，使之包括传导电流、运流电流与位移电流，三者合称为全电流。由于传导电流与运流电流分别存在于不同媒质，在空间同一点上，它们是不可能并存的。因此全电流密度 $\vec{J}_t$ 为

$$\vec{J}_t = \vec{J}_c(\text{或}\ \vec{J}_v) + \frac{\partial \vec{D}}{\partial t} \tag{1.6.6}$$

引入位移电流与全电流概念后，电流连续性原理便可表示为

$$\oint_s \vec{J}_t \cdot d\vec{s} = \oint_s \vec{J}_c \cdot d\vec{s} + \oint_s \vec{J}_v \cdot d\vec{s} + \oint_s \frac{\partial \vec{D}}{\partial t} \cdot d\vec{s} = 0 \tag{1.6.7}$$

上式中 S 为空间任一封闭曲面，式中同时有 $\vec{J}_c$ 与 $\vec{J}_v$ 的面积分是因为即使它们不在同一点出现，但可分别存在于 S 所包围体积的不同区域。

同样引入了全电流概念后，安培环路定律可推广为

$$\oint_C \vec{H} \cdot d\vec{l} = \int_s \left(\vec{J}_c + \vec{J}_v + \frac{\partial \vec{D}}{\partial t}\right) \cdot d\vec{s} \tag{1.6.8}$$

式中 S 为环路 C 所界定的曲面，上式即为推广后的安培环路定律称为全电流定律，又称为麦克斯韦第一电磁场方程。

三、电磁场方程的积分形式

麦克斯韦对电磁场实验定律进行了数学加工和推广，引入了一些新的概念，全面总结了

电磁现象的基本规律得出了一组电磁场方程，称为麦克斯韦电磁场方程，奠定了电磁场的理论基础，对电磁场理论的发展作出了杰出的贡献。

麦克斯韦引入了位移电流及全电流概念，将安培环路定律由恒定电流磁场推广至时变电磁场情况，成为全电流定律，即麦克斯韦第一电磁场方程

$$\oint_C \vec{H} \cdot d\vec{l} = \int_s \left(\vec{J}_c + \vec{J}_v + \frac{\partial \vec{D}}{\partial t} \right) \cdot d\vec{s}$$

该方程揭示了磁场不仅能由传导电流或运流电流产生，而且随时间变化的电场亦将产生磁场。

法拉第定律描述的物理现象是与导电回路相链的磁通发生变化，回路中产生的感应电动势为

$$\mathscr{E} = \oint_C \vec{E} \cdot d\vec{l} = -\int_s \frac{\partial \vec{B}}{\partial t} \cdot d\vec{s}$$

$\mathscr{E}$ 为回路上电场强度的线积分，积分结果与回路的导电特性无关，因此可以设想此回路为任意媒质中的一任意空间轮廓。正是在这一设想下，麦克斯韦对法拉第定律予以推广，上式成为麦克斯韦第二电磁场方程，它揭示了磁场的变化将在其周围空间产生电场，此电场在空间轮廓线上的闭合线积分等于此回路（轮廓线）上的电动势。

随时间变化的电场要在周围空间产生磁场，随时间变化的磁场也要在空间产生电场，电场和磁场构成统一电磁现象不可分的两个方面，它们互相依存（一方的存在必以另一方存在为前提）、相互制约（数量上、方向上以及变化的规律上是相互制约的），而又相互转化。麦克斯韦从这点出发，通过数学推演，预言了电磁波的存在，确定其波速和光速相等。这些预言为赫兹用实验所证实。从此，麦克斯韦第一、二方程，即全电流定律及推广了的法拉第电磁感应定律便被确认为反映普遍电磁规律的客观真理。

高斯定律是从库仑定律推广出的。库仑定律的实验条件是电荷静止不动，不随时间变化。将高斯定律推广应用于时变场情况，即认为在每一瞬时，电场与其当时电荷源仍满足以下关系：

$$\oint_s \vec{D} \cdot d\vec{s} = \int_V \rho \, dV$$

推广了的高斯定律称为麦克斯韦第三电磁场方程。

磁通连续性原理，应用推广高斯定律相同的概念，亦可推广至时变场情况。推广了的磁通连续性原理

$$\oint_s \vec{B} \cdot d\vec{s} = 0$$

亦称为麦克斯韦第四电磁场方程。

由电磁场实验定律推广得的四个方程，组成麦克斯韦电磁场方程组，按序排列为

$$\oint_C \vec{H} \cdot d\vec{l} = \int_s \left(\vec{J}_c + \vec{J}_v + \frac{\partial \vec{D}}{\partial t} \right) \cdot d\vec{s} \tag{1.6.9a}$$

$$\oint_C \vec{E} \cdot d\vec{l} = -\int_s \frac{\partial \vec{B}}{\partial t} \cdot d\vec{s} \tag{1.6.9b}$$

$$\oint_s \vec{D} \cdot d\vec{s} = \int_V \rho \, dV \tag{1.6.9c}$$

$$\oint_s \vec{B} \cdot d\vec{s} = 0 \tag{1.6.9d}$$

它们以数学形式概括了宏观电磁场的基本性质，为电磁场基本方程的主要内容。

§1.7 电磁场方程的微分形式

积分形式的电磁场方程组，描述了电磁场在积分区域中的总和情况。但对于电磁场的分析，仅知道某一区域中电磁场的总和情况是不够的，必须研究在这一区域中每一点的情况，即电磁场量在这一区域中的分布。为此须将电磁场方程组的积分形式转化为微分形式，掌握在空间每一点上各场量之间的关系。

利用矢量分析中联系封闭曲面积分与体积分的高斯定理，即矢量函数在任一封闭曲面上的面积分等于这一封闭曲面所包围的体积内这矢量函数散度的体积分

$$\oint_s \vec{D} \cdot d\vec{s} = \int_V (\nabla \cdot \vec{D}) dV$$

与电磁场方程组积分形式中的高斯定律

$$\oint_s \vec{D} \cdot d\vec{s} = \int_V \rho \, dV$$

相比较，可得

$$\int_V (\nabla \cdot \vec{D}) dV = \int_V \rho \, dV$$

上式对任何体积均成立，因此其被积函数应相等。即

$$\nabla \cdot \vec{D} = \rho \tag{1.7.1}$$

此即为高斯定律或称麦克斯韦第三电磁场方程的微分形式。

同理，应用高斯定理

$$\oint_s \vec{B} \cdot d\vec{s} = \int_V (\nabla \cdot \vec{B}) dV$$

于磁通连续性原理

$$\oint_s \vec{B} \cdot d\vec{s} = 0$$

便有

$$\oint_s \vec{B} \cdot d\vec{s} = \int_V (\nabla \cdot \vec{B}) dV = 0$$

或

$$\nabla \cdot \vec{B} = 0 \tag{1.7.2}$$

此即为磁通连续性原理或称麦克斯韦第四电磁场方程的微分形式。

利用矢量分析中联系闭合曲线积分与面积分的斯托克斯定理，即矢量函数沿任一闭合曲线的线积分等于这一矢量函数的旋度在以此闭合曲线为周界的曲面上的面积分

$$\oint_C \vec{E} \cdot d\vec{l} = \int_s (\nabla \times \vec{E}) \cdot d\vec{s}$$

与电磁场方程组积分形式中的法拉第电磁感应定律

$$\oint_C \vec{E} \cdot d\vec{l} = -\int_s \frac{\partial \vec{B}}{\partial t} \cdot d\vec{s}$$

比较,设两式右边的曲面 s 为同一曲面,则得

$$\int_s (\nabla \times \vec{E}) \cdot d\vec{s} = -\int_s \frac{\partial \vec{B}}{\partial t} \cdot d\vec{s}$$

上式对任何曲面 s 均成立,因此有

$$\nabla \times \vec{E} = -\frac{\partial \vec{B}}{\partial t} \tag{1.7.3}$$

此式为法拉第电磁感应定律或称麦克斯韦第二电磁场方程的微分形式。

同理应用斯托克斯定理

$$\oint_C \vec{H} \cdot d\vec{l} = \int_s (\nabla \times \vec{H}) \cdot d\vec{s}$$

于全电流定律的积分形式

$$\oint_C \vec{H} \cdot d\vec{l} = \int_s \left(\vec{J}_c + \vec{J}_v + \frac{\partial \vec{D}}{\partial t} \right) \cdot d\vec{s}$$

得

$$\nabla \times \vec{H} = \vec{J}_c(\text{或} \vec{J}_v) + \frac{\partial \vec{D}}{\partial t} \tag{1.7.4}$$

此式为全电流定律或称麦克斯韦第一方程的微分形式。在此必须指出,由于方程的微分形式是反映空间某一点电磁场量之间关系的,而传导电流与运流电流在空间同一点不可能并存,因此在方程中仅出现传导电流与位移电流或运流电流与位移电流。为此将$\nabla \times \vec{H}$ 式统一写成

$$\nabla \times \vec{H} = \vec{J} + \frac{\partial \vec{D}}{\partial t}$$

将麦克斯韦电磁场方程组的微分形式汇列于下:

$$\nabla \times \vec{H} = \vec{J} + \frac{\partial \vec{D}}{\partial t} \tag{1.7.5a}$$

$$\nabla \times \vec{E} = -\frac{\partial \vec{B}}{\partial t} \tag{1.7.5b}$$

$$\nabla \cdot \vec{D} = \rho \tag{1.7.5c}$$

$$\nabla \cdot \vec{B} = 0 \tag{1.7.5d}$$

上面四个方程表征了空间任一点上电磁场的基本特性。电场与磁场为统一电磁场的两个方面,在电磁场方程组中两个旋度式描述统一电磁场中电场与磁场的相互关系,而两个散度式描述电场与磁场各自所应遵循的规律。由于场源 ρ 与 $\vec{J}$ 之间相互联系,满足电荷守恒定律,因而这两个散度式可以由旋度式和电荷守恒定律导出。

由矢量分析知,任意矢量的旋度的散度恒等于零,

$$\nabla \cdot (\nabla \times \vec{E}) \equiv 0$$

因此 $$\nabla\cdot(\nabla\times\vec{E})=\nabla\cdot\left(-\frac{\partial\vec{B}}{\partial t}\right)=0$$

交换求导顺序可得

$$-\frac{\partial}{\partial t}(\nabla\cdot\vec{B})=0$$

对时间积分，并取积分常数为零，得

$$\nabla\cdot\vec{B}=0$$

同样对$\nabla\times\vec{H}$取散度

$$\nabla\cdot(\nabla\times\vec{H})=\nabla\cdot\left(\vec{J}+\frac{\partial\vec{D}}{\partial t}\right)\equiv0$$

$$\nabla\cdot\left(\vec{J}+\frac{\partial\vec{D}}{\partial t}\right)=\nabla\cdot\vec{J}+\nabla\cdot\frac{\partial\vec{D}}{\partial t}=\nabla\cdot\vec{J}+\frac{\partial}{\partial t}(\nabla\cdot\vec{D})$$

根据电荷守恒定律，单位时间内由任意闭合曲面内流出的电荷量应等于曲面内的电荷的减少率。即

$$\oint_s\vec{J}\cdot d\vec{s}=-\frac{dq}{dt}=-\int_V\frac{\partial\rho}{\partial t}dV$$

它的微分形式为

$$\nabla\cdot\vec{J}=-\frac{\partial\rho}{\partial t}$$

将$\nabla\cdot\vec{J}$代入前式得

$$\frac{\partial}{\partial t}(\nabla\cdot\vec{D})=\frac{\partial}{\partial t}\rho$$

对时间积分，并取积分常数为零，得

$$\nabla\cdot\vec{D}=\rho$$

麦克斯韦电磁场方程组中场量$\vec{D}$与$\vec{E}$及$\vec{B}$与$\vec{H}$间关系由其所处的媒质特性反映，表征媒质特性的三个方程：

$$\vec{D}=\varepsilon\vec{E} \tag{1.7.6a}$$

$$\vec{B}=\mu\vec{H} \tag{1.7.6b}$$

$$\vec{J}_c=\sigma\vec{E} \tag{1.7.6c}$$

称为媒质的状态方程。它们与麦克斯韦电磁场方程组构成完整的电磁场基本方程。

麦克斯韦电磁场方程组中每一个旋度方程可以展开为三个标量方程，也就是说麦克斯韦电磁场方程组能提供六个独立的标量微分方程，它们与媒质状态方程$\vec{D}=\varepsilon\vec{E}$及$\vec{B}=\mu\vec{H}$这两个矢量方程提供的六个标量方程联立，如果场源$\rho$和$\vec{J}$为已知，则在具体的边界条件下，原则上能求解电磁场$\vec{D}$、$\vec{E}$、$\vec{B}$、$\vec{H}$四个场矢量的十二个标量分量。

§1.8 电磁场的边界条件

在分析电磁场问题时，常遇到有多区媒质的情况，在不同媒质的分界面两侧媒质的性质发生突变，媒质参量ε和μ不连续，其中的电磁场亦要发生相应的变化。在分界面两侧两媒

质中场量之间的关系，称为电磁场的边界条件。麦克斯韦电磁场方程均为偏微分方程，这电磁场边界条件亦为求解这些方程的定解条件。

在媒质分界面上，媒质性质突变，电磁场一般亦发生相应变化，电磁场量不一定连续，其导数不一定存在。因此，在媒质分界面上不宜使用电磁场方程的微分形式，而需使用电磁场方程的积分形式，积分区间跨越分界面两侧，以导出电磁场的边界条件，而且每一个方程对应一个边界条件。

一、分界面上磁场的切向分量

分界面两侧媒质分别为媒质 1 与媒质 2，分界面的法线方向由媒质 2 指向媒质 1。在分界面上作一小的闭合矩形回路 C，其两个边 $\Delta\vec{l}_1$、$\Delta\vec{l}_2$ 与分界面平行，$\Delta\vec{l}_1=\Delta\vec{l}$、$\Delta\vec{l}_2=-\Delta\vec{l}$ 并分别位于分界面的两侧，高 $h_{右}$、$h_{左}$ 为无限小量。如图 1.8.1 所示。在此矩形回路上作 $\vec{H}$ 的闭合线积分：

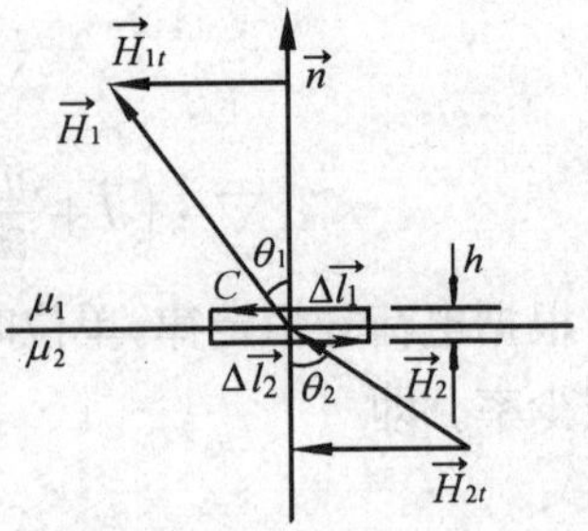

图 1.8.1 $\vec{H}$ 的边界条件

$$\oint_C \vec{H}\cdot d\vec{l}=\int_{\Delta l_1}\vec{H}_1\cdot d\vec{l}+\int_{h右}\vec{H}\cdot d\vec{l}+\int_{\Delta l_2}\vec{H}_2\cdot d\vec{l}+\int_{h左}\vec{H}\cdot d\vec{l}$$

以上积分 $\int_{h右}\vec{H}\cdot d\vec{l}$ 与 $\int_{h左}\vec{H}\cdot d\vec{l}$ 由于高 $h_{右}$、$h_{左}\to 0$ 而趋向于零。Δl_1、Δl_2 的大小 Δl 亦很小，在此积分区间中 $\vec{H}_1$、$\vec{H}_2$ 均匀分布，因此

$$\oint_C \vec{H}\cdot d\vec{l}=\vec{H}_1\cdot\Delta\vec{l}-\vec{H}_2\cdot\Delta\vec{l}=(\vec{H}_1-\vec{H}_2)\cdot\Delta\vec{l}$$

其中 $\Delta\vec{l}$ 是矩形回路在媒质 1 中积分路径，其方向沿分界面切线方向，它与分界面法线 $\vec{n}$ 及回路包围的矩形面法向单位矢量 $\vec{a}_s$ 的关系（$\vec{a}_s$ 的方向与回路 C 成右手螺旋关系）为

$$\Delta\vec{l}=(\vec{a}_s\times\vec{n})\Delta l$$

代入上式，得

$$(\vec{H}_1-\vec{H}_2)\cdot\Delta\vec{l}=(\vec{H}_1-\vec{H}_2)\cdot(\vec{a}_s\times\vec{n})\Delta l=[\vec{n}\times(\vec{H}_1-\vec{H}_2)]\cdot\vec{a}_s\Delta l$$

由安培环路定律知

$$\oint_C \vec{H}\cdot d\vec{l}=\int_s\left(\vec{J}+\frac{\partial\vec{D}}{\partial t}\right)\cdot d\vec{s}=\int_s\vec{J}\cdot d\vec{s}+\int_s\left(\frac{\partial\vec{D}}{\partial t}\right)\cdot d\vec{s}$$

其中 $\int_s\frac{\partial\vec{D}}{\partial t}\cdot d\vec{s}$ 为 C 包围的面积 s 中穿过的位移电流，因 $\frac{\partial\vec{D}}{\partial t}$ 为有限值，故 $\int_s\frac{\partial\vec{D}}{\partial t}\cdot d\vec{s}$ 随着 $h\to 0$、$s\to 0$ 而趋向于零；第一项为面积 s 中穿过的传导电流。如果传导电流以表面电流的形式分布在分界面上，在其垂直方向的单位长度上的电流为 $\vec{J}_1$（称之为面电流线密度，其单位为安[培]/米、A/m）则在分界面上闭合回路 C 包围电流 $\vec{J}_1\cdot\vec{a}_s\Delta l$。

沿闭合回路 C 的 $\vec{H}$ 线积分为

$$\oint_C \vec{H}\cdot d\vec{l}=[\vec{n}\times(\vec{H}_1-\vec{H}_2)]\cdot\vec{a}_s\Delta l=\vec{J}_1\cdot\vec{a}_s\Delta l$$

因为回路 C 在分界面上是任取的，其包围面的方向 $\vec{a}_s$ 也是任意的，因而有

$$\vec{n}\times(\vec{H}_1-\vec{H}_2)=\vec{J}_1$$

如果分界表面上没有表面电流，$\vec{J}_l=0$，则

$$\vec{n}\times(\vec{H}_1-\vec{H}_2)=0$$

即

$$H_1\sin\theta_1=H_2\sin\theta_2 \quad 或 \quad H_{1t}=H_{2t}$$

即当 $\vec{J}_l=0$ 时，$\vec{H}$ 的切向分量是连续的。

综上所述磁场切向分量的边界条件为

$$H_{1t}-H_{2t}=\begin{cases}J_l\\0\end{cases} \quad 或 \quad \vec{n}\times(\vec{H}_1-\vec{H}_2)=\begin{cases}\vec{J}_l\\0\end{cases} \tag{1.8.1}$$

二、分界面上电场的切向分量

如同在讨论分界面上磁场切向分量时那样，在分界面上作小矩形回路 C，则在回路上

$$\oint_C \vec{E}\cdot d\vec{l}=[\vec{n}\times(\vec{E}_1-\vec{E}_2)]\cdot\vec{a}_s\,\Delta l$$

另由法拉第电磁感应定律

$$\oint_C \vec{E}\cdot d\vec{l}=-\int_s\frac{\partial\vec{B}}{\partial t}\cdot d\vec{s}$$

被积函数 $\frac{\partial\vec{B}}{\partial t}$ 为有限值，故随着 $h\to0$ 和 $s\to0$，$\int_s\frac{\partial\vec{B}}{\partial t}\cdot d\vec{s}$ 亦趋向于零。即

$$E_{1t}=E_{2t} \quad 或 \quad \vec{n}\times(\vec{E}_1-\vec{E}_2)=0 \tag{1.8.2}$$

电场的切向分量在分界面上是连续的。

三、分界面上电位移矢量的法向分量

假定媒质分界面法线 $\vec{n}$ 方向为由媒质 2 指向媒质 1。在分界面上作一个小的柱形闭合面 s，其上、下底面 Δs_1、Δs_2 与分界面平行，分居于分界面两侧，且 $\Delta\vec{s}_1=\vec{n}\Delta s$，$\Delta\vec{s}_2=-\vec{n}\Delta s$，$\Delta s$ 很小，故 D_{1n}、D_{2n} 在其上可视为均匀，柱面高 h 为无限小量。如图 1.8.2 所示。

对于此闭合面 s 上 $\vec{D}$ 的通量

$$\oint_s\vec{D}\cdot d\vec{s}=\int_{\Delta S_1}\vec{D}_1\cdot d\vec{s}+\int_{S侧}\vec{D}\cdot d\vec{s}+\int_{\Delta S_2}\vec{D}_2\cdot d\vec{s}$$

对于柱面的侧面 $s_{侧}$，由于 $h\to0$，使 $s_{侧}\to0$，而 $\int_{S侧}\vec{D}\cdot d\vec{s}=0$，故

$$\oint_s\vec{D}\cdot d\vec{s}=\int_{\Delta S_1}\vec{D}_1\cdot d\vec{s}+\int_{\Delta S_2}\vec{D}_2\cdot d\vec{s}=\vec{D}_1\cdot\Delta\vec{s}_1+\vec{D}_2\cdot\Delta\vec{s}_2=D_{1n}\Delta s-D_{2n}\Delta s=(D_{1n}-D_{2n})\Delta s$$

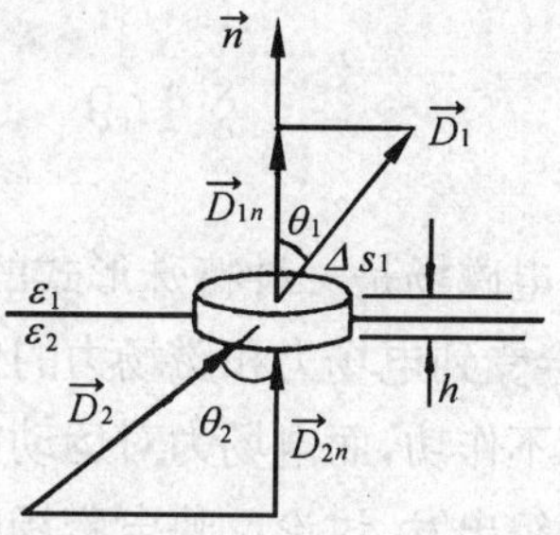

图 1.8.2 $\vec{D}$ 的边界条件

由高斯定律

$$\oint_s\vec{D}\cdot d\vec{s}=\int_V\rho\,dV$$

上式右边为闭合面 s 包围的体积中的自由电荷电量。当分界面上有自由电荷分布，其分布密度 ρ_s 称为自由电荷面密度，则

$$\oint_s \vec{D}\cdot d\vec{s} \doteq (D_{1n}-D_{2n})\Delta s = \rho_s \Delta s$$

$$D_{1n}-D_{2n}=\rho_s \quad 或 \quad \vec{n}\cdot(\vec{D}_1-\vec{D}_2)=\rho_s$$

若分界面上没有自由电荷分布，$\rho_s=0$，则有

$$D_{1n}=D_{2n} \quad 或 \quad \vec{n}\cdot\vec{D}_1=\vec{n}\cdot\vec{D}_2$$

即此时分界面上 $\vec{D}$ 的法向分量是连续的。故分界面上 $\vec{D}$ 的边界条件为

$$\vec{n}\cdot(\vec{D}_1-\vec{D}_2)=\begin{cases}\rho_s\\0\end{cases} \tag{1.8.3}$$

四、分界面上磁感应矢量 $\vec{B}$ 的法向分量

在媒质分界面上作小柱形闭合曲面 s，利用磁通连续性原理

$$\oint_s \vec{B}\cdot d\vec{s} = \vec{B}_1\cdot\Delta\vec{s}_1+\vec{B}_2\cdot\Delta\vec{s}_2=\vec{B}_1\cdot\Delta\vec{s}-\vec{B}_2\cdot\Delta\vec{s}=$$

$$(\vec{B}_1-\vec{B}_2)\cdot\Delta\vec{s}=(B_{1n}-B_{2n})\,\Delta\vec{s}=0$$

得

$$B_{1n}=B_{2n} \quad 或 \quad \vec{n}\cdot(\vec{B}_1-\vec{B}_2)=0 \tag{1.8.4}$$

分界面上 $\vec{B}$ 的法向分量是连续的。

分界面上电磁场的边界条件汇总如下：

$$\vec{n}\times(\vec{H}_1-\vec{H}_2)=\begin{cases}\vec{J}_l\\0\end{cases} \tag{1.8.5a}$$

$$\vec{n}\times(\vec{E}_1-\vec{E}_2)=0 \tag{1.8.5b}$$

$$\vec{n}\cdot(\vec{D}_1-\vec{D}_2)=\begin{cases}\rho_s\\0\end{cases} \tag{1.8.5c}$$

$$\vec{n}\cdot(\vec{B}_1-\vec{B}_2)=0 \tag{1.8.5d}$$

§1.9 电磁场能量关系——坡印亭定理

电磁场是一种特殊形式的物质，而能量是物质的主要属性之一。电荷在电磁场中运动时，会受到电场力和磁场力的作用。尽管磁场力的方向与电荷运动方向垂直，磁场力对运动电荷不作功，而电场力对运动电荷一般要作功的，这说明电磁场中孕含着能量。现从电磁场方程组出发，讨论反映电磁场中能量守恒及转换关系的坡印亭定理。

由矢量分析得矢量$(\vec{E}\times\vec{H})$的散度可展开为

$$\nabla\cdot(\vec{E}\times\vec{H})=\vec{H}\cdot\nabla\times\vec{E}-\vec{E}\cdot\nabla\times\vec{H} \tag{1.9.1}$$

若上式中 $\vec{E}$ 与 $\vec{H}$ 分别代表电场与磁场量，则由电磁场方程组

$$\begin{cases}\nabla\times\vec{E}=-\dfrac{\partial\vec{B}}{\partial t}\\ \nabla\times\vec{H}=\vec{J}+\dfrac{\partial\vec{D}}{\partial t}\end{cases}$$

可得

$$\nabla\cdot(\vec{E}\times\vec{H})=-\vec{H}\cdot\frac{\partial\vec{B}}{\partial t}-\vec{E}\cdot\frac{\partial\vec{D}}{\partial t}-\vec{J}\cdot\vec{E} \tag{1.9.2}$$

因 $\vec{B}=\mu\vec{H}$，设 μ 不是时间的函数，则可写出

$$\frac{\partial}{\partial t}\left(\frac{\vec{H}\cdot\vec{B}}{2}\right)=\frac{1}{2}\left(\vec{H}\cdot\frac{\partial\vec{B}}{\partial t}+\vec{B}\cdot\frac{\partial\vec{H}}{\partial t}\right)=\frac{1}{2}\left[\vec{H}\cdot\frac{\partial(\mu\vec{H})}{\partial t}+\mu\vec{H}\cdot\frac{\partial\vec{H}}{\partial t}\right]=\vec{H}\cdot\frac{\partial\vec{B}}{\partial t} \tag{1.9.3}$$

同理，因 $\vec{D}=\varepsilon\vec{E}$，且设 ε 不是时间的函数，有

$$\frac{\partial}{\partial t}\left(\frac{\vec{E}\cdot\vec{D}}{2}\right)=\vec{E}\cdot\frac{\partial\vec{D}}{\partial t} \tag{1.9.4}$$

因此

$$\nabla\cdot(\vec{E}\times\vec{H})=-\frac{\partial}{\partial t}\left[\frac{\vec{H}\cdot\vec{B}}{2}+\frac{\vec{E}\cdot\vec{D}}{2}\right]-\vec{J}\cdot\vec{E} \tag{1.9.5}$$

在任意体积 V 取体积分

$$\int_V\nabla\cdot(\vec{E}\times\vec{H})\mathrm{d}V=-\frac{\partial}{\partial t}\int_V\left[\frac{1}{2}\vec{H}\cdot\vec{B}+\frac{1}{2}\vec{E}\cdot\vec{D}\right]\mathrm{d}V-\int_V\vec{J}\cdot\vec{E}\,\mathrm{d}V \tag{1.9.6}$$

应用散度定理将散度的体积分变为

$$\oint_s(\vec{E}\times\vec{H})\cdot\mathrm{d}\vec{s}=-\frac{\partial}{\partial t}\int_V\left[\frac{1}{2}\vec{H}\cdot\vec{B}+\frac{1}{2}\vec{E}\cdot\vec{D}\right]\mathrm{d}V-\int_V\vec{J}\cdot\vec{E}\,\mathrm{d}V$$

或

$$\oint_s(\vec{E}\times\vec{H})\cdot\mathrm{d}\vec{s}+\int_V\vec{J}\cdot\vec{E}\,\mathrm{d}V=-\frac{\partial}{\partial t}\int_V\left(\frac{1}{2}\vec{E}\cdot\vec{D}+\frac{1}{2}\vec{H}\cdot\vec{B}\right)\mathrm{d}V \tag{1.9.7}$$

式中 s 为界定体积 V 的闭合面。

式(1.9.7)即为坡印亭定理的积分形式。其物理意义说明如下：

1. 式右边 $-\frac{\partial}{\partial t}\int_V\left(\frac{1}{2}\vec{E}\cdot\vec{D}+\frac{1}{2}\vec{H}\cdot\vec{B}\right)\mathrm{d}V$

$\frac{1}{2}\vec{E}\cdot\vec{D}$ 和 $\frac{1}{2}\vec{H}\cdot\vec{B}$ 具有能量密度的量纲，在 SI 制中单位为焦[耳]/米^3(J/m^3)。分别为单位体积内的电场能量和磁场能量。$-\frac{\partial}{\partial t}\int_V(\frac{1}{2}\vec{E}\cdot\vec{D}+\frac{1}{2}\vec{H}\cdot\vec{B})\mathrm{d}V$ 则为体积 V 内电场能量和磁场能量在单位时间内的减少量。

2. 式左边第二项 $\int_V\vec{J}\cdot\vec{E}\,\mathrm{d}V$

根据全电流的概念，$\vec{J}$ 在导电媒质中为传导电流密度 $\vec{J}_c=\sigma\vec{E}$，在空间电荷区域则为运流电流密度 $\vec{J}_v=\rho\vec{v}$，虽然它们不在空间同一点共存，但是可以分别存在于体积 V 中不同区域。因此，若体积 V 中无外加的电源，则可将 $\int_V\vec{J}\cdot\vec{E}\,\mathrm{d}V$ 写成

$$\int_V\vec{J}\cdot\vec{E}\,\mathrm{d}V=\int_V\sigma E^2\,\mathrm{d}V+\int_V\rho\,\vec{v}\cdot\vec{E}\,\mathrm{d}V$$

式中，$\int_V\sigma E^2\,\mathrm{d}V$ 代表在单位时间内传导电流在体积 V 中的能量损耗，能量转变为热量；$\int_V\rho\vec{v}\cdot\vec{E}\,\mathrm{d}V$ 代表在单位时间内，在体积 V 中为增加运动电荷的动能，电场所提供的能量。

即$\int_V \vec{J}\cdot\vec{E}\,\mathrm{d}V$为单位时间内，在体积$V$中电场为转换成其他形式的能量而引起的电场能量损耗。

3. 式左边第一项 $\oint_s(\vec{E}\times\vec{H})\cdot\mathrm{d}\vec{s}$

从式(1.9.7)其他各项的讨论，可以看出 $\oint_s(\vec{E}\times\vec{H})\cdot\mathrm{d}\vec{s}$ 为在单位时间内穿出体积V的表面s的电磁场能量。故可假设矢量$(\vec{E}\times\vec{H})$为单位时间内垂直通过单位面积的电磁场能量，称为功率流密度矢量或坡印亭矢量。用$\vec{S}$表示：

$$\vec{S}=\vec{E}\times\vec{H} \tag{1.9.8}$$

其单位为瓦[特]/米^2($\mathrm{W/m^2}$)。

坡印亭定理的物理意义简述如下：当体积V内无其他能源时，在单位时间内体积V内电磁能量的减少等于体积中功率的损耗与经体积表面s流出的功率流之和。

对于静态电磁场，场量对时间的变化率为零，在坡印亭定理中电磁场能量对时间的变化率亦为零，于是坡印亭定理变为

$$-\oint_s\vec{S}\cdot\mathrm{d}\vec{s}=-\oint_s(\vec{E}\times\vec{H})\cdot\mathrm{d}\vec{s}=\int_V\vec{J}\cdot\vec{E}\,\mathrm{d}V \tag{1.9.9}$$

因此，在直流系统的静态电磁场中，进入围绕载流导体所构成的封闭面S的净功率通量等于这些导体的功率损耗。这表明导体中损耗功率是由导体外部输入的功率供给的。

【例 1.9.1】 利用坡印亭定理计算载有直流电流I的直长圆柱导线的功率损耗。导线长度为l，横截面半径为a。(图 1.9.1)

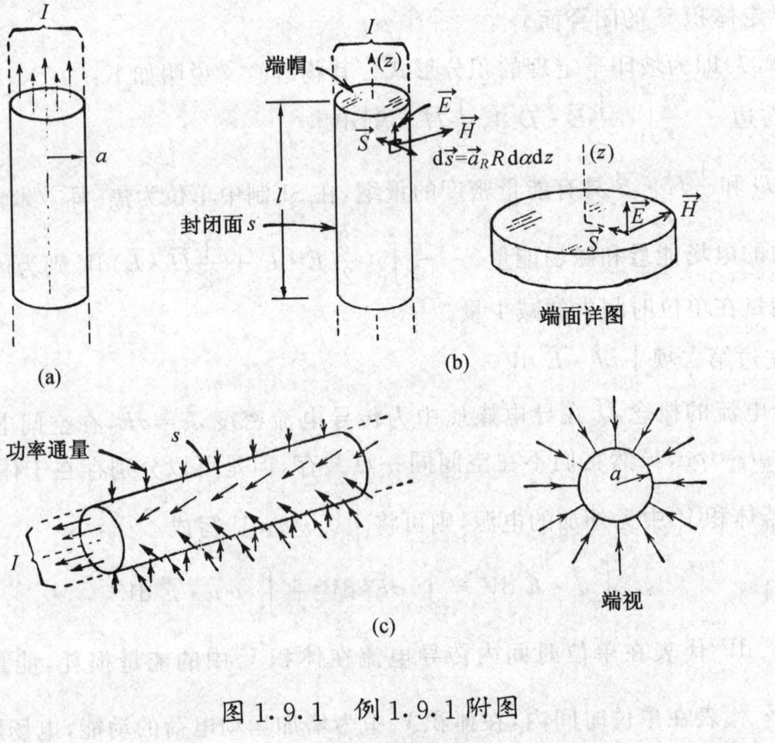

图 1.9.1 例 1.9.1 附图

解： 取圆柱坐标系表示。

在导线圆柱表面上($R=a$)，场强为

$$\vec{E}=\vec{a}_z E_z=\vec{a}_z\frac{J_z}{\sigma}=\vec{a}_z\frac{I}{\sigma A}\quad A\text{ 为导线横截面积}$$

$$\vec{H}=\vec{a}_\alpha H_\alpha=\vec{a}_\alpha\frac{I}{2\pi a}$$

因此在圆柱表面上的坡印亭矢量为

$$\vec{S}=\vec{E}\times\vec{H}=\left(\vec{a}_z\frac{I}{\sigma A}\right)\times\left(\vec{a}_\alpha\frac{I}{2\pi a}\right)=-\vec{a}_R\frac{I^2}{2\pi a\sigma A}$$

$\vec{S}$ 的方向沿 $-\vec{a}_R$ 方向，即进入导体内部的方向。在导线两端面上 $\vec{S}$ 的方向亦沿 $-\vec{a}_R$ 方向与端面法向垂直，因此两端面对 $\vec{S}$ 的通量无贡献，这样就使得进入导体表面(封闭面 S)的总通量，即导线的功率损耗为

$$P=-\oint_s\vec{S}\cdot d\vec{s}=-\int_{z=0}^{l}\int_{\alpha=0}^{2\pi}\left(-\vec{a}_R\frac{I^2}{2\pi a\sigma A}\right)\cdot\vec{a}_R\,a\,d\alpha\,dz=\frac{I^2\,2\pi al}{2\pi a\ \sigma A}=I^2\frac{l}{\sigma A}=I^2R$$

式中，R 为导线直流电阻 $R=\dfrac{l}{\sigma A}$。

以上结果与直流电路理论计算结果相同。

【例 1.9.2】 同轴传输线内、外导体均为理想导体，设内导体半径为 a，外导体内半径为 b，两导体之间媒质为理想介质，参量为 ε、μ。外导体电位为零，内导体电位为 U。传输线终端接负载电阻 R_L。试通过计算坡印亭矢量的面积分，导出同轴传输线的传输功率。(图 1.9.2)

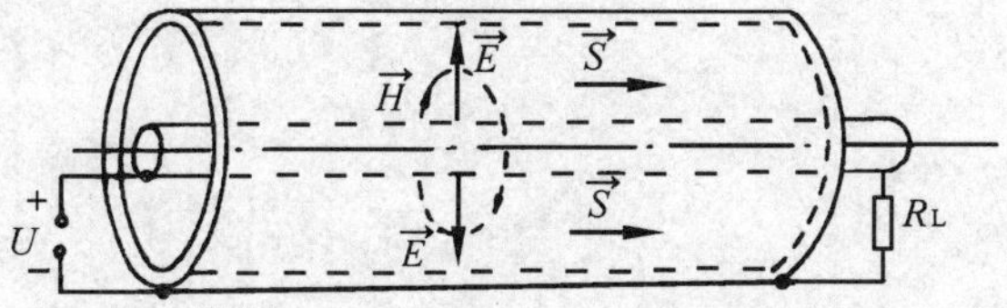

图 1.9.2 例 1.9.2 附图

解： 取圆柱坐标系

同轴线间电压为 U，外导体电位为零，则内外导体间电场强度为

$$\vec{E}=\vec{a}_R\frac{U}{R\ln\dfrac{b}{a}}\quad(a\leqslant R\leqslant b)$$

式中，R 为圆柱坐标变量。在内、外导体内电场强度为零。即

$$\vec{E}=0\quad(R\leqslant a);\qquad\vec{E}=0\quad(R\geqslant b)$$

同轴线内、外导体间加有电压，其终端接负载电阻 R_L，则组成闭合回路，内导体中电流为 I，外导体中电流为 $-I$，利用安培定律容易求得

$$\vec{H}=\vec{a}_\alpha\frac{I}{2\pi R}\quad(a\leqslant R\leqslant b)$$

因此在同轴线横截面上坡印亭矢量

$$\vec{S}=\vec{E}\times\vec{H}=\left(\vec{a}_R\frac{U}{R\ln\dfrac{b}{a}}\right)\times\left(\vec{a}_\alpha\frac{I}{2\pi R}\right)=\vec{a}_z\frac{UI}{2\pi R^2\ln\dfrac{b}{a}}\quad(a\leqslant R\leqslant b)$$

同轴线横截面通过的功率，亦即同轴线传输的功率为

$$P=\int_s\vec{S}\cdot\mathrm{d}\vec{s}=\int_a^b\vec{a}_z\frac{UI}{2\pi R^2\ln\dfrac{b}{a}}\cdot\vec{a}_z\,2\pi R\,\mathrm{d}R$$

$$=\frac{UI}{\ln\dfrac{b}{a}}\int_a^b\frac{\mathrm{d}R}{R}=UI$$

以上结果表明，传输线所传输的电磁能量，并非由导线内部传送，而是通过导体外部空间，以电磁场为载体传输的，传输线的导体仅起引导作用。

习　题

1.1　一圆盘半径为 a，其上均匀分布有电荷，电荷密度为 ρ_s，试计算圆盘中心轴上任一点距圆心 h 处的电场强度。

1.2　在内半径为 a、外半径为 b 的介质($\varepsilon=4\varepsilon_0$)球壳($a\leqslant r\leqslant b$)内，$r\leqslant a$ 区域均匀分布着体密度为 ρ 的电荷，球壳内外均为空气，求以下三个区域内的电场分布：(1)$r\leqslant a$；(2)$a\leqslant r\leqslant b$；(3)$r\geqslant b$。并求在以上三个区域中的 $\nabla\times\vec{E}$ 和 $\nabla\cdot\vec{D}$。

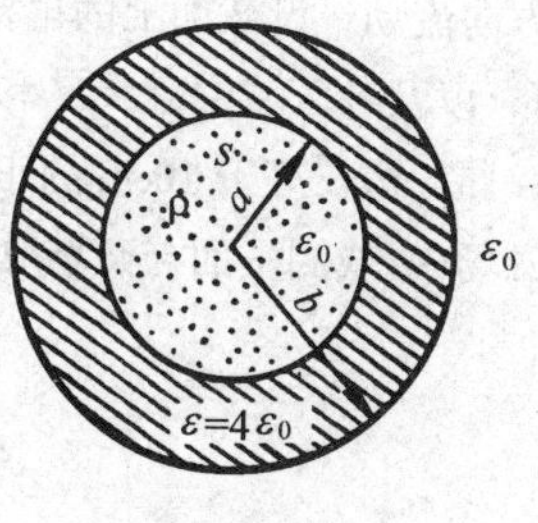

题 1.2 附图

1.3　两无限长同轴圆柱面，其半径各为 R_1、R_2，设内外圆柱面上都均匀分布有电荷，其面密度各为 $\rho_{S1}=\rho_{S0}$，$\rho_{S2}=-\rho_{S0}$。内外圆柱面之间空间且均匀分布有体电荷，其密度为 ρ，已知外圆柱面外的电场强度为零，求两圆柱面之间空间的电场分布，以及 $\nabla\times\vec{E}$ 和 $\nabla\cdot\vec{D}$，并验证内外圆柱处的边界条件。

1.4　卢瑟福 1911 年采用的原子模型是在半径为 r_a 的球体积中均匀分布着总电量为 $-Ze$ 的电子云，在球心有一正电荷 Ze。其中 Z 是原子序数，e 是质子电量($e=1.6\times10^{-19}$C)，试证明原子内电场的表示式为

$$\vec{E}=\vec{a}_r\frac{Ze}{4\pi\varepsilon_0}\left(\frac{1}{r^2}-\frac{r}{r_a^3}\right)$$

1.5　设气体放电形成的等离子体圆柱内的体电荷分布可用下式表示：

$$\rho_e(R)=\frac{\rho_0}{\left[1+\left(\frac{R}{a}\right)^2\right]^2}$$

式中，R 是到轴线的距离，ρ_0 是轴线上的 ρ_e 值，a 是常数(它是 ρ_e 减小到 $\frac{\rho_0}{4}$ 处的半径)。求等离子体内电场强度。

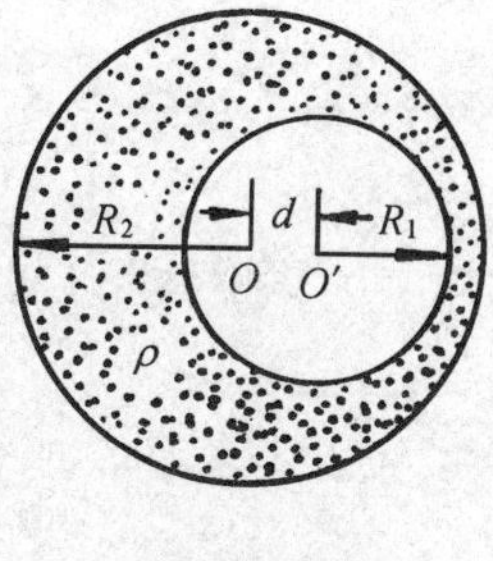

题 1.6 附图

1.6　如图所示的两不同轴平行直长圆柱面，轴心间距离为 d($d<R_2-R_1$)，如内外圆柱面之间均匀分布有体密度为 ρ 的电荷，求内圆柱面内的电场强度。[提示]：应用叠加原理。

1.7　一半径等于 3cm 的金属圆球，处于相对介电常数 $\varepsilon_r=2.5$ 的介质中。如在离球心 $r=10$cm 处的电场强度 $E=1$V/cm，求金属球所带电量。

1.8　有一半径为 R 的球形电荷分布，球内外的介电常数均为 ε_0，设球体内的电场强度为 $\vec{E}=\vec{a}_rAr^3$($0<r\leqslant R$)，求球体内的自由电荷分布及球体外的电场强度分布。

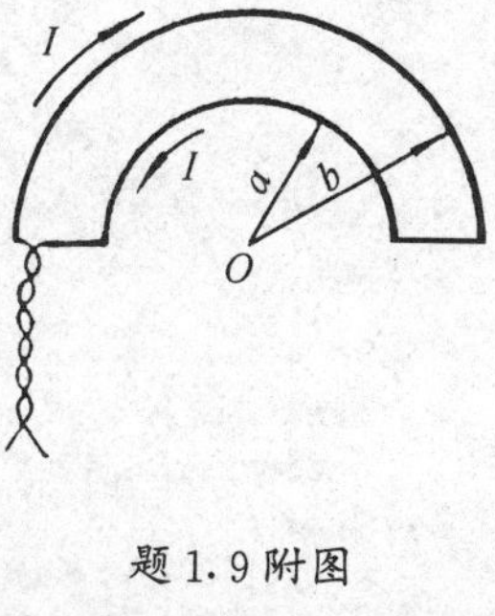

题 1.9 附图

1.9　导线绕成半圆形回路，如图所示。设回路通过电流 I，求圆心处的磁通密度。

1.10　将一半径等于 r 的导线圆环沿直径折起来，使两个半圆面互相垂直，环上通有电流 I，求圆心处的磁场强度。

1.11　一空心的直长铜管通过电流 I，管的内半径为 R_1，外半径为 R_2，求磁场强度沿半径 R 的分布，并绘出 $H=f(R)$ 曲线。求各区域中的 $\nabla\times\vec{H}$ 和 $\nabla\cdot\vec{B}$。

1.12　设上题中铜管的管孔位置不正，轴心间偏离距离 d($d<R_2-R_1$)，求管孔内的磁场强度。[提示]：应

用叠加原理。

1.13　同轴线截面尺寸如图所示，设通过直流电流 I，内外导体上电流大小相等方向相反，求磁场强度沿半径的分布，以及在各区域中的 $\nabla\times\vec{H}$ 和 $\nabla\cdot\vec{B}$。并验证 $R=R_1$，$R=R_2$，及 $R=R_3$ 处的边界条件。

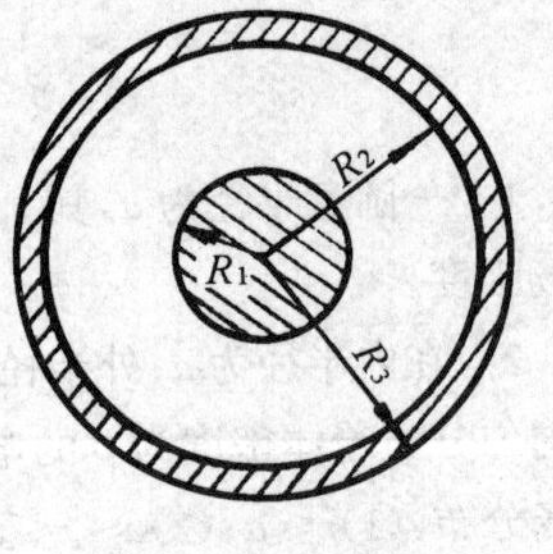

题 1.13 附图

1.14　在一厚度等于 d 的金属平板内（$\mu=\mu_0$），有一均匀分布的电流向一个方向流动。设截面上的电流密度为 $\vec{J}$，板面为无限大，求板内外磁场强度分布，以及各区域中 $\nabla\times\vec{H}$ 和 $\nabla\cdot\vec{B}$，并验证板面边界上的边界条件。

1.15　边长等于 10cm 的正方形线圈，置于磁通密度 $B=500\sin 10^7 t\text{T}$ 的均匀磁场中，线圈平面与磁场成 45°交角。求线圈内的感应电动势。

第二章　静电场和恒定电流电场

由麦克斯韦电磁场方程组可见，电场与磁场存在着紧密的联系，它们是统一的电磁现象的两个方面。但是在某些特殊情况下，电场和磁场确能单独表现出来。例如相对于观察者为静止的电荷，在它周围只发现有电场，而没有发现磁场；在永久磁铁周围空间中，对磁铁相对静止的观察者亦仅发现磁场而没有发现电场。因此在一些特殊情况下就有可能把电场和磁场从统一的电磁现象中划分出来分别研究。

对静电场、恒定电流的电场和恒定电流的磁场进行研究，一方面是因为这几种场的基本特性和计算方法本身是十分重要的，另一方面也为学习比此更复杂的时变电磁场奠定必要的基础。

§2.1　静电场的基本方程

场源电荷相对于观察者（所采用的坐标系）静止不动，不随时间变化，它周围的场的所有场量亦不随时间变化，只是空间坐标的函数。

由于场量不随时间变化，因此电磁场方程组简化为

$$\begin{cases}\nabla\times\vec{H}=0 & \\ \nabla\times\vec{E}=0 & \vec{D}=\varepsilon\vec{E}\\ \nabla\cdot\vec{D}=\rho & \vec{B}=\mu\vec{H}\\ \nabla\cdot\vec{B}=0 & \end{cases}$$

方程组中电场量（$\vec{D}$，$\vec{E}$）与磁场量（$\vec{B}$，$\vec{H}$）没有联系，这正是电场和磁场在上述条件下可分别研究的数学依据。方程组中关于磁场量的方程为

$$\begin{cases}\nabla\times\vec{H}=0\\ \nabla\cdot\vec{B}=0\\ \vec{B}=\mu\vec{H}\end{cases}$$

如果在所讨论场域的边界亦没有电流（磁场源），则方程的解为 $\vec{H}=0$，$\vec{B}=0$。电荷静止不动，因此没有电流，这条件是包括场域边界的，因此在静止电荷周围是没有磁场的，其周围只有电场，这电场称为静电场。描述静电场特性的基本方程为

$$\begin{cases}\nabla\times\vec{E}=0 & (2.1.1a)\\ \nabla\cdot\vec{D}=\rho & (2.1.1b)\\ \vec{D}=\varepsilon\vec{E} & (2.1.1c)\end{cases}$$

其积分形式为

$$\int_s(\nabla\times\vec{E})\cdot d\vec{s}=\oint_C\vec{E}\cdot d\vec{l}=0 \qquad (2.1.2a)$$

$$\int_V(\nabla\cdot\vec{D})\mathrm{d}V=\oint_s\vec{D}\cdot\mathrm{d}\vec{s}=\int_V\rho\mathrm{d}V \tag{2.1.2b}$$

静电场的基本方程表明：场量 $\vec{E}$ 的旋度等于零，静电场是个无旋场；场量 $\vec{D}$ 的散度不等于零，静电场是个有源场，$\vec{D}$ 的力线由正电荷发出，至负电荷终止。

§2.2 电 位

静电场基本方程给出了电场量的旋度与散度，则根据亥姆霍兹定理，便能确定这矢量场——电场。但直接利用基本方程求解电场量，在数学上将遇到一些困难，为此在遵循静电场基本规律的前提下，寻求其他途径，以使问题相应简化。

一、电位

由于静电场的无旋性（$\nabla\times\vec{E}=0$），考虑到标量 φ 的梯度 $\nabla\varphi$ 的旋度恒等于零（$\nabla\times\nabla\varphi\equiv0$），所以可以用一标量函数的梯度来表示一无旋场。由此无旋场又称为位场。因此令静电场电场强度

$$\vec{E}=-\nabla\varphi \tag{2.2.1}$$

式中，φ 称为标量电位，电位为一标量函数，其运算较矢量 $\vec{E}$ 的运算简单。

位函数作为一种数学工具，作为求解场量时的辅助函数，本身可以不具备什么物理意义，但在静电场中的标量电位却有明确的物理意义。

根据电场强度的定义，$\vec{E}$ 为单位正电荷在电场中所受到的力。单位正电荷在电场中位移 $\mathrm{d}\vec{l}$，电场力所作的功为

$$\mathrm{d}A=\vec{E}\cdot\mathrm{d}\vec{l} \tag{2.2.2}$$

单位正电荷在电场力作用下沿路径 l 从 P 点移到 Q 点，如图 2.2.1 所示，电场力所作的功为

$$A=\int_l\vec{E}\cdot\mathrm{d}\vec{l} \tag{2.2.3}$$

一般函数的线积分不仅决定于积分的起点和终点的位置，而且和积分的具体路径有关。但由于静电场的无旋特性，可以方便地证明，式(2.2.3)的积分仅决定于起点 P 和终点 Q 的位置，而和从 P 到 Q 所选择的的路径无关。

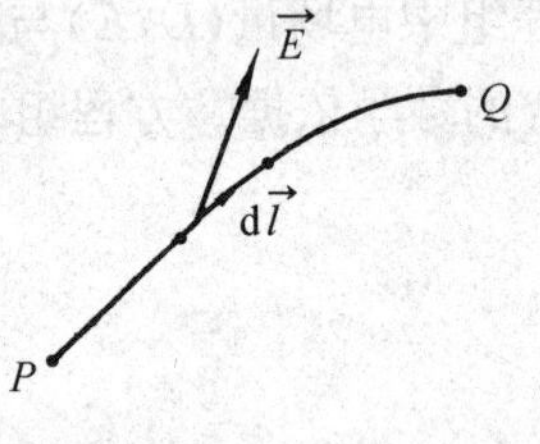

图 2.2.1

由于静电场的无旋特性，静电场中任一闭合回路都满足

$$\oint_C\vec{E}\cdot\mathrm{d}\vec{l}=\int_s(\nabla\times\vec{E})\cdot\mathrm{d}\vec{s}=0$$

因此对于如图 2.2.2 所示的闭合回路 $PMQNP$，可有

$$\oint_{PMQNP}\vec{E}\cdot\mathrm{d}\vec{l}=\int_{PMQ}\vec{E}\cdot\mathrm{d}\vec{l}+\int_{QNP}\vec{E}\cdot\mathrm{d}\vec{l}=0$$

即

$$\int_{PMQ}\vec{E}\cdot\mathrm{d}\vec{l}=-\int_{QNP}\vec{E}\cdot\mathrm{d}\vec{l}=\int_{PNQ}\vec{E}\cdot\mathrm{d}\vec{l}$$

路径 PMQ 和 PNQ 为从 P 到 Q 的两条任意路径。从上式可以得出结论：在静电场中，电荷在电场力作用下发生位移时，电场力对电荷所作的功仅和电荷位移的起点及终点的位置有关，而和电荷移动经过的路径无关。因此式(2.2.3)可写成

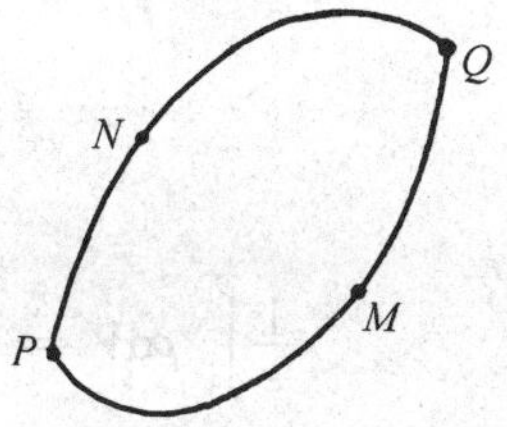

图 2.2.2

$$\int_l \vec{E} \cdot d\vec{l} = \int_P^Q \vec{E} \cdot d\vec{l}$$

把单位正电荷从 P 点移动到 Q 点电场力所作的功称为从 P 到 Q 点的电位差 U_{PQ}

$$U_{PQ} = \varphi_P - \varphi_Q = \int_P^Q \vec{E} \cdot d\vec{l} = \int_P^Q (-\nabla\varphi) \cdot d\vec{l} = -\int_P^Q \frac{\partial\varphi}{\partial l} dl \tag{2.2.4}$$

如果选择场中某点 O 作为参考点，且令其电位为零，则定义空间任一点 P 的电位为

$$\varphi_P = \varphi_P - \varphi_0 = \int_P^O \vec{E} \cdot d\vec{l} \tag{2.2.5}$$

即：电场内任一点的电位，就是移动单位正电荷自该点到零电位点时电场力所作的功。在国际单位制(SI 制)中其单位为伏特(V)。零电位点的选择有一定的任意性，一般选择零电位点使电位的表示式能有最简单的形式。在场源电荷分布在有限区域的情况下，一般选择无限远处为参考点。当零电位点选定后，场中各点的电位就都具有了确定的数值。

根据功能关系，场中某点的电位亦是表征该点电位能的物理量，它表示单位正电荷在电场中该点处所具有的位能。

【例 2.2.1】 电荷按体密度 $\rho=\rho_0\left(1-\frac{r^2}{a^2}\right)$ 分布于一个半径为 a 的球形区域内，其中 ρ_0 为常数。计算球内、外的电场和电位。

解： 场源具有球对称性，其电场亦有此对称性。选取球坐标系，电场 $\vec{E}$ 方向沿球坐标矢径 $\vec{a}_r$ 方向。利用高斯定律求解。

在球内区域($r\leqslant a$)点，利用高斯定律

$$\oint_s \vec{E}_1 \cdot d\vec{s} = \frac{1}{\varepsilon} \int_V \rho \, dV$$

左边

$$\oint_s \vec{E}_1 \cdot d\vec{s} = 4\pi r^2 E_1$$

右边

$$\frac{1}{\varepsilon}\int_V \rho \, dV = \frac{1}{\varepsilon} \int_0^r \rho \, 4\pi r^2 \, dr = \frac{1}{\varepsilon} \int_0^r \rho_0\left(1 - \frac{r^2}{a^2}\right) 4\pi r^2 dr = \frac{4\pi\rho_0}{\varepsilon}\left(\frac{r^3}{3} - \frac{r^5}{5a^2}\right)$$

故

$$\vec{E}_1 = \frac{\rho_0}{\varepsilon}\left(\frac{r}{3} - \frac{r^3}{5a^2}\right)\vec{a}_r$$

在球外区域($r\geqslant a$)点

$$\oint_s \vec{E}_2 \cdot d\vec{s} = \frac{1}{\varepsilon}\int_V \rho \, dV$$

左边

$$\oint_s \vec{E}_2 \cdot d\vec{s} = 4\pi r^2 E_2$$

右边

$$\frac{1}{\varepsilon}\int_V \rho dV = \frac{1}{\varepsilon}\int_0^a \rho\, 4\pi r^2 dr = \frac{4\pi\rho_0}{\varepsilon}\int_0^a\left(r^2 - \frac{r^4}{a^2}\right) dr = \frac{8}{15\varepsilon}\pi\rho_0 a^3$$

故

$$\vec{E}_2 = \frac{2\rho_0 a^3}{15\varepsilon r^2}\vec{a}_r$$

取无限远点为零电位点，由此得球外点的电位

$$\varphi_2 = \int_r^\infty \vec{E}_2 \cdot d\vec{r} = \int_r^\infty \frac{2\rho_0 a^3}{15\varepsilon\, r^2}\vec{a}_r \cdot d\vec{r} = \frac{2\rho_0 a^3}{15\varepsilon\, r}$$

球内点的电位

$$\varphi_1 = \int_r^a \vec{E}_1 \cdot d\vec{r} + \int_a^\infty \vec{E}_2 \cdot d\vec{r} = \int_r^a \frac{\rho_0}{\varepsilon}\left(\frac{r}{3} - \frac{r^3}{5a^2}\right) dr + \frac{2\rho_0\, a^2}{15\varepsilon} = \frac{\rho_0}{2\varepsilon}\left(\frac{a^2}{2} - \frac{r^2}{3} + \frac{r^4}{10a^2}\right)$$

【例 2.2.2】 无限长同轴传输线内导体半径为 R_1，外导体的内半径为 R_2 如图 2.2.3 所示，在内外导体间加电压 U，(设外导体电位为零)，求内外导体间的电场及其电位分布。

解：设内外导体单位长度的电量分别为 ρ_l 及 $-\rho_l$，则内外导体间的电场强度由高斯定律可求得

$$\vec{E}_R = \frac{\rho_l}{2\pi\varepsilon R}\vec{a}_R \qquad (R_1 \leqslant R \leqslant R_2)$$

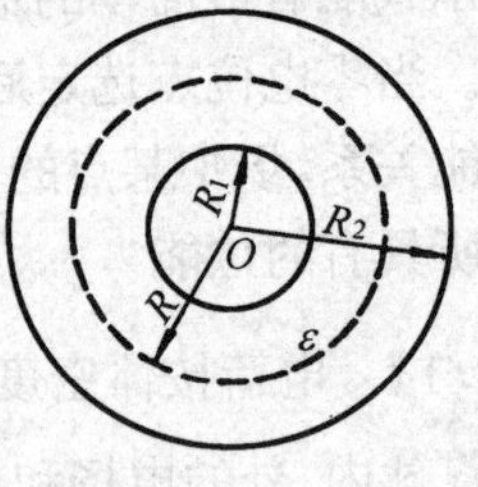

图 2.2.3 例 2.2.2 同轴传输线横截面

内外导体间电位

$$\varphi = \int_R^{R_2} E_R\, dR = \int_R^{R_2} \frac{\rho_l}{2\pi\varepsilon R} dR = \frac{\rho_l}{2\pi\varepsilon}\ln\frac{R_2}{R}$$

内外导体间的电压

$$U = \int_{R_1}^{R_2} E_R\, dR = \int_{R_1}^{R_2} \frac{\rho_l}{2\pi\varepsilon R} dR = \frac{\rho_l}{2\pi\varepsilon}\ln\frac{R_2}{R_1}$$

故

$$\rho_l = \frac{2\pi\varepsilon U}{\ln\frac{R_2}{R_1}}$$

$$\vec{E}_R = \frac{U}{R\ln\frac{R_2}{R_1}}\vec{a}_R, \qquad \varphi = \frac{U\ln\frac{R_2}{R}}{\ln\frac{R_2}{R_1}}$$

二、已知电荷分布求电场电位

1. 点电荷的电场电位

设在 O 点有一点电荷 q，先求空间任意两点 A 与 B 间的电位差

$$\varphi_A - \varphi_B = \int_A^B \vec{E} \cdot d\vec{l}$$

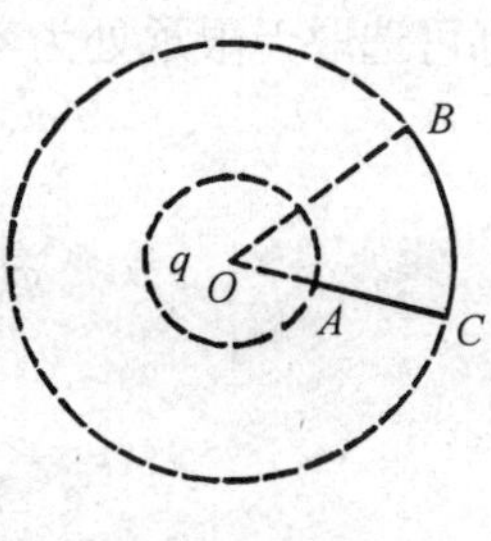

图 2.2.4

由于上式的积分与积分路径无关，我们可以选择最便于进行积分的路径进行计算。以 O 为球心，并以 $\overline{OA}=r_A$ 及 $\overline{OB}=r_B$ 为半径作同心球，积分路径选取沿球半径方向从 A 到 C，再沿球面自 C 到 B，如图 2.2.4 所示。则

$$\varphi_A - \varphi_B = \int_A^B \vec{E} \cdot d\vec{l} = \int_A^C \vec{E} \cdot d\vec{l} + \int_C^B \vec{E} \cdot d\vec{l}$$

沿路径 AC 电场强度方向与路径一致，为沿球坐标矢径方向，$\vec{E} \cdot d\vec{l} = E\,dr$，$\int_A^C \vec{E} \cdot d\vec{l} = \int_{r_A}^{r_B} E\,dr$，而沿路径 CB 电场强度矢量方向与路径垂直，故 $\vec{E} \cdot d\vec{l} = 0$，$\int_C^B \vec{E} \cdot d\vec{l} = 0$。因此

$$\varphi_A - \varphi_B = \int_{r_A}^{r_B} E\,dr = \int_{r_A}^{r_B} \frac{q}{4\pi\varepsilon r^2}\,dr = \frac{q}{4\pi\varepsilon}\left[\frac{1}{r_A} - \frac{1}{r_B}\right]$$

如选择 B 点为零电位参考点，则电场中点 A 的电位为

$$\varphi_A = \varphi_A - \varphi_B = \frac{q}{4\pi\varepsilon}\left[\frac{1}{r_A} - \frac{1}{r_B}\right] \tag{2.2.6}$$

由上式可见零电位参考点只要不选择在电荷所在的点，则场中任意点 A 的电位值均为确定的，有意义的。通常选择无限远处为零电位点，此时点电荷在空间各点的电场电位有最简单的形式：

$$\varphi_A = \varphi_A - \varphi_\infty = \int_{r_A}^{\infty} \frac{q}{4\pi\varepsilon r^2}\,dr = \frac{q}{4\pi\varepsilon r_A} \tag{2.2.7}$$

如果场源点电荷 q 位置不在球坐标原点（如图 2.2.5），则空间任一点 A（称为场点）的电场电位（设参考点在无限远处）为

$$\varphi(\vec{r}) = \frac{q}{4\pi\varepsilon} \frac{1}{|\vec{r} - \vec{r}'|} = \frac{q}{4\pi\varepsilon R} \tag{2.2.8}$$

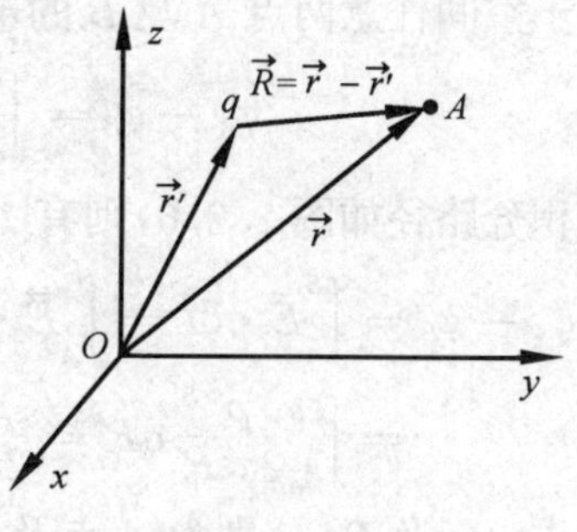

图 2.2.5

式中，$\vec{r}$、$\vec{r}'$ 分别为球坐标中场点、源点的矢径，且 $\vec{R} = \vec{r} - \vec{r}'$。

2. 电荷系的电场电位

如场源为 n 个点电荷，则根据叠加原理，可以对每一个点电荷计算电位，然后进行叠加。应当注意的是：对电位进行叠加时，必须选取同一个参考零电位点。当电荷局限在有限空间范围内时，通常选取无限远处作为零电位点，此时 n 个点电荷的电场电位为

$$\varphi(\vec{r}) = \frac{1}{4\pi\varepsilon} \sum_{k=1}^{n} \frac{q_k}{|\vec{r} - \vec{r}'_k|} = \frac{1}{4\pi\varepsilon} \sum_{k=1}^{n} \frac{q_k}{R_k} \tag{2.2.9a}$$

如果场源电荷分布在某一体积中、某一面上或成线状分布，则只要电荷仅分布在有限空

间,都可选取无限远处为零电位点。应用电荷体密度、电荷面密度或电荷线密度的概念,即可得

$$\varphi(\vec{r})=\int_{V'}\frac{\rho(\vec{r}')}{4\pi\varepsilon|\vec{r}-\vec{r}'|}\mathrm{d}V'=\int_{V'}\frac{\rho(\vec{r}')}{4\pi\varepsilon R}\mathrm{d}V' \quad (2.2.9b)$$

$$\varphi(\vec{r})=\int_{s'}\frac{\rho_s(\vec{r}')}{4\pi\varepsilon|\vec{r}-\vec{r}'|}\mathrm{d}s'=\int_{s'}\frac{\rho_s(\vec{r}')}{4\pi\varepsilon R}\mathrm{d}s' \quad (2.2.9c)$$

$$\varphi(\vec{r})=\int_{l'}\frac{\rho_l(\vec{r}')}{4\pi\varepsilon|\vec{r}-\vec{r}'|}\mathrm{d}l'=\int_{l'}\frac{\rho_l(\vec{r}')}{4\pi\varepsilon R}\mathrm{d}l' \quad (2.2.9d)$$

上式中,ρ、ρ_s 和 ρ_l 分别为电荷体密度、电荷面密度和电荷线密度。

对于场源既有点电荷,又包含各种分布电荷的一般情况,只要电荷仅分布在有限空间,选择无限远处为零电位点,则场点$(\vec{r})$上的电位为

$$\varphi(\vec{r})=\frac{1}{4\pi\varepsilon}\sum_{k=1}^{n}\frac{q_k}{|\vec{r}-\vec{r}'_k|}+\int_{V'}\frac{\rho(\vec{r}')}{4\pi\varepsilon|\vec{r}-\vec{r}'|}\mathrm{d}V'+$$
$$\int_{s'}\frac{\rho_s(\vec{r}')}{4\pi\varepsilon|\vec{r}-\vec{r}'|}\mathrm{d}s'+\int_{l'}\frac{\rho_l(\vec{r}')}{4\pi\varepsilon|\vec{r}-\vec{r}'|}\mathrm{d}l' \quad (2.2.10)$$

3. 场源电荷分布至无限远时,零电位点的选取

设电荷均匀分布在一无限长直线上,其电荷线密度为 ρ_l,求空间各点的电位。

选取圆柱坐标系,并应用高斯定律,容易求得这一电荷分布在空间形成的电场强度为

$$\vec{E}=\vec{a}_R\frac{\rho_l}{2\pi\varepsilon R}$$

故对于空间任意两点 A 及 B 的电位差

$$\varphi_A-\varphi_B=\int_A^B\vec{E}\cdot\mathrm{d}\vec{l}$$

选取积分路径如图 2.2.6,则有

$$\varphi_A-\varphi_B=\int_A^B\vec{E}\cdot\mathrm{d}\vec{l}=\int_A^C\vec{E}\cdot\mathrm{d}\vec{l}+\int_C^B\vec{E}\cdot\mathrm{d}\vec{l}$$
$$=\int_{R_A}^{R_B}\frac{\rho_l}{2\pi\varepsilon R}\mathrm{d}R=\frac{\rho_l}{2\pi\varepsilon}\ln\frac{R_B}{R_A} \quad (2.2.11)$$

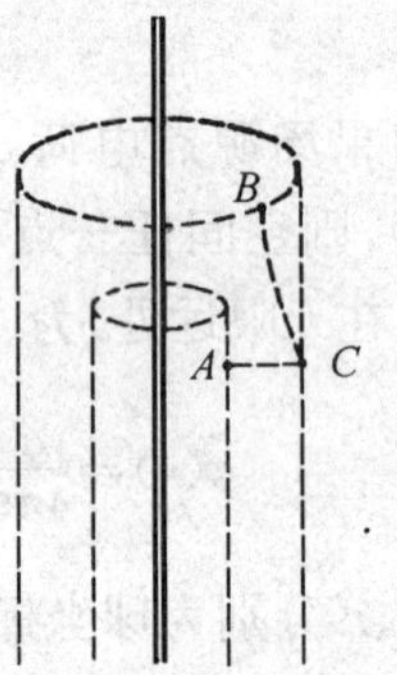

图 2.2.6 无限长直线电荷的电场电位

上式中,R_A 及 R_B 分别为 A 点及 B 点与线电荷的距离。

如果选择场中某点 0(与线电荷的距离为 R_0)为零电位点,则空间任一位置 A 的电位为

$$\varphi_A=\int_A^0\vec{E}\cdot\mathrm{d}\vec{l}=\frac{\rho_l}{2\pi\varepsilon}\ln\frac{R_0}{R_A} \quad (2.2.12)$$

从上例可以看到,对于场源电荷分布至无限远处时形成的电场,不能选取无限远处为零电位。如果如此选取零电位,因 $R_0\to\infty$,则在有限空间中电位都将成为无限大,因此只能在有限空间中非源点处选取零电位点。

三、电位与电场强度

电位与电场强度这两个物理量，既然都是表征同一电场特性的，它们之间必具一定的内在联系。式(2.2.1)中电场强度用电位梯度表示：

$$\vec{E}=-\nabla\varphi$$

表明电场强度等于单位长度电位的变化，其方向沿电位降落的方向。式(2.2.1)表示了电场强度与电位的微分关系。

式(2.2.5)表示了电场强度与电位的积分关系，由电场强度可以求得电位

$$\int_{l_{P0}}\vec{E}\cdot\mathrm{d}\vec{l}=\int_P^0\vec{E}\cdot\mathrm{d}\vec{l}=\int_P^0\left(-\frac{\partial\varphi}{\partial l}\right)\mathrm{d}l=\varphi_P-\varphi_0=\varphi_P$$

四、电场的形象化表示——电力线

在矢量场中常用矢量线表示矢量场的分布，在电场中则用电力线来表示电场的分布。电力线上点的切线方向与电场强度方向一致，电力线的密度表示电场强度的大小。据此如以 $\mathrm{d}\vec{l}'$ 表示电力线上元段，则 $\vec{E}=k\,\mathrm{d}\vec{l}'$，在直角坐标系中，

$$\vec{E}=\vec{a}_xE_x+\vec{a}_yE_y+\vec{a}_zE_z=k\mathrm{d}\vec{l}'=k(\vec{a}_x\mathrm{d}x+\vec{a}_y\mathrm{d}y+\vec{a}_z\mathrm{d}z)$$

得电力线的微分方程为

$$\frac{\mathrm{d}x}{E_x}=\frac{\mathrm{d}y}{E_y}=\frac{\mathrm{d}z}{E_z}\tag{2.2.13}$$

电场中电位的等值线或等值面称为等位线或等位面。电荷在等位面上移动时，电场力不对电荷作功，即

$$\vec{E}\cdot\mathrm{d}\vec{l}=0$$

此式中，$\mathrm{d}\vec{l}$ 为等位面上元段，此式表明，电场强度矢量必与等位面正交。

在电场形象化表示时，若规定电场中相邻两等位面之间的电位差均相等，则在等位面分布愈密处，电场强度的值愈大。

【例 2.2.3】 求相隔很近的两个大小相等的异性电荷(电偶极子)形成的电场(见图 2.2.7)。

解： 设电偶极子的一对电荷 q 及 $-q$ 之间相隔距离为 l(电偶极子的臂)，电偶极子的电矩为 $\vec{p}=q\vec{l}$，$\vec{l}$ 的方向为自负电荷指向正电荷。

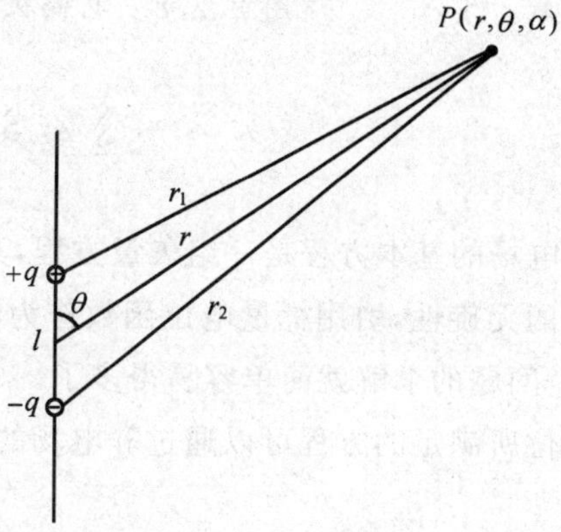

图 2.2.7 例 2.2.3 电偶极子

根据式(2.2.9a)，空间任一点 P 的电位为

$$\varphi=\frac{q}{4\pi\varepsilon}\left(\frac{1}{r_1}-\frac{1}{r_2}\right)=\frac{(r_2-r_1)q}{4\pi\varepsilon r_1r_2}$$

由于，电偶极子的臂 l 很短，$r\gg l$，故可近似认为 $r_1r_2\approx r^2$，$r_2-r_1\approx(r+\frac{l}{2}\cos\theta)-(r-\frac{l}{2}\cos\theta)=l\cos\theta$，从而上式可写成

$$\varphi=\frac{ql\cos\theta}{4\pi\varepsilon r^2}=\frac{p\cos\theta}{4\pi\varepsilon r^2}=\frac{\vec{p}\cdot\vec{r}}{4\pi\varepsilon r^3}$$

式中，$\vec{r}$ 为从电偶极子指向 P 点的矢径。

由电场强度与电位函数的关系，即可求得电场强度。在球坐标系中

$$\nabla\varphi=\vec{a}_r\frac{\partial\varphi}{\partial r}+\vec{a}_\theta\frac{1}{r}\frac{\partial\varphi}{\partial\theta}+\vec{a}_\alpha\frac{1}{r\sin\theta}\frac{\partial\varphi}{\partial\alpha}$$

则

$$\vec{E}=-\nabla\varphi=-\left[\vec{a}_r\frac{\partial}{\partial r}\left(\frac{p\cos\theta}{4\pi\varepsilon r^2}\right)+\vec{a}_\theta\frac{1}{r}\frac{\partial}{\partial\theta}\left(\frac{p\cos\theta}{4\pi\varepsilon r^2}\right)\right]=$$

$$\vec{a}_r\frac{p\cos\theta}{2\pi\varepsilon r^3}+\vec{a}_\theta\frac{p\sin\theta}{4\pi\varepsilon r^3}=\frac{p}{4\pi\varepsilon r^3}(\vec{a}_r\,2\cos\theta+\vec{a}_\theta\sin\theta)$$

图 2.2.8 示出电偶极子的电力线(虚线)与等位线(实线)的分布。

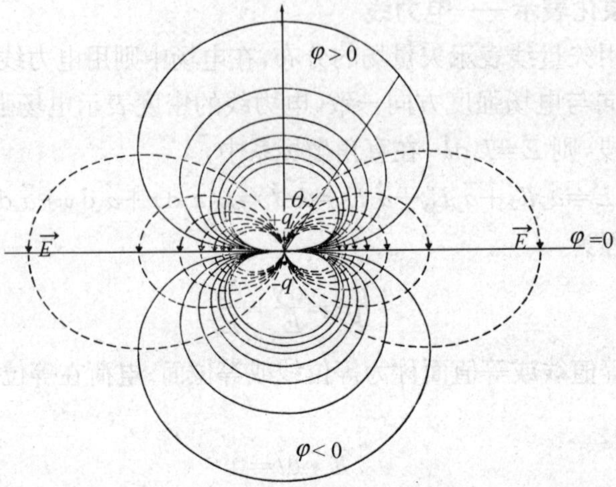

图 2.2.8 电偶极子的电力线与等位线分布

§2.3 电位方程

静电场的基本方程是一组矢量方程，其求解一般比标量方程复杂得多。在静电场中利用静电场的无旋性，引用标量电位函数作为辅助函数，通过对标量电位的求解，然后再计算电场强度，问题的求解就简单容易得多了。

电位所满足的方程可以通过静电场的基本方程导出。静电场的基本方程是式(2.3.1)。

$$\nabla\times\vec{E}=0 \tag{2.3.1a}$$

$$\nabla\cdot\vec{D}=\rho \tag{2.3.1b}$$

在各向同性的线性均匀媒质中：

$$\vec{D}=\varepsilon\vec{E} \tag{2.3.1c}$$

将式(2.3.1c)代入(式 2.3.1b)，得

$$\nabla\cdot\vec{E}=\frac{\rho}{\varepsilon} \tag{2.3.2}$$

引用静电场标量电位与电场的关系：

$$\vec{E}=-\nabla\varphi$$

代入式(2.3.2)得

$$\nabla \cdot \nabla \varphi = \nabla^2 \varphi = -\frac{\rho}{\varepsilon} \tag{2.3.3}$$

式(2.3.3)称为电位的泊松方程。

在没有电荷分布的区域——无源区，$\rho=0$，泊松方程成为

$$\nabla^2 \varphi = 0 \tag{2.3.4}$$

称为电位的拉普拉斯方程。

泊松方程与拉普拉斯方程分别表示了静电场在有源区域与无源区域电位必须满足的微分方程，它们统称为电位方程。

在上一节中，曾导出在给定离散电荷分布和连续电荷分布情形下电位的公式(2.2.10)。如果静电场问题仅涉及已知电荷分布，而没有边界的话(实际边界是在无限远处的无限空间区域情况)那么由这公式直接计算电位是方便的。但很多情形是区域是有限空间，在区域内可以有电荷，也可以没有电荷，但在区域边界上都具有一定的边界条件。在满足给定边界条件下求解区域内的场，称为边值问题。边值问题常常通过泊松方程或拉普拉斯方程来求解。

§2.4 静电场的边界条件

一、场量 $\vec{E}$、$\vec{D}$ 的边界条件

静电场是一般电磁现象中的特殊情况，在两种媒质分界面上静电场的场量边界条件亦可由一般电磁场的边界条件(1.8.5)式简化得到

$$\vec{n} \times (\vec{E}_1 - \vec{E}_2) = 0 \tag{2.4.1a}$$

$$\vec{n} \cdot (\vec{D}_1 - \vec{D}_2) = \begin{cases} \rho_s \\ 0 \end{cases} \tag{2.4.1b}$$

式(2.4.1a)亦可写成标量形式：

$$E_{1t} = E_{2t} \tag{2.4.2a}$$

式中，E_{1t}及E_{2t}为第一和第二种媒质中电场强度矢量在分界面上的切向分量。此电场强度在分界面上的边界条件为：电场强度在分界面上的切向分量是连续的。

式(2.4.1b)也可写成标量形式：

$$D_{1n} - D_{2n} = \begin{cases} \rho_s \\ 0 \end{cases} \tag{2.4.2b}$$

式中，D_{1n}及D_{2n}为第一和第二种媒质中电位移矢量在分界面上的法向分量，ρ_s是在分界面上的自由电荷面密度。上式表示在分界面上存在自由电荷时，电位移矢量的法向分量要发生突变，它们之差等于分界面上的电荷面密度。如果分界面上没有自由电荷，即$\rho_s=0$，则电位移矢量的法向分量是连续的。

二、静电场电力线的折射定律

设在两种媒质的分界面两边媒质的介电常数分别为ε_1、ε_2，电场强度与分界面法线成交角θ_1、θ_2。如图2.4.1所示。

若在此分界面上无自由电荷，则由式(2.4.2a)和式(2.4.2b)

$$E_{1t}=E_{2t}$$
$$D_{1n}=D_{2n}$$

可有

$$E_1\sin\theta_1=E_2\sin\theta_2$$

$$D_1\cos\theta_1=D_2\cos\theta_2\quad \text{或}\quad \varepsilon_1E_1\cos\theta_1=\varepsilon_2E_2\cos\theta_2$$

两式相除，得 $\dfrac{\tan\theta_1}{\varepsilon_1}=\dfrac{\tan\theta_2}{\varepsilon_2}$

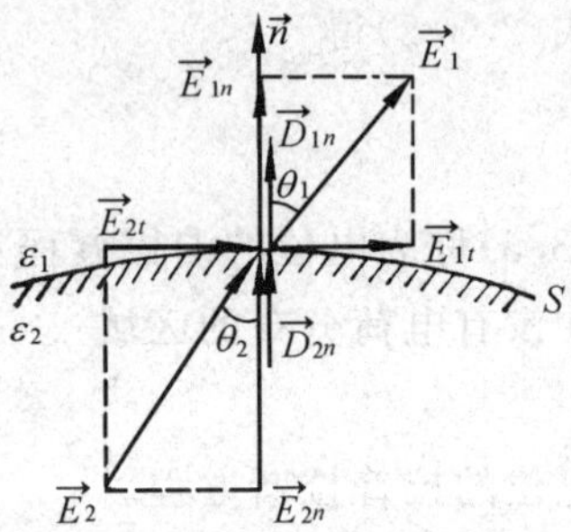

图 2.4.1 静电场电力线的折射

即 $$\frac{\tan\theta_1}{\tan\theta_2}=\frac{\varepsilon_1}{\varepsilon_2}\tag{2.4.3}$$

此即为静电场电力线的折射定律，说明 θ_1 和 θ_2 之间的关系仅与分界面两侧媒质的介电常数有关。

三、电位的边界条件

设在两种媒质的分界面两边邻近两点电位分别为 φ_1 与 φ_2，则由

$$\varphi_1-\varphi_2=\vec{E}\cdot\Delta\vec{l}$$

$\Delta\vec{l}$ 为连接此两点的线段，现 $\Delta\vec{l}\to0$，而 $\vec{E}$ 总为有限值，因此 $\varphi_1-\varphi_2=\lim\limits_{\Delta l\to0}\vec{E}\cdot\Delta\vec{l}=0$，即在分界面上的电位是连续的。

$$\varphi_1=\varphi_2\tag{2.4.4a}$$

两媒质分界面上电位连续($\varphi_1=\varphi_2$)，与电场的切向分量连续($E_{1t}=E_{2t}$)是等效的。参阅图2.4.2，令 $A_1B_1=A_2B_2=\Delta l'$，由于 A_1、A_2 及 B_1、B_2 为分界面两侧邻近的点，由式(2.4.4a)，$\varphi_{A_1}=\varphi_{A_2}$，$\varphi_{B_1}=\varphi_{B_2}$，因此电位差 $U_{A_1B_1}=U_{A_2B_2}$，即 $E_{1t}\Delta l'=E_{2t}\Delta l'$，从而 $E_{1t}=E_{2t}$。

由于 $E_n=-\dfrac{\partial\varphi}{\partial n}$ 和 $D_n=\varepsilon E_n=-\varepsilon\dfrac{\partial\varphi}{\partial n}$，因此可以将边界条件式(2.4.2b)用电位表示

$$\varepsilon_1\frac{\partial\varphi_1}{\partial n}-\varepsilon_2\frac{\partial\varphi_2}{\partial n}=-\rho_s\tag{2.4.4b}$$

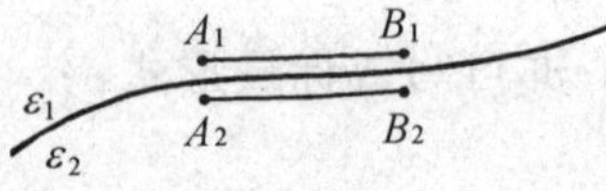

图 2.4.2 两媒质分界面上的电位

四、静电场中导体表面边界条件

在导体中存在着大量自由电子，如果将均匀的中性导体携入电场 $\vec{E}_0$，则在电场力的作用下导体中的自由电子将发生移动，向其表面聚集，产生静电感应现象。在导体两端分别出现正负感应电荷，当导体两端的正负感应电荷产生的附加电场 $\vec{E}'$ 与 $\vec{E}_0$ 叠加，在导体内部总电场 $\vec{E}=\vec{E}_0+\vec{E}'=0$ 时，导体两端的正负感应电荷不再增加，从而达到静电平衡。

在静电场中的导体均已处于静电平衡状态时，由导体静电平衡条件出发，可以直接得出以下几点推论：

1. 由静电感应引起的自由电荷聚集在导体表面，形成面电荷分布，而内部电场则为零。

2. 处于静电平衡的导体内部没有电场，整个导体将具有同一电位，而其表面为一个等位面，故在电介质与导体的分界面处，电介质内的电场强度矢量垂直于导体表面。

3. 在电介质与导体分界面上的边界条件为

$$E_t=0 \tag{2.4.5a}$$

$$D_n=\rho_s \tag{2.4.5b}$$

导体与电介质分界面上，电介质中电场矢量垂直于导体表面，电位移矢量的大小等于导体表面的电荷面密度。

下面举例说明利用泊松方程或拉普拉斯方程及边界条件求解静电场的边值问题。

【例 2.4.1】 平行板电容器极板平面的尺寸远大于它们之间的距离 d（可忽略其边缘效应），两极板间加恒定电压 U_0，极板间介质介电常数为 ε，其中一半空间有体电荷均匀分布，体电荷密度为 ρ，分界面与极板平行，试求极板间电位分布。

解： 建立直角坐标系如图 2.4.3 所示。由于不考虑边缘效应，电场分布仅与 x 坐标有关。根据电荷分布情况，将空间分为两个区域考虑。在两个区域中电位方程分别为

$$\nabla^2\varphi_1=-\frac{\rho}{\varepsilon} \qquad 0\leqslant x\leqslant\frac{d}{2}$$

$$\nabla^2\varphi_2=0 \qquad \frac{d}{2}\leqslant x\leqslant d$$

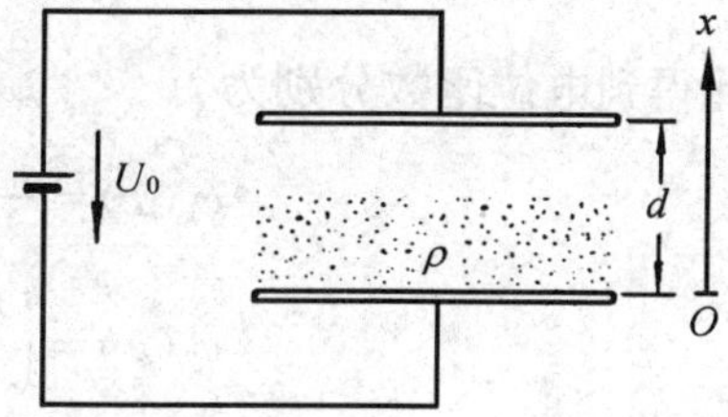

图 2.4.3 例 2.4.1 附图

在所选坐标系中 φ_1、φ_2 场与坐标 y,z 无关，因此泊松方程与拉普拉斯方程简化为

$$\nabla^2\varphi_1=\frac{\mathrm{d}^2\varphi_1}{\mathrm{d}x^2}=-\frac{\rho}{\varepsilon}$$

$$\nabla^2\varphi_2=\frac{\mathrm{d}^2\varphi_2}{\mathrm{d}x^2}=0$$

它们的解分别为

$$\varphi_1=-\frac{\rho}{2\varepsilon}x^2+C_1x+C_2$$

$$\varphi_2=C_3x+C_4$$

其中 C_1、C_2、C_3、C_4 为待定积分常数，由边界条件决定。

题中给定分界面有 $x=0$，$x=\frac{d}{2}$ 及 $x=d$，在分界面上的边界条件分别为

$$x=0, \qquad \varphi_1(0)=0$$

$$x=\frac{d}{2}, \qquad \begin{cases}\varphi_1\left(\frac{d}{2}\right)=\varphi_2\left(\frac{d}{2}\right)\\ \varepsilon\left.\frac{\partial\varphi_1}{\partial x}\right|_{x=\frac{d}{2}}=\varepsilon\left.\frac{\partial\varphi_2}{\partial x}\right|_{x=\frac{d}{2}}\end{cases}$$

$$x=d, \qquad \varphi_2(d)=U_0$$

注意，虽然在 $x\leqslant\frac{d}{2}$ 区域有体电荷分布，但是在 $x=\frac{d}{2}$ 上没有面电荷 ρ_s 分布，因此电位移矢量的法向分量是连续的（$D_{1n}=D_{2n}$），其电位表示方式为 $\varepsilon\frac{\partial\varphi_1}{\partial x}=\varepsilon\frac{\partial\varphi_2}{\partial x}$。

利用边界条件：

$$\varphi_1(0)=\left[-\frac{\rho}{2\varepsilon}x^2+C_1x+C_2\right]_{x=0}=0\text{，故 }C_2=0$$

$$\varphi_2(d)=[C_3x+C_4]_{x=d}=U_0$$

$$\varphi_1\left(\frac{d}{2}\right)=-\frac{\rho}{2\varepsilon}\left(\frac{d}{2}\right)^2+C_1\frac{d}{2}=\varphi_2\left(\frac{d}{2}\right)=C_3\frac{d}{2}+C_4$$

$$\varepsilon\frac{\partial\varphi_1}{\partial x}\bigg|_{x=\frac{d}{2}}=\varepsilon\left[-\frac{\rho}{\varepsilon}x+C_1\right]_{x=\frac{d}{2}}=\varepsilon\frac{\partial\varphi_2}{\partial x}\bigg|_{x=\frac{d}{2}}=\varepsilon C_3\text{，即}-\frac{\rho d}{2\varepsilon}+C_1=C_3$$

解得待定常数：

$$C_1=\frac{U_0}{d}+\frac{3\rho d}{8\varepsilon},\quad C_2=0,\quad C_3=\frac{U_0}{d}-\frac{\rho d}{8\varepsilon},\quad C_4=\frac{\rho d^2}{8\varepsilon}$$

由此得到电位函数分别为

$$\varphi_1(x)=-\frac{\rho}{2\varepsilon}x^2+\left(\frac{U_0}{d}+\frac{3\rho d}{8\varepsilon}\right)x\quad\left(0\leqslant x\leqslant\frac{d}{2}\right)$$

$$\varphi_2(x)=\left(\frac{U_0}{d}-\frac{\rho d}{8\varepsilon}\right)x+\frac{\rho d^2}{8\varepsilon}\quad\left(\frac{d}{2}\leqslant x\leqslant d\right)$$

【例 2.4.2】 无限长同轴线，已知内导体半径为 R_1 外导体内半径为 R_2，内外导体间介质的介电常数为 ε，内导体电位为 U，外导体电位为零，求内外导体间电场及内外导体上电荷分布。

解： 取圆柱坐标系，则电位 φ 仅随坐标变量 R 而变，电位方程为

$$\nabla^2\varphi=\frac{1}{R}\frac{\mathrm{d}}{\mathrm{d}R}\left(R\frac{\mathrm{d}\varphi}{\mathrm{d}R}\right)=0$$

积分得

$$\varphi(R)=C_1\ln R+C_2$$

积分常数 C_1、C_2 由边界条件决定。

边界条件：

$$R=R_1,\quad \varphi(R_1)=U$$

$$R=R_2,\quad \varphi(R_2)=0$$

$$\varphi(R_1)=C_1\ln R_1+C_2=U$$

$$\varphi(R_2)=C_1\ln R_2+C_2=0$$

$$C_1=\frac{U}{\ln\frac{R_1}{R_2}},\quad C_2=-C_1\ln R_2=-\frac{U\ln R_2}{\ln\frac{R_1}{R_2}}$$

故

$$\varphi(R)=\frac{U\ln R}{\ln\frac{R_1}{R_2}}-\frac{U\ln R_2}{\ln\frac{R_1}{R_2}}$$

由 $\vec{E}=-\nabla\varphi$ 求得电场强度

$$\vec{E}=-\vec{a}_R\frac{\partial\varphi}{\partial R}=-\vec{a}_R C_1\frac{1}{R}=\vec{a}_R\frac{U}{R\ln\frac{R_2}{R_1}}$$

在导体表面 $D_n=\rho_s$，据此同轴线内导体表面电荷面密度

$$\rho_s(R_1)=\frac{\varepsilon U}{R_1\ln\frac{R_2}{R_1}}$$

同轴线外导体表面电荷面密度

$$\rho_s(R_2)=-\frac{\varepsilon U}{R_2\ln\frac{R_2}{R_1}}$$

注意到：由于外导体表面法线方向为 $\vec{a}_n=-\vec{a}_R$，故 $\rho_s(R_2)$ 为负值。

由于 ρ_s 均匀分布，可以求得内外导体每单位长度的电荷分别为

$$\rho_l(R_1)=2\pi R_1\rho_s(R_1)=\frac{2\pi\varepsilon U}{\ln\frac{R_2}{R_1}},\quad \rho_l(R_2)=2\pi R_2\,\rho_s(R_2)=-\frac{2\pi\varepsilon U}{\ln\frac{R_2}{R_1}}$$

§2.5 电　　容

一、两导体间的电容

电容器是电子电路中重要的元件。电容器由两导体组成。电容是电容器的基本参量，是由电场的积分量定义的。

当两导体分别带有等量异性电荷，电量为 Q，在空间产生电场 $\vec{E}$，由一导体上正电荷发出的电力线终止在另一导体的负电荷上，两导体间的电位差为 U 时，则定义两导体间的电容 C 为

$$C=\frac{Q}{U} \tag{2.5.1}$$

在线性媒质中，两导体间的电容虽是两导体(之一)所带电量与其间电位差之比，但它仅决定于两导体形状、大小、相对位置及空间媒质的介电常数 ε，而与两导体所带电量以及两导体间电位差的数值无关。

如果把组成电容器的两导体之一移至无限远处，则此时两导体之间的电位差就是另一导体的电位，在这种情况下电容成为某导体所带电荷电量 Q 与其电位之比，即

$$C=\frac{Q}{\varphi} \tag{2.5.2}$$

称为孤立导体的电容，它可以看成为两导体间电容的一个特殊情况。

电容的单位，由其定义及在国际单位制(SI 制)中电量、电压的单位，定义为：当一孤立导体所带电量为 1 库[仑]，而它的电位为 1 伏时，则这导体的电容为 1 电容单位，称为 1 法[拉](F)。

两导体间电容的大小可以按电容的定义计算。可先假设两导体上带有等量异性的电荷 Q，再通过其电场 $\vec{E}$ 的积分计算得出两导体间的电位差 U：

$$U=\int_l \vec{E}\cdot \mathrm{d}\vec{l}$$

最后取电量 Q 与电位差 U 的的比值，即为电容 $C(C=\frac{Q}{U})$。

【例 2.5.1】 求同轴线的分布电容(单位长度电容)。同轴线内导体半径为 R_1，外导体内半径为 R_2 内外导体间媒质的介电常数为 ε，如图 2.5.1 所示。

设每单位长度的同轴线内导体带有电荷 ρ_l，外导体带有电荷 $-\rho_l$。应用高斯定律，容易求得介质中距轴线 R 处的电场强度 $\vec{E}$ 为

$$\vec{E}=\vec{a}_R\frac{\rho_l}{2\pi\varepsilon R}$$

由 $\vec{E}$ 可求得内外导体间的电位差 U

$$U=\varphi_{内}-\varphi_{外}=\int_l\vec{E}\cdot d\vec{l}=\int_{R_1}^{R_2}E\,dR=\int_{R_1}^{R_2}\frac{\rho_l}{2\pi\varepsilon R}dR=\frac{\rho_l}{2\pi\varepsilon}\ln\frac{R_2}{R_1}$$

于是同轴线的分布电容为

$$C_0=\frac{\rho_l}{U}=\frac{2\pi\varepsilon}{\ln\frac{R_2}{R_1}}$$

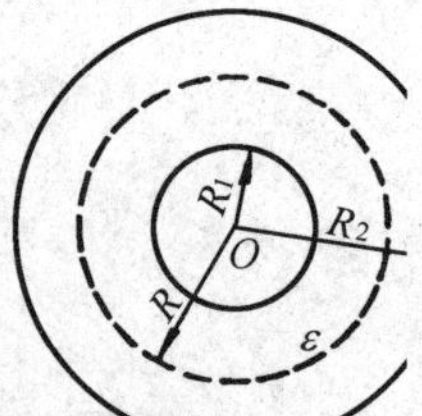

图 2.5.1　同轴线横截面

根据电容的定义式，也可先假设两导体间电位差为 U，再求每导体所具有的电量 Q，同样按 $C=\frac{Q}{U}$，求得两导体间电容。每导体所具有的电量 Q 可通过其表面的面电荷密度 ρ_s 的表面积分求得，而导体表面的面电荷密度等于表面上电位移矢量的法向分量。亦即

$$Q=\int_s\rho_s\,ds=\int_s D_n\,ds=\int_s\varepsilon E_n\,ds=\int_s\varepsilon\vec{E}\cdot d\vec{s}$$

例如，由上节例 2.4.2 的结果得同轴线内导体上单位长度的电荷 $\rho_l=\frac{2\pi\varepsilon U}{\ln\frac{R_2}{R_1}}$，求得同轴线的分布电容

$$C_0=\frac{\rho_l}{U}=\frac{2\pi\varepsilon}{\ln\frac{R_2}{R_1}}$$

与前式结果相同。

亦可以求得均匀双线传输线的分布电容为

$$C_0=\frac{\pi\varepsilon}{\ln\frac{D-R}{R}}$$

式中，D 为两导线间距离，R 为导线半径。如果 $R\ll D$ 则上式还可简化为

$$C_0=\frac{\pi\varepsilon}{\ln\frac{D}{R}}$$

对两导体间电容的计算，不管采用什么途径去求解，都必须先求解电场，电容中的电荷量 Q 及两导体间电位差 U，均由电场的积分求得。

$$C=\frac{\int_s\vec{D}\cdot d\vec{s}}{\int_l\vec{E}\cdot d\vec{l}}\qquad(2.5.3)$$

*二、多导体系统的电容

在工作中经常遇到由两个以上导体构成的带电系统。在三个或更多个导体构成的多导体系统中，空间电场是各导体上电荷产生的电场的叠加，在这种系统中每一个导体的电位将受到所有带电导体上电荷的影响，这时，要计算系统中导体间的电容，必须扩充原来的电容概念，引入部分电容概念。

如果一个系统，其中电场分布只和系统内各带电导体的形状、大小、相对位置及空间媒质的分布有关，而和系统外无关，所有电位移矢量的通量力线全部由系统内的带电体发出，也全部终止于系统内的带电体上，则此系统称为静电独立系统。我们下面讨论的多导体系统为一静电独立系统。

1. 多导体系统的电位系数

在线性媒质的多导体系统中，空间所有点(包括导体表面)的电位，与每个导体所带的电荷量间具有线性关系，空间任一点 A 的电位为每个导体所带电荷在点 A 所产生电位的线性叠加。即

$$\varphi_A=\varphi_{A1}+\varphi_{A2}+\cdots+\varphi_{Ak}+\cdots+\varphi_{An} \tag{2.5.4}$$

式中，n 为多导体系统中导体数量，φ_{Ak}为第 k 个导体上的电荷在 A 点产生的电位。

因为每一电位分量正比于相应导体上的电量，即

$$\left.\begin{aligned}&\varphi_{A1}=\alpha_{A1}q_1\\&\varphi_{A2}=\alpha_{A2}q_2\\&\cdots\\&\varphi_{Ak}=\alpha_{Ak}q_k\\&\cdots\\&\varphi_{An}=\alpha_{An}q_n\end{aligned}\right\} \tag{2.5.5}$$

故

$$\varphi_A=\alpha_{A1}q_1+\alpha_{A2}q_2+\cdots+\alpha_{Ak}q_k+\cdots+\alpha_{An}q_n \tag{2.5.6}$$

从上式即可写出带电多导体系统中各导体的电位：

$$\left.\begin{aligned}&\varphi_1=\alpha_{11}q_1+\alpha_{12}q_2+\cdots+\alpha_{1k}q_k+\cdots+\alpha_{1n}q_n\\&\varphi_2=\alpha_{21}q_1+\alpha_{22}q_2+\cdots+\alpha_{2k}q_k+\cdots+\alpha_{2n}q_n\\&\cdots\\&\varphi_k=\alpha_{k1}q_1+\alpha_{k2}q_2+\cdots+\alpha_{kk}q_k+\cdots+\alpha_{kn}q_n\\&\cdots\\&\varphi_n=\alpha_{n1}q_1+\alpha_{n2}q_2+\cdots+\alpha_{nk}q_k+\cdots+\alpha_{nn}q_n\end{aligned}\right\} \tag{2.5.7}$$

上式中，φ_k 为导体 k 的电位，q_k 为导体 k 所带电量。α_{11}、α_{12}，…，α_{jk}，…α_{nn}称为电位系数，具有相同下标的称为自电位系数，具有不同下标的称为互电位系数。

电位系数的物理意义由下式可以看出：

$$\alpha_{kk}=\frac{\varphi_k}{q_k}\bigg|_{q_1=q_2=\cdots=q_{k-1}=q_{k+1}=\cdots=q_n=0,q_k\neq0} \tag{2.5.8}$$

自电位系数 α_{kk} 为仅导体 k 带有单位电量电荷，其他导体带电总量均为零（它们表面有感应电荷，其总量为零，这些正、负感应电荷对电场仍有影响）时，导体 k 自身的电位。

互电位系数为仅导体 k 带有单位电量电荷，其他导体带电总量为零时，其他导体 j 的电位。

$$\alpha_{jk}=\frac{\varphi_j}{q_k}\bigg|_{q_1=q_2=\cdots=q_{k-1}=q_{k+1}=\cdots=q_n=0,q_k\neq0} \tag{2.5.9}$$

电力线总是由正电荷发出，终止于负电荷，或由高电位指向低电位，沿电位降落的方向。图 2.5.2 示由三导体与零电位参考点（通常为接地导体）组成的多导体带电系统的电力线分布。

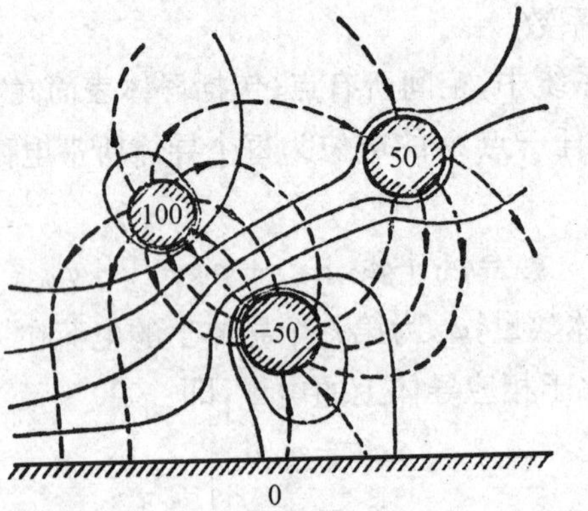

图 2.5.2　多导体带电系统的电力线分布

由此可以得出结论：(1)无论是自电位系数或互电位系数，它们均为正值；(2)自电位系数 α_{kk} 大于与它有关的互电位系数 α_{kj}；(3)电位系数决定于导体的几何形状、尺寸、相互位置及空间媒质的介电常数。且可以证明这一带电系统具有互易特性，即

$$\alpha_{jk}=\alpha_{kj} \tag{2.5.10}$$

2. 多导体系统的静电感应系数

在实际问题中，常已知多导体系统中各导体的电位，而想求各导体上电荷，则可对式(2.5.7)求解得

$$\left.\begin{aligned}
q_1&=\frac{A_{11}}{A}\varphi_1+\frac{A_{12}}{A}\varphi_2+\cdots+\frac{A_{1k}}{A}\varphi_k+\cdots+\frac{A_{1n}}{A}\varphi_n\\
q_2&=\frac{A_{21}}{A}\varphi_1+\frac{A_{22}}{A}\varphi_2+\cdots+\frac{A_{2k}}{A}\varphi_k+\cdots+\frac{A_{2n}}{A}\varphi_n\\
&\cdots\\
q_k&=\frac{A_{k1}}{A}\varphi_1+\frac{A_{k2}}{A}\varphi_2+\cdots+\frac{A_{kk}}{A}\varphi_k+\cdots+\frac{A_{kn}}{A}\varphi_n\\
&\cdots\\
q_n&=\frac{A_{n1}}{A}\varphi_1+\frac{A_{n2}}{A}\varphi_2+\cdots+\frac{A_{nk}}{A}\varphi_k+\cdots+\frac{A_{nn}}{A}\varphi_n
\end{aligned}\right\} \tag{2.5.11}$$

式中，A 为式(2.5.7)的系数行列式：

$$
A=\begin{vmatrix}
\alpha_{11} & \alpha_{12}\cdots & \alpha_{1k}\cdots & \alpha_{1n} \\
\alpha_{21} & \alpha_{22}\cdots & \alpha_{2k}\cdots & \alpha_{2n} \\
\vdots & \vdots & \vdots & \vdots \\
\alpha_{k1} & \alpha_{k2}\cdots & \alpha_{kk}\cdots & \alpha_{kn} \\
\vdots & \vdots & \vdots & \vdots \\
\alpha_{n1} & \alpha_{n2}\cdots & \alpha_{n2}\cdots & \alpha_{nn}
\end{vmatrix} \tag{2.5.12}
$$

而 A_{kk}则为系数行列式 A 对元素 α_{kk}的代数余因子,A_{kn}是 A 对 α_{kn}的代数余因子。为书写方便亦可将式(2.5.11)改写成

$$
\left.\begin{aligned}
q_1 &= \beta_{11}\varphi_1+\beta_{12}\varphi_2+\cdots+\beta_{1k}\varphi_k+\cdots+\beta_{1n}\varphi_n \\
q_2 &= \beta_{21}\varphi_1+\beta_{22}\varphi_2+\cdots+\beta_{2k}\varphi_k+\cdots+\beta_{2n}\varphi_n \\
&\cdots \\
q_k &= \beta_{k1}\varphi_1+\beta_{k2}\varphi_2+\cdots+\beta_{kk}\varphi_k+\cdots+\beta_{kn}\varphi_n \\
&\cdots \\
q_n &= \beta_{n1}\varphi_1+\beta_{n2}\varphi_2+\cdots+\beta_{nk}\varphi_k+\cdots+\beta_{nn}\varphi_n
\end{aligned}\right\} \tag{2.5.13}
$$

其中

$$
\beta_{kk}=\frac{A_{kk}}{A} \tag{2.5.14}
$$

$$
\beta_{kn}=\frac{A_{kn}}{A} \tag{2.5.15}
$$

称为静电感应系数,具有相同下标的称为自静电感应系数,具有不同下标的称为互静电感应系数。静电感应系数也是决定于导体的形状、尺寸、相互位置及空间媒质的介电常数。因 $\alpha_{jk}=\alpha_{kj}$,所以亦有

$$
\beta_{jk}=\beta_{kj} \tag{2.5.16}
$$

静电感应系数的物理意义,可由下列关系式看出:

$$
\beta_{kk}=\frac{q_k}{\varphi_k}\bigg|_{\varphi_1=\varphi_2=\cdots=\varphi_{k-1}=\varphi_{k+1}=\cdots=\varphi_n=0,\varphi_k\neq 0} \tag{2.5.17}
$$

导体 k 的自静电感应系数 β_{kk}为仅给导体 k 以单位电位,其余导体联接并接地(地为零电位参考点)时导体 k 上所带的电荷电量,如图 2.5.3(a)所示。

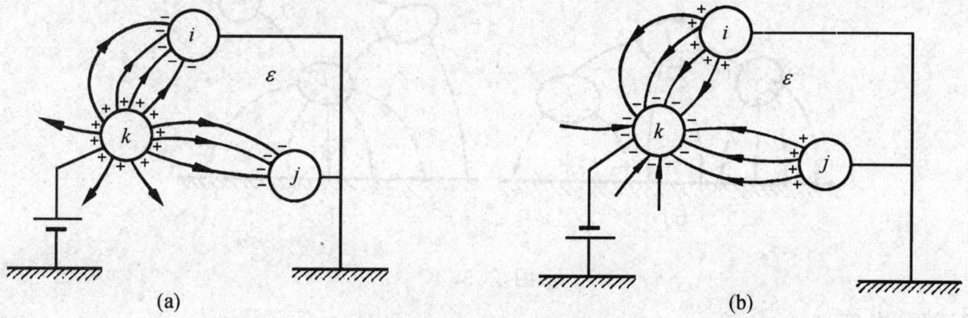

图 2.5.3　静电感应

互静电感应系数

$$\beta_{jk}=\frac{q_j}{\varphi_k}\bigg|_{\varphi_1=\varphi_2=\cdots=\varphi_{k-1}=\varphi_{k+1}=\cdots=\varphi_n=0,\varphi_k\neq0} \tag{2.5.18}$$

为当导体 k 为单位电位，其余导体联接并接地时另一导体 j 上的静电感应电荷电量，如图 2.5.3(b)所示。

由图 2.5.3 可见：(1)自静电感应系数场为正值；(2)互静电感应系数场为负值；(3)自静电感应系数 β_{kk}大于与它有关的互静电感应系数的绝对值$|\beta_{jk}|$。

3. 多导体系统的部分电容

如果将式(2.5.13)中导体的电位以导体间的电压表示，则可避免在方程中出现负值的互静电感应系数，便于应用。

如令某一导体(或大地)为零电位参考导体，则电位 φ_k 为导体 k 对零电位点的电压 U_{k0}，$\varphi_k=U_{k0}$，而电位 φ_j 为 $\varphi_j=\varphi_k-(\varphi_k-\varphi_j)=U_{k0}-U_{kj}$，$U_{kj}$为导体 k 与 j 之间的电压。如此可将式(2.5.13)改写为

$$\left.\begin{aligned}
&q_1=C_{11}U_{10}+C_{12}U_{12}+\cdots+C_{1k}U_{1k}+\cdots+C_{1n}U_{1n}\\
&q_2=C_{21}U_{21}+C_{22}U_{20}+\cdots+C_{2k}U_{2k}+\cdots+C_{2k}U_{2n}\\
&\cdots\\
&q_k=C_{k1}U_{k1}+C_{k2}U_{k2}+\cdots+C_{kk}U_{k0}+\cdots+C_{kn}U_{kn}\\
&\cdots\\
&q_n=C_{n1}U_{n1}+C_{n2}U_{n2}+\cdots+C_{nk}U_{nk}+\cdots+C_{nn}U_{n0}
\end{aligned}\right\} \tag{2.5.19}$$

其中

$$C_{kk}=\beta_{k1}+\beta_{k2}+\cdots+\beta_{kk}+\cdots+\beta_{kn}$$

$$C_{jk}=-\beta_{jk}=C_{kj}$$

称为部分电容。具有相同下标的称为自部分电容，具有不同下标的称为互部分电容。

自部分电容

$$C_{kk}=\frac{q_k}{U_{k0}}\bigg|_{U_{k1}=U_{k2}=\cdots=U_{kn}=0,U_{k0}\neq0} \tag{2.5.20}$$

即除零电位参考导体(大地)外，其余所有导体均相连接(等电位)时，导体 k 上的电荷与其对零电位导体的电压之比值，为导体 k 的自部分电容，如图 2.5.4a。自部分电容均为正值。

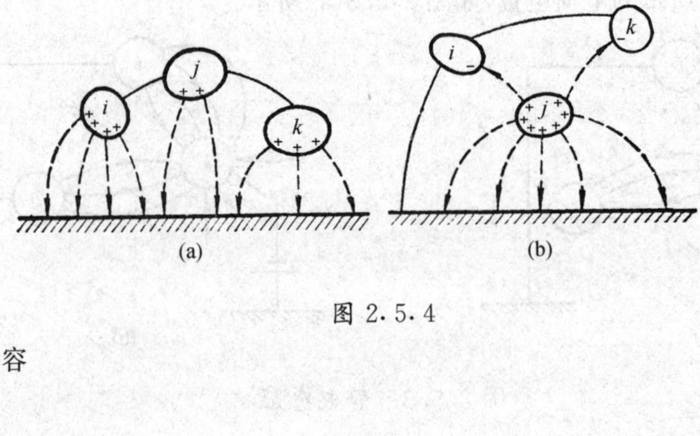

图 2.5.4

互部分电容

$$C_{kj}=\frac{q_k}{U_{kj}}\bigg|_{U_{k0}=U_{k1}=U_{k2}=\cdots=U_{kj-1}=U_{kj+1}=\cdots=U_{kn}=0,U_{kj}\neq 0} \tag{2.5.21}$$

即除导体 j 外，所有导体都与零电位导体相接（接地）时，导体 k 上所带电荷与导体 k 对导体 j 电压的比值，为导体 k、j 之间的互部分电容，如图 2.5.4b。互部分电容亦均为正值。

4. 多导体系统中两导体间的电容

在多导体系统中所有导体与大地（零电位参考导体）之间以及任意两个导体之间都存在着部分电容。导体与大地之间的电容有自部分电容；任意两导体间有互部分电容。因此在多导体系统中两导体间电容 C 的计算，就必须考虑其他导体的影响。电容 C 是部分电容串并联组成网络的等效电容，部分电容仅为等效电容的一个组成部分，故称之为“部分”电容。

例如，由导体 1、2 与大地（零电位参考导体）组成为多导体系统，如图 2.5.5 所示。

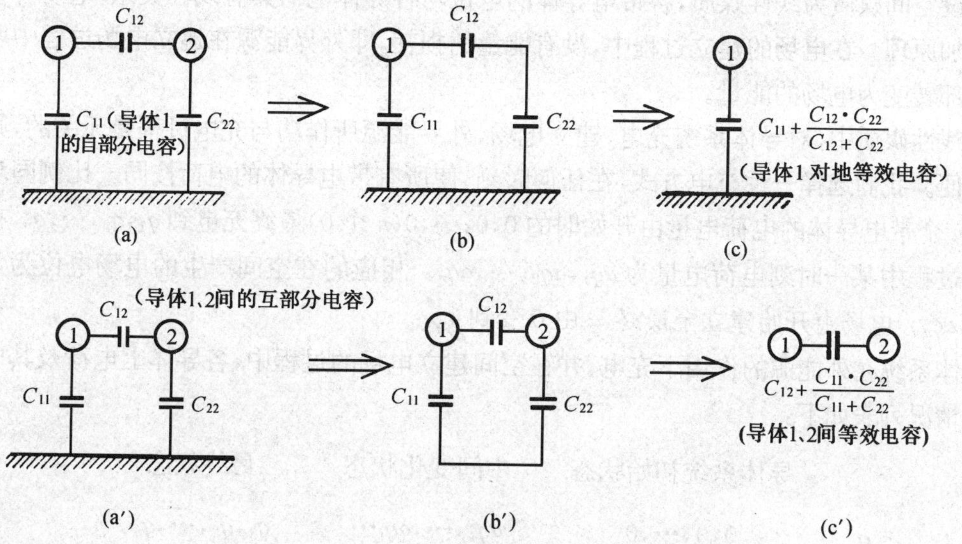

图 2.5.5

由式(2.5.19)，表示导体 1 与导体 2 的电荷与电压间的线性关系应为

$$\left.\begin{aligned}q_1&=C_{11}U_{10}+C_{12}U_{12}\\ q_2&=C_{21}U_{21}+C_{22}U_{20}\end{aligned}\right\} \tag{2.5.22}$$

而在计算导体 1 与导体 2 间等效电容 C 时，要求 $q_1=-q_2=q$，因此

$$\left.\begin{aligned}q&=C_{11}U_{10}+C_{12}U_{12}\\ -q&=C_{21}U_{21}+C_{22}U_{20}\end{aligned}\right\} \tag{2.5.23}$$

将上式中，第一式乘以 C_{22} 减去第二式乘以 C_{11}，并考虑到 $C_{12}=C_{21}$，及 $U_{10}-U_{20}=U_{12}$，$U_{12}=-U_{21}$，运算结果，可得对应于 $q_1=-q_2=q$ 时的 U_{12} 为

$$U_{12}=\frac{q(C_{11}+C_{22})}{C_{12}(C_{11}+C_{22})+C_{11}C_{22}} \tag{2.5.24}$$

由两导体的电容定义得

$$C=\frac{q}{U_{12}}=C_{12}+\frac{C_{11}C_{22}}{C_{11}+C_{22}} \tag{2.5.25}$$

由此可见两导体的等效电容是由其部分电容组成的串并联电容网络的等效总电容。当外加电源直接作用于两导体时，这等效电容即工作电容。

§2.6 电场的能量

电场的最基本特征是对电荷有作用力。电荷在电场力的作用下位移时，电场力将对电荷作功，说明电场具有能量。电场的能量来源在于其建立过程中外界能源所作之功，因此我们可以根据这功来计算电场的能量。

假设空间媒质为线性媒质，各带电导体的电位与各导体电荷具有线性关系，电场各场量适用叠加原理。在电场的建立过程中，没有能量的损耗，即外界能源在建立电场过程中所作之功全部转变为电场的能量。

在线性媒质中，对导体系统充电，建立电场，外界能源所作功与充电过程是无关的，则为计算方便。我们选择一种充电方式，在任何时刻，使所有带电导体的电荷按同一比例同步增长。即 n 个带电导体的电荷电量由开始时的 0,0,…,0(n 个 0)最终充电到 $q_1,q_2,\cdots,q_n$，在导体充电过程中某一时刻电荷电量为 $\alpha q_1,\alpha q_2,\cdots,\alpha q_n$。相应的在空间产生的电场电位为 $\alpha\varphi_1,\alpha\varphi_2,\cdots,\alpha\varphi_n$。电场由开始建立至最终，$\alpha$ 由 0 变到 1。

导体系统在外能源的作用下充电，并在空间建立电场的过程中，各导体上电荷及其电位的变化情况列表如下：

	导体系统初始状态	中间变化状态	最终状态
q	$0,0,\cdots,0$	$\alpha q_1,\cdots,\alpha q_i\cdots$	$q_1,q_2,\cdots,q_n$
φ	$0,0,\cdots,0$	$\alpha\varphi_1,\cdots,\alpha\varphi_i\cdots$	$\varphi_1,\varphi_2,\cdots,\varphi_n$

在电场建立过程中各带电体之电荷 $\alpha q_1,\alpha q_2,\cdots,\alpha q_n$ 变化量为 $\mathrm{d}(\alpha q_1),\mathrm{d}(\alpha q_2),\cdots,\mathrm{d}(\alpha q_n)$，对这些增加的微量电荷外能源克服电场力所作的功分别为

$$\alpha\varphi_1\mathrm{d}(\alpha q_1),\alpha\varphi_2\mathrm{d}(\alpha q_2),\cdots,\alpha\varphi_n\,\mathrm{d}(\alpha q_n) \tag{2.6.1}$$

对系统所作的功即为其总和

$$\mathrm{d}A=\sum_{k=1}^{n}\alpha\varphi_k\,\mathrm{d}(\alpha q_k)=\sum_{k=1}^{n}q_k\varphi_k\,\alpha\mathrm{d}\alpha \tag{2.6.2}$$

在电场建立的全过程中，α 由 0 变至 1，将 $\mathrm{d}A$ 总加，即得到建立电场时外能源所作的总功：

$$A=\int\mathrm{d}A=\int_0^1\sum_{k=1}^{n}q_k\varphi_k\,\alpha\mathrm{d}\alpha=\sum_{k=1}^{n}q_k\,\varphi_k\int_0^1\alpha\mathrm{d}\alpha=\frac{1}{2}\sum_{k=1}^{n}q_k\varphi_k \tag{2.6.3}$$

因为假定在电场建立过程中无能量损耗，故外能源所作总功全部转变为电场的能量

$$W_\mathrm{e}=A=\frac{1}{2}\sum_{k=1}^{n}q_k\varphi_k \tag{2.6.4}$$

如果带电系统不是离散的导体，而是连续分布的带电体，则对某带电体以连续的电荷分

布形式充电，而式(2.6.4)便成为积分形式：

$$W_e = \frac{1}{2}\int_V \rho\varphi \, dV \tag{2.6.5}$$

此式体积分应遍及所有电荷分布的地方。

电场能量亦可以用场量来表示。利用高斯定律，将式(2.6.5)中 ρ 用 $\nabla \cdot \vec{D}$ 表示，则

$$W_e = \frac{1}{2}\int_V \rho\varphi \, dV = \frac{1}{2}\int_V (\nabla \cdot \vec{D})\varphi \, dV \tag{2.6.6}$$

根据矢量分析中恒等式

$$\nabla \cdot (\varphi\vec{D}) = \vec{D} \cdot \nabla\varphi + \varphi\nabla \cdot \vec{D}$$

得

$$W_e = \frac{1}{2}\int_V \nabla \cdot (\varphi\vec{D}) \, dV - \frac{1}{2}\int_V \vec{D} \cdot \nabla\varphi \, dV$$

应用散度定理，将等式右边第一项变成包围体积 V 的面积分

$$W_e = \frac{1}{2}\oint_s \varphi\vec{D} \cdot d\vec{s} - \frac{1}{2}\int_V \vec{D} \cdot \nabla\varphi \, dV$$

考虑到 $\vec{E} = -\nabla\varphi$，上式可写成

$$W_e = \frac{1}{2}\oint_s \varphi\vec{D} \cdot d\vec{s} + \frac{1}{2}\int_V \vec{D} \cdot \vec{E} \, dV \tag{2.6.7}$$

式(2.6.5)～(2.6.7)中积分区域原是电荷分布的区域，在电荷等于零的区域对积分是无贡献的，因此积分区域任意扩大并不影响积分结果。如果将积分区域扩大至包括全部空间，则包围这个体积区域的表面 s 也无限扩大且至无限远处。因为电荷分布的区域总是有限的，对于表面 s 而言，整个电荷分布区恰似一个与它距离 r 的点电荷一样，因而表面 s 上的 φ 和 $\vec{D}$ 将分别与 $\frac{1}{r}$ 和 $\frac{1}{r^2}$ 成比例，而面积 s 仅与 r^2 成比例，故当 s 推至无限远时，式(2.6.7)中闭合面积分趋向于零，即

$$\oint_s \varphi\vec{D} \cdot d\vec{s} \sim \frac{1}{r^3} \times r^2 \sim \frac{1}{r}\bigg|_{r\to\infty} \to 0$$

式(2.6.7)成为

$$W_e = \frac{1}{2}\int_V \vec{D} \cdot \vec{E} \, dV \tag{2.6.8}$$

上式的体积分区域应遍及整个空间。

上式的结果表明，电场是物质的一种存在形式，它也具有能量，而电场能量分布在电场的整个空间，其分布的能量密度 w_e 为

$$w_e = \frac{1}{2}\vec{D} \cdot \vec{E} \tag{2.6.9}$$

$$W_e = \int_V w_e \, dV = \int_V \frac{1}{2}\vec{D} \cdot \vec{E} \, dV$$

【例 2.6.1】 一平板电容器其电容量为 C，加于极板间的电压为 U。它所储存的电场能量在电路理论中表示为 $W_e = \frac{1}{2}CU^2$。现以电场能量密度的体积分来验证这一电容器所储存的电

场能量的表达式。

解： 对于平板电容器，忽略边缘效应时，极板间电场可认为是均匀的。设电容器极板面积为 s，极板间距离为 d，因为 $E=\frac{U}{d}$，$D=\varepsilon E=\frac{\varepsilon U}{d}$，于是

$$w_e=\frac{1}{2}\vec{D}\cdot\vec{E}=\frac{1}{2}\left(\frac{\varepsilon U}{d}\right)\left(\frac{U}{d}\right)=\frac{\varepsilon U^2}{2d^2}$$

而

$$W_e=\int_v w_e\,\mathrm{d}V=\frac{\varepsilon U^2}{2d^2}sd=\frac{1}{2}\left(\frac{\varepsilon s}{d}\right)U^2=\frac{1}{2}CU^2$$

结果与电路理论结论相同。

因电容器极板上电荷 $Q=CU$，故电容器的储存电场能量亦可表示为另两种形式

$$W_e=\frac{1}{2}QU \quad 或 \quad W_e=\frac{Q^2}{2C}$$

* §2.7 电场力

对于电场对带电体的作用力的计算，原则上可以应用电场强度的定义 $\vec{F}=q\vec{E}$。对于作体电荷分布或面电荷分布的电荷，因 $\mathrm{d}q=\rho\,\mathrm{d}V$ 或 $\mathrm{d}q=\rho_s\,\mathrm{d}s$ 故作用于分布电荷的合力为

$$\vec{F}=\int_V \rho\vec{E}\,\mathrm{d}V \quad 或 \quad \vec{F}=\int_s \rho_s\vec{E}\,\mathrm{d}s \tag{2.7.1}$$

实际上这合力的计算是困难的。如通过带电体受到电场力的作用而将产生位移时所引起的功能转换关系来计算电场力，即利用虚位移法来计算电场力，将对问题的求解带来方便。

为应用虚位移法计算力，引入广义坐标和广义力的概念。广义坐标是确定系统中各带电导体形状、尺寸与位置的一组几何量，例如距离、面积、体积或角度等。企图改变某一广义坐标的力，就称为对应于该广义坐标的广义力。广义力和广义坐标间的关系应满足一个共同的条件，即是广义力乘上由它引起的广义坐标的改变，应等于功。这样，若广义坐标是距离（即长度），则对应的广义力是一般的力；若广义坐标是角度，则对应的广义力是转动力矩；若广义坐标是体积，则对应的广义力是压强；若广义坐标是面积，则对应的广义力是表面张力等等。

用虚位移法计算带电导体系统中某一导体所受到的电场力，就是假想该导体在电场力作用下有一位移（这位移是虚拟的），此时所引起能量改变便被用来计算电场力。虚位移法的根据是能量守恒定律，此定律指出在没有能量损失的情况下，外界电源供给带电导体系统的能量等于电场力所作的功与系统所储存能量的增量之和，即

$$\mathrm{d}W==\mathrm{d}A+\mathrm{d}W_e \tag{2.7.2}$$

式中，$\mathrm{d}W$ 为外界电源所供给的能量；$\mathrm{d}W_e$ 为系统储存的电场能量的增量；$\mathrm{d}A$ 为导体广义坐标位移为 $\mathrm{d}\vec{g}$ 时广义电场力 $\vec{F}$ 所作的功。

$$\mathrm{d}A=\vec{F}\cdot\mathrm{d}\vec{g}=F_g\,\mathrm{d}g$$

由式(2.7.2)功能关系，得广义电场力在 $\mathrm{d}\vec{g}$ 方向的分量为

$$F_g=\frac{\partial W}{\partial g}-\frac{\partial W_e}{\partial g} \tag{2.7.3}$$

由于虚位移法中导体的位移是虚拟的，引起带电导体系统能量的改变亦是虚拟的，而计算出的电场力则是在位移前该导体所受到的力。因此虚位移法计算出的电场力结果应与虚位移的过程条件无关。下面将根据不同条件，求带电导体系统中某导体所受到的广义电场力。

一、带电导体系统不与外界电源相接

带电导体系统不与外电源相接，外电源向系统输入的能量等于零，即 $dW=0$。此时各导体上的电荷 $q_k(k=1,2,\cdots,n)$亦不会改变。假想带电系统的广义电场力将其中某一导体的广义坐标变化了 $d\vec{g}$，则此时电场力所作的功

$$dA=\vec{F}\cdot d\vec{g}=F_g\,dg \tag{2.7.4}$$

由于系统与外电源不相接，$dW=0$，由式(2.7.2)得

$$dA=-dW_e=F_g\,dg\big|_{q_k=\text{常数}} \tag{2.7.5}$$

即在无外电源供给能量的条件下，电场力对导体作功，必须以系统储存的电场能量的减小为代价。在此条件下，电场力

$$F_g=-\frac{\partial W_e}{\partial g}\bigg|_{q_k=\text{常数}} \tag{2.7.6}$$

如果系统中导体 k 在广义电场力作用下绕某一轴线(例如 z 轴)转动，虚位移 $dg=d\alpha$，则系统为此所作的虚功为

$$dA=M_z\,d\alpha \tag{2.7.7}$$

其中 M_z 为作用于该导体的广义电场力(转动力矩)的 z 分量。在系统不与外电源相接，系统导体上电荷不变条件下 $dA=-dW_e$，故系统对导体所作用转动力矩的 z 分量为

$$M_z=-\frac{\partial W_e}{\partial \alpha}\bigg|_{q_k=\text{常数}} \tag{2.7.8}$$

二、带电导体系统与外电源相接

带电导体系统与外电源相接，使得系统中各导体的电位由与之相接的相应电源来维持。若系统中某导体 k 在广义电场力 $\vec{F}$ 作用下，其广义坐标变化 $d\vec{g}$，则电场力所作的功为

$$dA=\vec{F}\cdot d\vec{g}=F_g\,dg \tag{2.7.9}$$

由于系统与外电源相接，各导体电位不变，各导体电荷则将改变 $dq_k(k=1,2\cdots n)$，则外电源对系统供给的总能量将为

$$dW=\sum_{k=1}^{n}\varphi_k\,dq_k \tag{2.7.10}$$

这时系统储存的电场能量 W_e 亦将发生变化，由式(2.6.4)得

$$dW_e=d\left(\frac{1}{2}\sum_{k=1}^{n}\varphi_k q_k\right)_{\varphi_k=\text{常数}}=\frac{1}{2}\sum_{k=1}^{n}\varphi_k\,dq_k=\frac{1}{2}\,dW \tag{2.7.11}$$

由能量守恒要求，即式(2.7.2)

$$dW=dA+dW_e$$

得 $$dA=dW-dW_e$$

而 $$dA=F_g\,dg=dW-dW_e=\frac{1}{2}\sum_{k=1}^{n}\varphi_k\,dq_k=dW_e\Big|_{\varphi_k=常数}$$

故

$$F_g=\frac{\partial W_e}{\partial g}\Bigg|_{\varphi_k=常数} \tag{2.7.12}$$

如果系统中导体 k 在广义电场力作用下绕 z 轴转动，则广义坐标的变化 $dg=d\alpha$，广义电场力为转动力矩在 z 轴的分量 M_z，在系统与外电源相接条件下，

$$dA=dW-dW_e$$

$$dA=M_z\,d\alpha$$

$$dW-dW_e=dW_e\Big|_{\varphi_k=常数}$$

则

$$M_z=\frac{\partial W_e}{\partial \alpha}\Bigg|_{\varphi_k=常数} \tag{2.7.13}$$

前面我们已谈到，虚位移法计算广义电场力的结果应与虚位移的过程条件无关，因此假设系统中各导体电荷不变或者假设各导体电位不变，其所得结果应该是一致的，因而式(2.7.6)与(2.7.12)及(2.7.8)与(2.7.13)是彼此等效的。即

$$F_g=-\frac{\partial W_e}{\partial g}\Bigg|_{q_k=常数}=\frac{\partial W_e}{\partial g}\Bigg|_{\varphi_k=常数} \tag{2.7.14}$$

$$M_z=-\frac{\partial W_e}{\partial \alpha}\Bigg|_{q_k=常数}=\frac{\partial W_e}{\partial \alpha}\Bigg|_{\varphi_k=常数} \tag{2.7.15}$$

【例 2.7.1】 求作用在充电后电容器两极板上的电场力。

解： 在两种不同条件下用虚位移法求解此问题。

(a) 各导体电极电荷不变情况：

沿虚位移 $d\vec{l}$ 方向的电场力 F_l，

$$F_l=-\frac{\partial W_e}{\partial l}\Bigg|_{Q=常数}$$

由例 2.6.1 知 $W_e=\dfrac{Q^2}{2C}$，故

$$F_l=-\frac{\partial}{\partial l}\left(\frac{Q^2}{2C}\right)=\frac{Q^2}{2C^2}\frac{\partial C}{\partial l}$$

(b)各导体电极电位不变情况

$$F_l=\frac{\partial W_e}{\partial l}\Bigg|_{U=常数}$$

由例 2.6.1 知 $W_e=\dfrac{1}{2}CU^2$，故

$$F_l=\frac{\partial}{\partial l}\left(\frac{1}{2}CU^2\right)=\frac{U^2}{2}\frac{\partial C}{\partial l}=\frac{Q^2}{2C^2}\frac{\partial C}{\partial l}$$

显然，对同一个充电的电容器，在不同的条件下用虚位移法计算出的电场力应是相等的。

§2.8 恒定电流电场

电荷处于电场中受到电场力的作用引起电荷的宏观定向运动。电荷的流动形成电流，在导电媒质中电荷流动形成传导电流，在真空中或气体中电荷流动形成运流电流。当电荷流动不随时间变化，即电流不随时间变化时，此电流称为恒定电流，其相对应的电场称为恒定电流电场，或称恒流电场。

一、导电回路中电源内的局外电场

电荷在电场作用下运动形成电流，对外作功将使电场的能量减少，因此欲使电流恒定，不随时间而变，必须有一能补充电场能量的电源以维持电场恒定。在电源内部非电形式的能量（电池的化学能、太阳能电池的光能、发电机的机械能等）对电荷存在着一种局外力 F_s 这局外力等效为在电源内部的局外电场 $\vec{E}_s=\frac{\mathrm{d}\vec{F}_s}{\mathrm{d}q}$ 对电荷的作用力。$\vec{E}_s$ 方向是从电源 B 电极指向 A 电极（如图 2.8.1），将正电荷由 B 极推移至 A 极，使得 B 电极带有负电荷成为负电极，而 A 电极带有等量的正电荷成为正电极。在电极上聚集电荷的同时，由电荷产生的电场 $\vec{E}_q$ 同时产生，其方向为正电荷指向负电荷，在电源内部是由正电极 A 指向负电极 B，与局外场 $\vec{E}_s$ 的方向相反。当局外场 E_s 大于电荷电场 $E_q(E_s>E_q)$ 时，局外场将克服电荷电场，继续从负电极推移正电荷至正电极。与此同时，电极间的电荷电场 E_q 将随电荷逐渐增加而增加，直至电极间的局外场与电荷电场平衡（$E_s=E_q$）为止，这种电荷在非电能量作用下的推移过程才告终结。当以导电媒质（导体）于电源外将电源电极 A 与 B 连接，形成一闭合回路，在导电媒质中将有电极上电荷所产生的电场 $\vec{E}_q$，使得电荷在导电媒质中流动形成电流，如图 2.8.1 所示。电荷 q 沿闭合回路 C 运动一周电场 $\vec{E}$ 所作之功为

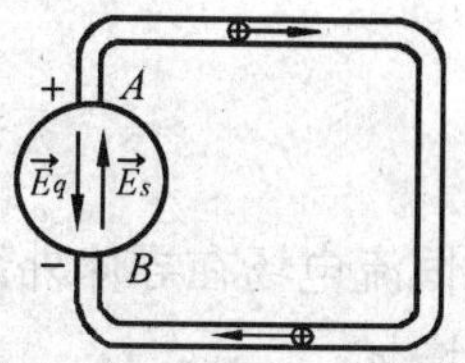

图 2.8.1 导电回路中的电场

$$A=\oint_C \vec{F}\cdot \mathrm{d}\vec{l}=\oint_C q\vec{E}\cdot \mathrm{d}\vec{l}$$

在电源外部 $\vec{E}=\vec{E}_q$；在电源内部 $\vec{E}=\vec{E}_q+\vec{E}_s$，故

$$\begin{aligned}A&=q\int_{(电源内)}(\vec{E}_q+\vec{E}_s)\cdot \mathrm{d}\vec{l}+q\int_{(电源外)}\vec{E}_q\cdot \mathrm{d}\vec{l}=\\&q\int_{(电源内)}\vec{E}_s\cdot \mathrm{d}\vec{l}+q\int_{(电源内)}\vec{E}_q\cdot \mathrm{d}\vec{l}+q\int_{(电源外)}\vec{E}_q\cdot \mathrm{d}\vec{l}=\\&q\int_{(电源内)}\vec{E}_s\cdot \mathrm{d}\vec{l}+q\oint_C\vec{E}_q\cdot \mathrm{d}\vec{l}\end{aligned}$$

因为电荷电场 $\vec{E}_q$ 的 $\oint_c \vec{E}_q\cdot \mathrm{d}\vec{l}=0$，故得

$$A=q\int_{(电源内)}\vec{E}_s\cdot \mathrm{d}\vec{l}$$

因为局外场 $\vec{E}_s$ 仅存在于电源内，它是非电形式能量的等效场，在电源外 $\vec{E}_s=0$，所以上式可

写成

$$A = q \oint_C \vec{E}_s \cdot d\vec{l}$$

令

$$\mathscr{E} = \frac{A}{q} = \oint_C \vec{E}_s \cdot d\vec{l} \tag{2.8.1}$$

称为电源电动势，单位为伏特(V)。

二、恒流电场的基本方程

1. 在导电媒质外的电介质中

在恒流电场中，由于电流是恒定的，空间电荷分布处于动态平衡，不随时间变化，因而描述电场的各场量也不随时间变化。在导电媒质外部的电介质中，由导电媒质上分布的运动电荷所产生的电场和具有同样分布的静止电荷所产生的电场相似。如果电介质中没有体电荷，则可从麦克斯韦电磁场方程简化得到导电媒质外部电介质中恒流电场的基本方程如下：

$$\left.\begin{aligned} \nabla \times \vec{E} &= 0 \\ \nabla \cdot \vec{D} &= 0 \\ \vec{D} &= \varepsilon \vec{E} \end{aligned}\right\} \tag{2.8.2}$$

方程表明恒流电场在导体外部的电介质中的性质和静电场相似，其相似性随导体内电导率的增加而增加。

2. 在导电媒质内

在导电媒质内自由电荷在电场的作用下定向运动产生电流。为了描述电流的大小与方向引入电流密度矢量$\vec{J}$，它的方向与正电荷的运动方向相同，大小则为在单位时间内在垂直于电荷运动方向单位面积中穿过的电量。若电荷运动的平均速度为$\vec{v}$，则电流密度$\vec{J}$为

$$\vec{J} = \rho \vec{v} \tag{2.8.3}$$

式中，ρ为电荷体密度。

在面积s中穿过的电流强度I，它与电流密度的关系为电流密度$\vec{J}$在面积s上的通量。即

$$I = \int_s \vec{J} \cdot d\vec{s} \tag{2.8.4}$$

根据电荷守恒定律，电流密度$\vec{J}$在闭合曲面s上的通量应等于闭合曲面S所包围的体积V中电荷电量的时间变化率，即

$$\oint_s \vec{J} \cdot d\vec{s} = -\frac{d}{dt}\int_V \rho \, dV \tag{2.8.5a}$$

若s不随时间变化，$\frac{d}{dt}\int_V \rho \, dV = \int_V \frac{\partial \rho}{\partial t} dV$，则

$$\oint_s \vec{J} \cdot d\vec{s} = -\int_V \frac{\partial \rho}{\partial t} dV \tag{2.8.5b}$$

由散度定理

$$\oint_s \vec{J} \cdot d\vec{s} = \int_V \nabla \cdot \vec{J} dV$$

得出其微分形式为

$$\nabla \cdot \vec{J} = -\frac{\partial \rho}{\partial t} \tag{2.8.6}$$

式(2.8.6)称为电流连续性原理。

在恒定电流电场中,空间电荷密度不随时间变化,因此电流连续性原理变为

$$\nabla \cdot \vec{J} = 0 \tag{2.8.7}$$

在导电媒质中自由电荷受电场作用产生电流,当媒质为线性均匀媒质时,媒质内电流密度与电场强度的关系为

$$\vec{J} = \sigma \vec{E} \tag{2.8.8}$$

式中,σ 为媒质的电导率。上式即为欧姆定律的微分形式。

在导电媒质中不包含局外场部分空间(局外场仅存在于电源内电极间),电场为无旋的,即

$$\nabla \times \vec{E} = 0 \tag{2.8.9}$$

综合以上所述,在导电媒质内,描述恒流电场的基本物理量所满足的方程,即恒定电场的基本方程为

$$\left.\begin{aligned} &\nabla \times \vec{E} = 0 \\ &\nabla \cdot \vec{J} = 0 \\ &\vec{J} = \sigma \vec{E} \end{aligned}\right\} \tag{2.8.10}$$

方程表明,在导电媒质内不包括局外场空间,恒流电场的电场强度是无旋的,而电流密度总是无源的。

由于恒流电场的无旋性,因此可用位函数来表示恒流电场,令 $\vec{E} = -\nabla \varphi$,又由 $\nabla \cdot \vec{J} = 0$ 及 $\vec{J} = \sigma \vec{E}$,得 $\nabla \cdot (-\nabla \varphi) = 0$ 即 $\nabla^2 \varphi = 0$,因此,导电媒质中恒流电场的电位亦满足拉普拉斯方程。

三、恒流电场的边界条件

在静电场的研究中,我们知道了边界条件的重要性,特别在边值问题的求解中,它起着重要的作用。由于恒流电场的无旋性,它亦是位场,恒流电场的位函数同样满足拉普拉斯方程,场量的求解也依赖于边界条件。

1. 不同导电媒质分界面上的边界条件

在两种不同媒质分界面两侧,由于媒质参数导电率 σ_1 与 σ_2 的不同,在分界面上电场 $\vec{E}$ 和电流密度 $\vec{J}$ 都要发生突变。恒流电场基本方程(2.8.10)的积分形式为

$$\left.\begin{aligned} &\oint_c \vec{E} \cdot d\vec{l} = 0 \\ &\oint_s \vec{J} \cdot d\vec{s} = 0 \end{aligned}\right\} \tag{2.8.11}$$

应用于分界面上,和静电场中推导边界条件的方法相同,可以推导出不同导电媒质分界面上的边界条件:

$$E_{1t} = E_{2t} \quad 或 \quad \vec{n} \times (\vec{E}_1 - \vec{E}_2) = 0 \tag{2.8.12a}$$

$$J_{1n} = J_{2n} \quad 或 \quad \vec{n} \cdot (\vec{J}_1 - \vec{J}_2) = 0 \tag{2.8.12b}$$

即在不同导电媒质分界面上，电场强度的切向分量是连续的，电流密度的法向分量也是连续的。

由于恒流电场亦为位场，($\vec{E}=-\nabla\varphi$)，亦可用电位表示上面的两个边界条件。即

$$\varphi_1=\varphi_2 \tag{2.8.13a}$$

$$\sigma_1\frac{\partial\varphi_1}{\partial n}=\sigma_2\frac{\partial\varphi_2}{\partial n} \tag{2.8.13b}$$

由于媒质电导率在分界上的突变，电流线在分界面上将发生折射(如图 2.8.2)。由边界条件式(2.8.12)，可得出电流线的折射规律为

$$\frac{\tan\theta_1}{\tan\theta_2}=\frac{\sigma_1}{\sigma_2} \tag{2.8.14}$$

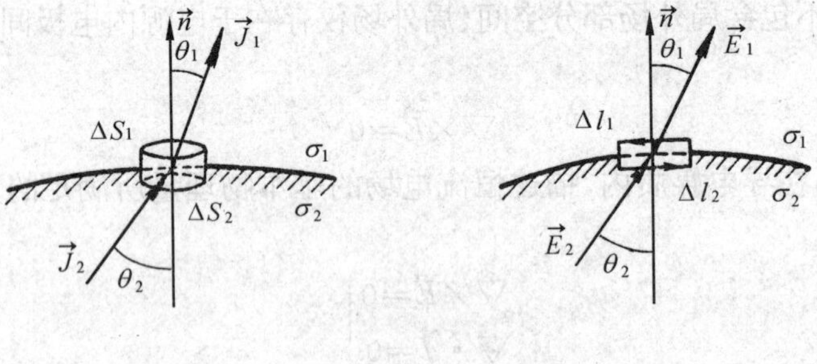

图 2.8.2 不同导电媒质分界面边界条件

在实际问题中，经常存在两种媒质的电导率数值相差很大的情况，这时当电流由电导率大的媒质区域流向分界面时，不管其入射角 θ_2 多大，由于 $\sigma_2\gg\sigma_1$，使得从式(2.8.14)可以看出，θ_1 也还是很小，即在电导率小的媒质区域电流线几乎与界面垂直。

2. 导电媒质与理想介质分界面的边界条件

理想介质完全不导电，$\sigma_1=0$，则有 $J_1=0$，从而得到 $J_{1n}=J_{2n}=0$，这样在与理想介质交界的导电媒质中也不可能存在电流密度的法向分量，没有电流流入理想介质，电流仅在导电媒质内部流动，因而在导电媒质与理想介质的交界面处，电流线与导电媒质表面平行。

综上所述，在导电媒质与理想介质分界面两侧，理想介质中 $\sigma_1=0$，$\vec{J}_1=\sigma_1\vec{E}_1=0$，但 $\vec{E}_1$ 不一定为零；在导电媒质中 $\sigma_2\neq0$，$\vec{J}_2=\sigma_2\vec{E}_2\neq0$，由于 $J_{1n}=J_{2n}$，$J_{1n}=0$，使得 $J_{2n}=0$，$E_{2n}=0$。因此在导电媒质与理想介质分界面处的边界条件为

$$E_{1t}=E_{2t} \quad \text{或} \quad \vec{n}\times(\vec{E}_1-\vec{E}_2)=0 \tag{2.8.15a}$$

$$J_{1n}=J_{2n}=0 \quad \text{或} \quad \vec{n}\cdot(\vec{J}_1-\vec{J}_2)=0 \tag{2.8.15b}$$

在导电媒质表面

$$D_{1n}-D_{2n}=\varepsilon_1E_{1n}-\varepsilon_2E_{2n}=\rho_s \tag{2.8.15c}$$

$$\varepsilon_1E_{1n}=D_{1n}=\rho_s \text{ 或 } \vec{n}\cdot\vec{D}_1=\rho_s \tag{2.8.15d}$$

式中，ε_1 为理想介质的介电常数。

3. 具有漏电电流的两非理想介质分界面的边界条件

在处理非理想介质时，需既要考虑其导电性，又要考虑其介质特性，因而在描述边界条

件时，除式(2.8.12)外，再增加一描述界面两侧介质特性 ε 的电位移矢量边界条件 $\vec{n}\cdot(\vec{D}_1-\vec{D}_2)=\rho_s$。此处我们之所以选择这一表达式，而不选择 $\vec{n}\cdot(\vec{D}_1-\vec{D}_2)=0$，是因为在新的情况下，我们不能断定分界面处是否有自由电荷存在，因而在两非理想介质分界面的边界条件为

$$E_{1t}=E_{2t} \quad 或 \quad \vec{n}\times(\vec{E}_1-\vec{E}_2)=0 \tag{2.8.16a}$$

$$J_{1n}=J_{2n} \quad 或 \quad \vec{n}\cdot(\vec{J}_1-\vec{J}_2)=0 \tag{2.8.16b}$$

$$D_{1n}-D_{2n}=\rho_s \quad 或 \quad \vec{n}\cdot(\vec{D}_1-\vec{D}_2)=\rho_s \tag{2.8.16c}$$

由于 $J_{1n}=J_{2n}$ 以及 $D_{1n}-D_{2n}=\rho_s$，故得

$$\sigma_1E_{1n}=\sigma_2E_{2n}$$

$$\varepsilon_1E_{1n}-\varepsilon_2E_{2n}=\rho_s$$

求解上述两式，得分界面上自由面电荷密度为

$$\rho_s=\left(\frac{\varepsilon_1}{\sigma_1}-\frac{\varepsilon_2}{\sigma_2}\right)J_{2n}=\left(\frac{\varepsilon_1}{\sigma_1}-\frac{\varepsilon_2}{\sigma_2}\right)J_{1n}=\left(\frac{\varepsilon_1}{\sigma_1}-\frac{\varepsilon_2}{\sigma_2}\right)J_n \tag{2.8.17}$$

可见只有在下式成立的情况下：

$$\frac{\varepsilon_1}{\sigma_1}=\frac{\varepsilon_2}{\sigma_2} \tag{2.8.18}$$

分界面处才不存在自由面电荷。此自由电荷是在恒流电场建立过程中聚集于分界面上的。

【例 2.8.1】 同轴线内导体外半径为 R_1，外导体内半径为 R_3，内外导体间填充有两层非理想介质，介质的分界面半径为 R_2，它们的介电常数分别为 ε_1、ε_2 电导率分别为 σ_1、σ_2。设内外导体间加电压 U，试求两介质中的电场强度及介质分界面和同轴线内外导体表面的自由电荷面密度。

解： 设同轴线单位长度由内导体流向外导体的漏电流为 I，由电流的连续性可知流过单位长度上任一半径为 $R(R_1\leqslant R\leqslant R_3)$ 的圆柱面上电流均为 I，又由同轴线的圆柱对称性，知同一圆柱面上各点电流密度矢量方向应为径向，且大小相等(见图 2.8.3)。因此有

$$\vec{J}_1=\vec{a}_R\frac{I}{2\pi R} \quad (R_1\leqslant R\leqslant R_2)$$

$$\vec{J}_2=\vec{a}_R\frac{I}{2\pi R} \quad (R_2\leqslant R\leqslant R_3)$$

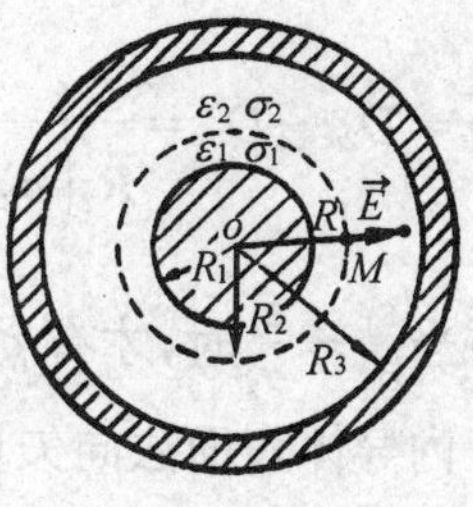

图 2.8.3 例 2.8.1 附图

在两非理想介质分界面 $R=R_2$ 处，电流密度矢量的法向分量连续，$J_{1n}=J_{2n}$。由 $\vec{J}=\sigma\vec{E}$ 知电场强度的方向与电流密度的方向相同，亦为沿径向，其大小为

$$\vec{E}_1=\vec{a}_R\frac{I}{2\pi\sigma_1 R} \quad (R_1\leqslant R\leqslant R_2)$$

$$\vec{E}_2=\vec{a}_R\frac{I}{2\pi\sigma_2 R} \quad (R_2\leqslant R\leqslant R_3)$$

式中，I 尚未确定。

内外导体间电压

$$U=\int_{R_1}^{R_2}\vec{E}\cdot\mathrm{d}\vec{R}+\int_{R_2}^{R_3}\vec{E}\cdot\mathrm{d}\vec{R}=\int_{R_1}^{R_2}\frac{I}{2\pi\sigma_1 R}\,\mathrm{d}R+\int_{R_2}^{R_3}\frac{I}{2\pi\sigma_2 R}\,\mathrm{d}R=$$

$$\frac{I}{2\pi}\,\frac{\sigma_2\ln\dfrac{R_2}{R_1}+\sigma_1\ln\dfrac{R_3}{R_2}}{\sigma_1\,\sigma_2}$$

于是，可由已知的电压U表示出I，

$$I=\frac{2\pi\sigma_1\sigma_2 U}{\sigma_2\ln\dfrac{R_2}{R_1}+\sigma_1\ln\dfrac{R_3}{R_2}}$$

代入$\vec{E}_1$、$\vec{E}_2$式，得

$$\vec{E}_1=\vec{a}_R\frac{\sigma_2 U}{\left(\sigma_2\ln\dfrac{R_2}{R_1}+\sigma_1\ln\dfrac{R_3}{R_2}\right)R}\qquad(R_1\leqslant R\leqslant R_2)$$

$$\vec{E}_2=\vec{a}_R\frac{\sigma_1 U}{\left(\sigma_2\ln\dfrac{R_2}{R_1}+\sigma_1\ln\dfrac{R_3}{R_2}\right)R}\qquad(R_2\leqslant R\leqslant R_3)$$

对于非理想介质的分界面，在形成恒流电场的过程中聚集有面自由电荷，根据式(2.8.17)并注意到本例非理想介质分界面法向矢量$\vec{a}_R$与式(2.8.17)所用法向矢量$\vec{n}$的不同($\vec{a}_R=-\vec{n}$)，可求得非理想介质分界面上的自由电荷面密度为

$$\rho_s=\left(\frac{\varepsilon_2}{\sigma_2}-\frac{\varepsilon_1}{\sigma_1}\right)J_{2n}=\frac{\sigma_1\varepsilon_2-\sigma_2\varepsilon_1}{\sigma_1\sigma_2}\frac{\sigma_1\sigma_2 U}{R_2\left(\sigma_2\ln\dfrac{R_2}{R_1}+\sigma_1\ln\dfrac{R_3}{R_2}\right)}=\frac{U(\sigma_1\varepsilon_2-\sigma_2\varepsilon_1)}{R_2\left(\sigma_2\ln\dfrac{R_2}{R_1}+\sigma_1\ln\dfrac{R_3}{R_2}\right)}$$

$$J_{2n}=\sigma_2 E_{2n}$$

或

$$\rho_s=D_{2n}-D_{1n}=\frac{\varepsilon_2\sigma_1 U}{R_2\left(\sigma_2\ln\dfrac{R_2}{R_1}+\sigma_1\ln\dfrac{R_3}{R_2}\right)}-\frac{\varepsilon_1\sigma_2 U}{R_2\left(\sigma_2\ln\dfrac{R_2}{R_1}+\sigma_1\ln\dfrac{R_3}{R_2}\right)}=\frac{U(\varepsilon_2\sigma_1-\varepsilon_1\sigma_2)}{R_2\left(\sigma_2\ln\dfrac{R_2}{R_1}+\sigma_1\ln\dfrac{R_3}{R_2}\right)}$$

只有当$\dfrac{\varepsilon_1}{\sigma_1}=\dfrac{\varepsilon_2}{\sigma_2}$时，才有$\rho_s=0$。

内导体表面法向矢量$\vec{n}_1=\vec{a}_R$，外导体表面法向矢量$\vec{n}_2=-\vec{a}_R$，因此内外导体表面电荷密度$\rho_{s内}$、$\rho_{s外}$分别为

$$\rho_{s内}=D_{1n_1}=\varepsilon_1 E_{1R}=\frac{\varepsilon_2\sigma_2 U}{R_1\left(\sigma_2\ln\dfrac{R_2}{R_1}+\sigma_1\ln\dfrac{R_3}{R_2}\right)}$$

$$\rho_{s外}=D_{2n_2}=-\varepsilon_2 E_{2R}=\frac{-\varepsilon_2\sigma_1 U}{R_3\left(\sigma_2\ln\dfrac{R_2}{R_1}+\sigma_1\ln\dfrac{R_3}{R_2}\right)}$$

§2.9 导电媒质内恒流电场与静电场的比拟

一、静电比拟

在不包括电源局外场的导电媒质内恒流电场的基本方程与无电荷分布区域静电场的基本方程之间有相似的形式。为便于比较，现归纳如下：

导电媒质内的恒流电场（电源以外）	静电场（$\rho=0$ 区域）
$\nabla\times\vec{E}=0$ 或 $\vec{E}=-\nabla\varphi$	$\nabla\times\vec{E}=0$ 或 $\vec{E}=-\nabla\varphi$
$\nabla\cdot\vec{J}=0$	$\nabla\cdot\vec{D}=0$
$\vec{J}=\sigma\vec{E}$	$\vec{D}=\varepsilon\vec{E}$
$\nabla^2\varphi=0$	$\nabla^2\varphi=0$
$I=\int_s\vec{J}\cdot d\vec{s}$	$q=\int_s\vec{D}\cdot d\vec{s}$

可见两个场的场量之间有一一对应关系：

导电媒质内的恒流电场（电源以外）	静电场（$\rho=0$ 区域）
$\vec{E}$	$\vec{E}$
φ	φ
$\vec{J}$	$\vec{D}$
I	q
σ	ε

因为两个场的电位都是拉普拉斯方程的解，所以如果两个场用电位表示的边界条件相同时，则两个场电位的解必定是相同的。因此对于某一恒流电场的边值问题，如果对应的静电场边值问题是已经有解的，则恒流电场的解便可以直接写出，只需将将 ε 换成 σ，q 换成 I，$\vec{D}$ 换成 $\vec{J}$ 等对应量即可，而不需要重新求解。这个方法称为静电比拟法。

静电比拟的原理也在实验中经常应用，为用实验研究静电场，常用恒流电场模拟静电场。在恒流电场中进行测量比在静电场中测量容易得多。

二、电导

在静电场中定义两导体（分别为正负电极）间的电容是

$$C=\frac{q}{U}=\frac{\oint_{s_1}\vec{D}\cdot d\vec{s}}{\int_l\vec{E}\cdot d\vec{l}}=\frac{\varepsilon\oint_{s_1}\vec{E}\cdot d\vec{s}}{\int_l\vec{E}\cdot d\vec{l}} \tag{2.9.1}$$

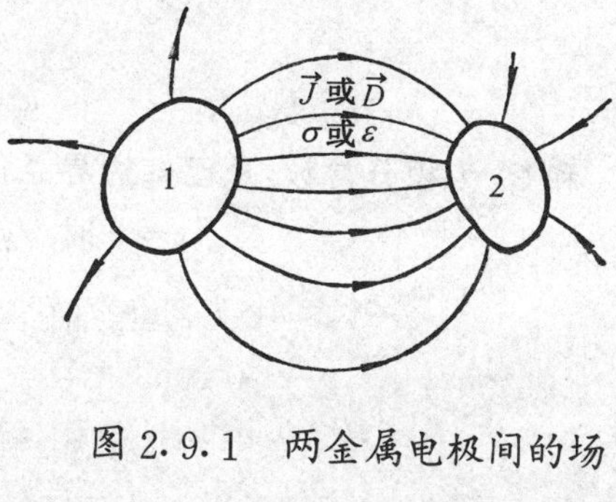

图 2.9.1 两金属电极间的场

式中，q 为正电极导体 1 上所带电荷电量，U 为两导体电极间的电压，s_1 为包围导体 1 的闭合面，l 为导体 1 至导体 2 的积分路径。（图

2.9.1)

导电媒质中两电极(电极的电导率较其周围媒质电导率大得多,这样,电极可认为是等位体)间加电压U,则在导电媒质中形成电场,并产生电流。相似地亦可定义两电极间导电媒质的电导,其定义为流经导电媒质的电流与导电媒质两端即电极间的电压之比。即

$$G=\frac{I}{U}=\frac{\oint_{s_1}\vec{J}\cdot d\vec{s}}{\int_l\vec{E}\cdot d\vec{l}}=\frac{\sigma\oint_{s_1}\vec{E}\cdot d\vec{s}}{\int_l\vec{E}\cdot d\vec{l}} \tag{2.9.2}$$

根据静电比拟原理,当恒流电场与静电场两者边界条件相同时(注:当电极的电导率远大于导电媒质的电导率时,电极表面为一等位面),则两导体电极间的电导G与电容C存在着简单关系

$$\frac{G}{C}=\frac{\sigma\oint_{s_1}\vec{E}\cdot d\vec{s}\Big/\int_l\vec{E}\cdot d\vec{l}}{\varepsilon\oint_{s_1}\vec{E}\cdot d\vec{s}\Big/\int_l\vec{E}\cdot d\vec{l}}=\frac{\sigma}{\varepsilon} \tag{2.9.3}$$

即如果在静电场中两导体的电容是已知时,则同样的两导体作为电极,而填充均匀导电媒质时,此两导体间的电导就可以直接从电容的表达式中将ε换成σ,C换成G而得到。

在导电媒质中的多导体系统具有部分电导,其分析过程与理想介质中多导体系统部分电容相仿,这里不再详细讨论。

【例 2.9.1】 如图 2.9.2 所示圆弧形金属片,厚度为h,电导率为σ,已知它的边界条件为

$\alpha=0$ 时 $\varphi=0$ 及 $\alpha=\alpha_0$ 时 $\varphi=U_0$

求该金属片内的电位φ、电场强度$\vec{E}$、电流密度$\vec{J}$以及金属片电阻。

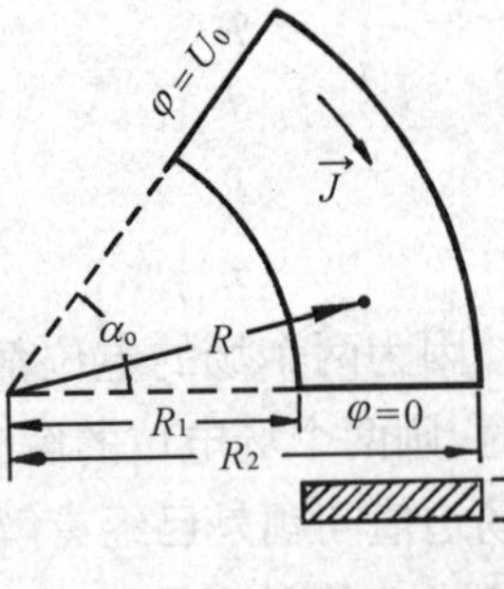

图 2.9.2 例 2.9.1 附图

解: 采用圆柱座标系,拉普拉斯方程的表达式为

$$\nabla^2\varphi=\frac{1}{R}\frac{\partial}{\partial R}\left(R\frac{\partial\varphi}{\partial R}\right)+\frac{1}{R^2}\frac{\partial^2\varphi}{\partial\alpha^2}+\frac{\partial^2\varphi}{\partial z^2}=0$$

因为φ与R及z无关,于是上式可简化为

$$\frac{1}{R^2}\frac{\partial^2\varphi}{\partial\alpha^2}=0$$

解得

$$\varphi=C_1\alpha+C_2$$

式中,C_1和C_2为积分常数,从已知边界条件:

$$\alpha=0\text{ 时}\quad\varphi(0)=0\quad\text{得}\quad C_2=0$$

$$\alpha=\alpha_0\text{ 时}\quad\varphi(\alpha_0)=U_0\text{ 得}\quad C_1=\frac{U_0}{\alpha_0}$$

因此得

$$\varphi=\frac{U_0}{\alpha_0}\alpha$$

$$\vec{E}=-\nabla\varphi=-\frac{1}{R}\frac{\partial}{\partial\alpha}\left(\frac{U_0}{\alpha_0}\alpha\right)\vec{a}_\alpha=-\frac{U_0}{\alpha_0}\frac{1}{R}\vec{a}_\alpha$$

$$\vec{J}=\sigma\vec{E}=-\frac{\sigma U_0}{\alpha_0}\frac{1}{R}\vec{a}_\alpha$$

$$I=\int_s\vec{J}\cdot d\vec{s}=-\frac{\sigma U_0}{\alpha_0}\int_{R_1}^{R_2}\frac{1}{R}\vec{a}_\alpha\cdot h\,dR\,(-\vec{a}_\alpha)=\frac{\sigma h U_0}{\alpha_0}\ln\frac{R_2}{R_1}$$

$$R=\frac{U_0}{I}=\frac{\alpha_0}{\sigma h\, ln\frac{R_2}{R_1}}$$

【例 2.9.2】 同轴线内导体半径为 R_1,外导体半径为 R_2,内外导体间媒质的电导率为 σ,求此同轴线每单位长度的漏电导。

解：本例同轴线与例 2.5.1 中同轴线有相同的边界条件,因此可以用静电比拟法,求解此同轴线的漏电导。

由例 2.5.1 同轴线单位长度的电容为

$$C_0=\frac{2\pi\varepsilon}{\ln\frac{R_2}{R_1}}$$

由静电比拟法,同轴线单位长度的漏电导 G_0 与其电容 C_0 的关系应为

$$\frac{G_0}{C_0}=\frac{\sigma}{\varepsilon}$$

由此得

$$G_0=\frac{2\pi\sigma}{\ln\frac{R_2}{R_1}}$$

习　题

2.1　一圆盘半径为 a，其上均匀分布有电荷，电荷密度为 ρ_s，试计算圆盘中心轴上任一点，距圆心 h 处的电位，并利用电位求电场强度，与 1.1 题结果比较。

2.2　长度为 l 的导线带有均匀分布的电荷，电荷线密度为 ρ_l

(1)计算线电荷平分面上的电位 φ；

(2)由库仑定律直接计算平分面上的 $\vec{E}$，并用 $-\nabla\varphi$ 核对。

2.3　试证明 1.4 题中原子模型原子内电场电位分布 $\varphi=\dfrac{Ze}{4\pi\varepsilon_0}\left(\dfrac{1}{r}-\dfrac{3}{2r_a}+\dfrac{r^2}{2r_a}\right)$，并用 $-\nabla\varphi$ 核对 1.4 题 $\vec{E}$ 的结果。

2.4　一对半径为 r 的无限长平行导线，导线间的距离为 $d(d>>r)$，其上带有等值异号电荷，其线密度分别为 ρ_l 及 $-\rho_l$，求它们周围的电位分布。

2.5　有三根平行无限长导线 A、B、C，分别带电荷，其线密度各为 $2\rho_l$，$-\rho_l$ 及 $-\rho_l$。空间某点 P 距离这三根导线的距离各为 r_1、r_2、r_3，求证等位面上任一点都满足 $\dfrac{r_1^2}{r_2r_3}=$ 常数的条件。

2.6　平行板电容器的电位按方程 $\varphi=Ax^2$ 变化，求两极板间的电荷分布。若电位方程为 $\varphi=Ax^2+Bx$，问体电荷密度是否改变？

2.7　同轴传输线由同轴的内、外圆柱导体及其间填充的媒质组成。设一同轴传输线无限长，内导体半径为 R_1，外导体内半径为 R_2，其间媒质的介电常数为 ε，内外导体间电位差 U，外导体接地(设外导体电位为零)。试求解

(1) 内、外导体上单位长度电荷；

(2) 内外导体间电场强度及电位移矢量；

(3) 同轴传输线单位长度的电容。

2.8　证明在无限大的电介质中放一个带电荷 Q 的导电球体，球外任意点(距球心的距离为 r)的电位 $\varphi=\dfrac{Q}{4\pi\varepsilon r}$ 满足拉普拉斯方程。

2.9　试用电位方程求解一均匀双层实心球体电荷内部和外部的电位。设双层球体半径为 a 和 b，电荷体密度分别为 ρ_1 和 ρ_2。

2.10　一平板电容器的两极板之间用两种媒质填充，媒质分界面与极板平行，两媒质的介电常数分别为 ε_1 和 ε_2，厚度为 h_1 和 h_2，而 $h=h_1+h_2$ 为电容器两极板间的距离。试用电位方程求解两媒质中的电位和电场强度，并求该电容器的电容。设极板面积为 s，两极板上电位为 φ' 和 φ''。

2.11　两个同心金属球壳，其半径分别为 r_1 及 $r_2(r_2>r_1)$，求此系统的电位系数，部分电容和等效电容。

2.12　用电场能量密度积分公式求同轴线每单位长度贮藏的能量和单位长度的电容。

2.13　平行板电容器沉浸在液体介质中，当电容器的电荷恒定时，求证：

(1)作用在平板上的力减小至 $F=F_0/\varepsilon_r$。F_0 是介质为空气时作用在平板上的力，ε_r 是液体的介电常数。

(2)作用力 F 是 F_0 与作用在液面上的反作用力之差。

2.14　平行板电容器沉浸在液体介质中，当电容器的电压恒定时：

(1)求证作用在平板上的力增加至 $F=\varepsilon_rF_0$，F_0 是介质为空气时作用在平板上的力，ε_r 是液体的介电常数。

(2)为什么在这种情况下，力 F 不等于 F_0 与液面反作用力之差。

2.15　两根无限长的平行圆柱体电极，置于电导率$\sigma=10^{-4}$S/m 的电介质中。电极的轴线间距离$D=12$cm，每根电极的半径$R=0.2$cm，如题 2.15 附图所示。求两电极间单位长度的电导（电极本身的电导率非常大）。

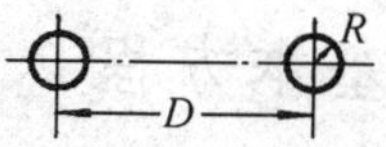

题 2.15 附图

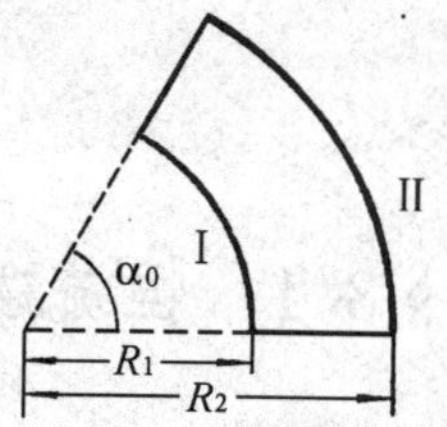

题 2.16 附图

2.16　薄钢片的厚度h为 3mm，$R_1=12$cm，$R_2=14$cm，形状如题 2.16 附图所示，图中$\alpha_0=80°$。求侧面 I 和 II 间的电阻的表达式。

2.17　同轴线内导体半径为R_1，外导体内半径为R_3，如题 2.17 附图所示。在$R_1\leqslant r\leqslant R_2$和$R_2\leqslant r\leqslant R_3$两区域中分别填充两种导电媒质，其介电常数和电导率分别为ε_1、σ_1和ε_2、σ_2。设内导体的电位为U，外导体为零电位。试求：

(1) 两导体间媒质中的电流密度、电场强度和电位移矢量；

(2) 同轴线单位长度的漏电导；

(3) 两种媒质分界面上的自由电荷面密度，并验证在此分界面上$\vec{D}$的边界条件。

2.18　两平行的很大的导体平板间有两层导电媒质，媒质分界面平行于导电平板。两媒质的介电常数和电导率分别为ε_1、σ_1和ε_2、σ_2两导体平板的电位分别为φ_1、φ_2，如题 2.18 附图所示。求两种媒质中的φ、$\vec{J}$、$\vec{E}$、$\vec{D}$以及媒质分界面的自由电荷面密度。

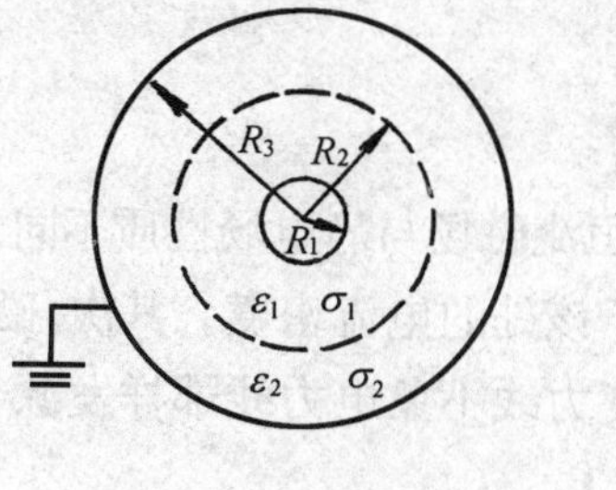

题 2.17 附图

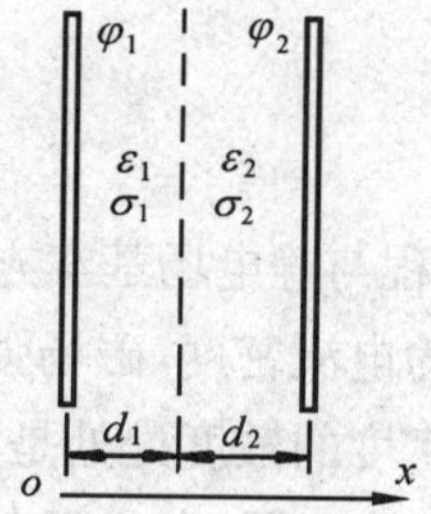

题 2.18 附图

第三章　恒定电流的磁场

§3.1　恒流磁场的基本方程

电荷在恒流电场作用下形成恒定电流，恒定电流将产生恒定磁场，它们都不随时间变化，描述恒定磁场的场量仅为空间坐标的函数。由麦克斯韦电磁场方程组(1.7.5)可得

$$\nabla\times\vec{H}=\vec{J} \tag{3.1.1a}$$

$$\nabla\times\vec{E}=0 \tag{3.1.1b}$$

$$\nabla\cdot\vec{D}=\rho \tag{3.1.1c}$$

$$\nabla\cdot\vec{B}=0 \tag{3.1.1d}$$

其中式(3.1.1b)与(3.1.1c)为描述恒流电场特性的，而式(3.1.1a)与(3.1.1d)为描述恒流磁场特性的方程，电场与磁场相互独立可分别讨论研究。在上章中已对恒流电场进行了讨论，本章将讨论恒流磁场。

在导磁率为 μ 的媒质内，磁场 $\vec{H}$ 与 $\vec{B}$ 由下式联系：

$$\vec{B}=\mu\vec{H} \tag{3.1.2}$$

对于各向同性的线性均匀媒质，μ 为标量常数。因此恒流磁场的基本方程为

$$\nabla\times\vec{H}=\vec{J} \tag{3.1.3a}$$

$$\nabla\cdot\vec{B}=0 \tag{3.1.3b}$$

$$\vec{B}=\mu\vec{H} \tag{3.1.3c}$$

将上面的方程与静电场基本方程对比，可见恒流磁场与静电场性质不同。首先磁场是有旋场，其涡旋源为电流密度，磁场强度的旋度等于该处的电流密度。其次，磁场又是无源场(无散场)，磁通密度的散度处处是零，即磁通密度力线不象电力线那样发源于正电荷，终止至负电荷，而是无头无尾，自成闭合回线。

在没有电流分布的空间，恒流磁场的基本方程为

$$\nabla\times\vec{H}=0$$

$$\nabla\cdot\vec{B}=0$$

这与没有电荷分布的空间内静电场基本方程在形式上很相似。因而在分析恒流磁场时，可以应用分析静电场相似的方法。

恒流磁场的基本方程的积分形式与其微分形式(式 3.1.3)相对应为

$$\oint_c\vec{H}\cdot d\vec{l}=\int_s\vec{J}\cdot d\vec{s} \tag{3.1.4a}$$

$$\oint_s\vec{B}\cdot d\vec{s}=0 \tag{3.1.4b}$$

§3.2 恒流磁场的位函数

一、恒流磁场的标量位

恒流磁场基本方程之一$\nabla\times\vec{H}=\vec{J}$,说明恒流磁场在有电流存在的空间为有旋场,它与静电场有不同的性质,因此一般地说,不能通过一个标量位函数来表徵磁场的特性。

在没有电流分布的空间,$\vec{J}=0$,恒流磁场有$\nabla\times\vec{H}=0$,它具有与静电场相似的性质,因而在这部分空间中仍可引用一标量位函数,来简化对磁场的分析计算。令

$$\vec{H}=-\nabla\varphi_m \tag{3.2.1}$$

式中,φ_m 称为恒流磁场的标量位或称标量磁位,(磁位之前冠以"标量"二字乃是为了区别以后将引入的矢量磁位),式中的负号是为了和静电场中电位的定义相对应,而人为地加入的。

在均匀媒质内,标量磁位亦满足拉普拉斯方程。因为

$$\nabla\cdot\vec{B}=\mu\nabla\cdot\vec{H}=0$$

将式(3.2.1)代入

$$\nabla\cdot\vec{H}=-\nabla\cdot\nabla\varphi_m=-\nabla^2\varphi_m=0$$

即

$$\nabla^2\varphi_m=0 \tag{3.2.2}$$

应该指出,标量磁位与标量电位的不同,它们的引入是为了简化对场的分析计算,对标量磁位即仅此而已,而对标量电位除此而外,尚有明确的物理意义,电位反映电场力移动单位正电荷时所作的功。在磁场中,磁场力总是垂直于磁场强度或磁感应强度的,因此标量磁位与磁场力作功概念无关。

另外,在静电场中沿任何闭合路径电场的线积分均为零,即

$$\oint_C\vec{E}\cdot d\vec{l}=0$$

但在磁场中,即使某闭合路径上各点电流密度均为零,由于沿闭合路径磁场的线积分应遵循安培环路定理,使得标量磁位可能为一个多值函数。为说明这点,我们看一下载流线圈附近的磁场,在图 3.2.1 中,沿任何闭合路径取磁场强度的线积分,只要此路径不围绕载流线圈,如路径 $AMBNA$ 就有

$$\oint_{AMBNA}\vec{H}\cdot d\vec{l}=0$$

即对于路径 AMB 或 ANB 的线积分都是相等的:

$$\int_{AMB}\vec{H}\cdot d\vec{l}=\int_{ANB}\vec{H}\cdot d\vec{l}$$

积分结果仅决定于 A 及 B 的位置,而与积分路径无关。可以写成

$$\int_{AMB}\vec{H}\cdot d\vec{l}=\varphi_{mA}-\varphi_{mB} \tag{3.2.3}$$

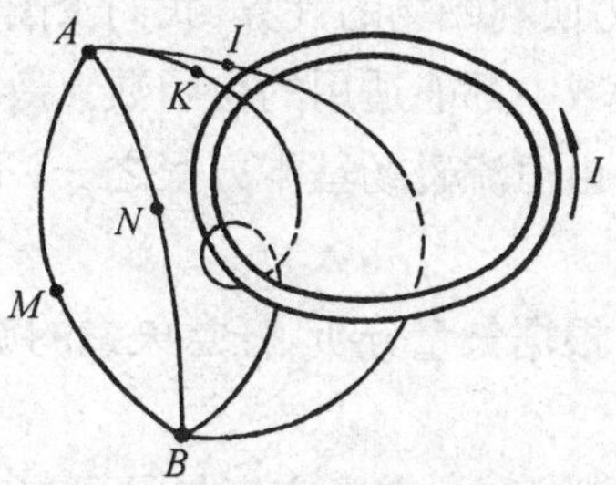

图 3.2.1

如果选定 B 点为参考点,令其标量磁位为零,即 $\varphi_{mB}=0$,则磁场中任一点 A 的标量磁位便可确定为

$$\varphi_{mA} = \int_{(A)}^{(B)} \vec{H} \cdot d\vec{l} \tag{3.2.4}$$

如果积分的闭合路径围绕这一载流线圈，例如图 3.2.1 中的 $AMBLA$，虽然全部路径仍然是在没有电流分布的磁场空间，但磁场强度沿这一路径的闭合线积分就不等于零，而等于所环绕的电流 I，即

$$\oint_{AMBLA} \vec{H} \cdot d\vec{l} = \int_{AMB} \vec{H} \cdot d\vec{l} - \int_{ALB} \vec{H} \cdot d\vec{l} = I$$

故

$$\int_{AMB} \vec{H} \cdot d\vec{l} = \int_{ALB} \vec{H} \cdot d\vec{l} + I$$

如果选择的积分路径围绕电流 I 两次，例如路径 $AMBKA$，就有

$$\int_{AMB} \vec{H} \cdot d\vec{l} = \int_{AKB} \vec{H} \cdot d\vec{l} + 2I$$

在一般情况下，若所选路径围绕电流 k 次(k 为任意整数)，则

$$\int_{AMB} \vec{H} \cdot d\vec{l} = \int_{AXB} \vec{H} \cdot d\vec{l} + kI$$

又

$$\int_{AMB} \vec{H} \cdot d\vec{l} = \varphi_{mA} - \varphi_{mB}$$

如令 B 点为参考点，$\varphi_{mB} = 0$，就有

$$\varphi_{mA} = \int_{AXB} \vec{H} \cdot d\vec{l} + kI \tag{3.2.5}$$

以上讨论，在磁场中，即使对于没有电流分布的空间，并选定了零磁位参考点，空间各点的标量磁位仍然不能惟一地确定，它是一个多值函数。但是标量磁位的多值性，并不影响运用标量磁位来计算磁场，因为在对标量磁位进行梯度运算时，kI 为一常数，经过微分运算等于零。另外，还可以作一些规定来消除标量磁位的多值性。例如在由载流回路引起的磁场中，可规定积分路径不准穿过回路所限定的面(称为磁障碍面)。这样，磁场中各点的标量磁位就成为单值函数了。

二、恒流磁场的矢量位

标量磁位只能应用在没有电流分布的空间，因为只有在这部份空间里的磁场才是无旋的。为便利磁场的计算，我们企图引入另一类不论是在有电流分布或是在没有电流分布的磁场区域中都能适用的位函数。

由恒流磁场基本方程之一，不论在有电流分布或是在没有电流分布的空间，都有

$$\nabla \cdot \vec{B} = 0$$

根据矢量分析，任意矢量的旋度的散度恒等于零，即 $\nabla \cdot \nabla \times \vec{A} \equiv 0$，因此可以令

$$\vec{B} = \nabla \times \vec{A} \tag{3.2.6}$$

即在磁场中，磁通密度矢量可以表示为另一矢量的旋度，这一矢量 $\vec{A}$ 称为磁场的矢量位或称矢量磁位，它是一个没有物理意义的辅助矢量。

式(3.2.6)定义了一矢量场，由矢量分析亥姆霍兹定理知，仅由 $\vec{A}$ 的旋度不能惟一地确定矢量 $\vec{A}$，还需知道它的散度。因为对 $\vec{A}$ 附加任一标量函数 Ψ 的梯度$\nabla\Psi$，得另一矢量 $\vec{A}'$

$(\vec{A}'=\vec{A}+\nabla\Psi)$，它的旋度仍然是 $\vec{B}$。

$$\nabla\times\vec{A}'=\nabla\times(\vec{A}+\nabla\Psi)=\nabla\times\vec{A}+\nabla\times\nabla\Psi=\nabla\times\vec{A}=\vec{B}$$

即 $\vec{A}'$ 和 $\vec{A}$ 都满足其旋度等于 $\vec{B}$，但 $\vec{A}'$ 和 $\vec{A}$ 却具有不同的散度，因为

$$\nabla\cdot\vec{A}'=\nabla\cdot\vec{A}+\nabla\cdot\nabla\Psi=\nabla\cdot\vec{A}+\nabla^2\Psi$$

指定 $\nabla\cdot\vec{A}$ 的值，称为一种规范。在恒定磁场情况下，令

$$\nabla\cdot\vec{A}=0 \tag{3.2.7}$$

称为库仑规范(或称为库仑条件)。如此 $\vec{A}$ 即可惟一地被确定，且这样规范还可使 $\vec{A}$ 的计算公式得到简化。

由恒流磁场基本方程之一，$\nabla\cdot\vec{B}=0$，定义矢量磁位 $\vec{B}=\nabla\times\vec{A}$，由基本方程另一式可得出矢量磁位 $\vec{A}$ 满足的微分方程。即

$$\nabla\times\vec{H}=\vec{J},\quad \vec{B}=\mu\vec{H},\quad \nabla\times\vec{B}=\nabla\times\nabla\times\vec{A}=\mu\vec{J}$$

由矢量恒等式，有

$$\nabla\times\nabla\times\vec{A}=\nabla(\nabla\cdot\vec{A})-\nabla^2\vec{A}=\mu\vec{J}$$

因

$$\nabla\cdot\vec{A}=0$$

故

$$\nabla^2\vec{A}=-\mu\vec{J} \tag{3.2.8}$$

可见矢量磁位 $\vec{A}$ 满足矢量形式的泊松方程，相当于三个标量形式的泊松方程，在直角坐标系中，三个坐标分量标量形式的泊松方程程为

$$\nabla^2A_x=-\mu J_x,\quad \nabla^2A_y=-\mu J_y,\quad \nabla^2A_z=-\mu J_z$$

这三个方程与静电场的电位 φ 泊松方程形式相同，因此它们的解的形式与 φ 的解的形式也相同。即在无限均匀媒质中，这泊松方程的解为

$$A_x=\frac{\mu}{4\pi}\int_{V'}\frac{J_x\mathrm{d}V'}{|\vec{r}-\vec{r}'|}+C$$

$$A_y=\frac{\mu}{4\pi}\int_{V'}\frac{J_y\mathrm{d}V'}{|\vec{r}-\vec{r}'|}+C$$

$$A_z=\frac{\mu}{4\pi}\int_{V'}\frac{J_z\mathrm{d}V'}{|\vec{r}-\vec{r}'|}+C$$

式中，V' 为电流源分布的空间，$|\vec{r}-\vec{r}'|$ 为电流源至场点的距离，$\vec{r}$ 为坐标原点至场点的矢径，$\vec{r}'$ 为坐标原点至源点的矢径，C 为决定于 $\vec{A}$ 为零值参考点位置的常数，如规定无限远处的矢量磁位 $\vec{A}$ 的值为零，则常数 $C=0$，即

$$A_x=\frac{\mu}{4\pi}\int_{V'}\frac{J_x\,\mathrm{d}V'}{|\vec{r}-\vec{r}'|}$$

$$A_y=\frac{\mu}{4\pi}\int_{V'}\frac{J_y\,\mathrm{d}V'}{|\vec{r}-\vec{r}'|}$$

$$A_z=\frac{\mu}{4\pi}\int_{V'}\frac{J_z\,\mathrm{d}V'}{|\vec{r}-\vec{r}'|}$$

写成 $\vec{A}$ 的矢量形式：

$$\vec{A}=\vec{a}_x A_x+\vec{a}_y A_y+\vec{a}_z A_z=\frac{\mu}{4\pi}\int_{V'}\frac{(\vec{a}_x J_x+\vec{a}_y J_y+\vec{a}_z J_z)}{|\vec{r}-\vec{r}'|}\mathrm{d}V'=\frac{\mu}{4\pi}\int_{V'}\frac{\vec{J}\,\mathrm{d}V'}{|\vec{r}-\vec{r}'|} \tag{3.2.9}$$

因此，体电流元 $\vec{J}\mathrm{d}V'$ 的 $\mathrm{d}\vec{A}$ 为

$$\mathrm{d}\vec{A}=\frac{\mu}{4\pi}\frac{\vec{J}}{|\vec{r}-\vec{r}'|}\mathrm{d}V'$$

电流元产生的矢量磁位方向与电流元方向是相同的，而电流元所产生的磁场 $\vec{B}$ 的方向则与电流元方向正交，所以利用叠加原理计算电流产生的磁场时，通过先计算 $\vec{A}$ 然后再计算 $\vec{B}$ 是方便的。

当电流在线状导线内流动时，电流元 $\vec{J}\mathrm{d}V'$ 可改写成

$$\vec{J}\mathrm{d}V'=\vec{J}(\vec{s}\cdot\mathrm{d}\vec{l}')=(\vec{J}\cdot\vec{s})\mathrm{d}\vec{l}'=I\,\mathrm{d}\vec{l}'$$

上式中，$\vec{s}$ 为导线横截面，$I=\vec{J}\cdot\vec{s}$ 为导线中电流强度，$\mathrm{d}\vec{l}'$ 为导线元段，其方向与 $\vec{J}$ 方向相同。这时，线状载流导线产生的矢量磁位为

$$\vec{A}=\frac{\mu I}{4\pi}\int_{l'}\frac{\mathrm{d}\vec{l}'}{|\vec{r}-\vec{r}'|} \tag{3.2.10}$$

在没有电流分布的磁场空间，矢量磁位 $\vec{A}$ 则满足拉普拉斯方程

$$\nabla^2\vec{A}=0 \tag{3.2.11}$$

在直角坐标系中，三个坐标分量标量形式的拉普拉斯方为

$$\nabla^2 A_x=0,\quad \nabla^2 A_y=0,\quad \nabla^2 A_z=0$$

【例 3.2.1】 求长度为 $2L$，通有电流 I 的载流直导线外任一点的矢量磁位

解： 取圆柱坐标系，如图 3.2.2 所示电流沿 z 轴方向，电流元 $I\mathrm{d}z'$ 在 P 点的矢量磁位 $\mathrm{d}\vec{A}$ 仅有 z 轴分量 $\mathrm{d}\vec{A}=\vec{a}_z\mathrm{d}A_z=\vec{a}_z\frac{\mu}{4\pi}\frac{I\mathrm{d}z'}{|\vec{r}-\vec{r}'|}$，载流直导线产生的矢量磁位则为

$$\vec{A}=\vec{a}_z A_z=\vec{a}_z\frac{\mu}{4\pi}\int_{-L}^{+L}\frac{I\mathrm{d}z'}{|\vec{r}-\vec{r}'|}+C$$

$$=\vec{a}_z\frac{\mu I}{4\pi}\int_{-L}^{+L}\frac{\mathrm{d}z'}{\sqrt{(z'-z)^2+R^2}}+C$$

式中，z' 为积分变量，令 $t=z'-z$ 则 $\mathrm{d}z'=\mathrm{d}t$，得

$$\vec{A}=\vec{a}_z A_z=\vec{a}_z\frac{\mu I}{4\pi}\int_{-L-z}^{L-z}\frac{\mathrm{d}t}{\sqrt{t^2+R^2}}+C=$$

$$\vec{a}_z\frac{\mu I}{4\pi}\ln\left(t+\sqrt{t^2+R^2}\right)\Big|_{-L-z}^{+L-z}+C=$$

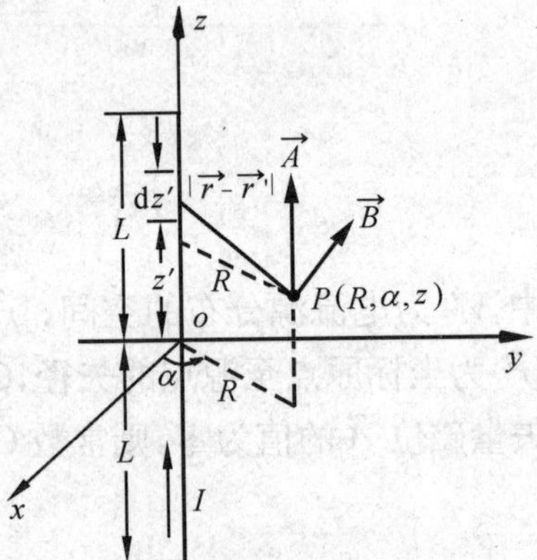

图 3.2.2 例 3.2.1 附图

$$\vec{a}_z\frac{\mu I}{4\pi}\ln\frac{L-z+\sqrt{(L-z)^2+R^2}}{-(L+z)+\sqrt{(L+z)^2+R^2}}+C$$

式中，C 决定于 $\vec{A}=0$ 的参考点的选取。当 L 为有限长，可选取无穷远处，即 $R\to\infty$ 处为 $\vec{A}=0$ 的参考点，此时 $C=0$。即

$$\vec{A}=\vec{a}_z\frac{\mu I}{4\pi}\ln\frac{L-z+\sqrt{(L-z)^2+R^2}}{-(L+z)+\sqrt{(L+z)^2+R^2}}$$

当 $L\to\infty$ 时，即直导线为无限长时，

$$\vec{A}=\vec{a}_z\frac{\mu I}{4\pi}\ln\frac{L+\sqrt{L^2+R^2}}{-L+\sqrt{L^2+R^2}}+C\approx\vec{a}_z\frac{\mu I}{4\pi}\ln\left(\frac{2L}{R}\right)^2+C=\vec{a}_z\frac{\mu I}{2\pi}\ln\frac{2L}{R}+C$$

这时不能选择无穷远点为 $\vec{A}=0$ 的参考点，否则在有限空间中各点的 $\vec{A}$ 将为无穷大，为此选择 $\vec{A}=0$ 的参考点在 $R=R_0$ 处，即

$$\vec{A}(R_0)=\vec{a}_z\frac{\mu I}{2\pi}\ln\frac{2L}{R_0}+C=0$$

故

$$C=-\vec{a}_z\frac{\mu I}{2\pi}\ln\frac{2L}{R_0}$$

此时

$$\vec{A}=\vec{a}_z\frac{\mu I}{2\pi}\left[\ln\frac{2L}{R}-\ln\frac{2L}{R_0}\right]=\vec{a}_z\frac{\mu I}{2\pi}\ln\frac{R_0}{R}$$

由所得的直长载流导线产生的矢量磁位，求其磁感应强度，有

$$\vec{B}=\nabla\times\vec{A}=-\vec{a}_\alpha\frac{\partial A_z}{\partial R}=\vec{a}_\alpha\frac{\mu I}{2\pi R}$$

结果与用毕奥-沙伐尔定律及叠加原理的例 1.3.1 所得结果相同。

【例 3.2.2】 无限长平行双导线传输线，设线间距离为 $2a$，两导线中分别通有相反方向的平行直线电流，求此双线传输线的矢量磁位 $\vec{A}$ 和磁感应强度 $\vec{B}$。

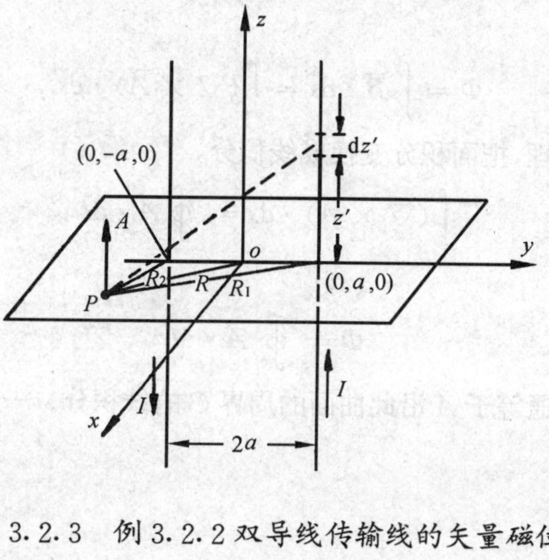

图 3.2.3 例 3.2.2 双导线传输线的矢量磁位

解： 利用上例结果及图 3.2.3，$\vec{A}=0$ 的参考点选择在双线传输线的对称面上，与两导线距离均为 R_0，由此得

$$\vec{A}=\vec{a}_z\frac{\mu I}{2\pi}\left[\ln\frac{R_0}{R_1}-\ln\frac{R_0}{R_2}\right]=\vec{a}_z\frac{\mu I}{2\pi}\ln\frac{R_2}{R_1}=\vec{a}_z\frac{\mu I}{4\pi}\ln\left[\frac{a^2+R^2+2aR\cos\alpha}{a^2+R^2-2aR\cos\alpha}\right]$$

$$\vec{B}=\nabla\times\vec{A}=\vec{a}_R\left(\frac{1}{R}\frac{\partial A_z}{\partial\alpha}-\frac{\partial A_\alpha}{\partial z}\right)+\vec{a}_\alpha\left(\frac{\partial A_R}{\partial z}-\frac{\partial A_z}{\partial R}\right)+\vec{a}_z\left(\frac{1}{R}\frac{\partial(RA_\alpha)}{\partial R}-\frac{1}{R}\frac{\partial A_R}{\partial\alpha}\right)=$$

$$\vec{a}_R B_R+\vec{a}_\alpha B_\alpha+\vec{a}_z B_z$$

$$B_R=\frac{1}{R}\frac{\partial A_z}{\partial\alpha}=-\frac{\mu Ia(a^2+R^2)\sin\alpha}{\pi R_1^2R_2^2}$$

$$B_\alpha=-\frac{\partial A_z}{\partial R}=\frac{\mu Ia(R^2-a^2)\cos\alpha}{\pi R_1^2R_2^2}$$

$$B_z=0$$

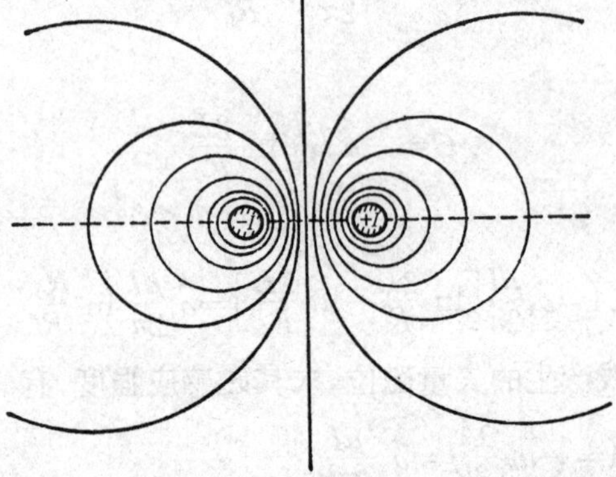

图 3.2.4 例 3.2.2 双导线传输线磁力线分布

矢量磁位除用以计算磁感应强度外，也可应用于磁通的计算。把 $\vec{B}=\nabla\times\vec{A}$ 代入磁通的计算式中得

$$\Phi=\int_s\vec{B}\cdot d\vec{s}=\int_s(\nabla\times\vec{A})\cdot d\vec{s}$$

再应用斯托克斯定理，把面积分变换成线积分，

$$\int_s(\nabla\times\vec{A})\cdot d\vec{s}=\oint_C\vec{A}\cdot d\vec{l}$$

从而得

$$\Phi=\oint_C\vec{A}\cdot d\vec{l}$$

即穿过一个曲面 s 的磁通等于 $\vec{A}$ 沿此曲面的周界 C 的线积分。一般情况，由 $\vec{A}$ 计算磁通比由 $\vec{B}$ 计算更简单。

§3.3 磁场的边界条件

一、磁场场量 $\vec{H}$、$\vec{B}$ 的边界条件

磁场场量 $\vec{H}$、$\vec{B}$ 的边界条件可由一般电磁场的边界条件式(1.8.5)式简化得到：

$$\vec{n}\times(\vec{H}_1-\vec{H}_2)=\begin{cases}\vec{J}_l\\0\end{cases} \qquad (3.3.1a)$$

$$\vec{n}\cdot(\vec{B}_1-\vec{B}_2)=0 \qquad (3.3.1b)$$

写成标量形式为

$$H_{1t}-H_{2t}=\begin{cases}J_l\\0\end{cases} \qquad (3.3.2a)$$

$$B_{1n}-B_{2n}=0 \qquad (4.3.2b)$$

H_{1t}及 H_{2t}为两种媒质中磁场强度矢量在媒质分界面上的切向分量，$\vec{J}_l$ 为分界面上面电流的线密度，其方向沿着分界面并与 H_t 互相垂直，成右手螺旋关系。

如果分界面上没有面电流，即 $J_l=0$，则

$$H_{1t}=H_{2t}$$

表明这时磁场强度在分界面上的切向分量是连续的。由式(3.3.2b)知

$$B_{1n}=B_{2n}$$

表明两种媒质中磁通密度矢量在分界面上的法向分量是连续的。

二、磁场在分界面上的折射

在没有面电流的两媒质分界面上，由式(3.3.2a)和式(3.3.2b)得

$$H_{1t}=H_{2t}$$

$$B_{1n}=B_{2n}$$

用两媒质中的场矢量与分界面法线的夹角 θ_1 和 θ_2 表示，如图 3.3.1 所示。

$$H_1\sin\theta_1=H_2\sin\theta_2$$

$$B_1\cos\theta_1=B_2\cos\theta_2$$

或

$$\mu_1 H_1\cos\theta=\mu_2 H_2\cos\theta_2$$

两式相除，得 $\dfrac{\tan\theta_1}{\mu_1}=\dfrac{\tan\theta_2}{\mu_2}$

$$\frac{\tan\theta_1}{\tan\theta_2}=\frac{\mu_1}{\mu_2} \qquad (3.3.3)$$

为磁场在分界面上的折射定律。

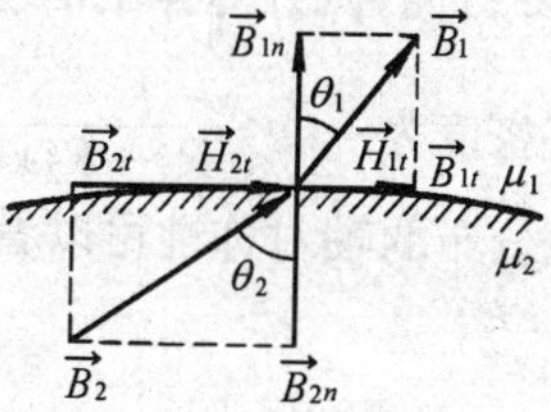

图 3.3.1 磁场的折射

三、标量磁位的边界条件

在无电流分布的空间，$\vec{H}$ 为无旋的，可以引用标量磁位 φ_m 来表示磁场。在没有面电流的媒质分界面，边界条件为

$$H_{1t}=H_{2t}$$

$$B_{1n}=B_{2n}$$

用标量磁位来表示，以上边界条件为

$$H_{1t}=H_{2t}:\qquad \varphi_{m1}=\varphi_{m2} \tag{3.3.4a}$$

$$B_{1n}=B_{2n}:\qquad \mu_1\frac{\partial\varphi_{m1}}{\partial n}=\mu_2\frac{\partial\varphi_{m2}}{\partial n} \tag{3.3.4b}$$

四、矢量磁位的边界条件

与导出磁场 $\vec{H}$ 的边界条件方法相似，在媒质分界面上作闭合矩形回路 C，其两边 Δl_1、Δl_2 与分界面平行，$\Delta\vec{l}_1=\Delta\vec{l}$、$\Delta\vec{l}_2=-\Delta\vec{l}$，且分别位于分界面两侧，矩形高 $h_{左}$、$h_{右}$ 均趋于零，参阅图 1.8.1。在回路 C 上作矢量磁位 $\vec{A}$ 的线积分，由于 $\Delta\vec{l}$ 较小，积分结果为

$$\oint_C\vec{A}\cdot d\vec{l}=(\vec{A}_1-\vec{A}_2)\cdot\Delta\vec{l}$$

又由斯托克斯定理及 $\vec{B}=\nabla\times\vec{A}$，则 $\oint_C\vec{A}\cdot d\vec{l}=\int_s(\nabla\times\vec{A})\cdot d\vec{s}=\int_s\vec{B}\cdot d\vec{s}$。当 $h_{左}$、$h_{右}\to 0$ 时，$s\to 0$ 则以上积分结果为零。

$$\oint_C\vec{A}\cdot d\vec{l}=\int_s\vec{B}\cdot d\vec{s}=0$$

因此 $(\vec{A}_1-\vec{A}_2)\cdot\Delta\vec{l}=0$，故在分界面上必有

$$A_{1t}=A_{2t}\quad 或\quad \vec{n}\times(\vec{A}_1-\vec{A}_2)=0 \tag{3.3.5a}$$

上式说明在不同媒质分界面处，矢量磁位 $\vec{A}$ 的切向分量具有连续性。由于这一条件建立在 $\vec{B}=\nabla\times\vec{A}$ 的关系上，而此式又与 $\nabla\cdot\vec{B}=\nabla\cdot(\nabla\times\vec{A})=0$ 等效，因而此边界条件与边界条件 $B_{1n}=B_{2n}$ 等效。即

$$B_{1n}=B_{2n}:\qquad A_{1t}=A_{2t} \tag{3.3.5a}$$

在媒质分界面处，$\vec{H}$ 的边界条件用矢量磁位 $\vec{A}$ 表示有

$$H_{1t}-H_{2t}=\begin{cases}J_l\\0\end{cases}:\quad \frac{1}{\mu_1}(\nabla\times\vec{A}_1)_t-\frac{1}{\mu_2}(\nabla\times\vec{A}_2)_t=\begin{cases}J_l\\0\end{cases} \tag{3.3.5b}$$

【例 3.3.1】 同轴线内导体的半径为 R_1，外导体的内半径为 R_2，外半径为 R_3。导体的磁导率为 μ_1，内外导体间媒质的磁导率为 μ_2。内外导体构成回路通过直流电流 I。求同轴线磁场的 $\vec{A}$ 与 $\vec{B}$。

解： 选用圆柱坐标系，使同轴线的轴线与坐标系的 z 轴重合，设内导体上的电流方向为 $+z$ 方向，则外导体上的电流方向为 $-z$ 方向。内导体上的电流密度为 $\vec{a}_z\dfrac{I}{\pi R_1^2}$，外导体上的电流密度为 $-\vec{a}_z\dfrac{I}{\pi(R_3^2-R_2^2)}$。由于 $\vec{J}$ 的方向与 z 轴一致，故 $\vec{A}$ 仅有 z 分量，即 $\vec{A}=\vec{a}_zA_z$。而从电流分布的轴对称性可以看出，$\vec{A}$ 仅为 R 的函数，因此矢量磁位的泊松方程简化为

$$\nabla^2A_z=\frac{1}{R}\frac{d}{dR}\left(R\frac{dA_z}{dR}\right)=-\mu J_z$$

(1) 在内导体部份：$0\leqslant R\leqslant R_1$，$J_z=\dfrac{I}{\pi R_1^2}$，$\mu=\mu_1$。有 $\vec{A}_1=\vec{a}_zA_{1z}$。

$$\frac{1}{R}\frac{d}{dR}\left(R\frac{dA_{1z}}{dR}\right)=-\mu_1\frac{I}{\pi R_1^2}$$

上式对 R 积分二次，得

$$A_{1z}=-\frac{\mu_1 IR^2}{4\pi R_1^2}+c_1\ln R+c_2$$

现在确定上式中的积分常数 c_1、c_2。在 R 为有限的空间，A_z 必须为有限值，因此上式中必须 $c_1=0$，否则在轴线上($R=0$)A_{1z}的值将为无限大。同时，设轴线上的矢量磁位为零，即当 $R=0$ 时 $A_z(0)=0$。将这一条件代入上式得 $c_2=0$，于是有

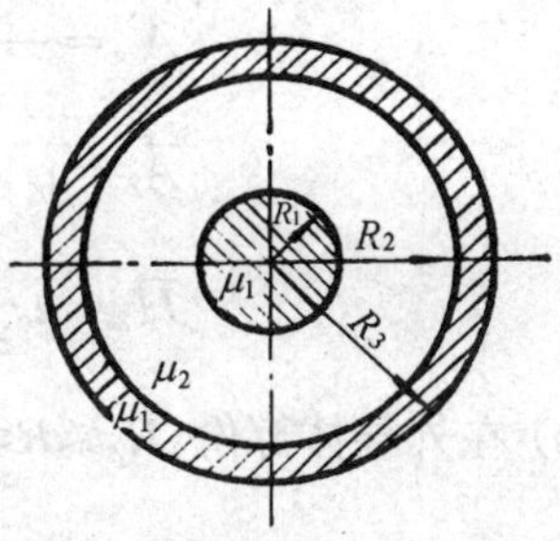

图 3.3.2　例 3.3.1 同轴线横截面

$$\vec{A}_1=\vec{a}_z A_{1z}=\vec{a}_z\frac{-\mu_1 IR^2}{4\pi R_1^2}$$

$\vec{A}_1$ 一经确定，则

$$\vec{B}_1=\nabla\times\vec{A}_1=\begin{vmatrix}\frac{\vec{a}_R}{R} & \vec{a}_\alpha & \frac{\vec{a}_z}{R}\\ \frac{\partial}{\partial R} & \frac{\partial}{\partial\alpha} & \frac{\partial}{\partial z}\\ 0 & 0 & A_{1z}\end{vmatrix}=-\vec{a}_\alpha\frac{\partial A_{1z}}{\partial R}=\vec{a}_\alpha\frac{\mu_1 IR}{2\pi R_1^2}$$

$$\vec{H}_1=\vec{a}_\alpha\frac{IR}{2\pi R_1^2}$$

(2) 在内外导体间的媒质中：$R_1\leqslant R\leqslant R_2$，$J_z=0$，$\mu=\mu_2$，在此区域 $\vec{A}_2$ 满足拉普拉斯方程，且 $\vec{A}_2=\vec{a}_z A_{2z}$，即有

$$\frac{1}{R}\frac{\mathrm{d}}{\mathrm{d}R}\left(R\frac{\mathrm{d}A_{2z}}{\mathrm{d}R}\right)=0$$

解得

$$A_{2z}=c_3\ln R+c_4$$

现利用边界条件确定积分常数 c_3 和 c_4。

在 $R=R_1$ 界面上，$A_{1t}=A_{2t}$，即

$$-\frac{\mu_1 IR^2}{4\pi R_1^2}\bigg|_{R=R_1}=c_3\ln R|_{R=R_1}+c_4$$

$$-\frac{\mu_1 I}{4\pi}=c_3\ln R_1+c_4$$

另由 $R=R_1$ 界面上磁场强度 $\vec{H}$ 的切向分量连续(在 $R=R_1$ 界面上无面电流，$J_l=0$)：

$$H_{1t}=H_{2t}$$

从 $A_{2z}=c_3\ln R+c_4$ 求 $\vec{H}_2$

$$\vec{H}_2=\frac{1}{\mu_2}\nabla\times\vec{A}_2=-\vec{a}_\alpha\frac{1}{\mu_2}\frac{\partial}{\partial R}A_{2z}=-\vec{a}_\alpha\frac{1}{\mu_2}\frac{\partial}{\partial R}(c_3\ln R+c_4)=-\vec{a}_\alpha\frac{c_3}{\mu_2 R}$$

应用 $R=R_1$ 界面上磁场强度的边界条件，有

$$\frac{IR}{2\pi R_1^2}\bigg|_{R=R_1}=-\frac{c_3}{\mu_2 R}\bigg|_{R=R_1}$$

得

$$c_3=-\frac{\mu_2 I}{2\pi},\quad c_4=-c_3\ln R_1-\frac{\mu_1 I}{4\pi}=\frac{\mu_2 I}{2\pi}\ln R_1-\frac{\mu_1 I}{4\pi}$$

$$A_{2z}=-\frac{\mu_1 I}{4\pi}+\frac{\mu_2 I}{2\pi}\ (\ln R_1-\ln R)=-\frac{\mu_1 I}{4\pi}+\frac{\mu_2 I}{2\pi}\ln\frac{R_1}{R}$$

$$\vec{A}_2=\vec{a}_z A_{2z}=\vec{a}_z\left[-\frac{\mu_1 I}{4\pi}+\frac{\mu_2 I}{2\pi}\ln\frac{R_1}{R}\right]$$

$$\vec{H}_2=\vec{a}_\alpha\frac{I}{2\pi R},\qquad \vec{B}_2=\mu_2\vec{H}_2=\vec{a}_\alpha\frac{\mu_2 I}{2\pi R}$$

(3) 在外导体部份：$R_2\leqslant R\leqslant R_3$，$J_z=-\dfrac{I}{\pi(R_3^2-R_2^2)}$，$\mu=\mu_1$，有 $\vec{A}_3=\vec{a}_z A_{3z}$

$$\frac{1}{R}\frac{\mathrm{d}}{\mathrm{d}R}\left(R\frac{\mathrm{d}A_{3z}}{\mathrm{d}R}\right)=\frac{\mu_1 I}{\pi(R_3^2-R_2^2)}$$

解得

$$A_{3z}=\frac{\mu_1 IR^2}{4\pi(R_3^2-R_2^2)}+c_5\ln R+c_6$$

$$\vec{H}_3=\vec{a}_\alpha H_{3\alpha}=\vec{a}_\alpha\left[-\frac{IR}{2\pi(R_3^2-R_2^2)}-\frac{c_5}{\mu_1 R}\right]$$

应用在外导体与媒质的分界面上（$R=R_2$），$\vec{A}$ 连续及磁场强度切向分量连续的边界条件，可得

$$c_5=-\frac{\mu_1 I R_3^2}{2\pi(R_3^2-R_2^2)},\qquad c_6=\frac{\mu_2 I}{2\pi}\ln\frac{R_1}{R_2}-\frac{\mu_i I}{4\pi}-\frac{\mu_1 IR_2^2}{4\pi(R_3^2-R_2^2)}+\frac{\mu_1 IR_3^2}{2\pi(R_3^2-R_2^2)}\ln R_2$$

于是得

$$\vec{A}_3=\vec{a}_z A_{3z}=\vec{a}_z\left[\frac{\mu_1 I}{4\pi(R_3^2-R_2^2)}\ (R^2-R_2^2+2R_3^2\ln\frac{R_2}{R})+\frac{\mu_2 I}{2\pi}\ln\frac{R_1}{R_2}-\frac{\mu_1 I}{4\pi}\right]$$

$$\vec{H}_3=\vec{a}_\alpha H_{3\alpha}=\vec{a}_\alpha\frac{I(R_3^2-R^2)}{2\pi R(R_3^2-R_2^2)}$$

$$\vec{B}_3=\mu_1\vec{H}_3=\vec{a}_\alpha\frac{\mu_1 I(R_3^2-R^2)}{2\pi R(R_3^2-R_2^2)}$$

(4) 在外导体以外的空间：$R\geqslant R_3$，$J_z=0$，$\mu=\mu_0$，有 $\vec{A}_4=\vec{a}_z A_{4z}$

$$\frac{1}{R}\frac{\mathrm{d}}{\mathrm{d}R}\left(R\frac{\mathrm{d}A_{4z}}{\mathrm{d}R}\right)=0$$

解得

$$A_{4z}=c_7\ln R+c_8$$

$$H_{4\alpha}=-\frac{c_7}{\mu_0 R}$$

应用 $R=R_3$ 面上 $\vec{A}$ 及 $\vec{H}$ 的边界条件，可得

$$c_7=0,\qquad c_8=\frac{\mu_1 IR_3^2}{2\pi(R_3^2-R_2^2)}\ln\frac{R_2}{R_3}+\frac{\mu_2 I}{2\pi}\ln\frac{R_1}{R_2}$$

于是

$$\vec{A}_4=\vec{a}_z A_{4z}=\vec{a}_z\left[\frac{\mu_1 IR_3^2}{2\pi(R_3^2-R_2^2)}\ln\frac{R_2}{R_3}+\frac{\mu_2 I}{2\pi}\ln\frac{R_1}{R_2}\right]$$

$$\vec{H}_4=\vec{a}_\alpha H_{4\alpha}=0$$

$$\vec{B}_4=\mu_0\vec{H}_4=0$$

§3.4 电　　感

在静电场中用电荷和电压的比值定义了电容，在恒流电场中用电压和电流的比值定义了电阻，在磁场中则定义另一电路参量——电感。

一、电感的定义

电感有自感与互感之分，它们都是通过磁链来定义的。

在线性媒质中，一个电流回路在空间任意点的磁感应强度 $\vec{B}$ 是与电流成正比的，因而穿过任意的回路的磁通 Φ 也是与电流成正比。如果回路是由多匝线圈组成，则总磁通应为每匝线圈所交链的磁通 Φ_k 之和 $\sum_{k=1}^{n}\Phi_k$，称为磁链 Ψ。若各匝线圈密绕，以致可以近似地认为每匝线圈所交链的磁通量 Φ_k 都相同（记为 Φ），则 $\Psi=\sum_{k=1}^{n}\Phi_k=n\,\Phi$。

当磁场是回路本身的电流产生时，回路交链的磁链与电流的比值定义为回路的自感。

$$L=\frac{\Psi}{I} \tag{3.4.1}$$

在线性媒质中，L 仅决定于回路的形状，尺寸和媒质的磁特性（磁导率），而和回路电流的大小无关。在 SI 制中 L 的单位为亨[利](H)。

若空间有两回路，其中通有电流，当磁场是由回路 1 中电流 I_1 所产生，回路 2 与此磁场交链的磁链为 Ψ_{21}，则定义 Ψ_{21} 与 I_1 的比值

$$M_{21}=\frac{\Psi_{21}}{I_1} \tag{3.4.2}$$

为回路 1 对回路 2 的互感。在线性媒质中，M_{21} 的大小决定于两个回路的尺寸、形状以及它们的相对位置和媒质的磁导率，而与产生磁场的电流无关。根据所规定回路 2 的法线正方向，Ψ_{21} 可以是正值或负值，因此对应的互感 M_{21} 可以是正值或负值。M_{21} 的单位与 L 相同。

同理，由回路 2 中电流 I_2 产生的磁场形成与回路 1 交链的磁链为 Ψ_{12}，据此可定义

$$M_{12}=\frac{\Psi_{12}}{I_2} \tag{3.4.3}$$

为回路 2 对回路 1 的互感。可以证明在各向同性媒质中：

$$M_{21}=M_{12} \tag{3.4.4}$$

二、外磁链与内磁链　外自感与内自感

回路电流在空间各点产生磁场，由安培定律仔细研究可见，在回路导体外部的磁场与回路截面中的总电流 I 相交链，而在回路导体内部的磁场则仅与回路截面通过的部分电流 I' 相交链。在导体外部回路所交链的磁通称为外磁通 Φ_e；在导体内部磁场所形成的磁通称为内磁通 Φ_i。在定义自感时，依据的是与整个回路电流 I 交链的磁通，此磁通又称磁链。故外磁通即为外磁链，记为 Ψ_e。而回路的内磁通，仅与回路部分电流 I' 相交链，故必须将此部分内磁通折合为与回路电流 I 全交链的磁通，即折合为内磁链 Ψ_i。Ψ_i 定义为

$$\Psi_i = \frac{I'}{I}\,\Phi_i \tag{3.4.5}$$

根据自感的定义，得外自感 L_e 与内自感 L_i，分别为

$$L_e = \frac{\Psi_e}{I} \tag{3.4.6}$$

$$L_i = \frac{\Psi_i}{I} \tag{3.4.7}$$

回路的自感则等于外自感与内自感之和

$$L = \frac{\Psi}{I} = \frac{\Psi_e + \Psi_i}{I} = L_e + L_i \tag{3.4.8}$$

三、电感的计算

对于电感的计算，可由电感的定义，先设导体回路通过电流 I，由 I 产生磁场，通过计算求出与回路交链的磁链 Ψ，两者相除，即得电感。

【例 3.4.1】 设双线传输线导线半径为 R，导线间距离 $D(D \gg R)$，空间媒质磁导率为 μ_0。求每单位长度的外自感。

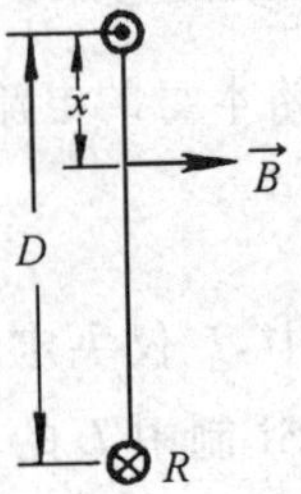

图 3.4.1 例 3.4.1 双线传输线自感的计算

解： 设导线电流为 I，在两导线所成的平面上的磁感应强度由安培定律可求得

$$B = \frac{\mu_0 I}{2\pi}\left(\frac{1}{x} + \frac{1}{D-x}\right)$$

$\vec{B}$ 的方向与平面相垂直(如图 3.4.1)。

于是，单位长度上双线传输线交链的外磁链

$$\Psi_e = \int_R^{D-R} \frac{\mu_0 I}{2\pi}\left(\frac{1}{x} + \frac{1}{D-x}\right) dx = \frac{\mu_0 I}{2\pi}\left[\ln\frac{x}{D-x}\right]_R^{D-R} = \frac{\mu_0 I}{\pi}\ln\frac{D-R}{R} \approx \frac{\mu_0 I}{\pi}\ln\frac{D}{R}$$

故双线传输线单位长度的外自感为

$$L_e = \frac{\Psi_e}{I} = \frac{\mu_0}{\pi}\ln\frac{D}{R}$$

【例 3.4.2】 求导线回路的内电感。

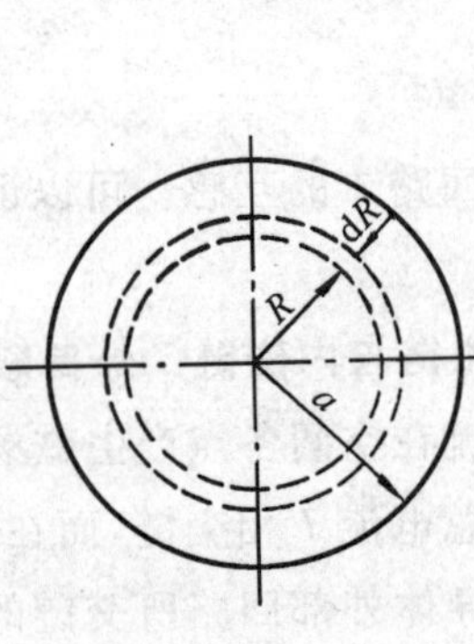

图 3.4.2 例 3.4.2 圆柱导体的内自感

解： 设回路的尺寸比导线横截面尺寸大得多，且导线横截面为圆形，则导线内部的磁场可近似地认为与无限长直圆柱导体内部的磁场相同，设导线截面的半径为 a，磁导率为 μ，如图 3.4.2 所示，则导线内部距轴线 R 处的磁通密度 $\vec{B}$ 为

$$\vec{B} = \vec{a}_\alpha B_\alpha = \vec{a}_\alpha \frac{\mu}{2\pi R}\frac{R^2}{a^2} I = \vec{a}_\alpha \frac{\mu R I}{2\pi a^2}$$

在导线内部长度为 l，在 R 处宽度为 dR 的截面的磁通为

$$d\Phi_i = B_\alpha ds = B_\alpha\, l\, dR$$

这些磁通并没有与导线回路中全部电流 I 交链，而仅与电流 I 的一部分即半径为 R 的圆截面内的电流 $I'=\frac{R^2}{a^2}I$ 相交链，因而在计算与 I 相交链的磁链时，在 $d\Phi_i$ 上要乘上一个比值 $\frac{I'}{I}$，即

$$d\Psi_i = \frac{I'}{I}\, d\Phi_i = \frac{R^2}{a^2}\left(\frac{\mu RI}{2\pi a^2}\right) l\, dR = \frac{\mu R^3 lI}{2\pi a^4}\, dR$$

因而内磁链

$$\Psi_i = \int d\Psi_i = \int_0^a \frac{\mu lI}{2\pi a^4} R^3\, dR = \frac{\mu l}{8\pi} I$$

故得到长度为 l 的一段圆截面导线的内自感为

$$L_i = \frac{\mu l}{8\pi}$$

导线单位长度的内自感为

$$L_{i0} = \frac{\mu}{8\pi}$$

由上式可知，圆形导线的内自感与导线半径无关。

双线传输线如同时考虑其两根导线的内自感，则其单位长度自感为其外自感与内自感之和。即

$$L_0 = L_{e0} + L_{i0} = \frac{\mu_0}{\pi}\ln\frac{D}{R} + 2\times\frac{\mu}{8\pi} = \frac{\mu_0}{\pi}\ln\frac{D}{R} + \frac{\mu}{4\pi}$$

【例 3.4.3】 计算同轴线的单位长度自感。其内导体半径为 R_1，外导体的内、外半径分别为 R_2、R_3。内导体磁导率为 μ_1，外导体磁导率为 μ_2，内外导体间媒质磁导率为 μ_0。

解： 同轴线内外导体构成闭合导电回路，而外导体流过反向电流，同轴线产生的磁场分布在内导体、内外导体间媒质及外导体三个区域。因此其自感亦应包括这三个部份。同轴线内导体为圆柱导体其单位长度的自感为

$$L_1 = \frac{\mu_1}{8\pi}$$

同轴线内外导体间磁链引起的外自感为

$$L_2 = \frac{\Psi_2}{I}$$

同轴线内外导体间媒质中的磁通密度

$$\vec{B}_2 = \vec{a}_\alpha \frac{\mu_0 I}{2\pi R}$$

穿过纵截面上面元 $d\vec{s} = \vec{a}_\alpha dz dR$ 的磁通

$$d\Phi_2 = \vec{B}_2 \cdot d\vec{s} = \frac{\mu_0 I}{2\pi R}\, dz dR$$

它与回路电流 I 全部交链，因此 $d\Psi_2 = d\Phi_2$，而穿过单位长度媒质纵截面的磁链为

$$\Psi_2=\int \mathrm{d}\,\Psi_2=\int_{R_1}^{R_2}\int_0^1\frac{\mu_0 I}{2\pi R}\,\mathrm{d}R\,\mathrm{d}z=\frac{\mu_0 I}{2\pi}\ln\frac{R_2}{R_1}$$

则

$$L_2=\frac{\Psi_2}{I}=\frac{\mu_0}{2\pi}\ln\frac{R_2}{R_1}$$

外导体单位长度的电感

$$L_3=\frac{\Psi_3}{I}$$

外导体中电流方向与内导体电流方向相反，其总电流强度为$-I$。外导体中距同轴线轴线R处的磁通密度为

$$\vec{B}_3=\vec{a}_\alpha\frac{\mu_2}{2\pi R}I'$$

其交链电流I'为

$$I'=I-\frac{R^2-R_2^2}{R_3^2-R_2^2}I=\frac{R_3^2-R^2}{R_3^2-R_2^2}I$$

在纵截面上面元$\mathrm{d}\vec{s}=\vec{a}_\alpha\mathrm{d}z\mathrm{d}R$中通过的磁通为

$$\mathrm{d}\Phi_3=\vec{B}_3\cdot\mathrm{d}\vec{s}=\frac{\mu_2}{2\pi R}\,\frac{R_3^2-R^2}{R_3^2-R_2^2}\,I\,\mathrm{d}z\mathrm{d}R$$

折合为与全部回路电流I交链的磁链为

$$\mathrm{d}\Psi_3=\frac{I'}{I}\,\mathrm{d}\Phi_3=\frac{R_3^2-R^2}{R_3^2-R_2^2}\,\mathrm{d}\Phi_3=\frac{\mu_2 I}{2\pi R}\,\frac{(R_3^2-R^2)^2}{(R_3^2-R_2^2)^2}\,\mathrm{d}z\mathrm{d}R$$

同轴线外导体单位长度的磁链Ψ_3及自感L_3分别为

$$\Psi_3=\int\mathrm{d}\Psi_3=\frac{\mu_2 I}{2\pi}\int_0^1\mathrm{d}z\int_{R_2}^{R_3}\left(\frac{R_3^2-R^2}{R_3^2-R_2^2}\right)^2\frac{\mathrm{d}R}{R}=\frac{\mu_2}{2\pi}I\left[\frac{R_3^4}{(R_3^2-R_2^2)^2}\ln\frac{R_3}{R_2}-\frac{3R_3^2-R_2^2}{4(R_3^2-R_2^2)}\right]$$

$$L_3=\frac{\Psi_3}{I}=\frac{\mu_2}{2\pi}\left[\frac{R_3^4}{(R_3^2-R_2^2)^2}\ln\frac{R_3}{R_2}-\frac{3R_3^2-R_2^2}{4(R_3^2-R_2^2)}\right]$$

同轴线单位长度的自感$L=\dfrac{\Psi}{I}$

$$\Psi=\Psi_1+\Psi_2+\Psi_3$$

$$L=\frac{\Psi}{I}=\frac{\Psi_1+\Psi_2+\Psi_3}{I}=L_1+L_2+L_3=$$

$$\frac{\mu_1}{8\pi}+\frac{\mu_0}{2\pi}\ln\frac{R_2}{R_1}+\frac{\mu_2}{2\pi}\left[\frac{R_3^4}{(R_3^2-R_2^2)^2}\ln\frac{R_3}{R_2}-\frac{3R_3^2-R_2^2}{4(R_3^2-R_2^2)}\right]$$

【例 3.4.4】 计算两对双线传输线间每单位长度的互感。导线A及B组成传输线Ⅰ，导线C及D组成传输线Ⅱ，各导线间的相互位置如图 3.4.3 所示。

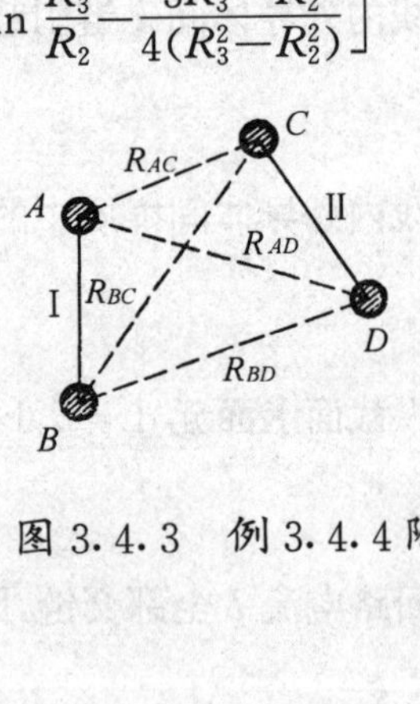

图 3.4.3 例 3.4.4 附图

解： 求这两对传输线之间的互感时，可设传输线Ⅰ通过电流I_1，然后求传输线Ⅱ交链的磁链Ψ_{21}，即可求得互感$M=\dfrac{\Psi_{21}}{I_1}$。

求Ψ_{21}时可应用叠加原理，分别求得线A及B通过大小相

等方向相反的电流时穿过 C、D 间平面的磁通(磁链)进行叠加。

先求导线 A 通过电流 I_1 时穿过 C、D 间平面的磁通 Φ'(磁链 $\Psi'=\Phi'$),已知直长载流导线的磁场,磁力线为围绕导线的同心圆。由例图可见,不管$\overline{CD}$与导线 A 的相对位置如何,穿过$\overline{CD}$的磁通总是如图所示以 A 为圆心经过 C 及 D 两同心圆之间的磁通,故

$$\Phi' = \int_0^1\int_{R_{AC}}^{R_{AD}} \frac{\mu_0 I_1}{2\pi R}\,\mathrm{d}R\mathrm{d}z = \frac{\mu_0 I_1}{2\pi}\ln\frac{R_{AD}}{R_{AC}}$$

同理,当导线 B 通过电流 $-I_1$ 时,由图可见,穿过$\overline{CD}$的磁通 Φ''为

$$\Phi'' = -\frac{\mu_0 I_1}{2\pi}\ln\frac{R_{BD}}{R_{BC}}$$

于是求得当传输线Ⅰ通电流 I_1 时,传输线Ⅱ单位长度所交链的磁通及磁链为

$$\Psi_{21}=\Phi_{21}=\Phi'+\Phi''=\frac{\mu_0 I_1}{2\pi}\left(\ln\frac{R_{AD}}{R_{AC}}-\ln\frac{R_{BD}}{R_{BC}}\right)=\frac{\mu_0 I_1}{2\pi}\ln\frac{R_{AD}}{R_{AC}}\frac{R_{BC}}{R_{BD}}$$

得双线传输线间单位长度的互感

$$M=\frac{\Psi_{21}}{I_1}=\frac{\mu_0}{2\pi}\ln\frac{R_{AD}}{R_{AC}}\frac{R_{BC}}{R_{BD}}$$

由于回路中通过的磁通可由矢量磁位在回路上的线积分求得

$$\Phi = \oint_c \vec{A}\cdot\mathrm{d}\vec{l}$$

因此由磁通或磁链定义的电感亦可通过矢量磁位求得。

现首先研究两回路间的互感。设两回路为线状回路(即由细导线构成的回路)且都为单匝,导线及周围媒质的磁导率都为 μ_0,令回路 1 中通有电流 I_1,因导线是线状的,故电流的对外作用中心线可看作集中在导线的几何轴线上。回路 2 也可看成由其几何轴线组成横截面积为零的线状回路。

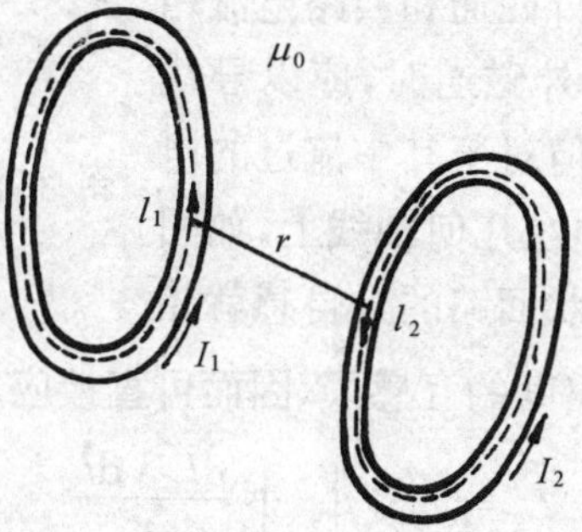

图 3.4.4　两回路之间的互感计算

回路 1 中电流 I_1 产生的矢量磁位为

$$\vec{A}_1 = \frac{\mu_0 I_1}{4\pi}\oint_{l_1}\frac{\mathrm{d}\vec{l}_1}{r}$$

由回路 1 中电流 I_1 产生的磁场和回路 2 相交链的磁链为

$$\Psi_{21}=\Phi_{21}=\oint_{l_2}\vec{A}_1\cdot d\vec{l}_2=\frac{\mu_0 I_1}{4\pi}\oint_{l_1}\oint_{l_2}\frac{d\vec{l}_1\cdot d\vec{l}_2}{r} \tag{3.4.9}$$

再看回路 2 中电流 I_2 产生的矢量磁位

$$\vec{A}_2=\frac{\mu_0 I_2}{4\pi}\oint_{l_2}\frac{d\vec{l}_2}{r}$$

由回路 2 中电流 I_2 产生的磁场和回路 1 相交链的磁链为

$$\Psi_{12}=\Phi_{12}=\oint_{l_1}\vec{A}_2\cdot d\vec{l}_1=\frac{\mu_0 I_2}{4\pi}\oint_{l_1}\oint_{l_2}\frac{d\vec{l}_2\cdot d\vec{l}_1}{r} \tag{3.4.10}$$

可得两线状回路间的互感为

$$M_{21}=M_{12}=\frac{\Psi_{12}}{I_1}=\frac{\Psi_{21}}{I_2}=\frac{\mu_0}{4\pi}\oint_{l_1}\oint_{l_2}\frac{d\vec{l}_1\cdot d\vec{l}_2}{r} \tag{3.4.11}$$

上式称为诺伊曼公式。

若回路 1、2 分别由 N_1 和 N_2 匝的细导线紧密绕制，则互感为

$$M=M_{21}=M_{12}=\frac{\mu_0}{4\pi}\oint_{N_1 l_1}\oint_{N_2 l_2}\frac{d\vec{l}_1\cdot d\vec{l}_2}{r}=\frac{N_1N_2\mu_0}{4\pi}\oint_{l_1}\oint_{l_2}\frac{d\vec{l}_1\cdot d\vec{l}_2}{r} \tag{3.4.12}$$

式中，l_1、l_2 分别表示一匝的长度。

对于回路自感的计算，可视图 3.4.4 中两个线状回路的形状和尺寸相同，将它们重叠起来，便成为如图 3.4.5 所示的线状回路。

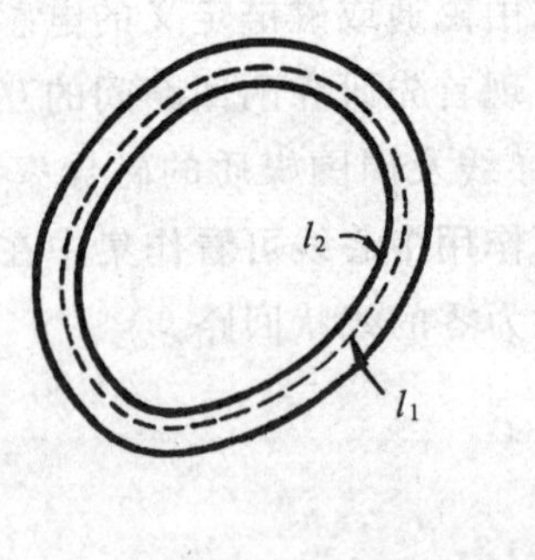

图 3.4.5 线状回路外自感的计算

我们仍研究匝数等于 1 的情况。应指出，现在计算自感不能直接套用式(3.4.11)的右边部分，因为这里的 l_1、l_2 已重合在一起，积分式中的 r 有可能等于零，因而将使积分值趋近于无穷大。这个困难可通过下面的办法来克服：回路的自感仍然可分为外自感与内自感两部分。和外自感相应的那部分外磁通和回路电流相交链的次数是整数，因而在计算外磁通时，应以导线的内侧边线 l_2 作为回路的周界，但对于其中流过的电流的作用中心线仍然应看作集中在几何轴线上，如图中的虚线 l_1 所示。如此，计算线状回路的外自感就相当于计算由 l_1、l_2 所构成的两回路间的互感了，因而可直接应用式(3.4.11)从而

$$L_e=\frac{\mu_0}{4\pi}\oint_{l_2}\oint_{l_1}\frac{d\vec{l}_1\cdot d\vec{l}_2}{r} \tag{4.4.13}$$

对于匝数等于 N 的紧密绕制的线状回路，其外自感：

$$L_e=\frac{N^2\mu_0}{4\pi}\oint_{l_2}\oint_{l_1}\frac{d\vec{l}_1\cdot d\vec{l}_2}{r} \tag{3.4.14}$$

因为构成线状回路导线横截面的半径远小于该回路的曲率半径，所以导线内的电流可近似为均匀分布，因而匝数等于 1 的线状回路的内自感 L_i 可认为等于$\frac{\mu l_1}{8\pi}$。

线状回路的自感仍为外自感与内自感之和：

$$L = L_e + L_i = \frac{\mu_0}{4\pi} \oint_{l_1} \oint_{l_2} \frac{d\vec{l}_1 \cdot d\vec{l}_2}{r} + \frac{\mu l_1}{8\pi}$$

对于由非铁磁性导线制成的回路，其磁导率 $\mu \approx \mu_0$，因而其内自感较之外自感远小，而可忽略。但若导线由铁磁物质制成，则因铁磁物质的 μ 较大，其内自感值是可观的。

§3.5　磁场的能量

磁场和电场均具有能量，其能量是在场的建立过程中由外电源所作的功转变而来的，因此对磁场能量的计算也可以通过其建立过程中外电源所作的功来进行。磁场能量是分布在整个磁场空间的。

一、载流回路系统的磁场能量

设有 n 个导电回路组成回路系统，在外电源的作用下通以电流，而在空间产生磁场。由于磁场能量决定于场的最终分布状态，而与建立此最终分布状态的方式与过程无关，因此为研究问题的方便选择各回路电流按同一比例同步增加，分别由 $0,0,\cdots,0$ 变至 $I_1,I_2,\cdots,I_n$，即在过程中任一瞬间各回路电流分别为 $\alpha I_1,\alpha I_2,\cdots,\alpha I_n$，而 $0 \leqslant \alpha \leqslant 1$，从过程开始至最终期间 α 由 0 变到 1。在线性媒质中，各回路在系统电流产生的磁场交链的磁链亦与电流按同一比例同步增加，在磁场建立过程中任一瞬间各回路交链的磁链分别为 $\alpha\Psi_1,\alpha\Psi_2,\cdots,\alpha\Psi_n$。回路系统在外电源作用下，在磁场建立过程中电流及回路交链的磁链变化情况列表如下：

	电流回路系统起始状态	中间变化状态	最终状态
i：	$0,0,\cdots,0$	$\alpha I_1,\alpha I_2,\cdots,\alpha I_n$	$I_1,I_2,\cdots,I_n$
ψ：	$0,0,\cdots,0$	$\alpha\Psi_1,\alpha\Psi_2,\cdots,\alpha\Psi_n$	$\Psi_1,\Psi_2,\cdots,\Psi_n$

在建立磁场过程中，由于回路中磁链的变化而产生感应电动势，对第 k 个回路为

$$\mathscr{E}_k = -\frac{d(\alpha\Psi_k)}{dt} = -\Psi_k \frac{d\alpha}{dt} \tag{3.5.1}$$

这电动势阻止回路中磁链的变化，因此为建立磁场，必须在回路中由外电源提供一个与感应电动势相反的电压（$-\mathscr{E}_k$），以克服回路中的感应电势而作功。在 dt 时间内，外电源作功为

$$dA_k = (-\mathscr{E}_k)\, i_k\, dt = \Psi_k \frac{d\alpha}{dt}\, \alpha\, I_k\, dt = I_k\, \Psi_k\, \alpha\, d\alpha \tag{3.5.2}$$

在磁场建立的全过程，第 k 个回路外电源所作之功为

$$A_k = \int_0^1 I_k\, \Psi_k\, \alpha\, d\alpha = \frac{1}{2}\, I_k\, \Psi_k \tag{3.5.3}$$

因而对于整个回路系统，在磁场建立全过程中，联接于所有回路外电源所作功之总和为

$$A = \sum_{k=1}^{n} A_k = \frac{1}{2} \sum_{k=1}^{n} I_k\, \Psi_k \tag{3.5.4}$$

如在磁场的建立过程中没有能量的损耗，则外电源所作之功均转换为磁场能量 W_m，即

$$W_m = A = \frac{1}{2} \sum_{k=1}^{n} I_k\, \Psi_k \tag{3.5.5}$$

在回路系统中，各回路的磁链亦可用电感表示：

$$
\begin{aligned}
\Psi_1 &= L_1 I_1 + M_{12} I_2 + \cdots + M_{1k} I_k + \cdots + M_{1n} I_n \\
\Psi_2 &= M_{21} I_1 + L_2 I_2 + \cdots + M_{2k} I_k + \cdots + M_{2n} I_n \\
&\cdots \\
\Psi_k &= M_{k1} I_1 + M_{k2} I_2 + \cdots + L_k I_k + \cdots + M_{kn} I_n \\
&\cdots \\
\Psi_n &= M_{n1} I_1 + M_{n2} I_2 + \cdots + M_{nk} I_k + \cdots + L_n I_n
\end{aligned}
\tag{3.5.6}
$$

因而回路系统的磁场能量亦可表示为

$$
W_{\mathrm{m}} = \frac{1}{2}\sum_{k=1}^{n} I_k^2 L_k + \frac{1}{2}\sum_{\substack{i=1 \\ i\neq j}}^{n}\sum_{j=1}^{n} I_i I_j M_{ij} \tag{3.5.7}
$$

对于单个回路

$$
W_{\mathrm{m}} = \frac{1}{2} I^2 L
$$

因此单个回路的自感 L，可由其电流 I 产生的磁场能进行计算：

$$
L = \frac{2W_{\mathrm{m}}}{I^2}
$$

二、磁场能量密度

磁场能量除用式(3.5.5)$W_{\mathrm{m}}(I,\Psi)$或式(3.5.7)$W_{\mathrm{m}}(L,M,I)$表示外，还可用矢量磁位或磁场场量表示。

在式(3.5.5)中 I_k 为回路系统中第 k 个回路的电流，Ψ_k 为与回路 C_k 交链的磁链，它可由矢量磁位 $\vec{A}$ 沿回路 C_k 线积分得到：

$$
\Psi_k = \oint_{C_k} \vec{A} \cdot \mathrm{d}\vec{l} \tag{3.5.8}
$$

将上式代入式(3.5.5)，可得

$$
\begin{aligned}
W_{\mathrm{m}} = \frac{1}{2}\sum_{k=1}^{n} I_k \Psi_k = \frac{1}{2}\sum_{k=1}^{n} \oint_{Ck} (\vec{A}\cdot \mathrm{d}\vec{l}) I_k = \\
\frac{1}{2}\sum_{k=1}^{n} \oint_{C_k} \vec{A}\cdot (I_k \mathrm{d}\vec{l}) = \frac{1}{2}\sum_{k=1}^{n} \oint_{V_k} \vec{A}\cdot \vec{J}\,\mathrm{d}V
\end{aligned}
\tag{3.5.9}
$$

上式中 V_k 为回路 C_k 的导体所占的体积。由于在导体所占空间外并无其他电流分布，故上式体积分可遍及整个空间而不影响积分结果，于是上式可写成

$$
W_{\mathrm{m}} = \frac{1}{2}\int_V \vec{A}\cdot \vec{J}\,\mathrm{d}V \tag{3.5.10}
$$

为了用磁场场量来表示磁场能量，可将上式作如下变换，由

$$
\nabla \times \vec{H} = \vec{J}
$$

并由矢量恒等式

$$
\nabla \cdot (\vec{A}\times\vec{B}) \equiv \vec{B}\cdot\nabla\times\vec{A} - \vec{A}\cdot\nabla\times\vec{B}
$$

于是式(3.5.10)成为

$$
W_{\mathrm{m}} = \frac{1}{2}\int_V \vec{A}\cdot(\nabla\times\vec{H})\mathrm{d}V = \frac{1}{2}\int_V \nabla\cdot(\vec{H}\times\vec{A})\mathrm{d}V + \frac{1}{2}\int_V \vec{H}\cdot(\nabla\times\vec{A})\mathrm{d}V
$$

$$= \frac{1}{2} \oint_s (\vec{H} \times \vec{A}) \cdot d\vec{s} + \frac{1}{2} \int_V \vec{H} \cdot (\nabla \times \vec{A})\, dV \tag{3.5.11}$$

等式右边第一项面积分中 s 为体积 V 的界面。将体积 V 扩大到整个空间,则等式右边第一项面积分在 s 趋于无限大时积分趋于零。于是上式成为

$$W_m = \frac{1}{2} \int_V \vec{H} \cdot (\nabla \times \vec{A}) dV = \int_V \left(\frac{1}{2} \vec{B} \cdot \vec{H} \right) dV \tag{3.5.12}$$

上式体积分应遍及存在磁场的整个空间。

上式表明,对 $\frac{1}{2} \vec{B} \cdot \vec{H}$ 在整个磁场中进行体积分将得到磁场能量,因而它也表明磁场能量分布在整个磁场中,其能量密度为

$$w_m = \frac{1}{2} \vec{B} \cdot \vec{H} \tag{3.5.13}$$

即

$$W_m = \int_V w_m \, dV = \int_V \frac{1}{2} \vec{B} \cdot \vec{H} \, dV \tag{3.5.14}$$

【例 3.5.1】 应用磁场能量求直长圆柱导线(半径为 a)的内电感。

解:应用安培定律,在直长圆柱导线内距导线轴线 R 处的磁场强度为

$$\vec{H} = \vec{a}_\alpha H_\alpha = \vec{a}_\alpha \frac{1}{2\pi R} \frac{R^2}{a^2} I = \vec{a}_\alpha \frac{RI}{2\pi a^2}$$

故在导线内磁场能量密度为

$$w_m = \frac{1}{2} \vec{B} \cdot \vec{H} = \frac{1}{2} \mu H^2 = \frac{\mu R^2 I^2}{8\pi^2 a^4}$$

长度 l 导线内的磁场贮能为

$$W_m = \int_V w_m \, dV = \int_0^l \int_0^a w_m \, 2\pi R \, dR \, dz = \int_0^a \frac{\mu R^3 I^2 l}{4\pi a^4} \, dR = \frac{\mu I^2 l}{4\pi a^4} \int_0^a R^3 \, dR = \frac{\mu I^2}{16\pi} l$$

因为 $W_m = \frac{1}{2} L_i I^2$,故长度为 l 的圆柱导线内自感为

$$L_i = \frac{2W_m}{I^2} = \frac{\mu}{8\pi} l$$

结果与例 3.4.2 中所得完全一致。

* §3.6 磁场力

磁场的特征表现为对电流的作用力。在磁场中的电流元受到磁场的作用力为

$$d\vec{F} = I \, d\vec{l} \times \vec{B}$$

则载流导线 l 在磁场所受的作用力可用叠加原理,得

$$\vec{F} = \int_l I \, d\vec{l} \times \vec{B} \tag{3.6.1}$$

从原则上讲,上式可以解决载流导体在磁场中所受磁场力的问题。实际上由于数学运算的困难,上述矢量积分难获结果。

如像静电场中计算电场力那样,可在磁场中应用虚位移法求磁场力。

设一包含有 n 个载流回路的系统，它们分别与电源相联，通有电流 $I_1, I_2, \cdots, I_n$，而处于它们产生的磁场之中受到磁场力的作用。若在磁场广义力 $\vec{F}$ 的作用下，第 k 个载流回路有一虚位移，其广义坐标 g 变化 $\mathrm{d}\vec{g}$，则此时磁场广义力 $\vec{F}$ 所作之功为

$$\mathrm{d}A=\vec{F}\cdot\mathrm{d}\vec{g}=F_g\,\mathrm{d}g \tag{3.6.1}$$

磁场力对外作功，这时系统磁场能量亦将发生变化 $\mathrm{d}W_{\mathrm{m}}$。载流回路位移 $\mathrm{d}g$ 可在维持系统回路电流不变情况下发生，也可在各回路交链磁链不变的条件下发生。下面分别就这两种情况下的功能关系，导出磁场力的表达式。

一、假定系统各回路电流保持不变，即 I_k＝常数

在回路 k 发生位移 $\mathrm{d}g$ 的瞬间，由于第 k 个回路与其他回路相对位置的改变，则每一回路的互感磁链将变化（注意由于回路形状大小未变，其自感磁链将不发生变化），此互感磁链的变化，必将在各回路中产生互感电动势 $\mathscr{E}_i=-\frac{\mathrm{d}\Psi_i}{\mathrm{d}t}(i=1,2,\cdots,n)$。为维持回路系统中各回路电流不变，各导电回路所联接的电源亦必定增加一电压（$-\mathscr{E}_i$），与其平衡，外电源为此必须提供能量。对第 k 个回路电源所提供的能量为

$$\mathrm{d}W_k=(-\mathscr{E}_k)I_k\,\mathrm{d}t=\frac{\mathrm{d}\Psi_k}{\mathrm{d}t}I_k\,\mathrm{d}t=I_k\mathrm{d}\Psi_k \tag{3.6.2}$$

因而回路系统各电源所提供的能量为

$$\mathrm{d}W=\sum_{k=1}^{n}I_k\,\mathrm{d}\Psi_k \tag{3.6.3}$$

由能量守恒与功能转换定律，则所有外电源提供的能量应等于系统磁场能量的增加与磁场力所作功之和。即

$$\mathrm{d}W=\mathrm{d}W_{\mathrm{m}}+F_g\,\mathrm{d}g \tag{3.6.4}$$

由于磁场能 $W_{\mathrm{m}}=\frac{1}{2}\sum_{k=1}^{n}I_k\Psi_k$，故有

$$\mathrm{d}W_{\mathrm{m}}=\mathrm{d}\left(\sum_{k=1}^{n}\frac{1}{2}I_k\Psi_k\right)=\sum_{k=1}^{n}\frac{1}{2}I_k\,\mathrm{d}\Psi_k \tag{3.6.5}$$

可见 $\mathrm{d}W_{\mathrm{m}}=\frac{1}{2}\mathrm{d}W$，即外电源提供的能量，有一半作为磁场能量的增量，另一半用作磁场力作的功。由此得

$$F_g\,\mathrm{d}g=\mathrm{d}W_{\mathrm{m}}\Big|_{I_k=\text{常数}} \tag{3.6.6}$$

因而作用于第 k 个回路上，企图使其某一广义坐标 g 发生改变的磁场广义力则为

$$F_g=\left(\frac{\partial W_{\mathrm{m}}}{\partial g}\right)_{I_k=\text{常数}} \tag{3.6.7}$$

上式写成偏导数形式，是因为磁场能量不仅是受力导电回路某一广义坐标的函数，而也是其他广义坐标的函数之故。因而此广义力乃是磁场中导电回路所受广义力之分量。求得各分量后，不难求得广义力的合力。

二、假定与各回路交链的磁链保持不变，即 Ψ_k＝常数

在回路系统中第 k 个回路受磁场广义力的作用发生位移 $\mathrm{d}g$，此时磁场广义力所作之功

为 $\mathrm{d}A=F_g\,\mathrm{d}g$。若此时虽则第 k 个回路与系统中其他回路相互位置发生改变，但仍保持各回路交链的磁链不变(欲做到这点，此时回路电流将变化)，因而并不感生互感电动势，外电源不必提供因附加电压而需要的能量，即 $\mathrm{d}W=0$。按能量守恒与功能转换定律，则

$$\mathrm{d}W_{\mathrm{m}}+F_g\,\mathrm{d}g=0 \quad 或 \quad F_g\,\mathrm{d}g=-\mathrm{d}W_{\mathrm{m}} \tag{3.6.8}$$

故有

$$F_g=-\left(\frac{\partial W_{\mathrm{m}}}{\partial g}\right)_{\Psi_k=常数} \tag{3.6.9}$$

由于虚位移法只是我们处理问题所借助的一种方法，实际上，各回路都是处于在某一静止状态，即处于某瞬时的电流与磁链，因而式(3.6.7)与(3.6.9)应该是等效的。即任一载流回路，其在磁场中所受的磁场广义力为

$$F_g=\left(\frac{\partial W_{\mathrm{m}}}{\partial g}\right)_{I_k=常数}=-\left(\frac{\partial W_{\mathrm{m}}}{\partial g}\right)_{\Psi_k=常数}$$

导电回路系统的磁场能量表达式(3.5.7)，包含由回路自感系数决定的自磁场能和由回路之间相互作用的互感系数决定的相互作用磁场能。在应用虚位移法计算磁场力时，虚位移 $\mathrm{d}g$ 对回路自感无影响，仅改变了互感系数，从而影响回路之间的相互作用磁场能，因而磁场能对广义坐标求偏导数运算时，仅需考虑相互作用磁场能部分。即

$$F_g=\frac{\partial}{\partial g}\left(\frac{1}{2}\sum_{i=1}^{n}\sum_{\substack{j=1\\ i\neq j}}^{n} I_i\,I_j\,M_{ij}\right)_{I_i,I_j=常数} \tag{3.6.10}$$

【例 3.6.1】 求图 3.6.1 所示载流平面回路在均匀外磁场中受到的力矩。设回路中的电流为 I_1，回路的面积为 s，其法线方向与外磁场 $\vec{B}$ 的夹角为 α。

解： 这一系统的相互作用磁能为

$$W_{\mathrm{m}}=MI_1I_2=I_1\Psi_{12}=I_1\,Bs\cos\alpha$$

所求广义力 F_α 为力矩

$$T=\left(\frac{\partial W_m}{\partial\alpha}\right)_{I_1=常数}=-\,BsI_1\sin\alpha=-B\,m\sin\alpha$$

式中，$m=I_1s$ 为载流回路的磁矩 $\vec{m}=I_1\vec{s}$ 的大小；负号表示此力矩企图使夹角 α 减小。如用矢量表示，则力矩为

$$\vec{T}=\vec{m}\times\vec{B}$$

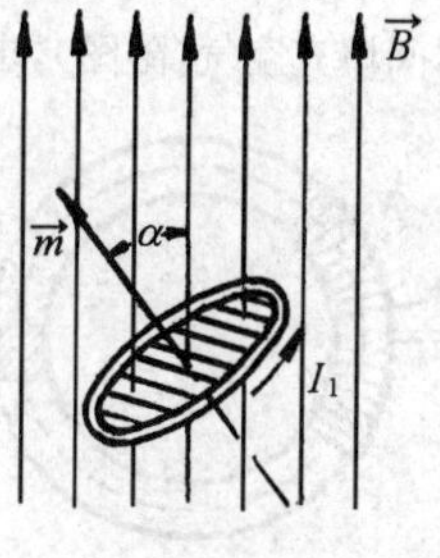

图 3.6.1 例 3.6.1 附图

可见载流回路在磁场中所受力矩的作用趋势是要使该回路包围尽可能多的磁通。本例结果，完全适用于磁偶极子。

习 题

3.1 如题 3.1 附图所示，空气中长度为 $2L$ 的直长导线，截面积为 s，沿线均匀分布有电流，电流密度为 $\vec{J}$。求导线外磁场的矢量磁位及磁感应强度，并证明导线外矢量磁位满足拉普拉斯方程。

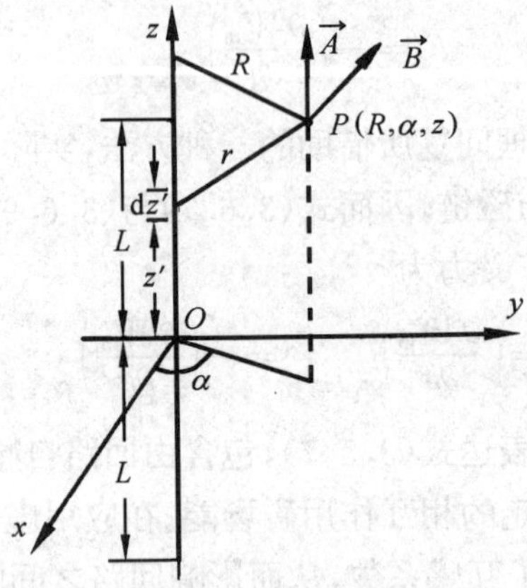

题 3.1 附图

3.2 试用位函数方程，求解直长圆柱导体内、外的磁场。设导体半径为 a，其中通有电流 I。

3.3 如题 3.3 附图所示，一环形空心线圈，环形平均长度为 l，截面积为 s，线圈匝数为 N，设线圈截面上磁通分布是均匀的，求线圈的自感。

3.4 同轴线内导体为圆柱导体半径为 R_1，导磁率为 μ_1，外导体内半径为 R_2，外半径为 R_3，导磁率为 μ_2，内、外导体间填充空气(附图)，求此同轴线每单位长度的电感。

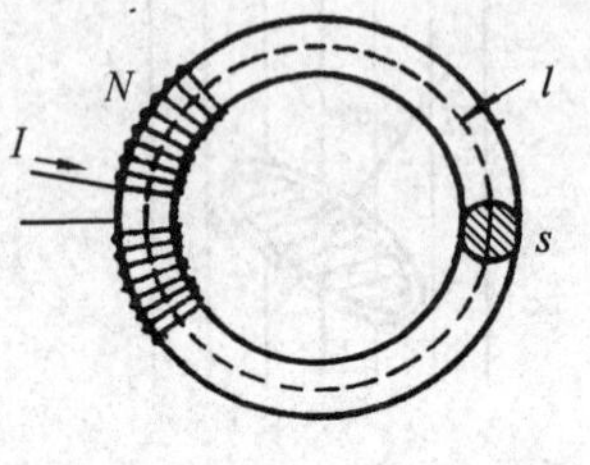

题 3.3 附图

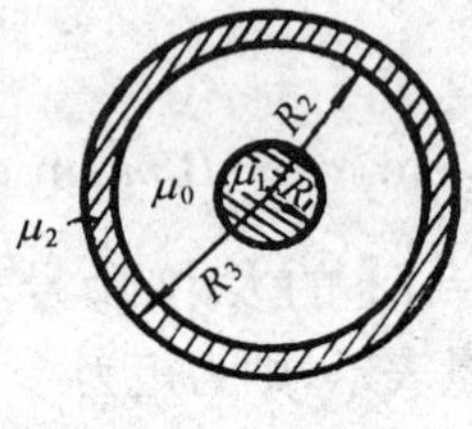

题 3.4 附图

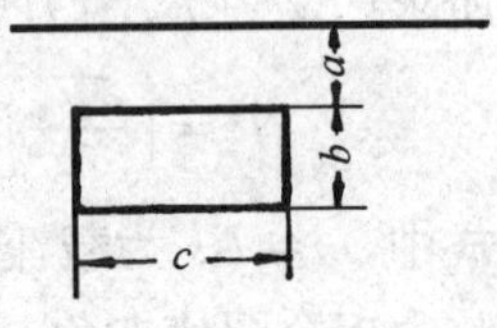

题 3.5 附图

3.5 如题 3.5 附图所示，求直长导线与同一平面上矩形线圈间的互感。

3.6 一同轴线内导体为金属圆管，内半径为 R_1，外半径为 R_2，导磁率为 μ_1，外导体为同轴的金属圆管，内半径为 R_3，外半径为 R_4，导磁率为 μ_2，其尺寸如附图所示。内外导体分别通有电流 I 与 $-I$，求内外导体间每单位长度储存的磁场能量，并由磁能求其电感。

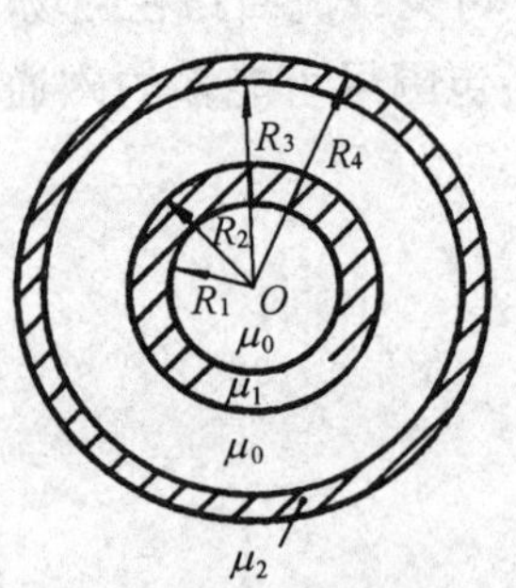

题 3.6 附图

第四章　静态电磁场边值问题的解法

静电场、恒定电流电场与恒定电流磁场的场源及场量均不随时间变化，这类场统称为静态电磁场。静态电磁场的位函数（标量位或矢量位）在有源区域内满足泊松方程，在无源区域内满足拉普拉斯方程，所以这类静态电磁场的分析计算，就是在一定边界条件下，求解泊松方程或拉普拉斯方程问题，即所谓求解静态电磁场边值问题。

根据给定的边界条件，边值问题可以分为三种类型。

（一）第一类边值问题：给定场域所有边界上位函数之值。即

$$\varphi|_{s_i}=g_i(s)\qquad(i=1,2,\cdots,n)\tag{4.0.1}$$

下标 i 为边界 s_i 的分段序数或边界序数，$g_i(s)$ 为边界 s_i 上点 s 处所给定的已知函数值，当然它也可以是常数。例如静电场中导体表面作为场域边界时，给定导体电位之值 $g_i(s)$ 为常数。此类型的问题，称为第一类边值问题，或狄里赫利问题，因而第一类边值问题的提法为

$$\left.\begin{aligned}&\nabla^2\varphi=\begin{cases}0\\-F\end{cases}\\&\varphi|_{s_i}=g_i(s)\end{aligned}\right\}\qquad(i=1,2,\cdots,n)\tag{4.0.2}$$

（二）第二类边值问题：给定场域所有边界上位函数沿边界外法向的偏导数值。即

$$\left.\frac{\partial\varphi}{\partial n}\right|_{s_i}=p_i(s)\qquad(i=1,2,\cdots,n)\tag{4.0.3}$$

式中，$p_i(s)$ 亦表示边界 s_i 上点 s 处所给定的已知函数值，也可以是常数。例如静电场中导体表面作为场域边界时，导体表面的电荷面密度分布为已知函数。此类型的问题，称为第二类边值问题或诺依曼问题。因而第二类边值问题的提法为

$$\left.\begin{aligned}&\nabla^2\varphi=\begin{cases}0\\-F\end{cases}\\&\left.\frac{\partial\varphi}{\partial n}\right|_{s_i}=p_i(s)\end{aligned}\right\}\qquad(i=1,2,\cdots,n)\tag{4.0.4}$$

（三）第三类边值问题：给定部分场域边界上位函数之值，及其余所有场域边界上位函数沿边界外法向的偏导数值，即

$$\left.\begin{aligned}&\varphi|_{s_i}=g_i(s)\qquad(i=1,2,\cdots,k)\\&\left.\frac{\partial\varphi}{\partial n}\right|_{s_j}=p_j(s)\quad(j=k+1,k+2,\cdots,n)\end{aligned}\right\}\tag{4.0.5}$$

例如静电场中当导体表面为场域边界时，给定部分导体的电位，及其余部分导体的表面电荷面密度就属于此类问题。此种混合型问题称为第三类边值问题，即

$$\left.\begin{aligned}&\nabla^2\varphi=\begin{cases}0\\-F\end{cases}\\&\varphi|_{s_i}=g_i(s)\\&\left.\frac{\partial\varphi}{\partial n}\right|_{s_j}=p_j(s)\end{aligned}\right\}\begin{aligned}&(i=1,2,\cdots,k)\\&(j=k+1,k+2,\cdots,n)\end{aligned}\tag{4.0.6}$$

当边值问题所讨论的场域中存在多种媒质时，还必须相应地引入不同媒质分界面上的边界条件。如静电场中两媒质，媒质 ε_1 与媒质 ε_2 的分界面上的边界条件为

$$\varphi_1=\varphi_2 \quad 和 \quad \varepsilon_1\frac{\partial\varphi_1}{\partial n}-\varepsilon_2\frac{\partial\varphi_2}{\partial n}=-\rho_s\tag{4.0.7}$$

这类边值问题的定解条件也常称为辅助的边界条件(衔接条件)。

此外，如果边值问题所讨论的场域扩展为无界空间，则必须提出所谓无限远处的边界条件。对于场源电荷分布在有限区域的无界静电场问题，根据物理问题的本质，可知在无限远处($r\to\infty$)应有

$$\lim_{r\to\infty} r\varphi=有限值$$

它表明 $r\varphi$ 在无限远处为有限的，即位函数 φ 在无限远处取值为零($\varphi_\infty=0$)。

求解静态电磁场边值问题的方法很多，可以分为解析法和数值法两大类。解析法中分离变量法是解拉普拉斯方程的最基本方法，在某些特殊情况，镜像法能够比较方便地得出所需的解析解。当边界形状相当复杂，难以求得问题的解析解时，则可用数值计算法求得数值解。在当今电子计算机科学与技术迅猛发展之际，数值计算方法亦得到了长足进步。

§4.1 静态电磁场的方程与边界条件

静态电磁场的方程与边界条件在前面几章中均已推导出来了。为便于应用与类比及得出静态电磁场的数学模型，将它们归纳列表如下：

场的名称	场方程	场与位的关系	位函数方程	边界条件
静电场	$\nabla\cdot\vec{D}=\begin{cases}0\\\rho\end{cases}$ $\nabla\times\vec{E}=0$ $\vec{D}=\varepsilon\vec{E}$	$\vec{E}=-\nabla\varphi$	$\nabla^2\varphi=\begin{cases}0\\-\dfrac{\rho}{\varepsilon}\end{cases}$	$\vec{n}\cdot(\vec{D}_1-\vec{D}_2)=\begin{cases}0\\\rho_s\end{cases}$ $\vec{n}\times(\vec{E}_1-\vec{E}_2)=0$ $\varphi_1=\varphi_2$ $\varepsilon_1\dfrac{\partial\varphi_1}{\partial n}-\varepsilon_2\dfrac{\partial\varphi_2}{\partial n}=\begin{cases}0\\-\rho_s\end{cases}$
恒定电流电场 (恒流电场)	$\nabla\cdot\vec{J}=0$ $\nabla\times\vec{E}=0$ $\vec{J}=\sigma\vec{E}$	$\vec{E}=-\nabla\varphi$	$\nabla^2\varphi=0$	$\vec{n}\cdot(\vec{J}_1-\vec{J}_2)=0$ $\vec{n}\times(\vec{E}_1-\vec{E}_2)=0$
恒定电流磁场 (恒流磁场)	$\nabla\cdot\vec{B}=0$ $\nabla\times\vec{H}=\begin{cases}0\\\vec{J}\end{cases}$ $\vec{B}=\mu\vec{H}$	$\vec{B}=\nabla\times\vec{A}$ (在无源区 $\vec{J}=0$ $\vec{H}=-\nabla\varphi_m$)	$\nabla^2\vec{A}=\begin{cases}0\\-\mu\vec{J}\end{cases}$ (在无源区 $\vec{J}=0$ $\nabla^2\varphi_m=0$)	$\vec{n}\cdot(\vec{B}_1-\vec{B}_2)=0$ $\vec{n}\times(\vec{H}_1-\vec{H}_2)=\begin{cases}0\\\vec{J}_l\end{cases}$

*§4.2 静态电磁场的惟一性定理

上节所述的三类边值问题都有惟一解，即满足边界条件的泊松方程或拉普拉斯方程的解是惟一的，这个结论称为静态电磁场的惟一性定理。现在来证明惟一性定理，在证明该定理之前，先介绍矢量分析与场论中的格林恒等式。

一、格林恒等式

设函数 φ 和 ψ 在体积 V 内具有连续的二阶导数，在体积 V 的边界 s 上有连续的一阶导数，则由矢量恒等式

$$\nabla\cdot(\varphi\nabla\psi)\equiv\nabla\varphi\cdot\nabla\psi+\varphi\nabla^2\psi \tag{4.2.1}$$

将上式在体积 V 内进行体积分

$$\int_V \nabla\cdot(\varphi\nabla\psi)\mathrm{d}V=\int_V(\nabla\varphi\cdot\nabla\psi)\mathrm{d}V+\int_V\varphi\,\nabla^2\psi\,\mathrm{d}V$$

应用散度定理，由上式得

$$\oint_s(\varphi\nabla\psi)\cdot\mathrm{d}\vec{s}=\int_V(\nabla\varphi\cdot\nabla\psi)\mathrm{d}V+\int_V\varphi\nabla^2\psi\,\mathrm{d}V$$

或

$$\oint_s\varphi\frac{\partial\psi}{\partial n}\,\mathrm{d}s=\int_V(\nabla\varphi\cdot\nabla\psi)\,\mathrm{d}V+\int_V\varphi\nabla^2\psi\,\mathrm{d}V \tag{4.2.2}$$

式中，S 为体积 V 的表面。上式称为格林第一恒等式。

在式(4.2.2)中将 φ 与 ψ 的位置交换，得

$$\oint_s\psi\frac{\partial\varphi}{\partial n}\,\mathrm{d}s=\int_V(\nabla\psi\cdot\nabla\varphi)\,\mathrm{d}V+\int_V\psi\,\nabla^2\varphi\,\mathrm{d}V \tag{4.2.3}$$

再将式(4.2.2)与式(4.2.3)相减，得

$$\oint_s\left(\varphi\frac{\partial\psi}{\partial n}-\psi\frac{\partial\varphi}{\partial n}\right)\,\mathrm{d}s=\int_V(\varphi\nabla^2\psi-\psi\nabla^2\varphi)\,\mathrm{d}V \tag{4.2.4}$$

上式称为格林第二恒等式。

二、静态电磁场的惟一性定理

下面应用反证法来证明惟一性定理，即先假设该边值问题有两个解 φ_1 和 φ_2，然后证明这两个解相同，即 $\varphi_1=\varphi_2$，于是解是惟一的。

因为 φ_1 和 φ_2 是同一边值问题的解，它们应满足方程

$$\left.\begin{aligned}\nabla^2\varphi_1=-F\\ \nabla^2\varphi_2=-F\end{aligned}\right\} \tag{4.2.5}$$

令 $\varphi=\varphi_1-\varphi_2$，则

$$\nabla^2\varphi=\nabla^2\varphi_1-\nabla^2\varphi_2=0 \tag{4.2.6}$$

即 φ 满足拉普拉斯方程。

再在格林第一恒等式(4.2.2)中令 $\varphi=\psi=\varphi_1-\varphi_2$，可得

$$\oint_s\varphi\frac{\partial\varphi}{\partial n}\,\mathrm{d}s=\int_V\nabla\varphi\cdot\nabla\varphi\,\mathrm{d}V+\int_V\varphi\nabla^2\varphi\,\mathrm{d}V$$

$$= \int_V \nabla\varphi \cdot \nabla\varphi \, dV = \int_V |\nabla\varphi|^2 \, dV \tag{4.2.7}$$

对于第一类边值问题，φ_1 和 φ_2 应满足相同边界条件，即在边界 s 上，φ_1 和 φ_2 的值相同，而 $\varphi|_s=\varphi_1|_s-\varphi_2|_s=0$，故由式(4.2.7)得 $\int_V |\nabla\varphi|^2 dV = 0$。被积函数 $|\nabla\varphi|^2$ 恒为正值，欲使积分 $\int_V |\nabla\varphi|^2 dV = 0$，必须

$$\nabla\varphi=0 \quad 即 \quad \varphi=C \quad 或 \quad \varphi_1=\varphi_2+C \tag{4.2.8}$$

式中，C 为常数。由此可见，在第一类边值问题中，两个解最多差一常数。若应用自然边界条件，将 φ_1 和 φ_2 的参考点选在同一位置上，则常数 C 为零，而且边界上 $\varphi|_s=0$ 亦说明 $C=0$，于是证明了第一类边值问题的解是惟一的。

对第二类边值问题，由于 $\frac{\partial\varphi_1}{\partial n}$ 和 $\frac{\partial\varphi_2}{\partial n}$ 在边界 s 上应相同，即 $\left.\frac{\partial\varphi_1}{\partial n}\right|_s=\left.\frac{\partial\varphi_2}{\partial n}\right|_s$，于是在边界上 $\left.\frac{\partial\varphi}{\partial n}\right|_s=0$，故由式(4.2.7)得 $\int_V |\nabla\varphi|^2 dV = 0$，因此

$$\nabla\varphi=0 \quad 即 \quad \varphi=C \quad 或 \quad \varphi_1=\varphi_2+C \tag{4.2.9}$$

同样利用自然边界条件，选 φ_1 和 φ_2 具有同一参考点，则 C 为零，于是证明了第二类边值问题的解是惟一的。

对于第三类边值问题，将边界 s 分成 $s_i(i=1,2,\cdots,k)$ 和 $s_j(j=k+1,k+2,\cdots,n)$ 两类，在 s_i 上 $\varphi|_{s_i}=0$，而在 s_j 上 $\left.\frac{\partial\varphi}{\partial n}\right|_{s_j}=0$，均由式(4.2.7)得 $\int_V |\nabla\varphi|^2 dV = 0$，因此

$$\nabla\varphi=0 \quad 即 \quad \varphi=C \quad 或 \quad \varphi_1=\varphi_2+C \tag{4.2.10}$$

并由自然边界条件得 $C=0$，从而证明第三类边值问题的解是惟一的。

§4.3 镜像法

根据边值问题解的惟一性定理，我们只要找到一个函数既满足该问题的微分方程，又满足该问题的边界条件，则此函数就是该边值问题的解。镜像法就是应用惟一性定理来找边值问题解的一种特殊方法。应用镜像法时，把实际上分区均匀媒质看成无限大均匀的媒质，而对于所研究的场域，用原分区边界外虚拟的场源分布，等效原分区边界上复杂的场源分布来进行计算。等效的条件，根据惟一性定理，只要虚拟场源与边界内的实际场源（如果有的话）共同产生的场能满足给定的边界条件，则计算结果即为满足要求的解。由于虚拟场源常与场域内的实际场源互为镜像（平面镜像或曲面镜像），常称虚拟的场源为镜像源，故这种方法称为镜像法。

镜像法不仅可应用于电场计算，而且可应用于磁场计算。下面用几个具体问题来说明镜像法。

一、无限大导体平面的镜像法

若有一点电荷 $+Q$ 置于无限大导电接地平面上方空间，则在平面上方空间中的电场由点电荷及其在导电平面上由静电感应而感应出的异性感应电荷共同产生。导电平面上感应

电荷的分布决定于导电表面电场的法向分量，而电场的分布尚为待求未知量，因此直接由电荷分布求解电场是困难的。在导电接地平面上方场域中，除点电荷所在点（奇异点）以外，电场的电位满足拉普拉斯方程，场域边界为无限大接地平面，其电位为零。直接求解此边值问题亦是复杂的。如果以导电平面为对称面，在点电荷 $+Q$ 的镜像位置（对称位置），放置一虚拟的等值异性点电荷 $-Q$，并设想导电平面下半空间亦充以与上半空间相同的媒质，则将导电平面撤去后，整个空间便成为填充均匀媒质的无限大场域，如图 4.3.1 所示。对于原导电平面上半空间场域，其内部场源及边界条件也没有改变，边界平面仍为等位面，电位为零。根据静态场的惟一性定理，使得点电荷在导电平面以上半空间场域所产生场的求解，等效为点电荷 $+Q$ 与其镜像电荷 $-Q$ 在上半空间场域共同产生的场的求解。

按照镜像法点电荷 $+Q$ 在导电平面上半空间场域中 P 点的电位为

$$\varphi_P=\frac{Q}{4\pi\varepsilon r_1}-\frac{Q}{4\pi\varepsilon r_2} \tag{4.3.1}$$

式中，r_1 与 r_2 分别为点电荷与其镜像至 P 点的距离。

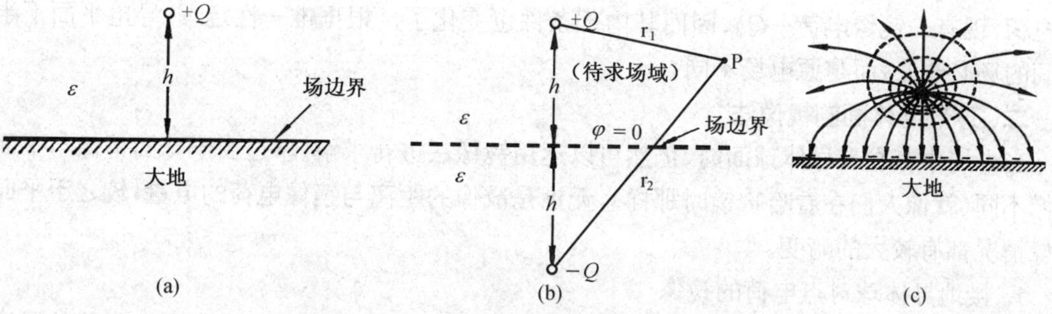

图 4.3.1 点电荷对导体平面的镜像法

如果导体平面上半空间不只是一个点电荷，则可分别找出这些点电荷系列的镜像，这些镜像电荷的分布与原来的电荷分布一一对称于导电平面，而与原有电荷等值异号，以保证原来边界条件的不变。

无限长线电荷对导体平面的镜像法：设在无限大导电接地平面上空，放一根均匀分布的无限长线电荷，密度为 ρ_l，并与导体平面平行，如图 4.3.2(a)所示。若将该线电荷分成无限个线电荷元，每个线电荷元看成一个点电荷，则它们的镜像电荷也是无限个线电荷元，构成一个无限长线电荷，密度为 $-\rho_l$，位于原电荷的对称位置上，如图 4.3.2(b)所示。因此，在导电平面上半空间场域 P 点的电位为

$$\varphi_P=\frac{\rho_l}{2\pi\varepsilon}\ln\frac{r_2}{r_1} \tag{4.3.2}$$

式中，r_1 与 r_2 分别为场点 P 至线电荷及其镜像的垂直距离。

综上所述，导电平面镜像问题的特点是：镜像电荷必在被研究场域边界之外，其所处位置与场源电荷以边界平面相对称。镜像电荷所带的电量与边界面原来感应而具有的总电荷量大小相等、符号相同，而与场源电荷量大小相等、符号相反，使被研究场域边界电位值为零。这一方法只对被研究的场域有效（在这里被研究的场域是导电平面的上半空间），而对被

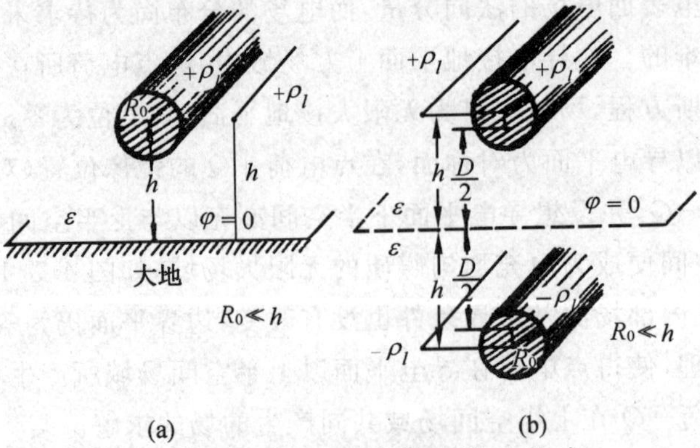

图 4.3.2　无限长线电荷的镜像

研究场域以外的其他区域是无效的(在这里为导电平面的下半空间)。下半空间其媒质状况改变了(原为导体,后改为与上半空间相同的媒质),其电荷分布状况也改变了(原下半空间无电荷,现有一镜像电荷$-Q$),因而其内部条件也变化了。根据惟一性定理,导电平面下半空间的场必改变,而与原电场不同。

二、球形导体面的镜像法

当电场中存在有导体球面时,仍然可以运用镜像法进行求解。不过由于球面镜像与平面镜像不同(就像人们在看哈哈镜时那样),无论是成像的距离与镜像电荷的电量,较之于平面镜像情况都有较大的畸变。

1. 接地导体球对点电荷的镜像

点电荷Q的电场中,置一半径为R的接地导体球(其电位为零),球心至点电荷的距离为d,如图 4.3.3 所示。

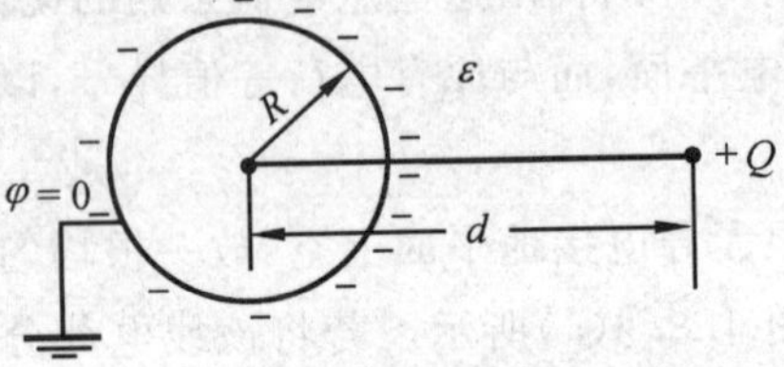

图 4.3.3　接地导体球邻近点电荷时产生的感应电荷分布

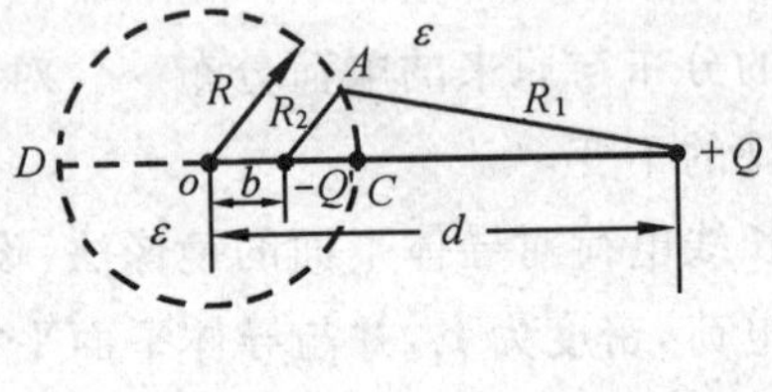

图 4.3.4　接地导体球对点电荷的镜像

中性导体球邻近点电荷时,在点电荷的电场作用下,球面两侧将分别出现等量而异号的感应电荷$-Q'$与$+Q'$。从点电荷Q(设点电荷Q为正电荷,$Q>0$)发出的电位移$\vec{D}$线只有部分终止于导体球面上的负感应电荷$-Q'$,其余部分则终止于无限远负电荷处。故球面感应电荷的数值必较点电荷Q为小,即$Q>Q'$。若将导体球与地联接(但不考虑地对电场分布的

* 对两半无限大导体平面角形区域内电荷产生的场的镜象法求解。参阅陈国瑞《工程电磁场与电磁波》,西北工业大学出版社,1998,P199—103

影响)，则球面所感应的正电荷将受电场力的作用而流入地中，球体净剩分布于其表面的感应负电荷。在球外空间场域中的电场则由点电荷 Q 及球面分布的感应负电荷 $-Q'$ 共同产生，并使得球面电位为零。按镜像法原理，将导体球撤去，使整个空间均充以均匀的同一媒质，并在原球心 O 与点电荷 Q 联线上离球心距离 b 处，置一虚拟的集中镜像电荷 $-Q'$ 来代替球面分布感应电荷的作用(如图 4.3.4)。若此时仍能保持球面的电位为零，则球面以外场域的电场等效为点电荷 $+Q$ 及 $-Q'$ 所共同产生的电场，运用点电荷场强公式及叠加原理即可求解。现在的问题是如何求得镜像电荷 $-Q'$ 及其位置(与原球心的距离 b)。

设球面电位为零，因而在我们截取的平面上，对于以 R 为半径的圆周上任意点 A，其电位表达式为

$$\varphi_A=\frac{Q}{4\pi\varepsilon R_1}-\frac{Q'}{4\pi\varepsilon R_2}=0 \tag{4.3.3}$$

而有

$$\frac{R_2}{R_1}=\frac{Q'}{Q}$$

其中 R_2 及 R_1 分别为点 A 至点电荷 $-Q'$ 及 Q 之距离。由于点电荷 Q 为确定值，Q' 亦必为确定值(一种实际的物理现象，其各物理量间必有确定的量值关系)，故有

$$\frac{R_2}{R_1}=\frac{Q'}{Q}=K(\text{常数}) \tag{4.3.4}$$

上式关系对于圆上任意点均成立。由于需要确定两个未知量 Q' 与 b，因此选取两个特殊点 C 与 D，得出两个方程用以求解 Q' 与 b。根据 $\frac{R_2}{R_1}=K$，则对 C 与 D 点(见图 4.3.4)有

$$K=\frac{R-b}{d-R}=\frac{R+b}{d+R} \tag{4.3.5}$$

解上式得

$$b=\frac{R^2}{d} \tag{4.3.6}$$

$$Q'=KQ=\frac{R-b}{d-R}Q=\frac{R-\frac{R^2}{d}}{d-R}Q=\frac{R}{d}Q \tag{4.3.7}$$

按式(4.3.6)、(4.3.7)设置镜像电荷 $-Q'$，可由式(4.3.3)验证在点电荷 Q 和 Q' 的共同作用下，原导体球面上任一动点 A 处的电位为零。这样在求得 Q' 与 b 值之后，就可解决求解接地导体球外部电场的问题。它是一个求解两点电荷的电场问题。在接地导体球外场域中任意观察点 P 的电位为

$$\varphi_P=\frac{Q}{4\pi\varepsilon r_1}-\frac{Q'}{4\pi\varepsilon r_2}=\frac{Q}{4\pi\varepsilon}\left(\frac{1}{r_1}-\frac{R}{dr_2}\right) \tag{4.3.8}$$

式中，r_1 及 r_2 分别为原点电荷 Q 及镜像电荷 $-Q'$ 至观察点 P 的距离(如图 4.3.5)。

由上述知，当点电荷位于接地导体球面之外时，导体球面镜像问题的特点是，镜像电荷必在被研究场域边界之外(即在球内)，镜像电荷所带电量与边界面原来感应的总电荷量相同(符号与数量)，但小于场源电荷量。若将球心至场源点电荷联线与球面的交点称为镜面顶

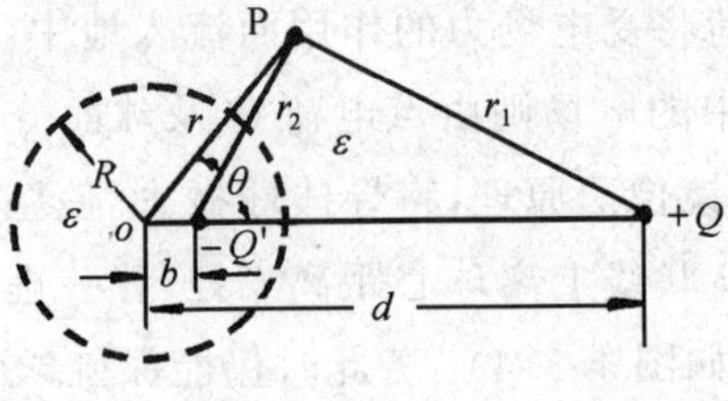

图 4.3.5　接地导体球与点电荷在球外点的电位

点(图 4.3.4 中 C 点),则镜像电荷至镜面顶点的距离亦小于场源电荷至该顶点的距离。同样应注意,这镜像法只对被研究的场域有效。

由式(4.3.6),Q 到球心距离 d 与 $-Q'$ 到球心距离 b,两者之积等于 $R^2(R^2=bd)$,表明两者对该球互为反演,即它们对导体球面互为镜像。

【例 4.3.1】　接地导体球壳内腔距球心为 b 处置点电荷 Q,求球壳内场的电位分布。

解：　点电荷 Q 在球壳上感应电荷,内表面为 $-Q$,导球体接地,故其外表面感应电荷 $+Q$ 将流至地,外表面无感应电荷分布。球壳内表面作不均匀分布的感应电荷 $-Q$ 和点电荷 Q 在球壳内腔激发电场,使球壳电位为零,内球面为等位面。

应用镜像法,在球外虚拟一镜像电荷 $-Q'$,其大小为 $Q'=Q\dfrac{R}{b}$,而其位置 $d=\dfrac{R^2}{b}$(如图 4.3.6),则点电荷 Q 和镜像电荷 $-Q'$ 使得半径为 R 的球面电位为零,满足球壳内腔边界条件要求,所以在球面以外镜像电荷 $-Q'$ 可以等效球壳内腔壁分布的感应电荷对腔内电场的影响。球壳内腔点 P 处的电位由 Q 及其镜像电荷 $-Q'$ 所产生:

$$\varphi_P=\frac{Q}{4\pi\varepsilon r_1}-\frac{Q'}{4\pi\varepsilon r_2}$$

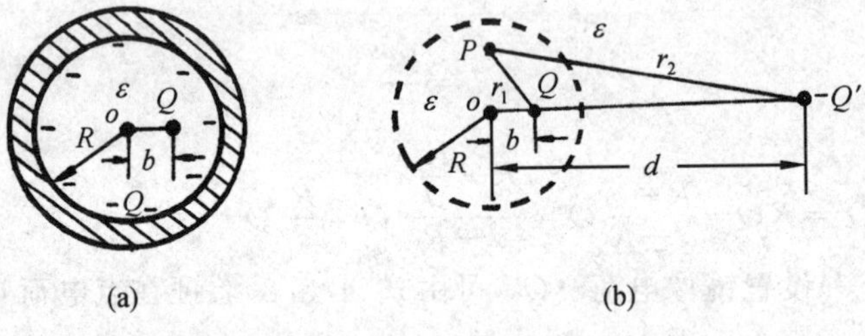

图 4.3.6　接地导体球壳腔内点电荷的镜像

2. 不接地导体球对点电荷的镜像

导体球引入点电荷电场中,在其上感应电荷。当导体球不接地,感应的正电荷量与负电荷量相等,球面总电荷量为零,球面为等位面,但电位不为零(无限远处电位为零)。球外场域中电场为原场源点电荷与球面上感应正、负电荷共同产生,场域边界为导体球表面及无限远,在球面上为等位面,而在无限远处为零电位点。这问题仍可用镜像法求解。

如图 4.3.7 所示,导体球外场源点电荷 Q 与其球面镜像 $-Q'$(其大小及位置由式

(4.3.7)及式(4.3.6)确定，$Q'=\frac{R}{d}Q, b=\frac{R^2}{d}$)，使球面电位为零。不接地导体球面电位不为零，而是一等位面。如在球心处再放置一虚拟镜像点电荷 Q'，则保证球面仍为等位面，其电位为 $\varphi_{球面}=\frac{Q'}{4\pi\varepsilon R}$，满足球面为等位面的边界条件，而且此时通过球面的电位移矢量 $\vec{D}$ 的通量也等于零，因而也满足球面总电荷量为零的条件。根据惟一性定理，这样在导体球外场域的电场可看作由场源点电荷 Q 与镜像电荷 $-Q'$ 及 $+Q'$ 三者共同产生。在球外场域中任一观察点 P 的电位为

$$\varphi_P=\frac{1}{4\pi\varepsilon}\left(\frac{Q}{r_1}-\frac{Q'}{r_2}+\frac{Q'}{r_3}\right) \tag{4.3.9}$$

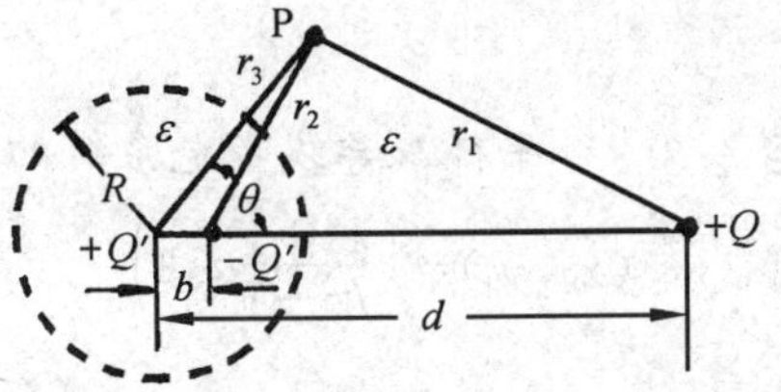

图 4.3.7　不接地导体球对点电荷的镜像

*三、导体圆柱面的镜像法——电轴法

由两平行圆柱导线组成的双线传输线，不论在电力传输还是电信传输方面都有着广泛的应用。分析很长的两平行圆柱导体间电场，具有实际意义。直接求解这问题是有困难的，为此拟应用间接的求解方法，即应用镜像法求解。

先讨论两根均匀带电的平行细导线的电场。该两根导线均为无限长，其直径可以忽略，线上电荷分布线密度分别为 ρ_l 与 $-\rho_l$，两者间距为 $2d$。由于两导线无限长，且电荷为均匀分布，因此在垂直于线电荷的各个平行平面上，电场的分布应该都是相同的。这类电场称之为平行平面电场。取坐标系如图 4.3.8(a)，该平行双导线带电系统的场与 z 轴无关，在 xy 平面上任意点 P 的电位

$$\varphi_P(x,y)=\frac{\rho_l}{2\pi\varepsilon}\ln\frac{r_2}{r_1} \tag{4.3.10}$$

式中，　$r_1^2=(x-d)^2+y^2,\quad r_2^2=(x+d)^2+y^2$

该系统的等位面方程为

$$\frac{r_2}{r_1}=k \quad 或 \quad \frac{(x+d)^2+y^2}{(x-d)^2+y^2}=k^2$$

式中，d 为线电荷所在 x 轴上的位置，称为电轴位置；k 为观察点 P 到两个电轴的距离之比，由上式经整理得

$$\left(x-\frac{k^2+1}{k^2-1}d\right)^2+y^2=\left(\frac{2kd}{k^2-1}\right)^2 \tag{4.3.11}$$

这是一族圆方程，故该系统在 xy 面上的等位线是一族圆，其圆心坐标为

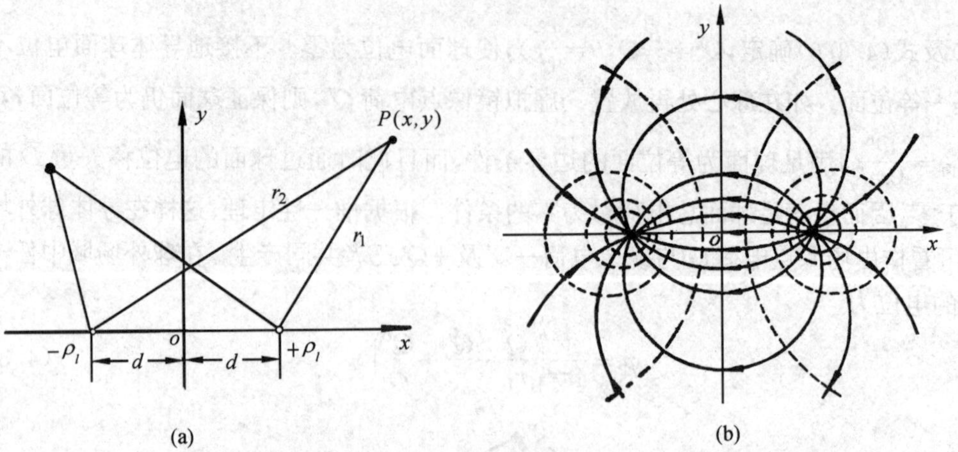

图 4.3.8　平行双导线带电系统的场

$$(x_0,y_0)=\left(\frac{k^2+1}{k^2-1}d,0\right) \tag{4.3.12}$$

圆半径为

$$R=\left|\frac{2kd}{k^2-1}\right| \tag{4.3.13}$$

由此可见，这一族圆是不同心的，圆心都在 x 轴上，圆心位置及圆半径大小均随 k 而变。给定不同的 k 值，可得到不同电位$\left(\varphi=\frac{\rho_l}{2\pi\varepsilon}\ln k\right)$的等位线圆，如图 4.3.8(b)所示。每个圆的半径 R、圆心位置 x_0 以及电轴位置 d 之间的关系为

$$x_0^2=R^2+d^2 \qquad 或 \qquad R^2=x_0^2-d^2=(x_0+d)(x_0-d) \tag{4.3.14}$$

因为(x_0+d)是一个电轴到该圆圆心的距离，而(x_0-d)是另一电轴到该圆心的距离，两者之积等于 R^2，所以这表明两者对该圆互为反演，即两个电轴点对任一等位线圆互为镜像，一个轴点在圆内，另一个轴点在圆外。

将两根线电荷看成两根电轴，并用来求解平行双导体圆柱系统问题的方法，称为电轴法。因为两个电轴点对任一等位线圆互为镜像，故电轴法也是镜像法之一。

下面举几个实例说明电轴法的应用。

1. 线电荷与圆柱导体

设有一无限长均匀分布的线电荷，其密度为 ρ_l，平行放置在半径为 R 的圆柱导体旁，圆柱导体的单位长度上带有电荷$-\rho_l$，其中心轴线与线电荷的距离为 D，如图 4.3.9 所示。

应用电轴法求解该问题时，可把圆柱导体表面的分布电荷集中到电轴上，成为一条线电荷，导体圆柱面看成等位面，于是该问题就变成平行双线电荷问题。这时电轴位置 d 可由下式求得：

$$\left.\begin{aligned} x_0^2&=R^2+d^2\\ x_0&=D-d\end{aligned}\right\}$$

解此得到

$$d=\frac{D^2-R^2}{2D}$$

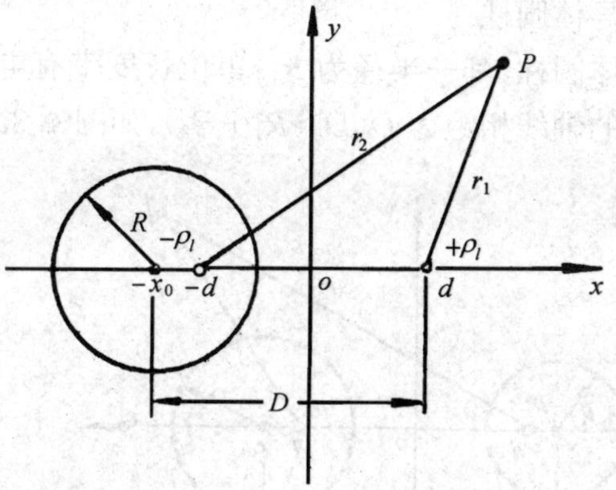

图 4.3.9　线电荷与圆柱导体的电轴法

因此观察点 P 的电位为

$$\varphi_P(x,y)=\frac{\rho_l}{2\pi\varepsilon}\ln\frac{r_2}{r_1}=\frac{\rho_l}{4\pi\varepsilon}\ln\frac{(x+d)^2+y^2}{(x-d)^2-y^2}$$

2. 两个相同半径的平行导体圆柱

设有两个半径为 R 的平行导体圆柱，其一单位长度带有电荷 ρ_l，另一带有 $-\rho_l$，两者的轴线相距为 D，如图 4.3.10 所示。

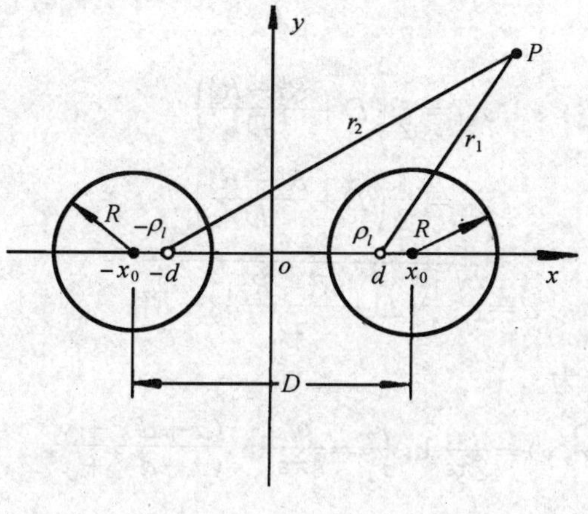

图 4.3.10　两半径相同导体圆柱的电轴法

用电轴法求解该问题时，可把两个导体圆柱面看成等位面，于是该问题变成双线电荷问题。这时圆心位置 $x_0=\dfrac{D}{2}$，电轴位置 d 由(4.3.14)式为

$$d=\sqrt{x_0^2-R^2}=\frac{1}{2}\sqrt{D^2-4R^2}$$

因此，观察点 $P(x,y)$的电位为

$$\varphi(x,y)=\frac{\rho_l}{2\pi\varepsilon}\ln\frac{r_2}{r_1}=\frac{\rho_l}{4\pi\varepsilon}\ln\frac{(x+d)^2+y^2}{(x-d)^2+y^2}$$

3. 两个不同半径的平行导体圆柱

设有两个无限长平行导体圆柱，其一半径为 R_1，单位长度带有电荷 ρ_l 另一半径为 R_2，单位长度带有电荷 $-\rho_l$，两者的轴线相距为 $D(D>R_1+R_2)$，如图 4.3.11 所示。

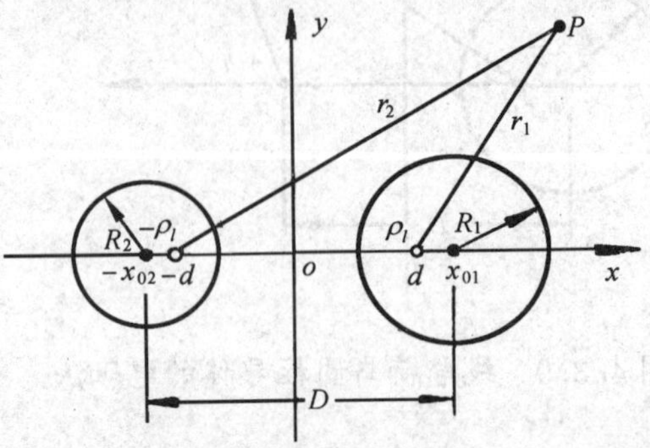

图 4.3.11　两个半径不同的平行导体圆柱的电轴法

用电轴法解此问题时，先求解下列方程组：

$$\left.\begin{aligned} x_{01}+x_{02}&=D \\ x_{01}^2&=R_1^2+d^2 \\ x_{02}^2&=R_2^2+d^2 \end{aligned}\right\}$$

解之得

$$x_{01}=\frac{1}{2}\left(D+\frac{R_1^2-R_2^2}{D}\right)$$

$$x_{02}=\frac{1}{2}\left(D-\frac{R_1^2-R_2^2}{D}\right)$$

$$d=\sqrt{\frac{1}{4}\left(D+\frac{R_1^2-R_2^2}{D}\right)^2-R_1^2}$$

因此，观察点 $P(x,y)$ 的电位为

$$\varphi(x,y)=\frac{\rho_l}{2\pi\varepsilon}\ln\frac{r_2}{r_1}=\frac{\rho_l}{4\pi\varepsilon}\ln\frac{(x+d)^2+y^2}{(x-d)^2+y^2}$$

4. 两个偏心导体圆柱

设有一个空心圆柱导体，内半径为 R_1，在其中平行放置另一圆柱导体，半径为 R_2，两者不同轴，轴线相距为 $D(D<R_1-R_2)$，如图 4.3.12 所示。如果内导体上单位长度带有电荷 ρ_l，外导体圆柱内表面上单位长度带有电荷 $-\rho_l$，则用电轴法解此问题时，可把内导体上的分布电荷集中到该导体圆柱内的电轴上，而把外导体内表面上的分布电荷集中到该导体圆柱外

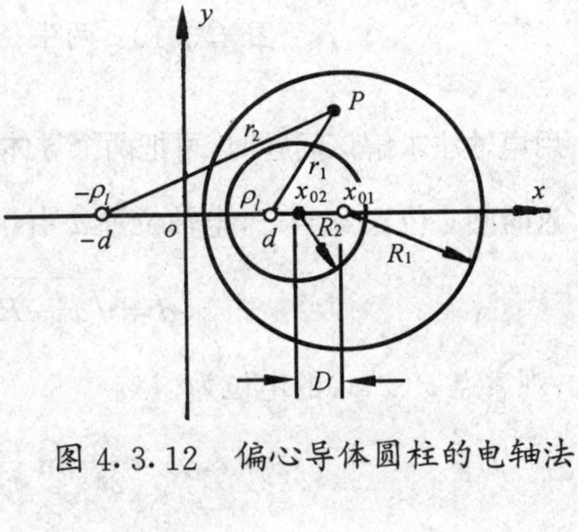

图 4.3.12　偏心导体圆柱的电轴法

的电轴上。这时圆心、半径与电轴位置之间的关系为

$$\left.\begin{aligned} x_{01}-x_{02}&=D \\ x_{01}^2&=R_1^2+d^2 \\ x_{02}^2&=R_2^2+d^2 \end{aligned}\right\}$$

解之得

$$x_{01}=\frac{1}{2}\left(\frac{R_1^2-R_2^2}{D}+D\right)$$

$$x_{02}=\frac{1}{2}\left(\frac{R_1^2-R_2^2}{D}-D\right)$$

$$d=\sqrt{\frac{1}{4}\left(\frac{R_1^2-R_2^2}{D}+D\right)^2-R_1^2}$$

因此两圆柱导体间观察点 $P(x,y)$ 的电位为

$$\varphi(x,y)=\frac{\rho_l}{2\pi\varepsilon}\ln\frac{r_2}{r_1}=\frac{\rho_l}{4\pi\varepsilon}\ln\frac{(x+d)^2+y^2}{(x-d)^2+y^2}$$

四、无限大介质分界平面的镜像法

镜像法不仅可用以求解导体边界面的情况，也可以用来求解两种不同介质分界面情况下的场的问题。

设在无限大空间内存在介电常数分别为 ε_1 与 ε_2 的两种电介质，其分界面为一无限大平面，在介质Ⅰ中有一点电荷 Q，距分界面为 h，如图 4.3.13 所示。

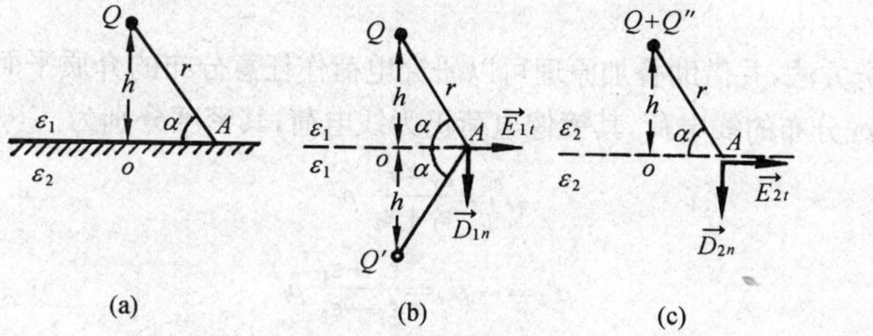

图 4.3.13　无限大介质分界平面的镜像法

在电介质Ⅰ与Ⅱ中电场分别为 $\vec{E}_1$ 与 $\vec{E}_2$。

由于 Q 的存在，在分界面两边由于介电常数的不同，在分界面上出现束缚电荷，两电介质内的电场由 Q 与束缚电荷共同产生。现用镜像法来求解两介质中的电场。在计算分界面上半场域介质Ⅰ内的电场时，设想将分界面上分布的束缚电荷用一个在介质Ⅱ内的集中镜像电荷 Q' 来等效，它的位置在 Q 对分界面的镜像处，且将分界面下方的介质亦视为与介质Ⅰ相同的介质，这样对拟计算的上半场域介质Ⅰ内的内部条件并未变化。在计算下半场域介质Ⅱ内的电场时，将分界面上的束缚电荷用一个集中的虚拟电荷 Q'' 来等效，其位置在电介Ⅰ中点电荷 Q 处，且这时将分界面上方的介质视为与介质Ⅱ相同，这样对拟计算的下半场域介质Ⅱ内的内部条件也未变化。只要 Q' 与 Q'' 的大小使经这样代换后能满足分界面上的边

界条件，则根据惟一性定理，以上镜像法求得的场应与 Q 及分界面上分布束缚电荷分别在两介质中产生的场等效。因此问题归结为根据边界条件求出 Q' 与 Q''。

我们分别利用镜像电荷求出分界面上任一位置 A 在介质Ⅰ与Ⅱ内的电场强度 $\vec{E}$ 及电位移矢量 $\vec{D}$。然后根据边界条件 $\vec{E}$ 的切向分量连续与 $\vec{D}$ 的法向分量连续，推算出镜像电荷 Q' 与 Q''。

介质Ⅰ中的电场由点电荷 Q 及 Q' 产生：

$$E_{1t}=\frac{Q}{4\pi\varepsilon_1 r^2}\cos\alpha+\frac{Q'}{4\pi\varepsilon_1 r^2}\cos\alpha,\qquad D_{1n}=\frac{Q}{4\pi r^2}\sin\alpha-\frac{Q'}{4\pi r^2}\sin\alpha$$

介质Ⅱ中的电场由点电荷 Q 及 Q'' 产生：

$$E_{2t}=\frac{Q+Q''}{4\pi\varepsilon_2 r^2}\cos\alpha,\qquad D_{2n}=\frac{Q+Q''}{4\pi r^2}\sin\alpha$$

由边界条件在分界面上 $E_{1t}=E_{2t}$ 及 $D_{1n}=D_{2n}$，得

$$\frac{Q}{\varepsilon_1}+\frac{Q'}{\varepsilon_1}=\frac{Q+Q''}{\varepsilon_2},\qquad Q-Q'=Q+Q''$$

上两式联立求得

$$Q'=\frac{\varepsilon_1-\varepsilon_2}{\varepsilon_1+\varepsilon_2}Q \tag{4.3.15}$$

$$Q''=-Q'=\frac{\varepsilon_2-\varepsilon_1}{\varepsilon_1+\varepsilon_2}Q \tag{4.3.16}$$

求得镜像电荷 Q' 与 Q'' 后，介质Ⅰ及介质Ⅱ中的电场可很方便地直接按求解点电荷电场的方法求出。

用上述分析方法，并借助叠加原理可以研究电荷作任意分布的介质平面镜像问题。例如以线电荷密度 ρ_l 分布的线电荷，其镜像电荷仍为线电荷，其密度分别为

$$\rho'_l=\frac{\varepsilon_1-\varepsilon_2}{\varepsilon_1+\varepsilon_2}\rho_l \tag{4.3.17}$$

$$\rho''_l=-\rho'_l=\frac{\varepsilon_2-\varepsilon_1}{\varepsilon_1+\varepsilon_2}\rho_l \tag{4.3.18}$$

其位置如图 4.3.14 所示。

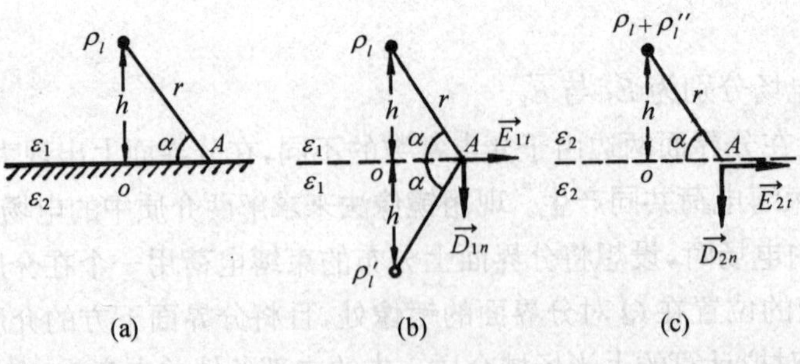

图 4.3.14　平行于介质分界面的线电荷及其镜像

*五、磁场的镜像法

根据静态场的惟一性定理，在磁场中也可以应用与静电场中相似的镜像法。

设磁场中有两种半无限大媒质，其磁导率分别为 μ_1 与 μ_2。在媒质Ⅰ内，置有电流为 I 的无限长直导线，且平行于媒质分界平面，如图 4.3.15(a)所示。要求解两媒质内的磁场。

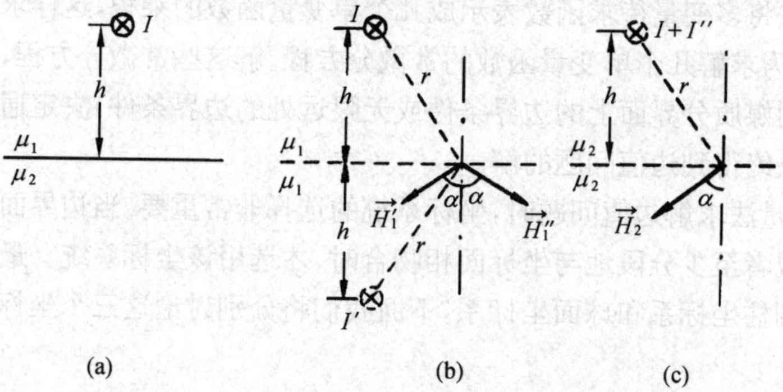

图 4.3.15　直线电流在两种媒质中的磁场镜像法

用镜像法求解此问题，基本思想与静电场中相仿。要求解媒质Ⅰ中(上半空间场域)的场，可视整个空间充满均匀媒质Ⅰ，且磁导率为 μ_1，而其中的场是由线电流 I 及其镜像电流 I' 共同产生的，如图 4.3.15(b)所示。同样地，对于媒质Ⅱ中(下半空间场域)的场，则视为是由在无限大均匀媒质Ⅱ(磁导率为 μ_2)中，线电流 I 与虚拟电流 I'' 共同产生，如图 4.3.15(c)所示。这样若设媒质Ⅰ中矢量磁位为 $\vec{A}_1$，媒质Ⅱ中矢量磁位为 $\vec{A}_2$，则在媒质Ⅰ中除电流所在处外，$\vec{A}_1$ 应满足拉普拉斯方程 $\nabla^2\vec{A}_1=0$。同时，在媒质Ⅱ中，$\vec{A}_2$ 满足拉普拉斯方程 $\nabla^2\vec{A}_2=0$。如果在两种媒质分界面上满足边界条件，则原来场中的一切条件都将得到满足。因此问题归结为根据边界条件求出 I' 与 I''。

在媒质Ⅰ中的磁场由线电流 I 及 I' 产生：

$$H_{1t}=\frac{I}{2\pi r}\sin\alpha-\frac{I'}{2\pi r}\sin\alpha,\qquad B_{1n}=\mu_1\frac{I}{2\pi r}\cos\alpha+\mu_1\frac{I'}{2\pi r}\cos\alpha$$

在媒质Ⅱ中的磁场由线电流 I 与 I'' 产生：

$$H_{2t}=\frac{I+I''}{2\pi r}\sin\alpha,\qquad B_{2n}=\mu_2\frac{I+I''}{2\pi r}\cos\alpha$$

在分界面上，由边界条件 $H_{1t}=H_{2t}$ 及 $B_{1n}=B_{2n}$，得

$$I-I'=I+I'',\qquad \mu_1(I+I')=\mu_2(I+I'')$$

上两式联立求得

$$I'=\frac{\mu_2-\mu_1}{\mu_2+\mu_1}I \tag{4.3.19}$$

$$I''=-I'=\frac{\mu_1-\mu_2}{\mu_2+\mu_1}I \tag{4.3.20}$$

§4.4 分离变量法

分离变量法是求解数学物理方程中应用最广泛的一种方法，也是求解边值问题的基本方法之一。该方法将多变量待求函数表示成几个单变量函数的乘积，这样求解该函数的偏微分方程就可分解为求解几个单变量函数的常微分方程。解这些常微分方程，并以给定的边值（包括场域内不同媒质分界面上的边界条件或无限远处的边界条件）决定通解函数和其通解中待定常数后，最终得到边值问题的解。

在用分离变量法求解边值问题时，坐标系统的选择非常重要。当边界面与某坐标系统的坐标面相吻合，或者至少分段地与坐标面相吻合时，才选用该坐标系统。最常用的坐标系统是直角坐标系、圆柱坐标系和球面坐标系。下面我们将分别讨论这三个坐标系统中的分离变量法。

一、直角坐标系中的分离变量法

当边界面形状适合选用直角坐标时，则在直角坐标系中求解拉普拉斯方程。在直角坐标系中，位函数拉普拉斯方程为

$$\nabla^2\varphi(x,y,z)=\frac{\partial^2\varphi}{\partial x^2}+\frac{\partial^2\varphi}{\partial y^2}+\frac{\partial^2\varphi}{\partial z^2}=0 \tag{4.4.1}$$

用分离变量法求解时，首先将待求位函数 $\varphi(x,y,z)$ 用三个单坐标变量函数之积表示

$$\varphi(x,y,z)=X(x)Y(y)Z(z) \tag{4.4.2}$$

其中 $X(x)$、$Y(y)$、$Z(z)$ 分别为 x、y、z 的单变量函数。将式(4.4.2)代入式(4.4.1)中，可得

$$X''YZ+XY''Z+XYZ''=0$$

其中 $X''=\frac{\mathrm{d}^2X(x)}{\mathrm{d}x^2}$，$Y''=\frac{\mathrm{d}^2Y(y)}{\mathrm{d}y^2}$，$Z''=\frac{\mathrm{d}^2Z(z)}{\mathrm{d}z^2}$。将上式用 XYZ 除之，得

$$\frac{X''}{X}+\frac{Y''}{Y}+\frac{Z''}{Z}=0$$

X、Y、Z 及其导数只是一个变量的函数，为使上式对所有的 x、y、z 点均能得到满足，它们的分式 $\frac{X''}{X}$、$\frac{Y''}{Y}$ 及 $\frac{Z''}{Z}$ 必须分别等于常数，即

$$\left.\begin{aligned}&\frac{X''}{X}=-k_x^2 \quad 或 \quad X''+k_x^2X=0\\&\frac{Y''}{Y}=-k_y^2 \quad 或 \quad Y''+k_y^2Y=0\\&\frac{Z''}{Z}=-k_z^2 \quad 或 \quad Z''+k_z^2Z=0\end{aligned}\right\} \tag{4.4.3}$$

且

$$k_x^2+k_y^2+k_z^2=0 \tag{4.4.4}$$

这样，通过令 $\varphi(x,y,z)=X(x)Y(y)Z(z)$ 分离变量将 φ 的偏微分方程化为三个常微分方程。式中，k_x、k_y、k_z 称为分离常数。为满足式(4.4.4)，这三个常数不能全为实数；也不能全为虚数。如果其中两个取实数值时，第三个必取虚数；如果其中两个取虚数值时，第三个必取实数；而如果其中一个为零，则其余两个必定一个是实数，另一个为虚数，且它们的大小相

等；如果其中两个为零，则其余一个亦为零。常微分方程式(4.4.3)解的形式由分离常数所取的值决定。

1. 如果 k_x 为实数($k_x=|k_x|$)，则方程(4.4.3)的解 $X(x)$ 的形式为三角函数：

$$X(x)=A'_1 e^{j|k_x|x}+A'_2 e^{-j|k_x|x}=A_1\cos(k_x x)+A_2\sin(k_x x) \tag{4.4.5}$$

2. 如果 k_x 为虚数，($k_x=j|k_x|$)，则方程式(4.4.3)的解 $X(x)$ 的形式为指数函数或双曲函数：

$$\begin{aligned}X(x)&=B'_1 e^{j(j|k_x|)x}+B'_2 e^{-j(j|k_x|)x}=B'_1 e^{-|k_x|x}+B'_2 e^{|k_x|x}\\&=B_1\,\mathrm{ch}\,(|k_x|x)+B_2\,\mathrm{sh}\,(|k_x|x)\end{aligned} \tag{4.4.6}$$

3. 如果 k_x 为零($k_x=0$)，则方程的解 $X(x)$ 的形式为

$$X(x)=C_1x+C_2 \tag{4.4.7}$$

解 $Y(y)$ 和 $Z(z)$ 的情形与此类似。

分离常数的取值为实数、虚数或零，是由边界条件确定的。若在某些坐标方向，边界条件是周期性的，则该坐标的分离常数，必是实数，方程之解为三角函数；若在某些坐标方向，边界条件是非周期性的，则其分离常数是虚数，方程解应为双曲函数或衰减函数($e^{-|k_x|x}$)，有限区域的解选双曲函数，无界区域的解选衰减函数；若位函数与某一坐标变量无关，则其分离常数为零，其解为常数。

解得 $X(x)$、$Y(y)$ 和 $Z(z)$ 后它们的乘积 $\varphi(x,y,z)=X(x)Y(y)Z(z)$ 即为待求拉普拉斯方程之通解，根据边界条件确定分离常数及其他待定常数，得方程的特解。如果所得特解能够满足边界条件，则此特解就是该边值问题的真解；否则，须将所有可能的特解叠加起来(拉普拉斯方程为线性微分方程，其解的线性叠加仍满足方程)以满足边界条件，即确定该边界问题的真解。

下面举例说明直角坐标系分离变量法的应用。

【例 4.4.1】 设有一无限长矩形管，其一边宽为 a，另一边宽为 b，如图 4.4.1 图所示。图中矩形管除上壁上电位为 U_0 外，其余各壁的电位均为零。求矩形管内的电位分布。

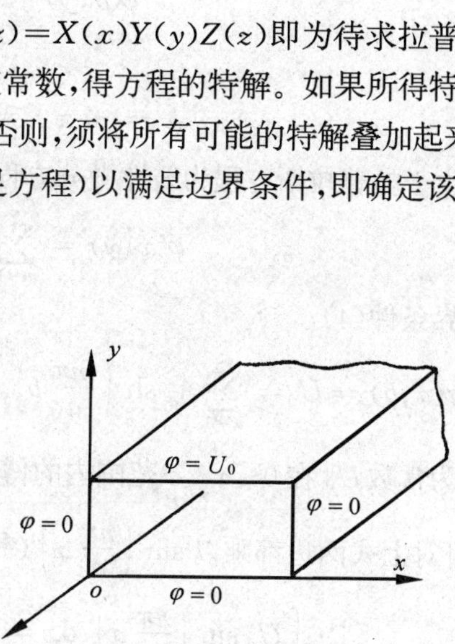

图 4.4.1 例 4.4.1 矩形管的电位

解： 由待求场域边界形状选择直角坐标系，如图 4.4.1，场域内无电荷分布，其电位方程为拉普拉斯方程：

$$\nabla^2\varphi(x,y,z)=\frac{\partial^2\varphi}{\partial x^2}+\frac{\partial^2\varphi}{\partial y^2}+\frac{\partial^2\varphi}{\partial z^2}=0$$

考虑到矩形管为无限长，管壁上电位沿 z 方向无变化，故管内的场 $\varphi(x,y,z)$ 与 z 无关，$\varphi(x,y,z)=X(x)Y(y)Z(z)$ 中 $Z(z)=$ 常数，为二维平行平面场，拉普拉斯方程为

$$\frac{\partial^2\varphi}{\partial x^2}+\frac{\partial^2\varphi}{\partial y^2}=0$$

用分离变量法求解，令 $\varphi(x,y)=X(x)Y(y)$，考虑到场域边界 $x=0$ 和 $x=a$ 的管壁 $\varphi(0,y)$

$=\varphi(a,y)=0$，即沿 x 方向，场重复出现零值作周期变化，因此分离变量 k_x 为实数，k_y 为虚数（即 $k_x=k, k_y=\mathrm{j}k$），因而

$$X(x)=A_1\cos kx+A_2\sin kx$$
$$Y(y)=B_1\operatorname{ch} ky+B_2\operatorname{sh} ky$$
$$\varphi(x,y)=X(x)Y(y)=(A_1\cos kx+A_2\sin kx)(B_1\operatorname{ch} ky+B_2\operatorname{sh} ky)$$

根据边界条件

$$\left.\begin{array}{lll}(1) & x=0,\ 0\leqslant y\leqslant b & \varphi(0,y)=0\\ (2) & 0\leqslant x\leqslant a,\ y=0 & \varphi(x,0)=0\\ (3) & x=a,\ 0\leqslant y\leqslant b & \varphi(a,y)=0\\ (4) & 0\leqslant x\leqslant a,\ y=b & \varphi(x,b)=U_0\end{array}\right\}$$

来决定各个待定常数。

由边界条件(1)及(2)，必须

$$A_1=0\quad 及\quad B_1=0$$

则 $\varphi(x,y)=A_2B_2\sin(kx)\operatorname{sh}(ky)=A\sin(kx)\operatorname{sh}(ky)$

由边界条件(3)

$$\varphi(a,y)=A\sin(k\,a)\operatorname{sh}(ky)=0$$

得

$$\sin(k\,a)=0$$

必须

$$k\,a=m\,\pi\quad 或\quad k=\frac{m\pi}{a}\quad(m=1,2,\cdots)$$

由于拉普拉斯方程为线性微分方程，故其解的线性叠加仍满足方程，即

$$\varphi(x,y)=\sum_{m=1}^{\infty}A_m\sin\left(\frac{m\pi}{a}x\right)\operatorname{sh}\left(\frac{m\pi}{a}y\right)$$

由边界条件(4)

$$\varphi(x,b)=U_0=\sum_{m=1}^{\infty}A_m\operatorname{sh}\left(\frac{m\pi}{a}b\right)\sin\left(\frac{m\pi}{a}x\right)=\sum_{m=1}^{\infty}C_m\sin\left(\frac{m\pi}{a}x\right)$$

上式为常数 U_0 在 $0\leqslant x\leqslant a$ 范围内的傅立叶级数展开式。为确定系数 $C_m=A_m\operatorname{sh}\left(\frac{m\,\pi}{a}b\right)$ 的值，可对上式两边都乘以 $\sin\left(\frac{n\pi}{a}x\right)$（其中 n 是一个整数），然后从 $x=0$ 到 $x=a$ 进行积分

$$\int_0^a U_0\sin\left(\frac{n\pi}{a}x\right)\mathrm{d}x=\int_0^a\sum_{m=1}^{\infty}C_m\sin\left(\frac{m\pi}{a}x\right)\sin\left(\frac{n\pi}{a}x\right)\mathrm{d}x$$

左边结果为

$$\int_0^a U_0\sin\left(\frac{n\pi}{a}x\right)\mathrm{d}x=\begin{cases}\dfrac{2a\,U_0}{n\pi} & (n\ 为奇数)\\ 0 & (n\ 为偶数)\end{cases}$$

而右边，由于三角函数的正交性结果为

$$\int_0^a C_m\sin\left(\frac{m\pi}{a}x\right)\sin\left(\frac{n\pi}{a}x\right)\mathrm{d}x=\begin{cases}0 & (m\neq n)\\ \dfrac{a}{2}C_m & (m=n)\end{cases}$$

比较左右两边结果，得

$$C_m=\begin{cases}\dfrac{4U_0}{m\pi} & (m\text{ 为奇数})\\ 0 & (m\text{ 为偶数})\end{cases}$$

将 C_m 代入 $C_m=A_m\,\mathrm{sh}\left(\dfrac{m\pi}{a}b\right)$，得

$$A_m=\frac{C_m}{\mathrm{sh}\left(\dfrac{m\pi}{a}b\right)}=\begin{cases}\dfrac{4U_0}{m\pi\,\mathrm{sh}\left(\dfrac{m\pi}{a}b\right)} & (m\text{ 为奇数})\\ 0 & (m\text{ 为偶数})\end{cases}$$

$$\varphi(x,y)=\sum_{m=1}^{\infty}A_m\sin\left(\frac{m\pi}{a}x\right)\mathrm{sh}\left(\frac{m\pi}{a}y\right)=\sum_{m=\text{奇数}}^{\infty}\frac{4U_0}{m\pi}\sin\left(\frac{m\pi}{a}x\right)\frac{\mathrm{sh}\left(\dfrac{m\pi}{a}y\right)}{\mathrm{sh}\left(\dfrac{m\pi}{a}b\right)}$$

【例 4.4.2】 立方体体积内无电荷分布，立方体表面除其中一个面电位不为零外，其他各表面电位均为零。求立方体体积内的电场。

解： 依据给定的场域边界面选取坐标系统，使坐标面与边界面相重合，使得边界条件的表示尽可能简单。为此，选择直角坐标系如例 4.4.2 图所示。

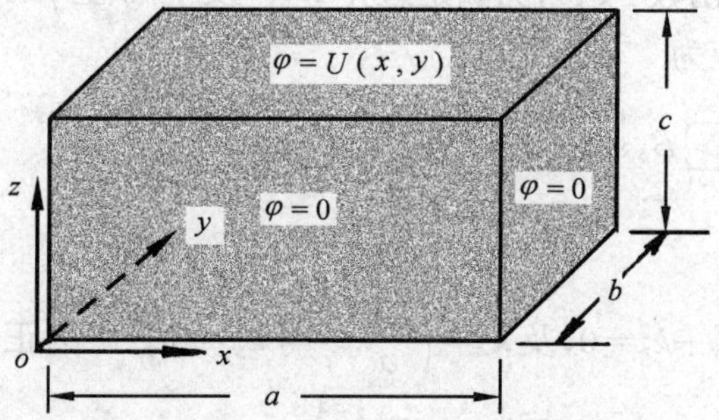

图 4.4.2 例 4.4.2 立方体的电位

立方体内无电荷分布，电位函数 $\varphi(x,y,z)$ 满足拉普拉斯方程，它与边界条件构成第一类边值问题：

$$\begin{cases}\dfrac{\partial^2\varphi}{\partial x^2}+\dfrac{\partial^2\varphi}{\partial y^2}+\dfrac{\partial^2\varphi}{\partial z^2}=0 & (0\leqslant x\leqslant a,\ 0\leqslant y\leqslant b,0\leqslant z\leqslant c)\\ \varphi(0,y,z)=0 & (x=0,\ 0\leqslant y\leqslant b,\ 0\leqslant z\leqslant c)\\ \varphi(x,0,z)=0 & (0\leqslant x\leqslant a,\ y=0,0\leqslant z\leqslant c)\\ \varphi(x,y,0)=0 & (0\leqslant x\leqslant a,\ 0\leqslant y\leqslant b,\ z=0)\\ \varphi(a,y,z)=0 & (x=a,\ 0\leqslant y\leqslant b,\ 0\leqslant z\leqslant c)\\ \varphi(x,b,z)=0 & (0\leqslant x\leqslant a,\ y=b,0\leqslant z\leqslant c)\\ \varphi(x,y,c)=U(x,y) & (0\leqslant x\leqslant a,\ 0\leqslant y\leqslant b,z=c)\end{cases}$$

用分离变量法求解，令拉普拉斯方程之解为

$$\varphi(x,y,z)=X(x)Y(y)Z(z)$$

由边界条件 $\varphi(0,y,z)=0$ 及 $\varphi(a,y,z)=0$ 在场域 $0\leqslant x\leqslant a$ 内重复出现零值，作周期变化，因此要求分离常数 k_x 为实数，$X(x)$ 采用三角函数形式，即

$$X(x)=A_1\cos(k_x x)+A_2\sin(k_x x)$$

为满足边界条件 $\varphi(0,y,z)=0$ 及 $\varphi(a,y,z)=0$，要求 $A_1=0$ 及 $X(a)=A_2\sin(k_x a)=0$，k_x 必须取下列值

$$k_x=\frac{m\pi}{a}\qquad(m=1,2,3,\cdots)$$

$k_x^2=\left(\frac{m\pi}{a}\right)^2$ 称为方程(4.4.3)式 $\frac{\mathrm{d}^2X(x)}{\mathrm{d}x^2}+k_x^2X(x)=0$ 的本征值，它的意义是在上述边界条件下，方程(4.4.3)式中的常数 k_x^2 只有取这些特定的值，方程才有非零解。而其解函数 $\sin\left(\frac{m\pi}{a}x\right)$ 称为本征函数。这样 $X(x)$ 的最一般解为

$$X(x)=\sum_{m=1}^{\infty}A_m\sin\left(\frac{m\pi}{a}x\right)$$

A_m 为待定常数。

同样的讨论适用于函数 $Y(y)$，为满足边界 $y=0$ 及 $y=b$ 上 $\varphi(x,0,z)=0$ 及 $\varphi(x,b,z)=0$ 的要求，$Y(y)$ 的形式应为

$$Y(y)=\sum_{n=1}^{\infty}B_n\sin(k_y y)=\sum_{n=1}^{\infty}B_n\sin\left(\frac{n\pi}{b}y\right)$$

且其中
$$k_y=\frac{n\pi}{b}\qquad(n=1,2,3,\cdots)$$

由式(4.4.4)$k_x^2+k_y^2+k_z^2=0$，及 $k_x^2=\left(\frac{m\pi}{a}\right)^2$ 与 $k_y^2=\left(\frac{n\pi}{b}\right)^2$ 为正值，则 $k_z^2=-(k_x^2+k_y^2)$ 为负值，$k_z=\pm\mathrm{j}\,(k_x^2+k_y^2)^{\frac{1}{2}}=\pm\mathrm{j}\left[\left(\frac{m\pi}{a}\right)^2+\left(\frac{n\pi}{b}\right)^2\right]^{\frac{1}{2}}=\pm\mathrm{j}|k_z|$，因此 $Z(z)$ 的解为双曲函数，即 $Z(z)=C_1\mathrm{ch}(|k_z|z)+C_2\mathrm{sh}(|k_z|z)$，且为满足边界条件 $\varphi(x,y,0)=0$，必须 $C_1=0$，则 $Z(z)=C_2\,\mathrm{sh}\,(|k_z|z)$。这样得到 $\varphi(x,y,z)$ 的通解

$$\varphi(x,y,z)=X(x)Y(y)Z(z)=$$
$$\sum_{m=1}^{\infty}\sum_{n=1}^{\infty}A_mB_nC_2\sin\left(\frac{m\pi}{a}x\right)\sin\left(\frac{n\pi}{b}y\right)\mathrm{sh}\left\{\left[\left(\frac{m\pi}{a}\right)^2+\left(\frac{n\pi}{b}\right)^2\right]^{\frac{1}{2}}z\right\}$$

最后利用边界条件 $\varphi(x,y,c)=U(x,y)$ 确定待定常数。在上式中令 $z=c$，并用 C_{mn} 表示式中 $A_mB_nC_2\,\mathrm{sh}\left\{\left[\left(\frac{m\pi}{a}\right)^2+\left(\frac{n\pi}{b}\right)^2\right]^{\frac{1}{2}}c\right\}$，则边界条件变为

$$\varphi(x,y,c)=\sum_{m=1}^{\infty}\sum_{n=1}^{\infty}C_{mn}\sin\left(\frac{m\pi}{a}x\right)\sin\left(\frac{n\pi}{b}y\right)=U(x,y)$$

这是把一个已知的函数 $U(x,y)$ 展成双重傅立叶级数的问题，采用通常确定傅立叶系数的方法，用 $\sin\left(\frac{s\pi}{a}x\right)\sin\left(\frac{t\pi}{b}y\right)$ 乘上式的两边，并对 x 从 0 到 a 积分；对 y 从 0 到 b 积分。方

程左边，由于三角函数的正交性，除$n=s$和$m=t$的项以外，其余的各项积分结果全为零。即

$$\int_0^a\int_0^b C_{mn}\sin\left(\frac{m\pi}{a}x\right)\sin\left(\frac{n\pi}{b}y\right)\sin\left(\frac{s\pi}{a}x\right)\sin\left(\frac{t\pi}{b}y\right)\mathrm{d}x\,\mathrm{d}y=\begin{cases}\dfrac{ab}{4}C_{st}, & \begin{pmatrix}m=s\\ n=t\end{pmatrix}\\ 0 & \begin{pmatrix}m\neq s\\ n\neq t\end{pmatrix}\end{cases}$$

故得

$$\int_0^a\int_0^b U(x,y)\sin\left(\frac{s\pi}{a}x\right)\sin\left(\frac{t\pi}{b}y\right)\mathrm{d}x\,\mathrm{d}y=$$

$$\int_0^a\int_0^b C_{st}\sin^2\left(\frac{s\pi}{a}x\right)\sin^2\left(\frac{t\pi}{b}y\right)\mathrm{d}x\,\mathrm{d}y=\frac{ab}{4}C_{st}$$

例如若给出$U(x,y)=U_0\sin\left(\frac{\pi}{a}x\right)\sin\left(\frac{\pi y}{b}\right)$，则即得出$C_{11}=U_0$，$\varphi(x,y)$的解只有$m=1,n=1$的项

$$\varphi(x,y,z)=\frac{U_0}{\mathrm{sh}\left\{\left[\left(\frac{\pi}{a}\right)^2+\left(\frac{\pi}{b}\right)^2\right]^{\frac{1}{2}}c\right\}}\sin\frac{\pi x}{a}\sin\frac{\pi y}{b}\,\mathrm{sh}\left\{\left[\left(\frac{\pi}{a}\right)^2+\left(\frac{\pi}{b}\right)^2\right]^{\frac{1}{2}}z\right\}$$

若给出$\varphi(x,y,c)=U(x,y)=U_0$(常数)，则

$$\frac{ab}{4}C_{st}=\int_0^a\int_0^b U_0\sin\left(\frac{s\pi}{a}x\right)\sin\left(\frac{t\pi}{b}y\right)\mathrm{d}x\,\mathrm{d}y=$$

$$U_0\int_0^a\int_0^b\sin\left(\frac{s\pi}{a}x\right)\sin\left(\frac{t\pi}{b}y\right)\mathrm{d}x\,\mathrm{d}y=$$

$$\frac{U_0\,ab}{st\,\pi^2}\left(\cos\frac{s\pi}{a}x\right)\Big|_0^a\left(\cos\frac{t\pi}{b}y\right)\Big|_0^b=\frac{4U_0\,ab}{st\,\pi^2}\Bigg|_{\substack{s=\text{奇数}\\ t=\text{奇数}}}$$

因为只有s和t都为奇数时，C_{st}才不为零，我们用$(2m-1)$代替s，其中$m=1,2,3\cdots$，用$(2n-1)$代替t，其中$n=1,2,3\cdots$

$$C_{mn}=\frac{16\,U_0}{(2m-1)\,(2n-1)\,\pi^2}$$

最后得到

$$\varphi(x,y,z)=\frac{16U_0}{\pi^2}\sum_{m=1}^{\infty}\sum_{n=1}^{\infty}\frac{\sin\left(\frac{2m-1}{a}\pi x\right)\sin\left(\frac{2n-1}{b}\pi y\right)}{(2m-1(2n-1)}\times$$

$$\frac{\mathrm{sh}\left\{\left[\left(\frac{2m-1}{a}\pi\right)^2+\left(\frac{2n-1}{b}\pi\right)^2\right]^{\frac{1}{2}}z\right\}}{\mathrm{sh}\left\{\left[\left(\frac{2m-1}{a}\pi\right)^2+\left(\frac{2n-1}{b}\pi\right)^2\right]^{\frac{1}{2}}c\right\}}$$

若给出的表面电位中有两个以上表面电位不为零，如$x=a$表面电位为$U_1(y,z)$，$y=b$表面电位为$U_2(x,y)$，而$z=c$表面电位为$U_3(x,y)$，则按上面方法：令$x=a$电位保持$U_1(y,z)$，而其他表面电位等于零，求得一个解φ_1；然后再令$y=b$电位保持$U_2(x,z)$，其他表面电位等于零，求得一个解φ_2；最后再令$z=c$电位保持$U_3(x,y)$，其他表面电位等于零，求得解为φ_3，将三个解叠加，即$\varphi=\varphi_1+\varphi_2+\varphi_3$是所给边界条件的解。

【例 4.4.3】 两块L形导体构成一槽，两导体间有一狭缝绝缘，两导体上外加电压U，

如图 4.4.3 所示，槽的宽度为 d，在 x 和 z 方向都是无限大。求导体槽内电位。

解：在所取直角坐标系中，由于导体槽在 z 方向为无限大且无变化，因此构成二维平行平面场。电位函数 $\varphi(x,y,z)$ 只是 x、y 的函数 $\varphi(x,y)$。电位函数满足的拉普拉斯方程与其边界条件构成第一类边值问题：

$$\begin{cases} \dfrac{\partial^2\varphi}{\partial x^2}+\dfrac{\partial^2\varphi}{\partial y^2}=0 & (0\leqslant x<\infty,\ 0\leqslant y\leqslant d) \\ \varphi(x,0)=0 & (0\leqslant x<\infty,\ y=0) \\ \varphi(x,d)=U & (0\leqslant x<\infty,\ y=d) \\ \varphi(0,y)=\begin{cases} 0 & (x=0,\ 0\leqslant y\leqslant \dfrac{d}{2}) \\ U & (x=0,\ \dfrac{d}{2}\leqslant y\leqslant d) \end{cases} \end{cases}$$

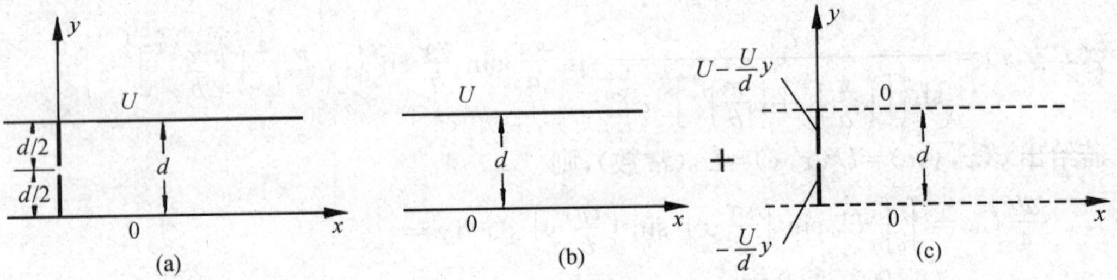

图 4.4.3　例 4.4.3 导体槽的边界条件及其等效代换

在求解本边值问题时，可将待求场分解成两个场的叠加，分解后的两个场表示在图 4.4.3(b)(c)中，其电位分别为 φ_1 与 φ_2，其中第一个场是两个距离为 d 的无限大平行板间外加电压 U 的场，其电位为

$$\varphi_1=\frac{U}{d}\ y$$

第二个场是两个电位为零的无限大平行板及在 $x=0$ 平面上具有电位为

$$\varphi_2=\begin{cases} -\dfrac{U}{d}\ y & (x=0,\ 0\leqslant y\leqslant \dfrac{d}{2}) \\ U-\dfrac{U}{d}\ y & (x=0,\ \dfrac{d}{2}\leqslant y\leqslant d) \end{cases}$$

的场，其电位为 $\varphi_2(x,y)$。这两个场叠加后，$\varphi_1+\varphi_2$ 在 $y=0$ 平面上为

$$\varphi_1(x,0)+\varphi_2(x,0)=\frac{U}{d}y\Big|_{y=0}+\left(-\frac{U}{d}\ y\right)\Big|_{y=0}=0$$

在 $y=d$ 平面上：

$$\varphi_1(x,d)+\varphi_2(x,d)=\frac{U}{d}\ y\Big|_{y=d}+\left(U-\frac{U}{d}\ y\right)\Big|_{y=d}=U$$

与 φ 的边界条件 $\varphi(x,0)=0$、$\varphi(x,d)=U$ 相同。

而在 $x=0$ 平面上：

$$
\varphi_1(0,y)+\varphi_2(0,y)=\begin{cases}\dfrac{U}{d}\,y+\left(-\dfrac{U}{d}\,y\right)=0 & \left(x=0,\ 0\leqslant y\leqslant \dfrac{d}{2}\right)\\ \dfrac{U}{d}\,y+\left(U-\dfrac{U}{d}\,y\right)=U & \left(x=0,\ \dfrac{d}{2}\leqslant y\leqslant d\right)\end{cases}
$$

也是和原边值问题相同。因此根据惟一性定理可知 $\varphi=\varphi_1+\varphi_2$ 为所求边值问题的解。

φ_1 已求得，现只需求解 φ_2。利用分离变量法求解，令 $\varphi_2(x,y)=X(x)Y(y)$，为满足 $y=0$ 和 $y=d$ 时 $\varphi_2(x,0)=0$ 和 $\varphi_2(x,d)=0$ 的条件，$Y(y)$ 必是正弦函数 $\sin(k_y y)$，且 $k_y=\dfrac{n\pi}{d}$ $(n=1,2,3,\cdots)$。因为，当 $x\to\infty$ 时，φ_2 显然应为零，所以 $X(x)$ 应是随 x 衰减的函数，即 $X(x)=\mathrm{e}^{-\alpha_x x}$。再由 $k_x^2+k_y^2=0$，得

$$
k_x^2=-\alpha_x^2=-k_y^2
$$

$$
\alpha_x=k_y=\frac{n\pi}{d}\qquad (n=1,2,3,\cdots)
$$

于是 φ_2 的解具有如下的形式：

$$
\varphi_2(x,y)=\sum_{n=1}^{\infty}A_n\,\mathrm{e}^{-\frac{n\pi}{d}x}\sin\left(\frac{n\pi}{d}\,y\right)
$$

代入 $x=0$ 的边界条件，得

$$
\varphi_2(0,y)=\sum_{n=1}^{\infty}A_n\sin\left(\frac{n\pi}{d}\,y\right)=\begin{cases}-\dfrac{U}{d}y & \left(x=0,\ 0\leqslant y\leqslant \dfrac{d}{2}\right)\\ U-\dfrac{U}{d}\,y & \left(x=0,\ \dfrac{d}{2}\leqslant y\leqslant d\right)\end{cases}
$$

用 $\sin\left(\dfrac{s\pi}{d}\,y\right)$ 乘上式两边，并对 y 从 0 至 d 积分：

左边得

$$
\int_0^d\left[\sum_{n=1}^{\infty}A_n\sin\left(\frac{n\pi}{d}\,y\right)\right]\sin\left(\frac{s\pi}{d}\,y\right)\mathrm{d}y=\int_0^d A_s\sin^2\left(\frac{s\pi}{d}\,y\right)\,\mathrm{d}y=\frac{d}{2}\,A_s
$$

右边得

$$
\int_0^{\frac{d}{2}}\left(-\frac{U}{d}\,y\right)\sin\left(\frac{s\pi}{d}\,y\right)\,\mathrm{d}y+\int_{\frac{d}{2}}^{d}\left(U-\frac{U}{d}\,y\right)\sin\left(\frac{s\pi}{d}\,y\right)\mathrm{d}y=\frac{Ud}{s\pi}\cos\frac{s\pi}{2}
$$

故

$$
\frac{d}{2}\,A_s=\frac{Ud}{s\pi}\cos\frac{s\pi}{2}
$$

只有当 $s=$偶数时，A_s 才不为零，且有

$$
A_s=\frac{2U}{s\pi}\,(-1)^{\frac{s}{2}}\Big|_{s=\text{偶数}}
$$

用 $2n$ 代替 s，得

$$
A_n=\frac{U}{n\pi}\,(-1)^n\quad(n=1,2,3,\cdots)
$$

于是

$$
\varphi_2(x,y)=\frac{U}{\pi}\sum_{n=1}^{\infty}(-1)^n\,\mathrm{e}^{-\frac{2n\pi}{d}x}\sin\left(\frac{2n\pi}{d}\,y\right)
$$

最后得到槽内电位的解

$$\varphi(x,y)=\varphi_1(x,y)+\varphi_2(x,y)=\frac{U}{d}y+\frac{U}{\pi}\sum_{n=1}^{\infty}(-1)^n e^{-\frac{2n\pi}{d}x}\sin\left(\frac{2n\pi}{d}y\right)$$

二、圆柱坐标系中的分离变量法

当边界面形状适合选用圆柱坐标系时，则在圆柱坐标系中求解拉普拉斯方程。在圆柱坐标系中电位 $\varphi(r,\alpha,z)$ 的拉普拉斯方程为

$$\frac{1}{r}\frac{\partial}{\partial r}\left(r\frac{\partial\varphi}{\partial r}\right)+\frac{1}{r^2}\frac{\partial^2\varphi}{\partial\alpha^2}+\frac{\partial^2\varphi}{\partial z^2}=0^{*} \tag{4.4.8}$$

应用分离变量法求解时，首先令待求位函数 $\varphi(r,\alpha,z)$ 用三个单一坐标变量函数之积表示

$$\varphi(r,\alpha,z)=R(r)Q(\alpha)Z(z) \tag{4.4.9}$$

其中 $R(r)$、$Q(\alpha)$、$Z(z)$ 分别为单一坐标变量 r、α、z 的函数。将式(4.4.9)代入式(4.4.8)中，得

$$\frac{QZ}{r}\frac{\mathrm{d}}{\mathrm{d}r}\left(r\frac{\mathrm{d}R}{\mathrm{d}r}\right)+\frac{RZ}{r^2}\frac{\mathrm{d}^2Q}{\mathrm{d}\alpha^2}+RQ\frac{\mathrm{d}^2Z}{\mathrm{d}z^2}=0$$

将上式用 RQZ 除之，得

$$\frac{1}{Rr}\frac{\mathrm{d}}{\mathrm{d}r}\left(r\frac{\mathrm{d}R}{\mathrm{d}r}\right)+\frac{1}{Qr^2}\frac{\mathrm{d}^2Q}{\mathrm{d}\alpha^2}+\frac{1}{Z}\frac{\mathrm{d}^2Z}{\mathrm{d}z^2}=0 \tag{4.4.10}$$

为使上式对所有 r、α、z 均成立，必须第三项为常数，即

$$\frac{1}{Z}\frac{\mathrm{d}^2Z}{\mathrm{d}z^2}=-k_z^2 \quad 或 \quad \frac{\mathrm{d}^2Z}{\mathrm{d}z^2}+k_z^2Z=0 \tag{4.4.11}$$

其中分离常数 k_z，可以为零、实数或虚数：

(1) 当 k_z 为零时，式(4.4.11)的通解为

$$Z(z)=A_1z+A_2 \tag{4.4.12}$$

(2) 当 k_z 为实数时，式(4.4.11)的通解为

$$Z(z)=A_1\cos k_z z+A_2\sin k_z z \tag{4.4.13}$$

(3) 当 k_z 为虚数($k_z=\mathrm{j}\alpha_z$，α_z 为实数)时，式(4.4.11)的通解为

$$Z(z)=A_1\,\mathrm{ch}\,(\alpha_z z)+A_2\,\mathrm{sh}\,(\alpha_z z) \tag{4.4.14}$$

将式(4.4.11)代入式(4.4.10)中，经整理得

$$\frac{r}{R}\frac{\mathrm{d}}{\mathrm{d}r}\left(r\frac{\mathrm{d}R}{\mathrm{d}r}\right)+\frac{1}{Q}\frac{\mathrm{d}^2Q}{\mathrm{d}\alpha^2}-k_z^2r^2=$$

$$\frac{r}{R}\frac{\mathrm{d}}{\mathrm{d}r}\left(r\frac{\mathrm{d}R}{\mathrm{d}r}\right)+\frac{1}{Q}\frac{\mathrm{d}^2Q}{\mathrm{d}\alpha^2}+\alpha_z^2r^2=0 \tag{4.4.15}$$

上式对所有 r、α 均能成立，故必须 $\frac{1}{Q}\frac{\mathrm{d}^2Q}{\mathrm{d}\alpha^2}$ 为常数，即

$$\frac{1}{Q}\frac{\mathrm{d}^2Q}{\mathrm{d}\alpha^2}=-\gamma^2 \quad 或 \quad \frac{\mathrm{d}^2Q}{\mathrm{d}\alpha^2}+\gamma^2Q=0 \tag{4.4.16}$$

上式通解为

$$Q(\alpha)=B_1\cos(\gamma\alpha)+B_2\sin(\gamma\alpha) \tag{4.4.17}$$

这里 γ 是另一分离常数。在许多实际问题中，常常有

---

* 这里圆柱坐标变量用 r 表示，而不用 R，是为了与分离函数 $R(r)$ 有所区别。

$$\varphi(\alpha+2\pi)=\varphi(\alpha) \quad 即 \quad Q(\alpha+2\pi)=Q(\alpha)$$

因此有 $\gamma(\alpha+2\pi)=\gamma\alpha+2m\pi$，即 $\gamma=m$

其中 m 为整数。于是

$$Q(\alpha)=B_1\cos m\alpha+B_2\sin m\alpha \tag{4.4.18}$$

再将式(4.4.16)代入式(4.4.15)中，经过整理后得

$$r^2\frac{d^2R}{dr^2}+r\frac{dR}{dr}+(\alpha_z^2r^2-\gamma^2)R=0 \tag{4.4.19}$$

这是一个贝塞尔方程，其解为贝塞尔函数，即

$$R(r)=C_1\mathrm{J}_\gamma(\alpha_z r)+C_2\mathrm{N}_\gamma(\alpha_z r)$$

式中，$J_\gamma(\alpha_z r)$称为第一类 γ 阶贝塞尔函数；$\mathrm{N}_\gamma(\alpha_z r)$称为诺依曼函数或第二类 γ 阶贝塞尔函数(见图 4.4.4)。

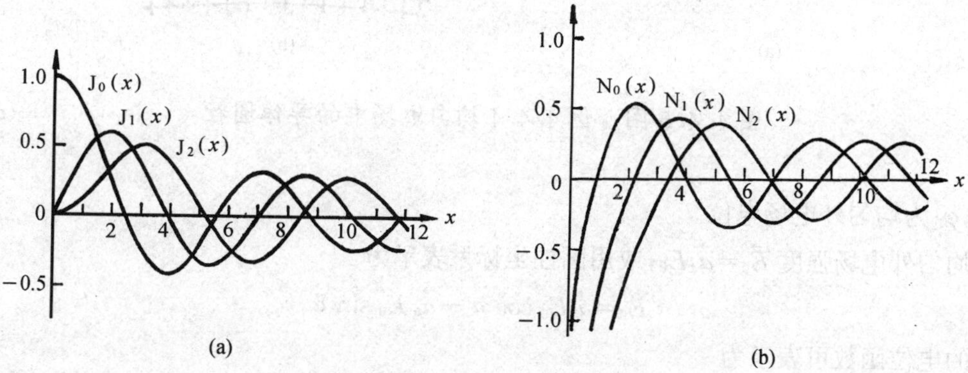

图 4.4.4 贝塞尔函数图示

若 $\alpha_z=-\mathrm{j}k_z$ 为虚数(k_z 为实数)时，则上式须改写为

$$R(r)=C'_1\mathrm{I}_\gamma(k_z r)+C'_c\mathrm{K}_\gamma(k_z r)$$

这里 $\mathrm{I}_\gamma(k_z r)$和 $\mathrm{K}_\gamma(k_z r)$分别称为第一类和第二类 γ 阶修正的贝塞尔函数。

当 $\gamma=m$ 和 $\alpha_z=0$ 时，式(5.4.14)变为

$$r^2\frac{d^2R}{dr^2}+r\frac{dR}{dr}-m^2R=0 \tag{4.4.20}$$

这是欧拉方程。当 $m=0$ 时，其通解为

$$R(r)=C_1+C_2\ln r$$

当 $m>0$ 时，其通解为

$$R(r)=C_1r^m+C_2r^{-m}$$

【例 4.4.4】 在均匀电场 $\vec{E}_0$ 中，放入一无限长金属圆柱体，设圆柱体的半径为 a，轴线与电场方向垂直，见图 4.4.5。求圆柱体放入后的电场分布。

解： 依据给定的边界面和所取坐标系中坐标面相重合的原则，选取圆柱坐标系。圆柱坐标系 z 轴与给定导体的轴线重合，因此待求的边值问题为

$$\begin{cases} \dfrac{1}{r}\dfrac{\partial}{\partial r}\left(r\dfrac{\partial\varphi}{\partial r}\right)+\dfrac{1}{r^2}\dfrac{\partial^2\varphi}{\partial\alpha^2}+\dfrac{d^2\varphi}{dz^2}=0 & (a\leqslant r<\infty,0\leqslant\alpha\leqslant 2\pi,-\infty<z<\infty) \\ \varphi(a,\alpha,z)=0 & (r=a,\ 0\leqslant\alpha\leqslant 2\pi,\ -\infty<z<\infty) \\ \varphi(\infty,\alpha,z)=\varphi_0 & (r\to\infty,\ 0\leqslant\alpha\leqslant 2\pi,\ -\infty<z<\infty) \end{cases}$$

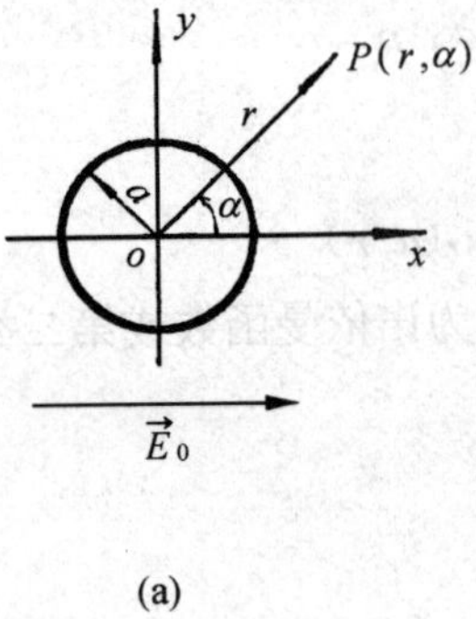

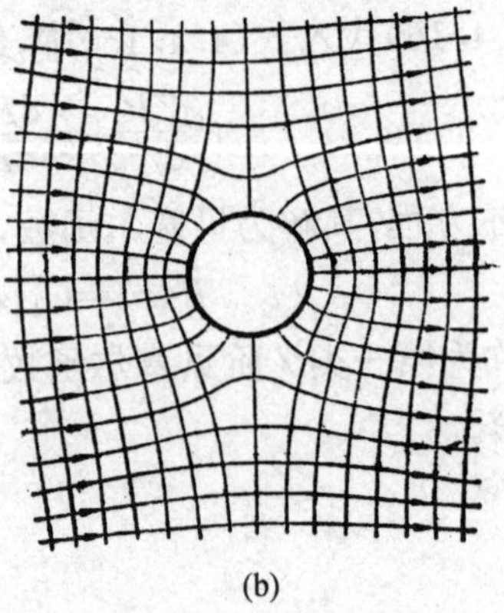

图 4.4.5 图　例 4.4.4 均匀电场中的导体圆柱

式中，φ_0 为均匀外电场电位。

均匀外电场强度 $\vec{E}_0=\vec{a}_x E_0$，或用圆柱坐标系表示为

$$\vec{E}_0=\vec{a}_r E_0\cos\alpha-\vec{a}_\alpha E_0\sin\alpha$$

相应的电位函数可表示为

$$\varphi_0=-E_0\,x=-E_0\,r\cos\alpha$$

用分离变量法求解拉普拉斯方程，令

$$\varphi(r,\alpha,z)=R(r)Q(\alpha)Z(z)$$

由于给定导体圆柱无限长，且其轴线与圆柱坐标系 z 轴重合，外电场 $\vec{E}_0=\vec{a}_x E_0$ 与 z 无关，因此待求空间场应与 z 无关，仅为 r,α 的函数，是个二维平面场，$Z(z)=$ 常数，分离常数 $k_z=\mathrm{j}\alpha_z=0$。又由于 α 变化 2π 时，电位又变回原值，即 $\varphi(\alpha+2\pi)=\varphi(\alpha)$，故 $\gamma=m$ 为整数，而且

$$Q(\alpha)=B_1\cos m\alpha+B_2\sin m\alpha$$

再考虑到 $\alpha=0$ 的平面是场的对称面，故电位 φ 是 α 的偶函数，即 $\varphi(r,\alpha)=\varphi(r,-\alpha)$，于是 $B_2=0$，由此得

$$Q(\alpha)=B_1\cos m\alpha$$

由于 $\alpha_z=0,\gamma=m$（整数），使得 $R(r)$ 满足式

$$r^2\frac{d^2R}{dr^2}+r\frac{dR}{dr}-m^2R=0$$

其通解为

$$R(r)=C_1\,r^m+C_2\,r^{-m}$$

由此得到导体圆柱外空间待求场的通解为

$$\varphi(r,\alpha)=\sum_{m=1}^{\infty}(A_m r^m+B_m r^{-m})\cos m\alpha$$

为了确定待定常数 A_m，B_m 和 m，设导体圆柱的电位为零，于是有 $r=a$，$\varphi=0$，故得

$$A_m=-B_m a^{-2m}$$

同时，在 $r\to\infty$ 处，导体圆柱的影响可忽略，该处仍为均匀场，其电位为 $\varphi=-E_0 r\cos\alpha$，由此得出

$$\lim_{r\to\infty}\sum_{m=1}^{\infty}A_m(r^m-a^{2m}r^{-m})\cos m\alpha=-\lim_{r\to\infty}E_0 r\cos\alpha$$

上式只有 $m=1$ 时，才能成立，且 $A_1=-E_0$，于是

$$\varphi(r,\alpha)=-E_0(r-a^2r^{-1})\cos\alpha=-E_0 r\cos\alpha+\frac{E_0 a^2}{r}\cos\alpha$$

而导体圆柱外的电场强度为

$$\begin{aligned}\vec{E}=-\nabla\varphi=&-\vec{a}_r\frac{\partial\varphi}{\partial r}-\vec{a}_\alpha\frac{1}{r}\frac{\partial\varphi}{\partial\alpha}=\\&\vec{a}_r\left(E_0\cos\alpha+\frac{E_0 a^2}{r^2}\cos\alpha\right)-\vec{a}_\alpha\left(E_0\sin\alpha-\frac{E_0 a^2}{r^2}\sin\alpha\right)=\\&\vec{a}_r E_0\cos\alpha\left(1+\frac{a^2}{r^2}\right)-\vec{a}_\alpha E_0\sin\alpha\left(1-\frac{a^2}{r^2}\right)\end{aligned}$$

【例 4.4.5】 在均匀电场 $\vec{E}_0$ 中放一无限长介质圆柱，其半径为 a，介电常数为 ε_1，圆柱体轴线垂直于外电场，圆柱以外介质的介电常数为 ε_2（见图 4.4.6），求介质圆柱放入后，介质圆柱内外的电位和电场强度。

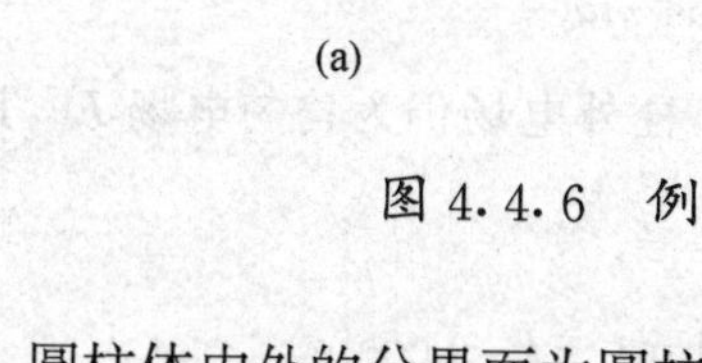

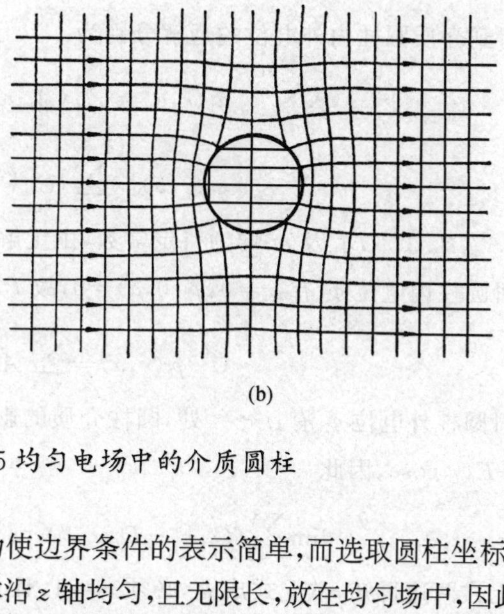

图 4.4.6 例 4.4.5 均匀电场中的介质圆柱

解：圆柱体内外的分界面为圆柱面，为使边界条件的表示简单，而选取圆柱坐标系，圆柱坐标系 z 轴与介质圆柱轴线重合。圆柱体沿 z 轴均匀，且无限长，放在均匀场中，因此待求场与 z 无关，为二维平行平面场。由于圆柱内外介质不同，故以 φ_1 和 φ_2 分别表示圆柱内外的电位函数，它们都满足拉普拉斯方程。作为本题的定解条件，应给出给定的边值，两种不同媒质的分界面上的边界条件及电位参考点。因此，待求的边值问题表示为

$$
\begin{cases}
\nabla^2\varphi_1=\dfrac{1}{r}\dfrac{\partial}{\partial r}\left(r\dfrac{\partial\varphi_1}{\partial r}\right)+\dfrac{1}{r^2}\dfrac{\partial^2\varphi_1}{\partial\alpha^2}=0 & (0\leqslant r\leqslant a,\ 0\leqslant\alpha\leqslant 2\pi)\\
\nabla^2\varphi_2=\dfrac{1}{r}\dfrac{\partial}{\partial r}\left(r\dfrac{\partial\varphi_2}{\partial r}\right)+\dfrac{1}{r^2}\dfrac{\partial^2\varphi_2}{\partial\alpha^2}=0 & (a\leqslant r<\infty,\ 0\leqslant\alpha\leqslant 2\pi)\\
\varphi_1(0,\alpha)=0 & (r=0\ \text{为电位参考点})\\
\varphi_2(\infty,\alpha)=\varphi_0=-E_0\, r\cos\alpha & (r\to\infty,\ 0\leqslant\alpha\leqslant 2\pi)\text{时 }\varphi_2\text{ 为均匀场电位 }\varphi_0\\
\varphi_1(a,\alpha)=\varphi_2(a,\alpha) & (r=a,\ 0\leqslant\alpha\leqslant 2\pi)\\
\varepsilon_1\dfrac{\partial\varphi_1}{\partial r}\bigg|_{r=a}=\varepsilon_2\dfrac{\partial\varphi_2}{\partial r}\bigg|_{r=a} & (r=a,\ 0\leqslant\alpha\leqslant 2\pi)
\end{cases}
$$

用分离变量法求解拉普拉斯方程，令

$$\varphi_1(r,\alpha)=R_1(r)Q_1(\alpha)$$

$$\varphi_2(r,\alpha)=R_2(r)Q_2(\alpha)$$

由于本例场值 α 变化以 2π 为周期，即 $\varphi_1(\alpha+2\pi)=\varphi_1(\alpha)$ 及 $\varphi_2(\alpha+2\pi)=\varphi_2(\alpha)$，故

$$Q_1(\alpha)=A'_1\cos m\alpha+A'_2\sin m\alpha\quad(0\leqslant r\leqslant a)$$

$$Q_2(\alpha)=B'_1\cos m\alpha+B'_2\sin m\alpha\quad(a\leqslant r<\infty)$$

同时因媒质结构和场以 $\alpha=0$ 的平面对称，$Q(\alpha)$ 应是 α 的偶函数，即 $Q_1(-\alpha)=Q_1(\alpha)$ 以及 $Q_2(-\alpha)=Q_2(\alpha)$，于是 $A'_2=0$ 及 $B'_2=0$。

$$Q_1(\alpha)=A'_1\cos m\alpha,\qquad Q_2(\alpha)=B'_1\cos m\alpha$$

且

$$R_1(r)=C'_1 r^m+C'_2 r^{-m},\qquad R_2(r)=D'_1 r^m+D'_2 r^{-m}$$

于是得到介质圆柱内外电位的通解分别为

$$\varphi_1(r,\alpha)=\sum_{m=1}^{\infty}(A_m r^m+B_m r^{-m})\cos m\alpha$$

$$\varphi_2(r,\alpha)=\sum_{m=1}^{\infty}(C_m r^m+D_m r^{-m})\cos m\alpha$$

式中，A_m、B_m、C_m、D_m 及 m 均为待定常数，由定解条件确定。

对圆柱内电位 φ_1 有：$r=0$，$\varphi_1(0,\alpha)=0$，故 $B_m=0$，则

$$\varphi_1(r,\alpha)=\sum_{m=1}^{\infty}A_m r^m\cos m\alpha$$

对圆柱外电位 φ_2 有：$r\to\infty$ 处，圆柱介质的影很小，柱外电场仍为均匀电场 $\vec{E}_0$，其电位为 $\varphi_0=-E_0\,r\cos\alpha$，因此

$$\lim_{r\to\infty}\sum_{m=1}^{\infty}(C_m r^m+D_m r^{-m})\cos m\alpha=\lim_{r\to\infty}(-E_0\,r\cos\alpha)$$

比较上式两边得知，欲上式成立，必须 $m=1$，且 $C_1=-E_0$，故有

$$\varphi_2(r,\alpha)=-E_0\,r\cos\alpha+\frac{D_1\cos\alpha}{r}$$

以及

$$\varphi_1(r,\alpha)=A_1\,r\cos\alpha$$

再在介质分界面 $r=a$ 上，应用边界条件：

$$\left.\begin{aligned}&\varphi_1(a,\alpha)=\varphi_2(a,\alpha),\quad A_1 a\cos\alpha=-E_0\,a\cos\alpha+\frac{D_1}{a}\cos\alpha\\&\varepsilon_1\frac{\partial\varphi_1}{\partial r}\bigg|_{r=a}=\varepsilon_2\frac{\partial\varphi_2}{\partial r}\bigg|_{r=a},\quad \varepsilon_1 A_1\cos\alpha=-\varepsilon_2 E_0\cos\alpha-\frac{\varepsilon_2 D_1\cos\alpha}{a^2}\end{aligned}\right\}$$

解上式得

$$A_1=\frac{-2\varepsilon_2}{\varepsilon_1+\varepsilon_2}E_0,\qquad D_1=\frac{\varepsilon_1-\varepsilon_2}{\varepsilon_1+\varepsilon_2}E_0\,a^2$$

由此得圆柱介质内外电位分别为

$$\varphi_1(r,\alpha)=-\frac{2\varepsilon_2}{\varepsilon_1+\varepsilon_2}E_0\,r\cos\alpha\qquad(0\leqslant r\leqslant a,\ 0\leqslant\alpha\leqslant 2\pi)$$

$$\varphi_2(r,\alpha)=-\left(1-\frac{\varepsilon_1-\varepsilon_2}{\varepsilon_1+\varepsilon_2}\frac{a^2}{r^2}\right)E_0\,r\cos\alpha\quad(a\leqslant r\leqslant\infty,\ 0\leqslant\alpha\leqslant 2\pi)$$

圆柱介质内外的电场强度分别为

$$\vec{E}_1=-\nabla\varphi_1=\vec{a}_r\frac{2\varepsilon_2}{\varepsilon_1+\varepsilon_2}E_0\cos\alpha-\vec{a}_\alpha\frac{2\varepsilon_2}{\varepsilon_1+\varepsilon_2}E_0\sin\alpha$$

$$\vec{E}_2=-\nabla\varphi_2=\vec{a}_r E_0\cos\alpha\left(1+\frac{\varepsilon_1-\varepsilon_2}{\varepsilon_1+\varepsilon_2}\frac{a^2}{r^2}\right)-\vec{a}_\alpha E_0\sin\alpha\left(1-\frac{\varepsilon_1-\varepsilon_2}{\varepsilon_1+\varepsilon_2}\frac{a^2}{r^2}\right)$$

因为 $r\cos\alpha=x$，圆柱介质内电位及电场强度用直角坐标则表示为

$$\varphi_1=-\frac{2\varepsilon_2}{\varepsilon_1+\varepsilon_2}E_0\,x$$

$$\vec{E}_1=-\nabla\varphi_1=\vec{a}_x\left(-\frac{\partial\varphi_1}{\partial x}\right)=\vec{a}_x E_x=\vec{a}_x\frac{2\varepsilon_2}{\varepsilon_1+\varepsilon_2}E_0$$

由此可见，此圆柱介质内电场是均匀分布的，且有与外电场 $\vec{E}_0$ 一致的方向。

值得注意，由本例可知，若 $\varepsilon_1<\varepsilon_2$，则 $E_1>E_0$。这表明若电介质内部有了细长的杂物（如空气泡），而杂物的介电常数小于周围介质的介电常数时，该杂物内电场可能显著增强，在某些情况下，将导致放电并促进杂物介质内部击穿，最终使绝缘损坏。

【例 4.4.6】 设有一半径为 a，高为 h 的圆筒，圆筒四周及下底的电位为零，上底的电位为 U_0（常数），求该圆筒区域内的电位。

解： 据待求场域边界形状，选取圆柱坐标系，坐标系 z 轴沿圆筒轴线，如图 4.4.7 图所示。

圆筒内部场域无电荷分布，电位函数 φ 满足拉普拉斯方程，它与边界条件构成第一类边值问题：

$$\begin{cases}\dfrac{1}{r}\dfrac{\partial}{\partial r}\left(r\dfrac{\partial\varphi}{\partial r}\right)+\dfrac{1}{r^2}\dfrac{\partial^2\varphi}{\partial\alpha^2}+\dfrac{\mathrm{d}^2\varphi}{\mathrm{d}z^2}=0 & (0\leqslant r\leqslant a,\ 0\leqslant\alpha\leqslant 2\pi,\ 0\leqslant z\leqslant h)\\ \varphi(a,\alpha,z)=0 & (r=a,\ 0\leqslant\alpha\leqslant 2\pi,\ 0\leqslant z<h)\\ \varphi(r,\alpha,0)=0 & (0\leqslant r\leqslant a,\ 0\leqslant\alpha\leqslant 2\pi,\ z=0)\\ \varphi(r,\alpha,h)=U_0 & (0\leqslant r\leqslant a,\ 0\leqslant\alpha\leqslant 2\pi,\ z=h)\end{cases}$$

用分离变量法求解拉普拉斯方程，令

$$\varphi(r,\alpha,z)=R(r)Q(\alpha)Z(z)$$

由给定条件，场具有圆柱对称性，电位分布与 α 无关，因此式(4.4.16)中分离常数 $\gamma=m=0$，$Q(\alpha)$ 为常数。又由于电位随 z 的变化为非周期性的，故分离常数 α_z 为实数，而有

$$Z(z)=B_1\text{ch}\ (\alpha_z z)+B_2\ \text{sh}\ (\alpha_z z)$$

由边界条件 $z=0$ 时，$\varphi(r,\alpha,0)=0$，即 $Z(0)=0$，故 $B_1=0$，于是

$$Z(z)=B_2\ \text{sh}\ (\alpha_z z)$$

同时

$$R(r)=C_1\ \text{J}_0(\alpha_z r)+C_2\ \text{N}_0(\alpha_z r)$$

由于 $r=0$ 时，φ 为有限值，即 $R(0)$ 为有限值，因此 $C_2=0$(参阅图 4.4.4(b))，于是

$$R(r)=C_1\ \text{J}_0(\alpha_z r)$$

又由边界条件 $r=a$，$\varphi(a,\alpha,z)=0$，即 $R(a)=0$，故

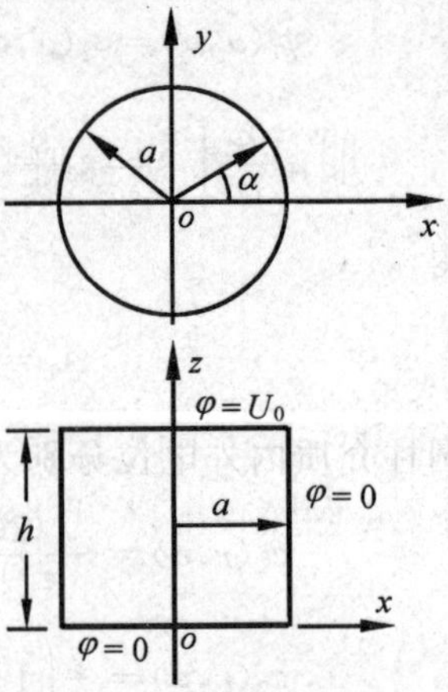

图 4.4.7　例 4.4.6 圆筒区域的电位

$$\text{J}_0(\alpha_z a)=0$$

由此可求得零阶贝塞尔函数的零点 ν_{on}，其中 n 为零点的顺序号，即 $n=1,2,3,\cdots$，在《数理方程》中可知，$\nu_{01}=2.405$，$\nu_{02}=5.520$，$\nu_{03}=8.654$，…(参阅图 4.4.1(a))，因此

$$\alpha_z a=\nu_{on}\quad 或 \quad \alpha_z=\frac{\nu_{on}}{a}$$

于是

$$R(r)=C_1\text{J}_0\left(\frac{\nu_{on}}{a}r\right)$$

由此得到圆筒内的电位函数为

$$\varphi(r,\alpha,z)=\sum_{n=1}^{\infty}A_n\ \text{J}_0\left(\frac{\nu_{on}}{a}r\right)\ \text{sh}\ \left(\frac{\nu_{on}}{a}z\right)$$

引用最后一个边界条件：$z=h$，$\varphi(r,\alpha,h)=U_0$，由此得出

$$\sum_{n=1}^{\infty}A_n\ \text{J}_0\left(\frac{\nu_{on}}{a}r\right)\ \text{sh}\left(\frac{\nu_{on}}{a}h\right)=U_0$$

将上式两边乘以 $r\ \text{J}_0\left(\frac{\nu_{om}}{a}r\right)$，并在区间[0,a]积分

$$\int_0^a\left[\sum_{n=1}^{\infty}A_n\ \text{J}_0\left(\frac{\nu_{on}}{a}r\right)\right]\ \text{J}_0\left(\frac{\nu_{om}}{a}r\right)\ \text{sh}\ \left(\frac{\nu_{on}}{a}h\right)r\ \text{d}r=\int_0^a U_0\ \text{J}_0\left(\frac{\nu_{om}}{a}r\right)\ r\ \text{d}r$$

由贝塞尔函数的正交性，得知

$$\int_0^a \text{J}_0\left(\frac{\nu_{on}}{a}r\right)\text{J}_0\left(\frac{\nu_{om}}{a}r\right)\ r\ \text{d}r=0\quad (m\neq n)$$

$$\int_0^a \text{J}_0\left(\frac{\nu_{on}}{a}r\right)\ \text{J}_0\left(\frac{\nu_{om}}{a}r\right)\ r\ \text{d}r=\frac{a^2}{2}\ [\text{J}'_0(\nu_{on})]^2\quad (m=n)$$

故有

$$A_n \cdot \frac{a^2}{2}\left[\mathrm{J}'_0(\nu_{on})\right]^2 \mathrm{sh}\left(\frac{\nu_{on}}{a}h\right)=U_0\int_0^a \mathrm{J}_0\left(\frac{\nu_{on}}{a}r\right)r\,\mathrm{d}r$$

因为 $\mathrm{J}_0'(\nu_{on}=\mathrm{J}_1(\nu_{on})$ 及 $\int_0^a \mathrm{J}_0\left(\frac{\nu_{on}}{a}r\right)r\,\mathrm{d}r=\frac{a^2}{\nu_{on}}\mathrm{J}_1(\nu_{on})$

故得

$$A_n=\frac{2U_0}{\nu_{on}\mathrm{J}_1(\nu_{on})\,\mathrm{sh}\left(\frac{\nu_{on}}{a}h\right)}$$

于是,圆筒区域内的电位函数为

$$\varphi(r,\alpha,z)=\sum_{n=1}^{\infty}\frac{2U_0\,\mathrm{J}_0\left(\frac{\nu_{on}}{a}r\right)\mathrm{sh}\left(\frac{\nu_{on}}{a}z\right)}{\nu_{on}\,\mathrm{J}_1(\nu_{on})\,\mathrm{sh}\left(\frac{\nu_{on}}{a}h\right)}$$

三、球面坐标系中的分离变量法

当边界的形状适合选用球面坐标系时,则在球面坐标系中求解拉普拉斯方程。在球面坐标系中,位函数 $\varphi(r,\theta,\alpha)$ 的拉普拉斯方程为

$$\frac{1}{r^2}\frac{\partial}{\partial r}\left(r^2\frac{\partial\varphi}{\partial r}\right)+\frac{1}{r^2\sin\theta}\frac{\partial}{\partial\theta}\left(\sin\theta\frac{\partial\varphi}{\partial\theta}\right)+\frac{1}{r^2\sin^2\theta}\frac{\partial^2\varphi}{\partial\alpha^2}=0 \tag{4.4.21}$$

应用分离变量法求解时,首先令待求函数 $\varphi(r,\theta,\alpha)$ 用三个单一坐标变量函数之积表示为

$$\varphi(r,\theta,\alpha)=R(r)\Theta(\theta)Q(\alpha) \tag{4.4.22}$$

其中 $R(r)$、$\Theta(\theta)$、$Q(\alpha)$ 分别为单一坐标变量 r、θ、α 的函数。将式(4.4.22)代入式(4.4.21)中,得

$$\frac{\Theta Q}{r^2}\frac{\mathrm{d}}{\mathrm{d}r}\left(r^2\frac{\mathrm{d}R}{\mathrm{d}r}\right)+\frac{RQ}{r^2\sin\theta}\frac{\mathrm{d}}{\mathrm{d}\theta}\left(\sin\theta\frac{\mathrm{d}\Theta}{\mathrm{d}\theta}\right)+\frac{R\Theta}{r^2\sin^2\theta}\frac{\mathrm{d}^2Q}{\mathrm{d}\alpha^2}=0$$

将上式乘以 $\frac{r^2}{R\Theta Q}$,得

$$\frac{1}{R}\frac{\mathrm{d}}{\mathrm{d}r}\left(r^2\frac{\mathrm{d}R}{\mathrm{d}r}\right)+\frac{1}{\Theta\sin\theta}\frac{\mathrm{d}}{\mathrm{d}\theta}\left(\sin\theta\frac{\mathrm{d}\Theta}{\mathrm{d}\theta}\right)+\frac{1}{Q\sin^2\theta}\frac{\mathrm{d}^2Q}{\mathrm{d}\alpha^2}=0 \tag{4.4.23}$$

为使上式对所有 r、θ、α 均成立,必须

$$\frac{1}{R}\frac{\mathrm{d}}{\mathrm{d}r}\left(r^2\frac{\mathrm{d}R}{\mathrm{d}r}\right)=\lambda \quad 或 \quad \frac{\mathrm{d}}{\mathrm{d}r}\left(r^2\frac{\mathrm{d}R}{\mathrm{d}r}\right)=\lambda R \tag{4.4.24}$$

$$\frac{1}{\Theta\sin\theta}\frac{\mathrm{d}}{\mathrm{d}\theta}\left(\sin\theta\frac{\mathrm{d}\Theta}{\mathrm{d}\theta}\right)+\frac{1}{Q\sin^2\theta}\frac{\mathrm{d}^2Q}{\mathrm{d}\alpha^2}=-\lambda$$

式中,λ 为分离常数。

再用 $\sin^2\theta$ 乘上式得

$$\frac{1}{\Theta}\sin\theta\frac{\mathrm{d}}{\mathrm{d}\theta}\left(\sin\theta\frac{\mathrm{d}\Theta}{\mathrm{d}\theta}\right)+\lambda\sin^2\theta+\frac{1}{Q}\frac{\mathrm{d}^2Q}{\mathrm{d}\alpha^2}=0$$

为使上式对所有 θ,α 均成立,必须

$$\frac{1}{\Theta}\sin\theta\frac{\mathrm{d}}{\mathrm{d}\theta}\left(\sin\theta\frac{\mathrm{d}\Theta}{\mathrm{d}\theta}\right)+\lambda\sin^2\theta=m^2$$

$$\frac{1}{Q}\frac{\mathrm{d}^2Q}{\mathrm{d}\alpha^2}=-m^2$$

或

$$\frac{\mathrm{d}^2\Theta}{\mathrm{d}\theta^2}+\cot\theta\,\frac{\mathrm{d}\Theta}{\mathrm{d}\theta}+\left[\lambda-\frac{m^2}{\sin^2\theta}\right]\Theta=0 \tag{4.4.25}$$

$$\frac{\mathrm{d}^2Q}{\mathrm{d}\alpha^2}+m^2Q=0 \tag{4.4.26}$$

式中,m^2 为另一分离常数。

在方程式(4.4.25)中,令 $x=\cos\theta$,$\Theta(\theta)=P(x)$,则它变为

$$(1-x^2)\frac{\mathrm{d}^2P}{\mathrm{d}x^2}-2x\,\frac{\mathrm{d}P}{\mathrm{d}x}+\left[\lambda-\frac{m^2}{1-x^2}\right]P=0 \tag{4.4.27}$$

此方程称为勒让特连带方程。

如果 $m=0$,上式化为

$$(1-x^2)\frac{\mathrm{d}^2P}{\mathrm{d}x^2}-2x\,\frac{\mathrm{d}P}{\mathrm{d}x}+\lambda P=0 \tag{4.4.28}$$

此方程称为勒让特方程。如果我们研究的空间包含 θ 从 0 到 $\pi(0\leqslant\theta\leqslant\pi)$,即 x 从 1 到 −1 区间上方程之解为有界函数,则必须使 $\lambda=n(n+1)$,$n=0,1,2,\cdots$

如此,则方程式(4.4.27)为 n 阶连带勒让特方程:

$$(1-x^2)\frac{\mathrm{d}^2P}{\mathrm{d}x^2}-2x\,\frac{\mathrm{d}P}{\mathrm{d}x}+\left[n(n+1)-\frac{m^2}{1-x^2}\right]P=0 \tag{4.4.29}$$

如 n、m 为整数,则其解为连带勒让特多项式,记为 $\mathrm{P}_n^m(x)$,且有

$$\mathrm{P}_n^m(x)=\frac{\mathrm{d}^{n+m}}{\mathrm{d}x^{n+m}}(x^2+1)^n$$

如 $m=0$,则方程式(4.4.28)为 n 阶勒让特方程:

$$(1-x^2)\frac{\mathrm{d}^2P}{\mathrm{d}x^2}-2x\,\frac{\mathrm{d}P}{\mathrm{d}x}+n(n+1)P=0 \tag{4.4.30}$$

其解为勒让特多项式,记为 $\mathrm{P}_n(x)$,且有

$$\mathrm{P}_n(x)=\frac{1}{2^n\,n!}\,\frac{\mathrm{d}^n}{\mathrm{d}x^n}(x^2-1)^n$$

由此得

$$\mathrm{P}_0(x)=1$$

$$\mathrm{P}_1(x)=x$$

$$\mathrm{P}_2(x)=\frac{1}{2}\,(3x^2-1)$$

$$\mathrm{P}_3(x)=\frac{1}{2}\,(5x^3-3x)$$

$$\cdots$$

方程式(4.4.24)中 $\lambda=n(n+1)$,得

$$\frac{\mathrm{d}}{\mathrm{d}r}\left(r^2\,\frac{\mathrm{d}R}{\mathrm{d}r}\right)-n\,(n+1)\,R=0$$

上式为欧拉方程,其解为

$$R(r)=A_1\,r^n+A_2\,r^{-(n+1)}$$

方程式 $\frac{d^2Q}{d\alpha^2}+m^2Q=0$ 之解为

$$Q(\alpha)=B_1\cos m\alpha+B_2\sin m\alpha$$

故得位函数的通解为

$$\varphi(r,\theta,\alpha)=R(r)\,\Theta(\theta)\,Q(\alpha)=$$
$$\sum_{m=1}^{\infty}\sum_{n=0}^{\infty}(A_{1n}r^n+A_{2n}r^{(-n+1)})\,(B_{1m}\cos m\alpha+B_{2m}\sin m\alpha)\,\mathrm{P}_n^m(\cos\theta)$$

如 $m=0$,则

$$\varphi(r,\theta,\alpha)=\sum_{n=0}^{\infty}(A_{1n}r^n+A_{2n}r^{-(n+1)})\,\mathrm{P}_n(\cos\theta)$$

【例 4.4.7】 在均匀外磁场 $\vec{H}_0$ 中,放置一个半径为 a 的磁介质球,介质的磁导率为 μ,四周为空气,磁导率为 μ_0,如图 4.4.8 所示。试求球内外的标量磁位及磁场强度。

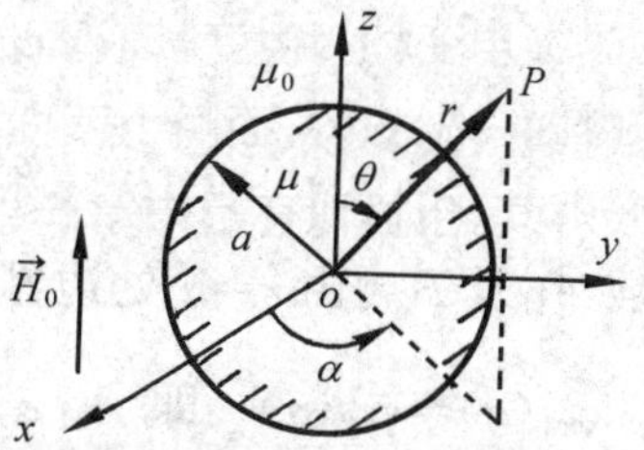

图 4.4.8 例 4.4.7 均匀磁场中的磁介质球

解: 据边界形状,选择球面坐标系如图 4.4.8 所示。所求场域内无电流分布,因此该场域内磁场强度可用标量磁位表示($\vec{H}=-\nabla\varphi_m$),而标量磁位满足拉普拉斯方程 $\nabla^2\varphi_m=0$。由于磁介质球内外介质的不同,故应以 φ_{m1} 和 φ_{m2} 分别表示球内外的标量磁位,它们都满足拉普拉斯方程。本题的定解条件应给出给定的边值,即两种不同磁介质的分界面上的边界条件及标量磁位的参考点磁位值。因此待求边值问题表示为

$$\begin{cases}\nabla^2\varphi_{m1}=\frac{1}{r}\frac{\partial}{\partial r}\left(r\frac{\partial\varphi_{m1}}{\partial r}\right)+\frac{1}{r^2\sin\theta}\frac{\partial}{\partial\theta}\left(\sin\theta\frac{\partial\varphi_{m1}}{\partial\theta}\right)+\frac{1}{r^2\sin^2\theta}\frac{\partial^2\varphi_{m1}}{\partial\alpha^2}=0 & (0\leqslant r\leqslant a)\\ \nabla^2\varphi_{m2}=\frac{1}{r}\frac{\partial}{\partial r}\left(r\frac{\partial\varphi_{m2}}{\partial r}\right)+\frac{1}{r^2\sin\theta}\frac{\partial}{\partial\theta}\left(\sin\theta\frac{\partial\varphi_{m2}}{\partial\theta}\right)+\frac{1}{r^2\sin^2\theta}\frac{\partial^2\varphi_{m2}}{\partial\alpha^2}=0 & (a\leqslant r<\infty)\\ \varphi_{m2}(\infty,\theta,\alpha)=\varphi_{m0}=-H_0r\cos\theta\quad(\varphi_{m0}\text{为均匀磁场在 }r\to\infty\text{处磁位})\\ \varphi_{m1}(0,\theta,\alpha)=0\quad(r\to\infty\text{处标量磁位不为零,故 }\varphi_m\text{ 的参考点选于原点})\\ \varphi_{m1}(a,\theta,\alpha)=\varphi_{m2}(a,\theta,\alpha)\quad(r=a)\\ \mu\left.\frac{\partial\varphi_{m1}}{\partial r}\right|_{r=a}=\mu_0\left.\frac{\partial\varphi_{m2}}{\partial r}\right|_{r=a}\quad(r=a)\end{cases}$$

用分离变量法求解拉普拉斯方程,令

$$\varphi_{m1}(r,\theta,\alpha)=R_1(r)\,\Theta_1(\theta)Q_1(\alpha)$$
$$\varphi_{m2}(r,\theta,\alpha)=R_2(R)\,\Theta_2(\theta)Q_2(\alpha)$$

由于外磁场和边界结构都对 z 轴旋转对称,故标量磁位 φ_m 与 α 无关,即 $m=0,Q(\alpha)=$常数。

设原点为磁位参考点,该点磁位为零。而在 $r\to\infty$ 处,球对均匀场的影响可忽略,其磁位为

$$\varphi_{m2}=-H_0r\cos\theta$$

由此可见,n 应为整数,故有

$$R(r)=A_1 r^n+A_2 r^{-(n+1)}$$

$$\Theta(\theta)=P_n(\cos\theta)$$

如此,圆球内外的标量磁位分别应具有如下形式:

$$\varphi_{m1}=R_1(r)\Theta_1(\theta)=\sum_{n=0}^{\infty}\left[A_{1n} r^n+A_{2n} r^{-(n+1)}\right]\mathrm{P}_n(\cos\theta)$$

$$\varphi_{m2}=R_2(r)\Theta_2(\theta)=\sum_{n=0}^{\infty}\left[B_{1n} r^n+B_{2n} r^{-(n+1)}\right]\mathrm{P}_n(\cos\theta)$$

考虑到 $r=0,\varphi_{m1}(0,\theta)=0$,则有 $A_{2n}=0$;又 $r\to\infty,\varphi_{m2}=-H_0 r\cos\theta=-H_0 r\,\mathrm{P}_1(\cos\theta)$,故 $n=1$, $B_{11}=-H_0$。因此,上式变为

$$\varphi_{m1}=A_{11} r\cos\theta$$

$$\varphi_{m2}=-H_0 r\cos\theta+\frac{B_{21}}{r^2}\cos\theta$$

待定常数 A_{11} 及 B_{21},由 $r=a$ 处边界条件确定。

$$\varphi_{m1}(a)=\varphi_{m2}(a)\quad 即\ A_{11} a\cos\theta=-H_0 a\cos\theta+\frac{B_{21}}{a^2}\cos\theta$$

$$\mu\frac{\partial\varphi_{m1}}{\partial r}\bigg|_{r=a}=\mu_0\frac{\partial\varphi_{m2}}{\partial r}\bigg|_{r=a}\quad 即\ \mu A_{11}\cos\theta=-\mu_0 H_0\cos\theta-2\mu_0 B_{21}\cos\theta\cdot a^{-3}$$

解上式,得

$$A_{11}=-\frac{3H_0}{\mu_r+2}$$

$$B_{21}=\frac{\mu_r-1}{\mu_r+2}H_0 a^3$$

式中,$\mu_r=\dfrac{\mu}{\mu_0}$,于是球内外标量磁位为

$$\varphi_{m1}(r,\theta)=-\frac{3H_0}{\mu_r+2}r\cos\theta$$

$$\varphi_{m2}(r,\theta)=-H_0\left(r-\frac{\mu_r-1}{\mu_r+2}a^3 r^{-2}\right)\cos\theta$$

因 $\vec{H}=-\nabla\varphi_m$,故由上式可得球内外的磁场强度为

$$\vec{H}_1=-\nabla\varphi_{m1}=\vec{a}_r\frac{3H_0}{\mu_r+2}\cos\theta-\vec{a}_\theta\frac{3H_0}{\mu_r+2}\sin\theta$$

$$\vec{H}_2=-\nabla\varphi_{m_2}=\vec{a}_r H_0\left(1+2\frac{\mu_r-1}{\mu_r+2}a^3 r^{-3}\right)\cos\theta-\vec{a}_\theta H_0\left(1-\frac{\mu_r-1}{\mu_r+2}a^3 r^{-3}\right)\sin\theta$$

磁介质球内磁场 $\vec{H}_1$ 用直角坐标表示为

$$\vec{H}_1=\vec{a}_z\frac{3H_0}{\mu_r+2}$$

可见,磁介质球内磁场仍为均匀磁场,与外加均匀磁场方向相同,但其大小比外加均匀磁场要小,因此磁介质球在外加磁场中有去磁作用。若 $\mu_r\to\infty$,则 $\vec{H}_1\to 0$,故利用高磁导率物质可以得到磁屏蔽。

综上所述，从原则上说，应用分离变量法来求解各种类型的边值问题时，只要所选择的坐标系统使相应的坐标面与场域的边界面相吻合，也就是说，只要所选取的坐标系统使给定的边值得到明确的描述，那末，即可由此获得待求边值问题的解析解。应当指出，分离变量法不仅能应用于静态场的求解，而且能用来求解时变电磁场问题。

§4.5 有限差分法

前面介绍的求解场边值问题的分离变量法等方法，所得解的形式具有函数表达式（解析解）形式。这些方法称为解析解法。解析解是问题的精确解，但是这些方法对于场的边界形状，都有特定的要求，其形状须与某坐标系统的坐标面吻合，因而它们只适合于场域边界几何形状较为特殊的情况。当边界形状比较复杂时，应用解析法进行分析，可能会遇到困难。在这些情况，借助数值计算方法，可有效地解决许多工程电磁场问题。随着计算技术的迅速发展，数值计算法得到了广泛的应用。

数值计算方法是将整体连续场域用网格线划分为若干细小区域，一般称之为网格或单元，然后近似求解网格线交点或单元顶点（一般称为网格节点或离散点）上的数值解，以此数值解逐步逼近该点的真实解。虽然数值解法是一种近似解法，但当划分的网格或单元愈密时，离散点的数目也愈多，离散化的场域也愈接近连续场域，数值解也愈逼近真实解。计算技术及计算机的发展，提供了充份的技术手段，从而保证了数值解的精确度。

常用的数值解法有：有限差分法，有限元法及边界元法等。本节介绍有限差分法。

有限差分法是一种较容易应用的数值解法。首先用网格将场域离散化，用各离散点上待求函数的差分方程近似该点的偏微分方程（如泊松方程、拉普拉斯方程等），同时将边界条件表示成差分形式。即把要求解的边值问题转化为一组相应的差分方程问题，然后根据差分方程组及场域边界条件的差分形式，解出各离散点上的待求函数值，便得所求边值问题的数值解。

一、差分方程

1. 场域的离散化、网格节点及步长

为简化有限差分法的叙述，现仅讨论二维平行平面场，若采用直角坐标系，可令场域 D 在 xy 平面，其边界为 L，如图 4.5.1 所示。

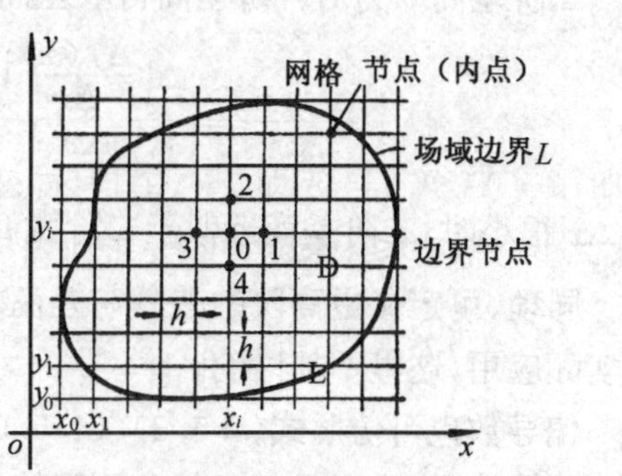

图 4.5.1 平面场域的离散化，网格节点

场域的离散化就是将场域划分为若干个网格或单元，常见的划分是在 xy 平面上作许多分别与 x 轴及 y 轴平行的直线，称为网格线，将场域 D 划分成许多网格，网格的顶点或网格线的交点则为网格节点或离散点。场域内的节点称为内节点，场域边界上的节点称为边界节点，两相邻网格线的距离称为步长。若步长相等则整

个场域将被划分为许多正方形网格，这就是正方形划分。此外，根据实际问题的需要，有时也采用矩形、正三角形等网格，这样离散点的分布也不相同。原则上离散点可以采用任意的分布方式，但这将影响所得差分方程的具体形式。为简化问题，通常采用完全有规则分布的网格节点来给定离散点，例如相同的矩形或正方形网格，这样在每个离散点就能得出相同形式的差分方程。由于场域离散化模型呈各种网格状的特征，有限差分法也常称为网格法。

2. 差分与微分、差商与微商(导数)

有限差分法是以差分原理为基础的一种数值计算方法，因此，这里首先介绍关于差分原理的基本思路。设一函数 $f(x)$，当其独立变量 x 有一很小增量时，则相应的函数 $f(x)$ 的增量为

$$\Delta f(x)=f(x+\Delta x)-f(x) \tag{4.5.1}$$

上式称为函数 $f(x)$ 的差分(一阶差分)。由于不同于增量 $\mathrm{d}x$ 为无限小的微分 $\mathrm{d}f$，差分是有限增量 Δx 的函数差 Δf，故通常也被称为有限差分。但是，只要增量 Δx 很小，差分 Δf 与微分 $\mathrm{d}f$ 之间的差异将很小。

根据式(4.5.1)所给出的差分定义，在差分运算中还常使用一阶中心差分

$$\delta f(x)=f\left(x+\frac{\Delta x}{2}\right)-f\left(x-\frac{\Delta x}{2}\right) \tag{4.5.2}$$

把一阶差分 Δf 除以增量 Δx，所得商称为一阶差商

$$\frac{\Delta f}{\Delta x}=\frac{f(x+\Delta x)-f(x)}{\Delta x} \tag{4.5.3}$$

由于一阶微商(一阶导数)定义为

$$\frac{\mathrm{d}f}{\mathrm{d}x}=\lim_{\Delta x\to 0}\frac{\Delta f}{\Delta x}=\lim_{\Delta x\to 0}\frac{f(x+\Delta x)-f(x)}{\Delta x} \tag{4.5.4}$$

因此当增量 Δx 很小时，一阶差商近似于一阶微商。

一阶差分通常仍是独立变量 x 的函数。与此相类似可按式(4.5.1)计算一阶差分的差分。即对于一阶差分再施行差分运算，就得到 $\Delta^2 f(x)$，称之为原始函数 $f(x)$ 的二阶差分。同样，当增量 Δx 很小时，二阶差分 $\Delta^2 f(x)$ 很接近于二阶微分。

二阶差商即为对一阶差商再取差商

$$\frac{\Delta^2 f(x)}{\Delta x^2}=\frac{\Delta\left(\dfrac{\Delta f(x)}{\Delta x}\right)}{\Delta x}=\frac{\Delta(\Delta f)}{\Delta x^2}=\frac{\Delta f(x+\Delta x)-\Delta f(x)}{\Delta x^2} \tag{4.5.5}$$

当 Δx 很小时，二阶差商近似于二阶微商(二阶导数)$\dfrac{\mathrm{d}^2 f}{\mathrm{d}x^2}$。

同理，可定义更高阶的差分与差商，但因高阶差分、差商在电磁场问题的数值分析中没有实际应用，这里不加讨论。

偏导数也可仿照式(4.5.3)、(4.5.5)近似表示为差商，这样给定的偏微分方程可借以转化为差分方程，这就是基于差分原理的有限差分法的实质。

3. 差分方程

在 xy 平面上分别对 x 轴及 y 轴作许多平行线，作为网格线，将场域划分为许多矩形网格(如图 4.5.1 所示)。中心网格点 o 与其周围相邻四网格点 1、2、3 和 4 构成十字星形。星形

中心节点 o 上的位函数用 $\varphi(x_0,y_0)$ 或 φ_0 表示，节点 1、2、3 和 4 上的位函数分别用 $\varphi(x_1,y_1)$、$\varphi(x_2,y_2)$、$\varphi(x_3,y_3)$ 和 $\varphi(x_4,y_4)$ 或 φ_1、φ_2、φ_3 和 φ_4 表示。场域中其他各网格点电位表示依此类推。

在通过节点 o 且平行于 x 轴的直线上，任意邻近点 x 的位函数值 φ_x 可以用 o 点的泰勒级数表示，即

$$\varphi_x=\varphi_0+\left(\frac{\partial\varphi}{\partial x}\right)_0(x-x_0)+\frac{1}{2!}\left(\frac{\partial^2\varphi}{\partial x^2}\right)_0(x-x_0)^2+\frac{1}{3!}\left(\frac{\partial^3\varphi}{\partial x^3}\right)_0(x-x_0)^3+\frac{1}{4!}\left(\frac{\partial^4\varphi}{\partial x^4}\right)_0(x-x_0)^4+\cdots \tag{4.5.6}$$

图 4.5.1 中的 1、3 点的 x 坐标分别为 $x_1=x_0+ph$ 及 $x_3=x_0-rh$，则 1、3 两节点的位函数值 φ_1 及 φ_3 为

$$\varphi_1=\varphi_0+ph\left(\frac{\partial\varphi}{\partial x}\right)_0+\frac{1}{2!}p^2h^2\left(\frac{\partial^2\varphi}{\partial x^2}\right)_0+\frac{1}{3!}p^3h^3\left(\frac{\partial^3\varphi}{\partial x^3}\right)_0+\frac{1}{4!}p^4h^4\left(\frac{\partial^4\varphi}{\partial x^4}\right)_0+\cdots \tag{4.5.7}$$

$$\varphi_3=\varphi_0-rh\left(\frac{\partial\varphi}{\partial x}\right)_0+\frac{1}{2!}r^2h^2\left(\frac{\partial^2\varphi}{\partial x^2}\right)_0-\frac{1}{3!}r^3h^3\left(\frac{\partial^3\varphi}{\partial x^3}\right)_0+\frac{1}{4!}r^4h^4\left(\frac{\partial^4\varphi}{\partial x^4}\right)_0-\cdots \tag{4.5.8}$$

将式(4.5.7)乘以 r，再将式(4.5.8)乘以 p，然后相加得

$$r\varphi_1+p\varphi_3=(p+r)\varphi_0+\frac{h^2}{2!}pr(p+r)\left(\frac{\partial^2\varphi}{\partial x^2}\right)_0+\frac{h^3}{3!}pr(p^2-r^2)\left(\frac{\partial^3\varphi}{\partial x^3}\right)_0+\cdots \tag{4.5.9}$$

由于 h 一般很小，可以忽略上式中 h 三次方以上的高次项，则有

$$h^2\left(\frac{\partial^2\varphi}{\partial x^2}\right)_0=\frac{2\varphi_1}{p(p+r)}+\frac{2\varphi_3}{r(p+r)}-\frac{2\varphi_0}{pr} \tag{4.5.10}$$

中心节点 o 沿 y 方向邻近节点 2、4 的 y 坐标分别为 $y_2=y_0+qh$ 及 $y_4=y_0-sh$。中心节点的位函数与邻近节点位函数的关系，按上式同样方法可得

$$h^2\left(\frac{\partial^2\varphi}{\partial y^2}\right)_0=\frac{2\varphi_2}{q(q+s)}+\frac{2\varphi_4}{s(q+s)}-\frac{2\varphi_0}{qs} \tag{4.5.11}$$

在直角坐标系中二维场的泊松方程和拉普拉斯方程为

$$\frac{\partial^2\varphi}{\partial x^2}+\frac{\partial^2\varphi}{\partial y^2}=-F$$

$$\frac{\partial^2\varphi}{\partial x^2}+\frac{\partial^2\varphi}{\partial y^2}=0$$

这里的 φ 表示电磁场的位函数，F 则表示电场中的 $\frac{\rho}{\varepsilon}$ 或磁场中的 μJ。

式(4.5.10)与式(4.5.11)表示了中心节点 o 沿 x 方向与 y 方向的二阶偏导数的差分形式，代入泊松方程与拉普拉斯方程，则亦可将它们化为差分形式——差分方程：

$$2\left[\frac{\varphi_1}{p(p+r)}+\frac{\varphi_2}{q(q+s)}+\frac{\varphi_3}{r(p+r)}+\frac{\varphi_4}{s(q+s)}-\left(\frac{1}{pr}+\frac{1}{qs}\right)\varphi_0\right]+h^2F=0 \tag{4.5.12}$$

$$\frac{\varphi_1}{p(p+r)}+\frac{\varphi_2}{q(q+s)}+\frac{\varphi_3}{r(p+r)}+\frac{\varphi_4}{s(q+s)}-\left(\frac{1}{pr}+\frac{1}{qs}\right)\varphi_0=0 \tag{4.5.13}$$

上式中 p、q、r 及 s 不一定相等，即中心节点 o 与四周相邻节点 1、2、3 及 4 的距离不一定相等，这种情况，常发生在场域边界附近，周围节点 1、2、3、4 中某些点落在边界上成为边界节点，因此式(4.5.12)或式(4.5.13)较适合应用于这种情况，尤其是对第一类边值问题，但当

中心节点 o 及其四周相邻节点 1、2、3 及 4 均为场域内节点时，如 p、q、r、s 不相等，五节点形成的十字星形不对称，因此在场域中各不同内节点的差分方程将有不同的形式，而不便于使用。

如果选择网格线使 $p=r=1, q=s$，则位于场域 D 内的所有网格均为相同矩形，对所有节点将有相同的差分方程，泊松方程化为

$$\varphi_1+\frac{\varphi_2}{q^2}+\varphi_3+\frac{\varphi_4}{q^2}-2\left(1+\frac{1}{q^2}\right)\varphi_0+h^2F=0 \tag{4.5.14}$$

拉普拉斯方程化为

$$\varphi_1+\frac{\varphi_2}{q^2}+\varphi_3+\frac{\varphi_4}{q^2}-2\left(1+\frac{1}{q^2}\right)\varphi_0=0 \tag{4.5.15}$$

如果 $p=q=r=s=1$，则场域 D 内所有网格均为正方形，网格节点对于与其直接相邻的节点都具有相同的特征，中心节点 o 与其周围相邻节点 1、2、3 及 4 构成对称十字星形。场域内所有节点将有相同的差分方程，则泊松方程为

$$\varphi_1+\varphi_2+\varphi_3+\varphi_4-4\varphi_0+h^2F=0 \tag{4.5.16}$$

拉普拉斯方程为

$$\varphi_1+\varphi_2+\varphi_3+\varphi_4-4\varphi_0=0 \tag{4.5.17}$$

因此矩形或正方形网格划分，常被应用在内节点。

用有限差分法求解场的边值问题时，将场域用网格线划分成很多网格，对每一网格点得到一个泊松方程或拉普拉斯方程的差分形式——差分方程（它是个代数方程），方程个数与网格点个数相同，即方程个数与待求函数值的个数相同，因此结合边界条件可以得到待求边值问题的数值解。

二、边界条件的差分形式

用有限差分法求解场的边值问题，除对场域内偏微分方程进行差分离散化得出差分方程外，还必须对边界条件进行离散化处理。

为使差分形式简化，选取正方形网格，且网格节点就落在边界 L 上，而场域内无源，位函数满足拉普拉斯方程，中心节点位函数值为四周相邻节点位函数值的平均值。则边界条件的差分形式如下：

1. 第一类边界条件：图 4.5.2 中实线表示满足这种边界条件的边界，这种边界条件是已知边界上的位函数值，即

$$\varphi(L)=g(L) \tag{4.5.18}$$

就是把边界上已知点函数直接赋予各边界节点。

所以对边界附近中心节点 h 可得差分关系式

$$\varphi_g-4\varphi_h+\varphi_i+\varphi_j=-g_f \tag{4.5.19}$$

式中，g_f 是边界 L 上点 f 的位函数值。

2. 第二类边界条件：图 4.5.2 中虚线表示满足这种边界条件的边界，这种边界条件为已知边界上位函数法向导数值，即

$$\left.\frac{\partial\varphi}{\partial n}\right|_L=p(L) \tag{4.5.20}$$

对边界节点 m 写出第二类边界条件的差分形式为

$$\frac{(\varphi_l-\varphi_n)}{2h}=p_m \tag{4.5.21}$$

实际上 l 点已在所讨论的场域以外，φ_l 只是为了导出边界点差分方程的需要而引入的虚设的位函数，所以利用边界条件将它用场域内的位函表示为

$$\varphi_l=\varphi_n+2hp_m$$

所以对 m 点差分方程

$$\varphi_n+\varphi_k+\varphi_l+\varphi_o-4\varphi_m=0$$

将 φ_l 代入，得

$$\varphi_k-4\varphi_m+2\varphi_n+\varphi_o=-2hp_m \tag{4.5.22}$$

式中，h 是正方形网格的步长，p_m 是边界上点 m 已知的位函数法向导数。

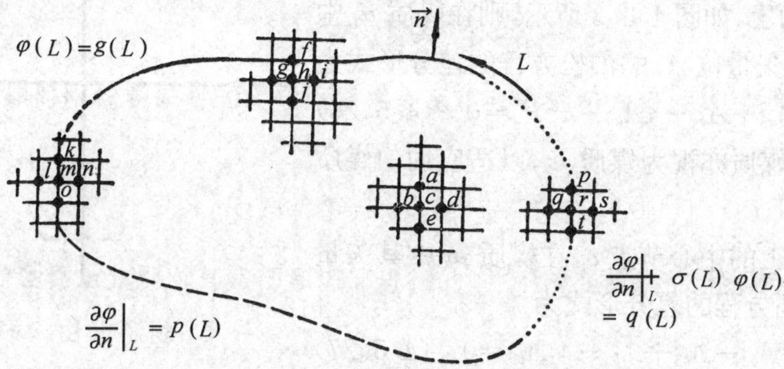

图 4.5.2　边界条件

3. 混合边界条件：图 4.5.2 中点线表示满足这种边界条件的边界，这边界条件可表示为

$$\left.\frac{\partial\varphi}{\partial n}\right|_L+\sigma(L)\varphi(L)=q(L) \tag{4.5.23}$$

写作差分形式为

$$\frac{(\varphi_s-\varphi_q)}{2h}+\sigma_r\varphi_r=q_r \tag{4.5.24}$$

所以，对边界节点 r 的差分方程为

$$\varphi_p+\varphi_q+\varphi_t+\varphi_s-4\varphi_r=0$$

将由边界条件差分形式式(4.5.24)得出的场域外虚拟点 s 的位函数 $\varphi_s=2hq_r-2h\sigma_r\varphi_r+\varphi_q$ 代入上式即可得包含边界条件差分形式的 r 点的差分方程

$$\varphi_p+2\varphi_q-4\left(1+\sigma_r h/2\right)\varphi_r+\varphi_t=-2h\,q_r \tag{4.5.25}$$

在实际问题中，经常遇到两种媒质分界面。下面讨论磁场矢量位 $\vec{A}$ 的分界面上的边界条件。

用 $\vec{A}_a$ 在 $\vec{A}_b$ 分别表示媒质磁导率为 μ_a 和 μ_b 中的矢量位。又设 μ_a 中有电流密度 $\vec{J}$ 分布，

则矢量位 $\vec{A}_a$ 满足泊松方程

$$\nabla^2\vec{A}_a=-\mu_a\vec{J}=-\vec{F}_a$$

其分量形式为

$$\nabla^2 A_a=-\mu_a J=-F_a$$

在媒质 μ_b 中无电流分布，则其中矢量位 $\vec{A}_b$ 满足拉普拉斯方程

$$\nabla^2\vec{A}_b=0$$

其分量形式为

$$\nabla^2 A_b=0$$

用正方形网格划分场域，设中心节点 o 与周围相邻四网格节点 1、2、3 与 4 构成对称十字星形。当两媒质分界面与网格节点重合时，设网格节点 2、0、4 位于 μ_a 和 μ_b 的分界面上，如图 4.5.3 所示，则在媒质 μ_a 中对于中心节点 o，矢量位 A_a 的泊松方程的差分形式为

$$A_{a1}+A_{a2}+A_{a3}+A_{a4}-4A_{ao}+h^2F_a=0 \quad (4.5.26)$$

此时节点 1 所在媒质亦视为媒质 μ_a，以适应均匀媒质中的差分方程。

位于分界面上的中心节点 o，在媒质 μ_b 中其矢量位 A_b 的拉普拉斯方程的差分形式为

$$A_{b1}+A_{b2}+A_{b3}+A_{b4}-4A_{b0}=0 \quad (4.5.27)$$

同理此时需将媒质 μ_a 的空间全部换成 μ_b。

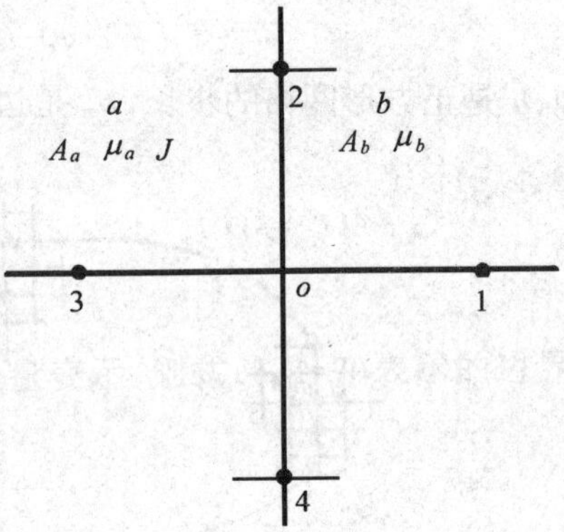

图 4.5.3 两种媒质分界面

但实际上 A_{a1} 和 A_{b3} 并不存在，它们只是为了导出边界点 0 差分方程的需要而引入的虚设磁位，所以应当利用分界面上的边界条件把它们从上面式(4.5.26)和式(4.5.27)表示的差分方程中消去，同时使上两式成为满足边界条件的差分方程。

在分界面上磁感应强度法线分量连续，因此

$$A_{a0}=A_{b0},\qquad A_{a2}=A_{b2},\qquad A_{a4}=A_{b4} \quad (4.5.28)$$

同时，由于分界面上磁场强度的切线分量连续，因此

$$\frac{1}{\mu_a}\left(\frac{\partial A_a}{\partial n}\right)=\frac{1}{\mu_b}\left(\frac{\partial A_b}{\partial n}\right)$$

以差分形式表示为

$$\frac{1}{\mu_a}(A_{a1}-A_{a3})=\frac{1}{\mu_b}(A_{b1}-A_{b3}) \quad (4.5.29)$$

以 μ_b 乘式(4.5.26)

$$\mu_b A_{a1}+\mu_b A_{a2}+\mu_b A_{a3}+\mu_b A_{a4}-4\mu_b A_{a0}+\mu_b h^2F_a=0$$

以 μ_a 乘式(4.5.27)

$$\mu_a A_{b1}+\mu_a A_{b2}+\mu_a A_{b3}+\mu_a A_{b4}-4\mu_a A_{b0}=0$$

两式相加并使 $A_{a0}=A_{b0}=A_0, A_{a2}=A_{b2}=A_2, A_{a4}=A_{b4}=A_4$，得

$$\mu_b A_{a1}+\mu_b A_2+\mu_b A_{a3}+\mu_b A_4-4\mu_b A_0+\mu_b h^2 F_a+$$
$$\mu_a A_{b1}+\mu_a A_2+\mu_a A_{b3}+\mu_a A_4-4\mu_a A_0=0 \tag{4.5.30}$$

把式(4.5.29)写成

$$\mu_a A_{b1}+\mu_b A_{a3}=\mu_a A_{b3}+\mu_b A_{a1}$$

代入式(4.5.30)并整理后，得

$$A_0=\frac{1}{4}\left[\frac{2\mu_a}{\mu_a+\mu_b}A_{b1}+A_2+\frac{2\mu_b}{\mu_a+\mu_b}A_{a3}+A_4+\frac{\mu_b}{\mu_a+\mu_b}h^2 F_a\right]$$

令 $R=\frac{\mu_b}{\mu_a}$，则有

$$A_0=\frac{1}{4}\left[\frac{2}{1+R}A_{b1}+A_2+\frac{2R}{1+R}A_{a3}+A_4+\frac{R}{1+R}h^2 F_a\right] \tag{4.5.31}$$

如果 $\mu_a=\mu_b$ 即 $R=1$，则

$$A_0=\frac{1}{4}\left[A_{b1}+A_2+A_{a3}+A_4+\frac{1}{2}h^2 F_a\right] \tag{4.5.32}$$

如果 $\mu_b\to\infty$（铁磁物质），即 $R=\frac{\mu_b}{\mu_a}\to\infty$，则

$$A_0=\frac{1}{4}\left[A_2+2A_3+A_4+h^2 F_a\right] \tag{4.5.33}$$

当分界面与正方形网格节点不能重合时，为表示边界条件，在边界上增设一些附加网格节点，对于每一附加点，网格不再是正方形，如图 4.5.4 所示。这时对应边界附加节点的差分方程应用式(4.5.12)和式(4.5.13)，$\varphi\to A, q=s=1$ 导得

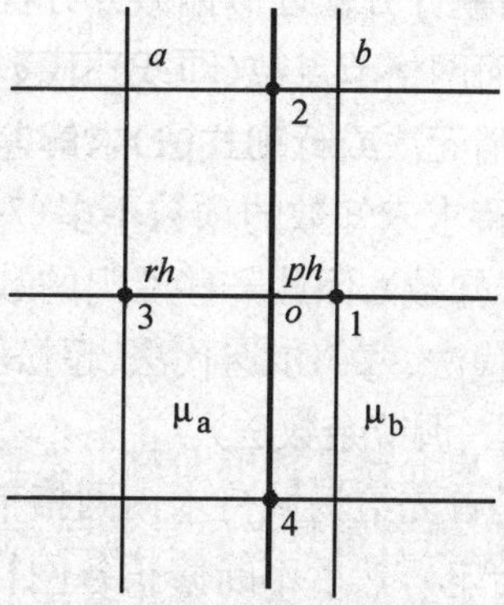

图 4.5.4　两种媒质分界面上附加网格节点

$$A_1\frac{2}{p(r+pR)}+A_2+A_3\frac{2R}{r(r+pR)}+A_4-2A_0\left(1+\frac{1}{pr}\right)+h^2\frac{F_a pR}{r+pR}=0 \tag{4.5.34}$$

在实际问题中，边界形状是多种多样的，那些边界上的差分方程一般都可用式(4.5.12)和式(4.5.13)按照类似方法导出。

与讨论磁场矢量位 $\vec{A}$ 分界面上边界条件类似，对于磁场标量磁位的两种媒质界面上适合边界条件的拉普拉斯方程的差分形式为

$$\varphi_1\frac{2}{p(r+pR)}+\varphi_2+\varphi_3\frac{2R}{r(r+pR)}+\varphi_4-2\varphi_0\left(1+\frac{1}{pr}\right)=0 \tag{4.5.35}$$

式中，$R=\frac{\mu_a}{\mu_b}$。注意这里的 R 与讨论矢量磁位 $\vec{A}$ 的差分方程式(4.5.31)或(4.5.34)中的不同，在矢量磁位的差分方程中 $R=\frac{\mu_b}{\mu_a}$。

对于电场电位，由于在两媒质分界面上的边界条件为

$$\varphi_a=\varphi_b \tag{4.5.36}$$

$$\varepsilon_a\left(\frac{\partial\varphi_a}{\partial n}\right)=\varepsilon_b\left(\frac{\partial\varphi_b}{\partial n}\right) \tag{4.5.37}$$

当区域 a 中有自由电荷分布时，对分界面附近矩形网格点 0、1、2、3 与 4，如图 4.5.4 两媒质分界面上适合边界条件的中心节点 o 电位差分方程与式(4.5.34)相似，为

$$\varphi_1\frac{2}{p(r+pR)}+\varphi_2+\varphi_3\frac{2R}{r\,(r+pR)}+\varphi_4-2\varphi_0\left(1+\frac{1}{pr}\right)+h^2\frac{F_a pR}{r+pR}=0 \tag{4.5.38}$$

式中， $F_a=\dfrac{\rho}{\varepsilon_a}$，$R=\dfrac{\varepsilon_a}{\varepsilon_b}$。

三、差分方程的数值解法

有限差分法用网格线将场域划分成很多网格，在网格节点上把位函数的偏微分方程化为差分方程，任一点的差分方程是把该点的位函数值和它周围相邻的几个点的位函数值联系起来的线性代数方程。所有点的位函数值(除边界上由边界条件决定的位函数值的点以外)都是待求的，就此得到方程数目与网格节点数目(亦即待求函数值数目)相等的线性方程组。这样边值问题的数值解变为求一组联立线性方程组的解。

欲减小用差分方程近似偏微分方程所引起的误差，即提高数值解的精度，要求选取较小的网格步长，而网格节点数(即线性代数方程数)随着步长的减小而迅速增加，因而用经典的代数方法(如消元法或行列式法)求解差分方程，将难以适应。然而差分方程组中各个方程都很简单，包含待求未知数的项数不多(对于二维问题最多不超过五项，中心节点及其四周相邻四节点的未知数)，因此一些专门的数值计算方法得到了广泛应用。这些数值计算方法(例如驰豫法、迭代法、塞德尔迭代法、超松驰法等)都采用逐次逼近的基本技巧。

1. 驰豫法(调节余数法)

驰豫法是首先给场域待求内网格节点位函数一个设定初值(边界网格节点的位函数值由边界条件给定)，然后不断修正各网格节点的位函数的设定数值，直到所有网格节点的差分方程都得到满足(在允许误差范围内)为止。

设用正方形网格对场域进行划分，则对于场域内 o 点及其四周相邻网格节点 1、2、3 与 4 点，由于其位函数值的选择 φ_0、φ_1、φ_2、φ_3 与 φ_4 不能使 o 点的差分方程满足，则下式的右边不等于零，而等于某一个量 R_0：

$$\varphi_1+\varphi_2+\varphi_3+\varphi_4-4\varphi_0+h^2F=R_0$$

即

$$\varphi_1+\varphi_2+\varphi_3+\varphi_4-4\left(\varphi_0+\frac{R_0}{4}\right)+h^2F=0 \tag{4.5.39}$$

式中，R_0 称为在 o 点差分方程的余数。驰豫法就是使场域内所有差分方程的余数降低的一种方法。通常当每个差分方程的余数都达到低于某一允许值时，可以认为所有的差分方程都得到了满足。

最基本的驰豫法是点驰豫法，它是在给每一个点的位函数一个设定初值后，计算每一点的差分方程余数，然后取余数最大(绝对值最大)的点，进行驰豫。在二维空间中，为表示节点的位置用双下标(i,j)识别，i,j 分别为节点所对应的直角横坐标与纵坐标的序号。设(i,j)点的差分方程余数 $R_{i,j}$是各点中最大者，把这个余数的 1/4$\left(即\dfrac{R_{i,j}}{4}\right)$，作余数调节量加到 $\varphi_{i,j}$上，

即得 $\varphi_{i,j}^{(n+1)}=\varphi_{i,j}^{(n)}+\dfrac{R_{i,j}}{4}$，($\varphi_{i,j}^{(n)}$ 为 $\varphi_{i,j}$ 的第 n 次取值，$\varphi_{i,j}^{(n+1)}$ 为 $\varphi_{i,j}$ 的第 $(n+1)$ 次计算取值)，使得 (i, j) 点的位函数差分方程余数降至零。即 $\varphi_{i+1,j}^{(n)}+\varphi_{i,j+1}^{(n)}+\varphi_{i-1,j}^{(n)}+\varphi_{i,j-1}^{(n)}-4\left(\varphi_{i,j}^{(n)}+\dfrac{R_{i,j}^{(n)}}{4}\right)+h^2F=0$。由于 (i,j) 点位函数值变化，使得它周围相邻四点的差分方程余数都要发生变化。重新计算这些点的余数，然后取新的余数最大的点进行同样的计算。如此继续，直至所有点余数减到足够小，以满足规定要求为止。这时的各点位函数值即为差分方程组的数值解，也即边值问题的具有要求精确度的近似数值解。

【例 4.5.1】 同轴导管内导体为圆柱，外导体为正方形导管，内外导体间加有电压 $U=100\text{V}$，外导体接地，内外导体间无电荷分布。求内外导体间电位分布的数值解。

解： 由于内圆柱导体与外导体同轴，如图 4.5.5 所示。具有对称性，取正方形网格，图中各网格节点 A 对称，其电位 φ_A 均相等，各网格节点 B 亦对称分布，其电位 φ_B 亦均相等。

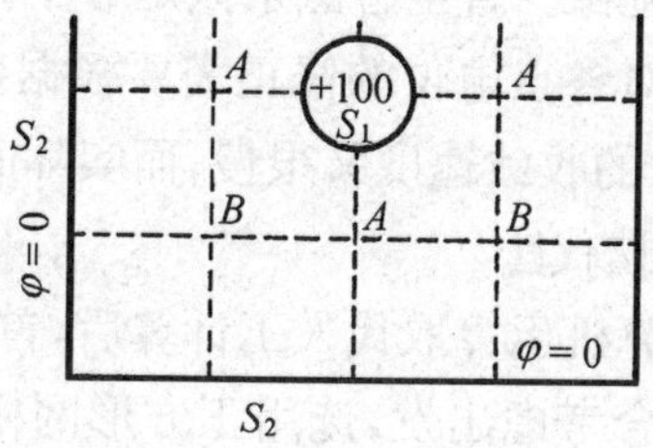

图 4.5.5 例 4.5.1 正方形同轴导管局部横截面

场域中无电荷分布，其中电位函数满足拉普拉斯方程。场域边界为内圆柱表面 S_1，其电位为 $\varphi(s_1)=\varphi_{s1}=100\text{V}$ 及正方形柱面 S_2，其电位为 $\varphi(s_2)=\varphi_{s2}=0$，由此场域内节点 A 与 B 的差分方程分别为

$$\varphi_A=\frac{1}{4}[\varphi_{s1}+\varphi_B+\varphi_{s2}+\varphi_B]=\frac{1}{4}[100+2\varphi_B] \quad 或 \quad 100+2\varphi_B-4\varphi_A=0$$

$$\varphi_B=\frac{1}{4}[\varphi_A+\varphi_A+\varphi_{s2}+\varphi_{s2}]=\frac{1}{4}[2\varphi_A] \quad 或 \quad 2\varphi_A-4\varphi_B=0$$

本例为说明驰豫法求解差分方程，故选取网格步长较大、网格较粗、网格节点及与此相应的差分方程较少，显然用一般求解代数联立方程方法很易求解，但为说明驰豫法求解步骤，而仍利用数值解法。

设定 φ_A 与 φ_B 之初值一般并不能使得其差分方程满足，即如式(4.5.39)，A 点及 B 点的差分方程余数分别为

$$R_A=\varphi_{s1}+\varphi_B+\varphi_{s2}+\varphi_B-4\varphi_A=100+2\varphi_B-4\varphi_A$$

$$R_B=\varphi_A+\varphi_A+\varphi_{s2}+\varphi_{s2}-4\varphi_B=2\varphi_A-4\varphi_B$$

按驰豫法步骤逐步设定场域内节点电位获得结果列表如下：

设定电位次数	网格点电位		余　数		电位修正值
n	φ_A	φ_B	R_A	R_B	$R^*/4$
1	50	50	0	−100	−25
2	50	25	−50	0	−13**
3	37	25	2	−26	−7
4	37	18	−12	2	−3
5	34	18	0	−4	−1

* R 为 R_A 与 R_B 中绝对值较大者。

** $\frac{R}{4}$在此处为$\frac{-50}{4}=-12.5$,现取 $\alpha\frac{R}{4}=-13$,$(2>\alpha\geqslant1)$

由于设定值为中间计算值,有一定不确定性,为方便计算而取 $\alpha\frac{R}{4}$ 为整数。其中 $1\leqslant\alpha<2$,见超松弛法。

用修正电位值以调节余数,进行了五次设定,A、B 点余数分别为 $R_A^{(5)}=0$,$R_B^{(5)}=-4$,显然此精确度尚不够,需继续驰豫。为提高场域内电位求解的精确度,将网格进一步缩小,而将已得的 A、B 点电位近似值作为初次设定值,并对其他各网格节点的电位值作初次设定,然后逐点进行驰豫。直至各点余数足够小。

驰豫法对各点电位的修正需要根据余数分布情况灵活运用,所以驰豫法适合于人工计算,点驰豫法的收敛速度又很慢,而实际问题的网格较小,所以需采用加快收敛的方法。

2. 简单迭代法

当用计算机运算取代人工计算后,首先从求解精度、计算机存贮容量和解题经济性等各方面因素综合考虑出发,选用正方形网格划分场域 D,并选用适当的步长 h,如图 4.5.6 所示。

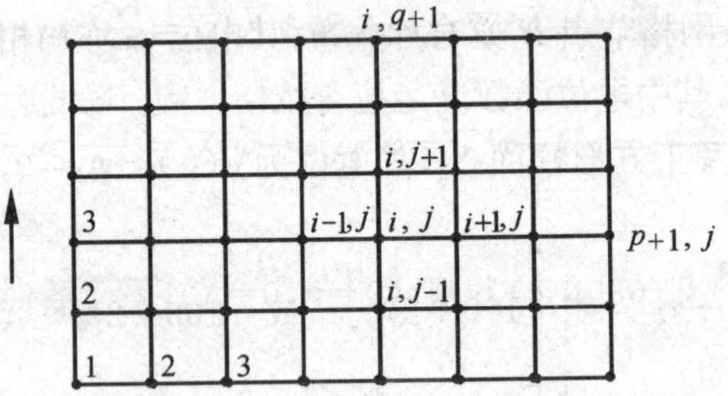

图 4.5.6　迭代法用网格

根据编写计算程序的需要,每一网格节点的位置由双下标(i,j)识别,i、j 分别为节点 0 所对应的横坐标与纵坐标。这样就可把 0 点的位函数差分方程通过其四周相邻各点的位函数值表示为

$$\varphi_{i,j}=\frac{1}{4}\left(\varphi_{i+1,j}+\varphi_{i,j+1}+\varphi_{i-1,j}+\varphi_{i,j-1}+h^2F\right)\tag{4.5.40}$$

简单迭代法的步骤是先对场域每一内节点位函数设一初值,这组初值的选定原则上是任意的*,场域边界节点的位函数值由边界条件决定。然后按一个固定的顺序,从左到右,从下到上,即对 i,j 小的先做,依次对所有内节点按差分方程式(4.5.40)计算其位函数值。当所有内节点计算完后,用它们的新值代替原来的旧值,即完成一次迭代。然后再进行下一次

* 注:对于拉普拉斯场,场域内各点位函数值必然介于最大边值和最小边值之间。因为对于拉普拉斯场 $\nabla^2\varphi=0$,如果场域内假设某处存在有极大值或极小值的话,则在该处$\frac{\partial\varphi}{\partial x}=0$、$\frac{\partial\varphi}{\partial y}=0$,且对极大值$\frac{\partial^2\varphi}{\partial x^2}$、$\frac{\partial^2\varphi}{\partial y^2}$全为负值;而对极小值,它们全为正值。显然,这样就不能满足 $\nabla^2\varphi=0$。

迭代。直到场域内每一点计算的新值和旧值之差小于规定的范围时为止，此时各点的位函数值即为边值问题的数值解。

简单迭代法的特点是用前一次迭代得到网格点位函数值作为下一次迭代时的设定值，即(i,j)点在$(n+1)$次迭代时的位函数值为

$$\varphi_{i,j}^{(n+1)}=\frac{1}{4}\left(\varphi_{i+1,j}^{(n)}+\varphi_{i,j+1}^{(n)}+\varphi_{i-1,j}^{(n)}+\varphi_{i,j-1}^{(n)}+h^2F\right) \tag{4.5.41}$$

3. 松弛法

松弛法也称为塞德尔迭代法，它是将简单迭代法稍加改进，在计算每个网格节点位函数值时充份利用其左下方已经得到的新值(按规定的计算顺序为由左至右，从下至上)，在得到每点新值后便替代原来的旧值。松弛法计算网格节点位函数值的第$(n+1)$次迭代结果公式为

$$\varphi_{i,j}^{(n+1)}=\frac{1}{4}\left(\varphi_{i+1,j}^{(n)}+\varphi_{i,j+1}^{(n)}+\varphi_{i-1,j}^{(n+1)}+\varphi_{i,j-1}^{(n+1)}+h^2F\right) \tag{4.5.42}$$

松驰法较之简单迭代法，由于更新值的提前使用，而使收敛速度提高一倍，且编制计算程序更方便，计算机存储量降低。

4. 超松驰法

将由松驰法计算结果作为(i,j)点的中间结果$\tilde{\varphi}_{ij}$，即

$$\tilde{\varphi}_{i,j}=\frac{1}{4}\left(\varphi_{i+1,j}^{(n)}+\varphi_{i,j+1}^{(n)}+\varphi_{i-1,j}^{(n+1)}+\varphi_{i,j-1}^{(n+1)}+h^2F\right)$$

改写为增量形式：

$$\tilde{\varphi}_{i,j}=\varphi_{i,j}^{(n)}+\frac{1}{4}\left(\varphi_{i+1,j}^{(n)}+\varphi_{i,j+1}^{(n)}+\varphi_{i-1,j}^{(n+1)}+\varphi_{i,j-1}^{(n+1)}+h^2F-4\varphi_{i,j}^{(n)}\right)=\varphi_{i,j}^{(n)}+\frac{1}{4}R_{i,j}^{(n)}$$

这里每点增量$\frac{R_{i,j}^{(n)}}{4}$就是要求方程局部达到平衡时应补充的量，也就是驰豫法(余数调节法)中的修正量。为了加快收敛，对余数$R_{i,j}^{(n)}=4(\tilde{\varphi}_{ij}-\varphi_{i,j}^{(n)})$加权，进行平均，得增量$\alpha\frac{R_{i,j}^{(n)}}{4}$，则

$$\varphi_{i,j}^{(n+1)}=\varphi_{i,j}^{(n)}+\frac{\alpha}{4}R_{i,j}^{(n)}=\varphi_{ij}^{(n)}+\frac{\alpha}{4}\left(\varphi_{i+1,j}^{(n)}+\varphi_{ij+1}^{(n)}+\varphi_{i-1,j}^{(n+1)}+\varphi_{i,j-1}^{(n+1)}+h^2F-4\varphi_{i,j}^{(n)}\right) \tag{4.5.43}$$

式中，权数α称为松驰因子或加速收敛因子。应当注意，引入加速收敛因子构成超松驰迭代法后，式(4.5.43)中各项与式(4.5.42)中有关各项，虽然写法相同，但内容各异。因为式(4.5.43)中$\varphi_{i,j}^{(n+1)}$，$\varphi_{i,j}^{(n)}$，$R_{i,j}^{(n)}$，…各项都应理解为存在加速收敛因子α情况下所得之值。加速收敛因子α决定了超松驰的程度，从而影响迭代解收敛的速度。α取值的范围是$1\leqslant\alpha<2$。当$\alpha=1$式(4.5.43)归结为式(4.5.42)，即得到通常的塞德尔迭代法。写成增量修正即与余数调节法相似。在前面余数调节法(驰豫法)中，当把一个点的余数降到零时，它周围的四个点的余数都增大了，而当降低周围点的余数时，这个点的余数又增大，且以原来的符号出现。所以在起初降低这个点的余数时，采用"矫枉过正"的方法(即取$\varphi_{ij}^{(n+1)}=\varphi_{i,j}^{(n)}+\frac{\alpha}{4}R_{i,j}^{(n)}$)，取$2>\alpha\geqslant1$以加快收敛速度。但当$\alpha\geqslant2$时，迭代过程将不收敛而发散。最佳收敛因子$\alpha_0$的取值随问题而异，对于第一类边值问题，若正方形场域由正方形网格划分，每边节点数为$(p+1)$，则最佳收敛因子α_0，可按下式计算

$$\alpha_0 = \frac{2}{1+\sin\left(\dfrac{\pi}{p}\right)} \tag{4.5.44}$$

若矩形场域由步长为 h 的正方形网格划分，其两边长分别是 ph 和 qh，即 p、q 都很大（一般要大于 15），则最佳收敛因子为

$$\alpha_0 = 2-\pi\sqrt{2}\sqrt{\frac{1}{p^2}+\frac{1}{q^2}} \tag{4.5.45}$$

在更一般的情况，最佳收敛因子 α_0 只能凭借经验取值。例如，对于其他形状的场域，在给定第一类边值的情况下，常采用所谓等效矩形面积的处理方法，得出等效的 p、q 值后，再应用公式(4.5.45)计算 α_0 值。

习　题

4.1　一点电荷 q 放在距无限大导电平面为 h 的地方(题 4.1 附图)。求该面上的感应电荷分布,并证明在面上的感应电荷总量是 $-q$。

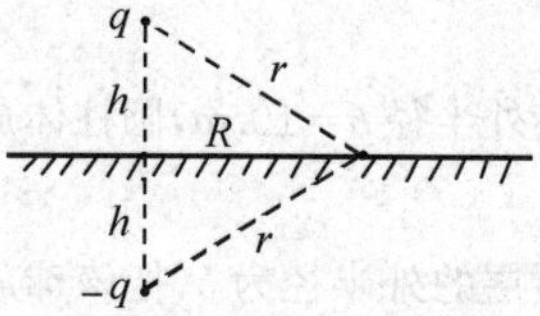

题 4.1 附图

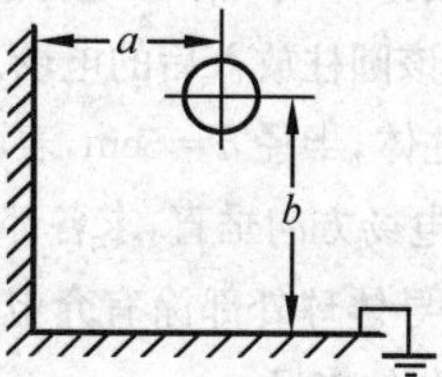

题 4.2 附图

4.2　电荷 $q=10^{-10}$C 均匀分布于一个小金属球表面上,其半径为 $r=1$mm。该球置于两直角相交的导电接地平面附近,如题 4.2 附图所示。图中 $a=20$cm,$b=50$cm,求两导电平面上的感应电荷分布和小球的电位。

4.3　题 4.3 附图中 Ⅰ、Ⅱ、Ⅲ、三个区域均为空气,但在区域 Ⅱ 中均匀充满厚度为 D 的体电荷层,体电荷密度 $\rho=$常数,求三个区域的电场。

4.4　在两大平行导电板之间插入一导电狭条,这一狭条与平板彼此绝缘,在狭条与平板间加恒定电压 U_0,如题 4.4 附图,求平板间的电场分布。

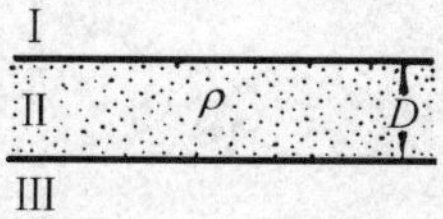

题 4.3 附图

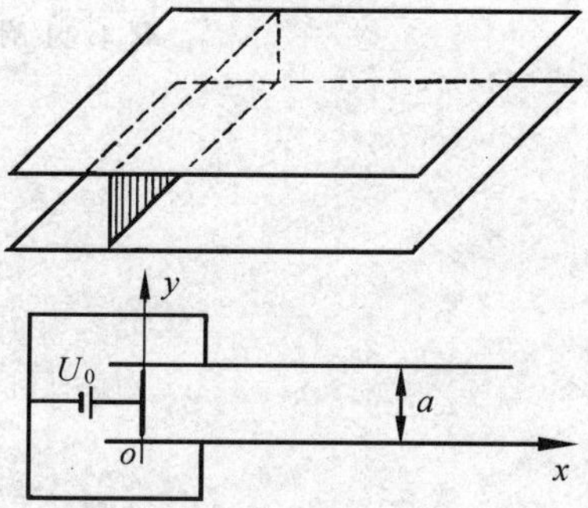

题 4.4 附图

4.5　题 4.5 附图中为矩形六面体,各边界均为零电位,体内充有体电荷密度为

$$\rho=\sin\left(\frac{\pi x}{a}\right)\sin\left(\frac{\pi z}{c}\right)y(y-b)$$

求六面体内的电位分布。

[提示]六面体中充满体电荷,故电位的解应满足泊松方程,可将电位表示为三维傅立叶级数

$$\varphi=\sum_{n=1}^{\infty}\sum_{m=1}^{\infty}\sum_{s=1}^{\infty}A_{nms}\sin\left(\frac{n\pi x}{a}\right)\sin\left(\frac{m\pi y}{b}\right)\sin\left(\frac{s\pi z}{c}\right)$$

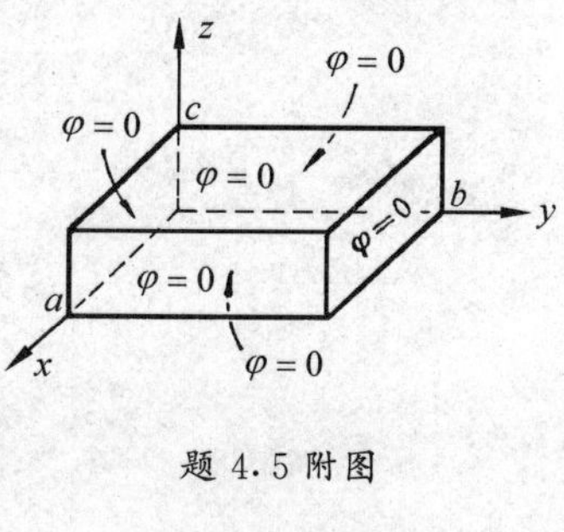

题 4.5 附图

再将 ρ 展开成相似的三维傅立叶级数,把它们代入泊松方程 $\nabla^2\varphi=-\rho/\varepsilon_0$,并利用正弦函数的正交性确定

系数 A_{nms}。

4.6 有一直长圆柱形电容器，两柱面间均匀充满电荷，其体密度 $\rho=10^{-6}\text{C/m}^3$，两柱面半径分别为 $R_1=6\text{cm}$，$R_2=10\text{cm}$。电容器外加电压为50V，求柱面间的电场强度和电位分布。

4.7 两片金属平板相交成30°交角，在相交处有一层薄的绝缘体使两板彼此绝缘，当外加电压为100V时，求两平面交角间的电场分布。交角外部有否电场存在？如有则电场的分布又如何？(不考虑两金属平板的边缘效应。)

4.8 设有一介电常数为 ε_2 的无限长电介质圆柱体，半径为 a，放入介电常数为 ε_1 的电介质中，其轴线与均匀外电场 $\vec{E}_0$ 垂直，求该圆柱放入后的电场。

4.9 无限长金属圆柱体，半径 $a=5\text{cm}$，表面涂有介质层($\varepsilon_r=2$)，其外半径 $b=10\text{cm}$，圆柱体放入均匀电场 $\vec{E}_0$ 的空气中，轴线与电场方向垂直，求各部分的电场。

4.10 在半径为 a 的导体球外部涂有介电常数为 ε 的介质层，介质层的外半径为 b，把该球放入均匀电场 $\vec{E}_0$ 的空气中，求各部分的电场。

4.11 用差分法近似计算如图所示的结构中的电位分布，导体槽形顶部和底部的电位分别为 $\varphi_{top}=1000\text{V}$，$\varphi_{bot}=0\text{V}$(见题4.11附图)。

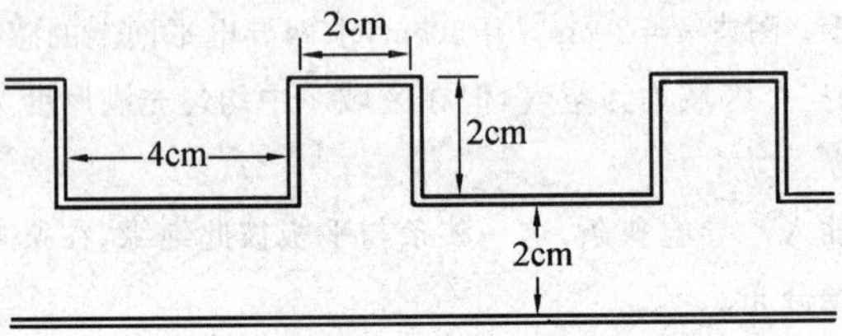

题4.11附图

第五章　时变电磁场

§5.1　时变电磁场方程及边界条件

一、时变电磁场方程

场源和场矢量随时间变化的电磁场称为时变电磁场，简称时变场。时变电磁场中，电场与磁场相互紧密联系，相互依存，成为统一的电磁场整体的两个侧面，构成统一的物理现象。

时变电磁场的基本方程为麦克斯韦电磁场方程，在第一章中已有所讨论。其积分形式为

$$\oint_C \vec{H}\cdot d\vec{l}=\int_s\left(\vec{J}+\frac{\partial\vec{D}}{\partial t}\right)\cdot d\vec{s} \tag{5.1.1a}$$

$$\oint_C \vec{E}\cdot d\vec{l}=-\int_s\frac{\partial\vec{B}}{\partial t}\cdot d\vec{s} \tag{5.1.1b}$$

$$\oint_s \vec{D}\cdot d\vec{s}=\int_V \rho\, dV \tag{5.1.1c}$$

$$\oint_s \vec{B}\cdot d\vec{s}=0 \tag{5.1.1d}$$

电磁场源电荷与电流满足电荷守恒定律或电流连续性方程：

$$\oint_s \vec{J}\cdot d\vec{s}=-\int_V\frac{\partial\rho}{\partial t}dV \tag{5.1.2}$$

微分形式为

$$\nabla\times\vec{H}=\vec{J}+\frac{\partial\vec{D}}{\partial t} \tag{5.1.3a}$$

$$\nabla\times\vec{E}=-\frac{\partial\vec{B}}{\partial t} \tag{5.1.3b}$$

$$\nabla\cdot\vec{D}=\rho \tag{5.1.3c}$$

$$\nabla\cdot\vec{B}=0 \tag{5.1.3d}$$

微分形式的电流连续性方程：

$$\nabla\cdot\vec{J}=-\frac{\partial\rho}{\partial t} \tag{5.1.4}$$

在线性、各向同性媒质中，场矢量之间的关系为

$$\vec{D}=\varepsilon\vec{E} \tag{5.1.5a}$$

$$\vec{B}=\mu\vec{H} \tag{5.1.5b}$$

传导电流和运流电流密度分别表示为

$$\vec{J}=\sigma\vec{E} \tag{5.1.6a}$$

$$\vec{J}=\rho\vec{v} \tag{5.1.6b}$$

二、边界条件

时变场在两媒质分界面的边界条件由电磁场方程的积分形式导出，即

$$\vec{n}\times(\vec{H}_1-\vec{H}_2)=\begin{cases}0\\ \vec{J}_l\end{cases} \tag{5.1.7a}$$

$$\vec{n}\times(\vec{E}_1-\vec{E}_2)=0 \tag{5.1.7b}$$

$$\vec{n}\cdot(\vec{D}_1-\vec{D}_2)=\begin{cases}0\\ \rho_s\end{cases} \tag{5.1.7c}$$

$$\vec{n}\cdot(\vec{B}_1-\vec{B}_2)=0 \tag{5.1.7d}$$

在上式中，$\vec{n}$ 为在分界面上由第二媒质指向第一媒质的单位法向矢量，$\vec{J}_l$ 为表面电流线密度，ρ_s 为分界面表面上自由电荷面密度。$\vec{J}_l$ 与 ρ_s 也符合电流连续性方程，即

$$\nabla\cdot\vec{J}_l=-\frac{\partial\rho_s}{\partial t} \tag{5.1.8}$$

如果第二媒质为理想导体($\sigma=\infty$)，则在导体内部应有 $\vec{E}_2=0,\vec{D}_2=0,\vec{H}_2=0$ 及 $\vec{B}_2=0$，此时记 $\vec{E}=\vec{E}_1,\vec{D}=\vec{D}_1,\vec{H}=\vec{H}_1$ 及 $\vec{B}=\vec{B}_1$，在理想导体表面的边界条件可表示为

$$\vec{n}\times\vec{H}=\vec{J}_l \tag{5.1.9a}$$

$$\vec{n}\times\vec{E}=0 \tag{5.1.9b}$$

$$\vec{n}\cdot\vec{D}=\rho_s \tag{5.1.9c}$$

$$\vec{n}\cdot\vec{B}=0 \tag{5.1.9d}$$

§5.2 时变电磁场的惟一性定理

在静态场中已经证明了惟一性定理，即在一个场域内具有确定边界条件的静态场的解是惟一的。因此在求解静态场时，求出泊松方程或拉普拉斯方程的通解，并根据边界条件确定其中待定常数，即为这一场域内静态场的惟一解。

时变电磁场的场量不仅是空间坐标的函数，而且也是时间的函数。因而求解时变电磁场偏微分方程的定解问题，是一个既有边界条件又有初始条件的定解问题。

时变电磁场同样存在着惟一性定理，所求定解问题满足下述条件的解具有惟一性。其具体内容为：

设被边界 s 所界定的场域 V 中：

(1)已知 $t\geqslant0$ 的所有时间内，边界面 s 上电场强度的切线分量 E_t 或磁场强度的切线分量 H_t。

(2)已知 $t=0$ 时，场域 V 中，每一点电场强度 $\vec{E}$ 的初始值与磁场强度 $\vec{H}$ 的初始值。

满足上述条件，则麦克斯韦电磁场方程组具有惟一的确定解。亦即时变电磁场的解由电磁场初始值及 $t\geqslant0$ 时边界上电场强度切线分量或磁场强度切线分量所惟一确定。

与证明静态场的惟一性定理所采用的方法相类似，采用反证法来证明，即先假设有两个符合初始条件及边界条件的解答，然后证明这两个解答相等，从而证明电磁场解答的惟一性。

设在闭合边界面 s 所包围的场域体积 V 中，有两组电磁场解答$(\vec{E}_1,\vec{H}_1)$和$(\vec{E}_2,\vec{H}_2)$，都

满足同一初始条件及边界条件。即

在体积 V 中各点，$t=0$ 时 $\vec{E}_1(0)=\vec{E}_2(0), \vec{H}_1(0)=\vec{H}_2(0)$

在边界 s 上各点，$t\geqslant 0$ 时 $E_{1t}(t)=E_{2t}(t)$ 或 $H_{1t}(t)=H_{2t}(t)$

由于$(\vec{E}_1,\vec{H}_1)$和$(\vec{E}_2,\vec{H}_2)$是具有同一场源的两组电磁场解答，即

$$\nabla\times\vec{E}_1=-\frac{\partial\vec{B}_1}{\partial t} \qquad \nabla\times\vec{E}_2=-\frac{\partial\vec{B}_2}{\partial t}$$

$$\nabla\times\vec{H}_1=\vec{J}+\frac{\partial\vec{D}_1}{\partial t} \qquad \nabla\times\vec{H}_2=\vec{J}+\frac{\partial\vec{D}_2}{\partial t}$$

$$\nabla\cdot\vec{D}_1=\rho \qquad \nabla\cdot\vec{D}_2=\rho$$

$$\nabla\cdot\vec{B}_1=0 \qquad \nabla\cdot\vec{D}_2=0$$

故其差值 $\vec{E}'=\vec{E}_1-\vec{E}_2$ 和 $\vec{H}'=\vec{H}_1-\vec{H}_2$ 为无源空间中电磁场。

$$\nabla\times(\vec{E}_1-\vec{E}_2)=\nabla\times\vec{E}'=-\frac{\partial}{\partial t}(\vec{B}_1-\vec{B}_2)=-\frac{\partial\vec{B}'}{\partial t}$$

$$\nabla\times(\vec{H}_1-\vec{H}_2)=\nabla\times\vec{H}'=\vec{J}-\vec{J}+\frac{\partial}{\partial t}(\vec{D}_1-\vec{D}_2)=\frac{\partial\vec{D}'}{\partial t}$$

$$\nabla\cdot(\vec{D}_1-\vec{D}_2)=\nabla\cdot\vec{D}_1'=\rho-\rho=0$$

$$\nabla\cdot(\vec{B}_1-\vec{B}_2)=\nabla\cdot\vec{B}'=0$$

对于这一组$(\vec{E}',\vec{H}')$，应有

在体积 V 中各点，$t=0$ 时 $\vec{E}'(0)=\vec{E}_1(0)-\vec{E}_2(0)=0, \vec{H}'(0)=\vec{H}_1(0)-\vec{H}_2(0)=0$

在边界 S 上各点，$t\geqslant 0$ 时 $E'_t(\mathrm{t})=E_{1t}(t)-E_{2t}(t)=0$ 或 $H'_t(\mathrm{t})=H_{1t}(t)-H_{2t}(t)=0$

根据坡印亭定理式(1.9.7)，对于无源空间中电磁场$(\vec{E}',\vec{H}')$，有

$$\frac{\partial}{\partial t}\int_V\left(\frac{1}{2}\varepsilon E'^2+\frac{1}{2}\mu H'^2\right)\mathrm{d}V=-\int_V\sigma E'^2\,\mathrm{d}V-\oint_s(\vec{E}'\times\vec{H}')\cdot\mathrm{d}\vec{s}, \quad t\geqslant 0$$

由于在边界 s 上，$E'_t(t)=0$ 或 $H'_t(t)=0$，故以上等式右边第二项恒等于零，即

$$\oint_s(\vec{E}'\times\vec{H}')\cdot\mathrm{d}\vec{s}\equiv 0, \quad t\geqslant 0$$

由此

$$\frac{\partial}{\partial t}\int_V\left(\frac{1}{2}\varepsilon E'^2+\frac{1}{2}\mu H'^2\right)\mathrm{d}V=-\int_V\sigma E'^2\,\mathrm{d}V$$

上式右边 $-\int_V\sigma E'^2\,\mathrm{d}V\leqslant 0$，故左边亦必有

$$\frac{\partial}{\partial t}\int_V\left(\frac{1}{2}\varepsilon E'^2+\frac{1}{2}\mu H'^2\right)\mathrm{d}V\leqslant 0$$

即闭合边界面 s 内的电磁场能量总是不断减少或不变的。但在 $t=0$ 时 $\vec{E}'=0$ 及 $\vec{H}'=0$，即在 $t=0$ 时，闭合边界面 s 内场$(\vec{E}',\vec{H}')$的电磁能量是零，因此惟一的可能是 $t\geqslant 0$ 时

$$\vec{E}'\equiv 0 \quad 及 \quad \vec{H}'\equiv 0$$

这样就必有 $\vec{E}_1\equiv\vec{E}_2, \vec{H}_1\equiv\vec{H}_2$，这就证明了时变电磁场的惟一性定理。

§5.3 时变电磁场的位函数

一、时变电磁场的位函数

时变电磁场方程式(5.1.3)、(5.1.4)、(5.1.5)与(5.1.6)为一联立方程。为求解电磁场

量，对式(5.1.3b)求旋度，并将式(5.1.3a)代入：

$$\nabla\times\nabla\times\vec{E}=-\nabla\times\frac{\partial\vec{B}}{\partial t}$$

左边

$$\nabla\times\nabla\times\vec{E}=\nabla(\nabla\cdot\vec{E})-\nabla^2\vec{E}$$

右边 $\nabla\times\dfrac{\partial\vec{B}}{\partial t}=\dfrac{\partial}{\partial t}(\nabla\times\vec{B})=\dfrac{\partial}{\partial t}(\nabla\times\mu\vec{H})=\mu\dfrac{\partial}{\partial t}\nabla\times\vec{H}=\mu\dfrac{\partial}{\partial t}\left(\vec{J}+\dfrac{\partial\vec{D}}{\partial t}\right)=\mu\dfrac{\partial\vec{J}}{\partial t}+\mu\varepsilon\dfrac{\partial^2\vec{E}}{\partial t^2}$

并且

$$\nabla\cdot\vec{E}=\frac{\rho}{\varepsilon}$$

经整理得

$$\nabla^2\vec{E}-\mu\varepsilon\frac{\partial^2\vec{E}}{\partial t^2}=\mu\frac{\partial\vec{J}}{\partial t}+\frac{\nabla\rho}{\varepsilon} \tag{5.3.1}$$

对式(5.1.3a)求旋度：

$$\nabla\times\nabla\times\vec{H}=\nabla\times\vec{J}+\nabla\times\frac{\partial\vec{D}}{\partial t}$$

$$\nabla\times\nabla\times\vec{H}=\nabla(\nabla\cdot\vec{H})-\nabla^2\vec{H}$$

并且

$$\nabla\cdot\vec{H}=0,\ \nabla\times\vec{E}=-\frac{\partial\vec{B}}{\partial t}=-\mu\frac{\partial\vec{H}}{\partial t}$$

代入经整理得

$$\nabla^2\vec{H}-\mu\varepsilon\frac{\partial^2\vec{H}}{\partial t^2}=-\nabla\times\vec{J} \tag{5.3.2}$$

式(5.3.1)、(5.3.2)为非齐次波动方程，方程右边与场源 $\vec{J}$、ρ 有关，且关系复杂。在分析静态场时，为了计算与分析方便，曾经分别引入过标量电位 φ 和矢量磁位 $\vec{A}$，它们都是空间坐标的函数，而统称为位函数。在时变电磁场问题中，仍可引入时变情况下的位函数作为辅助量来帮助求解，它们不仅是空间坐标的函数，而且是时间的函数，称之为动态位。

与恒流磁场相似，由于 $\nabla\cdot\vec{B}=0$，引入矢量 $\vec{A}$，它的旋度处处等于 $\vec{B}$，即

$$\vec{B}=\nabla\times\vec{A} \tag{5.3.3}$$

$\vec{A}$ 称之为时变电磁场的动态矢量磁位，简称矢量磁位。

但由式(5.1.3b)可见，时变电磁场不同于静电场，这里 $\vec{E}$ 不是无旋场。但将式(5.3.3)代入式(5.1.3b)得

$$\nabla\times\vec{E}=-\frac{\partial\vec{B}}{\partial t}=-\frac{\partial}{\partial t}(\nabla\times\vec{A})=-\nabla\times\frac{\partial\vec{A}}{\partial t}$$

即

$$\nabla\times\left(\vec{E}+\frac{\partial\vec{A}}{\partial t}\right)=0 \tag{5.3.4}$$

由于矢量 $\left(\vec{E}+\dfrac{\partial\vec{A}}{\partial t}\right)$ 的旋度等于零，因此还是可以引入标量 φ，其梯度为

$$\nabla\varphi=-\left(\vec{E}+\frac{\partial\vec{A}}{\partial t}\right)\quad 即\quad \vec{E}=-\nabla\varphi-\frac{\partial\vec{A}}{\partial t} \tag{5.3.5}$$

φ 称为时变电磁场的动态标量电位，简称标量电位。

式(5.3.3)与式(5.3.5)建立了时变电磁场场量与动态位之间的关系。通过动态位的求解可以获得电磁场量的解。

二、时变电磁场的位函数方程

为了求得时变电磁场动态位 $\vec{A}$、φ 与场源 $\vec{J}$、ρ 之间的关系，必须再利用电磁场方程式(5.1.3)。

考虑到 $\vec{B}=\mu\vec{H}$ 和 $\vec{D}=\varepsilon\vec{E}$，并代入式(5.1.3a)，得

$$\nabla\times\vec{B}=\mu\vec{J}+\mu\varepsilon\frac{\partial\vec{E}}{\partial t}$$

再将式(5.3.2)与式(5.3.4)代入上式，得

$$\nabla\times\nabla\times\vec{A}=\mu\vec{J}+\mu\varepsilon\frac{\partial}{\partial t}\left(-\nabla\varphi-\frac{\partial\vec{A}}{\partial t}\right)=\mu\vec{J}-\mu\varepsilon\nabla\frac{\partial\varphi}{\partial t}-\mu\varepsilon\frac{\partial^2\vec{A}}{\partial t^2}$$

根据矢量恒等式

$$\nabla\times\nabla\times\vec{A}\equiv\nabla(\nabla\cdot\vec{A})-\nabla^2\vec{A}$$

可将上式改写为

$$\nabla(\nabla\cdot\vec{A})-\nabla^2\vec{A}=\mu\vec{J}-\mu\varepsilon\nabla\frac{\partial\varphi}{\partial t}-\mu\varepsilon\frac{\partial^2\vec{A}}{\partial t^2}$$

或

$$\nabla^2\vec{A}-\mu\varepsilon\frac{\partial^2\vec{A}}{\partial t^2}=-\mu\vec{J}+\nabla\left(\nabla\cdot\vec{A}+\mu\varepsilon\frac{\partial\varphi}{\partial t}\right) \tag{5.3.6}$$

对于引入的矢量磁位 $\vec{A}$，仅规定了它的旋度等于 $\vec{B}$，尚未规定 $\vec{A}$ 的散度，因而确定 $\vec{A}$ 的条件尚不完备。所以为了单值地确定动态位，还应规定它的散度。为使式(5.3.6)能有最简单的形式，令

$$\nabla\cdot\vec{A}=-\mu\varepsilon\frac{\partial\varphi}{\partial t}\quad 即\quad \nabla\cdot\vec{A}+\mu\varepsilon\frac{\partial\varphi}{\partial t}=0 \tag{5.3.7}$$

上式称为洛仑兹条件(或洛仑兹规范)。

应用洛仑兹条件后，使动态位与场源间的关系得以简化为

$$\nabla^2\vec{A}-\mu\varepsilon\frac{\partial^2\vec{A}}{\partial t^2}=-\mu\vec{J} \tag{5.3.8}$$

应用式(5.1.3c)与式(5.3.5)可得

$$\nabla\cdot\vec{D}=\varepsilon\nabla\cdot\vec{E}=-\varepsilon\nabla\cdot\left(\nabla\varphi+\frac{\partial\vec{A}}{\partial t}\right)=\rho$$

即

$$\nabla^2\varphi+\nabla\cdot\frac{\partial\vec{A}}{\partial t}=\nabla^2\varphi+\frac{\partial}{\partial t}(\nabla\cdot\vec{A})=-\frac{\rho}{\varepsilon}$$

应用洛仑兹条件后，由上式可得

$$\nabla^2\varphi-\mu\varepsilon\frac{\partial^2\varphi}{\partial t^2}=-\frac{\rho}{\varepsilon} \tag{5.3.9}$$

式(5.3.8)与式(5.3.9)在形式上完全相同，$\vec{A}$ 与 φ 亦为非齐次波动方程或称为达朗倍尔方程。由此可见，在洛仑兹条件下，动态矢量位 $\vec{A}$ 可单独地由电流密度 $\vec{J}$ 决定；而动态标量电位 φ 可单独地由电荷密度 ρ 决定。在此基础上，不难理解式(5.3.5)的物理意义，它又一次表明时变电磁场中电场强度不仅由电荷产生也可由变化的磁场产生。

在无源空间中，场源 ρ 与 $\vec{J}$ 均为零，($\rho=0,\vec{J}=0$)，则式(5.3.1)、(5.3.2)(5.3.8)及(5.3.9)成为

$$\nabla^2\vec{E}-\mu\varepsilon\frac{\partial^2\vec{E}}{\partial t^2}=0 \tag{5.3.10}$$

$$\nabla^2\vec{H}-\mu\varepsilon\frac{\partial^2\vec{H}}{\partial t^2}=0 \tag{5.3.11}$$

$$\nabla^2\vec{A}-\mu\varepsilon\frac{\partial^2\vec{A}}{\partial t^2}=0 \tag{5.3.12}$$

$$\nabla^2\varphi-\mu\varepsilon\frac{\partial^2\varphi}{\partial t^2}=0 \tag{5.3.13}$$

式(5.3.10)～(5.3.13)为齐次波动方程，称为亥姆霍兹方程。

在场源及其场量不随时间变化的静态场情况下，式(5.3.7)成为$\nabla\cdot\vec{A}=0$，而式(5.3.8)与(5.3.9)成为$\nabla^2\vec{A}=-\mu\vec{J}$与$\nabla^2\varphi=-\rho/\varepsilon$，即为静态场中的泊松方程。在无源空间，式(5.3.12)与(5.3.13)成为$\nabla^2\vec{A}=0$与$\nabla^2\varphi=0$，即静态场中的拉普拉斯方程。

§5.4　正弦电磁场

时变电磁场随时间变化的方式可以是任意的，但不论是随时间作周期变化或非周期变化，均可以用傅里叶变换分解为许多不同频率的简谐场的叠加来进行研究，从而简化分析研究。

场源及场矢量场随时间作简谐变化的电磁场称为时谐电磁场，也称为正弦电磁场。

一、时谐电磁场的复数表示

时谐电磁场中电场强度$\vec{E}$的瞬时表示式既可写成时间的正弦函数，也可写成它的余弦函数。若选择余弦函数作基准*，则在直角坐标中可表示为

$$\vec{E}(x,y,z,t)=\vec{a}_x E_x\cos(\omega t+\varphi_x)+\vec{a}_y E_y\cos(\omega t+\varphi_y)+\vec{a}_z E_z\cos(\omega t+\varphi_z) \tag{5.4.1}$$

式中，E_x,E_y,E_z分别为x,y,z三个坐标方向的场矢量分量的振幅；φ_x、φ_y、φ_z分别为场矢量三个坐标方向分量的初相位角。它们仅是空间坐标的函数，即$E_x=E_x(x,y,z)$，$E_y=E_y(x,y,z)$，$E_z=E_z(x,y,z)$，$\varphi_x=\varphi_x(x,y,z)$，$\varphi_y=\varphi_y(x,y,z)$，$\varphi_z=\varphi_z(x,y,z)$。

由欧拉公式$e^{j\theta}=\cos\theta+j\sin\theta$，正弦电磁场中电场表示式(5.4.1)亦可表示为

$$\begin{aligned}\vec{E}(x,y,z,t)=&\vec{a}_x\mathrm{Re}[E_x e^{j(\omega t+\varphi_x)}]+\vec{a}_y\mathrm{Re}[E_y e^{j(\omega t+\varphi_y)}]+\vec{a}_z\mathrm{Re}[E_z e^{j(\omega t+\varphi_z)}]=\\&\vec{a}_x\mathrm{Re}[\dot{E}_x e^{j\omega t}]+\vec{a}_y\mathrm{Re}[\dot{E}_y e^{j\omega t}]+\vec{a}_z\mathrm{Re}[\dot{E}_z e^{j\omega t}]=\\&\mathrm{Re}[(\vec{a}_x\dot{E}_x+\vec{a}_y\dot{E}_y+\vec{a}_z\dot{E}_z)e^{j\omega t}]=\\&\mathrm{Re}[\dot{\vec{E}}e^{j\omega t}]\end{aligned} \tag{5.4.2}$$

式中，$\dot{E}_x=E_x e^{j\varphi_x}$，$\dot{E}_y=E_y e^{j\varphi_y}$，$\dot{E}_z=E_z e^{j\varphi_z}$分别为电场强度各分量的复数振幅；$\dot{\vec{E}}$为电场强度的复数振幅矢量。它们均仅为空间坐标的函数，与时间无关。

对于场源$\vec{J}$、ρ及其他场矢量$\vec{D}$、$\vec{B}$、$\vec{H}$，只要它们是作简谐变化，也可类似地用复数表示

* 习惯上取余弦函数作基准。如取正弦函数作基准，$\vec{E}(t)$写成$\vec{E}(t)=\vec{E}_0\sin(\omega t+\phi)$，则$\phi$与$\varphi$相差$\pi/2$，(即$\phi=\varphi+\frac{\pi}{2}$)，亦即$\vec{E}(t)=\vec{E}_0\sin(\omega t+\phi)=\vec{E}_0\sin(\omega t+\varphi+\frac{\pi}{2})=\vec{E}_0\cos(\omega t+\varphi)$.

$$\vec{J}(t)=\mathrm{Re}\left[\dot{\vec{J}}e^{j\omega t}\right]$$

$$\rho(t)=\mathrm{Re}\left[\dot{\rho}\, e^{j\omega t}\right]$$

$$\vec{D}(t)=\mathrm{Re}\left[\dot{\vec{D}}\, e^{j\omega t}\right]$$

$$\vec{B}(t)=\mathrm{Re}\left[\dot{\vec{B}}e^{j\omega t}\right]$$

$$\vec{H}(t)=\mathrm{Re}\left[\dot{\vec{H}}e^{j\omega t}\right]$$

即随时间作余弦变化的物理量等于其复数振幅乘以 $e^{j\omega t}$ 并取其实部。因为 $e^{j\omega t}$ 在表示式中各项均有，故以后常省去 $e^{j\omega t}$，即用复数振幅表示场及其源。

二、正弦电磁场方程的复数形式

正弦电磁场用复数表示后，便使得电磁场问题的分析计算大为简化。以下以 $\vec{H}$ 的旋度方程

$$\nabla\times\vec{H}=\vec{J}+\frac{\partial\vec{D}}{\partial t}$$

为例，来说明如何用各场矢量的复数振幅来表示正弦电磁场方程。按正弦场矢量的复数表示方法

$$\nabla\times\left[\mathrm{Re}\dot{\vec{H}}e^{j\omega t}\right]=\mathrm{Re}\left[\dot{\vec{J}}e^{j\omega t}\right]+\frac{\partial}{\partial t}\mathrm{Re}\left[\dot{\vec{D}}e^{j\omega t}\right]$$

对复数的微分运算是分别对其实部和虚部进行的，并不改变其实部、虚部的性质，故 ∇、$\frac{\partial}{\partial t}$ 和 Re 可交换次序。由此可得

$$\mathrm{Re}\left[\nabla\times\dot{\vec{H}}\, e^{j\omega t}\right]=\mathrm{Re}\left[j\omega\,\dot{\vec{D}}\, e^{j\omega t}+\dot{\vec{J}}e^{j\omega t}\right]$$

因为复数相等与其实部及虚部分别相等是等效的，故上式中的取实部符号 Re 可去掉，并两边消去 $e^{j\omega t}$，就得到 $\vec{H}$ 的旋度方程的复数形式。仿此也可得其余方程的复数形式。于是正弦电磁场方程的复数形式为

$$\nabla\times\dot{\vec{H}}=\dot{\vec{J}}+j\,\omega\,\dot{\vec{D}} \tag{5.4.3a}$$

$$\nabla\times\dot{\vec{E}}=-j\,\omega\,\dot{\vec{B}} \tag{5.4.3b}$$

$$\nabla\cdot\dot{\vec{D}}=\dot{\rho} \tag{5.4.3c}$$

$$\nabla\cdot\dot{\vec{B}}=0 \tag{5.4.3d}$$

显然，所有时谐函数间的线性关系，均可转换为等效的复量关系，只要把式中的时谐函数用对应的复量代替，而微分算子 $\frac{\partial}{\partial t}$ 则用 $j\omega$ 代替。

电流连续性方程的复数形式：

$$\nabla\cdot\dot{\vec{J}}=-\frac{\partial\dot{\rho}}{\partial t}=-j\omega\,\dot{\rho} \tag{5.4.4}$$

积分形式的正弦电磁场方程及电流连续性方程的复数形式为

$$\oint_C\dot{\vec{H}}\cdot d\vec{l}=\int_s(\dot{\vec{J}}+j\omega\dot{\vec{D}})\cdot d\vec{s} \tag{5.4.5a}$$

$$\oint_C\dot{\vec{E}}\cdot d\vec{l}=-j\omega\int_s\dot{\vec{B}}\cdot d\vec{s} \tag{5.4.5b}$$

$$\oint_s \dot{\vec{D}} \cdot d\vec{s} = \int_V \dot{\rho}\, dV \tag{5.4.5c}$$

$$\oint_s \dot{\vec{B}} \cdot d\vec{s} = 0 \tag{5.4.5d}$$

及

$$\oint_s \dot{\vec{J}} \cdot d\vec{s} = -\mathrm{j}\omega \int_V \dot{\rho}\, dV \tag{5.4.6}$$

而在线性、各向同性媒质中，复数场矢量之间关系为

$$\dot{\vec{D}} = \varepsilon \dot{\vec{E}} \tag{5.4.7a}$$

$$\dot{\vec{B}} = \mu \dot{\vec{H}} \tag{5.4.7b}$$

复数传导电流密度和复数运流电流密度可表示为

$$\dot{\vec{J}} = \sigma \dot{\vec{E}} \tag{5.4.8a}$$

$$\dot{\vec{J}} = \rho\, \dot{\vec{v}} \tag{5.4.8b}$$

在式(5.4.8b)中，假设 ρ 为常数。

三、正弦电磁场边界条件的复数形式

在正弦电磁场中，场源及场矢量均用复数及复数矢量表示，则式(5.1.7)表示的边界条件也可用复数形式表示为

$$\vec{n} \times (\dot{\vec{H}}_1 - \dot{\vec{H}}_2) = \begin{cases} 0 \\ \dot{\vec{J}}_l \end{cases} \tag{5.4.9a}$$

$$\vec{n} \times (\dot{\vec{E}}_1 - \dot{\vec{E}}_2) = 0 \tag{5.4.9b}$$

$$\vec{n} \cdot (\dot{\vec{D}}_1 - \dot{\vec{D}}_2) = \begin{cases} 0 \\ \dot{\rho}_s \end{cases} \tag{5.4.9c}$$

$$\vec{n} \cdot (\dot{\vec{B}}_1 - \dot{\vec{B}}_2) = 0 \tag{5.4.9d}$$

此时边界上的 $\dot{\vec{J}}_l$ 和 $\dot{\rho}_s$ 也满足连续性方程，用复数形式表示，则为

$$\nabla \cdot \dot{\vec{J}}_l = -\mathrm{j}\omega\, \dot{\rho}_s \tag{5.4.10}$$

四、复数介电常数，复数磁导率

在导电媒质中，由式(5.4.3a)有

$$\nabla \times \dot{\vec{H}} = \dot{\vec{J}} + \mathrm{j}\omega \dot{\vec{D}} = \sigma \dot{\vec{E}} + \mathrm{j}\omega\varepsilon \dot{\vec{E}} = \mathrm{j}\omega\left(\varepsilon - \mathrm{j}\,\frac{\sigma}{\omega}\right)\dot{\vec{E}} \tag{5.4.11}$$

在上式中，令

$$\dot{\varepsilon} = \varepsilon - \mathrm{j}\,\frac{\sigma}{\omega} \tag{5.4.12}$$

$\dot{\varepsilon}$ 称为导电媒质的复数介电常数，其实部为媒质的介电常数，而虚部则反映了媒质由于其导电性而引起的损耗。实际上，媒质不导电时，介质对电场能量亦有损耗，且与频率有关，介质损耗的机理是很复杂的。在高频情况下，其介质损耗不能忽略时，此时介电常数本身是一个复数

$$\dot{\varepsilon} = \varepsilon' - \mathrm{j}\varepsilon''$$

它的实部和虚部都是频率的函数，而且 ε'' 总是大于零的正数，它表示了介质损耗。

考虑介质损耗时，在导电媒质中，式(5.4.3a)则有

$$\nabla\times\dot{\vec{H}}=\sigma\dot{\vec{E}}+\mathrm{j}\omega(\varepsilon'-\mathrm{j}\varepsilon'')\dot{\vec{E}}=(\sigma+\omega\varepsilon'')\dot{\vec{E}}+\mathrm{j}\omega\varepsilon'\dot{\vec{E}}$$

$$=\mathrm{j}\omega\left[\varepsilon'-\mathrm{j}(\varepsilon''+\frac{\sigma}{\omega})\right]\dot{\vec{E}}=j\omega\,\dot{\varepsilon}_c\,\dot{\vec{E}} \tag{5.4.13}$$

表示 $\omega\varepsilon''$ 与 σ 是等效的。把媒质的导电率和介电常数的总效应用一个等效的复数介电常数表示

$$\dot{\varepsilon}_c=\varepsilon'-\mathrm{j}(\varepsilon''+\frac{\sigma}{\omega}) \tag{5.4.14}$$

亦即把媒质中的传导电流和位移电流用一个等效的位移电流代替；采用等效复数介电常数概念后，可以把导电媒质也视为一种等效的电介质，从而使包括导电媒质在内的所有各向同性媒质采用同一方法去研究。

【例 5.4.1】 海水的 $\sigma=4$ (S/m)，$\varepsilon_r=81$，求海水在 $f=1\text{kHz}$ 和 $f=1\text{GHz}$ 时的复数介电常数。

解： $f=1$ kHz 时

$$\dot{\varepsilon}_c=\varepsilon'-\mathrm{j}\frac{\sigma}{\omega}=81\times8.854\times10^{-12}-\mathrm{j}\frac{4}{2\pi\times10^3}=$$

$$7.16\times10^{-10}-\mathrm{j}6.37\times10^{-4}\approx-\mathrm{j}6.37\times10^{-4}(\text{F/m})$$

$f=1\text{GHz}$ 时

$$\dot{\varepsilon}_c=81\times8.854\times10^{-12}-\mathrm{j}\frac{4}{2\pi\times10^9}=$$

$$7.16\times10^{-10}-\mathrm{j}6.37\times10^{-10}(\text{F/m})$$

由上例计算可以看出，对于某些导电媒质(例如海水)，在低频时复数介电常数近似为纯虚数，其中的电流主要为传导电流，位移电流相对很小，因此表现为导体性质。当频率不断提高时，位移电流的比重愈来愈大(相对于传导电流)，从而愈表现出电介质的性质。

与电介质的情形相似，磁介质在高频下也有损耗，因而有损耗磁介质的磁导率也是复数

$$\dot{\mu}_c=\mu'-\mathrm{j}\mu'' \tag{5.4.15}$$

磁导率的虚部也是与磁损耗相对应的。

因为电介质和磁介质的损耗分别与 ε'' 和 μ'' 成比例，通常采用比值

$$\tan\delta_\varepsilon=\frac{\varepsilon''}{\varepsilon'} \tag{5.4.16}$$

$$\tan\delta_\mu=\frac{\mu''}{\mu'} \tag{5.4.17}$$

表示 ε'' 和 μ'' 的大小，称为损耗角正切。良好的介质，损耗角正切在 10^{-3} 或 10^{-4} 以下。

五、复数坡印亭矢量　*复数坡印亭定理

1. 复数坡印亭矢量与坡印亭矢量的时间平均值

在定义坡印亭矢量 $\vec{S}(t)=\vec{E}(t)\times\vec{H}(t)$ 时，未指定 $\vec{E}(t)$ 和 $\vec{H}(t)$ 随时间的变化方式，故可适用于任意方式。若 $\vec{E}(t)$ 和 $\vec{H}(t)$ 是正弦电磁场，并且用复数表示，则因 $\vec{S}$ 是场矢量的二次函数，当用复数表示的场量或源函数来计算这些二次函数(例如，电磁能量和功率等)时，

必须注意，这些二次函数的瞬时值与其复数表示式之间的关系，不能再简单的等于其实部，下面以复数坡印亭矢量为例说明这个问题。

对角频率为 ω 的正弦电磁场，当场矢量用复数表示时，坡印亭矢量的瞬时值 $\vec{S}(t)$ 可表示为

$$\vec{S}(t)=\vec{E}(t)\times\vec{H}(t)=\vec{E}_0\cos(\omega t+\varphi)\times\vec{H}_0\cos(\omega t+\psi)=$$

$$\mathrm{Re}[\dot{\vec{E}}\mathrm{e}^{\mathrm{j}\omega t}]\times\mathrm{Re}[\dot{\vec{H}}\mathrm{e}^{\mathrm{j}\omega t}]=$$

$$\frac{1}{2}[\dot{\vec{E}}\mathrm{e}^{\mathrm{j}\omega t}+(\dot{\vec{E}}\mathrm{e}^{\mathrm{j}\omega t})^*]\times\frac{1}{2}[\dot{\vec{H}}\mathrm{e}^{\mathrm{j}\omega t}+(\dot{\vec{H}}\mathrm{e}^{\mathrm{j}\omega t})^*]=$$

$$\frac{1}{2}[\dot{\vec{E}}\mathrm{e}^{\mathrm{j}\omega t}+\dot{\vec{E}}^*\mathrm{e}^{-\mathrm{j}\omega t}]\times\frac{1}{2}[\dot{\vec{H}}\mathrm{e}^{\mathrm{j}\omega t}+\dot{\vec{H}}^*\mathrm{e}^{-\mathrm{j}\omega t}]=$$

$$\frac{1}{4}[\dot{\vec{E}}\times\dot{\vec{H}}^*+\dot{\vec{E}}^*\times\dot{\vec{H}}]+\frac{1}{4}[\dot{\vec{E}}\times\dot{\vec{H}}\mathrm{e}^{\mathrm{j}2\omega t}+\dot{\vec{E}}^*\times\dot{\vec{H}}^*\mathrm{e}^{-\mathrm{j}2\omega t}]=$$

$$\frac{1}{4}[(\dot{\vec{E}}\times\dot{\vec{H}}^*)+(\dot{\vec{E}}\times\dot{\vec{H}}^*)^*]+\frac{1}{4}[(\dot{\vec{E}}\times\dot{\vec{H}}\mathrm{e}^{\mathrm{j}2\omega t})+(\dot{\vec{E}}\times\dot{\vec{H}}\mathrm{e}^{\mathrm{j}2\omega t})^*]=$$

$$\frac{1}{2}\mathrm{Re}[\dot{\vec{E}}\times\dot{\vec{H}}^*]+\frac{1}{2}\mathrm{Re}[\dot{\vec{E}}\times\dot{\vec{H}}\mathrm{e}^{\mathrm{j}2\omega t}] \qquad (5.4.18)$$

式中，$(\dot{\vec{E}}\mathrm{e}^{\mathrm{j}\omega t})^*$ 为 $\dot{\vec{E}}\mathrm{e}^{\mathrm{j}\omega t}$ 的共轭，即 $(\dot{\vec{E}}\mathrm{e}^{\mathrm{j}\omega t})^*=\dot{\vec{E}}^*\mathrm{e}^{-\mathrm{j}\omega t}$；$\dot{\vec{E}}^*$ 为 $\dot{\vec{E}}=\vec{E}\mathrm{e}^{\mathrm{j}\varphi}$ 的共轭，$\dot{\vec{E}}^*=\vec{E}\mathrm{e}^{-\mathrm{j}\varphi}$。式(5.14.18)中右边第一项与时间 t 无关，第二项是角频率为 2ω 的简谐复矢量。显然，不能用 $\mathrm{Re}[\dot{\vec{E}}\mathrm{e}^{\mathrm{j}\omega t}\times\dot{\vec{H}}\mathrm{e}^{\mathrm{j}\omega t}]$ 来计算 $\vec{S}$ 的瞬时值 $\vec{S}(t)$。

取 $\vec{S}(t)$ 在一周期内的平均值为

$$\vec{S}_{\mathrm{av}}=\frac{1}{T}\int_0^T\vec{S}(t)\,\mathrm{d}t \qquad (5.4.19)$$

将式(5.4.18)代入得

$$\vec{S}_{\mathrm{av}}=\mathrm{Re}\left[\frac{1}{2}\dot{\vec{E}}\times\dot{\vec{H}}^*\right] \qquad (5.4.20)$$

这是式(5.4.18)中与 t 无关的第一项，第二项的积分结果则为零。

若定义 $\dot{\vec{S}}=\frac{1}{2}\dot{\vec{E}}\times\dot{\vec{H}}^*$ 为复数坡印亭矢量，则其实部即表示功率流密度的时间平均值，虚部为无功功率流密度。

类似地可得能量密度和损耗功率瞬时值的复数表示式：

$$w_{\mathrm{e}}(t)=\frac{1}{2}\vec{D}(t)\cdot\vec{E}(t)=\frac{1}{4}\mathrm{Re}[\dot{\vec{E}}\cdot\dot{\vec{D}}^*]+\mathrm{Re}\frac{1}{4}[\dot{\vec{E}}\cdot\dot{\vec{D}}\mathrm{e}^{\mathrm{j}2\omega t}] \qquad (5.4.21)$$

$$w_{\mathrm{m}}(t)=\frac{1}{2}\vec{B}(t)\cdot\vec{H}(t)=\frac{1}{4}\mathrm{Re}[\dot{\vec{B}}\cdot\dot{\vec{H}}^*]+\mathrm{Re}\frac{1}{4}[\dot{\vec{B}}\cdot\dot{\vec{H}}\mathrm{e}^{\mathrm{j}2\omega t}] \qquad (5.4.22)$$

$$p_{\mathrm{c}}(t)=\sigma\vec{E}(t)\cdot\vec{E}(t)=\frac{1}{2}\mathrm{Re}[\sigma\dot{\vec{E}}\cdot\dot{\vec{E}}^*]+\mathrm{Re}\frac{1}{2}[\sigma\dot{\vec{E}}\cdot\dot{\vec{E}}\mathrm{e}^{\mathrm{j}2\omega t}] \qquad (5.4.23)$$

上面各式中，右边第一项是对应量的时间平均值。

*2. 复数坡印亭定理

在正弦电磁场情形，用复数场量可以导出复数坡印亭定理。

将复数坡印亭矢量在任一封闭面上积分

$$\oint_s\dot{\vec{S}}\cdot\mathrm{d}\vec{s}=\oint_s\left(\frac{1}{2}\dot{\vec{E}}\times\dot{\vec{H}}^*\right)\cdot\mathrm{d}\vec{s}=\int_V\nabla\cdot\left(\frac{1}{2}\dot{\vec{E}}\times\dot{\vec{H}}^*\right)\mathrm{d}V \qquad (5.4.24)$$

利用矢量恒等式

$$\nabla\cdot(\dot{\vec{E}}\times\dot{\vec{H}}^*)=\dot{\vec{H}}^*\cdot\nabla\times\dot{\vec{E}}-\dot{\vec{E}}\cdot\nabla\times\dot{\vec{H}}^*$$

并以场方程

$$\nabla\times\dot{\vec{E}}=-\mathrm{j}\omega\dot{\vec{B}}$$

及

$$\nabla\times\dot{\vec{H}}^*=\dot{\vec{J}}^*+(\mathrm{j}\omega\dot{\vec{D}})^*=\dot{\vec{J}}^*-\mathrm{j}\omega\dot{\vec{D}}^*$$

代入得

$$\nabla\cdot(\frac{1}{2}\dot{\vec{E}}\times\dot{\vec{H}}^*)=\frac{1}{2}\dot{\vec{H}}^*\cdot(-\mathrm{j}\omega\dot{\vec{B}})-\frac{1}{2}\dot{\vec{E}}\cdot\dot{\vec{J}}^*+\frac{1}{2}\dot{\vec{E}}\cdot(\mathrm{j}\omega\dot{\vec{D}}^*)=$$
$$-\frac{1}{2}\dot{\vec{E}}\cdot\dot{\vec{J}}^*-\mathrm{j}\omega(\frac{1}{2}\dot{\vec{B}}\cdot\dot{\vec{H}}^*-\frac{1}{2}\dot{\vec{E}}\cdot\dot{\vec{D}}^*)$$

将上式代入式(5.4.24),可得

$$-\oint_s(\frac{1}{2}\dot{\vec{E}}\times\dot{\vec{H}}^*)\cdot\mathrm{d}\vec{s}=\int_V\frac{1}{2}\dot{\vec{E}}\cdot\dot{\vec{J}}^*\mathrm{d}V+\mathrm{j}\omega\int_V(\frac{1}{2}\dot{\vec{B}}\cdot\dot{\vec{H}}^*-\frac{1}{2}\dot{\vec{E}}\cdot\dot{\vec{D}}^*)\,\mathrm{d}V \quad (5.4.25)$$

此式即为复数坡印亭定理。

设体积 V 内无外加电源,$\vec{J}$ 是由电场在导电媒质中引起的传导电流,$\vec{J}=\sigma\vec{E}$,且媒质介电常数与磁导率均为复数,$\dot{\varepsilon}=\varepsilon'-\mathrm{j}\varepsilon''$,$\dot{\mu}=\mu'-\mathrm{j}\mu''$,则

$$\frac{1}{2}\dot{\vec{E}}\cdot\dot{\vec{J}}^*=\frac{1}{2}\dot{\vec{E}}\cdot\sigma\dot{\vec{E}}^*=\frac{1}{2}\sigma E^2$$

$$\frac{\mathrm{j}\omega}{2}\dot{\vec{B}}\cdot\dot{\vec{H}}^*=\frac{\mathrm{j}\omega}{2}(\mu'-\mathrm{j}\mu'')\dot{\vec{H}}\cdot\dot{\vec{H}}^*=\frac{1}{2}\omega\mu''\dot{\vec{H}}\cdot\dot{\vec{H}}^*+\mathrm{j}2\omega\frac{1}{4}\mu'\dot{\vec{H}}\cdot\dot{\vec{H}}^*=$$
$$\frac{1}{2}\omega\mu''H^2+\mathrm{j}2\omega\frac{1}{4}\mu'H^2$$

$$-\frac{\mathrm{j}\omega}{2}\dot{\vec{E}}\cdot\dot{\vec{D}}^*=-\frac{\mathrm{j}\omega}{2}\dot{\varepsilon}^*\dot{\vec{E}}\cdot\dot{\vec{E}}^*=-\frac{\mathrm{j}\omega}{2}(\varepsilon'+\mathrm{j}\varepsilon'')\dot{\vec{E}}\cdot\dot{\vec{E}}^*=-\frac{j\omega}{2}(\varepsilon'+j\varepsilon'')E^2=$$
$$\frac{1}{2}\omega\varepsilon''E^2-\mathrm{j}2\omega\frac{1}{4}\varepsilon'E^2$$

将以上各式代入式(5.3.25),即得

$$-\oint_s(\frac{1}{2}\dot{\vec{E}}\times\dot{\vec{H}}^*)\cdot\mathrm{d}\vec{s}=\int_V(\frac{1}{2}\sigma E^2+\frac{1}{2}\omega\varepsilon''E^2+\frac{1}{2}\omega\mu''H^2)\mathrm{d}V+$$
$$\mathrm{j}2\omega\int_V(\frac{1}{4}\mu'H^2-\frac{1}{4}\varepsilon'E^2)\mathrm{d}V=$$
$$\int_V(p_{\mathrm{T}}+p_{\mathrm{e}}+p_{\mathrm{m}})\mathrm{d}V+\mathrm{j}2\omega\int_V(w_{\mathrm{mav}}-w_{\mathrm{eav}})\mathrm{d}V \quad (5.4.26)$$

其中

$$p_{\mathrm{T}}=\frac{1}{2}\sigma E^2,\qquad p_{\mathrm{e}}=\frac{1}{2}\omega\varepsilon''E^2,\qquad p_{\mathrm{m}}=\frac{1}{2}\omega\mu''H^2$$

分别是单位体积内导体焦耳热损耗功率、介电损耗功率和磁损耗功率等的平均值。

$$w_{\mathrm{mav}}=\frac{1}{4}\mu'H^2=\frac{1}{2}\mu'\left(\frac{H}{\sqrt{2}}\right)^2$$

是磁场能量密度的平均值。

$$w_{\mathrm{eav}}=\frac{1}{4}\varepsilon'E^2=\frac{1}{2}\varepsilon'\left(\frac{E}{\sqrt{2}}\right)^2$$

是电场能量密度的平均值。

这样，式(5.4.26)右边的两项分别表示体积内的有功功率和无功功率，所以其左边的面积分是穿过闭合面的复功率，其实部为有功功率，即功率的平均值。由此再次说明：通过单位表面的功率的时间平均值为复数坡印亭矢量 $\dot{\vec{S}}$ 的实部

$$\vec{S}_{av}=\mathrm{Re}(\dot{\vec{S}})=\mathrm{Re}(\frac{1}{2}\dot{\vec{E}}\times\dot{\vec{H}}^*)$$

六、正弦电磁场的位函数及其方程的复数形式

时变电磁场的位函数及其方程已由式(5.3.3)、(5.3.5)、(5.3.7)及(5.3.8)、(5.3.9)表示。对于随时间作简谐变化的正弦电磁场，场源、场矢量及位函数均可用复数表示，位函数及其方程成为

$$\dot{\vec{B}}=\nabla\times\dot{\vec{A}} \tag{5.4.27}$$

$$\dot{\vec{E}}=-\nabla\dot{\varphi}-\frac{\partial\dot{\vec{A}}}{\partial t}=-\nabla\dot{\varphi}-\mathrm{j}\omega\dot{\vec{A}} \tag{5.4.28}$$

$$\nabla\cdot\dot{\vec{A}}=-\mu\varepsilon\frac{\partial\dot{\varphi}}{\partial t}=-\mathrm{j}\omega\mu\varepsilon\dot{\varphi} \tag{5.4.29}$$

$$\nabla^2\dot{\vec{A}}-\mu\varepsilon\frac{\partial^2\dot{\vec{A}}}{\partial t^2}=\nabla^2\dot{\vec{A}}+\omega^2\mu\varepsilon\dot{\vec{A}}=\nabla^2\dot{\vec{A}}+k^2\dot{\vec{A}}=-\mu\dot{\vec{J}} \tag{5.4.30}$$

$$\nabla^2\dot{\varphi}-\mu\varepsilon\frac{\partial^2\dot{\varphi}}{\partial t^2}=\nabla^2\dot{\varphi}+\omega^2\mu\varepsilon\dot{\varphi}=\nabla^2\dot{\varphi}+k^2\dot{\varphi}=-\frac{\dot{\rho}}{\varepsilon} \tag{5.4.31}$$

式中，$k^2=\omega^2\mu\varepsilon$，$k$ 称为波数。

在无源空间，$\dot{\vec{J}}$ 及 $\dot{\rho}$ 均等于零，($\dot{\vec{J}}=0$，$\dot{\rho}=0$)，则式(5.4.30)及(5.4.31)成为齐次波动方程

$$\nabla^2\dot{\vec{A}}+k^2\dot{\vec{A}}=0 \tag{5.4.32}$$

$$\nabla^2\dot{\varphi}+k^2\dot{\varphi}=0 \tag{5.4.33}$$

如媒质为有耗媒质，介电常数与磁导率均为复数，则

$$\dot{k}=\omega\sqrt{\dot{\mu}\dot{\varepsilon}} \tag{5.4.34}$$

而无源空间中位函数方程式(5.4.32)、(5.4.33)为

$$\nabla^2\dot{\vec{A}}+\dot{k}^2\dot{\vec{A}}=0 \tag{5.4.35}$$

$$\nabla^2\dot{\varphi}+\dot{k}^2\dot{\varphi}=0 \tag{5.4.36}$$

习　题

5.1　应用电流连续性方程$\nabla \cdot \vec{J}=-\frac{\partial \rho}{\partial t}$，证明在$\rho$和$\vec{J}$都为有限值的空间，麦克斯韦方程组中的两个散度方程可以从另两个旋度方程推导得来。

5.2　求证：对于无源场，如果$\vec{E}_1$及$\vec{H}_1$为场方程式的解，则

$$\vec{E}_2=\mp\left(\frac{\mu}{\varepsilon}\right)^{\frac{1}{2}}\vec{H}_1 \text{ 及 } \vec{H}_2=\pm\left(\frac{\varepsilon}{\mu}\right)^{\frac{1}{2}}\vec{E}_1$$

亦必为场方程的解。

5.3　在空气与理想导体的分界面上(设此面与直角坐标系中的zox平面重合，$y\geqslant 0$为空气，$y\leqslant 0$为理想导体)，如果

$$\dot{H}_x=\dot{H}_0\sin\left(\frac{\pi x}{a}\right)\mathrm{e}^{-\mathrm{j}kz}$$

$$\dot{H}_y=0$$

$$\dot{H}_z=\frac{\pi}{a^2}\dot{H}_0\cos\left(\frac{\pi x}{a}\right)\mathrm{e}^{-\mathrm{j}(kz+\pi/2)}$$

(1) 求导体表面的电流分布及面电荷分布；

(2) 求导体表面的电场强度。

5.4　在均匀媒质中，因$\nabla\cdot\vec{H}=\frac{1}{\mu}\nabla\cdot\vec{B}=0$，故可定义矢量磁位$\vec{A}$为$\nabla\times\vec{A}=\vec{H}$。试从这一定义式出发，推导出$\vec{A}$的波动方程。此时标量电位$\varphi$及电场强度$\vec{E}$与矢量磁位$\vec{A}$的关系又将如何？

5.5　设某一时变电磁场的矢量位$\vec{A}=\vec{a}_x A_0\sin(\omega t-kz)$，求场强$\vec{E}$及$\vec{H}$。

5.6　设在自由空间中存在时变电磁场，其电场强度的表示式为

$$\vec{E}=\vec{a}_x E_0\sin(\omega t-kz)$$

(1)求磁场强度$\vec{H}$；

(2)求坡印亭矢量的瞬时值及平均值。

5.7　在理想导体与空气分界平面的上部($z>0$)的无限空间内存在着电磁场

$$\vec{E}=\vec{a}_x E_0\sin kz\sin\omega t$$

(1) 求磁场强度$\vec{H}$；

(2) 求在$z=0$、$\frac{\pi}{4k}$及$\frac{\pi}{2k}$处的坡印亭矢量瞬时值及平均值；

(3) 求导体表面的面电流密度。

5.8　两无限大理想导电平板相隔距离d，在平行板间存在正弦时变电磁场。设两导电平板分别置于$x=0$和$x=d$处，其间电磁场的电场强度为

$$\dot{\vec{E}}=\vec{a}_y\dot{E}_0\sin\left(\frac{\pi x}{d}\right)\mathrm{e}^{-\mathrm{j}kz}$$

(1) 求磁场强度$\vec{H}$；

(2) 求坡印亭矢量及平均功率流密度；

(3) 求导体表面的面电流分布。

5.9　在正弦时变电磁场中场强的瞬时值为

$$\vec{E}=\mathrm{Re}(\dot{\vec{E}}e^{j\omega t}),\quad \vec{H}=\mathrm{Re}(\dot{\vec{H}}e^{j\omega t})$$

试证坡印亭矢量的瞬时值为

$$\vec{S}=\frac{1}{2}\mathrm{Re}[(\dot{\vec{E}}\times\dot{\vec{H}}^{*})+(\dot{\vec{E}}e^{j\omega t})\times(\dot{\vec{H}}e^{j\omega t})]$$

［提示］ $\mathrm{Re}\,\dot{\vec{A}}=\frac{1}{2}(\dot{\vec{A}}+\dot{\vec{A}}^{*})$

第六章　平面电磁波

时变电磁场中电场与磁场紧密联系，相互依存，相互转化，以电磁波动的形式在空间传播。从麦克斯韦电磁场方程联立导出了电场 $\vec{E}$ 和磁场 $\vec{H}$ 的齐次波动方程(在无源空间)和非齐次波动方程(在有源空间)。这些方程在一定的边界条件和初始条件下的解，表示电磁场在所给条件下的空间分布和随时间的变化规律，即电磁波的激发和传播规律，由此预示了电磁波的存在。

本章首先研究在无限大的线性均匀媒质中无源齐次波动方程的解(电磁波的表达式)及电磁波在这些媒质中的传播规律，然后讨论在媒质分界面上电磁波发生的反射和折射(透射)现象。至于电磁波的激发，即有源非齐次波动方程的求解，将在第八章中讨论。

波动方程最简单的解是平面波解。所谓平面波是指波阵面(等相位面)为无限大平面的波。如果在等相位面上场强的振幅也相等，则称为均匀平面波，它是电磁波的最简单最基本的模式，许多复杂波都可看作为若干个均匀平面波的叠加。因此，我们先研究波动方程的均匀平面波解，讨论均匀平面波在各种媒质中的传播特性。

§6.1　波动方程

在线性、均匀、各向同性非导电媒质的无源区域中电场强度 $\vec{E}$ 和磁场强度 $\vec{H}$ 的波动方程式为

$$\nabla^2\vec{E}-\mu\varepsilon\frac{\partial^2\vec{E}}{\partial t^2}=0 \tag{6.1.1a}$$

$$\nabla^2\vec{H}-\mu\varepsilon\frac{\partial^2\vec{H}}{\partial t^2}=0 \tag{6.1.1b}$$

如果媒质是导电的，波动方程则表示为

$$\nabla^2\vec{E}-\mu\sigma\frac{\partial\vec{E}}{\partial t}-\mu\varepsilon\frac{\partial^2\vec{E}}{\partial t^2}=0 \tag{6.1.2a}$$

$$\nabla^2\vec{H}-\mu\sigma\frac{\partial\vec{H}}{\partial t}-\mu\varepsilon\frac{\partial^2\vec{H}}{\partial t^2}=0 \tag{6.1.2b}$$

这些波动方程在一定边界条件和初始条件下的解，表示电磁场在所给定条件下的空间分布和随时间变化的规律，反映电磁场在空间以波动形式传播的特性，式(6.1.1)、(6.1.2)等为电磁波中电磁场量所满足的基本方程。

§6.2 均匀平面电磁波

一、波动方程及其解

式(6.1.1)、(6.1.2)波动方程是三维空间坐标和时间函数的偏微分方程。为了简化数学推导,说明电磁波传播的基本概念,我们首先分析讨论无限大理想介质中的均匀平面波,在离场源极远处的局部区域内的电磁波就属于这一种类型。在直角坐标系中,均匀平面波的电场和磁场都只与同一坐标有关,取这个坐标为 z 坐标,在 $z=$常数的平面上电磁波中电场与磁场为均匀分布。则

$$\frac{\partial \vec{E}}{\partial x}=0,\quad \frac{\partial \vec{E}}{\partial y}=0 \tag{6.2.1a}$$

和

$$\frac{\partial \vec{H}}{\partial x}=0,\quad \frac{\partial \vec{H}}{\partial y}=0 \tag{6.2.1b}$$

由电磁场方程 $\nabla\times\vec{E}=-\mu\dfrac{\partial \vec{H}}{\partial t}$,有

$$\nabla\times\vec{E}=\begin{vmatrix}\vec{a}_x & \vec{a}_y & \vec{a}_z \\ \dfrac{\partial}{\partial x} & \dfrac{\partial}{\partial y} & \dfrac{\partial}{\partial z} \\ E_x & E_y & E_z\end{vmatrix}=-\mu\frac{\partial}{\partial t}(\vec{a}_x H_x+\vec{a}_y H_y+\vec{a}_z H_z)$$

展开得各分量,并注意到各场量对 x、y 的导数等于零,得

$$\mu\frac{\partial H_x}{\partial t}=\frac{\partial E_y}{\partial z} \tag{6.2.2a}$$

$$\mu\frac{\partial H_y}{\partial t}=-\frac{\partial E_x}{\partial z} \tag{6.2.2b}$$

$$\mu\frac{\partial H_z}{\partial t}=0 \tag{6.2.2c}$$

同理由 $\nabla\times\vec{H}=\varepsilon\dfrac{\partial \vec{E}}{\partial t}$,亦有

$$\varepsilon\frac{\partial E_x}{\partial t}=-\frac{\partial H_y}{\partial z} \tag{6.2.3a}$$

$$\varepsilon\frac{\partial E_y}{\partial t}=\frac{\partial H_x}{\partial z} \tag{6.2.3b}$$

$$\varepsilon\frac{\partial E_z}{\partial t}=0 \tag{6.2.3c}$$

由式(6.2.2c)与(6.2.3c)可见,H_z 与 E_z 均不随时间发生变化,故在时变电磁场的情况下,$H_z=0$、$E_z=0$。

由式(6.2.2a)与(6.2.3b)及式(6.2.2b)与(6.2.3a)可见 H_x 与 E_y、E_x 与 H_y 相关,将式(6.2.2)与(6.2.3)重新组合,得两组互相独立的方程

$$\begin{cases}\dfrac{\partial E_x}{\partial z}=-\mu\dfrac{\partial H_y}{\partial t} & (6.2.4a)\\ \dfrac{\partial H_y}{\partial z}=-\varepsilon\dfrac{\partial E_x}{\partial t} & (6.2.4b)\end{cases}$$

及

$$\begin{cases}\dfrac{\partial E_y}{\partial z}=\mu\dfrac{\partial H_x}{\partial t} & (6.2.5a)\\ \dfrac{\partial H_x}{\partial z}=\varepsilon\dfrac{\partial E_y}{\partial t} & (6.2.5b)\end{cases}$$

上两式说明电场 $\vec{E}$ 与磁场 $\vec{H}$ 处于同一平面内，且互相垂直。

由式(6.2.4)消去 H_y，得

$$\frac{\partial^2 E_x}{\partial z^2}-\mu\varepsilon\frac{\partial^2 E_x}{\partial t^2}=0 \qquad (6.2.6a)$$

或消去 E_x，得

$$\frac{\partial^2 H_y}{\partial z^2}-\mu\varepsilon\frac{\partial^2 H_y}{\partial t^2}=0 \qquad (6.2.6b)$$

同样从式(6.2.5)消去 H_x，得

$$\frac{\partial^2 E_y}{\partial z^2}-\mu\varepsilon\frac{\partial^2 E_y}{\partial t^2}=0 \qquad (6.2.7a)$$

或消去 E_y，得

$$\frac{\partial^2 H_x}{\partial z^2}-\mu\varepsilon\frac{\partial^2 H_x}{\partial t^2}=0 \qquad (6.2.7b)$$

式(6.2.6)及式(6.2.7)均为一维波动方程，这些方程亦可由式(6.1.1)表示的波动方程简化得到。

方程式(6.2.6a)的一般解为

$$E_x=f_1(z-vt)+f_2(z+vt) \qquad (6.2.8a)$$

式中，$v=\dfrac{1}{\sqrt{\mu\varepsilon}}$。

方程式(6.2.6b)的形式与式(6.2.6a)相似，其一般解亦应相似。但 H_y 与 E_x 是相关的，因此

$$\frac{\partial H_y}{\partial z}=-\varepsilon\frac{\partial E_x}{\partial t}=-\varepsilon\left[-vf'_1(z-vt)+vf'_2(z+vt)\right]$$

所以

$$H_y=\varepsilon v\left[f_1(z-vt)-f_2(z+vt)\right]=\frac{1}{Z}\left[f_1(z-vt)-f_2(z+vt)\right] \qquad (6.2.8b)$$

式中，

$$Z=(\varepsilon v)^{-1}=\frac{\sqrt{\mu\varepsilon}}{\varepsilon}=\sqrt{\frac{\mu}{\varepsilon}}$$

同样，对于式(6.2.7)，E_y 与 H_x 有一般解

$$E_y=f_3(z-vt)+f_4(z+vt) \qquad (6.2.9a)$$

$$H_x=-\frac{1}{Z}[f_3(z-vt)-f_4(z+vt)] \tag{6.2.9b}$$

式(6.2.8)及式(6.2.9)中 f_1、f_3 为函数符号，它们的具体形式决定于场源随时间变化的函数形式。f_2、f_4 亦为函数符号，其具体形式除决定于场源随时间的变化形式外，还与场域边界条件有关。式(6.2.8)及(6.2.9)表示两组互相正交、独立的，沿 z 轴传播的波，其中每一组均可再分解为向 $+z$ 方向和向 $-z$ 方向行进的两个波的叠加。例如式(6.2.8)中 $E_{1x}=f_1(z-vt)$ 与 $H_{1y}=\frac{1}{Z}f_1(z-vt)$ 组成向 $+z$ 方向行进，且以速度 v 传播的电磁波。如图 6.2.1 所示。$E_{2x}=f_2(z+vt)$ 与 $H_{2y}=-\frac{1}{Z}f_2(z+vt)$ 组成向 $-z$ 方向行进，且以速度 v 传播的电磁波。

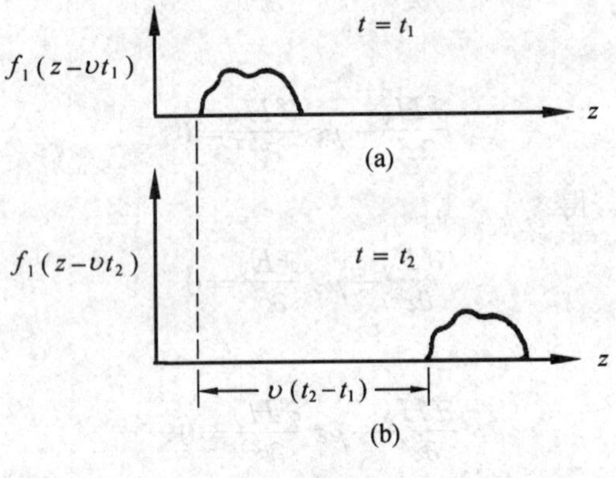

图 6.2.1　沿 $+z$ 方向传播的波 $f_1(z-vt)$

二、均匀平面波的传播特性

1. 均匀平面电磁波为横电磁波(TEM 波)

由均匀平面波波动方程的解式(6.2.8)或式(6.2.9)可见其波的传播方向为沿 z 轴方向，我们称此波的传播方向为纵向。式(6.2.2c)及式(6.2.3c)表示均匀平面波中电场与磁场的方向位于与传播方向垂直的平面(称为波前面或波阵面)内，没有纵向分量，都只有横向分量，这样的电磁波称为横电磁波，记为 TEM 波。

2. 均匀平面波中电场、磁场及波的传播方向三者之间的关系

均匀平面波的解(E_x,H_y)或(E_y,H_x)由式(6.2.8)、(6.2.9)所表示，而每一组解又由两个传播方向相反的平面波组成。现以其中一组中沿 $+z$ 方向的平面波为例

$$\vec{E}=\vec{a}_xE_x=\vec{a}_x f_1(z-vt) \tag{6.2.10a}$$

$$\vec{H}=\vec{a}_y H_y=\vec{a}_y\frac{1}{Z} f_1(z-vt) \tag{6.2.10b}$$

可见每组电磁波中电场与磁场矢量及传播方向三者正交，且满足右手螺旋关系。如图 6.2.2 所示。

3. 波阻抗

由式(6.2.10)可见，均匀平面波(E_x、H_y)中 $\vec{E}$ 与 $\vec{H}$ 的大小成比例

$$Z=\frac{E_x}{H_y}=\sqrt{\frac{\mu}{\varepsilon}} \tag{6.2.11}$$

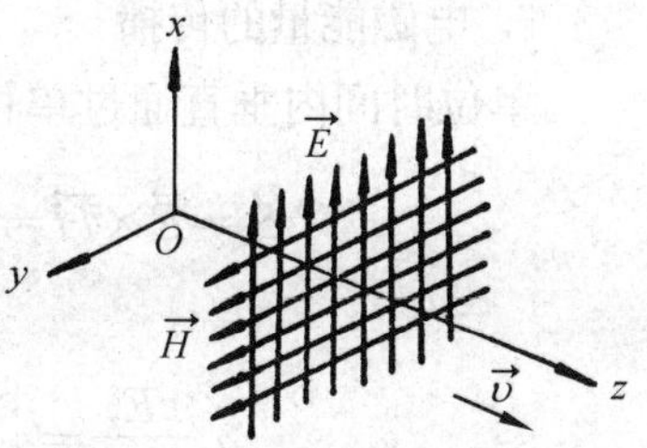

图 6.2.2 电磁波中电场、磁场及传播方向之间关系

Z 具有阻抗量纲

$$[Z]=\frac{[E]}{[H]}=\frac{[\text{伏/米}]}{[\text{安/米}]}=\frac{[\text{伏}]}{[\text{安}]}=[\text{欧}]$$

它的值与媒质的参量有关，因此称为媒质的本征阻抗。它又表示了电磁波中电场与磁场之间关系，故又称为波阻抗。在理想媒质中电介常数与磁导率均为实数，因此理想媒质本征阻抗为实数，故均匀平面波的电场与磁场在时间上变化为同步(同相)的，而它们的大小成比例，比值的大小决定于媒质特性。

由于电磁波中电场与磁场在大小、时间、空间位置等上的变化关系及矢量方向上的固定关系，因此通常表示电磁波的场强矢量时，仅以电场为代表。

在真空中：

$$\varepsilon_0=\frac{1}{36\pi}\times10^{-9}(\text{F/m}),\quad \mu_0=4\pi\times10^{-7}(\text{H/m})$$

因此电磁波在真空中的传播速度

$$v=C=\frac{1}{\sqrt{\mu_0\varepsilon_0}}\approx3\times10^8(\text{m/s})$$

波阻抗

$$Z=\sqrt{\frac{\mu_0}{\varepsilon_0}}=120\pi\approx377(\Omega)$$

由以上讨论，均匀平面波中电场矢量与磁场矢量及传播方向($\vec{a}_z$)三者之间关系，可表示为

$$\vec{H}=\vec{a}_z\times\frac{\vec{E}}{Z} \tag{6.2.12}$$

4. 电磁能量

在空间任一点电磁波的瞬时能量密度为电场能量密度 w_e 与磁场能量密度 w_m 之和

$$w=w_e+w_m \tag{6.2.13}$$

$$w_e=\frac{1}{2}\varepsilon E^2,\ w_m=\frac{1}{2}\mu H^2$$

而 $E=ZH$，因此

$$w_e=\frac{1}{2}\varepsilon E^2=\frac{1}{2}\varepsilon(ZH)^2=\frac{1}{2}\mu H^2=w_m$$

故

$$w_e=w_m=\frac{1}{2}w \tag{6.2.14}$$

即电场能量密度与磁场能量密度相等，各为电磁总能量密度的一半。

5. 电磁能量的传播

单位时间内垂直通过单位面积的电磁能量由坡印亭矢量表示：

$$\vec{S}=\vec{E}\times\vec{H}=(\vec{a}_x E_x)\times(\vec{a}_y H_y)=\vec{a}_z\frac{E_x^2}{\sqrt{\dfrac{\mu}{\varepsilon}}}=$$

$$\vec{a}_z\frac{\varepsilon E_x^2}{\sqrt{\mu\varepsilon}}=\vec{a}_z\, w\, v=w\,\vec{v} \tag{6.2.15}$$

上式表明，均匀平面电磁波电磁能量沿着与 $\vec{E}$ 及 $\vec{H}$ 正交的方向(且成右手螺旋关系)即波传播的方向流动，电磁能量流动的速度即波速 $\vec{v}$。

§6.3 正弦均匀平面电磁波在无限大均匀媒质中的传播

一、在理想介质中

1. 波动方程及其解

正弦电磁场用复数表示，因此正弦平面波的波动方程可写成

$$\nabla^2\dot{\vec{E}}+k^2\dot{\vec{E}}=0 \tag{6.3.1a}$$

$$\nabla^2\dot{\vec{H}}+k^2\dot{\vec{H}}=0 \tag{6.3.1b}$$

式中，$k^2=\omega^2\mu\varepsilon$，在理想介质中 ε、μ 为实数，故 k^2 为实数。

和上节同样，对均匀平面波我们取$\dot{\vec{E}}=\vec{a}_x\dot{E}_x$，$\dot{\vec{H}}=\vec{a}_y\dot{H}_y$，则式(6.3.1)简化为

$$\frac{\mathrm{d}^2\dot{E}_x}{\mathrm{d}z^2}+k^2\dot{E}_x=0 \tag{6.3.2a}$$

$$\frac{\mathrm{d}^2\dot{H}_y}{\mathrm{d}z^2}+k^2\dot{H}_y=0 \tag{6.3.2b}$$

在无限大均匀媒质中无反射波存在，故上式的解只考虑向正 z 轴方向传播的波，即解为

$$\dot{E}_x=\dot{E}_{xo}\,\mathrm{e}^{-\mathrm{j}kz}=E_{xo}\,\mathrm{e}^{-\mathrm{j}kz+\mathrm{j}\Phi_\mathrm{e}} \tag{6.3.3a}$$

$$\dot{H}_y=\dot{H}_{yo}\,\mathrm{e}^{-\mathrm{j}kz}=H_{yo}\,\mathrm{e}^{-\mathrm{j}kz+\mathrm{j}\Phi_\mathrm{m}} \tag{6.3.3b}$$

其瞬时值为

$$\vec{E}(z,t)=\vec{a}_x E_{xo}\cos(\omega t-kz+\Phi_\mathrm{e}) \tag{6.3.4a}$$

$$\vec{H}(z,t)=\vec{a}_y H_{yo}\cos(\omega t-kz+\Phi_\mathrm{m}) \tag{6.3.4b}$$

2. 传播特性

(1) 波阻抗

根据$\nabla\times\vec{E}=-\mu\dfrac{\partial\vec{H}}{\partial t}$，对沿$+z$ 方向传播的正弦均匀平面波

$$\dot{\vec{E}}=\vec{a}_x\dot{E}_x=\vec{a}_x\,\dot{E}_{xo}\,\mathrm{e}^{-\mathrm{j}kz}$$

$$\dot{\vec{H}}=\vec{a}_y\dot{H}_y=\vec{a}_y\,\dot{H}_{yo}\,\mathrm{e}^{-\mathrm{j}kz}$$

有 $$\frac{\partial \dot{E}_x}{\partial z}=-\mathrm{j}k\,\dot{E}_x,\qquad \frac{\partial \dot{H}_y}{\partial t}=\mathrm{j}\omega\,\dot{H}_y$$

因此

$$\frac{\dot{E}_x}{\dot{H}_y}=\frac{\omega\mu}{k}=\frac{\omega\mu}{\omega\sqrt{\mu\varepsilon}}=\sqrt{\frac{\mu}{\varepsilon}}=Z \tag{6.3.5}$$

在理想介质中，μ、ε 为实数，波阻抗 Z 亦为实数。这表明 $\dot{E}_x$ 与 $\dot{H}_y$ 不仅在大小上成比例，而且在时间上是同相的。

即

$$\dot{\vec{E}}=\vec{a}_x\,\dot{E}_{xo}\,\mathrm{e}^{-\mathrm{j}kz}$$

$$\dot{\vec{H}}=\vec{a}_y\,\dot{H}_{yo}\,\mathrm{e}^{-\mathrm{j}kz}=\vec{a}_y\frac{\dot{E}_{xo}}{Z}\,\mathrm{e}^{-\mathrm{j}kz}$$

$$\vec{E}(z,t)=\vec{a}_x\,E_{xo}\cos(\omega t-kz)$$

$$\vec{H}(z,t)=\vec{a}_y\,H_{yo}\cos(\omega t-kz)=\vec{a}_y\frac{1}{Z}\,E_{xo}\cos(\omega t-kz)$$

(2) 电磁波的传播常数

正弦均匀平面波的解(式(6.3.3))表明，沿波的传播方向(z 轴)场强的变化决定于常数 k，故 k 称为**传播常数**。

$$k=\omega\sqrt{\mu\varepsilon} \tag{6.3.6}$$

在理想介质中 k 亦为实常数，因而 $\mathrm{j}kz$ 为一虚数，这表示波在传播过程中，沿 z 轴仅有相位的变化，而没有振幅的衰减。对于均匀平面波来说，由于媒质为无耗的，故这是一个必然结果。

电磁波中场矢量的瞬时表示式如下：

$$\vec{E}(z,t)=\vec{a}_x\,E_x=\vec{a}_x\,E_o\cos(\omega t-kz)$$

$$\vec{H}(z,t)=\vec{a}_y\,H_y=\vec{a}_y\,H_o\cos(\omega t-kz)=\vec{a}_y\frac{E_o}{Z}\cos(\omega t-kz)$$

上式表明，任一瞬时场矢量的大小沿 z 轴方向是按余弦分布的。如图 6.3.1 所示，沿 $+z$ 方向相位逐点滞后。在任一与 z 轴垂直的平面(即波前面)上，场强的相位都相同，所以该面又称为**等相位面**。等相位面方程为

$$\omega t-kz=\text{常数} \tag{6.3.7}$$

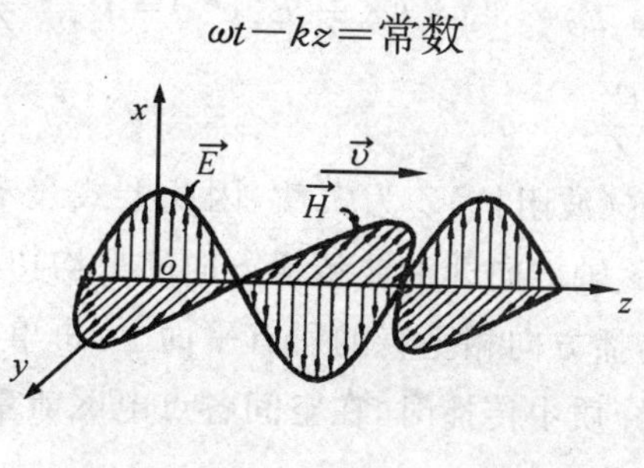

图 6.3.1　正弦均匀平面波在理想介质中的场强分布

由等相位面方程式(6.3.7)可见，随着时间的推移等相位面沿$+z$轴方向移动，等相位面移动的速度称为**相速**，记为v_p。

由式(6.3.7)，$\omega dt-kdz=0$，故相速v_p为

$$v_p=\frac{dz}{dt}=\frac{\omega}{k}=\frac{\omega}{\omega\sqrt{\mu\varepsilon}}=\frac{1}{\sqrt{\mu\varepsilon}} \tag{6.3.8}$$

在真空中电磁波的传播相速

$$v_p=C=\frac{1}{\sqrt{\mu_0\varepsilon_0}}\approx 3\times10^8(\mathrm{m/s})$$

一般媒质总有$\varepsilon>\varepsilon_0$及$\mu=\mu_0$，因此电磁波在一般媒质内的传播速度，总是小于在真空中的传播速度。

波沿传播方向向前传播时，相位逐点滞后。在传播方向上相位差为2π的相邻两点之间的距离称为**波长**，记为λ，按上述定义

$$k(z+\lambda)=kz+2\pi$$

故

$$\lambda=\frac{2\pi}{k} \tag{6.3.9a}$$

或

$$k=\frac{2\pi}{\lambda} \tag{6.3.9b}$$

k表示2π长度内有几个波长，故称为波数。

从式(6.3.8)与式(6.3.9)可得

$$v_p=\frac{\omega}{k}=\frac{2\pi f}{2\pi/\lambda}=f\lambda \tag{6.3.10}$$

式中，f为电磁波的频率。

由于电磁波相速与媒质特性有关，故同一频率的波，波长亦与媒质特性有关，在不同的媒质中波长是不同的。

(3) 电磁能量的传播

均匀平面电磁波的复数坡印亭矢量

$$\vec{S}=\frac{1}{2}\dot{E}\times\vec{H}^*=\frac{1}{2}(\vec{a}_x\dot{E}_0\,e^{-jkz})\times(\vec{a}_y\frac{1}{Z}\,\dot{E}_0^*\,e^{jkz})=\vec{a}_z\frac{1}{2}\,\frac{E_0^2}{Z} \tag{6.3.11}$$

$$\vec{S}_{av}=\mathrm{Re}(\vec{S})=\vec{a}_z\,\frac{1}{2}\,\frac{E_0^2}{Z} \tag{6.3.12}$$

在理想介质中，媒质本征阻抗(波阻抗)Z为实数，因此上式表示的复数坡印亭矢量为一实数，即为平均功率流密度。沿z轴方向即沿波传播方向的平均功率流密度为一与坐标位置无关的量。理想介质中在与波传播方向相垂直的所有平面上，每单位面积穿过的平均功率都相同。这说明了平面波在理想介质中传播时，在空间各点电磁能量都向同一方向传播，沿途并无损耗。

【例6.3.1】 频率$f=10$ MHz的正弦平面电磁波在纯水($\varepsilon_r=81,\mu_r=1$)中传播，试计

算电磁波的波数、波、阻抗、相速和波长。

解：

波数 $k=\omega\sqrt{\mu\varepsilon}=\omega\sqrt{\mu_r\varepsilon_r}\sqrt{\mu_0\varepsilon_0}=2\pi\times10^7\times\sqrt{81}\times\dfrac{1}{3\times10^8}=1.89(\text{rad/m})$

波阻抗 $Z=\sqrt{\dfrac{\mu}{\varepsilon}}=\dfrac{1}{\sqrt{\varepsilon_r}}\sqrt{\dfrac{\mu_0}{\varepsilon_0}}=\dfrac{1}{9}\times377=42(\Omega)$

相速 $v_p=\dfrac{1}{\sqrt{\mu\varepsilon}}=\dfrac{1}{\sqrt{\varepsilon_r}}\dfrac{1}{\sqrt{\varepsilon_0\mu_0}}=\dfrac{1}{9}\times3\times10^8\approx3.33\times10^7(\text{m/s})$

波长 $\lambda=\dfrac{v_p}{f}=\dfrac{3.33\times10^7}{10^7}=3.33\ (\text{m})$

【例 6.3.2】 上例在纯水中传播的平面电磁波的电场强度矢量指向 x 方向，振幅为 0.1 (V/m)，传播方向沿 $+y$ 方向。(1)写出电场强度的瞬时及复数表达式；(2)写出此电磁波磁场强度的瞬时及复数表达式；(3)求该场电磁功率流密度。

解：

(1) $\vec{E}=\vec{a}_x E_0\cos(\omega t-ky)=\vec{a}_x\,0.1\cos(2\pi\times10^7t-1.89y)\ (\text{V/m})$

$\dot{\vec{E}}=\vec{a}_x E_0\,\mathrm{e}^{-\mathrm{j}ky}=\vec{a}_x\,0.1\,\mathrm{e}^{-\mathrm{j}1.89y}(\text{V/m})$

(2) $H_0=\dfrac{E_0}{Z}=\dfrac{0.1}{4.2}=2.38\times10^{-3}(\text{A/m})$

电磁波的 $\vec{E}$、$\vec{H}$ 矢量与传播方向三者应满足右手螺旋关系，则由给定的 $\vec{E}$ 与传播方向可以决定 $\vec{H}$ 的方向应为 $-z$ 方向，故

$\vec{H}=-\vec{a}_z H_0\cos(\omega t-ky)=-\vec{a}_z\,2.38\times10^{-3}\cos(2\pi\times10^7t-1.89y)\ (\text{A/m})$

$\dot{\vec{H}}=-\vec{a}_z\,2.38\times10^{-3}\,\mathrm{e}^{-\mathrm{j}1.89y}(\text{A/m})$

(3) $\vec{S}_{av}$

$\dot{\vec{S}}=\dfrac{1}{2}\dot{\vec{E}}\times\dot{\vec{H}}^*=\dfrac{1}{2}(\vec{a}_x E_0\,\mathrm{e}^{-jky})\times(-\vec{a}_z H_0\,\mathrm{e}^{jky})=\vec{a}_y\dfrac{1}{2}E_0H_0=$

$\vec{a}_y\dfrac{0.1\times2.38\times10^{-3}}{2}=\vec{a}_y\,1.19\times10^{-4}(\text{W/m}^2)$

$\vec{S}_{av}=\mathrm{Re}(\dot{\vec{S}})=\vec{a}_y\,1.19\times10^{-4}(\text{W/m}^2)$

二、在导电媒质中

1. 波动方程及其解

在导电媒质中，电磁场波动方程为式(6.1.2)。当正弦电磁场用复数表示时，正弦平面波的波动方程则成为

$$\nabla^2\dot{\vec{E}}+\omega^2\mu(\varepsilon-\mathrm{j}\frac{\sigma}{\omega})\dot{\vec{E}}=0 \tag{6.3.13a}$$

$$\nabla^2\dot{\vec{H}}+\omega^2\mu(\varepsilon-\mathrm{j}\frac{\sigma}{\omega})\dot{\vec{H}}=0 \tag{6.3.13b}$$

引入复数介电常数的概念，则

$$\dot{\varepsilon}=\varepsilon-\mathrm{j}\frac{\sigma}{\omega} \tag{6.3.14}$$

式(6.3.15)可写成

$$\nabla^2\dot{\vec{E}}+\omega^2\mu\dot{\varepsilon}\dot{\vec{E}}=\nabla^2\dot{\vec{E}}+\dot{k}^2\dot{\vec{E}}=0 \tag{6.3.15a}$$

$$\nabla^2\dot{\vec{H}}+\omega^2\mu\dot{\varepsilon}\dot{\vec{H}}=\nabla^2\dot{\vec{H}}+\dot{k}^2\dot{\vec{H}}=0 \tag{6.3.15b}$$

式中，$\dot{k}^2=\omega^2\mu\dot{\varepsilon}$。

对照式(6.3.15)与式(6.3.1)将发现，只须将 k 改成复数，方程式形式完全相同，因而它们的解亦应有以下相同形式：

$$\dot{\vec{E}}=\vec{a}_x\dot{E}_x=\vec{a}_x\dot{E}_0\,\mathrm{e}^{-\mathrm{j}\dot{k}z} \tag{6.3.16a}$$

$$\dot{\vec{H}}=\vec{a}_y\dot{H}_y=\vec{a}_y\dot{H}_0\,\mathrm{e}^{-\mathrm{j}\dot{k}z}=\vec{a}_y\frac{\dot{E}_0}{\dot{Z}}\mathrm{e}^{-\mathrm{j}\dot{k}z} \tag{6.3.16b}$$

但上式中，$\dot{k}$ 及 $\dot{Z}$ 均为复数，即

$$\dot{k}=\omega\sqrt{\mu\left(\varepsilon-\mathrm{j}\frac{\sigma}{\omega}\right)} \tag{6.3.17}$$

$$\dot{Z}=\sqrt{\frac{\mu}{\varepsilon-\mathrm{j}\dfrac{\sigma}{\omega}}} \tag{6.3.18}$$

2. 传播特性

(1) 波阻抗

在导电媒质中，波阻抗为复数

$$\dot{Z}=\sqrt{\frac{\mu}{\varepsilon-\mathrm{j}\dfrac{\sigma}{\omega}}}=|Z|\,\mathrm{e}^{\mathrm{j}\Phi}$$

表示空间同一点的 $\vec{E}$ 及 $\vec{H}$ 在时间上是不同相的。$\dot{Z}$ 的相角 $\Phi(0<\Phi<\frac{\pi}{4})$ 为 $\dot{\vec{H}}$ 滞后于 $\dot{\vec{E}}$ 的相角。

(2) 传播常数

波数 $\dot{k}$ 为复数

$$\dot{k}=\omega\sqrt{\mu\left(\varepsilon-\mathrm{j}\frac{\sigma}{\omega}\right)}=\beta-\mathrm{j}\alpha \tag{6.3.19a}$$

上式中实部称为相位常数，虚部称为衰减常数，即

$$\beta=\sqrt{\frac{\omega^2\mu\varepsilon}{2}}\sqrt{\sqrt{1+\left(\frac{\sigma}{\omega\varepsilon}\right)^2}+1} \tag{6.3.19b}$$

$$\alpha=\sqrt{\frac{\omega^2\mu\varepsilon}{2}}\sqrt{\sqrt{1+\left(\frac{\sigma}{\omega\varepsilon}\right)^2}-1} \tag{6.3.19c}$$

因此对于 $\dot{E}$ 及 $\dot{H}$，有

$$\dot{E}=\dot{E}_0\,e^{-j\dot{k}z}=\dot{E}_0\,e^{-j(\beta-j\alpha)z}=\dot{E}_0\,e^{-\alpha z}\,e^{-j\beta z}=E_0\,e^{j\Phi_e}\,e^{-\alpha z}\,e^{-j\beta z} \tag{6.3.20a}$$

$$\dot{H}=\dot{H}_0\,e^{-j\dot{k}z}=\dot{H}_0 e^{-\alpha z}\,e^{-j\beta z}=H_0\,e^{j\Phi_m}e^{-\alpha z}\,e^{-j\beta z} \tag{6.3.20b}$$

由上式可见，电磁波在导电媒质中传播过程时，不仅场强的相位有滞后，其振幅亦将不断按指数规律衰减。衰减的产生是由于在媒质中不断有电磁能的损耗。衰减常数 α 与 ω 有关，频率愈高，衰减愈快。

沿 z 方向传播的均匀平面波在导电媒质中电场矢量与磁场矢量沿 z 轴的分布，如图 6.3.2 所示。

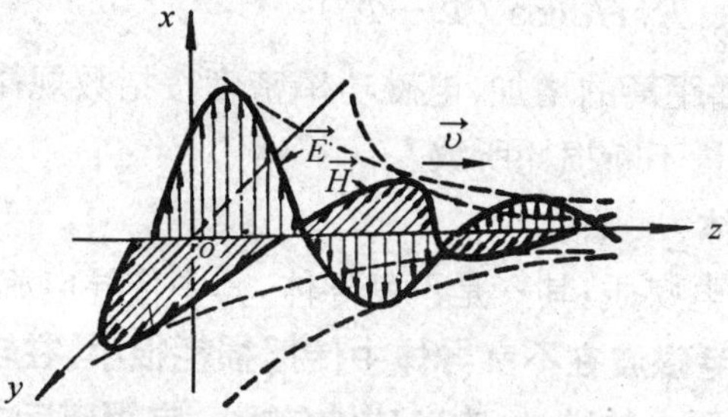

图 6.3.2　在导电媒质中的平面波的电场与磁场的分布

在导电媒质中，由于波在传播过程中的衰减，沿传播方向 z 轴不同位置上场强的振幅不同，在空间具有相同场强振幅的面称为等振幅面。由式(6.3.20)可见，在 z 等于常数的面上场强振幅相同。故均匀平面波在无限大导电媒质中传播时，等振幅面与等相位面重合。

在导电媒质中，均匀平面波的等相位面方程为

$$\omega t-\beta z=\text{常数} \tag{6.3.21}$$

则等相位面的移动速度即电磁波的相速为

$$v_p=\frac{dz}{dt}=\frac{\omega}{\beta} \tag{6.3.22}$$

上式中相位常数 β 为复波数 $\dot{k}$ 的实数部分，即

$$\beta=\sqrt{\frac{\omega^2\mu\varepsilon}{2}}\sqrt{\sqrt{1+(\frac{\sigma}{\omega\varepsilon})^2}+1}$$

由于在导电媒质中 β 与角频率 ω 成非线性关系，因而相速为频率的函数，即不同频率的电磁波具有不同的相速，这一现象称为**色散**现象。具有这一性质的媒质称为色散媒质，故导电媒质为色散媒质之一。

(3) 电磁能量的传播

我们仍用坡印亭矢量来考察电磁能量的传播问题。在导电媒质中，电磁场量 $\dot{E}$ 与 $\dot{H}$ 不同相：

$$\dot{\vec{E}}=\vec{a}_x E_0 e^{j\Phi_e} e^{-\alpha z} e^{-j\beta z}$$

$$\dot{\vec{H}}=\vec{a}_y H_0 e^{j\Phi_m} e^{-\alpha z} e^{-j\beta z}$$

故复数坡印亭矢量为

$$\dot{\vec{S}}=\frac{1}{2}\dot{\vec{E}}\times\dot{\vec{H}}^*=\frac{1}{2}[\vec{a}_x E_0 e^{j\Phi_e} e^{-\alpha z} e^{-j\beta z}]\times[\vec{a}_y H_0 e^{-j\Phi_m} e^{-\alpha z} e^{j\beta z}]=$$

$$\vec{a}_z\frac{1}{2}E_0 H_0 e^{j(\Phi_e-\Phi_m)}e^{-2\alpha z}$$

而平均功率流密度

$$\vec{S}_{av}=\mathrm{Re}(\dot{\vec{S}})=\vec{a}_z\frac{1}{2}E_0 H_0\cos(\Phi_e-\Phi_m)e^{-2\alpha z} \tag{6.3.23}$$

从上式可以看出，随着传播距离的增加，电磁功率密度按指数规律减小，这是由于电磁波在导电媒质中传播时电磁能量不断损耗所致。

(4) 不良导体与良导体

实际经常遇到两类导电媒质：其一是不良导体，其中传导电流密度较位移电流密度小得多，即 $\sigma\ll\omega\varepsilon$，但不为零。**电磁波在不良导体中传播损耗很小，在较短距离内衰减不显著，其波动特性近似于无损耗媒质中的特性，在电磁波传播一定距离后才显现出衰减现象**。其二是**良导体**，其中传导电流密度较位移电流密度大得多，即 $\sigma\gg\omega\varepsilon$，但 σ 为有限值，理论上在这样的媒质中电磁波仍能存在，但实际上，一般**高频电磁波进入良导体后，衰减很快，在非常短的一段距离内能量即基本消耗殆尽**。对以上所述两类导体中电磁波传播的分析可以作一些近似。下面分别讨论这两类情况：

① 不良导体，$\sigma\ll\omega\varepsilon$

波阻抗 $\dot{Z}=\sqrt{\dfrac{\mu}{\varepsilon\left(1-j\dfrac{\sigma}{\omega\varepsilon}\right)}}$，由于 $\sigma\ll\omega\varepsilon$，而可简化为

$$\dot{Z}=\sqrt{\frac{\mu}{\varepsilon\left(1-j\dfrac{\sigma}{\omega\varepsilon}\right)}}\approx\sqrt{\frac{\mu}{\varepsilon}} \tag{6.3.24}$$

传播常数 $\dot{k}=\omega\sqrt{\mu\varepsilon\left(1-j\dfrac{\sigma}{\omega\varepsilon}\right)}$，用二项式定理展开 $\left(1+\dfrac{\sigma}{j\omega\varepsilon}\right)^{\frac{1}{2}}$，

$$\dot{k}=\omega\sqrt{\mu\varepsilon\left(1-j\frac{\sigma}{\omega\varepsilon}\right)}=\omega\sqrt{\mu\varepsilon}\left(1+\frac{\sigma}{j\omega\varepsilon}\right)^{\frac{1}{2}}=$$

$$\omega\sqrt{\mu\varepsilon}\left[1+\frac{1}{2}\frac{\sigma}{j\omega\varepsilon}+\frac{\frac{1}{2}(\frac{1}{2}-1)}{2!}\left(\frac{\sigma}{j\omega\varepsilon}\right)^2+\cdots\right]$$

由于 $\sigma\ll\omega\varepsilon$，所以可以略去 $\left(\dfrac{\sigma}{j\omega\varepsilon}\right)^2$ 项及更高次项，$\dot{k}$ 可近似表示为

$$\dot{k}=\omega\sqrt{\mu\varepsilon}\left[1+\frac{1}{2}\frac{\sigma}{j\omega\varepsilon}\right]=\omega\sqrt{\mu\varepsilon}-j\frac{1}{2}\sigma\sqrt{\frac{\mu}{\varepsilon}}=\beta-j\alpha$$

所以

$$\beta\approx\omega\sqrt{\mu\varepsilon} \tag{6.3.25}$$

$$\alpha \approx \frac{1}{2}\sigma\sqrt{\frac{\mu}{\varepsilon}} \tag{6.3.26}$$

从上面的近似结果可见，$\dot{Z}$及 β 与无损耗媒质中的 Z 及 k 相同，即当分析波在不良导体中的传播特性时，对于电磁波中 $\vec{E}$ 与 $\vec{H}$ 的比例关系 Z 及相位常数 β，可作为无损耗媒质情况看待。

至于衰减常数 α，上面是直接从数学近似取得的，我们还可以从物理近似来分析这一问题。在前面已指出，电磁能量在导电媒质中传播时，由于媒质要损耗能量，因而电磁功率流密度在传播过程中不断减小。对于损耗极小的媒质，由于其波动特性可看成与无损耗媒质中的特性相同，波阻抗 $Z\approx\sqrt{\frac{\mu}{\varepsilon}}$ 近似为实数，$\vec{E}$ 与 $\vec{H}$ 同相，因此式(6.3.23)可写成

$$S_{av}=\frac{1}{2}EH=\frac{1}{2}E_0H_0\,e^{-2\alpha z}=S_{0av}\,e^{-2\alpha z}$$

每单位距离中 S_{av} 的减小量等于所传播的单位距离内每单位体积媒质所吸收的功率，即功率密度 p 为

$$p=-\frac{dS_{av}}{dz}=2\alpha S_{av}=\alpha EH=\frac{\alpha E^2}{Z}$$

这一功率密度亦可由媒质内传导电流密度的焦耳损耗求得

$$p=\frac{1}{2}\frac{J^2}{\sigma}=\frac{1}{2}\sigma E^2$$

比较以上两式，于是可得

$$\frac{\alpha E^2}{Z}=\frac{1}{2}\sigma E^2$$

即

$$\alpha=\frac{1}{2}\sigma Z=\frac{1}{2}\sigma\sqrt{\frac{\mu}{\varepsilon}}$$

从而得到与式(6.3.26)完全相同的结果。

上面提出的这种计算衰减的近似方法，即首先在不考虑衰减的情况下计算场强，然后由得到的场强来计算衰减，这是在弱损耗情况下常用的近似计算方法。

② 良导体 $\sigma\gg\omega\varepsilon$

波阻抗 $\dot{Z}=\sqrt{\dfrac{\mu}{\varepsilon(1-j\frac{\sigma}{\omega\varepsilon})}}$，由于 $\sigma\gg\omega\varepsilon$，因此

$$\dot{Z}\approx\sqrt{\frac{\mu}{-j\frac{\sigma}{\omega}}}=\sqrt{\frac{\omega\mu}{\sigma}}\,e^{j\frac{\pi}{4}}=|Z|e^{j\frac{\pi}{4}}=\sqrt{\frac{\omega\mu}{2\sigma}}+j\sqrt{\frac{\omega\mu}{2\sigma}}=R+jX \tag{6.3.27}$$

上式中，R 与 X 分别为 $\dot{Z}$的实部与虚部。它们均等于$\sqrt{\frac{\omega\mu}{2\sigma}}$，即

$$R=X=\sqrt{\frac{\mu\omega}{2\sigma}} \tag{6.3.28}$$

传播常数 $\dot{k}=\omega\sqrt{\mu\varepsilon(1-\mathrm{j}\frac{\sigma}{\omega\varepsilon})}\approx\omega\sqrt{\mu\varepsilon(-\mathrm{j}\frac{\sigma}{\omega\varepsilon})}$

$$=\sqrt{\omega\mu\sigma}\ \mathrm{e}^{-\mathrm{j}\frac{\pi}{4}}=\sqrt{\frac{\omega\mu\sigma}{2}}-\mathrm{j}\sqrt{\frac{\omega\mu\sigma}{2}}=\beta-\mathrm{j}\alpha \tag{6.3.29}$$

故

$$\beta=\alpha=\sqrt{\frac{\omega\mu\sigma}{2}} \tag{6.3.30}$$

电磁波在良导体中传播特性的突出表现是其传播过程中的**衰减现象**。导体的电导率愈高，以及电磁波频率愈高，电磁波在导体中传播过程中衰减就愈快。一般高频电磁波在进入良导体后，在微米数量级的深度内就基本衰减完毕。因此，高频电磁场只能存在于导体表面下的一个薄层内，因而高频电流($\vec{J}=\sigma\vec{E}$)也基本存在于导体表面下的一个薄层内，这也就是电路理论中的**趋肤效应**。

通常亦用**透入深度**或称趋肤深度 δ 来表示电磁波在导体内衰减的快慢或电磁波在导体内的穿透能力。定义透入深度为电磁波场强衰减到表面原值的$\frac{1}{\mathrm{e}}$时所穿透的距离。根据这一定义，有

$$E\mathrm{e}^{-\alpha\delta}=\frac{1}{\mathrm{e}}E \tag{6.3.31}$$

故得 $\alpha\delta=1$，即

$$\delta=\frac{1}{\alpha} \tag{6.3.32}$$

对良导体

$$\delta=\sqrt{\frac{2}{\omega\mu\sigma}} \tag{6.3.33}$$

平面电磁波在导体内的衰减现象反映了导体对电磁波的吸收，当电磁波自外界垂直入射进导体表面(图 6.3.3 所示)，在导体表面的电磁场量为 $\dot{E}_0$ 与 $\vec{H}_0$，因 $\dot{H}_0=\frac{\dot{E}_0}{\dot{Z}}$与 $\dot{E}_0$ 相位差 45°，故进入良导体表面的平均功率流密度为

$$S_{0\mathrm{av}}=\frac{1}{2}E_0H_0\cos 45°=\frac{1}{2}H_0^2Z\cos 45°=\frac{1}{2}H_0^2R$$

式中，R 为良导体波阻抗的实部，$R=Z\cos 45°$。

$S_{0\mathrm{av}}$亦即导体表面每单位面积所吸收的功率。这一功率密度也可通过计算分布在导体内传导电流的焦耳损耗求得。

应用电路观点，设想电磁波进入导体每单位面积的平均功率是由导体中每单位宽度上的电流 J_x 流过一等效电阻 R_s 所损耗的，即

$$S_{0\,\mathrm{av}}=\frac{1}{2}H_0^2R=\frac{1}{2}J_x^2R_s \tag{6.3.34}$$

导体中传导电流是由进入导体的电场所产生($\vec{J}=\sigma\vec{E}$)，因此如图 6.3.3 所示，在 y 方向每单

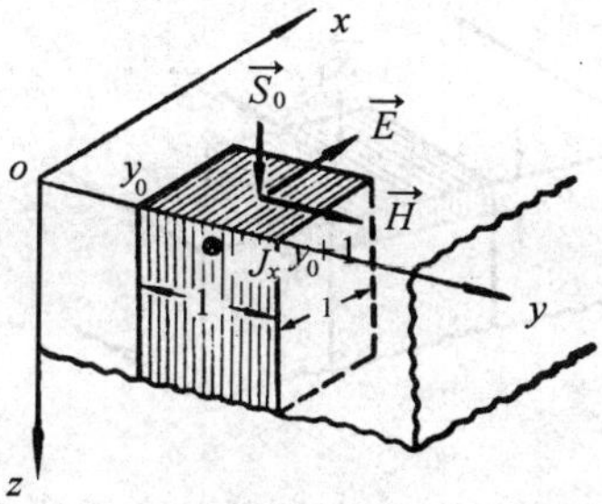

图 6.3.3　电磁波垂直入射进导体

位宽度所通过的 x 方向的总电流 $\dot{J}_x$ 为

$$\dot{J}_x=\int_{z=0}^{z=\infty}\int_{y=y_0}^{y=y_0+1}\dot{J}\,\mathrm{d}y\,\mathrm{d}z=\int_{z=0}^{z=\infty}\dot{J}_0\,\mathrm{e}^{-\alpha z-\mathrm{j}\beta z}\,\mathrm{d}z=\frac{\dot{J}_0}{\alpha+\mathrm{j}\beta}=\frac{\sigma\dot{E}_0}{\alpha+\mathrm{j}\beta}$$

良导体　$\beta=\alpha$,故振幅

$$J_x=\frac{1}{\sqrt{2}}\frac{\sigma E_0}{\alpha}=\frac{1}{\sqrt{2}}\delta\sigma E_0=\frac{1}{\sqrt{2}}\sqrt{\frac{2}{\omega\mu\sigma}}\sigma E_0=\frac{E_0}{Z}=H_0 \tag{6.3.35}$$

代入(6.3.34),可见等效电阻 R_s 恰等于良导体波阻抗的电阻部分,即

$$R_s=R=\frac{1}{\sqrt{2}}\sqrt{\frac{\omega\mu}{\sigma}}=\frac{1}{\sigma}\sqrt{\frac{\omega\mu\sigma}{2}}=\frac{1}{\delta\sigma} \tag{6.3.36}$$

从式(6.3.36)可得出,R_s 相当于厚度为 δ 的单位宽度及单位长度的正方形导体从长或宽两侧边测量得到的直流电阻,这一电阻称为**表面电阻**(图 6.3.4)。由此可见在导体中由于高频电流的趋肤效应,导体的有效导电截面将减小(有效导电截面厚度为 δ,高频情况下 δ 很小,低频情况 δ 很大),导线在高频下的等效电阻值将远大于低频情况下的电阻值。某些导电材料的电导率,趋肤深度及表面电阻见表 6.3.1。

表 6.3.1　某些导电材料的电导率、趋肤深度及表面电阻

材料名称	σ(S/m)	δ(m)	R_s(Ω)
银	6.17×10^7	$0.064/\sqrt{f}$	$2.52\times10^{-7}\sqrt{f}$
紫铜	5.8×10^7	$0.066/\sqrt{f}$	$2.61\times10^{-7}\sqrt{f}$
铝	3.72×10^7	$0.083/\sqrt{f}$	$3.26\times10^{-7}\sqrt{f}$
钠	2.1×10^7	$0.11/\sqrt{f}$	
黄铜	1.6×10^7	$0.13/\sqrt{f}$	$5.01\times10^{-7}\sqrt{f}$
锡	0.87×10^7	$0.17/\sqrt{f}$	
石墨	0.01×10^7	$1.6/\sqrt{f}$	

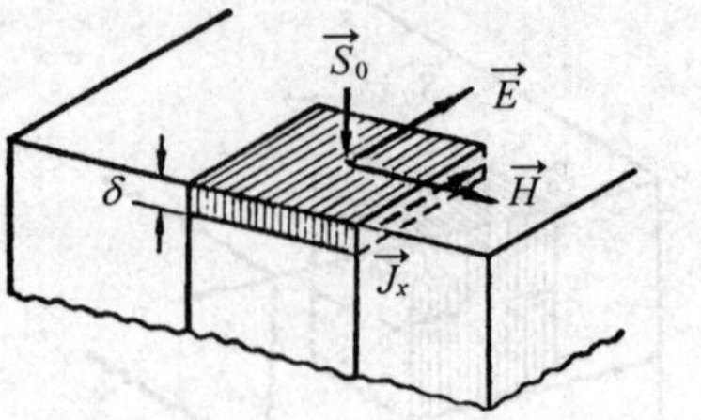

图 6.3.4 导体的等效表面电阻

【例 6.3.3】 海水的 $\varepsilon_r=81$，$\mu_r=1$，$\sigma=4$ S/m。一频率 $f=300$MHz 的平面电磁波自海面外垂直进入海水，设在海面的场强为 $E_0=10^{-3}$V/m。

(1)求波在海水中的相速及波长；(2)求海水与空气分界面处的磁场强度；(3)求进入海水每单位面积的电磁功率流；(4)求在海水中距海面 0.1m 处的场强；(5)问波进入海水多少距离后场强衰减为原来的 1%。

解：传播常数 $\dot{k}=\omega\sqrt{\mu\left(\varepsilon-\mathrm{j}\dfrac{\sigma}{\omega}\right)}=\omega\sqrt{\mu_0\varepsilon_0}\sqrt{\mu_r\varepsilon_r}\sqrt{1-\mathrm{j}\dfrac{\sigma}{\omega\varepsilon}}=\beta-\mathrm{j}\alpha$

$$\dot{k}=2\pi\times3\times10^8\frac{\sqrt{81}}{3\times10^8}\sqrt{1-\mathrm{j}\frac{4}{2\pi\times3\times10^8\times81\times8.85\times10^{-12}}}=$$

$$56.6\times\sqrt{1-\mathrm{j}\frac{4}{1.35}}=56.5\times\sqrt{3.12\angle-71.3^\circ}=$$

$$100\angle-35.6^\circ=81.2-\mathrm{j}\,58.2$$

$\therefore\ \beta=81.2\ (\mathrm{rad/m})\qquad \alpha=58.2\ (\mathrm{Np/m})$

波阻抗 $\dot{Z}=\sqrt{\dfrac{\mu}{\varepsilon\left(1-\mathrm{j}\dfrac{\sigma}{\omega\varepsilon}\right)}}=\sqrt{\dfrac{\mu_0}{\varepsilon_0}}\sqrt{\dfrac{\mu_r}{\varepsilon_r}}\sqrt{\dfrac{1}{1-j\dfrac{\sigma}{\omega\varepsilon}}}$

$$\dot{Z}=377\times\frac{1}{\sqrt{81}}\sqrt{\frac{1}{3.12\angle-71.3^\circ}}=23.7\angle35.6^\circ\ (\Omega)$$

(1) $v_{\mathrm{p}}=\dfrac{\omega}{\beta}=\dfrac{2\pi\times3\times10^8}{81.2}=2.32\times10^7(\mathrm{m/s})$

$\lambda=\dfrac{v_{\mathrm{p}}}{f}=\dfrac{2.32\times10^7}{3\times10^8}=6.74\times10^{-2}(\mathrm{m})$

(2) 海面 $\dot{E}_0=10^{-3}\angle0^\circ\ (\mathrm{V/m})$

$$\dot{H}_0=\frac{\dot{E}_0}{\dot{Z}}=\frac{10^{-3}\angle0^\circ}{23.7\angle35.6^\circ}=4.2\times10^{-5}\angle35.6^\circ\ (\mathrm{A/m})$$

(3) $S_{0\,\mathrm{av}}=\mathrm{Re}\left[\dfrac{1}{2}\dot{E}_0\dot{H}_0^*\right]=$

$$\mathrm{Re}\left[\frac{1}{2}\times10^{-3}\angle0^\circ\times4.2\times10^{-5}\angle35.6^\circ\right]=\mathrm{Re}[2.1\times10^{-8}\angle35.6^\circ]=$$

$$1.7\times10^{-8}(\mathrm{W/m^2})$$

(4) $E=E_0\,\mathrm{e}^{-\alpha z}=10^{-3}\,\mathrm{e}^{-58.2\times0.1}=10^{-3}\,\mathrm{e}^{-58.2}=10^{-3}\times0.003=3\times10^{-6}(\mathrm{V/m})$

$$H=\frac{E}{Z}=\frac{3\times10^{-6}}{23.7}=1.26\times10^{-7}(\mathrm{A/m})$$

(5) $E_0\,\mathrm{e}^{-\alpha z}=0.01E_0$，　$\mathrm{e}^{-\alpha z}=0.01$，　$\alpha z=4.6$

$$z=\frac{4.6}{\alpha}=\frac{4.6}{58.2}=0.079\ (\mathrm{m})$$

【例 6.3.4】 铜的电导率$\sigma=5.8\times10^7(\mathrm{S/m})$，$\mu_r=1$。设有一$f=1(\mathrm{MHz})$的平面电磁波垂直入射进入大块铜片。(1)求波在铜中的相速和波长；(2)求波在进入铜中传播时透入深度；(3)波的场强衰减为原来的10%时穿透距离；(4)设在铜表面的磁场强度为$H_0=10^{-2}(\mathrm{A/m})$，求由每单位面积进入铜内的功率。

解：波数(传播常数)$\dot{k}=\omega\sqrt{\omega\varepsilon\left(1-\mathrm{j}\,\dfrac{\sigma}{\omega\varepsilon}\right)}=\omega\sqrt{\mu_0\varepsilon_0}\sqrt{1-\mathrm{j}\,\dfrac{\sigma}{\omega\varepsilon_0}}=\beta-\mathrm{j}\alpha$

$$\dot{k}\approx2\pi\times10^6\times\frac{1}{3\times10^8}\times\sqrt{\frac{5.8\times10^7}{2\pi\times10^6\times8.85\times10^{-12}}}\angle-45^\circ=$$

$$2.1\times10^{-2}\times\sqrt{1.04\times10^{12}}\angle-45^\circ=2.14\times10^4\angle-45^\circ=$$

$$1.51\times10^4-\mathrm{j}1.5\times10^4=\beta-\mathrm{j}\alpha$$

$$\beta=1.51\times10^4(\mathrm{rad/m}),\quad \alpha=1.51\times10^4(\mathrm{Np/m})$$

波阻抗

$$\dot{Z}=\sqrt{\frac{\mu}{\varepsilon\left(1-\mathrm{j}\,\dfrac{\sigma}{\omega\varepsilon}\right)}}\approx\sqrt{\frac{\mu_0}{\varepsilon_0}}\sqrt{\mathrm{j}\,\frac{\omega\varepsilon}{\sigma}}$$

$$\dot{Z}=377\times\sqrt{\frac{2\pi\times10^6\times8.85\times10^{-12}}{5.8\times10^7}}\angle45^\circ=$$

$$377\times\sqrt{9.6\times10^{-13}}\angle45^\circ=3.69\times10^{-4}\angle45^\circ$$

(1) $v_\mathrm{p}=\dfrac{\omega}{\beta}=\dfrac{2\pi\times10^6}{1.51\times10^4}=416\ (\mathrm{m/s})$

$$\lambda=\frac{v_\mathrm{p}}{f}=\frac{416}{10^6}=4.16\times10^{-4}(\mathrm{m})$$

(2) $\delta=\dfrac{1}{\alpha}=\dfrac{1}{1.51\times10^4}=6.63\times10^{-5}(\mathrm{m})=66.3\ (\mu\mathrm{m})$

(3) $z=\dfrac{2.3}{\alpha}=2.3\delta=2.3\times6.63\times10^{-5}=1.53\times10^{-4}(\mathrm{m})$

(4) 设$\dot{H}_0=10^{-2}\angle0^\circ\ (\mathrm{A/m})$

$$\dot{E}_0=\dot{Z}\dot{H}_0=(3.69\times10^{-4}\angle45^\circ)\ (10^{-2}\angle0^\circ)=3.69\times10^{-6}\angle45^\circ\ (\mathrm{V/m})$$

$$S_{0\mathrm{av}}=\frac{1}{2}\,\mathrm{Re}\,[\dot{E}_0\dot{H}_0^*]=\mathrm{Re}\left[\frac{1}{2}\ (3.69\times10^{-6})\ \angle45^\circ)\ (10^{-2}\angle0^\circ)\right]=$$

$$\mathrm{Re}[1.85\times10^{-8}\angle45^\circ]=1.31\times10^{-8}(\mathrm{W/m^2})$$

铜片单位面积吸收的功率为$S_{0\mathrm{av}}$，亦可通过等效电阻进行计算

$$R_s=\frac{1}{\delta\sigma}=\frac{1}{6.63\times10^{-5}\times5.8\times10^{7}}=2.6\times10^{-4}(\Omega)$$

$$p=\frac{1}{2}R_s J_l^2=\frac{1}{2}R_s H_0^2=\frac{1}{2}\times2.6\times10^{-4}\times10^{-4}=1.3\times10^{-8}(\mathrm{W/m^2})$$

§6.4 电磁波的极化

电磁波是时变电磁场在空间的传播方式，其组成的场矢量在空间随位置及时间变化，由于电磁波中电场与磁场有固定关系，因此对电磁波中场矢量变化的描述常以电场矢量为代表。所谓电磁波的极化，乃是指在空间任一固定点上电磁波的电场矢量的空间取向随时间变化的方式，它用 $\vec{E}$ 的矢端轨迹来描述。如果 $\vec{E}$ 的矢端轨迹为直线，波为直线极化波或称线极化波；若 $\vec{E}$ 的矢端轨迹为圆，波为圆极化波；若 $\vec{E}$ 的矢端轨迹为椭圆，波为椭圆极化波。

TEM 波的电场与磁场矢量均在垂直于传播方向的平面内。设波沿直角坐标系的 z 轴方向传播，则 $\vec{E}$ 和 $\vec{H}$ 均在 z=常数的平面内。$\vec{E}$ 在此平面内的取向可以是任意的，是随时间变化的。对任意取定的坐标系，$\dot{\vec{E}}$ 一般有两个正交分量，即

$$\dot{\vec{E}}=\vec{a}_x\dot{E}_x+\vec{a}_y\dot{E}_y=(\vec{a}_x\dot{E}_{x0}+\vec{a}_y\dot{E}_{y0})\mathrm{e}^{-\mathrm{j}kz}=(\vec{a}_x E_{x\mathrm{om}}\mathrm{e}^{\mathrm{j}\Phi_x}+\vec{a}_y E_{y\mathrm{om}}\mathrm{e}^{\mathrm{j}\Phi_y})\mathrm{e}^{-\mathrm{j}kz} \tag{6.4.1}$$

或用瞬时值表示为

$$\left.\begin{aligned}\vec{E}(t)&=\vec{a}_x E_x+\vec{a}_y E_y\\ E_x&=E_{x\mathrm{om}}\cos(\omega t-kz+\Phi_x)\\ E_y&=E_{y\mathrm{om}}\cos(\omega t-kz+\Phi_y)\end{aligned}\right\} \tag{6.4.2}$$

式(6.4.1)或式(6.4.2)所示平面波电场的两个正交分量取不同振幅和相位时，空间任一固定点的合成矢量端点有不同的轨迹，从而形成不同的极化状态。

一、线极化波

如 E_x 与 E_y 同相或反相，即 $\Phi_x-\Phi_y=\begin{cases}0\\ \pi\end{cases}$，则电场矢量的瞬时值为

$$\vec{E}=\vec{a}_x E_x+\vec{a}_y E_y=\vec{a}_x E_{x\mathrm{om}}\cos(\omega t-kz+\Phi_x)\pm\vec{a}_y E_{y\mathrm{om}}\cos(\omega t-kz+\Phi_x) \tag{6.4.3}$$

在与波传播方向相垂直的某平面上（为表达简单，这里取 $-kz+\Phi_x=0$ 平面），有

$$\vec{E}=\vec{a}_x E_x+\vec{a}_y E_y=\vec{a}_x E_{x\mathrm{om}}\cos(\omega t)\pm\vec{a}_y E_{y\mathrm{om}}\cos(\omega t)$$

从 $E_x=E_{x\mathrm{om}}\cos\omega t$ 及 $E_y=\pm E_{y\mathrm{om}}\cos\omega t$ 消去 ωt，得

$$\frac{E_x}{E_{x\mathrm{om}}}=\pm\frac{E_y}{E_{y\mathrm{om}}} \tag{6.4.4}$$

这是一直线方程，$\vec{E}$ 的矢端轨迹为直线。

合成矢量 $\vec{E}$ 的大小：

$$E=\sqrt{E_x^2+E_y^2}=\sqrt{(E_{x\mathrm{om}}\cos\omega t)^2+(\pm E_{y\mathrm{om}}\cos\omega t)^2}=\sqrt{E_{x\mathrm{om}}^2+E_{y\mathrm{om}}^2}\cos\omega t \tag{6.4.5}$$

按同一频率作简谐变化。

合成矢量的方向，用与 x 轴的夹角表示：

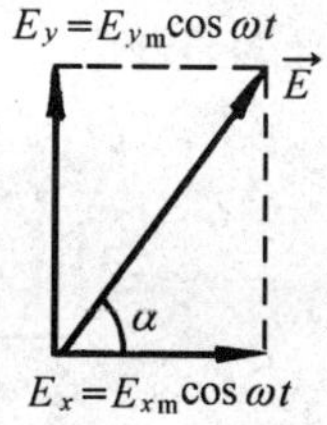

图 6.4.1　直线极化波

$$\alpha=\arctan\frac{E_y}{E_x}=\arctan\left(\frac{\pm E_{y\text{om}}}{E_{x\text{om}}}\right)=\pm\arctan\frac{E_{y\text{om}}}{E_{x\text{om}}}\tag{6.4.6}$$

α 与时间无关，故合成矢量 $\vec{E}$ 在空间的方向不变，再次说明了矢量 $\vec{E}$ 端点轨迹为一直线。称这种极化状态为直线极化波或线极化波，以 $\vec{E}$ 的方向为极化方向，$\vec{E}$ 与波的传播方向构成的平面称为极化面，直线极化波的极化面是不随时间变化的。如图 6.4.1 所示。

二、圆极化波

如果 $\vec{E}$ 的两正交分量 E_x 与 E_y 振幅相等，即 $E_{x\text{om}}=E_{y\text{om}}=E_{\text{om}}$，而且相位相差 $\frac{\pi}{2}$，即 $\Phi_x-\Phi_y=\pm\frac{\pi}{2}$，则在 $z=0$ 的平面上，$\vec{E}$ 的瞬时值为

$$\begin{aligned}&\vec{E}=\vec{a}_xE_x+\vec{a}_yE_y\\&E_x=E_{\text{om}}\cos(\omega t+\Phi_x)\\&E_y=\pm E_{\text{om}}\sin(\omega t+\Phi_x)\end{aligned}\tag{6.4.7}$$

消去 ωt，得

$$\left(\frac{E_x}{E_{\text{om}}}\right)^2+\left(\frac{E_y}{E_{\text{om}}}\right)^2=1\tag{6.4.8}$$

式(6.4.8)为圆方程，合成 $\vec{E}$ 矢量端点的轨迹为圆。$\vec{E}$ 的大小为

$$E=\sqrt{E_x^2+E_y^2}=\sqrt{E_{0\text{m}}^2[\cos^2(\omega t+\Phi_x)+(\pm\sin(\omega t+\Phi_x))^2]}=E_{\text{om}}\tag{6.4.9}$$

$\vec{E}$ 的方向与 x 轴的夹角 α 为

$$\alpha=\arctan\frac{E_y}{E_x}=\arctan\left[\frac{\pm\sin(\omega t+\Phi_x)}{\cos(\omega t+\Phi_x)}\right]=\pm(\omega t+\Phi_x)\tag{6.4.10}$$

从以上各式可以看到，合成矢量 $\vec{E}$ 的大小不变，但其空间指向则以角频率 ω 在与传播方向垂直的平面上作等角速旋转，其旋转方向决定于 E_x 的相位是超前还是落后于 E_y，合成矢量 $\vec{E}$ 端点作圆周运动，端点的轨迹为圆，称这种波为圆极化波。根据矢量 $\vec{E}$ 的旋转方向与波的传播方向，若它们符合右手螺旋关系，则称为右旋圆极化波；若它们符合左手螺旋关系，则称为左旋圆极化波。如图 6.4.2 所示。

按照右旋圆极化波与左旋圆极化波的定义，圆极化平面电磁波

$$\begin{aligned}\vec{E}&=\vec{a}_xE_0\cos(\omega t-kz)+\vec{a}_yE_0\sin(\omega t-kz)=\\&\vec{a}_xE_0\cos(\omega t-kz)+\vec{a}_yE_0\cos\left(\omega t-kz-\frac{\pi}{2}\right)\qquad\text{右旋圆极化波}\end{aligned}$$

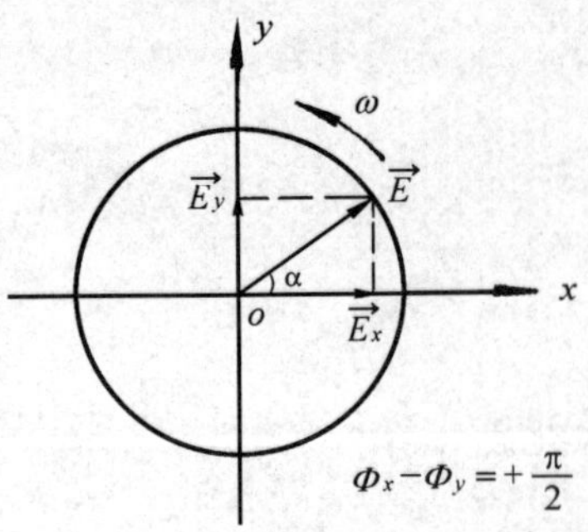

(a)右旋圆极化波

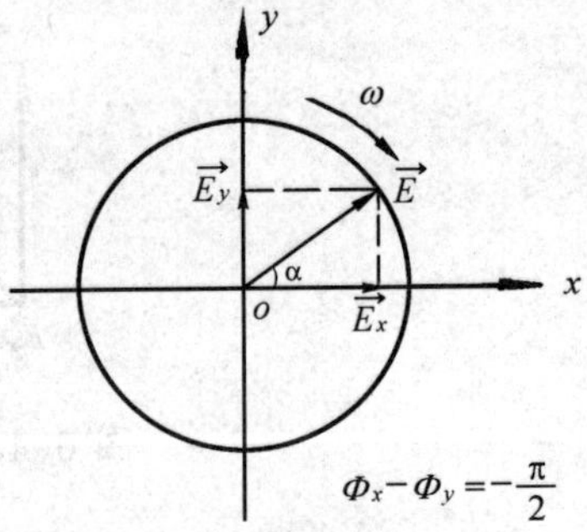

(b)左旋圆极化波

图 6.4.2　圆极化波

其传播方向为沿$+z$轴方向。E_x分量相位超前E_y分量$\frac{\pi}{2}$，合成矢量$\vec{E}$的方向与x轴夹角为

$$\alpha=\arctan\frac{E_y}{E_x}=\omega t-kz$$

在$z=$常数的平面上，α随t的增加而增大，合成矢量$\vec{E}$的方向沿波传播方向观察为顺时针方向旋转，即$\vec{E}$矢量的旋转方向与波的传播方向呈右手螺旋关系，则此圆极化波为右旋圆极化波，如图 6.4.2(a)所示。

对于圆极化平面波：

$$\vec{E}=\vec{a}_x E_0\cos(\omega t-kz)-\vec{a}_y E_0\sin(\omega t-kz)=$$

$$\vec{a}_x E_0\cos(\omega t-kz)+\vec{a}_y E_0\cos\left(\omega t-kz+\frac{\pi}{2}\right)\qquad \text{左旋圆极化波}$$

其传播方向为沿$+z$轴方向，而E_x分量相位落后E_y分量$\frac{\pi}{2}$，合成矢量$\vec{E}$的方向与x轴夹角

$$\alpha=\arctan\frac{E_y}{E_x}=-\omega t+kz=-(\omega t-kz)$$

在$z=$常数的平面上，α随t的增加而减小，合成矢量$\vec{E}$的方向沿波传播方向观察为逆时针方向旋转，即$\vec{E}$矢量的旋转方向与波的传播方向呈左手螺旋关系，则此圆极化波为左旋圆极化波，如图 6.4.2(b)所示。同理，沿$-z$方向传播的圆极化波

$$\vec{E}=\vec{a}_x E_0\cos(\omega t+kz)+\vec{a}_y E_0\sin(\omega t+kz)\qquad \text{左旋圆极化波}$$

E_x分量相位超前E_y分量$\frac{\pi}{2}$，为左旋圆极化波。而沿$-z$方向传播的圆极化波

$$\vec{E}=\vec{a}_x E_0\cos(\omega t+kz)-\vec{a}_y E_0\sin(\omega t+kz)\qquad \text{右旋圆极化波}$$

E_x分量相位落后E_y分量$\frac{\pi}{2}$，为右旋圆极化波。

三、椭圆极化波

更一般情况，$\vec{E}$的两正交分量E_x与E_y：

$$\left.\begin{aligned}E_x&=E_{xm}\cos(\omega t-kz+\Phi_x)\\E_y&=E_{ym}\cos(\omega t-kz+\Phi_y)\end{aligned}\right\}\qquad(6.4.11)$$

在 $z=0$ 平面上

$$\left.\begin{aligned}E_x&=E_{xm}\cos\ (\omega t+\Phi_x)\\E_y&=E_{ym}\cos\ (\omega t+\Phi_y)\end{aligned}\right\}\tag{6.4.12}$$

它们的 E_{xm} 和 E_{ym} 及 Φ_x 和 Φ_y 间为任意关系，记 Φ_x 与 Φ_y 的相位差为 $\Phi=\Phi_x-\Phi_y$。上式消去 ωt 得

$$\left(\frac{E_x}{E_{xm}}\right)^2-2\,\frac{E_x\,E_y}{E_{xm}\,E_{ym}}\cos\Phi+\left(\frac{E_y}{E_{ym}}\right)^2=\sin^2\Phi\tag{6.4.13}$$

上式是以 E_x 和 E_y 为变量的椭圆方程，以上椭圆方程不含一次项，故椭圆中心在坐标系原点。当 $\Phi=\pm\ \dfrac{\pi}{2}$ 时，方程式(6.4.13)简化为

$$\left(\frac{E_x}{E_{xm}}\right)^2+\left(\frac{E_y}{E_{ym}}\right)^2=1$$

椭圆的长短轴与坐标轴一致。当 $\Phi\neq\pm\dfrac{\pi}{2}$ 时，椭圆与坐标轴斜交，如图 6.4.3 所示。

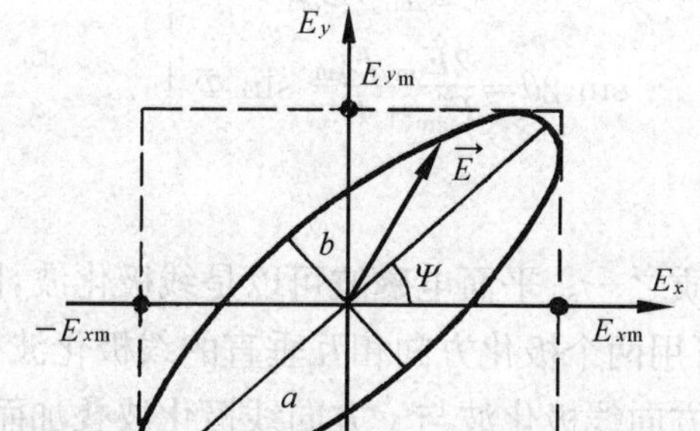

图 6.4.3　椭圆极化波

由图 6.4.3 可见，在空间固定点上，电场矢量 $\vec{E}$ 不断改变其大小和方向，其矢端轨迹为椭圆，故为椭圆极化波，矢端所描出的椭圆则称为极化椭圆。显然椭圆极化波是正弦平面波的最一般的极化情况，线极化波与圆极化波均可视为椭圆极化波的特例。前面几节所分析的平面波，$\vec{E}$ 的方向固定为沿 x 轴方向，因此是 x 方向的线极化波。

现在来看在椭圆极化波的一般情况下，$\vec{E}$ 的矢端旋转方向和旋转速率。$\vec{E}$ 与 x 轴的夹角为

$$\alpha=\arctan\frac{E_y}{E_x}=\arctan\frac{E_{ym}\cos\ (\omega t+\Phi_y)}{E_{xm}\cos\ (\omega t+\Phi_x)}\tag{6.4.14}$$

$\vec{E}$ 的旋转速率为

$$\frac{\mathrm{d}\alpha}{\mathrm{d}t}=\frac{E_{xm}\,E_{ym}\,\omega\sin\Phi}{E_{xm}^2\cos^2(\omega t+\Phi_x)+E_{ym}^2\cos^2(\omega t+\Phi_y)}\tag{6.4.15}$$

当 $\pi>\Phi_x-\Phi_y>0$ 时，$\dfrac{\mathrm{d}\alpha}{\mathrm{d}t}>0$，即 E_x 的相位超前 E_y 时，为右旋椭圆极化波(设定波的传播方

向为沿$+z$轴方向)；反之当$-\pi<\Phi_x-\Phi_y<0$时，$\frac{d\alpha}{dt}<0$，即E_x相位落后E_y时，为左旋椭圆极化波(波的传播方向为沿$+z$轴方向)。

由式(6.4.15)可见，$\vec{E}$的旋转速率$\frac{d\alpha}{dt}$不为常数，而是时间的函数。只有当$E_{xm}=E_{ym}$，$\Phi=\pm\frac{\pi}{2}$，即为圆极化波时，$\frac{d\alpha}{dt}=\pm\omega$为常数。

除了用E_{xm}和E_{ym}及Φ来描述波的极化外，还可以用极化椭圆的长轴a、短轴b和倾角Ψ(椭圆长轴与x轴的夹角)来描述。当$a\neq b$时，为椭圆极化波，$a=b$时为圆极化波，而$a=0$或$b=0$时为线极化波。如果在垂直于波传播方向的平面上，用两个相互垂直放置的线极化天线，测量波的E_{xm}、E_{ym}和$\Phi=\Phi_x-\Phi_y$；或者用一个线极化天线从0到360°旋转，测量出a、b和Ψ，可取作描述波的极化状态的两组参数。可以证明，这两组参数间有如下关系：

$$\left.\begin{aligned} &a^2+b^2=E_{xm}^2+E_{ym}^2 \\ &\tan 2\Psi=\frac{2E_{xm}E_{ym}}{E_{xm}^2-E_{ym}^2}\cos\Phi \\ &\sin 2\theta=\frac{2E_{xm}E_{ym}}{E_{xm}^2+E_{ym}^2}\sin\Phi \end{aligned}\right\} \tag{6.4.16}$$

式中，$\theta=\arctan\frac{b}{a}$

极化是电磁波的重要性质之一。平面电磁波可以是线极化波，圆极化波或椭圆极化波。无论是何种极化波，它们都可用两个极化方向相互垂直的线极化波叠加而成。如式(6.4.1)或式(6.4.2)所示，$\vec{E}$为由x方向线极化波与y方向线极化波叠加而成。或者说，无论何种极化，总可将其任意地分解为极化方向相互垂直的两个线极化波。正因为这样，在研究各向同性均匀媒质中平面波的传播时，只要研究线极化波的传播特性就够了。

任一线极化波亦可分解为两个振幅相等、旋向相反的圆极化波。设线极化的电场的复数表示式为

$$\dot{\vec{E}}=\dot{\vec{E}}_0\,e^{-jkz}$$

与x轴的夹角为α，则

$$\dot{\vec{E}}=\dot{\vec{E}}_0\,e^{-jkz}=(\vec{a}_x\dot{E}_0\cos\alpha+\vec{a}_y\dot{E}_0\sin\alpha)\,e^{-jkz}$$

由欧拉公式　$e^{j\alpha}=\cos\alpha+j\sin\alpha$

$$\cos\alpha=\frac{e^{j\alpha}+e^{-j\alpha}}{2},\quad \sin\alpha=\frac{-je^{j\alpha}+je^{-j\alpha}}{2}$$

则

$$\dot{\vec{E}}=\frac{\dot{E}_0}{2}(\vec{a}_x e^{j\alpha}-\vec{a}_y j\,e^{j\alpha})e^{-jkz}+\frac{\dot{E}_0}{2}(\vec{a}_x\,e^{-j\alpha}+\vec{a}_y\,je^{-j\alpha})e^{-jkz}$$

式中第一项为右旋圆极化波，第二项为左旋圆极化波，它们的振幅均为$\frac{E_0}{2}$。

电磁波的极化描述电磁波场矢量方向在空间随时间的变化方式。场矢量的取向在媒质边界上由于边界条件的作用将显得十分重要，我们将看到不同极化的波或者极化方向不同

的波，在同一边界面上会产生完全不同的结果。在分析电磁波传播过程中在不同媒质的分界面上产生反射、折射现象时，总是将任意极化的波分解为向特定方向极化的波，以便于处理边界条件。

§6.5　正弦平面电磁波向不同媒质界面的垂直入射

当电磁波在传播过程中遇到不同媒质的分界面时，将发生反射和折射（透射）现象。入射波的一部分能量由分界面反射回第一媒质，而另一部分能量则透入第二种媒质。它们在各自媒质中仍以波的形式传播，并服从电磁波在媒质中的传播规律。因为不同媒质有不同的波阻抗，所以在不同媒质中各个波的 $\vec{E}$ 与 $\vec{H}$ 有不同的比值。电磁波既要满足在媒质中的传播规律又要满足媒质分界面上的边界条件，因此在分界面上电磁波必将产生反射与透射（折射）。在分界面上入射波、折射波及反射波的大小，则由边界条件决定。

一、正弦平面电磁波向不同媒质分界面垂直入射

考虑空间存在一个分界面的情况，即空间仅存在两种不同的均匀媒质，各占有半无限空间，其分界面为一无限大平面。取坐标系如图 6.5.1 所示，$z=0$ 为分界面（xoy 平面）。

对比较简单的情况，入射波的传播方向垂直于媒质分界面。取坐标系 $+z$ 方向为入射波的传播方向，由于入射波为 TEM 波，故其电场 $\vec{E}_i$ 与磁场 $\vec{H}_i$ 皆与分界面平行。令 $\vec{E}_i$ 沿 $+x$ 方向，则 $\vec{H}_i$ 沿 $+y$ 方向。对于待求的反射波及折射波，假设其电场的正方向与入射波的相一致，而其磁场方向，则由反射波及折射波应有的传播方向由右手螺旋关系确定其相应的磁场的正方向（如图 6.5.1 所示）。若据此假设由边界条件求得的反射波及折射波场强为负值，则其实际方向为与假设的方向相反。

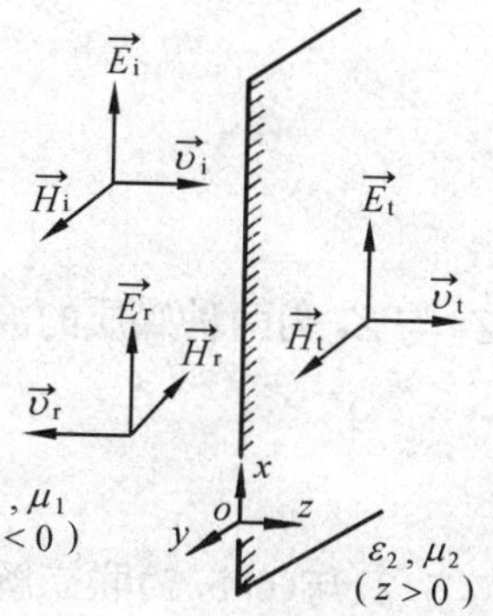

图 6.5.1　正弦平面电磁波对媒质界面垂直入射

在所取坐标系中，入射波、反射波及折射波场强的复数形式应为

入射波
$$\begin{cases}\dot{\vec{E}}_i=\vec{a}_x\dot{E}_{io}\,\mathrm{e}^{-\mathrm{j}\dot{k}_1 z} & (6.5.1a)\\ \dot{\vec{H}}_i=\vec{a}_y\dot{H}_{io}\,\mathrm{e}^{-\mathrm{j}\dot{k}_1 z} & (6.5.1b)\end{cases}$$

反射波
$$\begin{cases}\dot{\vec{E}}_r=\vec{a}_x\dot{E}_{ro}\,\mathrm{e}^{+\mathrm{j}\dot{k}_1 z} & (6.5.1c)\\ \dot{\vec{H}}_r=-\vec{a}_y\dot{H}_{ro}\,\mathrm{e}^{+\mathrm{j}\dot{k}_1 z} & (6.5.1d)\end{cases}$$

折射波
$$\begin{cases}\dot{\vec{E}}_t=\vec{a}_x\dot{E}_{to}\,\mathrm{e}^{-\mathrm{j}\dot{k}_2 z} & (6.5.1e)\\ \dot{\vec{H}}_t=\vec{a}_y\dot{H}_{to}\,\mathrm{e}^{-\mathrm{j}\dot{k}_2 z} & (6.5.1f)\end{cases}$$

式中，$\dot{k}_1$ 与 $\dot{k}_2$ 分别为两种媒质中电磁波的波数。

$$\dot{k}_1=\omega\sqrt{\mu_1\dot{\varepsilon}_1}, \qquad \dot{\varepsilon}_1=\varepsilon_1-\mathrm{j}\,\frac{\sigma_1}{\omega}$$

$$\dot{k}_2=\omega\sqrt{\mu_2\dot{\varepsilon}_2}, \qquad \dot{\varepsilon}_2=\varepsilon_2-\mathrm{j}\,\frac{\sigma_2}{\omega}$$

1. 在分界面上

在分界面 $z=0$ 处，电磁波场强满足边界条件：

电场切向分量连续 $$\dot{E}_{io}+\dot{E}_{ro}=\dot{E}_{to} \tag{6.5.2}$$

磁场切向分量连续 $$\dot{H}_{io}-\dot{H}_{ro}=\dot{H}_{to} \tag{6.5.3}$$

又对于入射波，反射波及折射波中电场与磁场的关系如下：

$$\frac{\dot{E}_{io}}{\dot{H}_{io}}=\dot{Z}_1=\sqrt{\frac{\mu_1}{\dot{\varepsilon}_1}} \tag{6.5.4a}$$

$$\frac{\dot{E}_{ro}}{\dot{H}_{ro}}=\dot{Z}_1=\sqrt{\frac{\mu_1}{\dot{\varepsilon}_1}} \tag{6.5.4b}$$

$$\frac{\dot{E}_{to}}{\dot{H}_{to}}=\dot{Z}_2=\sqrt{\frac{\mu_2}{\dot{\varepsilon}_2}} \tag{6.5.4c}$$

式中，$\dot{Z}_1$ 与 $\dot{Z}_2$ 为两种媒质的波阻抗，故

$$\frac{\dot{E}_{io}}{\dot{Z}_1}-\frac{\dot{E}_{ro}}{\dot{Z}_1}=\frac{\dot{E}_{to}}{\dot{Z}_2} \tag{6.5.5}$$

由式(6.5.2)与(6.5.5)联立解，得

$$\dot{E}_{ro}=\frac{\dot{Z}_2-\dot{Z}_1}{\dot{Z}_2+\dot{Z}_1}\,\dot{E}_{io} \tag{6.5.6a}$$

$$\dot{E}_{to}=\frac{2\dot{Z}_2}{\dot{Z}_2+\dot{Z}_1}\,\dot{E}_{io} \tag{6.5.6b}$$

由式(6.5.4)得

$$\dot{H}_{ro}=\frac{\dot{E}_{ro}}{\dot{Z}_1}=\frac{\dot{Z}_2-\dot{Z}_1}{\dot{Z}_2+\dot{Z}_1}\,\dot{H}_{io} \tag{6.5.6c}$$

$$\dot{H}_{to}=\frac{\dot{E}_{to}}{\dot{Z}_2}=\frac{2}{\dot{Z}_2+\dot{Z}_1}\,\dot{E}_{io}=\frac{2\dot{Z}_1}{\dot{Z}_1+\dot{Z}_2}\,\dot{H}_{io} \tag{6.5.6d}$$

定义在分界面上反射波电场与入射波电场之比为反射系数 $\dot{R}$，折射波电场与入射波电场之比为透射系数(折射系数)$\dot{T}$。即

$$\dot{R}=\frac{\dot{E}_{ro}}{\dot{E}_{io}}=\frac{\dot{Z}_2-\dot{Z}_1}{\dot{Z}_2+\dot{Z}_1} \tag{6.5.7a}$$

$$\dot{T}=\frac{\dot{E}_{to}}{\dot{E}_{io}}=\frac{2\dot{Z}_2}{\dot{Z}_2+\dot{Z}_1} \tag{6.5.7b}$$

从两种媒质的波阻抗算出媒质分界面上波的反射系数及透射系数(折射系数)便可由分界面上的入射波场强算出分界面上反射波场强及折射波场强。注意电场折射系数与磁场折射系数的不同。

2. 在分界面以外空间场强的分布

在分界面以外空间，入射波、反射波及折射波各自按在媒质中的传播规律传播。在分界面上它们的场强既经得出，则根据波的传播规律，由式(6.5.1)可得出媒质内任一点的场强。

在第二媒质中仅有折射波，因此在第二媒质中场强的分布即为折射波场强的分布。在距分界面 z 处($z\geqslant 0$)的折射波场强度为

$$\vec{\dot{E}}_2=\vec{\dot{E}}_t=\vec{a}_x\dot{E}_{to}\,e^{-j\dot{k}_2 z} \tag{6.5.8a}$$

$$\vec{\dot{H}}_2=\vec{\dot{H}}_t=\vec{a}_y\dot{H}_{to}\,e^{-j\dot{k}_2 z} \tag{6.5.8b}$$

在第一媒质中存在入射波与反射波，则第一媒质中场强为它们场强的叠加。在距分界面 z 处($z\leqslant 0$)的场强为

$$\vec{\dot{E}}_1=\vec{\dot{E}}_i+\vec{\dot{E}}_r=\vec{a}_x(\dot{E}_{io}\,e^{-j\dot{k}_1 z}+\dot{E}_{ro}\,e^{j\dot{k}_1 z})=\vec{a}_x\dot{E}_{io}(e^{-j\dot{k}_1 z}+\dot{R}\,e^{j\dot{k}_1 z}) \tag{6.5.9a}$$

$$\vec{\dot{H}}_1=\vec{\dot{H}}_{io}+\vec{\dot{H}}_{ro}=\vec{a}_y(\dot{H}_{io}e^{-j\dot{k}_1 z}-\dot{H}_{ro}\,e^{j\dot{k}_1 z})=\vec{a}_y\dot{H}_{io}(e^{-j\dot{k}_1 z}-\dot{R}\,e^{j\dot{k}_1 z}) \tag{6.5.9b}$$

二、正弦平面电磁波对理想导电媒质表面的垂直入射

若第二媒质为理想导体，电磁波的透入深度趋于零，在理想导体内不存在电磁场，即 $\dot{E}_{to}=0$ 及 $\dot{H}_{to}=0$。因此电磁波能量在理想导体表面将全部反射，故称全反射。

1. 在理想导体表面

在理想导体表面，即媒质的边界面($z=0$)，其边界条件为

电场的切向分量连续 $$\dot{E}_0=\dot{E}_{io}+\dot{E}_{ro}=\dot{E}_{to}=0 \tag{6.5.10a}$$

故 $\dot{E}_{ro}=-\dot{E}_{io}$，反射系数 $\dot{R}=\dfrac{\dot{E}_{ro}}{\dot{E}_{io}}=-1$。

磁场的切向分量不连续，$\dot{H}_0=\dot{H}_{io}-\dot{H}_{ro}\neq\dot{H}_{to}$，因为 $\dot{H}_{ro}=\dfrac{\dot{E}_{ro}}{\dot{Z}_1}=-\dfrac{\dot{E}_{io}}{\dot{Z}_1}=-\dot{H}_{io}$，故

$$\dot{H}_0=\dot{H}_{io}-\dot{H}_{ro}=2\dot{H}_{io} \tag{6.5.10b}$$

在理想导体表面上存在面电流，其线密度决定于表面磁场的切向分量。

$$\vec{\dot{J}}_l=\vec{n}\times\vec{\dot{H}}_0=-\vec{a}_z\times\vec{a}_y 2\dot{H}_{io}=\vec{a}_x\,2\dot{H}_{io} \tag{6.5.10c}$$

2. 在分界面以外媒质中场强分布

在分界面以外第二媒质理想导体中无电磁场分布，仅在第一媒质中有电磁场，其场强为入射波与反射波场强的叠加。设取坐标系 z 以离开分界面指向第一媒质为正，如图 6.5.2 所示。则

$$\dot{E}=\dot{E}_i+\dot{E}_r=\dot{E}_{io}e^{jk_1z}+\dot{E}_{ro}e^{-jk_1z}=\dot{E}_{io}(e^{jk_1z}-e^{-jk_1z})=2j\,\dot{E}_{io}\sin k_1z \quad (6.5.11a)$$

$$\dot{H}=\dot{H}_i-\dot{H}_r=\dot{H}_{io}e^{jk_1z}-\dot{H}_{ro}e^{-jk_1z}=\dot{H}_{io}(e^{jk_1z}+e^{-jk_1z})=2\dot{H}_{io}\cos k_1z \quad (6.5.11b)$$

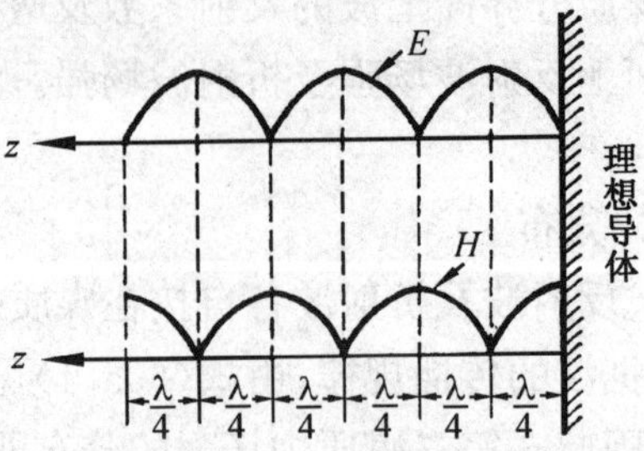

图 6.5.2　理想导体外空间电磁场强分布

式(6.5.11)表示在理想导体以外第一媒质中入射波与反射波叠加形成驻波。

在 $k_1z=n\pi(n=0,1,2,\cdots)$，或 $z=\dfrac{n\pi}{k_1}=n\dfrac{\lambda}{2}$ 处，$\sin k_1z=0$，$\cos k_1z=\pm1$ 为电场强度 $\dot{E}$ 的波节及磁场强度 $\dot{H}$ 的波腹。而在 $k_1z=\dfrac{2n+1}{2}\pi(n=0,1,2,\cdots)$，或 $z=\dfrac{2n+1}{2k_1}\pi=(2n+1)\dfrac{\lambda}{4}$ 处，$\sin k_1z=\pm1$，$\cos k_1z=0$ 为电场强度的波腹及磁场强度的波节。场强的波腹与波节间隔 $\dfrac{\lambda}{4}$ 交替出现，如图 6.5.2 所示。

在 $\dot{E}$ 或 $\dot{H}$ 的波节处，坡印亭矢量等于零，故没有电磁功率流通过这些平面。仅在两个波节之间的范围内有电场能量与磁场能量的交替变换，形成电磁振荡。

§6.6　正弦平面电磁波在不同媒质界面上反射、折射的一般规律

在一般情况下，电磁波对媒质分界面的入射方向是任意的，如果为了处理边界条件的方便，选择直角坐标系 xoy 平面与分界平面重合，就无法再使 z 轴为电磁波的传播方向。因此在分析电磁波的反射、折射一般规律之前，有必要先求出向任意方向传播的平面电磁波的表达式。

一、沿任意方向传播的平面电磁波的表达式

选取直角坐标系 xoy 平面与媒质分界面重合，因沿任意方向传播的平面电磁波波前面不一定与 xoy 平面平行，即波的传播方向不一定沿 z 轴，如图 6.6.1 所示。因此波动方程为

$$\nabla^2\vec{\dot{E}}+k^2\vec{\dot{E}}=0 \quad (6.6.1a)$$

$$\nabla^2\vec{\dot{H}}+k^2\vec{\dot{H}}=0 \quad (6.6.1b)$$

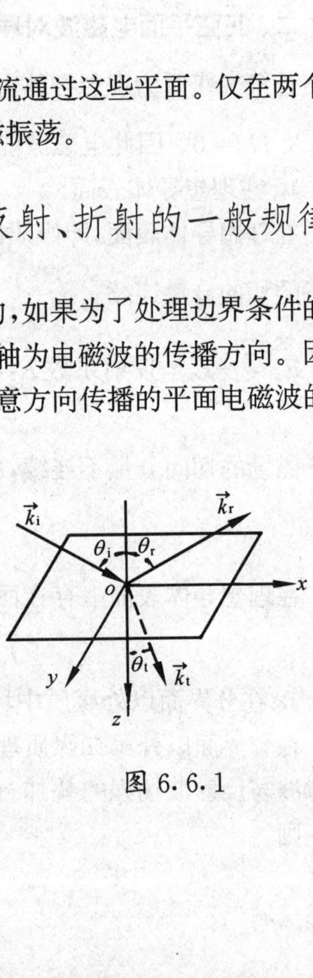

图 6.6.1

其中$\dot{E}$和$\dot{H}$的任一分量$\dot{\Psi}$均满足标量亥姆霍兹方程

$$\nabla^2\dot{\Psi}+k^2\dot{\Psi}=0 \tag{6.6.2a}$$

在直角坐标系中为

$$\frac{\partial^2\dot{\Psi}}{\partial x^2}+\frac{\partial^2\dot{\Psi}}{\partial y^2}+\frac{\partial^2\dot{\Psi}}{\partial z^2}+k^2\dot{\Psi}=0 \tag{6.6.2b}$$

上式的解可用分离变量法求得。为此令

$$\dot{\Psi}(x,y,z)=\dot{X}(x)\dot{Y}(y)\dot{Z}(z) \tag{6.6.3}$$

代入式(6.6.2b),得

$$\frac{\mathrm{d}^2\dot{X}}{\mathrm{d}x^2}+k_x^2\dot{X}=0,\qquad \dot{X}(x)=\dot{A}_1\mathrm{e}^{-jk_xx}+\dot{A}_2\mathrm{e}^{+jk_xx} \tag{6.6.4a}$$

$$\frac{\mathrm{d}^2\dot{Y}}{\mathrm{d}y^2}+k_y^2\dot{Y}=0,\qquad \dot{Y}(y)=\dot{B}_1\mathrm{e}^{-jk_yy}+\dot{B}_2\mathrm{e}^{+jk_yy} \tag{6.6.4b}$$

$$\frac{\mathrm{d}^2\dot{Z}}{\mathrm{d}z^2}+k_z^2\dot{Z}=0,\qquad \dot{Z}(z)=\dot{C}_1\mathrm{e}^{-jk_zz}+\dot{C}_2\mathrm{e}^{+jk_zz} \tag{6.6.4c}$$

其中$k_x^2+k_y^2+k_z^2=k^2$。

式(6.6.4)中各式分别具有$\mathrm{e}^{\pm jk_xx}$,$\mathrm{e}^{\pm jk_yy}$,$\mathrm{e}^{\pm j k_zz}$形式的解。如果取其中一组,则解为

$$\dot{\Psi}(x,y,z)=\dot{\Psi}_0\mathrm{e}^{-jk_xx}\,\mathrm{e}^{-jk_yy}\,\mathrm{e}^{-jk_zz}=\dot{\Psi}_0\,\mathrm{e}^{-j(k_xx+k_yy+k_zz)} \tag{6.6.5}$$

式中,$\dot{\Psi}_0$为原点处$\dot{\Psi}$值。

如场点位置(x,y,z)用位置矢量表示,$\vec{r}=\vec{a}_x\,x+\vec{a}_y\,y+\vec{a}_y\,z$,并引入矢量

$$\vec{k}=\vec{a}_x\,k_x+\vec{a}_y\,k_y+\vec{a}_z\,k_z \tag{6.6.6}$$

表示电磁波传播特性的参数,则$\vec{k}$称为波矢量或传播矢量。其方向代表波的传播方向,其大小即为波数,即

$$k=\sqrt{k_x^2+k_y^2+k_z^2}=\omega\sqrt{\mu\varepsilon} \tag{6.6.7}$$

如μ,ε为复数,则k也为复数。

令$\vec{k}_0$表示波的传播方向单位矢量,则波矢量

$$\vec{k}=k\vec{k}_0 \tag{6.6.8}$$

引入波矢量$\vec{k}$后,式(6.6.5)可表示为

$$\dot{\Psi}(x,y,z)=\dot{\Psi}_0\mathrm{e}^{-j\vec{k}\cdot\vec{r}}=\dot{\Psi}_0\,\mathrm{e}^{-jk\xi}=\Psi_0\mathrm{e}^{-jk\xi+j\Phi_0} \tag{6.6.9}$$

式中,$\xi=\vec{k}_0\cdot\vec{r}$为原点至等相位面的垂直距离。

式(6.6.9)的瞬时值为

$$\Psi(x,y,z,t)=\mathrm{Re}(\dot{\Psi}\,\mathrm{e}^{j\omega t})=\Psi_0\cos\,(\omega t-\vec{k}\cdot\vec{r}+\Phi_0)=\Psi_0\cos\,(\omega t-k\xi+\Phi_0) \tag{6.6.10}$$

由此,等相位面方程为

$$\omega t-k\xi+\Phi_0=\text{常数}$$

表示等相位面为平面。随着 t 的增加，等相位面向 ξ 增加方向移动，因此式(6.6.9)或(6.6.10)表示沿 $\vec{k}$ 方向，即 ξ 增加方向传播的平面波，如图 6.6.2 所示。在任一固定时刻，空间中随着 ξ 的增加，相位逐点落后。这点与沿直角坐标系 z 轴方向传播的平面波 $e^{j(\omega t-kz)}$ 随着 z 的增加，相位 $(\omega t-kz)$ 逐点落后，在物理概念上是完全一致的。

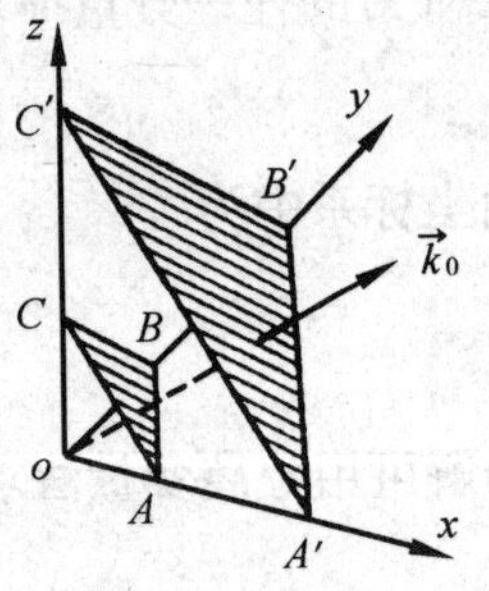

图 6.6.2　沿任意方向 $\vec{k}_0$ 传播的平面波

二、正弦平面电磁波在不同媒质分界平面上反射、折射的一般规律

选取坐标系，令 xoy 平面与两媒质分界平面重合，如图 6.6.1 所示。平面波在 $z\leqslant 0$ 的空间内以任意方向向分界面入射，并产生反射与折射。令在原点 o(在分界面上)的入射波、反射波及折射波的 $\dot{\vec{E}}_i$、$\dot{\vec{E}}_r$ 及 $\dot{\vec{E}}_t$ 各为 $\dot{\vec{E}}_{io}$、$\dot{\vec{E}}_{ro}$ 及 $\dot{\vec{E}}_{to}$，则对于空间任一点，有

$$\dot{\vec{E}}_i=\dot{\vec{E}}_{io}\,e^{-j\vec{k}_i\cdot\vec{r}}=\dot{\vec{E}}_{io}\,e^{-j(k_{ix}x+k_{iy}y+k_{iz}z)}\quad(z\leqslant 0)\tag{6.6.11a}$$

$$\dot{\vec{E}}_r=\dot{\vec{E}}_{ro}\,e^{-j\vec{k}_r\cdot\vec{r}}=\dot{\vec{E}}_{ro}\,e^{-j(k_{rx}x+k_{ry}y+k_{rz}z)}\quad(z\leqslant 0)\tag{6.6.11b}$$

$$\dot{\vec{E}}_t=\dot{\vec{E}}_{to}\,e^{-j\vec{k}_t\cdot\vec{r}}=\dot{\vec{E}}_{to}\,e^{-j(k_{tx}x+k_{ty}y+k_{tz}z)}\quad(z\geqslant 0)\tag{6.6.11c}$$

式中，$\vec{r}=\vec{a}_x x+\vec{a}_y y+\vec{a}_z z$ 为空间任一点矢径。而

$$\vec{k}_i=\vec{a}_x k_{ix}+\vec{a}_y k_{iy}+\vec{a}_z k_{iz}\tag{6.6.12a}$$

$$\vec{k}_r=\vec{a}_x k_{rx}+\vec{a}_y k_{ry}+\vec{a}_z k_{rz}\tag{6.6.12b}$$

$$\vec{k}_t=\vec{a}_x k_{tx}+\vec{a}_y k_{ty}+\vec{a}_z k_{tz}\tag{6.6.12c}$$

各为入射波、反射波及折射波的波矢量，它们的方向各为入射波、反射波及折射波的传播方向，其大小则为

$$k_i=k_r=k_1=\omega\sqrt{\mu_1\varepsilon_1}\tag{6.6.13a}$$

$$k_t=k_2=\omega\sqrt{\mu_2\varepsilon_2}\tag{6.6.13b}$$

在媒质 1 中($z\leqslant 0$)，存在入射波与反射波，其总电场为

$$\vec{E}_1=\vec{E}_i+\vec{E}_r\tag{6.6.14}$$

在媒质 2 中($z\geqslant 0$)，仅存在折射波，其总电场为

$$\vec{E}_2=\vec{E}_t\tag{6.6.15}$$

研究电磁波在两媒质分界面上反射，折射的一般规律，就是给定入射波及两媒质参数，求出反射波及折射波，从而得出两媒质中的电磁场分布，并讨论波的传播特性。

入射波、反射波及折射波之间的关系，由它们在两媒质的共同边界面上的场强边界条件决定。在两媒质分界面两边的总场强在边界面上应满足边界条件。

在所取坐标系中，两媒质分界面($z=0$)上，根据边界条件，电场的切向分量应连续，$E_{1t}=E_{2t}$，故有

$$\dot{E}_{it}(x,y,o)+\dot{E}_{rt}(x,y,o)=\dot{E}_{tt}(x,y,o)$$

即

$$\dot{E}_{\text{iot}}\,\mathrm{e}^{-\mathrm{j}(k_{ix}x+k_{iy}y)}+\dot{E}_{\text{rot}}\,\mathrm{e}^{-\mathrm{j}(k_{rx}x+k_{ry}y)}=\dot{E}_{\text{tot}}\,\mathrm{e}^{-\mathrm{j}(k_{tx}x+k_{ty}y)} \tag{6.6.16}$$

上式在分界面上任一点(x,y,o)处都成立，为恒等式，式中各指数必须相等，即

$$k_{ix}x+k_{iy}y=k_{rx}x+k_{ry}y=k_{tx}x+k_{ty}y$$

并可进一步写成

$$k_{ix}=k_{rx}=k_{tx} \tag{6.6.17a}$$

$$k_{iy}=k_{ry}=k_{ty} \tag{6.6.17b}$$

从式(6.6.17)可以看出，$\vec{k}_i$、$\vec{k}_r$ 及 $\vec{k}_t$ 三矢量在 xoy 平面(分界面)上的投影在同一直线上，即此三矢量必在与 xoy 平面相垂直的同一平面上，称这一平面为入射面。设 $\vec{k}_i$、$\vec{k}_r$ 及 $\vec{k}_t$ 与分界面法线的夹角分别为 θ_i、θ_r 及 θ_t，如图 6.6.1 所示，并分别称为入射角、反射角及折射角。

为简化数学表示式，令入射面与 xoz 面重合，这样 $k_{iy}=k_{ry}=k_{ty}=0$，式(6.6.16)成为

$$\dot{E}_{\text{iot}}\,\mathrm{e}^{-\mathrm{j}k_{ix}x}+\dot{E}_{\text{rot}}\,\mathrm{e}^{-\mathrm{j}k_{rx}x}=\dot{E}_{\text{tot}}\,\mathrm{e}^{-\mathrm{j}k_{tx}x} \tag{6.6.18}$$

上式中，

$$k_{ix}=k_i\sin\theta_i \tag{6.6.19a}$$

$$k_{rx}=k_r\sin\theta_r \tag{6.6.19b}$$

$$k_{tx}=k_t\sin\theta_t \tag{6.6.19c}$$

将式(6.6.19)代入式(6.6.17)，得

$$k_i\sin\theta_i=k_r\sin\theta_r=k_t\sin\theta_t \tag{6.6.20}$$

而 $k_i=k_1$，$k_r=k_1$，$k_t=k_2$，因此

$$\theta_i=\theta_r \tag{6.6.21}$$

即反射角等于入射角，称为反射定律。

由式(6.6.20)同时得

$$k_1\sin\theta_i=k_2\sin\theta_t \tag{6.6.22a}$$

$$k_1=\omega\sqrt{\mu_1\varepsilon_1}=\frac{\omega}{v_1}=\frac{\omega}{c}\sqrt{\mu_{1r}\varepsilon_{1r}}=\frac{\omega}{c}n_1 \qquad n=\frac{c}{v}=c\sqrt{\mu\varepsilon}$$

$$k_2=\omega\sqrt{\mu_2\varepsilon_2}=\frac{\omega}{v_2}=\frac{\omega}{c}\sqrt{\mu_{2r}\varepsilon_{2r}}=\frac{\omega}{c}n_2$$

式中，v_1 和 v_2 分别为波在媒质 1 和 2 中的传播速度；n_1 和 n_2 分别为媒质 1 和 2 的折射率，c 为真空中的电磁波速度。于是式(6.6.22a)又可写成

$$\frac{1}{v_1}\sin\theta_i=\frac{1}{v_2}\sin\theta_t \tag{6.6.22b}$$

或

$$n_1\sin\theta_i=n_2\sin\theta_t \tag{6.6.22c}$$

式(6.6.22)称为折射定律，也称斯涅耳定律。

综上所述，平面电磁波在媒质分界面上反射、折射的一般规律：

(1)入射波、反射波及折射波射线(射线方向与波矢量方向一致)和分界面法线共面，此

平面称为入射面；

(2)反射定律：入射波射线与反射波射线分别处于法线的两侧，且反射角等于入射角，即 $\theta_r=\theta_i$；

(3)折射定律：折射波射线与入射波射线分别处于法线两侧，折射角 θ_t 与入射角 θ_i 之间满足 $k_1\sin\theta_i=k_2\sin\theta_t$。

以上结果与光学中的斯涅耳定律完全一致，这是光为电磁波的又一证明。

§6.7　正弦平面电磁波向不同媒质分界面的斜入射

平面电磁波以任意入射角向媒质分界面斜入射，这时其 $\vec{E}$ 及 $\vec{H}$ 在分界面上既有切向分量又有法向分量。在运用边界条件时，需要找出 $\vec{E}$ 和 $\vec{H}$ 在边界上的切向分量，因而在分界面上 $\vec{E}$ 和 $\vec{H}$ 与分界面的相对方向或者波的极化方向至关重要。

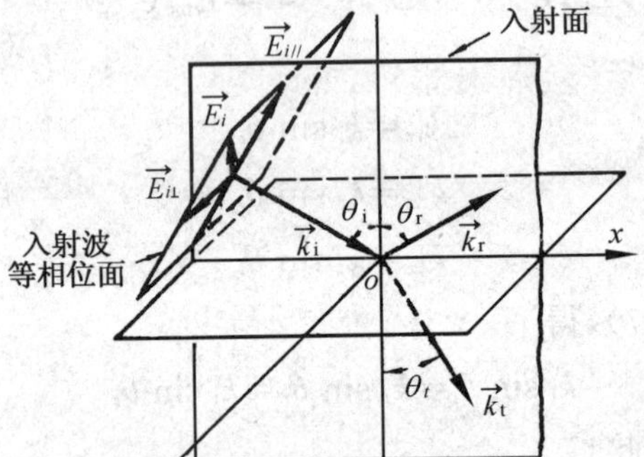

图 6.7.1

入射 TEM 波，其电场 $\vec{E}_i$ 与磁场 $\vec{H}_i$ 均在与其传播方向 $\vec{k}_i$ 垂直的平面内，如图 6.7.1 所示。$\vec{E}_i$(或 $\vec{H}_i$)在这一平面上的取向可以是任意的，但可以将它分解为两个分量，一个垂直于入射面，另一个与入射面平行，即 $\vec{E}_i=\vec{E}_{i\perp}+\vec{E}_{i/\!/}$。相应的 $\vec{H}_i$ 也分解为两个分量，分别与 $\vec{E}_i$ 的相应分量相垂直。这样便将一个任意极化波分解为两个线极化波，它们的极化方向一个垂直于入射面；另一个与入射面平行。电场矢量与入射面垂直的线极化波称为垂直极化波；与入射面平行的线极化波称为平行极化波。

分别讨论了 $\vec{E}_i$ 为垂直极化波及平行极化波这两种情况下的反、折射问题后，就可通过叠加来处理一切可能的极化状态平面电磁波的反、折射问题。

一、垂直极化波

取直角坐标系如图 6.7.2 所示。xoy 平面为媒质分界面，xoz 平面与入射面重合。

垂直极化波的 $\vec{E}_i$ 垂直于入射面，故 $\vec{E}_i$ 与分界平面平行，取 $\vec{E}_i$、$\vec{E}_r$ 及 $\vec{E}_t$ 的正方向相同(如图均为 $+y$ 轴方向)，并由 $\vec{k}_i$、$\vec{k}_r$ 及 $\vec{k}_t$ 定出 $\vec{H}_i$、$\vec{H}_r$ 及 $\vec{H}_t$ 的正方向，如图 6.7.2 所示。

1. 在分界面上($z=0$)

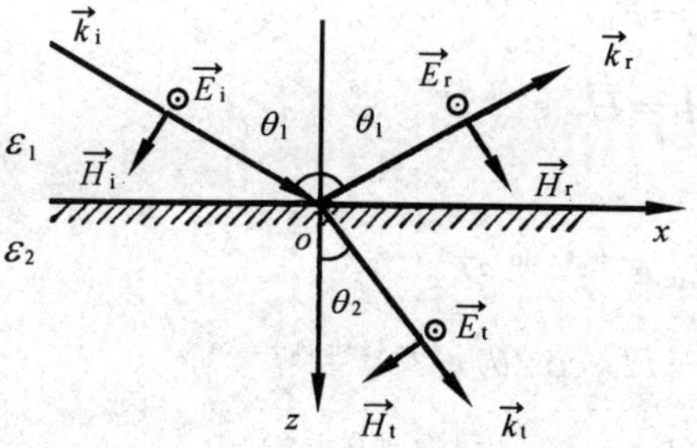

图 6.7.2　垂直极化波斜入射

根据边界条件，在分界面($z=0$)上电场、磁场的切向分量连续，故

$$E_i|_{z=0}+E_r|_{z=0}=E_t|_{z=0}$$

$$H_{ix}|_{z=0}+H_{rx}|_{z=0}=H_{tx}|_{z=0}$$

令 $k_i=k_r=k_1, k_t=k_2, \theta_i=\theta_r=\theta_1, \theta_t=\theta_2$，则由式(6.6.18)可写出垂直极化波中 $\vec{E}$ 的边界条件

$$\dot{E}_{io}\,e^{-j(k_1\sin\theta_1)x}+\dot{E}_{ro}\,e^{-j(k_1\sin\theta_1)x}=\dot{E}_{to}\,e^{-j(k_2\sin\theta_2)x} \tag{6.7.1}$$

$\vec{H}$ 的边界条件

$$(\dot{H}_{io}\cos\theta_1)e^{-j(k_1\sin\theta_1)x}-(\dot{H}_{ro}\cos\theta_1)e^{-j(k_1\sin\theta_1)x}=(\dot{H}_{to}\cos\theta_2)e^{-j(k_2\sin\theta_2)x}$$

又因均匀平面波有 $\dfrac{\dot{E}}{\dot{H}}=Z$，故上式可写成

$$\frac{\dot{E}_{io}}{Z_1}\cos\theta_1\,e^{-j(k_1\sin\theta_1)x}-\frac{\dot{E}_{ro}}{Z_1}\cos\theta_1\,e^{-j(k_1\sin\theta_1)x}=\frac{\dot{E}_{to}}{Z_2}\cos\theta_2\,e^{-j(k_2\sin\theta_2)x} \tag{6.7.2}$$

式(6.7.1)与式(6.7.2)联立解得

$$\dot{E}_{ro}=\frac{Z_2\cos\theta_1-Z_1\cos\theta_2}{Z_2\cos\theta_1+Z_1\cos\theta_2}\dot{E}_{io} \tag{6.7.3a}$$

$$\dot{E}_{to}=\frac{2Z_2\cos\theta_1}{Z_2\cos\theta_1+Z_1\cos\theta_2}\dot{E}_{io} \tag{6.7.3b}$$

$$\dot{H}_{ro}=\frac{Z_2\cos\theta_1-Z_1\cos\theta_2}{Z_2\cos\theta_1+Z_1\cos\theta_2}\dot{H}_{io} \tag{6.7.3c}$$

$$\dot{H}_{to}=\frac{2Z_1\cos\theta_1}{Z_2\cos\theta_1+Z_1\cos\theta_2}\dot{H}_{io} \tag{6.7.3d}$$

反射系数

$$\dot{R}_{\perp}=\frac{\dot{E}_{ro}}{\dot{E}_{io}}=\frac{Z_2\cos\theta_1-Z_1\cos\theta_2}{Z_2\cos\theta_1+Z_1\cos\theta_2}=\frac{\dfrac{Z_2}{\cos\theta_2}-\dfrac{Z_1}{\cos\theta_1}}{\dfrac{Z_2}{\cos\theta_2}+\dfrac{Z_1}{\cos\theta_1}} \tag{6.7.4}$$

2. 在分界面以外

在分界面以外媒质中的电磁波场强可以根据波的传播规律由分界面场强求得。

在第二媒质中($z \geqslant 0$),仅有折射波

$$\dot{\vec{E}}_2=\dot{\vec{E}}_t=\dot{\vec{E}}_{to}e^{-j\vec{k}_t \cdot \vec{r}} \tag{6.7.5a}$$

$$\dot{\vec{H}}_2=\dot{\vec{H}}_t=\dot{\vec{H}}_{to}\,e^{-j\vec{k}_t \cdot \vec{r}} \tag{6.7.5b}$$

或写成直角坐标分量形式

$$\dot{E}_{2y}=\dot{E}_{to}\,e^{-jk_2(x\sin\theta_2+z\cos\theta_2)} \tag{6.7.6a}$$

$$\dot{H}_{2x}=-\dot{H}_{to}\cos\theta_2\,e^{-jk_2(x\sin\theta_2+z\cos\theta_2)} \tag{6.7.6b}$$

$$\dot{H}_{2z}=\dot{H}_{to}\sin\theta_2\,e^{-jk_2(x\sin\theta_2+z\cos\theta_2)} \tag{6.7.6c}$$

在第一媒质中($z \leqslant 0$),电磁场为入射波与反射波电磁场强的叠加,即

$$\dot{\vec{E}}_1=\dot{\vec{E}}_i+\dot{\vec{E}}_r=\dot{\vec{E}}_{io}\,e^{-j\vec{k}_i \cdot \vec{r}}+\dot{\vec{E}}_{ro}\,e^{-j\vec{k}_r \cdot \vec{r}} \tag{6.7.7a}$$

$$\dot{\vec{H}}_1=\dot{\vec{H}}_i+\dot{\vec{H}}_r=\dot{\vec{H}}_{io}\,e^{-j\vec{k}_i \cdot \vec{r}}+\dot{\vec{H}}_{ro}\,e^{-j\vec{k}_r \cdot \vec{r}} \tag{6.7.7b}$$

或

$$\dot{E}_{1y}=\dot{E}_{io}(e^{-jk_1z\cos\theta_1}+\dot{R}_\perp\,e^{jk_1z\cos\theta_1})\,e^{-jk_1x\sin\theta_1} \tag{6.7.8a}$$

$$\dot{H}_{1x}=-\dot{H}_{io}\cos\theta_1(e^{-jk_1z\cos\theta_1}-\dot{R}_\perp\,e^{jk_1z\cos\theta_1})\,e^{-jk_1x\sin\theta_1} \tag{6.7.8b}$$

$$\dot{H}_{1z}=\dot{H}_{io}\sin\theta_1(e^{-jk_1z\cos\theta_1}+\dot{R}_\perp\,e^{jk_1z\cos\theta_1})e^{-jk_1x\sin\theta_1} \tag{6.7.8c}$$

二、平行极化波

取直角坐标系如图 6.7.3 所示。xoy 平面与媒质分界面重合,xoz 面与入射面重合。

平行极化波的 $\vec{E}_i$ 平行于入射面,$\vec{H}_i$ 垂直于入射面,故 $\vec{H}_i$ 平行于分界平面。

首先假定场矢量的正方向,取 $\vec{H}_i$ 的正方向为 $+y$ 方向,$\vec{H}_t$ 的正方向与 $\vec{H}_i$ 正方向一致,$\vec{H}_r$ 的正方向与 $\vec{H}_i$ 的正方向相反*。并由 $\vec{k}_i$、$\vec{k}_r$ 及 $\vec{k}_t$ 定出 $\vec{E}_i$、$\vec{E}_r$ 及 $\vec{E}_t$ 的正方向,如图 6.7.3 所示。

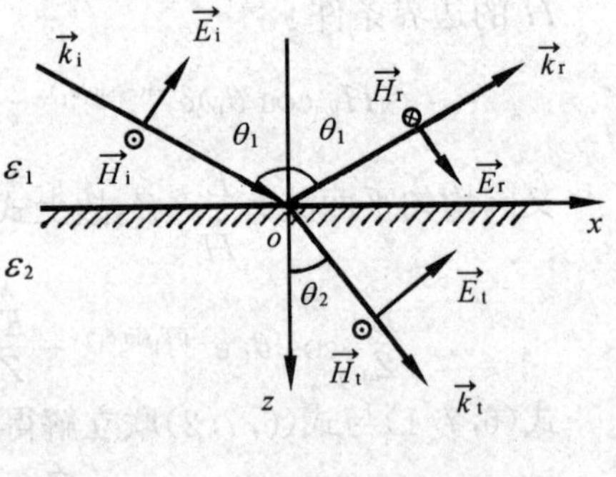

图 6.7.3 平行极化波斜入射

1. 在分界面上($z=0$)

根据边界条件,在分界面($z=0$)上,电、磁场的切向分量应连续。

$$\dot{H}_{io}\,e^{-j(k_1\sin\theta_1)x}-\dot{H}_{ro}\,e^{-j(k_1\sin\theta_1)x}=\dot{H}_{to}\,e^{-j(k_2\sin\theta_2)x}$$

或

$$\frac{\dot{E}_{io}}{Z_1}\,e^{-j(k_1\sin\theta_1)x}-\frac{\dot{E}_{ro}}{Z_1}\,e^{-j(k_1\sin\theta_1)x}=\frac{\dot{E}_{to}}{Z_2}\,e^{-j(k_2\sin\theta_2)x} \tag{6.7.9a}$$

及

---

* 场矢量正方向可任意假定,这里取 $\vec{H}_r$ 的正方向与 $\vec{H}_i$ 的正方向相反,主要为了在 $\theta_1=0$ 的情况下与前面分析垂直入射时取的正方向一致。

$$\dot{E}_{io}\cos\theta_1\,\mathrm{e}^{-\mathrm{j}(k_1\sin\theta_1)x}+\dot{E}_{ro}\cos\theta_1\,\mathrm{e}^{-\mathrm{j}(k_1\sin\theta_1)x}=\dot{E}_{to}\cos\theta_2\,\mathrm{e}^{-\mathrm{j}(k_2\sin\theta_2)x} \tag{6.7.9b}$$

联立求解式(6.7.9a)与式(6.7.9b)得

$$\dot{E}_{ro}=\frac{Z_2\cos\theta_2-Z_1\cos\theta_1}{Z_2\cos\theta_2+Z_1\cos\theta_1}\dot{E}_{io} \tag{6.7.10a}$$

$$\dot{E}_{to}=\frac{2Z_2\cos\theta_1}{Z_2\cos\theta_2+Z_1\cos\theta_1}\dot{E}_{io} \tag{6.7.10b}$$

$$\dot{H}_{ro}=\frac{\dot{E}_{ro}}{Z_1}=\frac{Z_2\cos\theta_2-Z_1\cos\theta_1}{Z_2\cos\theta_2+Z_1\cos\theta_1}\dot{H}_{io} \tag{6.7.10c}$$

$$\dot{H}_{to}=\frac{\dot{E}_{to}}{Z_2}=\frac{2Z_1\cos\theta_1}{Z_2\cos\theta_2+Z_1\cos\theta_1}\dot{H}_{io} \tag{6.7.10d}$$

反射系数

$$\dot{R}_{/\!/}=\frac{\dot{E}_{ro}}{\dot{E}_{io}}=\frac{Z_2\cos\theta_2-Z_1\cos\theta_1}{Z_2\cos\theta_2+Z_1\cos\theta_1} \tag{6.7.11}$$

2. 在分界面以外

在分界面以外媒质中的电磁波场强可以根据波的传播规律由分界面场强求得。

在第二媒质中($z\geqslant0$)，仅有折射波

$$\vec{E}_2=\vec{E}_t=\vec{E}_{to}\,\mathrm{e}^{-\mathrm{j}\vec{k}_t\cdot\vec{r}}$$

$$\vec{H}_2=\vec{H}_t=\vec{H}_{to}\,\mathrm{e}^{-\mathrm{j}\vec{k}_t\cdot\vec{r}}$$

或

$$\dot{E}_{2x}=\dot{E}_{to}\cos\theta_2\,\mathrm{e}^{-\mathrm{j}k_2(x\sin\theta_2+z\cos\theta_2)} \tag{6.7.12a}$$

$$\dot{E}_{2z}=-\dot{E}_{to}\sin\theta_2\,\mathrm{e}^{-\mathrm{j}k_2(x\sin\theta_2+z\cos\theta_2)} \tag{6.7.12b}$$

$$\dot{H}_{2y}=\dot{H}_{to}\,\mathrm{e}^{-\mathrm{j}k_2(x\sin\theta_2+z\cos\theta_2)} \tag{6.7.12c}$$

在第一媒质中($z\leqslant0$)，同时存在入射波与反射波，因此第一媒质中电磁场分布为它们的电磁场叠加

$$\vec{E}_1=\vec{E}_i+\vec{E}_r=\vec{E}_{io}\,\mathrm{e}^{-\mathrm{j}\vec{k}_i\cdot\vec{r}}+\vec{E}_{ro}\,\mathrm{e}^{-\mathrm{j}\vec{k}_r\cdot\vec{r}}$$

$$\vec{H}_1=\vec{H}_i+\vec{H}_r=\vec{H}_{io}\,\mathrm{e}^{-\mathrm{j}\vec{k}_i\cdot\vec{r}}+\vec{H}_{ro}\,\mathrm{e}^{-\mathrm{j}\vec{k}_r\cdot\vec{r}}$$

或

$$\dot{E}_{1x}=\dot{E}_{io}\cos\theta_1(\mathrm{e}^{-\mathrm{j}k_1z\cos\theta_1}+\dot{R}_{/\!/}\,\mathrm{e}^{\mathrm{j}k_1z\cos\theta_1})\,\mathrm{e}^{-\mathrm{j}k_1x\sin\theta_1} \tag{6.7.13a}$$

$$\dot{E}_{1z}=-\dot{E}_{io}\sin\theta_1(\mathrm{e}^{-\mathrm{j}k_1z\cos\theta_1}-\dot{R}_{/\!/}\mathrm{e}^{\mathrm{j}k_1z\cos\theta_1})\,\mathrm{e}^{-\mathrm{j}k_1x\sin\theta_1} \tag{6.7.13b}$$

$$\dot{H}_{1y}=\dot{H}_{io}(\mathrm{e}^{-\mathrm{j}k_1z\cos\theta_1}-\dot{R}_{/\!/}\,\mathrm{e}^{\mathrm{j}k_1z\cos\theta_1})\,\mathrm{e}^{-\mathrm{j}k_1x\sin\theta_1} \tag{6.7.13c}$$

三、全反射与全透射

1. 全反射

在反射系数$|\dot{R}|=1$的情况下，$|\dot{E}_{io}|=|\dot{E}_{ro}|$，$|\dot{H}_{io}|=|\dot{H}_{ro}|$，入射波与反射波的坡印亭

矢量大小相等,亦即入射波的平均电磁功率密度与反射波的平均电磁功率密度相等,因而没有电磁能量进入第二媒质,电磁能量全部反射回第一媒质。这一现象,称为全反射。

从式(6.6.4)及式(6.6.11)表示的反射系数 $\dot{R}_{\perp}$ 及 $\dot{R}_{/\!/}$ 可以很方便地看出,只要 θ_1 或 θ_2 有一个等于 90°,就有 $|\dot{R}|=1$。而在 $\theta_1=90°$ 时,入射波行进方向与分界面平行,不产生反射、折射问题。因此 θ_1 的变化范围应为 $0\leqslant\theta_1<90°$,发生全反射时 $\theta_2=90°$。这时相应的 $\theta_1=\theta_c$,θ_c 称为临界角。

根据折射定律

$$k_1 \sin\theta_1 = k_2 \sin\theta_2$$

发生全反射时,$\theta_1=\theta_c$,$\theta_2=90°$,故

$$\theta_c = \arcsin\left(\frac{k_2}{k_1}\right) = \arcsin\sqrt{\frac{\mu_2 \varepsilon_2}{\mu_1 \varepsilon_1}} \tag{6.7.14}$$

一般媒质的 $\mu_1=\mu_2=\mu_0$,则上式可简化为

$$\theta_c = \arcsin\sqrt{\frac{\varepsilon_2}{\varepsilon_1}} \tag{6.7.15}$$

在 $k_1<k_2$ 或 $\varepsilon_1<\varepsilon_2$ 情况,波由光疏媒质入射到光密媒质,由折射定律知,$\theta_1>\theta_2$,则在整个 θ_1 的变化范围内($0\leqslant\theta_1<90°$),$\theta_2<90°$,因而不会发生全反射。另由式(6.7.14)或(6.7.15)可见,因 $\sin\theta_c$ 不可能大于1,从而在这情况下不可能发生全反射。

在 $k_1>k_2$ 或 $\varepsilon_1>\varepsilon_2$ 情况,波由光密媒质入射到光疏媒质,$\theta_1<\theta_2$,因而在 $\theta_1=\theta_c$($\theta_c<90°$)时 $\theta_2=90°$,$|\dot{R}|=1$,发生全反射。θ_c 则由式(6.7.14)或(6.7.15)决定。

2. 全透射

在反射系数 $|\dot{R}|=0$ 的情况下,反射波场强等于零,即不产生反射,入射波功率全部透入第二种媒质。这一现象称为全透射。这时的入射角 $\theta_1=\theta_p$ 称为布儒斯特角。

对于入射波 $\dot{E}_i$ 有各种不同的极化形式,垂直极化波与平行极化波有不同的反射系数。我们分别讨论它们发生全透射的条件。

对于垂直极化波及平行极化波入射情况,分别有

垂直极化波

$$\dot{R}_{\perp} = \frac{Z_2\cos\theta_1 - Z_1\cos\theta_2}{Z_2\cos\theta_1 + Z_1\cos\theta_2}$$

平行极化波

$$\dot{R}_{/\!/} = \frac{Z_2\cos\theta_2 - Z_1\cos\theta_1}{Z_2\cos\theta_2 + Z_1\cos\theta_1}$$

若波以 $\theta_1=\theta_p$ 入射时,发生全透射,则 $\dot{R}=0$ 即

$$\dot{R}_{\perp}=0 \qquad\qquad \dot{R}_{/\!/}=0$$

或

$$Z_2\cos\theta_p = Z_1\cos\theta_2 \qquad\qquad Z_2\cos\theta_2 = Z_1\cos\theta_p \tag{6.7.16}$$

同时由折射定律

$$k_1\sin\theta_p = k_2\sin\theta_2 \tag{6.7.17}$$

式(6.7.16)与式(6.7.17)联立求得 θ_p

$$\theta_p = \arcsin\sqrt{\frac{Z_2^2 - Z_1^2}{Z_2^2 - \left(\frac{k_1}{k_2}\right)^2 Z_1^2}} \qquad \theta_p = \arcsin\sqrt{\frac{Z_1^2 - Z_2^2}{Z_1^2 - \left(\frac{k_1}{k_2}\right)^2 Z_2^2}} \tag{6.7.18}$$

由于 $Z=\sqrt{\dfrac{\mu}{\varepsilon}}$，$k^2=\omega^2\mu\varepsilon$，一般媒质的 $\mu_1=\mu_2=\mu_0$，$Z_2^2-\left(\dfrac{k_1}{k_2}\right)^2 Z_1^2=0$ 故

$$\sqrt{\frac{Z_2^2 - Z_1^2}{Z_2^2 - \left(\frac{k_1}{k_2}\right)^2 Z_1^2}} \to \infty \qquad \sqrt{\frac{Z_1^2 - Z_2^2}{Z_1^2 - \left(\frac{k_1}{k_2}\right)^2 Z_2^2}} = \sqrt{\frac{\varepsilon_2}{\varepsilon_1+\varepsilon_2}}$$

由此在 $\mu_1=\mu_2$ 情况下，对于入射波为垂直极化波的情况，不可能发生全透射现象。而对于平行极化波入射，当 $\theta_1=\theta_p$ 时

$$\theta_p = \arcsin\sqrt{\frac{\varepsilon_2}{\varepsilon_1+\varepsilon_2}} = \arctan\sqrt{\frac{\varepsilon_2}{\varepsilon_1}} \tag{6.7.19}$$

将发生全透射现象。

由以上分析，当任意极化波以入射角 $\theta_1=\theta_p$ 入射至分界面时，$\dot{R}_{/\!/}=0$，$\dot{R}_{\perp}\neq 0$，只有垂直极化分量产生反射，因而反射波必然是垂直极化波，如图 6.7.4 所示。因此角 θ_p 在光学上称为起偏角（在光学中电磁波的极化称为偏振），也称布儒斯特角。

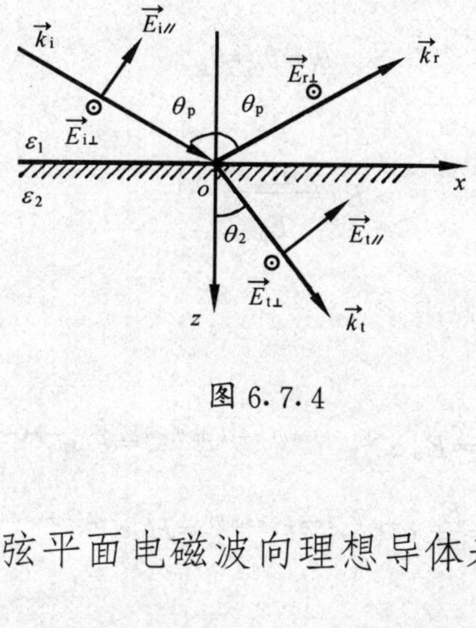

图 6.7.4

§6.8 正弦平面电磁波向理想导体表面的斜入射

电磁波由介质向理想导体表面入射，即第一媒质为介质，第二媒质为理想导体。由于电磁波不能透入理想导体，故当平面电磁波斜入射到理想导体表面时，透射波（折射波）为零，只需研究反射波及媒质 1 中的入射波与反射波的合成波。

取直角坐标系如图 6.8.1 所示。xoz 平面与入射面重合，yoz 平面为理想导体表面，x 轴线方向为理想导体表面法线方向。$x\geqslant 0$ 为介质空间，$x\leqslant 0$ 为理想导体。

为方便对边界条件的处理，现仍分别对入射波为垂直极化波及平行极化波进行讨论。

一、垂直极化波

设入射波为垂直极化波，则 $\vec{E}_i$ 垂直于入射面，而与分界面平行。设 $\vec{E}_i$、$\vec{E}_r$ 的正方向为沿

$+y$ 方向，则 $\vec{H}_i$、$\vec{H}_r$ 方向均分别根据 $\vec{k}_i$、$\vec{k}_r$ 方向决定，如图 6.8.1 所示。入射角为 θ_i，反射角为 θ_r。

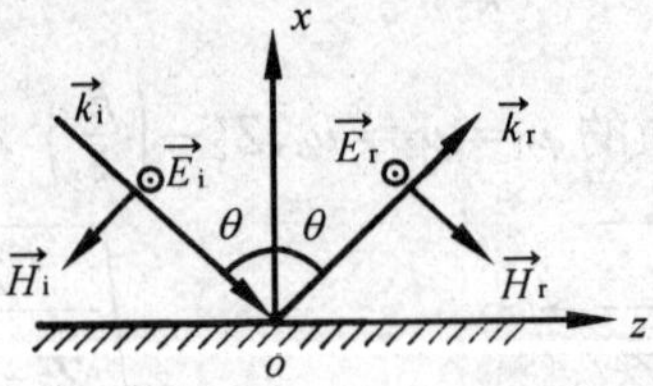

图 6.8.1　垂直极化波向理想导体表面斜入射

1. 在分界面上($x=0$)的场强

由于第二媒质为理想导体，在分界面上(即 $x=0$ 处)，不论 z 为何值根据边界条件电场的切向分量应等于零。

$$\dot{E}_y(0,z)=\dot{E}_{io}\,e^{-jkz\sin\theta_i}+\dot{E}_{ro}\,e^{-jk\,z\sin\theta_r}=0 \tag{6.8.1}$$

因此
$$\sin\theta_i=\sin\theta_r$$
同时
$$\dot{E}_{ro}=-\dot{E}_{io}$$
故
$$\theta_i=\theta_r=\theta \tag{6.8.2}$$
及
$$\dot{R}_\perp=\frac{\dot{E}_{ro}}{\dot{E}_{io}}=-1 \tag{6.8.3}$$

在理想导体表面发生全反射。

2. 空间任一点场强

空间任一点的入射波为

$$\dot{E}_i=\dot{E}_{io}e^{-j\vec{k}_i\cdot\vec{r}}=\dot{E}_{io}\,e^{-j[(-k\cos\theta)x+(k\sin\theta)z]}=\dot{E}_{io}e^{-jk(-x\cos\theta+z\sin\theta)} \tag{6.8.4a}$$

$$\dot{H}_i=\frac{\dot{E}_i}{Z}=\frac{\dot{E}_{io}}{Z}\,e^{-jk(-x\cos\theta+z\sin\theta)}=\dot{H}_{io}e^{-jk(-x\cos\theta+z\sin\theta)} \tag{6.8.4b}$$

空间任一点的反射波为

$$\dot{E}_r=\dot{E}_{ro}\,e^{-j\vec{k}_r\cdot\vec{r}}=-\dot{E}_{io}e^{-j[(k\cos\theta)x+(k\sin\theta)z]}=-\dot{E}_{io}\,e^{-jk(x\cos\theta+z\sin\theta)} \tag{6.8.5a}$$

$$\dot{H}_r=\frac{\dot{E}_r}{Z}=-\frac{\dot{E}_{io}}{Z}\,e^{-jk(x\cos\theta+z\sin\theta)}=-\dot{H}_{io}e^{-jk(x\cos\theta+z\sin\theta)} \tag{6.8.5b}$$

空间任一点的电磁波场强为入射波与反射波场强的叠加：

$$\dot{E}_y=\dot{E}_i+\dot{E}_r=\dot{E}_{io}(e^{jkx\cos\theta}-e^{-jkx\cos\theta})\,e^{-jk\,z\sin\theta}=j\,2\,\dot{E}_{io}\sin(kx\cos\theta)e^{-j\,kz\sin\theta} \tag{6.8.6a}$$

$$\dot{H}_x=-\dot{H}_i\sin\theta-\dot{H}_r\sin\theta=-\dot{H}_{io}\sin\theta\,(e^{jk\,x\cos\theta}-e^{-jkx\cos\theta})\,e^{-jkz\sin\theta}=$$
$$-j2\dot{H}_{io}\sin\theta\sin(kx\cos\theta)\,e^{-jk\,z\sin\theta} \tag{6.8.6b}$$

$$\dot{H}_z=-\dot{H}_i\cos\theta+\dot{H}_r\cos\theta=-\dot{H}_{io}\cos\theta\,(e^{jkx\cos\theta}+e^{-jkx\cos\theta})\,e^{-jkz\sin\theta}=$$

$$-2\,\dot{H}_{io}\cos\theta\cos(kx\cos\theta)e^{-jkz\sin\theta} \tag{6.8.6c}$$

由上式可见，由入射波与反射波叠加形成的合成电磁波，在 z 轴方向为一行波，而在 x 方向则为驻波。具有以下特点：

(1) 合成波的等相位面为

$$\omega t-k\,z\sin\theta=常数 \tag{6.8.7}$$

即等相位面为 z＝常数，故合成波为沿 z 轴方向的平面波(其传播特性见后述)。

(2) 在等相位面上场强沿 x 方向的分布不均匀，为驻波分布，在

$$kx\cos\theta=m\,\pi \quad 或 \quad x=\frac{m\pi}{k\cos\theta}=\frac{m\pi}{k_x} \quad (m=0,1,2,\cdots) \tag{6.8.8}$$

为电场强度的波节点。因而电磁波的等相位面与等振幅面不重合，等相位面上场强不均匀分布，它不是均匀平面电磁波；如图 6.8.2 所示，等振幅面(x＝常数)与等相位面(z＝常数)正交。

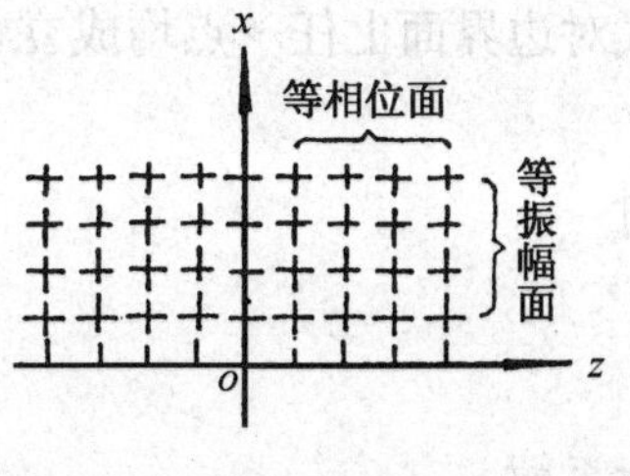

图 6.8.2　等相位面与等振幅面

(3) 在合成波的传播方向(z 方向)上有磁场分量(H_z)，或者说磁场强度具有纵向分量，因而这合成波不是横电磁波(TEM 波)。这种相对于波的传播方向而言，电场强度仅有横向分量，而磁场还具有纵向分量的电磁波称为横电波，记为 TE 波或 H 波。

二、平行极化波

设入射波为平行极化波，$\vec{E}_i$ 平行于入射面。如取直角坐标系如图 6.8.3 所示，设 $\vec{E}_i$、$\vec{E}_r$ 的正方向如图所示，$\vec{H}_i$、$\vec{H}_r$ 方向则根据 $\vec{k}_i$、$\vec{k}_r$ 方向决定。

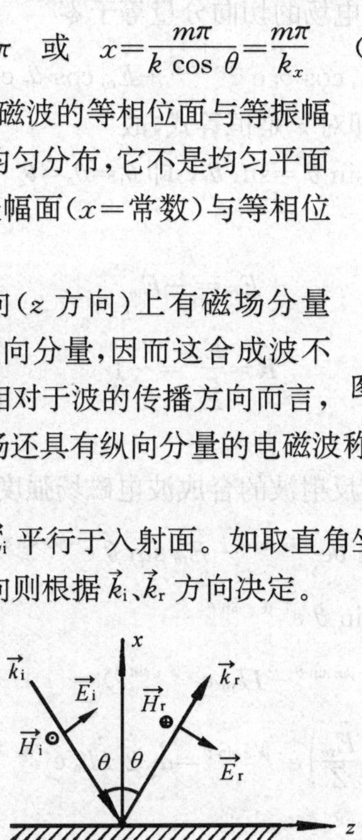

图 6.8.3　平行极化波向理想导体表面斜入射

在所取坐标中，$\vec{E}_i$、$\vec{E}_r$ 及 $\vec{H}_i$、$\vec{H}_r$ 的表示式为

$$\vec{E}_i=(\vec{a}_x\dot{E}_{iox}+\vec{a}_z\dot{E}_{ioz})e^{-j\vec{k}_i\cdot\vec{r}}=$$

$$(\vec{a}_x\dot{E}_{io}\sin\theta_i+\vec{a}_z\dot{E}_{io}\cos\theta_i)\,e^{-j[(-k\cos\theta_i)x+(k\sin\theta_i)z]} \tag{6.8.9a}$$

$$\vec{E}_r=(\vec{a}_x\dot{E}_{rox}+\vec{a}_z\dot{E}_{roz})e^{-j\vec{k}_r\cdot\vec{r}}=$$

$$(-\vec{a}_x\dot{E}_{ro}\sin\theta_r+\vec{a}_z\dot{E}_{ro}\cos\theta_r)\,e^{-j[(k\cos\theta_r)x+(k\sin\theta_r)z]} \tag{6.8.9b}$$

$$\vec{H}_i=\vec{a}_y\dot{H}_{io}e^{-j\vec{k}_i\cdot\vec{r}}=\vec{a}_y\dot{H}_{io}\,e^{-j[(-k\cos\theta_i)x+(k\sin\theta_i)z]} \tag{6.8.9c}$$

$$\dot{\vec{H}}_r=-\vec{a}_y\dot{H}_{ro}\,e^{-j\vec{k}_r\cdot\vec{r}}=-\vec{a}_y\dot{H}_{ro}\,e^{-j[(k\cos\theta_r)x+(k\sin\theta_r)z]} \tag{6.8.9d}$$

$$\dot{H}_{io}=\frac{\dot{E}_{io}}{Z}$$

$$\dot{H}_{ro}=\frac{\dot{E}_{ro}}{Z}$$

上式(6.8.9)中 $\dot{E}_{io}$、$\dot{E}_{ro}$分别为入射波、反射波在原点 o 处的电场复数振幅，θ_i、θ_r 分别为入射角、反射角。它们之间的关系由分界面上的边界条件决定。

1. 在分界面上($x=0$)的电磁场强

在分界面上，根据边界条件，电场的切向分量等于零

$$\dot{E}_z(0,z)=\dot{E}_{io}\cos\theta_i\,e^{-jkz\sin\theta_i}+\dot{E}_{ro}\cos\theta_r\,e^{-jkz\sin\theta_r}=0$$

上式对边界面上任一点均成立，即对 z 是恒等式，故

$$\sin\theta_i=\sin\theta_r,\ 即\ \theta_i=\theta_r=\theta \tag{6.8.10}$$

同时

$$\dot{E}_{ro}=-\dot{E}_{io} \tag{6.8.11}$$

反射系数

$$\dot{R}=\frac{\dot{E}_{ro}}{\dot{E}_{io}}=-1$$

在理想导体表面发生全反射。

在分界面上($x=0$)入射波与反射波的合成波电磁场强度为

$$\dot{\vec{E}}(0,z)=\vec{a}_x(\dot{E}_{io}\sin\theta e^{-jkz\sin\theta}-\dot{E}_{ro}\sin\theta\,e^{-jkz\sin\theta})=$$

$$\vec{a}_x\,2\,\dot{E}_{io}\sin\theta\,e^{-jkz\sin\theta} \tag{6.8.12a}$$

$$\dot{\vec{H}}(0,z)=\vec{a}_y(\dot{H}_{io}e^{-jkz\sin\theta}-\dot{H}_{ro}\,e^{-jkz\sin\theta})=$$

$$\vec{a}_y\left(\frac{\dot{E}_{io}}{Z}-\frac{\dot{E}_{ro}}{Z}\right)e^{-jkz\sin\theta}=\vec{a}_y\,2\,\dot{H}_{io}\,e^{-jkz\sin\theta} \tag{6.8.12b}$$

2. 空间任一点的场强

在空间任一点入射波与反射波的合成波电磁场强

$$\dot{\vec{E}}=\vec{a}_x\dot{E}_x+\vec{a}_z\dot{E}_z \tag{6.8.13a}$$

$$\dot{E}_x=\dot{E}_{ix}+\dot{E}_{rx}=[\dot{E}_{io}\sin\theta e^{jkx\cos\theta}-\dot{E}_{ro}\sin\theta\,e^{-jkx\cos\theta}]\,e^{-jkz\sin\theta}=$$

$$[\dot{E}_{io}\sin\theta\,e^{jkx\cos\theta}+\dot{E}_{io}\sin\theta e^{-jkx\cos\theta}]\,e^{-jkz\sin\theta}=$$

$$2\dot{E}_{io}\sin\theta\cos(kx\cos\theta)\,e^{-jkz\sin\theta}$$

$$\dot{E}_z=\dot{E}_{iz}+\dot{E}_{rz}=[\dot{E}_{io}\cos\theta\,e^{jkx\cos\theta}+\dot{E}_{ro}\cos\theta\,e^{-jkx\cos z}]\,e^{-jkz\sin\theta}=$$

$$[\dot{E}_{io}\cos\theta\,e^{jkx\cos\theta}-\dot{E}_{io}\cos\theta\,e^{-jkx\cos\theta}]e^{-jkz\sin\theta}=$$

$$j\,2\dot{E}_{io}\cos\theta\sin(kx\cos\theta)\,e^{-jkz\sin\theta}$$

$$\dot{\vec{H}}=\vec{a}_y\,\dot{H}_y$$

$$\dot{H}_y=\dot{H}_{iy}+\dot{H}_{ry}=[\dot{H}_{io}\,e^{jkx\cos\theta}-\dot{H}_{ro}\,e^{-jkx\cos\theta}]e^{-jkz\sin\theta}= \tag{6.8.13b}$$

$$\left[\frac{\dot{E}_{io}}{Z}\,e^{jkx\cos\theta}-\frac{\dot{E}_{ro}}{Z}\,e^{-jkx\cos\theta}\right]e^{-jkz\sin\theta}=$$

$$2\,\frac{\dot{E}_{io}}{Z}\cos\,(kx\cos\theta)\,e^{-jkz\sin\theta}=$$

$$2\,\dot{H}_{io}\cos\,(kx\cos\theta)\,e^{-jkz\sin\theta}$$

由上式可见，平行极化波在理想导体表面反射后，在空间入射波与反射波的合成波也是在 z 方向呈行波分布，在 x 方向呈驻波分布，而磁场 $\vec{H}$ 仅有横向分量，电场 $\vec{E}$ 除有横向分量外，尚有纵向分量，这种波称为横磁波，记为 TM 波或 E 波。

三、TE 波及 TM 波沿 z 向的传播特性

TE 波及 TM 波为平面波在理想导体表面斜入射后，在空间形成的合成波，它们在沿导体表面切向(z 向)为行波，此时导体的表面起着导引电磁波的作用，因此这种波称为导波。

TE 波或 TM 波的等相位面方程为

$$\omega t-kz\sin\theta=常数$$

因此等相位面沿 z 向的传播速度(相速)

$$v_{pz}=\frac{dz}{dt}=\frac{\omega}{k\sin\theta}=\frac{v_p}{\sin\theta} \tag{6.8.14}$$

式中，$v_p=\dfrac{\omega}{k}$为电磁波在同一媒质但为无限大空间中的相速。$v_{pz}>v_p$，故此 TE 波或 TM 波为快波。

习　题

6.1　在无限大理想介质中一平面波的电场强度瞬时表示式为

$$\vec{E}=\vec{a}_x 5\sin 2\pi(10^8 t-z)\quad (\text{V/m})$$

(1) 已知媒质的 $\mu_r=1$，求 ε_r；

(2) 写出磁场强度的瞬时表示式。

6.2　某一在自由空间传播的电磁波，其电场强度的复数表示式为

$$\vec{E}=(\vec{a}_x-\vec{a}_y)e^{j(\frac{\pi}{4}-kz)}\quad (\text{V/m})$$

(1) 写出磁场强度复矢量；

(2) 求平均功率流密度。

6.3　设在理想介质($\mu_r=1$)中，电场强度为

$$\vec{E}=\vec{a}_x 5\sin 2\pi(10^2 z-10^6 t)\quad (\text{V/m})$$

写出磁场强度复矢量及平均功率流密度。

6.4　平面波在导电媒质中传播，设媒质的 $\varepsilon_r=\mu_r=1$，$\sigma=0.11\text{S/m}$。电磁波的频率 $f=1950\text{MHz}$。

(1) 求波在该媒质内的相速及波长；

(2) 设在媒质内的某点 $E=10^{-2}\text{V/m}$，求该点的磁场强度；

(3) 问波行进若干距离后，场强衰减为原来的 $\frac{1}{1000}$。

6.5　铜的电导率 $\sigma=5.7\times10^7\text{S/m}$，$\varepsilon_r=\mu_r=1$。求下列各频率电磁波在铜内传播的相速、波长、透入深度及铜对各电磁波的波阻抗：(1) $f=50\text{Hz}$；(2) $f=10\text{kHz}$；(3) $f=100\text{MHz}$。

6.6　银的电导率 $\sigma=6.1\times10^7\text{S/m}$，$\varepsilon_r=1$。一 10MHz 的平面波由外界垂直进入一大银片，设在银表面处的磁场强度振幅为 $H_0=0.5\text{A/m}$，求：

(1) 银表面处的电场强度；

(2) 银片每单位面积吸收的平均功率。

6.7　设良导体内电场 $\vec{E}=\vec{a}_x E$，磁场 $\vec{H}=\vec{a}_y H$。求证在良导体内的坡印亭矢量的平均值为

$$\vec{S}_{av}=\frac{1}{2}\vec{a}_z H^2\text{Re}(Z)$$

上式中，H 为磁场强度振幅，Z 为良导体的波阻抗。

6.8　判定下式表示的平面波的极化及传播方向？如系圆极化波或者椭圆极化波，则是左旋的还是右旋的？

(1) $\vec{E}=\vec{a}_x E_0\sin(\omega t-kz)+\vec{a}_y E_0\cos(\omega t-kz)$；

(2) $\vec{E}=\vec{a}_x E_0\sin(\omega t-kz)+\vec{a}_y 2E_0\sin(\omega t-kz)$；

(3) $\vec{E}=\vec{a}_x E_0\sin\left(\omega t-kz+\frac{\pi}{4}\right)+\vec{a}_y E_0\cos\left(\omega t-kz-\frac{\pi}{4}\right)$；

(4) $\vec{E}=\vec{a}_x E_0\sin\left(\omega t-kz-\frac{\pi}{4}\right)+\vec{a}_y E_0\cos(\omega t-kz)$。

6.9　试将下列线极化波分解为圆极化波的叠加：

(1) $\dot{\vec{E}}=\vec{a}_x\dot{E}_0 e^{-jkz}$；

(2) $\dot{\vec{E}}=\vec{a}_x\dot{E}_0 e^{-jkz}-\vec{a}_y\dot{E}_0 e^{-jkz}$。

6.10　试证明任何椭圆极化波场可分解为两个向相反方向旋转的圆极化波。

6.11　一个圆极化波可分解为两个频率和振幅相等，相位差$\frac{\pi}{2}$，极化方向互相正交的线极化波。试证明这圆极化波的平均坡印亭矢量是这两个线极化波的平均坡印亭矢量之和。

6.12　椭圆极化波是由两个互相正交而相位不一致的线极化波叠加而成的。例如$\dot{E}$可以有两个分量

$$\dot{E}_x(t)=E_{xo}\mathrm{e}^{\mathrm{j}(\omega t-kz)},\quad \dot{E}_y(t)=E_{yo}\mathrm{e}^{\mathrm{j}(\omega t-kz+\varphi)}$$

其中E_{xo}，E_{yo}为实数。试证明，如果$\varphi=0$或波阻抗$\frac{\dot{E}}{\dot{H}}$是实数，则椭圆极化波中$\dot{E}$和$\dot{H}$矢量是互相垂直的。

6.13　两理想介质的分界面为一无限大平面，第一介质为空气，第二介质的$\varepsilon_r=4$，$\mu_r=1$。设有平面波从第一介质向第二介质垂直入射，入射波电场强度为$E_x=1\mathrm{V/m}$。

(1) 求H_{i}，E_{r}，H_{r}，E_{t}，H_{t}；

(2) 求分界面上的场强；

(3) 求在第一介质内距分界面$\frac{1}{4}\lambda$、$\frac{1}{3}\lambda$、及$\frac{1}{2}\lambda$处的场强。

6.14　频率为50MHz的平面波从空气向一理想介质($\varepsilon_r=9$，$\mu_r=1$)垂直入射，分界面为一无限大平面。设在分界面上电场强度为$E=1\mathrm{V/m}$，求分界面上磁场强度及在这两媒质中各距分界面1m处的电场强度及磁场强度。

6.15　平面波从空气向理想介质($\varepsilon_r\neq1$，$\mu_r=1$)垂直入射，在分界面上$E_0=10\mathrm{V/m}$，$H_0=0.226\mathrm{A/m}$

(1) 求第二媒质的ε_r；(2) 求E_{i}，H_{i}，E_{r}，H_{r}，E_{t}，H_{t}。

6.16　均匀平面波从空气垂直入射到某介质平面时，在空气中入射波与反射波叠加，形成驻波。设驻波比(驻波波腹点电场与波节点电场之比)为2.7，介质平面上为驻波波节点，求介质的介电常数。

6.17　最简单的天线罩是单层介质板。如已知介质板的$\varepsilon=2.8\varepsilon_0$，问介质板的厚度$d$应为若干，方可使$3\times10^3\mathrm{MHz}$的电磁波垂直入射于板面时没有反射。当频率为$2.9\times10^3\mathrm{MHz}$及$3.1\times10^3\mathrm{MHz}$时，反射增大到多少？

6.18　如图，在$z\geqslant0$区域的媒质具有介电常数ε_2在此媒质前面置有厚度为d，介电常数为ε_1的介质板。对于自空气从左面垂直入射的TEM波，证明当$\varepsilon_1=\sqrt{\varepsilon_2\varepsilon_0}$和$d=\lambda/(4\sqrt{\varepsilon_{1r}})$时($\lambda$为空气($\varepsilon_0$，$\mu_0$)中的波长)，没有反射。

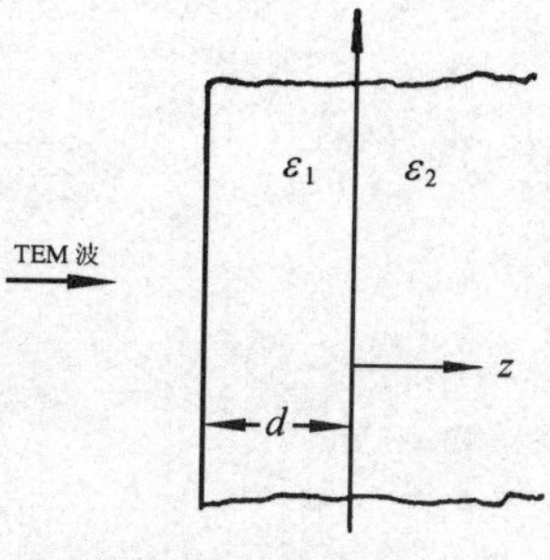

题6.18附图

6.19　频率$f=10^4\mathrm{MHz}$的平面波透过一层玻璃($\varepsilon_r=9$，$\mu_r=1$)自室外进入室内，玻璃的厚度为0.5cm，其表面与波的行进方向垂直，设室外入射波的场强为$E_{\mathrm{i}}=1\mathrm{V/m}$，求室内的场强。

6.20　频率为30MHz的平面波从空气向海水($\varepsilon_r=81$，$\mu_r=1$，$\sigma=4\mathrm{S/m}$)垂直入射，入射波电场强度为$10^{-2}\mathrm{V/m}$，求

(1) 空气与海水分界处的电场强度；

(2) 空气中距海面2.5m处的电场强度；

(3) 海水中距海面0.5m处的电场强度。

6.21　频率为159MHz的平面波从空气向一导电平板垂直入射，导电平板媒质的$\varepsilon_r=\mu_r=1$，$\sigma=10^5\mathrm{S/m}$，设入射波电场强度为10V/m，求每平方米进入导电板的平均功率。

6.22　频率为1000MHz的平面波，在行进过程中遇到一大铜片的阻隔，铜片与波的行进方向垂直，其厚度为$9.6\times10^{-6}\mathrm{m}$。设在铜片前入射波的电场强度为100V/m，求透过铜片后的电场强度。

6.23　设在自由空间传播的某一平面波，在原点处的场强为

$$\vec{E}(0,0,0)=(\vec{a}_xE_0+\vec{a}_y2E_0)\mathrm{e}^{\mathrm{j}0} \quad 及 \quad \dot{H}(0,0,0)=\vec{a}_zH_0\mathrm{e}^{\mathrm{j}0}$$

(1) 问电磁波的传播方向；

(2) 设 $E_0=1\mathrm{V/m}$，求 H_0；

(3) 写出在点 $P(\lambda,\lambda,\lambda)$的电场强度及磁场强度复矢量；

(4) 求平均功率流密度。

6.24　平面波在自由空间中传播，其传播方向与矢量$(\vec{a}_y+\vec{a}_z)$平行，设原点处 $\dot{\vec{H}}=\vec{a}_x\dot{H}_0$。

(1) 求在原点处的电场强度复矢量；

(2) 写出在点 $P_1\left(\dfrac{\lambda}{2},0,0\right)$，$P_2\left(0,\dfrac{\lambda}{2},0\right)$，$P_3\left(0,0,\dfrac{\lambda}{2}\right)$处的电场强度及磁场强度矢量的复数及瞬时表示式。

6.25　一垂直极化平面波自空气向一理想介质($\varepsilon_r=4$，$\mu_r=1$)斜入射，分界面为无限大平面，入射角 $\theta_i=60°$，设入射波电场强度 $E_i=10\mathrm{V/m}$，求每单位面积进入理想介质的平均功率。

6.26　应用坡印亭矢量，证明当均匀平面波由自由空间向理想导体斜入射时，沿导体表面电磁功率流的速度 v_e(能速)为

$$v_e=c\sin\theta$$

式中 c 为自由空间中的光速，θ 为入射角。

第七章 导行电磁波

§7.1 导行电磁波及其导行系统

上一章中讨论了电磁波在无限大空间和半无限大空间中的传播问题。在本章中，将讨论由某导行系统引导的电磁波的传播问题，这种电磁波称为导行电磁波，或简称为导波。

引导电磁波传播的导行系统将电磁波能量局限在系统内部或其周围并引导电磁波传播，此系统称为波导。本章仅讨论直行的均匀波导，即沿电磁波传播方向波导不弯折、无分支和不连续，即波导的横截面及媒质参数不变化。波导有很多形式，它们适用于各个电磁波波段，其中电磁波电磁场强分布的形式(称为分布模式)亦各不相同。常用的波导如图 7.1.1 所示。

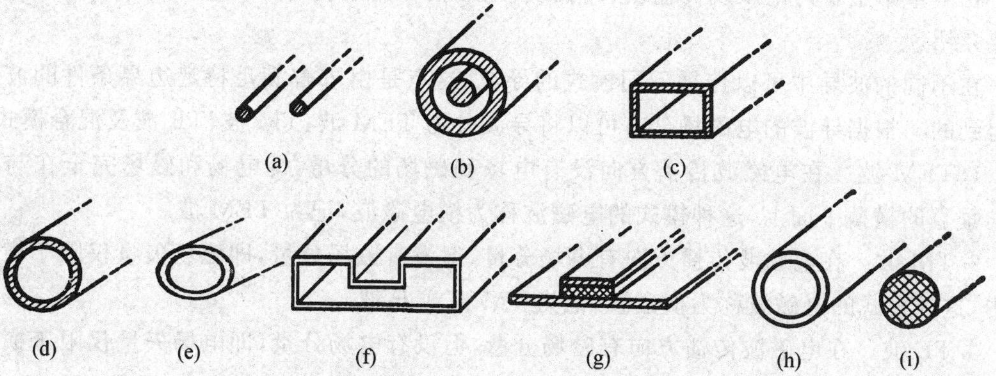

图 7.1.1 常用的波导

1. 双线传输线 由两根平行导线组成(图 7.1.1a)，其间距 D 远小于电磁波波长 λ($D \ll \lambda$)。电磁波能量主要集中于其周围，并沿传输线传播。其中导行电磁波电磁场分布为 TEM 波模式。因 $D \ll \lambda$ 的要求，其适用电磁波波段为由直流直至超短波的米波波段。如频率进一步提高，波长再缩短，以至 $D \ll \lambda$ 条件不能得到保证时，传输线导波的电磁辐射增加，而使其传输电磁能量效率降低。如同时减小间距 D，将使传输线耐压减小，从而降低了传输线的功率容量。

2. 同轴线 其结构为同轴圆柱导体，外导体接地(图 7.1.7b)。同轴线内外导体间用介质支撑保证内、外导体的同轴。同轴线引导的电磁波能量局限在内、外导体之间，外导体起电磁屏蔽作用，完全杜绝了辐射引起的传输损耗。其中导波的模式可以为 TEM 波、TE 波或 TM 波。为了使得同轴线中导波单模传输(仅传输 TEM 波)，需对同轴线内、外导体直径作一限制。直径很小的内、外导体一方面制造困难，同时使得同轴线导波的导体损耗增加，内、外导体间耐压减小，功率容量降低，因此作导波能量传输用的同轴线一般使用在直流至超短波分米波波段。在波长更缩短至微波波段时，在导波单模传输的条件下，由于其传输损耗较大，同轴线仅作短距离传输或电磁耦合装置。

3. 金属空心波导　同轴线由于内导体的直径较外导体小，其导波的导体损耗主要由内导体引起，且由于内导体的存在亦使同轴线功率容量降低，因此若将同轴线的内导体抽去形成金属空心管作为波导，电磁波在金属管内壁斜入射、反射，而沿管轴向形成导波。金属空心波导，由其横截面的形状分为矩形波导、圆波导、椭圆波导、脊状波导等(图 7.1.1c～f)。金属空心波导中导波的模式为 TE 波或 TM 波，而不能传输 TEM 波。由于导波模式对波导尺寸的要求，而使得金属空心波导主要适用于微波波段，而成为微波波段的主要导行系统。

此外，由不同宽度的导体夹带介质层的带状线、微带线(图 7.1.1g)，涂有介质层的导线(图 7.1.1h)，介质杆传输线(7.1.1i)等，都是波导的不同类型，并已在微波技术中得到了广泛的应用。随着毫米波技术的研究，一些新型传输线(如 H 型波导等)也在不断开发应用。而由介质材料(主要是 SiO_2)构成的光导纤维，是波导在光频范围的重要应用，目前已在光纤通信中得到了迅速发展。

在本章中主要讨论双线传输线、同轴线、矩形波导及圆波导。对介质波导及光导纤维作简要介绍。

在不同的波导中可以传播不同模式的导波，这点是由求解满足特定边界条件的波动方程得到的。根据导波的电磁场分布可以将导波分为 TEM 波、TM 波、TE 波及混合模式波。

1. TEM 波　在电磁波传播方向没有电场和磁场的分量，即电场和磁场完全在与传播方向垂直的横截平面上，这种模式的电磁波称为横电磁波，记为 TEM 波。

2. TM 波　在电磁波传播方向有电场分量，但没有磁场分量，即磁场矢量仅限于横截平面内，这种模式的电磁波称为横磁波，记为 TM 波或 E 波。

3. TE 波　在电磁波传播方向有磁场分量，但没有电场分量，即电场矢量仅限于横截平面内，这种模式的电磁波称为横电波，记为 TE 波或 H 波。

4. 混合模式波　常用波导例如双线传输线，同轴线，金属空芯波导，微带线等中导波多半属于上述三类模式(TEM 波，TM 波，TE 波)。更为复杂的波导(例如介质波导等)，其中导波的场分量可能有六个分量(即三个电场分量和三个磁场分量)，而不像 TEM 波那样至多仅有四个分量(两个纵向分量，$E_z=0$ 和 $H_z=0$)，也不像 TE 波和 TM 波那样至多有五个分量($E_z=0$ 或 $H_z=0$)，因而必须用 TE 波和 TM 波叠加，以构成六个场分量来满足边界条件，这种模式的 导波称为混合模式波。

§7.2　导波的一般分析方法

一、波动方程

设波导系统沿直角坐标或圆柱坐标 z 轴方向为无限长，则在其中传播的导波沿 z 轴方向为行波。若传播中无衰减，则沿 z 向传播的导波的电场与磁场可表示为

$$\dot{\vec{E}}=\dot{\vec{E}}_0(x,y)\mathrm{e}^{-\mathrm{j}k_z z} \quad 或 \quad \dot{\vec{E}}_0(r,\alpha)\,\mathrm{e}^{-\mathrm{j}k_z z} \tag{7.2.1a}$$

$$\dot{\vec{H}}=\dot{\vec{H}}_o(x,y)\mathrm{e}^{-\mathrm{j}k_z z} \quad 或 \quad \dot{\vec{H}}_0(r,\alpha)\,\mathrm{e}^{-\mathrm{j}k_z z} \tag{7.2.1b}$$

式中，k_z 为沿 z 向传播的导波波数，它不同于无限大空间中波数 k；$\dot{\vec{E}}_0$ 和 $\dot{\vec{H}}_0$ 分别为电场和磁场在 $z=0$ 处的场强复数振幅，在波导横截面上它们是不均匀的。

将式(7.2.1)代入赫姆霍兹方程 $\nabla^2\dot{\vec{E}}+k^2\dot{\vec{E}}=0$ 及 $\nabla^2\dot{\vec{H}}+k^2\dot{\vec{H}}=0$，在直角坐标中有

$$\nabla^2\dot{\vec{E}}+k^2\dot{\vec{E}}=\frac{\partial^2\dot{\vec{E}}}{\partial x^2}+\frac{\partial^2\dot{\vec{E}}}{\partial y^2}+\frac{\partial^2\dot{\vec{E}}}{\partial z^2}+k^2\dot{\vec{E}}=\frac{\partial^2\dot{\vec{E}}}{\partial x^2}+\frac{\partial^2\dot{\vec{E}}}{\partial y^2}-k_z^2\dot{\vec{E}}+k^2\dot{\vec{E}}=$$

$$\frac{\partial^2\dot{\vec{E}}}{\partial x^2}+\frac{\partial^2\dot{\vec{E}}}{\partial y^2}+(k^2-k_z^2)\dot{\vec{E}}=0 \tag{7.2.2a}$$

或在圆柱坐标中

$$\nabla^2\dot{\vec{E}}+k^2\dot{\vec{E}}=\frac{1}{r}\frac{\partial}{\partial r}\left(r\frac{\partial\dot{\vec{E}}}{\partial r}\right)+\frac{1}{r^2}\frac{\partial^2\dot{\vec{E}}}{\partial\alpha^2}+\frac{\partial^2\dot{\vec{E}}}{\partial z^2}+k^2\dot{\vec{E}}=$$

$$\frac{1}{r}\frac{\partial}{\partial r}\left(r\frac{\partial\dot{\vec{E}}}{\partial r}\right)+\frac{1}{r^2}\frac{\partial^2\dot{\vec{E}}}{\partial\alpha^2}+(k^2-k_z^2)\dot{\vec{E}}=0 \tag{7.2.2b}$$

在式(7.2.2)中，如令

$$\nabla^2=\nabla_{\mathrm{T}}^2+\frac{\partial^2}{\partial z^2} \quad 即 \quad \nabla_{\mathrm{T}}^2=\frac{\partial^2}{\partial x^2}+\frac{\partial^2}{\partial y^2} \quad 或 \quad \nabla_{\mathrm{T}}^2=\frac{1}{r}\frac{\partial}{\partial r}\left(r\frac{\partial}{\partial r}\right)+\frac{1}{r^2}\frac{\partial^2}{\partial\alpha^2}$$

和令 $k^2-k_z^2=k_{\mathrm{T}}^2$，则式(7.2.2)可写为

$$\nabla_{\mathrm{T}}^2\dot{\vec{E}}+k_{\mathrm{T}}^2\dot{\vec{E}}=0 \tag{7.2.3a}$$

对 $\dot{\vec{H}}$ 同理有

$$\nabla_{\mathrm{T}}^2\dot{\vec{H}}+k_{\mathrm{T}}^2\dot{\vec{H}}=0 \tag{7.2.3b}$$

上式中，下标 T 表示在与导波传播方向(称为纵向)相垂直的横向，∇_{T}^2 表示拉普拉斯算子 ∇^2 的横向部分算子。

二、导波场横向分量与纵向分量之间的关系

将沿 z 向传播的导波场强

$$\dot{\vec{E}}=\dot{\vec{E}}_0\,\mathrm{e}^{-\mathrm{j}k_z z}$$

$$\dot{\vec{H}}=\dot{\vec{H}}_0\,\mathrm{e}^{-\mathrm{j}k_z z}$$

代入麦克斯韦电磁场方程

$$\nabla\times\dot{\vec{E}}=-\mathrm{j}\,\omega\mu\,\dot{\vec{H}} \tag{7.2.4a}$$

$$\nabla\times\dot{\vec{H}}=\mathrm{j}\,\omega\varepsilon\,\dot{\vec{E}} \tag{7.2.4b}$$

对于直角坐标系，则有

$$\left.\begin{aligned}
&\frac{\partial \dot{E}_z}{\partial y}+\mathrm{j}\,k_z\,\dot{E}_y=-\mathrm{j}\,\omega\mu\,\dot{H}_x\\
&-\mathrm{j}k_z\dot{E}_x-\frac{\partial \dot{E}_z}{\partial x}=-\mathrm{j}\omega\mu\,\dot{H}_y\\
&\frac{\partial \dot{E}_y}{\partial x}-\frac{\partial \dot{E}_x}{\partial y}=-\mathrm{j}\omega\mu\,\dot{H}_z
\end{aligned}\right\}\tag{7.2.5a}$$

$$\left.\begin{aligned}
&\frac{\partial \dot{H}_z}{\partial y}+\mathrm{j}\,k_z\,\dot{H}_y=\mathrm{j}\,\omega\varepsilon\,\dot{E}_x\\
&-\mathrm{j}k_z\,\dot{H}_x-\frac{\partial \dot{H}_z}{\partial x}=\mathrm{j}\omega\varepsilon\,\dot{E}_y\\
&\frac{\partial \dot{H}_y}{\partial x}-\frac{\partial \dot{H}_x}{\partial y}=\mathrm{j}\omega\varepsilon\,\dot{E}_z
\end{aligned}\right\}\tag{7.2.5b}$$

由式(7.2.5)，可将场强的横向分量用场强的纵向分量表示

$$\left.\begin{aligned}
&\dot{E}_x=-\mathrm{j}\,\frac{k_z}{k_{\mathrm{T}}^2}\left(\frac{\partial \dot{E}_z}{\partial x}+\frac{\omega\mu}{k_z}\,\frac{\partial \dot{H}_z}{\partial y}\right)\\
&\dot{E}_y=\mathrm{j}\,\frac{k_z}{k_{\mathrm{T}}^2}\left(-\frac{\partial \dot{E}_z}{\partial y}+\frac{\omega\mu}{k_z}\,\frac{\partial \dot{H}_z}{\partial x}\right)\\
&\dot{H}_x=\mathrm{j}\,\frac{k_z}{k_{\mathrm{T}}^2}\left(\frac{\omega\varepsilon}{k_z}\,\frac{\partial \dot{E}_z}{\partial y}-\frac{\partial \dot{H}_z}{\partial x}\right)\\
&\dot{H}_y=-\mathrm{j}\,\frac{k_z}{k_{\mathrm{T}}^2}\left(\frac{\omega\varepsilon}{k_z}\,\frac{\partial \dot{E}_z}{\partial x}+\frac{\partial \dot{H}_z}{\partial y}\right)
\end{aligned}\right\}\tag{7.2.6}$$

对 TE 波，$\dot{E}_z=0$

$$\left.\begin{aligned}
&\dot{E}_x=-\mathrm{j}\,\frac{\omega\mu}{k_{\mathrm{T}}^2}\,\frac{\partial \dot{H}_z}{\partial y}\\
&\dot{E}_y=\mathrm{j}\,\frac{\omega\mu}{k_{\mathrm{T}}^2}\,\frac{\partial \dot{H}_z}{\partial x}\\
&\dot{H}_x=-\mathrm{j}\,\frac{k_z}{k_{\mathrm{T}}^2}\,\frac{\partial \dot{H}_z}{\partial x}\\
&\dot{H}_y=-\mathrm{j}\,\frac{k_z}{k_{\mathrm{T}}^2}\,\frac{\partial \dot{H}_z}{\partial y}
\end{aligned}\right\}\tag{7.2.7}$$

对 TM 波，$\dot{H}_z=0$

$$\left.\begin{aligned}
\dot{H}_x&=\mathrm{j}\,\frac{\omega\varepsilon}{k_{\mathrm{T}}^2}\,\frac{\partial \dot{E}_z}{\partial y}\\
\dot{H}_y&=-\mathrm{j}\,\frac{\omega\varepsilon}{k_{\mathrm{T}}^2}\,\frac{\partial \dot{E}_z}{\partial x}\\
\dot{E}_x&=-\mathrm{j}\,\frac{k_z}{k_{\mathrm{T}}^2}\,\frac{\partial \dot{E}_z}{\partial x}\\
\dot{E}_y&=-\mathrm{j}\,\frac{k_z}{k_{\mathrm{T}}^2}\,\frac{\partial \dot{E}_z}{\partial y}
\end{aligned}\right\}\tag{7.2.8}$$

对于圆柱坐标系，将式(7.2.4)展示为标量形式并整理，得场强各横向分量与纵向分量之间的关系：

$$\left.\begin{aligned}
\dot{E}_r&=-\mathrm{j}\,\frac{k_z}{k_{\mathrm{T}}^2}\left(\frac{\partial \dot{E}_z}{\partial r}+\frac{\omega\mu}{k_z}\,\frac{\partial \dot{H}_z}{r\partial \alpha}\right)\\
\dot{E}_\alpha&=\mathrm{j}\,\frac{k_z}{k_{\mathrm{T}}^2}\left(-\frac{1}{r}\,\frac{\partial \dot{E}_z}{\partial \alpha}+\frac{\omega\mu}{k_z}\,\frac{\partial \dot{H}_z}{\partial r}\right)\\
\dot{H}_r&=\mathrm{j}\,\frac{k_z}{k_{\mathrm{T}}^2}\left(\frac{\omega\varepsilon}{k_z}\,\frac{\partial \dot{E}_z}{r\partial \alpha}-\frac{\partial \dot{H}_z}{\partial r}\right)\\
\dot{H}_\alpha&=-\mathrm{j}\,\frac{k_z}{k_{\mathrm{T}}^2}\left(\frac{\omega\varepsilon}{k_z}\,\frac{\partial \dot{E}_z}{\partial r}+\frac{\partial \dot{H}_z}{r\partial \alpha}\right)
\end{aligned}\right\}\tag{7.2.9}$$

对 TE 波，$\dot{E}_z=0$

$$\left.\begin{aligned}
\dot{E}_r&=-\mathrm{j}\,\frac{\omega\mu}{k_{\mathrm{T}}^2}\,\frac{1}{r}\,\frac{\partial \dot{H}_z}{\partial \alpha}\\
\dot{E}_\alpha&=\mathrm{j}\,\frac{\omega\mu}{k_{\mathrm{T}}^2}\,\frac{\partial \dot{H}_z}{\partial r}\\
\dot{H}_r&=-\mathrm{j}\,\frac{k_z}{k_{\mathrm{T}}^2}\,\frac{\partial \dot{H}_z}{\partial r}\\
\dot{H}_\alpha&=-\mathrm{j}\,\frac{k_z}{k_{\mathrm{T}}^2}\,\frac{1}{r}\,\frac{\partial \dot{H}_z}{\partial \alpha}
\end{aligned}\right\}\tag{7.2.10}$$

对 TM 波，$\dot{H}_z=0$

$$\left.\begin{aligned}\dot{E}_r&=-\mathrm{j}\,\frac{k_z}{k_{\mathrm{T}}^2}\,\frac{\partial\dot{E}_z}{\partial r}\\ \dot{E}_\alpha&=-\mathrm{j}\,\frac{k_z}{k_{\mathrm{T}}^2}\,\frac{1}{r}\,\frac{\partial\dot{E}_z}{\partial\alpha}\\ \dot{H}_r&=\mathrm{j}\,\frac{\omega\varepsilon}{k_{\mathrm{T}}^2}\,\frac{1}{r}\,\frac{\partial\dot{E}_z}{\partial\alpha}\\ \dot{H}_\alpha&=-\mathrm{j}\,\frac{\omega\varepsilon}{k_{\mathrm{T}}^2}\,\frac{\partial\dot{E}_z}{\partial r}\end{aligned}\right\}\tag{7.2.11}$$

由于存在以上导波场强横向分量与纵向分量关系，因此对于导波场强的求解可以先求解其纵向分量的波动方程，得出其解后，便可由以上关系，求得各个横向分量，而不必再次求解波动方程。

从导波场强横向分量与纵向分量关系，式(7.2.7)(7.2.8)或式(7.2.10)、(7.2.11)，可看出，对于 TE 波及 TM 波，都必须有 $k_{\mathrm{T}}\neq0$ 的条件。因为如果 $k_{\mathrm{T}}=0$，则场强的横向分量都将为无限大。因这一条件($k_{\mathrm{T}}\neq0$)便由式(7.2.3)得

$$\left.\begin{aligned}\nabla_{\mathrm{T}}^2\dot{\vec{E}}\neq0\\ \nabla_{\mathrm{T}}^2\dot{\vec{H}}\neq0\end{aligned}\right\}\tag{7.2.12}$$

而对于 TEM 波，则由于 $\dot{E}_z=0$ 及 $\dot{H}_z=0$，从式(7.2.6)或式(7.2.9)可以看出，必须 $k_{\mathrm{T}}=0$，否则场强的横向分量亦将都等于零，即不存在电磁场。从而由式(7.2.3)，有

$$\left.\begin{aligned}\nabla_{\mathrm{T}}^2\dot{\vec{E}}=0\\ \nabla_{\mathrm{T}}^2\dot{\vec{H}}=0\end{aligned}\right\}\tag{7.2.13}$$

式(7.2.13)与无源区的静态电磁场所满足的方程相同。因为对于静电场 $\vec{E}_{\mathrm{s}}$，有

$$\nabla\times\vec{E}_{\mathrm{s}}=0$$

取旋度得
$$\nabla\times\nabla\times\vec{E}_{\mathrm{s}}=\nabla(\nabla\cdot\vec{E}_{\mathrm{s}})-\nabla^2\vec{E}_{\mathrm{s}}=0$$

而无源区中　$\nabla\cdot\vec{E}_{\mathrm{s}}=0$，所以

$$\nabla^2\vec{E}_{\mathrm{s}}=0\tag{7.2.14}$$

对于沿 z 方向均匀一致的波导，$\dfrac{\partial^2\vec{E}_{\mathrm{s}}}{\partial z^2}=0$，因此

$$\nabla_{\mathrm{T}}^2\vec{E}_{\mathrm{s}}=0$$

对于无源区的恒定磁场 $\vec{H}_{\mathrm{s}}$，$\nabla\times\vec{H}_{\mathrm{s}}=0$，亦有

$$\nabla\times\nabla\times\vec{H}_{\mathrm{s}}=\nabla(\nabla\cdot\vec{H}_{\mathrm{s}})-\nabla^2\vec{H}_{\mathrm{s}}=0$$

而$\nabla\cdot\vec{H}_{\mathrm{s}}=0$，所以

$$\nabla^2\vec{H}_{\mathrm{s}}=0$$

同理　$\dfrac{\partial^2\vec{H}_{\mathrm{s}}}{\partial z^2}=0$，而得

$$\nabla_{\mathrm{T}}^2\vec{H}_{\mathrm{s}}=0\tag{7.2.15}$$

由此可见 TEM 波电磁场所满足的微分方程式(7.2.13)与静态场 $\vec{E}_s$、$\vec{H}_s$ 所满足的方程式(7.2.14)、(7.2.15)相同，由于处于同一波导系统，它们的边界条件也相同，因此它们的解即它们的场分布也就完全相同。

根据以上分析，可以得到一个重要的结论：任一波导系统在与其导波行进方向相垂直的横截面上，如果能建立起满足二维拉普拉斯方程的场分布（相当于某一静态电磁场的场分布），则在此波导系统中能传输 TEM 波；反之，则其中不可能传输 TEM 波，而只可能传输 TE 波或 TM 波。例如，在双线传输线、同轴线中能够传输 TEM 波，而在空心金属波导管内部，由于不能建立一个静态电磁场分布，故不能传输 TEM 波。

三、波阻抗——导波电磁场横向分量之间关系

1. TE 波(H 波)

由直角坐标系表示 TE 波的式(7.2.7)，得

$$\frac{\dot{E}_x}{\dot{H}_y}=\frac{\omega\mu}{k_z} \tag{7.2.16a}$$

$$\frac{\dot{E}_y}{\dot{H}_x}=-\frac{\omega\mu}{k_z} \tag{7.2.16b}$$

或由圆柱坐标系表示 TE 波的式(7.2.10)，得

$$\frac{\dot{E}_r}{\dot{H}_\alpha}=\frac{\omega\mu}{k_z} \tag{7.2.17a}$$

$$\frac{\dot{E}_\alpha}{\dot{H}_r}=-\frac{\omega\mu}{k_z} \tag{7.2.17b}$$

电场强度与磁场强度的比值，具有阻抗的量纲，故令

$$Z_{\mathrm{H}}=\frac{\omega\mu}{k_z} \tag{7.2.18}$$

为 TE 波(H 波)的波阻抗。则

$$\frac{\dot{E}_x}{\dot{H}_y}=Z_{\mathrm{H}} \tag{7.2.19a}$$

$$\frac{\dot{E}_y}{\dot{H}_x}=-Z_{\mathrm{H}} \tag{7.2.19b}$$

或

$$\frac{\dot{E}_r}{\dot{H}_\alpha}=Z_{\mathrm{H}} \tag{7.2.20a}$$

$$\frac{\dot{E}_\alpha}{\dot{H}_r}=-Z_{\mathrm{H}} \tag{7.2.20b}$$

2. TM 波(E 波)

同理，由式(7.2.8)或(7.2.11)可得 TM 波(E 波)的波阻抗为

$$Z_E=\frac{k_z}{\omega\varepsilon} \tag{7.2.21}$$

而

$$\frac{\dot{E}_x}{\dot{H}_y}=Z_E \tag{7.2.22a}$$

$$\frac{\dot{E}_y}{\dot{H}_x}=-Z_E \tag{7.2.22b}$$

或

$$\frac{\dot{E}_r}{\dot{H}_\alpha}=Z_E \tag{7.2.23a}$$

$$\frac{\dot{E}_\alpha}{\dot{H}_r}=-Z_E \tag{7.2.23b}$$

3. TEM 波

对于沿 z 向传播的 TEM 波，则可在麦克斯韦电磁场方程的展开式(7.2.5)中直接将 $\dot{E}_z=0$ 及 $\dot{H}_z=0$ 代入得

$$\dot{E}_x=\frac{\omega\mu}{k_z}\dot{H}_y \quad 即 \quad \frac{\dot{E}_x}{\dot{H}_y}=\frac{\omega\mu}{k_z} \tag{7.2.24a}$$

$$\dot{E}_y=-\frac{\omega\mu}{k_z}\dot{H}_x \quad 即 \quad \frac{\dot{E}_y}{\dot{H}_x}=-\frac{\omega\mu}{k_z} \tag{7.2.24b}$$

和

$$\dot{H}_y=\frac{\omega\varepsilon}{k_z}\dot{E}_x \quad 即 \quad \frac{\dot{E}_x}{\dot{H}_y}=\frac{k_z}{\omega\varepsilon} \tag{7.2.24c}$$

$$\dot{H}_x=-\frac{\omega\varepsilon}{k_z}\dot{E}_y \quad 即 \quad \frac{\dot{E}_y}{\dot{H}_x}=-\frac{k_z}{\omega\varepsilon} \tag{7.2.24d}$$

因此

$$\frac{\omega\mu}{k_z}=\frac{k_z}{\omega\varepsilon} \qquad 或 \qquad k_z^2=\omega^2\mu\varepsilon=k^2 \tag{7.2.25}$$

而

$$\frac{\dot{E}_x}{\dot{H}_y}=\frac{\omega\mu}{k_z}=\frac{k_z}{\omega\varepsilon}=\sqrt{\frac{\mu}{\varepsilon}}=Z_{TEM}=Z_0 \tag{7.2.26a}$$

$$\frac{\dot{E}_y}{\dot{H}_x}=-\frac{\omega\mu}{k_z}=-\frac{k_z}{\omega\varepsilon}=-\sqrt{\frac{\mu}{\varepsilon}}=-Z_{TEM}=-Z_0 \tag{7.2.26b}$$

§7.3　矩形波导中的导波

一、概述

矩形波导的横截面为封闭的金属框，因此在其横截面上不存在与静态电磁场相同的场分布，亦即$\nabla_T^2\dot{\vec{E}}\neq 0$，$\nabla_T^2\dot{\vec{H}}\neq 0$，因而沿波导纵向（$z$ 方向）只能传播 TE 波或 TM 波，而不可能传播 TEM 波。

对矩形波导 TE 波或 TM 波分析可知，对于不同模式的导波具有不同的截止频率和截止波长。只有工作频率大于该模式的截止频率的电磁波，亦即工作波长小于该模式的截止波长的电磁波，才可能在其中形成导波。因此空心金属波导一般用于微波的厘米波或毫米波波段。

以下分别讨论矩形波导中的 TM 波和 TE 波。

二、矩形波导中的 TM 波（E 波）

根据上节讨论，导波场强的求解，应先求出其场的纵向分量，然后由场的横向分量与纵向分量的关系从纵向分量求得其横向分量。

对于矩形波导，选取直角坐标系，如图 7.3.1 所示。

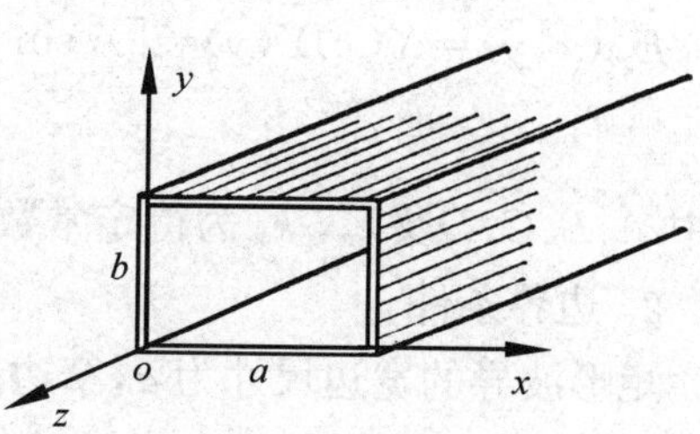

图 7.3.1　矩形波导

1. 分离变量法求矩形波导中 TM 波的通解

对于 TM 波，$\dot{E}_z\neq 0$，$\dot{H}_z=0$。设波导沿轴向（z 轴方向）均匀，且无限长，$\dot{E}_z$ 则为

$$\dot{E}_z=\dot{E}_{zo}\,e^{-jk_z z} \tag{7.3.1}$$

它应满足赫姆霍兹方程

$$\nabla_T^2\dot{E}_z+k_T^2\dot{E}_z=0\quad 或\quad \nabla_T^2\dot{E}_{zo}+k_T^2\dot{E}_{zo}=0 \tag{7.3.2a}$$

在直角坐标系中，即为

$$\frac{\partial^2\dot{E}_{zo}}{\partial x^2}+\frac{\partial^2\dot{E}_{zo}}{\partial y^2}=-k_T^2\dot{E}_{zo} \tag{7.3.2b}$$

应用分离变量法求解以上方程，令

$$\dot{E}_{zo}(x,y)=\dot{X}(x)\dot{Y}(y) \tag{7.3.3}$$

在上式中，$\dot{X}(x)$仅为 x 的函数，$\dot{Y}(y)$仅为 y 的函数。将式（7.3.3）代入式（7.3.2）得

$$\dot{X}''\dot{Y}+\dot{X}\dot{Y}''=-k_T^2\dot{X}\dot{Y}\quad 或\quad \frac{\dot{X}''}{\dot{X}}+\frac{\dot{Y}''}{\dot{Y}}=-k_T^2 \tag{7.3.4}$$

上式中，k_T^2 为与 x、y 无关的常数，即上式对任何 x、y 场应成立。因此$\frac{\dot{X}''}{\dot{X}}$与$\frac{\dot{Y}''}{\dot{Y}}$亦应是两个与

x、y 无关的常数。令

$$\frac{\dot{X}''}{\dot{X}}=-k_x^2 \tag{7.3.5a}$$

$$\frac{\dot{Y}''}{\dot{Y}}=-k_y^2 \tag{7.3.5b}$$

k_x 与 k_y 为两个常数。由式(7.3.4)，它们应满足

$$k_x^2+k_y^2=k_1^2 \tag{7.3.6}$$

方程式(7.3.5)之通解为

$$\dot{X}(x)=\dot{A}\sin(k_x x)+\dot{B}\cos(k_x x) \tag{7.3.7a}$$

$$\dot{Y}(y)=\dot{C}\sin(k_y y)+\dot{D}\cos(k_y y) \tag{7.3.7b}$$

故

$$\dot{E}_{zo}(x,y)=\dot{X}(x)\dot{Y}(y)=[\dot{A}\sin(k_x x)+\dot{B}\cos(k_x x)][\dot{C}\sin(k_y y)+\dot{D}\cos(k_y y)] \tag{7.3.8}$$

其中 $\dot{A}$、$\dot{B}$、$\dot{C}$、$\dot{D}$及 k_x，k_y 为待定常数，由边界条件决定。

2. 边界条件

矩形波导的宽边尺寸为 a，窄边高为 b，管壁为理想导体，由于在介质与理想导体的分界面上电场强度的切向分量 $\dot{E}_t$ 等于零($\dot{E}_t=0$)，故在所取直角坐标系中(如图 7.3.1)，矩形波导的边界条件表示为

$$x=0,\ 0\leqslant y\leqslant b \text{ 处}\qquad \dot{E}_{zo}=0 \tag{7.3.9a}$$

$$x=a,\ 0\leqslant y\leqslant b \text{ 处}\qquad \dot{E}_{zo}=0 \tag{7.3.9b}$$

$$y=0,\ 0\leqslant x\leqslant a \text{ 处}\qquad \dot{E}_{zo}=0 \tag{7.3.9c}$$

$$y=b,\ 0\leqslant x\leqslant a \text{ 处}\qquad \dot{E}_{zo}=0 \tag{7.3.9d}$$

应用 $x=0$，$0\leqslant y\leqslant b$ 处，及 $y=0$，$0\leqslant x\leqslant a$ 处边界条件，即式(7.3.9a)及(7.3.9c)可得

$$\dot{B}=0,\quad \dot{D}=0$$

于是式(7.3.8)可简化为

$$\dot{E}_{zo}=\dot{A}\dot{C}\sin(k_x x)\sin(k_y y)$$

$\dot{A}$、$\dot{C}$为待定常数，现用 $\dot{E}_0$ 表示 $\dot{A}\dot{C}$，则

$$\dot{E}_{zo}=\dot{E}_0\sin(k_x x)\sin(k_y y)$$

应用 $x=a$，$0\leqslant y\leqslant b$ 处的边界条件，即式(7.3.9b)，有

$$\dot{E}_{zo}(a,y)=\dot{E}_0\sin(k_x a)\sin(k_y y)=0$$

因而必须有 $\sin(k_x a)=0$ 或 $k_x=\dfrac{m\pi}{a}$ $(m=1,2,3\cdots)$

同理，应用 $0\leqslant x\leqslant a$，$y=b$ 处的边界条件，可有 $\dot{E}_{zo}(x,b)=0$

$$\sin(k_y b)=0 \quad 或 \quad k_y=\frac{n\pi}{b} \quad (n=1,2,3\cdots)$$

这样，解得矩形波导中 TM 波的 $\dot{E}_{zo}$ 为

$$\dot{E}_{zo}=\dot{E}_0\sin\left(\frac{m\pi}{a}x\right)\sin\left(\frac{n\pi}{b}y\right) \tag{7.3.10}$$

上式中的 $\dot{E}_0$ 由波导的激励情况决定。

得出了导波场的纵向分量后，应用式(7.2.8)，即得场的横向分量分别为

$$\left.\begin{aligned}
\dot{H}_{xo}&=\mathrm{j}\,\frac{\omega\varepsilon}{k_{\mathrm{T}}^2}\,\frac{\partial\dot{E}_{zo}}{\partial y}=\mathrm{j}\,\frac{\omega\varepsilon}{k_{\mathrm{T}}^2}\,\dot{E}_0\left(\frac{n\pi}{b}\right)\sin\left(\frac{m\pi}{a}x\right)\cos\left(\frac{n\pi}{b}y\right)\\
\dot{H}_{yo}&=-\mathrm{j}\,\frac{\omega\varepsilon}{k_{\mathrm{T}}^2}\,\frac{\partial\dot{E}_{zo}}{\partial x}=-\mathrm{j}\,\frac{\omega\varepsilon}{k_{\mathrm{T}}^2}\,\dot{E}_0\left(\frac{m\pi}{a}\right)\cos\left(\frac{m\pi}{a}x\right)\sin\left(\frac{n\pi}{b}y\right)\\
\dot{E}_{xo}&=Z_{\mathrm{E}}\,\dot{H}_{yo}=-\mathrm{j}\,\frac{k_z}{k_{\mathrm{T}}^2}\,\dot{E}_0\left(\frac{m\pi}{a}\right)\cos\left(\frac{m\pi}{a}x\right)\sin\left(\frac{n\pi}{b}y\right)\\
\dot{E}_{yo}&=-Z_{\mathrm{E}}\,\dot{H}_{xo}=-\mathrm{j}\,\frac{k_z}{k_{\mathrm{T}}^2}\,\dot{E}_0\left(\frac{n\pi}{b}\right)\sin\left(\frac{m\pi}{a}x\right)\cos\left(\frac{n\pi}{b}y\right)
\end{aligned}\right\} \tag{7.3.11}$$

于是解得矩形波导中 TM 波的场强为

$$\left.\begin{aligned}
\dot{E}_z&=\dot{E}_0\sin(k_x x)\sin(k_y y)\mathrm{e}^{-\mathrm{j}k_z z}\\
\dot{E}_x&=-\mathrm{j}\,\frac{k_x k_z}{k_{\mathrm{T}}^2}\,\dot{E}_0\cos(k_x x)\sin(k_y y)\mathrm{e}^{-\mathrm{j}k_z z}\\
\dot{E}_y&=-\mathrm{j}\,\frac{k_y k_z}{k_{\mathrm{T}}^2}\,\dot{E}_0\sin(k_x x)\cos(k_y y)\mathrm{e}^{-\mathrm{j}k_z z}\\
\dot{H}_x&=-\frac{\dot{E}_y}{Z_E}=\mathrm{j}\,\frac{\omega\varepsilon k_y}{k_{\mathrm{T}}^2}\,\dot{E}_0\sin(k_x x)\cos(k_y y)\mathrm{e}^{-\mathrm{j}k_z z}\\
\dot{H}_y&=\frac{\dot{E}_x}{Z_E}=-\mathrm{j}\,\frac{\omega\varepsilon k_x}{k_{\mathrm{T}}^2}\,\dot{E}_0\cos(k_x x)\sin(k_y y)\mathrm{e}^{-\mathrm{j}k_z z}\\
\dot{H}_z&=0
\end{aligned}\right\} \tag{7.3.12}$$

上式中，$k_x=\dfrac{m\pi}{a}\quad(m=1,2,\cdots)$，$k_y=\dfrac{n\pi}{b}\quad(n=1,2,\cdots)$

$$k_{\mathrm{T}}^2=k_x^2+k_y^2,\quad k^2=k_{\mathrm{T}}^2+k_z^2$$

三、矩形波导中的 TE 波(H 波)

1. 矩形波导中 TE 波的通解

对于 TE 波，$\dot{E}_z=0$，而 $\dot{H}_z\neq0$。设沿波导传播的 TE 波的 $\dot{H}_z=\dot{H}_{zo}\,\mathrm{e}^{-jk_z z}$，$\dot{H}_{zo}$满足赫姆霍兹方程

$$\nabla_{\mathrm{T}}^2\dot{H}_{zo}+k_{\mathrm{T}}^2\,\dot{H}_{zo}=0 \tag{7.3.13}$$

其通解形式与式(7.3.8)相同，即

$$\dot{H}_{zo}=[\dot{A}\sin(k_x x)+\dot{B}\cos(k_x x)][\dot{C}\sin(k_y y)+\dot{D}\cos(k_y y)] \quad (7.3.14)$$

其中 $\dot{A}$、$\dot{B}$、$\dot{C}$、$\dot{D}$ 及 k_x、k_y 仍为待定常数，由边界条件决定。

2. 边界条件

设波导管壁为理想导体则其中导波的电场切向分量等于零。由式(7.2.7)得

$$\dot{E}_x=-\mathrm{j}\,\frac{\omega\mu}{k_T^2}\,\frac{\partial \dot{H}_z}{\partial y}$$

$$\dot{E}_y=\mathrm{j}\,\frac{\omega\mu}{k_T^2}\,\frac{\partial \dot{H}_z}{\partial x}$$

故边界条件可表示为

$$x=0,\ 0\leqslant y\leqslant b\ \text{处} \qquad \dot{E}_{yo}=0\ \text{或}\ \frac{\partial \dot{H}_{zo}}{\partial x}=0 \quad (7.3.15a)$$

$$x=a,\ 0\leqslant y\leqslant b\ \text{处} \qquad \dot{E}_{yo}=0\ \text{或}\ \frac{\partial \dot{H}_{zo}}{\partial x}=0 \quad (7.3.15b)$$

$$0\leqslant x\leqslant a,\ y=0\ \text{处} \qquad \dot{E}_{xo}=0\ \text{或}\ \frac{\partial \dot{H}_{zo}}{\partial y}=0 \quad (7.3.15c)$$

$$0\leqslant x\leqslant a,\ y=b\ \text{处} \qquad \dot{E}_{xo}=0\ \text{或}\ \frac{\partial \dot{H}_{zo}}{\partial y}=0 \quad (7.3.15d)$$

由式(7.3.14)，得

$$\frac{\partial \dot{H}_{zo}}{\partial x}=[k_x\dot{A}\cos(k_x x)-k_x\dot{B}\sin(k_x x)][\dot{C}\sin(k_y y)+\dot{D}\cos(k_y y)]$$

$$\frac{\partial \dot{H}_{zo}}{\partial y}=[\dot{A}\sin(k_x x)+\dot{B}\cos(k_x x)][k_y\dot{C}\cos(k_y y)-k_y\dot{D}\sin(k_y y)]$$

将边界条件代入，得

$$\dot{A}=0,\quad \dot{C}=0$$

$$k_x=\frac{m\pi}{a}\quad (m=0,1,2,\cdots),\quad k_y=\frac{n\pi}{b}\quad (n=0,1,2,\cdots)$$

于是得 $$\dot{H}_{zo}=\dot{B}\dot{C}\cos\left(\frac{m\pi}{a}x\right)\cos\left(\frac{n\pi}{b}y\right)=\dot{H}_0\cos\left(\frac{m\pi}{a}x\right)\cos\left(\frac{n\pi}{b}y\right) \quad (7.3.16)$$

导波场的纵向分量求得后，便可由式(7.2.7)求得场的横向分量

$$\left.\begin{aligned}
\dot{E}_{xo}&=-\mathrm{j}\,\frac{\omega\mu}{k_{\mathrm{T}}^2}\,\frac{\partial\dot{H}_{zo}}{\partial y}=\mathrm{j}\,\frac{\omega\mu}{k_{\mathrm{T}}^2}\,\dot{H}_0\left(\frac{n\pi}{b}\right)\cos\left(\frac{m\pi}{a}x\right)\sin\left(\frac{n\pi}{b}y\right)\\
\dot{E}_{yo}&=\mathrm{j}\,\frac{\omega\mu}{k_{\mathrm{T}}^2}\,\frac{\partial\dot{H}_{zo}}{\partial x}=-\mathrm{j}\,\frac{\omega\mu}{k_{\mathrm{T}}^2}\,\dot{H}_0\left(\frac{m\pi}{a}\right)\sin\left(\frac{m\pi}{a}x\right)\cos\left(\frac{n\pi}{b}y\right)\\
\dot{H}_{xo}&=-\frac{\dot{E}_{yo}}{Z_{\mathrm{H}}}=\mathrm{j}\,\frac{k_z}{k_{\mathrm{T}}^2}\,\dot{H}_0\left(\frac{m\pi}{a}\right)\sin\left(\frac{m\pi}{a}x\right)\cos\left(\frac{n\pi}{b}y\right)\\
\dot{H}_{yo}&=-\frac{\dot{E}_{xo}}{Z_{\mathrm{H}}}=\mathrm{j}\,\frac{k_z}{k_{\mathrm{T}}^2}\,\dot{H}_0\left(\frac{n\pi}{b}\right)\cos\left(\frac{m\pi}{a}x\right)\sin\left(\frac{n\pi}{b}y\right)
\end{aligned}\right\}\qquad(7.3.17)$$

于是,解得矩形波导中 TE 波的场强为

$$\left.\begin{aligned}
\dot{H}_z&=\dot{H}_0\cos(k_x x)\cos(k_y y)\mathrm{e}^{-\mathrm{j}k_z z}\\
\dot{H}_x&=\mathrm{j}\,\frac{k_x k_z}{k_{\mathrm{T}}^2}\,\dot{H}_0\sin(k_x x)\cos(k_y y)\mathrm{e}^{-\mathrm{j}k_z z}\\
\dot{H}_y&=\mathrm{j}\,\frac{k_y k_z}{k_{\mathrm{T}}^2}\,\dot{H}_0\cos(k_x x)\sin(k_y y)\mathrm{e}^{-\mathrm{j}k_z z}\\
\dot{E}_x&=\mathrm{j}\,\frac{\omega\mu k_y}{k_{\mathrm{T}}^2}\,\dot{H}_0\cos(k_x x)\sin(k_y y)\,\mathrm{e}^{-\mathrm{j}k_z z}\\
\dot{E}_y&=-\mathrm{j}\,\frac{\omega\mu k_x}{k_{\mathrm{T}}^2}\,\dot{H}_0\sin(k_x x)\cos(k_y y)\,\mathrm{e}^{-\mathrm{j}k_z z}\\
\dot{E}_z&=0
\end{aligned}\right\}\qquad(7.3.18)$$

上式中，$k_x=\dfrac{m\pi}{a}\quad(m=0,1,2,\cdots),\quad k_y=\dfrac{n\pi}{b}\quad(n=0,1,2,\cdots)$

$$k_x^2+k_y^2=k_{\mathrm{T}}^2\qquad k^2=k_{\mathrm{T}}^2+k_z^2\qquad(7.3.19)$$

四、矩形波导中导波的模式

由矩形波导中导波 TM 波与 TE 波的表达式可见,电磁波在矩形波导的四个金属壁反射,在 x 及 y 方向场强呈驻波分布,k_x 及 k_y 分别代表沿 x 方向及 y 方向的驻波波数,即 $k_x=\dfrac{2\pi}{\lambda_x}$, $k_y=\dfrac{2\pi}{\lambda_y}$,$\lambda_x$,$\lambda_y$ 为驻波波长。由边界条件得 $k_x=\dfrac{m\pi}{a}$,$k_y=\dfrac{n\pi}{b}$,因此得

$$m=\frac{a}{\lambda_x/2},\qquad n=\frac{b}{\lambda_y/2}$$

m,n 分别为矩形波导内 x 方向及 y 方向的驻波半波长个数。m 及 n 的取值为正整数,不同的 m 及 n 值相应有不同的场分布,因而在矩形波导中,可以存在无限多个 TM 波(E 波)或 TE 波(H 波)。我们称不同 m 与 n 值的场分布为不同的模式,用 $\mathrm{TM}_{mn}(\mathrm{E}_{mn})$ 及 $\mathrm{TE}_{mn}(\mathrm{H}_{mn})$ 表示。例如有 $\mathrm{TE}_{10}(\mathrm{H}_{10})$ 波,$\mathrm{TE}_{01}(\mathrm{H}_{01})$ 波,$\mathrm{TM}_{11}(\mathrm{E}_{11})$ 波 $\mathrm{TM}_{12}(\mathrm{E}_{12})$ 波等等。称 m、n 为模式指数。对 TM 波,不存在 TM_{on} 及 TM_{mo} 模式;对 TE 波,不存在 TE_{00} 模式,因为这些模式场强均为零。

五、矩形波导中导波的传播特性

波导中导波电磁场在不同时刻沿 z 轴的分布均由 $\mathrm{e}^{\mathrm{j}(\omega t-k_z z)}$ 决定,因此导波的传播特性决

定于其传播常数(或导波波数)k_z。

$$k_z^2=k^2-k_T^2$$

其中

$$k^2=\omega^2\mu\varepsilon$$

在矩形波导中 $\quad k_T^2=k_x^2+k_y^2,\quad k_x=\frac{m\pi}{a},\quad k_y=\frac{n\pi}{b}$

由于设媒质无损耗,μ、ε 为实数,故 $k^2=\omega^2\mu\varepsilon$ 为正实数,而 k_T 也为正实数。

$$k_z=\sqrt{k^2-k_T^2}=k\sqrt{1-\left(\frac{k_T}{k}\right)^2}$$

于是 k_z 依据 k 和 k_T 的相对大小而不同。对于矩形波导:

$$k_T^2=k_x^2+k_y^2=\left(\frac{m\pi}{a}\right)^2+\left(\frac{n\pi}{b}\right)^2,\quad k=\omega\sqrt{\mu\varepsilon}$$

$$k_z=\omega\sqrt{\mu\varepsilon}\sqrt{1-\frac{\left(\frac{m\pi}{a}\right)^2+\left(\frac{n\pi}{b}\right)^2}{\omega^2\mu\varepsilon}} \tag{7.3.20}$$

对于一定的波导(一定的尺寸和媒质)和模式(m、n),随着频率的不同,k_z 可能为虚数、实数或为零。

1. 截止频率与截止波长

当 $k>k_T$ 时,k_z 为实数,波可以在波导中传播;当 $k<k_T$ 时,k_z 为虚数,且 $k_z=-\mathrm{j}\alpha$,$\mathrm{e}^{-\mathrm{j}k_zz}=\mathrm{e}^{-\alpha z}$成为衰减因子,表示这时导波沿 z 轴衰减,而不能传播,这现象称为截止。在 $k=k_T$ 时 $k_z=0$,在 z 向不能形成导波,为导波在波导中传播与截止的临界情况,故 k_T 称为临界波数或截止波数,亦可记为 k_c($k_T=k_c$),它所对应的角频率为临界角频率(截止角频率)ω_c。

$$k_c^2=\omega_c^2\mu\varepsilon,\quad \omega_c=\frac{k_c}{\sqrt{\mu\varepsilon}}$$

或用临界频率$\left(f_c=\frac{\omega_c}{2\pi}\right)$表示:

$$f_c=\frac{k_c}{2\pi\sqrt{\mu\varepsilon}} \tag{7.3.21a}$$

对于矩形波导

$$f_c=\frac{k_c}{2\pi\sqrt{\mu\varepsilon}}=\frac{1}{2\sqrt{\mu\varepsilon}}\sqrt{\left(\frac{m}{a}\right)^2+\left(\frac{n}{b}\right)^2} \tag{7.3.21b}$$

与 k_c 或 f_c 对应的波长称为临界波长(或称截止波长)λ_c。

$$\lambda_c=\frac{2\pi}{k_c}\quad \lambda_c=\frac{1}{\sqrt{\mu\varepsilon}\,f_c}=\frac{v}{f_c}$$

$$\lambda_c=\frac{2\pi}{k_c}=\frac{2}{\sqrt{\left(\frac{m}{a}\right)^2+\left(\frac{n}{b}\right)^2}} \tag{7.3.22}$$

由式(7.3.21)及式(7.3.22)可见,截止频率与波导的尺寸、导波的模式和波导中填充的媒质参数有关,而截止波长则仅与波导的尺寸及导波的模式有关,两者均与电磁波的工作频率无关。对于尺寸一定和填充媒质一定的矩形波导，具有不同模式指数 m、n 的导波有不同的截止频率和截止波长。

例如空气填充的矩形波导，波导尺寸 $a=7\text{cm}$，$b=3\text{cm}$，则其中导波的截止波长 $(\lambda_c)_{TE_{mn}}$、$(\lambda_c)_{TM_{mn}}$ 为

$$(\lambda_c)_{TE_{10}}=\frac{2}{\sqrt{\left(\frac{1}{a}\right)^2+\left(\frac{0}{b}\right)^2}}=2a=14\ (\text{cm})$$

$$(\lambda_c)_{TE_{01}}=2b=6\ (\text{cm})$$

$$(\lambda_c)_{TE_{20}}=a=7\ (\text{cm})$$

$$(\lambda_c)_{TE_{02}}=b=3\ (\text{cm})$$

$$(\lambda_c)_{TE_{11}}=(\lambda_c)_{TM_{11}}=\frac{2ab}{\sqrt{a^2+b^2}}\approx5.5(\text{cm})$$

$$(\lambda_c)_{TE_{21}}=(\lambda_c)_{TM_{21}}=\frac{2}{\sqrt{\left(\frac{2}{a}\right)^2+\left(\frac{1}{b}\right)^2}}=4.6\ (\text{cm})$$

$$(\lambda_c)_{TE_{31}}=(\lambda_c)_{TM_{31}}=\frac{2}{\sqrt{\left(\frac{3}{a}\right)^2+\left(\frac{1}{b}\right)^2}}=3.1\ (\text{cm})$$

在同一波导中，模式指数 m、n 相同的导波 TE 波和 TM 波，它们的截止波长是相同的，它们沿 z 向传播特性亦相同，但它们的电磁场分布不相同，把 λ_c 相同，而场分布不同的模式称为简并模式。

将矩形波导($a=7\text{cm}$，$b=3\text{cm}$)中各模式导波的截止波长表示在波长轴上，如图 7.3.2 所示。

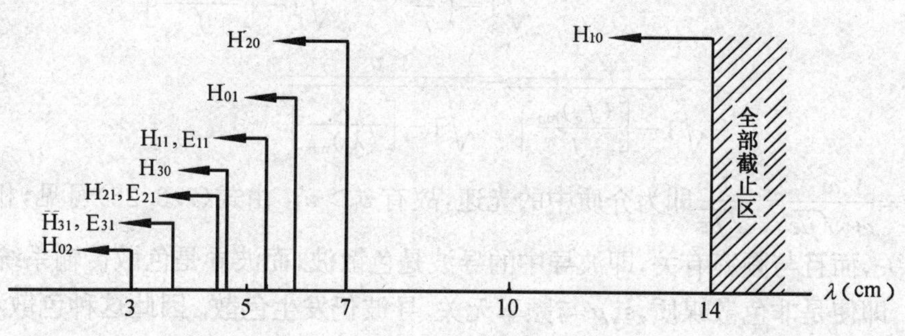

图 7.3.2 矩形波导($a=7\text{cm}$，$b=3\text{cm}$)中各模式导波的截止波长分布

欲使导波在矩形波导中传播，必须工作频率大于截止频率($f>f_c$)，或工作波长小于截止波长($\lambda<\lambda_c$)，所以矩形波导的传输特性相似于一个高通滤波器的特性。例如在上述矩形波导($a=7\text{cm}$，$b=3\text{cm}$)中，当工作波长 $\lambda>14\text{cm}$ 时，任何模式的 H 波和 E 波都被截止；而在 $7\text{cm}<\lambda<14\text{cm}$ 的波长范围内，只有 H_{10}波可以传播，其他模式导波均被截止(即单模传输)；若工作波长 $\lambda<5\text{cm}$，则 H_{10}、H_{20}、H_{01}、H_{11}、E_{11}五种模式导波可以传播。因此，在矩形波导中可

以传播哪一种或哪几种模式，决定于工作波长与波导尺寸。

当 $a>b$ 时，$H_{10}(TE_{10})$ 波是矩形波导中截止波长最长的模式，因此称 H_{10} 波(模)为矩形波导中的最低模式或主模式。H_{10} 模式也是矩形波导中最常用的模式。在矩形波导中，单模工作即仅有 H_{10} 模工作的条件是

$$\left.\begin{aligned}&a<\lambda<2a\\&2b<\lambda\end{aligned}\right\} \tag{7.3.23a}$$

设计单模工作的矩形波导尺寸 (a,b)，则必须满足条件：

$$\left.\begin{aligned}&\frac{\lambda}{2}<a<\lambda\\&0<b<\frac{\lambda}{2}\end{aligned}\right\} \tag{7.3.23b}$$

2. 矩形波导中导波的色散

在矩形波导中，对某模式的导波，当 $f>f_c$ 或 $\lambda<\lambda_c$ 时，该模式可以在其中传播，其 z 向波数为

$$(k_z)_{mn}=\sqrt{k^2-k_T^2}=\sqrt{k^2-k_c^2}=k\sqrt{1-\left(\frac{k_c}{k}\right)^2}=$$
$$k\sqrt{1-\left[\frac{(f_c)_{mn}}{f}\right]^2}=k\sqrt{1-\left[\frac{\lambda}{(\lambda_c)_{mn}}\right]^2} \tag{7.3.24}$$

该导波沿 z 向传播的等相位面为

$$\omega t-k_z z=\text{常数}$$

故等相位面的移动速度，即导波的相速度为

$$(v_p)_{mn}=\frac{dz}{dt}=\frac{\omega}{(k_z)_{mn}}=\frac{\omega/k}{\sqrt{1-\left(\frac{k_c}{k}\right)^2}}=\frac{\omega/k}{\sqrt{1-\left[\frac{(f_c)_{mn}}{f}\right]^2}}=$$
$$\frac{v}{\sqrt{1-\left[\frac{(f_c)_{mn}}{f}\right]^2}}=\frac{v}{\sqrt{1-\left[\frac{\lambda}{(\lambda_c)_{mn}}\right]^2}} \tag{7.3.25}$$

式中，$v=\frac{\omega}{k}=\frac{\omega}{\omega\sqrt{\mu\varepsilon}}=\frac{1}{\sqrt{\mu\varepsilon}}$ 即为介质中的光速，故有 $v_p>v$。由式(7.3.25)可见，相速 v_p 不仅与模式有关，而且与频率有关，即波导中的导波是色散波，而波导是色散传输系统。波导中填充的媒质，即使是非色散媒质，ε、μ 与频率无关，导波仍发生色散。因此这种色散不是由于媒质特性引起的，而是由于波导的边界条件决定的 k_z 与 ω 呈非线性关系而引起的，这种色散称为波导色散。

3. 导波的相波长

导波沿 z 向传播的相波长，也称为波导波长 λ_g。定义为导波沿传播方向相位变化 2π 所经过的距离。故

$$\lambda_g=(\lambda_g)_{mn}=\frac{2\pi}{(k_z)_{mn}}=\frac{2\pi}{k\sqrt{1-\left[\frac{\lambda}{(\lambda_c)_{mn}}\right]^2}}=\frac{\lambda}{\sqrt{1-\left[\frac{\lambda}{(\lambda_c)_{mn}}\right]^2}} \tag{7.3.26}$$

相波长(波导波长)与导波的模式有关,而且总是大于工作波长。

$$(\lambda_g)_{mn}>\lambda$$

【例 7.3.1】 矩形波导 $a=7$cm,$b=3$cm,电磁波工作波长 $\lambda=10$cm,其中导波 H_{10}模的波导波长及相速度为

$$(\lambda_g)_{H10}=\frac{10}{\sqrt{1-\left(\frac{10}{14}\right)^2}}=14.3\ (\text{cm})>10\ (\text{cm})$$

$$(v_p)_{H_{10}}=\frac{3\times10^{10}}{\sqrt{1-\left(\frac{10}{14}\right)^2}}=4.92\times10^{10}(\text{cm/s})$$

§7.4 矩形波导中的场分布

为了对矩形波导内部的场和波有一形象化概念,我们将矩形波导中导波的解,用电力线、磁力线及电流线(管壁上为传导电流、管内空间为位移电流)来表示,这样的图形常被称为场分布或场结构。了解波导中的场分布,对于解决工程上的具体问题,例如波导的开槽激励、耦合等问题,具有实际意义。

在讨论矩形波导中的场分布时,我们着重讨论 H_{10}波的场分布。因为 H_{10}波是工程应用最多的,通过它可掌握如何从场强的数学表达式得出场分布图形的一般规律,描绘其他模式场分布的方法并无原则上的区别。我们先分别对电场、磁场及电流场进行讨论,然后把它们合到一起,以观察它们之间的相位关系。

对于矩形波导,H_{10}波场强的数学表达式可从式(7.3.18)中令 $m=1$ 及 $n=0$ 得出,这时因 $k_x=\frac{\pi}{a}$,$k_y=0$,$k_T=k_x$ 可得

$$\left.\begin{aligned}
\dot{H}_z&=\dot{H}_0\cos\left(\frac{\pi}{a}x\right)e^{-jk_z z}\\
\dot{H}_x&=j\frac{k_z}{k_x}\dot{H}_0\sin\left(\frac{\pi}{a}x\right)e^{-jk_z z}\\
\dot{H}_y&=0\\
\dot{E}_x&=0\\
\dot{E}_y&=-j\frac{\omega\mu}{k_x}\dot{H}_0\sin\left(\frac{\pi}{a}x\right)e^{-jk_z z}\\
\dot{E}_z&=0
\end{aligned}\right\}\tag{7.4.1}$$

式中,z 向的行波因子 $e^{-jk_z z}$反映了场在 z 方向上呈正弦分布,且以速度 $v_p=\frac{\omega}{k_z}$向正 z 方向移动,故只需讨论某一瞬间的场分布即可。同时,在描绘场分布时,必须注意各场量之间的相对相位关系,因为场分布所表示的是电场、磁场及电流场在同一瞬时所呈现的分布图形。

一、$H_{10}(TE_{10})$波电场分布

从式(7.4.1)矩形波导中H_{10}波的电场表达式可知,$\dot{\vec{E}}$仅有y分量,且$\dot{E}_y$与y无关,而沿x则呈正弦驻波分布,驻波半波长数$m=1$,$\dot{E}_y$正比于$\sin\left(\frac{\pi}{a}x\right)$。$\dot{E}_y$沿波导宽边$a$的分

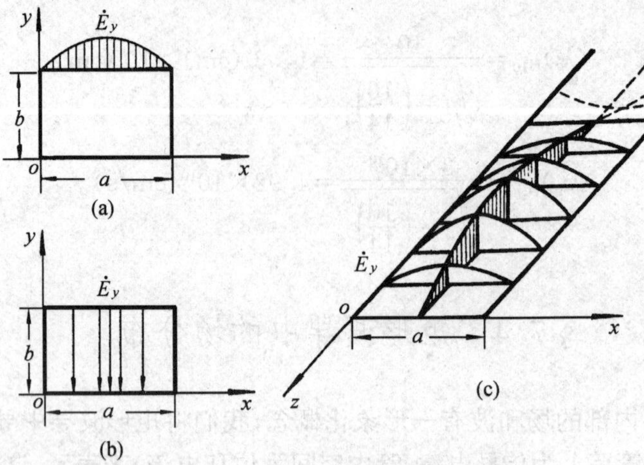

图 7.4.1　矩形波导H_{10}波的电场分布

布如图 7.4.1(a)所示。如果用电力线表示$\dot{E}_y$的分布,则电力线应在宽边中心分布最密,两边逐渐稀疏,其密度按正弦规律变化,如图 7.4.1(b)所示。$\dot{E}_y$方向沿$-y$轴方向是考虑到式(7.4.1)中$\dot{E}_y$带有负号,这样便于以后讨论磁力线时结合在一起考虑其相对相位关系。由于具有行波因子$e^{-jk_z z}$,$\dot{E}_y$在z方向是一行波,在某一瞬时电场强度y方向分量的三维分布,应如图 7.4.1(c)所示。

二、H_{10}波的磁场分布

从式(7.4.1)矩形波导中H_{10}波的磁场表达式可以看到,H_{10}波的磁场仅有x和z分量,而无y分量。沿x方向分布为驻波分布,驻波的半波长数为$m=1$,且与y无关,即沿y方向的驻波半波长数$n=0$,$\dot{H}_z$正比于$\cos\left(\frac{\pi}{a}x\right)$,$\dot{H}_x$正比于$\sin\left(\frac{\pi}{a}x\right)$。$\dot{H}_x$和$\dot{H}_z$沿$x$方向的变化,示于图 7.4.2(a)和图 7.4.2(b)中。此外由式(7.4.1)可以看到$\dot{H}_x$式中较$\dot{H}_z$式中多一个因子j,这说明在z为常数的截面上,$\dot{H}_x$的相位超前于$\dot{H}_z$的相位$\frac{\pi}{2}$,也就是在同一点处$\dot{H}_x$的最大值比$\dot{H}_z$的最大值早$\frac{T}{4}$出现。由于沿z方向有行波,即在$\frac{T}{4}$时间内,波应沿z方向向前传播了$\frac{\lambda_g}{4}$,也就说沿z方向上$\dot{H}_x$最大值的位置较$\dot{H}_z$最大值的位置领先$\frac{\lambda_g}{4}$。同时,由式(7.4.1)也可看到,$\dot{E}_y$的相位落后于$\dot{H}_z$的相位$\frac{\pi}{2}$,因而在空间z方向上,$\dot{E}_y$最大值的位置在$\dot{H}_z$最大值的位置后面$\frac{\lambda_g}{4}$,如图 7.4.2(c)。

结合以上考虑,矩形波导中H_{10}波的磁场仅有x和z分量而无y分量,则其磁力线分布

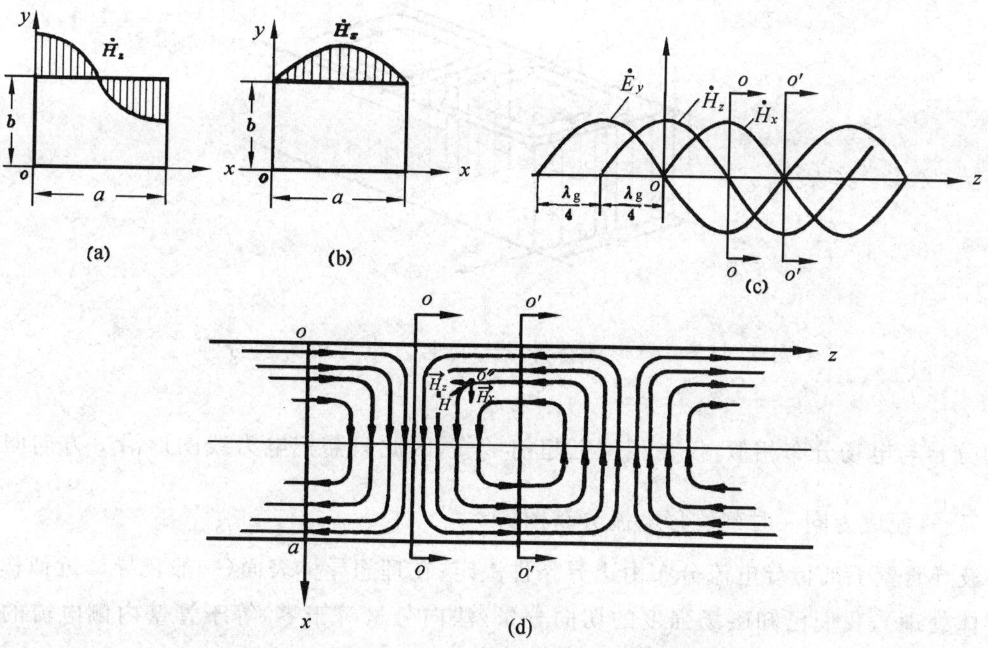

图 7.4.2　矩形波导 H_{10} 波的磁场分布

在与波导宽壁平行的平面上。而且其磁场分布与 y 无关,在各个 y=常数的平面上,磁力线分布均相同。在各个与波导宽壁平行的平面上磁力线分布如图 7.4.2(d)所示,类似于变形的椭圆。沿波导窄壁(即 $x=0$ 及 $x=a$ 处),磁场强度仅有 z 分量,即磁力线与波导窄壁平行。在波导宽壁中心线上(即 $x=\frac{a}{2}$ 处)磁场强度仅有 x 分量。磁力线的疏密沿 z 方向按正弦规律分布。设某一瞬时在截面 $o-o$ 上磁场强度的 z 分量为零,而其 x 分量沿 x 按正弦分布,故在此截面上磁力线为 x 方向。同一瞬时在 z 方向上超前这一位置 $\frac{\lambda_g}{4}$ 处,即 $o'-o'$ 处,磁场强度的 x 分量为零,磁力线场与 z 方向平行,而其疏密沿 x 方向按余弦分布。而在其他位置(如图中 o'' 位置)磁场强度则既有 x 分量又有 z 分量。

将磁场与电场力线图形合在一起,以观察它们之间的相对相位关系。由于 $\dot{E}_y$ 与 $\dot{H}_x$ 相位相反[见式(7.4.1)和图 7.4.2(c)],$\dot{H}_x$ 具有正的最大值处 $\dot{E}_y$ 具有负的最大值。如图 7.4.3 所示。

三、H_{10} 波的电流分布

波导中的电流分布,应包括波导管壁内侧的传导电流分布与波导管内空间的位移电流分布。

波导管内空间的位移电流分布可表示为

$$\dot{\vec{J}}_d=\frac{\partial \dot{\vec{D}}}{\partial t}=j\ \omega\varepsilon\ \dot{\vec{E}} \qquad (7.4.2)$$

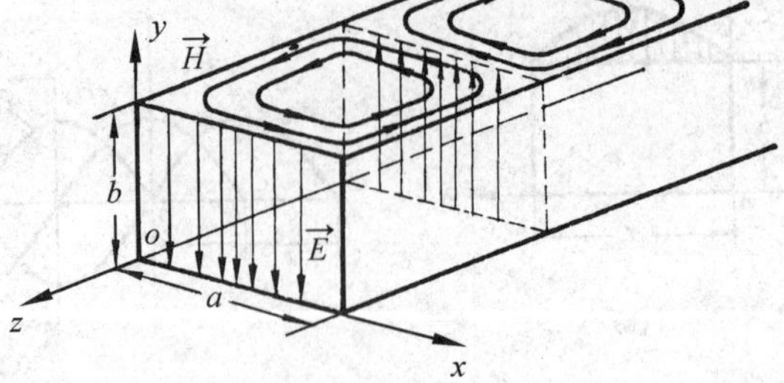

图 7.4.3　矩形波导中 H_{10} 波电力线与磁力线分布

$\dot{\vec{J}}_d$ 的分布与电场分布相似，仅在相位上超前了 $\frac{\pi}{2}$，因此只需把电力线图形沿 z 方向向前移动距离 $\frac{\lambda_g}{4}$，便成为同一时刻位移电流分布图。

波导管壁上的传导电流分布由边界条件决定。在理想导体表面（一般良导体近似作为理想导体处理），我们已知磁场强度的切向分量（法向分量等于零）等于管壁内侧电流的线密度，二者的方向互相垂直，即

$$\dot{\vec{J}}_l=\vec{n}\times\dot{\vec{H}} \tag{7.4.3}$$

式中，$\vec{n}$ 为自波导管壁内侧表面指向导波场所在空间的法向单位矢量。

矩形波导中 H_{10} 波传播时四壁上电流分布分别为

1．在 $x=0, 0\leqslant y\leqslant b$ 的窄壁上

在 $x=0, 0\leqslant y\leqslant b$ 的窄壁内侧表面法向单位矢量 $\vec{n}=\vec{a}_x$，表面磁场 $\dot{\vec{H}}=\vec{a}_z\dot{H}_0\,e^{-jk_z z}$，则表面电流的线密度

$$\dot{\vec{J}}_l=\vec{n}\times\dot{\vec{H}}=\vec{a}_x\times\vec{a}_z\,\dot{H}_0\,e^{-jk_z z}=-\vec{a}_y\,\dot{H}_0\,e^{-jk_z z} \tag{7.4.4}$$

上式表明窄壁上面电流仅有 y 分量。作为 z 向行波，在任一瞬时沿 z 向呈正弦分布。

2．在 $x=a, 0\leqslant y\leqslant b$ 的窄壁上

在 $x=a, 0\leqslant y\leqslant b$ 的窄壁内侧表面法向单位矢量 $\vec{n}=-\vec{a}_x$，且表面磁场 $\dot{\vec{H}}=\vec{a}_z\dot{H}_0\cos\left(\frac{\pi}{a}a\right)e^{-jk_z z}=-\vec{a}_z\,\dot{H}_0\,e^{-jk_z z}$，则表面电流的线密度

$$\dot{\vec{J}}_l=\vec{n}\times\dot{\vec{H}}=(-\vec{a}_x)\times(-\vec{a}_z\,\dot{H}_0\,e^{-jk_z z})=-\vec{a}_y\,\dot{H}_0\,e^{-jk_z z} \tag{7.4.5}$$

上式结果与式(7.4.4)相同，故在矩形波导两窄边的管壁上的面电流相同，如图 7.4.4。

3．在 $0\leqslant x\leqslant a$，$y=0$ 的宽壁上

在 $0\leqslant x\leqslant a, y=0$ 的宽壁内侧表面的法向单位矢量 $\vec{n}=\vec{a}_y$，表面磁场 $\dot{\vec{H}}=\vec{a}_x\dot{H}_x+\vec{a}_z\dot{H}_z$ $=\vec{a}_x\,j\,\frac{k_z}{k_x}\,\dot{H}_0\sin\left(\frac{\pi x}{a}\right)e^{-jk_z z}+\vec{a}_z\,\dot{H}_0\cos\left(\frac{\pi}{a}x\right)e^{-jk_z z}$，则波导管壁表面电流的线密度

$$\dot{\vec{J}}_l=\vec{n}\times\dot{\vec{H}}=\vec{a}_y\times\left[\vec{a}_x\,j\,\frac{k_z}{k_x}\,\dot{H}_0\sin\left(\frac{\pi}{a}x\right)e^{-jk_z z}+\vec{a}_z\,\dot{H}_0\cos\left(\frac{\pi}{a}x\right)e^{-jk_z z}\right]=$$

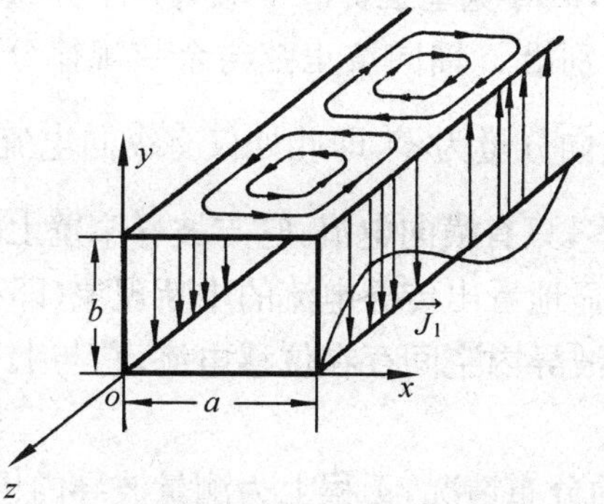

图 7.4.4　矩形波导 H_{10}波磁力线与窄壁电流分布

$$\left[-\vec{a}_z\ \mathrm{j}\frac{k_z}{k_x}\dot{H}_0\sin\left(\frac{\pi}{a}x\right)+\vec{a}_x\dot{H}_0\cos\left(\frac{\pi}{a}x\right)\right]\mathrm{e}^{-\mathrm{j}k_z z} \tag{7.4.6}$$

4. 在 $0\leqslant x\leqslant a, y=b$ 的宽壁上

在 $0\leqslant x\leqslant a, y=b$ 的宽壁内侧表面的法向单位矢量 $\vec{n}=-\vec{a}_y$，与 $y=0$ 处的法向矢量方向相反，而表面磁场分布与 $y=0$ 处的 $\dot{\vec{H}}$ 分布相同，故从 $\dot{\vec{J}}_l=\vec{n}\times\dot{\vec{H}}$ 计算得到的结果与式(7.4.6)结果方向相反。

$$\dot{\vec{J}}_l=\vec{n}\times\dot{\vec{H}}=$$

$$(-\vec{a}_y)\times\left[\vec{a}_x,\ \mathrm{j}\frac{k_z}{k_x}\dot{H}_0\sin\left(\frac{\pi}{a}x\right)+\vec{a}_z\dot{H}_0\cos\left(\frac{\pi}{a}x\right)\right]\mathrm{e}^{-\mathrm{j}k_z z}=$$

$$\left[\vec{a}_z\ \mathrm{j}\frac{k_z}{k_x}\dot{H}_0\sin\left(\frac{\pi}{a}x\right)-\vec{a}_x\dot{H}_0\cos\left(\frac{\pi}{a}x\right)\right]\mathrm{e}^{-\mathrm{j}k_z z} \tag{7.4.7}$$

根据 $\dot{\vec{J}}_l$ 的表达式给出矩形波导宽壁 $0\leqslant x\leqslant a, y=b$ 的表面电流分布图形，如图 7.4.5 所示。在宽壁 $0\leqslant x\leqslant a, y=0$ 上的表面电流分布图形与图 7.4.5 所示图形分布相同，但方向相反。

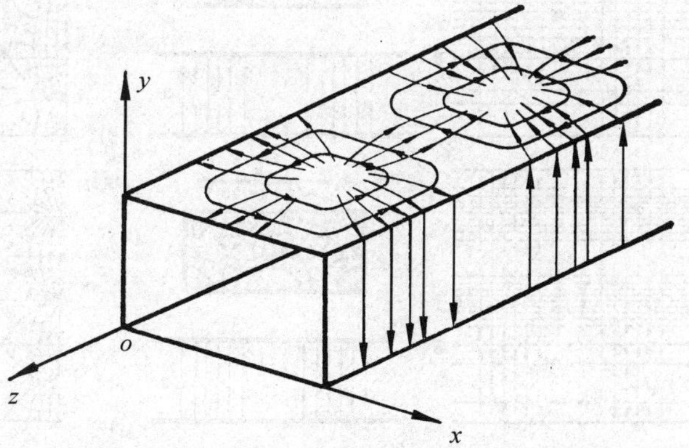

图 7.4.5 矩形波导 H_{10}波磁力线分布

及波导宽边上壁($0\leqslant x\leqslant a, y=b$)和波导窄壁的表面电流分布

在矩形波导传输 H_{10}波时，波导宽壁上传导电流有两个分量，既有纵向（z 方向）分量，又有横向（x 方向）分量，它们分别沿 x 轴向按正弦与余弦规律分布。因此，在波导宽边中心$\left(x=\dfrac{a}{2}\right)$处，纵向分量最大，横向分量为零，即此处仅有纵向电流；而在波导宽度的边缘（$x=0$ 或 $x=a$）处，纵向电流等于零，只有横向电流，它与波导窄壁上仅有的横向电流连续。

在波导的宽边上，可以明显地看出传导电流的中断现象（即存在空洞），这并不与电流连续性原理相违背，因为实际上波导内空间存在位移电流，它与上下宽边管壁上的传导电流一起构成连续的电流。

根据波导壁上传导电流的分布情况，工程上为测量波导内场的分布，而在波导壁上开细槽引入测量装置。如果此槽沿传导电流流向，而不割断电流线影响其电流分布，从而亦不会影响波导内的电磁场分布。例如微波技术中波导测量线即在矩形波导管宽壁中心线开纵向细槽，引入测量装置，测量矩形波导中 H_{10}波的电场纵向分布。相反如所开槽割断了传导电流影响了其电流分布，则波导中电磁场将会泄漏出来，此槽将成为辐射电磁波的天线。

上面分别得出了矩形波导中 H_{10}波的电场，磁场及电流场的分布，把它们合绘到一起，就得到 H_{10}波的场分布图形，如图 7.4.5 所示。对于矩形波导中其他导波的场分布图形亦可根据以上方法绘出，如图 7.4.6 所示。

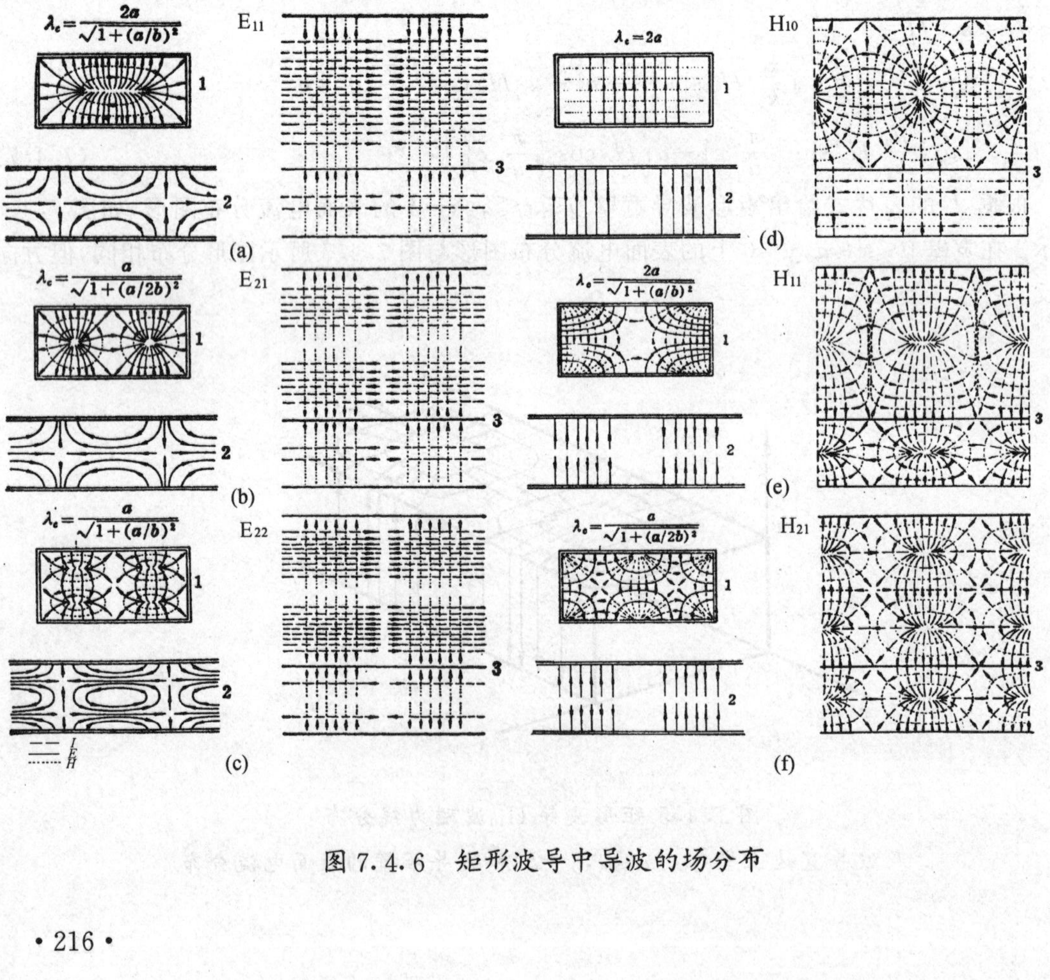

图 7.4.6　矩形波导中导波的场分布

* §7.5 圆波导中的导波

在微波技术中，用圆形横截面的空心金属管做成的圆波导，也是一种常用的波导。在分析圆波导中导波电磁场时，根据波导边界几何形状，选择使用圆柱坐标系，如图 7.5.1 所示。

在沿轴向（z 轴方向）均匀且无限长圆波导中导波电磁场表示为

$$\dot{\vec{E}}=\dot{\vec{E}}_0(r,\alpha)\mathrm{e}^{-\mathrm{j}k_z z}$$

$$\dot{\vec{H}}=\dot{\vec{H}}_0(r,\alpha)\mathrm{e}^{-\mathrm{j}k_z z}$$

这时圆柱坐标系中波动方程为

$$\nabla_{\mathrm{T}}^2\dot{\vec{E}}_0+k_{\mathrm{T}}^2\dot{\vec{E}}_0=0$$

$$\nabla_{\mathrm{T}}^2\dot{\vec{H}}_0+k_{\mathrm{T}}^2\dot{\vec{H}}_0=0$$

式中，
$$\nabla_{\mathrm{T}}^2=\frac{1}{r}\frac{\partial}{\partial r}\left(r\frac{\partial}{\partial r}\right)+\frac{1}{r^2}\frac{\partial^2}{\partial\alpha^2},\qquad k_{\mathrm{T}}^2=k^2-k_z^2$$

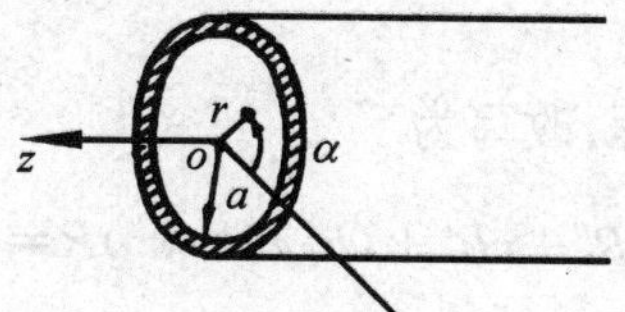

图 7.5.1 圆波导及所选取坐标系

圆波导中导波电磁场场强各横向分量与纵向分量之间的关系由麦克斯韦电磁场方程导出如式(7.2.9)、(7.2.10)及式(7.2.11)所示。因此对于圆波导中导波场的求解，可首先求解场强的纵向分量。

在金属空心波导中不能建立起与静态电磁场相似的场分布，其中 $k_{\mathrm{T}}\neq 0$，因而不可能传输 TEM 波，只可能传输 TE 模或 TM 模的导波。因此圆波导中亦不可能传输 TEM 波，而仅有 TE 模或 TM 模两类导波。现分别进行分析。

一、圆波导中 TM 波(E 波)

对于 TM 波 $\dot{H}_z=0$，$\dot{E}_z\neq 0$，令 $\dot{E}_z=\dot{E}_{zo}\mathrm{e}^{-\mathrm{j}k_z z}$，应满足波动方程

$$\nabla_{\mathrm{T}}^2\dot{E}_{zo}+k_{\mathrm{T}}^2\dot{E}_{zo}=0 \tag{7.5.1a}$$

在圆柱坐标系中为

$$\frac{\partial^2\dot{E}_{zo}}{\partial r^2}+\frac{1}{r}\frac{\partial\dot{E}_{zo}}{\partial r}+\frac{1}{r^2}\frac{\partial^2\dot{E}_{zo}}{\partial\alpha^2}=-k_{\mathrm{T}}^2\dot{E}_{zo} \tag{7.5.1b}$$

应用分离变量法求解此方程，令

$$\dot{E}_{z0}(r,\alpha)=\dot{R}(r)\dot{A}(\alpha) \tag{7.5.2}$$

上式中，$\dot{R}$仅为 r 的函数，$\dot{A}$仅为 α 的函数。将式(7.5.2)代入方程式(7.5.1)得

$$\dot{R}''\dot{A}+\frac{1}{r}\dot{R}'\dot{A}+\frac{1}{r^2}\dot{R}\dot{A}''=-k_T^2\dot{R}\dot{A}$$

或

$$\frac{\dot{R}''}{\dot{R}}+\frac{1}{r}\frac{\dot{R}'}{\dot{R}}+\frac{1}{r^2}\frac{\dot{A}''}{\dot{A}}=-k_T^2$$

$$r^2\frac{\dot{R}''}{\dot{R}}+r\frac{\dot{R}'}{\dot{R}}+r^2k_T^2+\frac{\dot{A}''}{\dot{A}}=0$$

上式对任何(r,α)均应成立，因此$\dfrac{\dot{A}''}{\dot{A}}$及上式前三项之和应为与 r,α 无关的常数。令

$$\left.\begin{aligned} r^2\frac{\dot{R}''}{\dot{R}}+r\frac{\dot{R}'}{\dot{R}}+r^2k_T^2=m^2 \\ \frac{\dot{A}''}{\dot{A}}=-m^2 \end{aligned}\right\} \tag{7.5.3}$$

上式中，m 为与(r,α)无关的常数。

式(7.5.2)为两个常微分方程，改写为

$$r^2\dot{R}''+r\dot{R}'+(k_T^2r^2-m^2)\dot{R}=0 \tag{7.5.4a}$$

$$\dot{A}''+m^2\dot{A}=0 \tag{7.5.4b}$$

式(7.5.4b)的通解为

$$\dot{A}(\alpha)=\dot{C}_1\cos m\alpha+\dot{C}_2\sin m\alpha$$

有时也可表示为

$$\dot{A}(\alpha)=\dot{A}_1\begin{pmatrix}\cos m\alpha \\ \sin m\alpha\end{pmatrix} \tag{7.5.5}$$

这表示 $\dot{A}(\alpha)=\dot{A}_1\cos m\alpha$ 与 $\dot{A}(\alpha)=\dot{A}_1\sin m\alpha$ 可以同时存在，它们具有相同的传播特性，称为两个波的简并。为满足场量沿 α 方向具有 2π 的周期性，m 应为正整数($m=0,1,2,\cdots$)。

对于式(7.5.4a)，可令 $\xi=k_Tr$，得

$$\xi^2\frac{\partial^2\dot{R}}{\partial\xi^2}+\xi\frac{\partial\dot{R}}{\partial\xi}+(\xi^2-m^2)\dot{R}=0 \tag{7.5.6}$$

上式为贝塞尔方程，其解为

$$\dot{R}(r)=\dot{C}_3\mathrm{J}_m(\xi)+\dot{C}_4\mathrm{N}_m(\xi)=\dot{C}_3\mathrm{J}_m(k_Tr)+\dot{C}_4\mathrm{N}_m(k_Tr) \tag{7.5.7}$$

$\mathrm{J}_m(\xi)$与$\mathrm{N}_m(\xi)$分别为 m 阶的贝塞尔函数与诺依曼函数，它们的变化曲线如图 7.5.2 所示。

由诺依曼函数的性质，当 $r=0$ 时 $\mathrm{N}_m(0)\to-\infty$，这将导致场强为无限大，这是不可能的，故在式(7.5.7)中应有 $\dot{C}_4=0$，因而

$$\dot{R}(r)=\dot{C}_3\mathrm{J}_m(k_Tr) \tag{7.5.8}$$

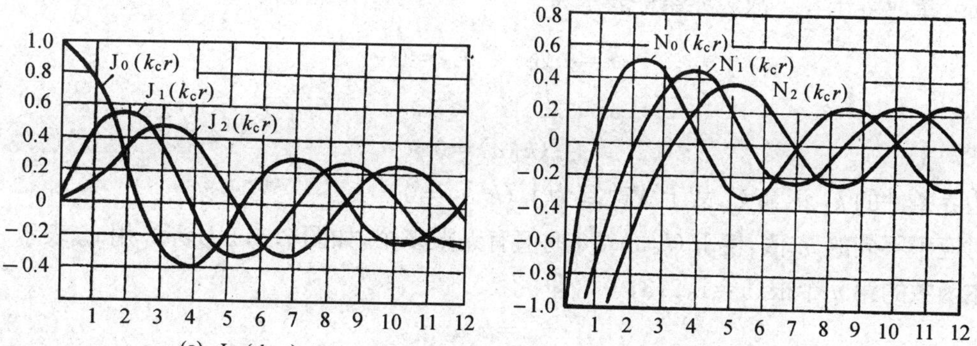

(a) $J_m(k_c r)$　　(b) $N_m(k_c r)$

图 7.5.2　贝塞尔函数与诺依曼函数

于是

$$\dot{E}_{zo}=\dot{R}(r)\dot{A}(\alpha)=\dot{E}_0 \, J_m(k_T r)\begin{pmatrix}\cos m\alpha\\ \sin m\alpha\end{pmatrix} \tag{7.5.9}$$

式中，$\dot{E}_0=\dot{A}_1\dot{C}_3$ 取决于场源对导波的激励。

而

$$\dot{E}_z=\dot{E}_{zo}\,e^{-jk_z z}=\dot{E}_0 \, J_m(k_T r)\begin{pmatrix}\cos m\alpha\\ \sin m\alpha\end{pmatrix} e^{-jk_z z}$$

利用式(7.2.11)，可由导波的纵向场分量求得其他场强横向分量。圆波导中 TM 波的场强各分量为

$$\left.\begin{aligned}
\dot{E}_z&=\dot{E}_0 \, J_m(k_T r)\begin{pmatrix}\cos m\alpha\\ \sin m\alpha\end{pmatrix} e^{-jk_z z}\\
\dot{E}_r&=-j\,\frac{k_z}{k_T}\,\dot{E}_0 \, J'_m(k_T r)\begin{pmatrix}\cos m\alpha\\ \sin m\alpha\end{pmatrix} e^{-jk_z z}\\
\dot{E}_\alpha&=\pm j\,\frac{k_z}{k_T^2}\,\frac{m}{r}\,\dot{E}_0 \, J_m(k_T r)\begin{pmatrix}\sin m\alpha\\ \cos m\alpha\end{pmatrix} e^{-jk_z z}\\
\dot{H}_r&=\mp j\,\frac{\omega\varepsilon}{k_T^2}\,\frac{m}{r}\,\dot{E}_0 \, J_m(k_T r)\begin{pmatrix}\sin m\alpha\\ \cos m\alpha\end{pmatrix} e^{-jk_z z}\\
\dot{H}_\alpha&=-j\,\frac{\omega\varepsilon}{k_T}\,\dot{E}_0 \, J'_m(k_T r)\begin{pmatrix}\cos m\alpha\\ \sin m\alpha\end{pmatrix} e^{-jk_z z}\\
\dot{H}_z&=0
\end{aligned}\right\} \tag{7.5.10}$$

上式中，$J'_m(k_T r)$ 为 $J_m(k_T r)$ 对 $k_T r$ 的一阶导数，可由贝塞尔函数的递推公式得到，即

$$J'_m(\xi)=\frac{m}{\xi}\,J_m(\xi)-J_{m+1}(\xi) \tag{7.5.11}$$

$J_m(\xi)$ 的值可由贝塞尔函数表查得，其曲线如图 7.5.2 所示。

式(7.5.10)中尚有参数 k_T 待定，它仍应由波导的边界条件确定。在圆波导内壁上电场

的切向分量应等于零。故边界条件表示为

$$r=a\text{ 处}\qquad \dot{E}_{zo}=0$$

故

$$\mathrm{J}_m(k_{\mathrm{T}}a)=0 \tag{7.5.12}$$

满足边界条件的 k_{T} 记为 k_{c}，故上式改写为 $\mathrm{J}_m(k_{\mathrm{c}}a)=0$

对应于不同的 m 值，使 $\mathrm{J}_m(k_{\mathrm{c}}a)=0$ 的值有无限多个，如图 7.5.2 所示。用 ν_{mn} 表示 m 阶贝塞尔函数的第 n 个根（$n=1,2,3,\cdots$），即

$$\nu_{mn}=k_{\mathrm{c}}a \tag{7.5.13}$$

表 7.5.1 列出 $\mathrm{J}_m(k_{\mathrm{c}}a)$ 的前面几个根 ν_{mn}。

表 7.5.1　$\mathrm{J}_m(k_{\mathrm{c}}a)$ 的根 ν_{mn}（$\nu_{mn}=k_{\mathrm{c}}a$）

n	m			
	0	1	2	3
1	2.40	3.83	5.13	6.38
2	5.52	7.01	7.42	9.76
3	7.65	10.17	11.62	13.02

由上表中的 $\nu_{mn}=k_c a$ 值，就可得 k_c 的值，故圆波导中的 TM 波亦存在各种不同模式，以 m 与 n 为模式指数，记为 TM_{mn} 波或 E_{mn} 波（n 为 J_m 的根的序数，故 n 从 1 开始，因而不存在 TM_{mo} 波）

满足边界条件的 $k_{\mathrm{T}}=k_{\mathrm{c}}$：故圆波导中 TM 波的场强各分量式（7.5.10）应改写为

$$\left.\begin{aligned}
\dot{E}_z&=\dot{E}_0\,\mathrm{J}_m(k_{\mathrm{c}}r)\begin{pmatrix}\cos m\alpha\\ \sin m\alpha\end{pmatrix}\mathrm{e}^{-\mathrm{j}k_z z}\\
\dot{E}_r&=-\mathrm{j}\,\frac{k_z}{k_{\mathrm{c}}}\,\dot{E}_0\,\mathrm{J}'_m(k_{\mathrm{c}}r)\begin{pmatrix}\cos m\alpha\\ \sin m\alpha\end{pmatrix}\mathrm{e}^{-\mathrm{j}k_z z}\\
\dot{E}_\alpha&=\pm\,\mathrm{j}\,\frac{k_z}{k_{\mathrm{c}}^2}\,\frac{m}{r}\,\dot{E}_0\,\mathrm{J}_m(k_{\mathrm{c}}r)\begin{pmatrix}\sin m\alpha\\ \cos m\alpha\end{pmatrix}\mathrm{e}^{-\mathrm{j}k_z z}\\
\dot{H}_r&=\mp\,\mathrm{j}\,\frac{\omega\varepsilon}{k_{\mathrm{c}}^2}\,\frac{m}{r}\,\dot{E}_0\,\mathrm{J}_m(k_{\mathrm{c}}r)\begin{pmatrix}\sin m\alpha\\ \cos m\alpha\end{pmatrix}\mathrm{e}^{-\mathrm{j}k_z z}\\
\dot{H}_\alpha&=-\,\mathrm{j}\,\frac{\omega\varepsilon}{k_{\mathrm{c}}}\,\dot{E}_0\,\mathrm{J}'_m(k_{\mathrm{c}}r)\begin{pmatrix}\cos m\alpha\\ \sin m\alpha\end{pmatrix}\mathrm{e}^{-\mathrm{j}k_z z}\\
\dot{H}_z&=0
\end{aligned}\right\} \tag{7.5.14}$$

圆波导中 TM_{mn} 波（E_{mn} 波）的电磁场分布如图 7.5.3 所示。

二、圆波导中的 TE 波（H 波）

对于 TE 波，$E_z=0$ 而 $H_z\neq0$，沿 z 向导波为 $\dot{H}_z=\dot{H}_{z0}\mathrm{e}^{-\mathrm{j}k_z z}$，并满足波动方程

$$\nabla_{\mathrm{T}}^2\dot{H}_{zo}+k_{\mathrm{T}}^2\dot{H}_{zo}=0 \tag{7.5.15}$$

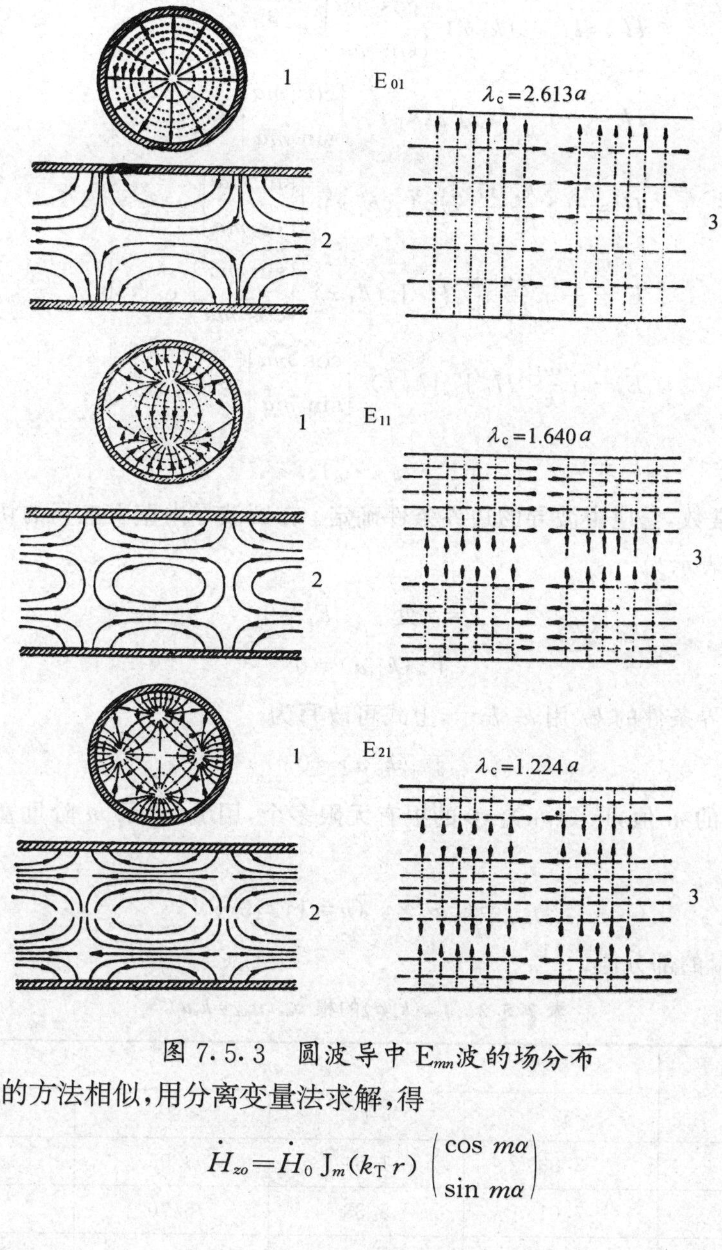

图 7.5.3 圆波导中 E_{mn} 波的场分布

与分析 TM 波的方法相似,用分离变量法求解,得

$$\dot{H}_{zo}=\dot{H}_0 J_m(k_T r)\begin{pmatrix}\cos m\alpha\\ \sin m\alpha\end{pmatrix}$$

于是

$$\dot{H}_z=\dot{H}_{zo}e^{-jk_z z}=\dot{H}_0 J_m(k_T r)\begin{pmatrix}\cos m\alpha\\ \sin m\alpha\end{pmatrix}e^{-jk_z z} \tag{7.5.16}$$

TE 波场强横向分量可以利用式(7.2.10)由纵向分量求得。圆波导中 TE 波的场强各分量则为

$$
\left.\begin{aligned}
\dot{H}_z &= \dot{H}_0 \mathrm{J}_m(k_\mathrm{T} r) \begin{Bmatrix}\cos m\alpha \\ \sin m\alpha\end{Bmatrix} \mathrm{e}^{-\mathrm{j}k_z z} \\
\dot{H}_r &= -\mathrm{j}\frac{k_z}{k_\mathrm{T}} \dot{H}_0 \mathrm{J}'_m(k_\mathrm{T} r) \begin{Bmatrix}\cos m\alpha \\ \sin m\alpha\end{Bmatrix} \mathrm{e}^{-\mathrm{j}k_z z} \\
\dot{H}_\alpha &= \pm\mathrm{j}\frac{k_z}{k_\mathrm{T}^2}\frac{m}{r} \dot{H}_0 \mathrm{J}_m(k_\mathrm{T} r) \begin{Bmatrix}\sin m\alpha \\ \cos m\alpha\end{Bmatrix} \mathrm{e}^{-\mathrm{j}k_z z} \\
\dot{E}_r &= \pm\mathrm{j}\frac{\omega\mu}{k_\mathrm{T}^2}\frac{m}{r} \dot{H}_0 \mathrm{J}_m(k_\mathrm{T} r) \begin{Bmatrix}\sin m\alpha \\ \cos m\alpha\end{Bmatrix} \mathrm{e}^{-\mathrm{j}k_z z} \\
\dot{E}_\alpha &= \mathrm{j}\frac{\omega\mu}{k_\mathrm{T}} \dot{H}_0 \mathrm{J}'_m(k_\mathrm{T} r) \begin{Bmatrix}\cos m\alpha \\ \sin m\alpha\end{Bmatrix} \mathrm{e}^{-\mathrm{j}k_z z} \\
\dot{E}_z &= 0
\end{aligned}\right\} \tag{7.5.17}
$$

式中，k_T 为待定常数，它应由波导的边界条件确定。在圆波导内壁上电场的切向分量应等于零。故边界条件表示为

$$r=a\ 处\qquad \dot{E}_\alpha=0$$

即
$$\mathrm{J}'_m(k_\mathrm{T}a)=0$$

对于满足边界条件的 k_T 用 k_c 表示，上式可改写为

$$\mathrm{J}'_m(k_\mathrm{c}a)=0$$

对应于不同的 m 值，$\mathrm{J}'_m(k_\mathrm{c}a)=0$ 的根有无限多个，用 μ_{mn} 表示 m 阶贝塞尔函数导数的第 n 个根

$$\mu_{mn}=k_\mathrm{c}a \qquad (n=1,2,3\cdots) \tag{7.5.18}$$

表 7.5.2 表示 μ_{mn} 的部分值。

表 7.5.2　$\mathrm{J}'_m(k_c a)$的根 μ_{mn}($\mu_{mn}=k_c a$)

n	m			
	0	1	2	3
1	3.83	1.84	3.05	4.20
2	7.01	5.33	6.70	7.01
3	10.10	7.53	9.96	11.34

式(7.5.18)显示 m、n 的值不同，得到不同的 k_c 值：

$$k_\mathrm{c}=\frac{\mu_{mn}}{a}\qquad (m=0,1,2,\cdots\ ;\ n=1,2,3\cdots)$$

故圆波导中的 TE 波亦存在不同模式的电磁场分布，以 m、n 为模式指数，记为 TE_{mn} 波或 H_{mn} 波。

满足边界条件的 $k_\mathrm{T}=k_\mathrm{c}$，因此表示圆波导中的 TE 波的式(7.5.17)应改写为

$$
\left.
\begin{aligned}
\dot{H}_z &= \dot{H}_0\,\mathrm{J}_m(k_c r)\begin{Bmatrix}\cos m\alpha\\ \sin m\alpha\end{Bmatrix}\mathrm{e}^{-\mathrm{j}k_z z}\\
\dot{H}_r &= -\mathrm{j}\,\frac{k_z}{k_c}\dot{H}_0\,\mathrm{J}'_m(k_c r)\begin{Bmatrix}\cos m\alpha\\ \sin m\alpha\end{Bmatrix}\mathrm{e}^{-\mathrm{j}k_z z}\\
\dot{H}_\alpha &= \pm\,\mathrm{j}\,\frac{k_z}{k_c^2}\frac{m}{r}\dot{H}_0\,\mathrm{J}_m(k_c r)\begin{Bmatrix}\sin m\alpha\\ \cos m\alpha\end{Bmatrix}\mathrm{e}^{-\mathrm{j}k_z z}\\
\dot{E}_r &= \pm\,\mathrm{j}\,\frac{\omega\mu}{k_c^2}\frac{m}{r}\dot{H}_0\,\mathrm{J}_m(k_c r)\begin{Bmatrix}\sin m\alpha\\ \cos m\alpha\end{Bmatrix}\mathrm{e}^{-\mathrm{j}k_z z}\\
\dot{E}_\alpha &= \mathrm{j}\,\frac{\omega\mu}{k_c}\dot{H}_0\,\mathrm{J}'_m(k_c r)\begin{Bmatrix}\cos m\alpha\\ \sin m\alpha\end{Bmatrix}\mathrm{e}^{-\mathrm{j}k_z z}\\
\dot{E}_z &= 0
\end{aligned}
\right\}
\tag{7.5.19}
$$

圆波导中 H_{mn} 波的电磁场分布，如图 7.5.4 所示。

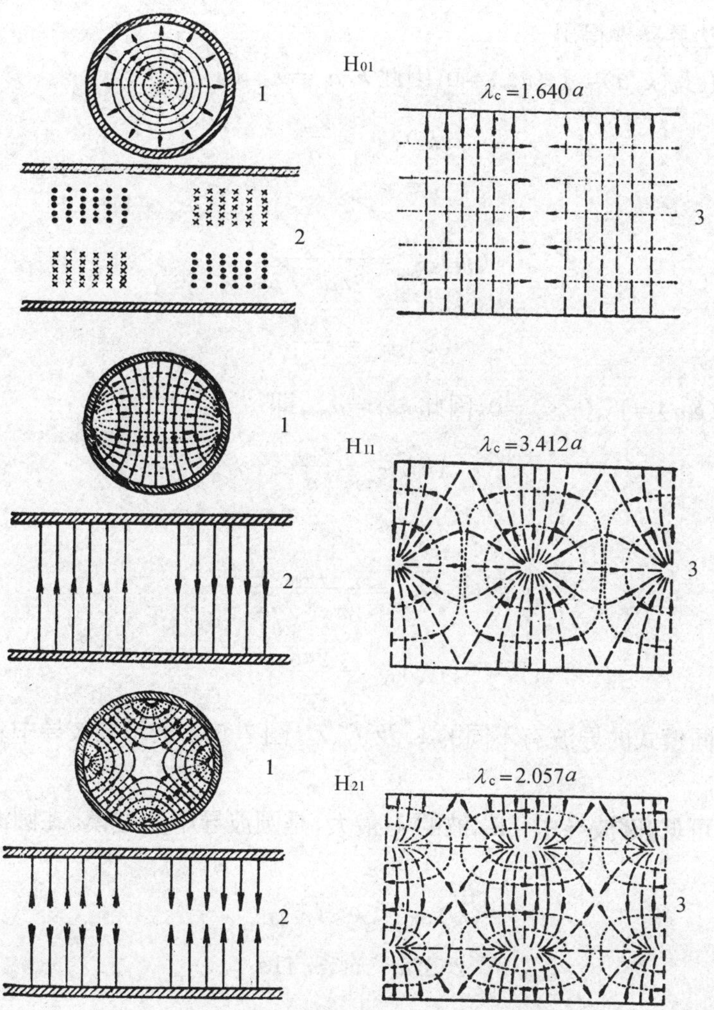

图 7.5.4　圆波导中 H_{mn} 波的场分布

图 7.5.3 和 7.5.4 分别表示了圆波导中导波各模式 TM_{mn}和 TE_{mn}波的电磁场分布。由图可以看出模式指数 m、n 的物理意义：m 表示场分量沿圆周向 α 一周分布的驻波个数($m=0$ 表示场量沿 α 方向无变化)；n 表示场分量沿半径 r 方向出现零点的个数($r=0$ 处的零除外)或驻波波节数。不同的 m、n 代表不同的导波模式，具有不同的场分布，了解模式指数的意义有助于导波电磁场分布力线图的描绘。

三、圆波导中导波的传播特性

圆波导中导波的传播特性由 f_c、λ_c、k_z、λ_g 等参数表征，这些参数均决定于 k_c。

1. 截止频率 f_c、截止波长 λ_c 与截止波数 k_c

f_c、λ_c 与 k_c 的关系为

$$f_c=\frac{k_c}{2\pi\sqrt{\mu\varepsilon}}$$

$$\lambda_c=\frac{2\pi}{k_c}$$

而 k_c 由圆波导的边界条件得出。

对于 TM_{mn}波：$J_m(k_c a)=J_m(\nu_{mn})=0$，因此 $k_c a=\nu_{mn}$，即

$$(k_c)_{TM_{mn}}=\frac{\nu_{mn}}{a}$$

于是

$$(f_c)_{TM_{mn}}=\frac{\nu_{mn}}{2\pi a\sqrt{\mu\varepsilon}} \tag{7.5.20}$$

$$(\lambda_c)_{TM_{mn}}=\frac{2\pi a}{\nu_{mn}} \tag{7.5.21}$$

对于 TE_{mn}波：$J'_m(k_c a)=J'_m(\mu_{mn})=0$，因此 $k_c a=\mu_{mn}$，即

$$(k_c)_{TE_{mn}}=\frac{\mu_{mn}}{a}$$

于是

$$(f_c)_{TE_{mn}}=\frac{\mu_{mn}}{2\pi a\sqrt{\mu\varepsilon}} \tag{7.5.22}$$

$$(\lambda_c)_{TE_{mn}}=\frac{2\pi a}{\mu_{mn}} \tag{7.5.23}$$

圆波导中不同模式的导波有不同的 k_c 及 f_c、λ_c。图 7.5.5 表示圆波导中各模式导波的 λ_c 的分布。

由图 7.5.5 可见，圆波导中 TE_{11}波的 λ_c 最大，是圆波导中的主模。在圆波导中单模工作条件为

$$(\lambda_c)_{TM_{01}}<\lambda<(\lambda_c)_{TE_{11}}$$

即

$$2.62a<\lambda<3.41a$$

2. 传播常数 k_z

表征导波沿 z 向传播特性的参数称为传播常数或称 z 向导波波数 k_z

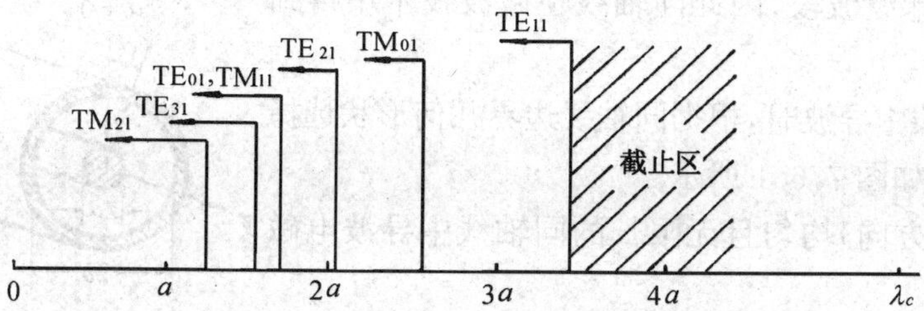

图 7.5.5 圆波导中各模式导波的 λ_c 分布

$$k_z = k\sqrt{1-\left(\frac{k_c}{k}\right)^2} = \omega\sqrt{\mu\varepsilon}\sqrt{1-\left(\frac{\lambda}{\lambda_c}\right)^2}$$

$$= \omega\sqrt{\mu\varepsilon}\sqrt{1-\left(\frac{f_c}{f}\right)^2} \tag{7.5.24}$$

欲使导波在波导中存在必须 $f>f_c$ 或 $\lambda<\lambda_c$，这时 k_z 为纯实数，导波沿 z 向形成行波传播。

圆波导中导波传播的相波长（或称波导波长）λ_g 及相速度 v_p 亦有与矩形波导中相似的公式

$$\lambda_g = \frac{\lambda}{\sqrt{1-\left(\frac{\lambda}{\lambda_c}\right)^2}} \tag{7.5.25}$$

$$v_p = \frac{v}{\sqrt{1-\left(\frac{\lambda}{\lambda_c}\right)^2}} \tag{7.5.26}$$

波导中具有相同传播特性，但有不同电磁场分布的现象，称为简并现象。简并现象有两种类型。一类是模式简并，为两种不同模式的导波，其 λ_c 相同，因此各种模式以相同的传播特性（传播速度，相波长）传播，如圆波导中 TE_{0n} 和 TM_{1n} 模就是属于这类简并；另一类具有相同的模式指数 m、n，它们的 λ_c 亦相同，但在圆波导中场沿 α 方向存在 $\cos m\alpha$ 和 $\sin m\alpha$ 两种分布，二者传播特性相同，但场的极化面互相垂直，这种简并称为极化简并，显然在圆波导中，除 TM_{0n} 和 TE_{0n} 模之外所有模式都存在极化简并。

*§7.6 同轴波导中的导波

同轴波导又称为同轴线，由同轴的两根圆柱导体组成，如图 7.6.1 所示。内导体半径为 a、外导体内半径为 b，内外导体间填充介质。

同轴线在结构上属双导体类传输线，在其横截面上能建立起与静态场相似的电磁场分布，因此在同轴线中可传输 TEM 波，当然也能传输 TE 波或 TM 波。究竟哪些模式的导波能在同轴线中传输，决定于同轴线的尺寸和电磁波的频率。

同轴线是一种宽频带的传输线。当工作波长大于 10(cm) 时，矩形波导、圆波导等金属空心波导都显得尺寸过大而笨重，而相应的同轴线尺寸却不大。同轴线的特点之一是可以从直流一直应用到毫米波波段，因此同轴线在微波技术中得到广泛的应用。

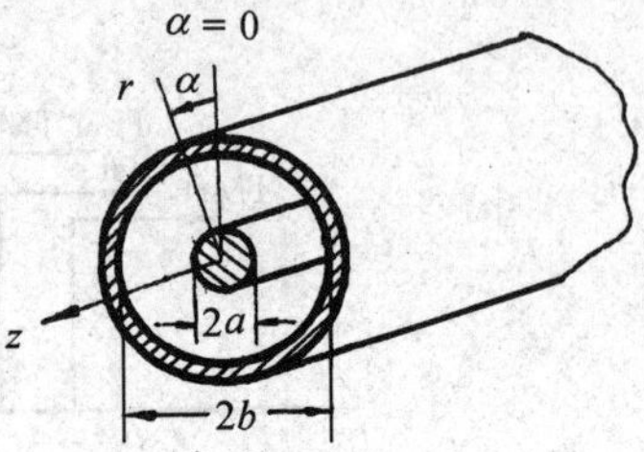

图 7.6.1 同轴线

在分析同轴线中导波时，根据同轴线边界几何形状选择使用圆柱坐标系，如图 7.6.1 所示。

沿轴向（z 轴方向）均匀且无限长的同轴线中导波电磁场表达式为

$$\dot{\vec{E}}=\dot{\vec{E}}_0(r,\alpha)\mathrm{e}^{-\mathrm{j}k_z z} \tag{7.6.1a}$$

$$\dot{\vec{H}}=\dot{\vec{H}}_0(r,\alpha)\mathrm{e}^{-\mathrm{j}k_z z} \tag{7.6.1b}$$

这时同轴线导波的波动方程在圆柱坐标系中表达为

$$\nabla_{\mathrm{T}}^2\dot{\vec{E}}_0+k_{\mathrm{T}}^2\dot{\vec{E}}_0=0 \tag{7.6.2a}$$

$$\nabla_{\mathrm{T}}^2\dot{\vec{H}}_0+k_{\mathrm{T}}^2\dot{\vec{H}}_0=0 \tag{7.6.2b}$$

式中，

$$\nabla_{\mathrm{T}}^2=\frac{1}{r}\frac{\partial}{\partial r}\left(r\frac{\partial}{\partial r}\right)+\frac{1}{r^2}\frac{\partial^2}{\partial\alpha^2}$$

$$k_{\mathrm{T}}^2=k^2-k_z^2 \tag{7.6.3}$$

同轴线为双导体结构，其中可能传输 TEM 波，也可能传输 TE 波或 TM 波。现分别进行分析。

一、同轴线中导波的主模——TEM 波

同轴线中 TEM 波，$E_z=0$，$H_z=0$。由式(7.2.9)知，这样模式的 $k_{\mathrm{T}}=0$，其波动方程

$$\nabla_{\mathrm{T}}^2\dot{\vec{E}}_0=0 \tag{7.6.4a}$$

$$\nabla_{\mathrm{T}}^2\dot{\vec{H}}_0=0 \tag{7.6.4b}$$

与静态电磁场方程相似，因此其解亦相似：

$$\dot{\vec{E}}_0=\vec{a}_r\frac{\dot{U}_0}{r\ln\dfrac{b}{a}} \tag{7.6.5a}$$

$$\dot{\vec{H}}_0=\vec{a}_\alpha\frac{\dot{I}_0}{2\pi r} \tag{7.6.5b}$$

式中，$\dot{U}_0$ 为同轴线内、外导体间 $z=0$ 处的电位差，$\dot{I}_0$ 为同轴线内导体中电流强度、外导体中电流强度为 $-I_0$。

$$\dot{I}_0=\frac{\dot{U}_0}{Z_0}=\frac{2\pi\dot{U}_0}{\sqrt{\dfrac{\mu}{\varepsilon}}\ln\dfrac{b}{a}} \tag{7.6.6}$$

式中，Z_0 为同轴线的特性阻抗。

$$Z_0=\frac{\dot{U}_0}{\dot{I}_0}=\frac{\sqrt{\dfrac{\mu}{\varepsilon}}}{2\pi}\ln\frac{b}{a} \tag{7.6.7}$$

因此式(7.6.5)改写为

$$\dot{\vec{E}}_0=\vec{a}_r\frac{\dot{U}_0}{r\ln\dfrac{b}{a}} \tag{7.6.8a}$$

$$\dot{\vec{H}}_0=\vec{a}_\alpha\frac{\dot{U}_0}{r\sqrt{\dfrac{\mu}{\varepsilon}}\ln\dfrac{b}{a}} \tag{7.6.8b}$$

对 TEM 波 $k_T=0$，因此 $k_z=k=\omega\sqrt{\omega\varepsilon}$，因而同轴线中 TEM 波的电磁场为

$$\dot{\vec{E}}=\dot{\vec{E}}_0\,e^{-jk_z z}=\dot{\vec{E}}_0\,\mathrm{e}^{-jkz}=\vec{a}_r\frac{\dot{U}_0}{r\,ln\dfrac{b}{a}}\,\mathrm{e}^{-jkz} \tag{7.6.9a}$$

$$\dot{\vec{H}}=\dot{\vec{H}}_0\,\mathrm{e}^{-jkz}=\vec{a}_\alpha\frac{\dot{U}_0}{r\sqrt{\dfrac{\mu}{\varepsilon}}\ln\dfrac{b}{a}}\,\mathrm{e}^{-jkz} \tag{7.6.9b}$$

同轴线中 TEM 波的电磁场力线分布如图 7.6.2 所示。

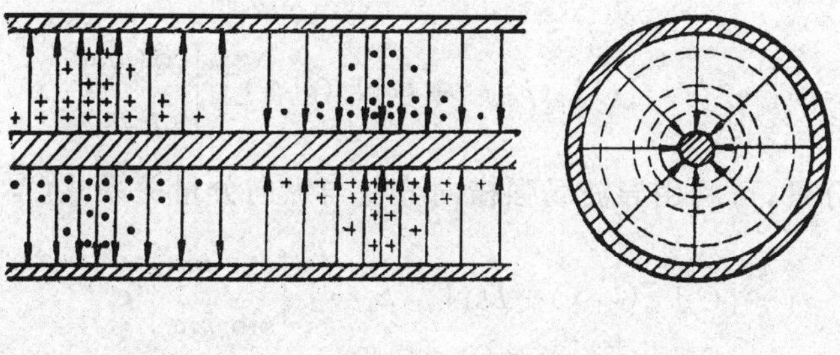

图 7.6.2　同轴线中 TEM 波的电磁场

表征同轴线中 TEM 波传播特性的传播常数(波数)k_z，由于 $k_T=0$，使得 $k_z=k$

$$k_z=k=\omega\sqrt{\mu\varepsilon} \tag{7.6.10}$$

同轴线中 TEM 波的导波相速

$$v_p=\frac{\omega}{k_z}=\frac{\omega}{k}=\frac{\omega}{\omega\sqrt{\mu\varepsilon}}=\frac{1}{\sqrt{\mu\varepsilon}} \tag{7.6.11}$$

若同轴线内外导体间填充媒质为非色散媒质，其参数 ε、μ 与频率无关，则相速 v_p 与频率无关，不发生色散现象。传输 TEM 波的同轴线为非色散传输线。

同轴线中 TEM 波的相波长

$$\lambda_g=\frac{2\pi}{k_z}=\frac{2\pi}{k}=\lambda \tag{7.6.12}$$

即与工作波长相同。

同轴线 TEM 波的截止波长

$$\lambda_c = \frac{2\pi}{k_c} \tag{7.6.13}$$

由于 $k_T = k_c = 0$，因此 $\lambda_c \to \infty$。TEM 波成为同轴线中导波的主模。

二、同轴线中导波的高次模——TM 波

同轴线除了传输 TEM 波主模之外，当工作波长与同轴线尺寸满足一定关系时，其中也能传输 TM 波与 TE 波，相对于主模 TEM 波，这些模式的导波称为同轴线导波的高次模。分析高次模的意义在于除其中某些模式的特殊应用外，还在于选择合适的同轴线尺寸，抑制高次模的传输，使同轴线单模工作。

同轴线中 TM 模，$H_z = 0$，$E_z \neq 0$，导波场强纵向分量

$$\dot{E}_z = \dot{E}_{zo} \mathrm{e}^{-\mathrm{j}k_z z} \tag{7.6.14}$$

$\dot{E}_{zo}$满足波动方程

$$\nabla_T^2 \dot{E}_{zo} + k_T^2 \dot{E}_{zo} = 0 \tag{7.6.15}$$

方程与圆波导中 TM 波的 $\dot{E}_{zo}$的方程相同，其解亦相同。

$$\dot{E}_{zo} = [\dot{C}\,\mathrm{J}_m(k_T r) + \dot{D}\,\mathrm{N}_m(k_T r)] \begin{Bmatrix} \cos m\alpha \\ \sin m\alpha \end{Bmatrix} \tag{7.6.16}$$

$$\dot{E}_z = \dot{E}_{zo}\,\mathrm{e}^{-\mathrm{j}k_z z} = [\dot{C}\,\mathrm{J}_m(k_T r) + \dot{D}\,\mathrm{N}_m(k_T r)] \begin{Bmatrix} \cos m\alpha \\ \sin m\alpha \end{Bmatrix} \mathrm{e}^{-\mathrm{j}k_z z} \tag{7.6.17a}$$

TM 波的其他场强分量，可利用导波场强横向分量与纵向分量关系式(7.2.11)由 $\dot{E}_{zo}$求得

$$\dot{E}_r = -\mathrm{j}\,\frac{k_z}{k_T^2}\,\frac{\partial \dot{E}_z}{\partial r} = -\mathrm{j}\,\frac{k_z}{k_T}[\dot{C}\,\mathrm{J'}_m(k_T r) + \dot{D}\,\mathrm{N'}_m(k_T r)] \begin{Bmatrix} \cos m\alpha \\ \sin m\alpha \end{Bmatrix} \mathrm{e}^{-\mathrm{j}k_z z} \tag{7.6.17b}$$

$$\dot{E}_\alpha = -\mathrm{j}\,\frac{k_z}{k_T^2}\,\frac{1}{r}\,\frac{\partial \dot{E}_z}{\partial \alpha} = \pm\mathrm{j}\,\frac{k_z}{k_T^2}\,\frac{m}{r}\,[\dot{C}\,\mathrm{J}_m(k_T r) + \dot{D}\,\mathrm{N}_m(k_T r)] \begin{Bmatrix} \sin m\alpha \\ \cos m\alpha \end{Bmatrix} \mathrm{e}^{-\mathrm{j}k_z z} \tag{7.6.17c}$$

$$\dot{H}_r = +\mathrm{j}\,\frac{\omega\varepsilon}{k_T^2}\,\frac{1}{r}\,\frac{\partial \dot{E}_z}{\partial \alpha} = \mp\mathrm{j}\,\frac{\omega\varepsilon}{k_T^2}\,\frac{m}{r}\,[\dot{C}\,\mathrm{J}_m(k_T r) + \dot{D}\,\mathrm{N}_m(k_T r)] \begin{Bmatrix} \sin m\alpha \\ \cos m\alpha \end{Bmatrix} \mathrm{e}^{-\mathrm{j}k_z z} \tag{7.6.17d}$$

$$\dot{H}_\alpha = -\mathrm{j}\,\frac{\omega\varepsilon}{k_T^2}\,\frac{\partial \dot{E}_z}{\partial r} = -\mathrm{j}\,\frac{\omega\varepsilon}{k_T}\,[\dot{C}\,\mathrm{J'}_m(k_T r) + \dot{D}\,\mathrm{N'}_m(k_T r)] \begin{Bmatrix} \cos m\alpha \\ \sin m\alpha \end{Bmatrix} \mathrm{e}^{-\mathrm{j}k_z z} \tag{7.6.17e}$$

$$\dot{H}_z = 0 \tag{7.6.17f}$$

式中，$\dot{C}$、$\dot{D}$为常数，决定于导波激励强度；k_T 亦为待定常数，由同轴线边界条件决定。

由同轴线内外导体表面的边界条件，电场的切向分量等于零：

$$r = a\ \text{处}，\quad \dot{E}_{zo}(a, \alpha) = 0 \tag{7.6.18a}$$

$$r = b\ \text{处}，\quad \dot{E}_{zo}(b, \alpha) = 0 \tag{7.6.18b}$$

得到

$$\dot{C}\,\mathrm{J}_m(k_T a) + \dot{D}\,\mathrm{N}_m(k_T a) = 0$$

$$\dot{C}\,\mathrm{J}_m(k_T b) + \dot{D}\,\mathrm{N}_m(k_T b) = 0$$

故

$$\frac{\mathrm{J}_m(k_{\mathrm{T}}a)}{\mathrm{J}_m(k_{\mathrm{T}}b)}=\frac{\mathrm{N}_m(k_{\mathrm{T}}a)}{\mathrm{N}_m(k_{\mathrm{T}}b)} \tag{7.6.19}$$

满足以上方程的 $k_{\mathrm{T}}=k_{\mathrm{c}}$，式(8.6.19)方程为超越方程，其近似解为

$$k_{\mathrm{T}}=k_{\mathrm{c}}\approx\frac{n\pi}{b-a}\qquad(n=1,2,3\cdots) \tag{7.6.20}$$

同轴线 TM 模的截止波长$(\lambda_c)_{\mathrm{TM}}$为

$$(\lambda_c)_{\mathrm{TM}}=\frac{2\pi}{k_c}\approx\frac{2}{n}(b-a) \tag{7.6.21}$$

三、同轴线中导波的高次模——TE 波

同轴线中 TE 波，$\dot{E}_z=0$，$\dot{H}_z\neq0$。导波场强纵向分量为

$$\dot{H}_z=\dot{H}_{zo}\,\mathrm{e}^{-\mathrm{j}k_z z} \tag{7.6.22}$$

$\dot{H}_{zo}$满足波动方程

$$\nabla_{\mathrm{T}}\dot{H}_{zo}+k_{\mathrm{T}}^2\dot{H}_{zo}=0 \tag{7.6.23}$$

其解为

$$\dot{H}_{zo}=[\dot{C}\,\mathrm{J}_m(k_{\mathrm{T}}r)+\dot{D}\,\mathrm{N}_m(k_{\mathrm{T}}r)]\begin{pmatrix}\cos m\alpha\\ \sin m\alpha\end{pmatrix}$$

$$\dot{H}_z=\dot{H}_{zo}\,\mathrm{e}^{-\mathrm{j}k_z z}=[\dot{C}\,\mathrm{J}_m(k_{\mathrm{T}}r)+\dot{D}\,\mathrm{N}_m(k_{\mathrm{T}}r)]\begin{pmatrix}\cos m\alpha\\ \sin m\alpha\end{pmatrix}\mathrm{e}^{-\mathrm{j}k_z z} \tag{7.6.24a}$$

导波 TE 模的其他场强分量可由式(7.2.10)得出：

$$\dot{E}_r=-\mathrm{j}\frac{\omega\mu}{k_{\mathrm{T}}^2}\frac{1}{r}\frac{\partial H_z}{\partial\alpha}=\pm\frac{\omega\mu}{k_{\mathrm{T}}^2}\frac{m}{r}[\dot{C}\,\mathrm{J}_m(k_{\mathrm{T}}r)+\dot{D}\,\mathrm{N}_m(k_{\mathrm{T}}r)]\begin{pmatrix}\sin m\alpha\\ \cos m\alpha\end{pmatrix}\mathrm{e}^{-\mathrm{j}k_z z} \tag{7.6.24b}$$

$$\dot{E}_\alpha=\mathrm{j}\frac{\omega\mu}{k_{\mathrm{T}}^2}\frac{\partial\dot{H}_z}{\partial r}=\mathrm{j}\frac{\omega\mu}{k_{\mathrm{T}}}[\dot{C}\,\mathrm{J}'_m(k_{\mathrm{T}}r)+\dot{D}\,\mathrm{N}'_m(k_{\mathrm{T}}r)]\begin{pmatrix}\cos m\alpha\\ \sin m\alpha\end{pmatrix}\mathrm{e}^{-\mathrm{j}k_z z} \tag{7.6.24c}$$

$$\dot{E}_z=0 \tag{7.6.24d}$$

$$\dot{H}_r=-\mathrm{j}\frac{k_z}{k_{\mathrm{T}}^2}\frac{\partial\dot{H}_z}{\partial r}=-\mathrm{j}\frac{k_z}{k_{\mathrm{T}}}[\dot{C}\,\mathrm{J}'_m(k_{\mathrm{T}}r)+\dot{D}\,\mathrm{N}'_m(k_{\mathrm{T}}r)]\begin{pmatrix}\cos m\alpha\\ \sin m\alpha\end{pmatrix}\mathrm{e}^{-\mathrm{j}k_z z} \tag{7.6.24e}$$

$$\dot{H}_\alpha=-\mathrm{j}\frac{k_z}{k_{\mathrm{T}}^2}\frac{1}{r}\frac{\partial\dot{H}_z}{\partial\alpha}=\pm\mathrm{j}\frac{k_z}{k_{\mathrm{T}}^2}\frac{m}{r}[\dot{C}\,\mathrm{J}_m(k_{\mathrm{T}}r)+\dot{D}\,\mathrm{N}_m(k_{\mathrm{T}}r)]\begin{pmatrix}\sin m\alpha\\ \cos m\alpha\end{pmatrix}\mathrm{e}^{-\mathrm{j}k_z z} \tag{7.6.24f}$$

式中，$\dot{C}$、$\dot{D}$为决定于同轴线激励源强度的常数；k_T 亦为待定常数，决定于边界条件。

同轴线内外导体表面($r=a$ 及 $r=b$)，电场强度的切向分量等于零，即

$$r=a\text{ 处，}\quad\dot{E}_{\alpha0}(a,\alpha)=0 \tag{7.6.25a}$$

$$r=b\text{ 处，}\quad\dot{E}_{\alpha0}(b,\alpha)=0 \tag{7.6.25b}$$

得到

$$\dot{C}\,\mathrm{J}'_m(k_{\mathrm{T}}a)+\dot{D}\,\mathrm{N}'_m(k_{\mathrm{T}}a)=0 \tag{7.6.26a}$$

$$\dot{C}\,J'_m(k_T b)+\dot{D}\,N'_m(k_T b)=0 \tag{7.6.26b}$$

式(7.6.26)为超越方程，仍用近似方法求解。

当 $m=0$ 时，有 $J'_0(k_T r)=-J_1(k_T r)$，及 $N'_0(k_T r)=-N_1(k_T r)$，将这些关系代入式(7.6.26)得

$$\frac{J_1(k_T a)}{J_1(k_T b)}=\frac{N_1(k_T a)}{N_1(k_T b)} \tag{7.6.27}$$

对比上式与式(7.6.19)知，满足以上方程的 $k_T=k_c$，其近似值为

$$(k_c)_{TE_{0n}}\approx\frac{n\pi}{b-a} \tag{7.6.28}$$

当 $m\neq0$，$n=1$ 时，方程式(7.6.26)的解 $k_T=k_c$ 近似为

$$(k_c)_{TE_{m1}}\approx\frac{2m}{b+a} \tag{7.6.29}$$

同轴线 TE 模的截止波长 $(\lambda_c)_{TE}=\dfrac{2\pi}{k_c}$

对于 $m=0$，$n\neq0$ 的 TE_{0n} 模 $$(\lambda_c)_{TE_{0n}}=\frac{2\pi}{(k_c)_{TE_{0n}}}\approx\frac{2(b-a)}{n} \tag{7.6.30a}$$

对于 $m\neq0$，$n=1$ 的 TE_{m1} 模 $$(\lambda_c)_{TE_{m1}}=\frac{2\pi}{(k_c)_{TE_{m1}}}\approx\frac{\pi(b+a)}{m} \tag{7.6.30b}$$

同轴线几种高次模的截止波长计算公式列于表 7.6.1 中。

表 7.6.1 同轴线高次模的截止波长

模式	TE_{11}	TE_{21}	TE_{31}	TE_{41}	TE_{01} TM_{01}	TE_{51}
λ_c 的计算公式	$\pi(b+a)$	$\frac{\pi}{2}(b+a)$	$\frac{\pi}{3}(b+a)$	$\frac{\pi}{4}(b+a)$	$2(b-a)$	$\frac{\pi}{5}(b+a)$
λ_c(cm) $\left(\begin{matrix}2b=16\text{mm}\\2a=6.95\text{mm}\end{matrix}\right)$	3.61	1.81	1.20	0.90	0.9	0.72

按表中 λ_c 值排成截止波长分布，如图 7.6.3 所示。

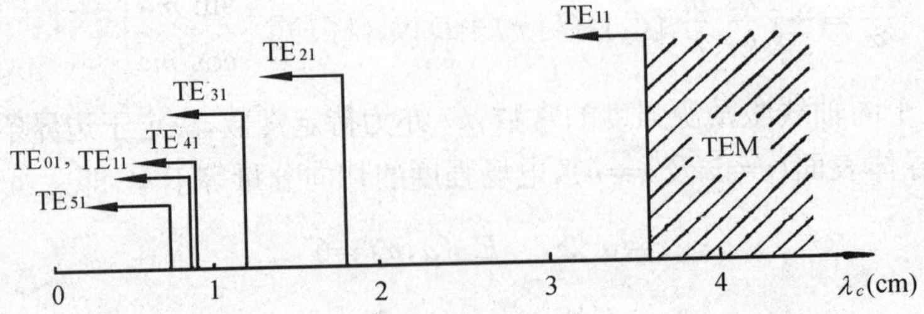

图 7.6.3 50—16 同轴线($2b=16$mm，$2a=6.95$mm)导波截止波长分布

由同轴线导波的截止波长分布图可见，同轴线中TEM波的截止波长为无限大，因此TEM波为其主模，其他TE波及TM波均为同轴线中导波的高次模式，其中截止波长最大的为TE_{11}模，$(\lambda_c)_{TE_{11}}=\pi(b+a)$，因此欲使同轴线中导波单模工作，必须使工作波长$\lambda$满足

$$\lambda>(\lambda_c)_{TE_{11}}=\pi(b+a)=2\pi\left(\frac{a+b}{2}\right) \tag{7.6.31}$$

亦即工作波长大于同轴线内、外导体平均圆周长。

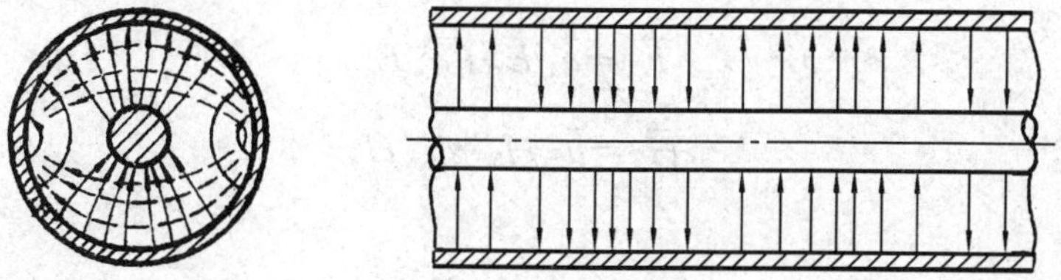

(a) TE_{11}

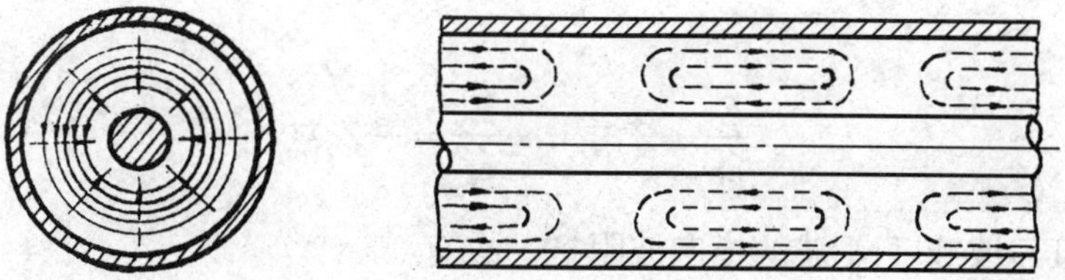

(b) TE_{01}

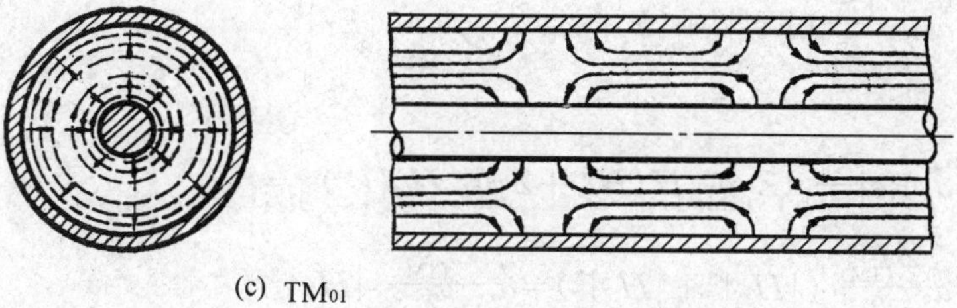

(c) TM_{01}

图7.6.4 同轴线高次模TE_{11}、TE_{01}、TM_{01}的电磁场分布。

同轴线高次模TE_{11}、TE_{01}、TM_{01}的电磁场分布图如图7.6.4所示。

§7.7 波导中的传输功率与导波的衰减

一、波导中行波传输功率

波导中导波电磁能量沿波导传输。在不计波导损耗的行波状态下，通过波导各横截面的传输功率是相等的。波导的传输功率可由波导横截面s上轴向平均坡印亭矢量的积分求得

$$P=\int_s \vec{S}_{avz}\cdot d\vec{s}=\int_s S_{avz}\,ds \tag{7.7.1}$$

式中，$\vec{S}_{avz}$为波导中导波轴向平均坡印亭矢量，它决定于导波横向电场 $\vec{E}_T$ 和横向磁场 $\vec{H}_T$

$$\vec{S}_{avz}=\mathrm{Re}\left(\frac{1}{2}\dot{\vec{E}}_T\times\dot{\vec{H}}_T^*\right) \tag{7.7.2}$$

式中，$\dot{\vec{E}}_T$、$\dot{\vec{H}}_T$ 分别为导波的横向电场和横向磁场的复数振幅，$\dot{\vec{H}}_T^*$ 为 $\dot{\vec{H}}$的共轭值。

在矩形波导中

$$\dot{\vec{E}}_T=\vec{a}_x\dot{E}_x+\vec{a}_y\dot{E}_y \tag{7.7.3a}$$

$$\dot{\vec{H}}_T=\vec{a}_x\dot{H}_x+\vec{a}_y\dot{H}_y \tag{7.7.3b}$$

所以

$$\vec{S}_{avz}=\mathrm{Re}\left[\frac{1}{2}(\vec{a}_x\dot{E}_x+\vec{a}_y\dot{E}_y)\times(\vec{a}_x\dot{H}_x+\vec{a}_y\dot{H}_y)^*\right]=$$

$$\vec{a}_z\,\mathrm{Re}\left[\frac{1}{2}(\dot{E}_x\dot{H}_y^*-\dot{E}_y\dot{H}_x^*)\right] \tag{7.7.4}$$

由于

$$\frac{\dot{E}_x}{\dot{H}_y}=Z_{\substack{TE\\(TM)}},\quad \frac{\dot{E}_y}{\dot{H}_x}=-Z_{\substack{TE\\(TM)}} \tag{7.7.5}$$

式中，$Z_{\substack{TE\\(TM)}}$为 TE 波或 TM 波的横向波阻抗。故有

$$\vec{S}_{avz}=\vec{a}_z\,\mathrm{Re}\left[\frac{1}{2}\left(\dot{E}_x\frac{\dot{E}_x^*}{Z_{\substack{TE\\(TM)}}}+\dot{E}_y\frac{\dot{E}_y^*}{Z_{\substack{TE\\(TM)}}}\right)\right]=$$

$$\vec{a}_z\frac{1}{2Z_{\substack{TE\\(TM)}}}(|E_x|^2+|E_y|^2)=\vec{a}_z\frac{1}{2Z_{\substack{TE\\(TM)}}}|E_T|^2 \tag{7.7.6a}$$

或

$$\vec{S}_{avz}=\vec{a}_z\,\mathrm{Re}\left[\frac{1}{2}(Z_{\substack{TE\\(TM)}}\dot{H}_y\dot{H}_y^*+Z_{\substack{TE\\(TM)}}\dot{H}_x\dot{H}^*)\right]=$$

$$\vec{a}_z\frac{Z_{\substack{TE\\(TM)}}}{2}(|H_y|^2+|H_x|^2)=\vec{a}_z\frac{Z_{\substack{TE\\(TM)}}}{2}|H_T|^2 \tag{7.7.6b}$$

矩形波导中传输功率则为

$$P=\frac{1}{2Z_{\substack{TE\\(TM)}}}\int_0^b\int_0^a(|E_x|^2+|E_y|^2)\,dx\,dy \tag{7.7.7a}$$

或

$$P=\frac{Z_{\substack{TE\\(TM)}}}{2}\int_0^b\int_0^a(|H_x|^2+|H_y|^2)\,dx\,dy \tag{7.7.7b}$$

对于圆波导或同轴线中的 TE 波与 TM 波

$$\dot{\vec{E}}_T=\vec{a}_r\dot{E}_r+\vec{a}_\alpha\dot{E}_\alpha \tag{7.7.8a}$$

$$\dot{\vec{H}}_T=\vec{a}_r\dot{H}_r+\vec{a}_\alpha\dot{H}_\alpha \tag{7.7.8b}$$

所以

$$\vec{S}_{\text{avz}}=\text{Re}\left[\frac{1}{2}\ (\vec{a}_r\dot{E}_r+\vec{a}_\alpha\dot{E}_\alpha)\times(\vec{a}_r\vec{H}_r+\vec{a}_\alpha\dot{H}_\alpha)^*\right]=$$

$$\vec{a}_z\ \text{Re}\left[\frac{1}{2}\ (\dot{E}_r\dot{H}_\alpha^*-\dot{E}_\alpha\dot{H}_r^*)\right] \tag{7.7.9}$$

由于圆波导或同轴线中 TE 波与 TM 波的波阻抗

$$Z_{\text{TE}}=\frac{\dot{E}_r}{\dot{H}_\alpha}=-\frac{\dot{E}_\alpha}{\dot{H}_r}=\frac{\omega\mu}{k_z}=\frac{\sqrt{\frac{\mu}{\varepsilon}}}{\sqrt{1-\left(\frac{\lambda}{\lambda_c}\right)^2}} \tag{7.7.10a}$$

$$Z_{\text{TM}}=\frac{\dot{E}_r}{\dot{H}_\alpha}=-\frac{\dot{E}_\alpha}{\dot{H}_r}=\frac{k_z}{\omega\varepsilon}=\sqrt{\frac{\mu}{\varepsilon}}\sqrt{1-\left(\frac{\lambda}{\lambda_c}\right)^2} \tag{7.7.10b}$$

故

$$\vec{S}_{\text{avz}}=\vec{a}_z\ \text{Re}\left[\frac{1}{2}\left(\dot{E}_r\frac{\dot{E}_r^*}{Z_{\substack{\text{TE}\\(\text{TM})}}}+\dot{E}_\alpha\frac{\dot{E}_\alpha^*}{Z_{\substack{\text{TE}\\(\text{TM})}}}\right)\right]=\vec{a}_z\frac{1}{2Z_{\substack{\text{TE}\\(\text{TM})}}}\ (|E_r|^2+|E_\alpha|^2) \tag{7.7.11a}$$

或

$$\vec{S}_{\text{avz}}=\vec{a}_z\ \text{Re}\left[\frac{1}{2}\ (Z_{\substack{\text{TE}\\(\text{TM})}}\dot{H}_\alpha\dot{H}_\alpha^*+Z_{\substack{TE\\(TM)}}+\dot{H}_r\dot{H}_r^*)=\vec{a}_z\frac{Z_{\substack{\text{TE}\\(\text{TM})}}}{2}\ (|H_\alpha|^2+|H_r|^2)\right. \tag{7.7.11b}$$

在圆波导中传输的功率则为

$$P=\frac{1}{2\,Z_{\substack{\text{TE}\\(\text{TM})}}}\int_0^{2\pi}\int_0^a(|E_r|^2+|E_\alpha|^2\,r\text{d}\,r\,\text{d}\alpha \tag{7.7.12a}$$

或

$$P=\frac{Z_{\substack{\text{TE}\\(\text{TM})}}}{2}\int_0^{2\pi}\int_0^a(|H_r|^2+|H_\alpha|^2)\,r\text{d}\,r\,\text{d}\alpha \tag{7.7.12b}$$

在同轴线中传输的 TE 模式 TM 模功率则为

$$P=\frac{1}{2\,Z_{\substack{\text{TE}\\(\text{TM})}}}\int_0^{2\pi}\int_a^b(|E_r|^2+|E_\alpha|^2)\,r\,\text{d}r\,\text{d}\alpha \tag{7.7.13a}$$

或

$$P=\frac{Z_{\substack{\text{TE}\\(\text{TM})}}}{2}\int_0^{2\pi}\int_a^b(|H_r|^2+|H_\alpha|^2)\,r\,\text{d}r\,\text{d}\alpha \tag{7.7.13b}$$

对于同轴线中 TEM 波

$$\dot{\vec{E}}_{\text{T}}=\vec{a}_r\dot{E}_r \tag{7.7.14a}$$

$$\dot{\vec{H}}_{\text{T}}=\vec{a}_\alpha\dot{H}_\alpha \tag{7.7.14b}$$

所以

$$\vec{S}_{\text{avz}}=\text{Re}\left[\frac{1}{2}\ (\vec{a}_r\dot{E}_r)\times(\vec{a}_\alpha\dot{H}_\alpha)^*\right]=\vec{a}_z\ \text{Re}\left[\frac{1}{2}\ \dot{E}_r\dot{H}_\alpha^*\right] \tag{7.7.15}$$

由于 TEM 波波阻抗

$$Z_{TEM}=\frac{\dot{E}_r}{\dot{H}_\alpha}=\sqrt{\frac{\mu}{\varepsilon}} \tag{7.7.16}$$

故

$$\vec{S}_{avz}=\vec{a}_z \operatorname{Re}\left[\frac{1}{2}\dot{E}_r\frac{\dot{E}_r^*}{Z_{TEM}}\right]=\vec{a}_z\frac{1}{2Z_{TEM}}|E_r|^2 \tag{7.7.17a}$$

或

$$\vec{S}_{avz}=\vec{a}_z \operatorname{Re}\left[\frac{1}{2}Z_{TEM}\dot{H}_\alpha\dot{H}_\alpha^*\right]=\vec{a}_z\frac{Z_{TEM}}{2}|H_\alpha|^2 \tag{7.7.17b}$$

同轴线中 TEM 波的传输功率

$$P=\frac{1}{2Z_{TEM}}\int_0^{2\pi}\int_a^b |E_r|^2 r\,\mathrm{d}r\,\mathrm{d}\alpha \tag{7.7.18a}$$

或

$$P=\frac{Z_{TEM}}{2}\int_0^{2\pi}\int_a^b |H_\alpha|^2 r\,\mathrm{d}r\,\mathrm{d}\alpha \tag{7.7.18b}$$

在直角坐标系或圆柱坐标系中，由式(7.7.3)或(7.7.8)$\dot{\vec{E}}_T$ 及 $\dot{\vec{H}}_T$ 值的平方均为两横向正交分量的平方和，即

$$E_T^2=|E_x|^2+|E_y|^2 \tag{7.7.19a}$$

$$H_T^2=|H_x|^2+|H_y|^2 \tag{7.7.19b}$$

或

$$E_T^2=|E_r|^2+|E_\alpha|^2 \tag{7.7.20a}$$

$$H_T^2=|H_r|^2+|H_\alpha|^2 \tag{7.7.20b}$$

因此无论是矩形波导或圆波导、同轴线中 TE 波、TM 波，甚至同轴线中 TEM 波(其 $\dot{E}_r=0$，$\dot{H}_\alpha=0$)沿波导轴向的平均坡印亭矢量式(7.7.11)、(7.7.17)均可改写为

$$\vec{S}_{avz}=\vec{a}_z\frac{1}{2Z}|E_T|^2 \tag{7.2.21a}$$

或

$$\vec{S}_{avz}=\vec{a}_z\frac{Z}{2}|H_T|^2 \tag{7.2.21b}$$

式中，Z 为相应导波的波阻抗。

沿波导传输的功率表达式亦可统一改写为

$$P=\frac{1}{2Z}\int_s E_T^2\,\mathrm{d}s \tag{7.7.22a}$$

或

$$P=\frac{Z}{2}\int_s H_T^2\,\mathrm{d}s \tag{7.7.22b}$$

式中，s 为波导横截面。

【例 7.7.1】 矩形波导中 TE_{10}波的传输功率

矩形波导中 TE_{10} 波的电磁场各分量为

$$\left.\begin{aligned}\dot{H}_z&=\dot{H}_0\cos\left(\frac{\pi}{a}x\right)e^{-jk_z z}\\ \dot{H}_x&=j\frac{k_z}{k_x}\dot{H}_0\sin\left(\frac{\pi}{a}x\right)e^{-jk_z z}\\ \dot{E}_y&=-j\frac{\omega\mu}{k_x}\dot{H}_0\sin\left(\frac{\pi}{a}x\right)e^{-jk_z z}\end{aligned}\right\}$$

横向电场只有 $\dot{E}_y$ 分量,并可写成

$$|E_y|=\frac{\omega\mu}{k_x}H_0\sin\left(\frac{\pi}{a}x\right)=E_m\sin\left(\frac{\pi}{a}x\right)$$

式中,$E_m=\frac{\omega\mu}{k_x}H_0=\frac{\omega\mu a}{\pi}H_0$ 为波导宽边中点 $x=\frac{a}{2}$ 处 TE_{10} 波横向电场的最大值。

矩形波导中 TE_{10} 波传输的功率,由式(7.7.22a):

$$P_{TE_{10}}=\frac{1}{2Z_{TE_{10}}}\int_0^b\int_0^a E_m^2\sin^2\left(\frac{\pi}{a}x\right)dx\,dy=$$

$$\frac{ab}{4Z_{TE_{10}}}E_m^2=\frac{ab}{4}\sqrt{\frac{\varepsilon}{\mu}}\sqrt{1-\left(\frac{\lambda}{2a}\right)^2}E_m^2$$

若以波导中媒质的击穿电场强度 E_b 代换 E_m,就可求出在 TE_{10} 波的行波状态下波导传输的极限功率

$$P_b=\frac{ab}{4}\sqrt{\frac{\varepsilon}{\mu}}\sqrt{1-\left(\frac{\lambda}{2a}\right)^2}E_b^2$$

当波导中填充媒质为空气时,$E_b=3\times10^6$(V/m),$Z=\sqrt{\frac{\mu_0}{\varepsilon_0}}=377(\Omega)$,代入上式得极限功率

$$P_b=6\times10^9ab\sqrt{1-\left(\frac{\lambda}{2a}\right)^2}\ (\mathrm{W})$$

对于 $a\times b=72\mathrm{mm}\times34\mathrm{mm}$ 的矩形波导,当 $\lambda=10\mathrm{cm}$ 时,可得 $P_b=10\mathrm{MW}$。

二、导波的衰减

上面分析导波电磁场时,均假定波导或同轴线导体为理想导体,其中填充的媒质为理想介质。然而实际的波导导体及其填充媒质均不是理想的,因此电磁波在其中传播时,将伴有损耗,使得导波电磁场的幅度沿传播方向按指数律衰减,即场强附有衰减因子 $e^{-\alpha z}$,则导波传输功率的大小将正比于衰减因子的平方,即

$$P=P_0e^{-2\alpha z}\tag{7.7.23}$$

式中,α 为衰减常数,单位为奈贝/米(NP/m)

若单位长度的损耗功率为 p_l,则

$$p_l=-\frac{dP}{dz}=2\alpha P_0e^{-2\alpha z}=2\alpha P\tag{7.7.24}$$

由此得衰减常数 α 为

$$\alpha=\frac{p_l}{2P}=\frac{\text{单位长度的损耗功率}}{2\times\text{传输功率}} \tag{7.7.25}$$

p_l 包括波导导体的损耗与波导填充媒质的损耗，由于在一般情况下填充波导媒质损耗很小，可以忽略不计，因此只考虑由导体引起的损耗。即使如此，严格计算波导的导体损耗也是很困难的。因为在计算导波电磁场时，考虑到导体为有限电导率的实际情况，根据实际导体的边界条件，决定电磁场的解答形式是非常困难的。由于构成波导壁的导体常具有良好的导电性能，如用铜制成的波导等，一般用微扰近似计算方法来计算其损耗，即先假定波导壁为理想导体情况下求解导波电磁场分布，由此得到波导壁面切向磁场大小，从而确定壁面表面电流大小；然后由表面电流和壁面电阻 $R_s=\sqrt{\dfrac{\omega\mu}{2\sigma}}$ 用式(6.3.34)$S_{0av}=\dfrac{1}{2}H^2R_s=\dfrac{1}{2}J_l^2R_s$(单位表面的吸收功率)计算损耗功率；最后按式(7.7.25)计算衰减常数 α。如果需要准确的结果，可用得到的 α 修正场量分布，重新计算表面电流和损耗功率，然后再按式(7.7.25)计算第二次 α 值，如此迭代计算直至满意为止。实际对用黄铜或紫铜等良导体制成的波导壁，第一次计算得到的结果已足够准确了。

下面我们用上述微扰近似方法来导出计算衰减的一般公式。

由式(6.3.34)可知进入波导壁单位面积的平均功率为$\dfrac{1}{2}H_t^2R_s$，因此单位长度波导的平均功率损耗 p_l 可表示为

$$p_l=\int_s\frac{1}{2}R_s|H_t|^2\mathrm{d}s=\oint_l\int_0^1\frac{1}{2}R_s|H_t|^2\mathrm{d}z\mathrm{d}l=\frac{1}{2}R_s\oint_l|H_t|^2\,\mathrm{d}l \tag{7.7.26}$$

式中，H_t 为波导壁表面切向磁场的幅值大小；l 为波导横截面的周界。作为近似，用不计损耗时导波的传输功率 P_0 取代 P，则式(7.7.25)近似为

$$\alpha\approx\frac{p_l}{2P_0}$$

而

$$P_0=\frac{Z}{2}\int_s|H_T|^2\,\mathrm{d}s$$

式中，$|H_T|$为波导中横向总磁场的幅值大小；s 为波导横截面面积。因此

$$\alpha=\frac{R_s}{2Z}\frac{\oint_l|H_t|^2\,\mathrm{d}l}{\int_s|H_T|^2\,\mathrm{d}s} \tag{7.7.27}$$

【例 7.7.2】 矩形波导中 TE_{10} 波的衰减。

矩形波导中传输的 TE_{10} 波，在不计损耗时，其磁场分量为

$$\dot{H}_x=\mathrm{j}\,k_z\frac{a}{\pi}\,\dot{H}_0\sin\left(\frac{\pi}{a}\,x\right)\mathrm{e}^{-\mathrm{j}k_zz}$$

$$\dot{H}_z=\dot{H}_0\cos\left(\frac{\pi}{a}\,x\right)\mathrm{e}^{-\mathrm{j}k_zz}$$

由以上磁场分布可知，在矩形波导的两个宽壁上磁场的切向分量幅值大小为

$$|H_t|=\sqrt{|H_x|^2+|H_z|^2}$$

而在波导的两个窄壁($x=0$ 和 $x=a$)上

$$|H_t| = |H_z|$$

所以 $\oint_l |H_t|^2 \,dl = 2\int_0^a (|H_x|^2 + |H_z|^2)dx + 2\int_0^b |\dot{H}_z|^2 \,dy = a\, H_0^2\left[k_z^2\dfrac{a^2}{\pi^2}+1\right] + 2\, bH_0^2$

因为$|\dot{H}_T| = |\dot{H}_x|$，所以

$$\int_s |H_T|^2 \,ds = \int_0^a\int_0^b |H_x|^2 \,dx\,dy = \frac{ab}{2} H_0^2 k_z^2\left(\frac{a}{\pi}\right)^2$$

将线积分与面积分结果代入式(7.7.27)即得

$$\alpha_{TE_{10}} = \frac{R_s}{b\sqrt{\dfrac{\mu}{\varepsilon}}\sqrt{1-\left(\dfrac{\lambda}{2a}\right)^2}}\left[1+\frac{2b}{a}\left(\frac{\lambda}{2a}\right)^2\right], \qquad R_s = \sqrt{\frac{\omega\mu}{2\sigma}}$$

上式含两项，第一项是由波导宽边上的面电流 J_x 和 J_z 引起的，随频率的升高而增大；第二项是由波导窄边上的面电流 J_y 引起的，随频率的升高而减小。这两项与频率的不同依赖关系，使得一定尺寸的波导，其衰减常数有一最小值。在工作波长 λ 大于$(\lambda_c)_{TE_{10}} = 2a$ 时，导波不能传输，在截止频率附近衰减很大，随着频率的增高，衰减常数减小到最小，然后再随频率的增加而增加。如图 7.7.1 所示。

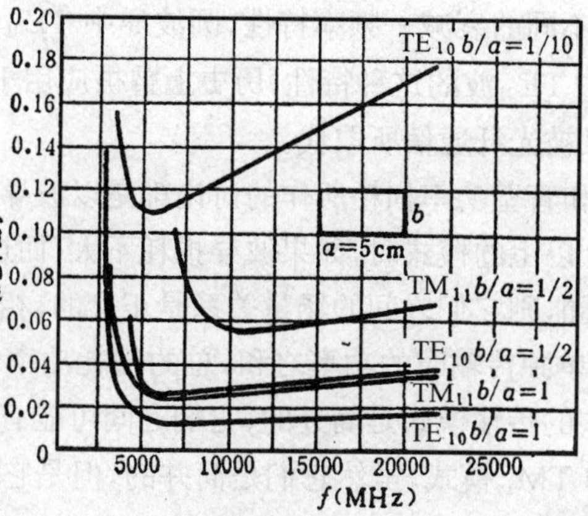

图 7.7.1　在一定宽度的矩形波导中 TE_{10} 与 TM_{11} 波的衰减特性

由式(7.7.25)可以看出，欲使 α 减小，应使 p_l 尽可能小，而使 P 尽可能大。亦就是当波导壁导体材料一定时，应使波导横截面的周界 l 尽可能小，而横截面积尽可能大些。如图 7.7.1 所示，对于传输相同模式的导波，衰减 α 随 b/a 的增加而减小(a 为常数)。将圆波导与矩形波导相比，由于圆波导具有较小的截面周长面积比，遂使得它的衰减比矩形波导的衰减小。至于同轴线由于它较空心波导多了个内导体，因此其中导波的衰减较大。

矩形波导中其他模式以及圆波导、同轴线中的导波衰减也可仿照上述方法求出，如图 7.7.1 及 7.7.2 所示。

由图 7.7.2 圆波导中导波的衰减特性曲线族中可以发现其中 TE_{01} 波具有较圆波导及

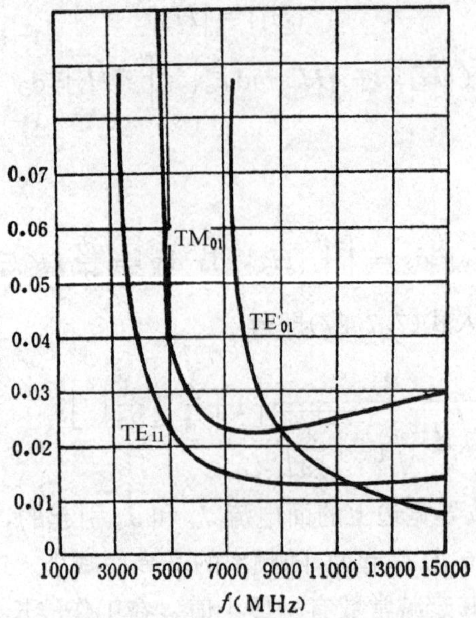

图 7.7.2　圆波导中几种导波的衰减特性

矩形波导中其他模式导波不同的衰减—频率特性，圆波导中 TE_{01}波的衰减是随频率的增加而单调下降。由于圆波导中 TE_{01}波的这种特性，历史上曾被应用于毫米波远程通信。但随着光纤出现，这种通信手段又被光纤通信所取代。

以上对波导功率传输和管壁功率损耗所作的讨论都是以波导中仅有单模传输的情况为依据的。当波导中传输两个以上的模式时，如果波导损耗不大，而这些模式又不是简并的，即如果它们的相位常数不相同，则它们之间的场量关系是正交的，相互之间没有耦合。波导中总的传输功率是各个模式单独传输时的功率之和，总的损耗功率也是各个模式单独工作时损耗功率之和。如果波导中的传输模式是简并的，它们之间可能有耦合，也可能没有耦合。例如圆波导中的 TE_{0n}模式和 TM_{1n}模式，虽然它们是简并的，但是它们之间没有耦合。这是因为 TM_{1n}模式的场量随 α 角作 $\cos\alpha$ 或 $\sin\alpha$ 变化，而 TE_{0n}模式的场量却与 α 无关。可是在矩形波导中的简并模式 TE_{mn}和 TM_{mn}模式，则存在有互耦。当波导中的简并模没有互耦时，总的传输功率和损耗功率仍分别等于各个单独模式的传输功率和损耗功率之和；而当波导中存在互耦的简并模时，就不能用直接求和的办法来求解。

§7.8　导波的驻波及谐振腔

一、概述

在波导中，导波以行波方式沿纵向传播，而在波导的横向，由于波导壁对电磁波的反射，形成驻波的场分布。如果在波导纵向的某一横截面上设置导电面，便可使行波在纵向也产生反射。如果在一段波导的两端都设置导电平面，则电磁波就将在其中来回反射。当纵向导波波长和端板的位置满足一定条件时，入射波与反射波叠加的结果，在沿 z 向亦形成驻波。两端加有金属板的矩形波导、圆波导及同轴线等这些可以引起驻波的系统，称为谐振腔。在理论上任一封闭的金属空腔体内都能形成电磁驻波而构成谐振腔。

谐振腔中电磁场必须满足其特定的边界条件，才能在其中形成驻波分布的电磁场，故理论上它仍是个边值问题。在实际应用中，谐振腔一般用作微波波段的振荡回路。

谐振腔的构成亦可看成由集总参数元件 L、C 构成的振荡回路过渡而成。为提高 LC 振荡回路的谐振频率，必须减小 L 和 C。减小 C 可用减小电容极板面积、增大极间距离和介质介电常数来作到，减小 L 可用减少线圈的圈数及用并联 L 的办法来作到。减少线圈圈数的极限为一根导线，而并联多个 L 的极限则如有多根相邻导线，这就形成导体面壁。结果 LC 振荡回路逐步演变为一个金属空腔，形成微波波段的振荡回路——谐振腔。如图 7.8.1 所示。

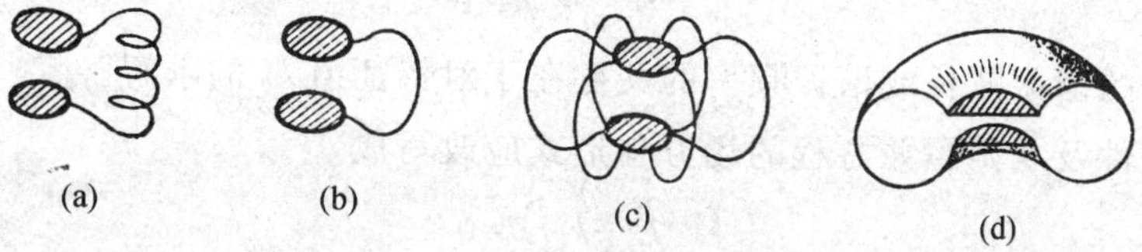

图 7.8.1　由集总参数元件构成的振荡回路过渡到谐振腔

由集总参数 LC 振荡回路演变过渡到谐振腔，不仅谐振频率得到了提高，更重要的是，由于电磁能量相互之间的转换被封闭在金属空腔内进行，完全避免了回路的辐射损耗；又因为空腔内不需要介质支架，而避免了介质损耗。虽然导体的焦耳损耗在空腔内壁仍然存在，但较之集总参数回路的总损耗小得多，因此大大地提高了回路的品质因数 Q 值。

谐振腔的电磁能量封闭在空腔中，它与外界的能量交换，例如腔内电磁振荡的激励，以及将其振荡能量耦合到外部电路，都可以通过小的同轴探针、小环或小孔电磁耦合来实现，如图 7.8.2 所示。

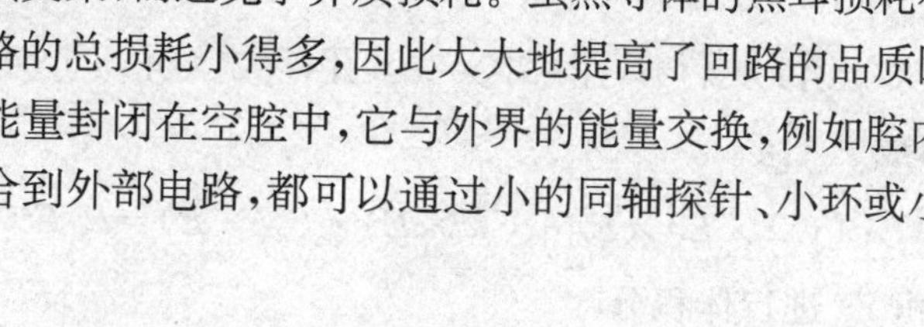

(a)小环耦合　(b)探针耦合　(c)小孔耦合

图 7.8.2　谐振腔的耦合方法

谐振腔在微波技术中的用途很广，在微波测量中可用作波长计，在微波电路中的滤波器，在雷达站的调试中用作回波箱，在电真空器件中用作高频电子管的谐振回路等。

二、谐振腔的主要参数

表征谐振腔性能的主要参数有二：一是谐振波长或谐振频率；二是谐振腔的品质因数 Q

值。

1. 谐振腔的谐振波长、谐振频率

谐振腔的型式很多，有矩形、圆柱形、同轴形、环形等。不管其形状怎样，其腔内电磁场均应满足亥姆霍兹方程

$$\nabla^2\dot{\vec{E}}+k^2\dot{\vec{E}}=0 \tag{7.8.1}$$

$$k^2=\omega^2\mu\varepsilon \tag{7.8.2}$$

及其边界条件。设满足边界条件时，波数 k 的值为特征值 k_0，这时谐振腔的谐振波长 λ_0 及谐振频率 f_0 则相应为

$$\lambda_0=\frac{2\pi}{k_0} \tag{7.8.3}$$

$$f_0=\frac{v_0}{\lambda_0}=\frac{1}{\sqrt{\mu\varepsilon}}\frac{k_0}{2\pi} \tag{7.8.4}$$

因此求解谐振腔的谐振波长或谐振频率的关键在于对特征值 k_0 的求解。

满足边界条件及亥姆霍兹方程的场方程形式应改写成

$$\nabla^2\dot{\vec{E}}+k_0^2\dot{\vec{E}}=0 \tag{7.8.5}$$

由矢量分析，有恒等式

$$\nabla^2\vec{A}=\nabla(\nabla\cdot\vec{A})-\nabla\times\nabla\times\vec{A}$$

并由 $\nabla\cdot\dot{\vec{E}}=0$，式(7.8.5)可改写成

$$\dot{\vec{E}}\cdot(\nabla\times\nabla\times\dot{\vec{E}})=k_0^2\dot{E}^2 \tag{7.8.6}$$

再由恒等式

$$\nabla\cdot[(\nabla\times\vec{A})\times\vec{A})]=\vec{A}\cdot\nabla\times\nabla\times\vec{A}-(\nabla\times\vec{A})\cdot(\nabla\times\vec{A})$$

式(7.8.6)可进一步写成

$$\nabla\cdot[(\nabla\times\dot{\vec{E}})\times\dot{\vec{E}}]+(\nabla\times\dot{\vec{E}})\cdot(\nabla\times\dot{\vec{E}})=k_0^2\dot{E}^2 \tag{7.8.7}$$

将上式对谐振腔内体积 V_0 进行体积分

$$\int_{V_0}\nabla\cdot[(\nabla\times\dot{\vec{E}})\times\dot{\vec{E}}]\mathrm{d}V+\int_{V_0}(\nabla\times\dot{\vec{E}})\cdot(\nabla\times\dot{\vec{E}})\,\mathrm{d}V=k_0^2\int_{V_0}\dot{E}^2\,\mathrm{d}V \tag{7.8.8}$$

应用高斯定理，上式左边第一项

$$\int_{V_0}\nabla\cdot[(\nabla\times\dot{\vec{E}})\times\dot{\vec{E}}]\mathrm{d}V=\oint_{s_0}[(\nabla\times\dot{\vec{E}})\times\dot{\vec{E}}]\cdot\mathrm{d}\vec{s}$$

式中，s_0 为谐振腔内体积 V_0 的表面，即腔内壁表面。由边界条件知在 s_0 电场 $\dot{\vec{E}}$ 的切向分量等于零，即 $\dot{\vec{E}}$ 必须垂直于 s_0，$(\nabla\times\dot{\vec{E}})\times\dot{\vec{E}}$ 与 s_0 平行(与 s_0 上面元 $\mathrm{d}\vec{s}$ 正交)，故

$$\oint_{s_0}[(\nabla\times\dot{\vec{E}})\times\dot{\vec{E}}]\cdot\mathrm{d}\vec{s}=0$$

从而式(7.8.8)成为

$$\int_{V_0}(\nabla\times\dot{\vec{E}})\cdot(\nabla\times\dot{\vec{E}})\,\mathrm{d}V=k_0^2\int_{V_0}\dot{E}^2\,\mathrm{d}V$$

故

$$k_0^2=\frac{\int_{V_0}(\nabla\times\dot{\vec{E}})\cdot(\nabla\times\dot{\vec{E}})\mathrm{d}V}{\int_{V_0}\dot{E}^2\,\mathrm{d}V} \tag{7.8.9}$$

式(7.8.9)为计算谐振腔的 k_0 的一般公式,适用于任意形状的谐振腔,上式表明 k_0 与腔体的体积尺寸有关。

对由波导两端置横向导电平面所形成的柱形谐振腔,其中电磁场可视为原导波在其纵向(z 方向)来回反射,而在腔中形成驻波分布。总的沿 $+z$ 方向传播的入射波电场强度横向分量可表示为

$$\dot{E}_{\mathrm{Ti}}(x,y,z)=\dot{E}_{\mathrm{T0}}^{+}(x,y)\mathrm{e}^{-\mathrm{j}k_z z} \tag{7.8.10}$$

而反射波电场强度横向分量表示为

$$\dot{E}_{\mathrm{Tr}}(x,y,z)=\dot{E}_{\mathrm{T0}}^{-}(x,y)\mathrm{e}^{+\mathrm{j}k_z z} \tag{7.8.11}$$

两者叠加,则有

$$\dot{E}_{\mathrm{T}}(x,y,z)=\dot{E}_{\mathrm{Ti}}+\dot{E}_{\mathrm{Tr}}=\dot{E}_{\mathrm{T0}}^{+}(x,y)\mathrm{e}^{-\mathrm{j}k_z z}+\dot{E}_{\mathrm{T0}}^{-}(x,y)\mathrm{e}^{+\mathrm{j}k_z z} \tag{7.8.12}$$

根据边界条件,在两端面($z=0$ 和 $z=d$)处,电场的切向分量应为零。故有

$z=0$ 处
$$\dot{E}_{\mathrm{T}}(x,y,o)=\dot{E}_{\mathrm{T0}}^{+}(x,y)+\dot{E}_{\mathrm{T0}}^{-}(x,y)=0$$

得
$$\dot{E}_{\mathrm{T0}}^{+}(x,y)=-\dot{E}_{\mathrm{T0}}^{-}(x,y)$$

记
$$\dot{E}_{\mathrm{T0}}^{+}(x,y)=\dot{E}_{\mathrm{T0}}(x,y)$$

进一步,式(7.8.12)可改写为

$$\dot{E}_{\mathrm{T}}(x,y,z)=\dot{E}_{\mathrm{T0}}(x,y)[\mathrm{e}^{-\mathrm{j}k_z z}-\mathrm{e}^{+\mathrm{j}k_z z}]=-\mathrm{j}\,2\,\dot{E}_{\mathrm{T0}}\sin\,(k_z\,z) \tag{7.8.13}$$

再由 $z=d$ 处,$\dot{E}_T(x,y,d)=0$ 得

$$\sin\,(k_z\,d)=0$$

即

$$k_z=\frac{p\pi}{d}\quad(p=0,1,2,\cdots) \tag{7.8.14}$$

上式表明了 k_z 和两端板距离 d 应有的关系,这就是谐振腔发生谐振的条件。显然,式(7.8.14)中的 p 为沿 z 方向在距离 d 内的驻波半波长数,即

$$p=\frac{k_z\,d}{\pi}=\frac{d}{\pi/k_z}=\frac{d}{\lambda_z/2} \tag{7.8.15}$$

因此,在谐振腔谐振时,腔中电磁波的波数 k_0 为

$$k_0^2=k_{\mathrm{T}}^2+k_z^2=k_{\mathrm{T}}^2+\left(\frac{p\pi}{d}\right)^2 \tag{7.8.16}$$

式中，k_T 为相应波导的横向驻波的波数，例如矩形波导 $k_T^2=k_x^2+k_y^2=\left(\frac{m\pi}{a}\right)^2+\left(\frac{n\pi}{b}\right)^2$；圆波导中 $k_T=\frac{\nu_{mn}}{a}$（对于 TM_{mn}模）或 $k_T=\frac{\mu_{mn}}{a}$（对于 TE_{mn}模）等等。

谐振腔的谐振波长为

$$\lambda_0=\frac{2\pi}{k_0}=\frac{2\pi}{\sqrt{k_T^2+k_z^2}} \tag{7.8.17}$$

而谐振频率则为

$$f_0=\frac{v_0}{\lambda_0}=\frac{1}{\sqrt{\mu\varepsilon}}\frac{\sqrt{k_T^2+k_z^2}}{2\pi}=\frac{\sqrt{k_T^2+k_z^2}}{2\pi\sqrt{\mu\varepsilon}} \tag{7.8.18}$$

式中，$v_0=\frac{1}{\sqrt{\mu\varepsilon}}$为无界媒质 μ、ε 中电磁波的速度。

由式(7.8.17)、(7.8.18)可见谐振腔的谐振波长或谐振频率，不仅与谐振腔的形状、尺寸大小有关，而且与其中振荡的电磁波模式有关。因此对同一谐振腔存在有无限多个谐振波长或谐振频率，这是和集总参数 LC 振荡回路的不同点。LC 电路逐步过渡到谐振腔，由量变引起质变的结果。

2. 谐振腔的品质因数 Q 值

谐振腔的品质因数 Q 值是描述谐振腔频率选择性和能量损耗程度的一个参数。其定义为：在谐振频率上谐振腔中的平均电磁储能与一个振荡周期内谐振腔损耗能量之比的 2π 倍，即

$$Q=2\pi\frac{W}{W_T} \tag{7.8.19}$$

式中，W 为腔内的平均电磁储能；W_T 为谐振腔在一个振荡周期内的腔内能量损耗，包括腔本身的能量损耗 W_0 及在一个周期内输出的能量 W_E 在内。即

$$W_T=W_0+W_E \tag{7.8.20}$$

如只考虑谐振腔本身的损耗，而不考虑腔的输出能量，则定义为 Q_0，

$$Q_0=2\pi\frac{W}{W_0} \tag{7.8.21}$$

称为谐振腔的固有品质因数或无载品质因数。若令

$$Q_E=2\pi\frac{W}{W_E} \tag{7.8.22}$$

则从式(7.8.19)、(7.8.20)、(7.8.21)及式(7.8.22)，可有

$$\frac{1}{Q}=\frac{1}{Q_0}+\frac{1}{Q_E} \tag{7.8.23}$$

显然，谐振腔的有载品质因数 Q 低于其固有品质因数 Q_0，即当谐振腔接有负载时，其品质因数将降低。

下面仅分析谐振腔的固有品质因数。谐振腔内平均电磁贮能为

$$W=\int_V w_e\,dV+\int_V w_m\,dV \tag{7.8.24}$$

式中，w_e 与 w_m 分别为平均电场能量密度与磁场能量密度。

$$w_{\mathrm{e}}=\frac{1}{2}\ \varepsilon\left(\frac{E_0}{\sqrt{2}}\right)^2=\frac{1}{4}\ \varepsilon\ E_0^2$$

$$w_{\mathrm{m}}=\frac{1}{2}\ \mu\left(\frac{H_0}{\sqrt{2}}\right)^2=\frac{1}{4}\ \mu\ H_0^2$$

故

$$W=\frac{1}{4}\int_V \varepsilon E_0^2\,\mathrm{d}V+\frac{1}{4}\int_V \mu H_0^2\,\mathrm{d}V$$

上式中，E_0 及 H_0 分别为谐振腔内各点处电场强度及磁场强度的振幅。由于腔内电磁场驻波振荡，电场能量与磁场能量相互转换，电场平均贮能等于磁场平均贮能，故上式又可写成

$$W=\frac{1}{2}\int_V \varepsilon\ E_0^2\,\mathrm{d}V=\frac{1}{2}\int_V \mu H_0^2\,\mathrm{d}V \tag{7.8.25}$$

计算一个振荡周期内谐振腔的损耗时，可忽略腔内介质损耗，只考虑腔体内壁导体的焦耳损耗，同时认为腔壁的损耗基本上不影响腔体内的场分布。

应用表面电阻概念，腔体内壁 s 上的损耗功率为

$$P=\int_s \frac{1}{2}\ R_{\mathrm{s}}\ J_{lo}^2\,\mathrm{d}s=\frac{1}{2}\ R_{\mathrm{s}}\int_s H_{to}^2\,\mathrm{d}s \tag{7.8.26}$$

上式中，H_{to} 为腔体内壁磁场强度切向分量的振幅，根据边界条件，它等于腔体内壁上的表面电流线密度($H_{to}=J_{lo}$)。$R_{\mathrm{s}}=\sqrt{\dfrac{\omega\mu}{2\sigma}}$ 为腔内壁导体的等效表面电阻。于是在一个振荡周期内电磁能量损耗为

$$W_0=TP=\frac{2\pi}{\omega_0}\frac{R_{\mathrm{s}}}{2}\int_s H_{to}^2\,\mathrm{d}s \tag{7.8.27}$$

因而，谐振腔的固有品质因数为

$$Q_0=2\pi\frac{W}{W_0}=\frac{\omega_0\mu}{R_{\mathrm{s}}}\frac{\int_V H_0^2\,\mathrm{d}V}{\oint_s H_{to}^2\,\mathrm{d}s} \tag{7.8.28}$$

由式(7.8.28)可见，谐振腔的 Q_0 值与腔内储存的能量成正比，与腔壁的损耗成反比。因此欲得到高的 Q 值，谐振腔的体积应尽量大，但其金属封闭面应尽量小，因此腔的体积与其内壁面积之比愈大，则相应地 Q 值也就愈高。从这一点来看，球形谐振腔 Q 值应当最高，圆柱形、矩形、环形等较次之。当然在实际谐振腔的设计中，腔体形状的设计，还必须考虑其他诸多因素。此外，为减小内壁损耗，在制作时要求内壁有很高的光洁度与导电率。

三、矩形谐振腔

一个矩形谐振腔可以看成为两端以金属平板封闭的一段矩形波导，如图 7.8.3 所示。而在矩形谐振腔内的电磁场，就是在这一段矩形波导中导波来回行进的入射波和反射波叠加所形成的驻波场。

1. H 型波振荡

引用矩形波导中导波场的解答，矩形谐振腔中 H 型波入射波的表示式为

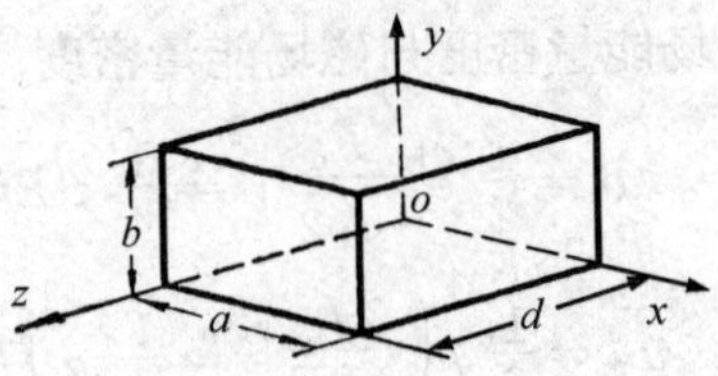

图 7.8.3 矩形谐振腔

$$
\begin{aligned}
&\dot{H}_{zi}=\dot{H}_0^+\cos\left(\frac{m\pi}{a}x\right)\cos\left(\frac{n\pi}{b}y\right)\mathrm{e}^{-\mathrm{j}k_z z}\\
&\left.\begin{aligned}
&\dot{E}_{xi}=\mathrm{j}\frac{\omega\mu}{k_\mathrm{T}^2}\dot{H}_0^+\left(\frac{n\pi}{b}\right)\cos\left(\frac{m\pi}{a}x\right)\sin\left(\frac{n\pi}{b}y\right)\mathrm{e}^{-\mathrm{j}k_z z}\\
&\dot{E}_{yi}=-\mathrm{j}\frac{\omega\mu}{k_\mathrm{T}^2}\dot{H}_0^+\left(\frac{m\pi}{a}\right)\sin\left(\frac{m\pi}{a}x\right)\cos\left(\frac{n\pi}{b}y\right)\mathrm{e}^{-\mathrm{j}k_z z}\\
&\dot{H}_{xi}=\mathrm{j}\frac{k_z}{k_\mathrm{T}^2}\dot{H}_0^+\left(\frac{m\pi}{a}\right)\sin\left(\frac{m\pi}{a}x\right)\cos\left(\frac{n\pi}{b}y\right)\mathrm{e}^{-\mathrm{j}k_z z}\\
&\dot{H}_{yi}=\mathrm{j}\frac{k_z}{k_\mathrm{T}^2}\dot{H}_0^+\left(\frac{n\pi}{b}\right)\cos\left(\frac{m\pi}{a}x\right)\sin\left(\frac{n\pi}{b}y\right)\mathrm{e}^{-\mathrm{j}k_z z}\\
&\dot{E}_{zi}=0
\end{aligned}\right\}
\end{aligned}
\tag{7.8.29}
$$

上式中，

$$
k_\mathrm{T}^2=k_x^2+k_y^2=\left(\frac{m\pi}{a}\right)^2+\left(\frac{n\pi}{b}\right)^2 \tag{7.8.30}
$$

反射波的场强表达式为

$$
\left.\begin{aligned}
&\dot{H}_{zr}=\dot{H}_0^-\cos\left(\frac{m\pi}{a}x\right)\cos\left(\frac{n\pi}{b}y\right)\mathrm{e}^{+\mathrm{j}k_z z}\\
&\dot{E}_{xr}=+\mathrm{j}\frac{\omega\mu}{k_\mathrm{T}^2}\dot{H}_0^-\left(\frac{n\pi}{b}\right)\cos\left(\frac{m\pi}{a}x\right)\sin\left(\frac{n\pi}{b}y\right)\mathrm{e}^{+\mathrm{j}k_z z}\\
&\dot{E}_{yr}=-\mathrm{j}\frac{\omega\mu}{k_\mathrm{T}^2}\dot{H}_0^-\left(\frac{m\pi}{a}\right)\sin\left(\frac{m\pi}{a}x\right)\cos\left(\frac{n\pi}{b}y\right)\mathrm{e}^{+\mathrm{j}k_z z}\\
&\dot{H}_{xr}=-\mathrm{j}\frac{k_z}{k_\mathrm{T}^2}\dot{H}_0^-\left(\frac{m\pi}{a}\right)\sin\left(\frac{m\pi}{a}x\right)\cos\left(\frac{n\pi}{b}y\right)\mathrm{e}^{+\mathrm{j}k_z z}\\
&\dot{H}_{yr}=-\mathrm{j}\frac{k_z}{k_\mathrm{T}^2}\dot{H}_0^-\left(\frac{n\pi}{b}\right)\cos\left(\frac{m\pi}{a}x\right)\sin\left(\frac{n\pi}{b}y\right)\mathrm{e}^{+\mathrm{j}k_z z}\\
&\dot{E}_{zr}=0
\end{aligned}\right\}
\tag{7.9.31}
$$

入射波与反射波叠加：

$$
\left.
\begin{aligned}
&\dot{H}_z=\dot{H}_{zi}+\dot{H}_{zr}=[\dot{H}_0^+\,\mathrm{e}^{-\mathrm{j}k_z z}+\dot{H}_0^-\,\mathrm{e}^{\mathrm{j}k_z z}]\cos\left(\frac{m\pi}{a}x\right)\cos\left(\frac{n\pi}{b}y\right)\\
&\dot{E}_x=\dot{E}_{xi}+\dot{E}_{xr}=[\dot{H}_0^+\,\mathrm{e}^{-\mathrm{j}k_z z}+\dot{H}_0^-\,\mathrm{e}^{\mathrm{j}k_z z}]\,\mathrm{j}\,\frac{\omega\mu}{k_\mathrm{T}^2}\left(\frac{n\pi}{b}\right)\cos\left(\frac{m\pi}{a}x\right)\sin\left(\frac{n\pi}{b}y\right)\\
&\dot{E}_y=\dot{E}_{yi}+\dot{E}_{yr}=[\dot{H}_0^+\,\mathrm{e}^{-\mathrm{j}k_z z}+\dot{H}_0^-\,\mathrm{e}^{\mathrm{j}k_z z}]\left(-\mathrm{j}\,\frac{\omega\mu}{k_\mathrm{T}^2}\right)\left(\frac{m\pi}{a}\right)\sin\left(\frac{m\pi}{a}x\right)\cos\left(\frac{n\pi}{b}y\right)\\
&\dot{H}_x=\dot{H}_{xi}+\dot{H}_{xr}=[\dot{H}_0^+\,\mathrm{e}^{-\mathrm{j}k_z z}-\dot{H}_0^-\,\mathrm{e}^{\mathrm{j}k_z z}]\,\mathrm{j}\,\frac{k_z}{k_\mathrm{T}^2}\left(\frac{m\pi}{a}\right)\sin\left(\frac{m\pi}{a}x\right)\cos\left(\frac{n\pi}{b}y\right)\\
&\dot{H}_y=\dot{H}_{yi}+\dot{H}_{yr}=[\dot{H}_0^+\,\mathrm{e}^{-\mathrm{j}k_z z}-\dot{H}_0^-\,\mathrm{e}^{\mathrm{j}k_z z}]\,\mathrm{j}\,\frac{k_z}{k_\mathrm{T}^2}\left(\frac{n\pi}{b}\right)\cos\left(\frac{m\pi}{a}x\right)\sin\left(\frac{n\pi}{b}y\right)\\
&\dot{E}_z=\dot{E}_{zi}+\dot{E}_{zr}=0
\end{aligned}
\right\}
\quad (7.8.32)
$$

式(7.8.30)、(7.8.31)与(7.8.32)中上标＋与－分别表示入射波与反射波。

根据边界条件，在腔的两端面 $z=0$ 及 $z=d$ 处，电场的切向分量应等于零。即

在 $z=0$ 处，$\dot{E}_\mathrm{T}=0$ 亦即 $\dot{E}_{xi}+\dot{E}_{xr}=0$ 及 $\dot{E}_{yi}+\dot{E}_{yr}=0$。

故

$$[\dot{H}_0^+\,\mathrm{e}^{-\mathrm{j}k_z z}+\dot{H}_0^-\,\mathrm{e}^{+\mathrm{j}k_z z}]_{z=0}=\dot{H}_0^++\dot{H}_0^-=0$$

即

$$H_0^+=-\dot{H}_0^- \tag{7.8.33}$$

记

$$\dot{H}_0^+=\dot{H}_0$$

因此

$$\dot{H}_0^+\mathrm{e}^{-\mathrm{j}k_z z}+\dot{H}_0^-\mathrm{e}^{+\mathrm{j}k_z z}=\dot{H}_0[\mathrm{e}^{-\mathrm{j}k_z z}-\mathrm{e}^{+\mathrm{j}k_z z}]=-\mathrm{j}\,2\dot{H}_0\sin(k_z z) \tag{7.8.34}$$

再由 $z=d$ 处 $\dot{E}_\mathrm{T}=0$ 得

$$\sin(k_z d)=0$$

即

$$k_z=\frac{p\pi}{d}\qquad p=1,2,\cdots \tag{7.8.35}$$

将式(7.8.34)、(7.8.35)代入式(7.8.32)得

$$\dot{H}_z=-\mathrm{j}\,2\,\dot{H}_0\cos\left(\frac{m\pi}{a}x\right)\cos\left(\frac{n\pi}{b}y\right)\sin\left(\frac{p\pi}{d}z\right)$$

其中 $\dot{H}_0$ 为决定于腔内电磁场激励强度的待定常数，它不影响腔内电磁场的分布，因此，为简化表示，将 $\dot{H}_z$ 表示为

$$\dot{H}_z=\dot{H}_0\cos\left(\frac{m\pi}{a}x\right)\cos\left(\frac{n\pi}{b}y\right)\sin\left(\frac{p\pi}{d}z\right) \tag{7.8.36}$$

则矩形谐振腔内 H 型波振荡的电磁场各分量为

$$
\left.\begin{aligned}
&\dot{H}_z=\dot{H}_0\cos\left(\frac{m\pi}{a}x\right)\cos\left(\frac{n\pi}{b}y\right)\sin\left(\frac{p\pi}{d}z\right)\\
&\dot{H}_x=-\frac{\dot{H}_0}{\left(\frac{m\pi}{a}\right)^2+\left(\frac{n\pi}{b}\right)^2}\left(\frac{m\pi}{a}\right)\left(\frac{p\pi}{d}\right)\sin\left(\frac{m\pi}{a}x\right)\cos\left(\frac{n\pi}{b}y\right)\cos\left(\frac{p\pi}{d}z\right)\\
&\dot{H}_y=-\frac{\dot{H}_0}{\left(\frac{m\pi}{a}\right)^2+\left(\frac{n\pi}{b}\right)^2}\left(\frac{n\pi}{b}\right)\left(\frac{p\pi}{d}\right)\cos\left(\frac{m\pi}{a}x\right)\sin\left(\frac{n\pi}{b}y\right)\cos\left(\frac{p\pi}{d}z\right)\\
&\dot{E}_x=j\frac{\omega\mu\dot{H}_0}{\left(\frac{m\pi}{a}\right)^2+\left(\frac{n\pi}{b}\right)^2}\left(\frac{n\pi}{b}\right)\cos\left(\frac{m\pi}{a}x\right)\sin\left(\frac{n\pi}{b}y\right)\sin\left(\frac{p\pi}{d}z\right)\\
&\dot{E}_y=-j\frac{\omega\mu\dot{H}_0}{\left(\frac{m\pi}{a}\right)^2+\left(\frac{n\pi}{b}\right)^2}\left(\frac{m\pi}{a}\right)\sin\left(\frac{m\pi}{a}x\right)\cos\left(\frac{n\pi}{b}y\right)\sin\left(\frac{p\pi}{d}z\right)\\
&\dot{E}_z=0
\end{aligned}\right\}\qquad(7.8.37)
$$

式中，m、n、p 取值为正整数（$m=0,1,2,\cdots;n=0,1,2,\cdots;p=1,2,\cdots$）是矩形谐振腔内电磁振荡场分布的模式指数，它们依次表示 x、y、z 方向上驻波的半波长数。值得注意的是对于 H 波振荡模，p 值不能为零，这是由于在空腔中 k_z 不能为零。因为如 k_z 为零，这意味着场强沿 z 方向没有变化，对于 H 波 $\dot{E}_z=0$，而如果 $\dot{E}_x$ 和 $\dot{E}_y$ 沿 z 方向没有变化，而在 z 方向腔两端又必须等于零，则 $\dot{E}_x$ 和 $\dot{E}_y$ 在空腔中亦必须等于零，电场的各分量均为零，这就是说空腔中将不存在电磁振荡。而由 $k_z=\dfrac{p\pi}{d}$，可以看到如果 k_z 不为零，p 就不能为零。因此，在矩形谐振腔中 H_{mn0} 型振荡不存在。与矩形波导中不存在 H_{oo} 导波相同原因，矩形谐振腔中亦不存在 H_{oop} 模振荡，即模式指数 $m+15n$ 不能同时为零。

2.E 型波振荡

应用与分析 H 型波振荡相同的方法，从矩形波导中 E 型导波入射波与反射波的叠加，可以得到矩形谐振腔中 E 型波振荡的电磁场各分量为式(7.8.38)。

$$\left.\begin{aligned}
&\dot{E}_z=\dot{E}_0\sin\left(\frac{m\pi}{a}x\right)\sin\left(\frac{n\pi}{b}y\right)\cos\left(\frac{p\pi}{d}z\right)\\
&\dot{E}_x=-\frac{\dot{E}_0}{\left(\frac{m\pi}{a}\right)^2+\left(\frac{n\pi}{b}\right)^2}\left(\frac{m\pi}{a}\right)\left(\frac{p\pi}{d}\right)\cos\left(\frac{m\pi}{a}x\right)\sin\left(\frac{n\pi}{b}y\right)\sin\left(\frac{p\pi}{d}z\right)\\
&\dot{E}_y=\frac{\dot{E}_0}{\left(\frac{m\pi}{a}\right)^2+\left(\frac{n\pi}{b}\right)^2}\left(\frac{n\pi}{b}\right)\left(\frac{p\pi}{d}\right)\sin\left(\frac{m\pi}{a}x\right)\cos\left(\frac{n\pi}{b}y\right)\sin\left(\frac{p\pi}{d}z\right)\\
&\dot{H}_x=\mathrm{j}\frac{\omega\varepsilon\dot{E}_0}{\left(\frac{m\pi}{a}\right)^2+\left(\frac{n\pi}{b}\right)^2}\left(\frac{n\pi}{b}\right)\sin\left(\frac{m\pi}{a}x\right)\cos\left(\frac{n\pi}{b}y\right)\cos\left(\frac{p\pi}{d}z\right)\\
&\dot{H}_y=\mathrm{j}\frac{\omega\varepsilon\dot{E}_0}{\left(\frac{m\pi}{a}\right)^2+\left(\frac{n\pi}{b}\right)^2}\left(\frac{m\pi}{a}\right)\cos\left(\frac{m\pi}{a}x\right)\sin\left(\frac{n\pi}{b}y\right)\cos\left(\frac{p\pi}{d}z\right)\\
&\dot{H}_z=0
\end{aligned}\right\}\quad(7.8.38)$$

式中，m、n、p 的取值仍为正整数($m=1,2,\cdots;n=1,2,\cdots;p=0,1,2,\cdots$)，为矩形谐振腔电磁振荡场分布的模式指数。对于 E 型振荡模，p 可以为零，因为虽然 k_z 为零，这时场强沿 z 方向无变化，但由式(7.8.38)可见，谐振腔中仍存在电磁场分布，因此 $p=0$ 的振荡模式 E_{mn0}是可能存在的。

在矩形波导中导波模式名称是根据导波行波方向(称为纵向，并取作坐标系的 z 轴方向)是否存在电场或磁场分量来定义的。例如若在导波的行波方向(z 向)，磁场具有纵向分量，而电场仅有横向分量，无纵向分量(即 $H_z\neq0,E_z=0$)则称此导波为横电波，记为 TE_{mn}波或 H_{mn}波，其下标 m、n 称为模式指数，分别为沿横向 x 轴与 y 轴方向驻波分布的半波长数；若在导波行波方向，电场具有纵向分量，而磁场仅有横向分量，无纵向分量(即 $E_z\neq0,H_z=0$)，则称此导波为横磁波，记为 TM_{mn}波或 E_{mn}波，其下标亦为模式指数，其物理意义与 TE_{mn}波相同。如上分析，谐振腔中电磁场分布的导出沿用了原导波 H_{mn}及 E_{mn}波的结果，因此谐振腔电磁振荡模式的名称亦沿用为 H_{mnp}及 E_{mnp}，下标 m、n、p 为模式指数，分别为矩形谐振腔沿 x 轴、y 轴及 z 轴方向驻波分布的半波长数。由此可见矩形谐振腔中电磁场分布沿 z 轴方向亦为驻波分布，因此 z 轴在矩形谐振腔中所处的地位与 x 轴、y 轴完全相当，并无特殊性，因此对于矩形谐振腔的长、宽、高三条正交边，怎样与直角坐标系 x、y、z 三个轴对应，则是人为的了。如把矩形谐振腔翻动一下，或者更换一下坐标，同一电磁振荡场分布，其振荡模式名称就可能更换为另一模式名称。例如图 7.8.4 中对于同一种谐振腔中电磁场分布，图(a)中所示直角坐标系中腔中电磁振荡模式名称为 H_{101}模($\dot{E}_y$、$\dot{H}_x$、$\dot{H}_z\neq0$)；而在(b)中，坐标已有变换，同一电磁场分布，但振荡模式则称为 H_{011}模($\dot{E}_x$、$\dot{H}_y$、$\dot{H}_z\neq0$)；在(c)中，对所取坐标，振荡模式称为 E_{110}模($\dot{E}_z$、$\dot{H}_x$、$\dot{H}_y\neq0$)。因此谐振腔振荡模式的名称是与某特定坐标相关联的。

式(7.8.37)与(7.8.38)表示矩形谐振腔中 H 型振荡与 E 型振荡，式中可见振荡模的电

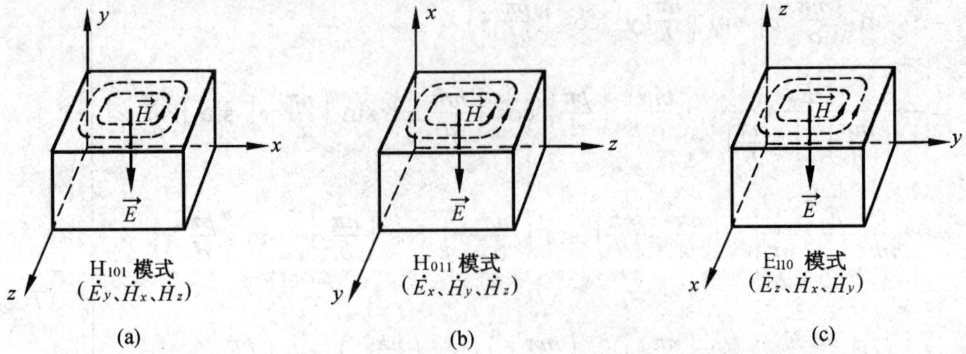

图 7.8.4　矩形谐振腔中振荡模的名称

场与磁场相位差$\frac{\pi}{2}$，即在空间同一点的电场与磁场变化在时间上相差$\frac{T}{4}$。这反映了驻波电磁振荡的特点，电场能量与磁场能量的相互转换。

3. 矩形谐振腔的谐振波长与谐振频率

由于谐振腔谐振波长 λ_0 与谐振频率 f_0 分别为

$$\lambda_0=\frac{2\pi}{k_0}$$

$$f_0=\frac{v_0}{\lambda_0}=\frac{1}{\sqrt{\mu\varepsilon}}\frac{k_0}{2\pi}$$

对于矩形谐振腔

$$k_0^2=k_x^2+k_y^2+k_z^2=\left(\frac{m\pi}{a}\right)^2+\left(\frac{n\pi}{b}\right)^2+\left(\frac{p\pi}{d}\right)^2$$

故

$$k_0=\sqrt{\left(\frac{m\pi}{a}\right)^2+\left(\frac{n\pi}{b}\right)^2+\left(\frac{p\pi}{d}\right)^2} \tag{7.8.39}$$

因此矩形谐振腔谐振波长为

$$\lambda_0=\frac{2}{\sqrt{\left(\frac{m}{a}\right)^2+\left(\frac{n}{b}\right)^2+\left(\frac{p}{d}\right)^2}}=\frac{1}{\sqrt{\left(\frac{m}{2a}\right)^2+\left(\frac{n}{2b}\right)^2+\left(\frac{p}{2d}\right)^2}} \tag{7.8.40}$$

矩形谐振腔谐振频率为

$$f_0=\frac{1}{\sqrt{\mu\varepsilon}}\sqrt{\left(\frac{m}{2a}\right)^2+\left(\frac{n}{2b}\right)^2+\left(\frac{p}{2d}\right)^2} \tag{7.8.41}$$

对同一矩形谐振腔(a、b、d)，不同振荡模式，m、n、p 取值不同，谐振腔谐振波长(或谐振频率)也不同，它们对应于不同的振荡模式。由于有无限多个谐振模式，因此一个谐振腔有无限多个谐振波长。

【例 7.8.1】　有一沿直角坐标系 x、y、z 三轴的边长分别为 a、b、d 的矩形谐振腔。求其中 H_{101} 型波振荡的电磁场分布、谐振波长、谐振频率及固有品质因数 Q。

解：　对于 H_{101} 型波振荡模式指数 $m=1$、$n=0$、$p=1$，其电磁场表示为

$$\dot{H}_z=\dot{H}_0\cos\left(\frac{\pi}{a}x\right)\sin\left(\frac{\pi}{d}z\right)$$

$$\dot{H}_x=-\dot{H}_0\frac{a}{d}\sin\left(\frac{\pi}{a}x\right)\cos\left(\frac{\pi}{d}z\right)$$

$$\dot{H}_y=0$$

$$\dot{E}_y=-\mathrm{j}\frac{\omega\mu a}{\pi}\dot{H}_0\sin\left(\frac{\pi}{a}x\right)\sin\left(\frac{\pi}{d}z\right)$$

$$\dot{E}_x=0$$

$$\dot{E}_z=0$$

将上式与矩形波导中 TE_{10}模(H_{10}模)的场强表达式相比较可见，H_{101}振荡模与 H_{10}模导波的横向分布相似，其不同之处是谐振腔振荡模在 z 轴向为驻波分布，而导波为行波分布；且其电场最大值位置两者沿 z 向相差$\frac{\lambda_g}{4}$。图 7.8.5 表示其电磁场分布。

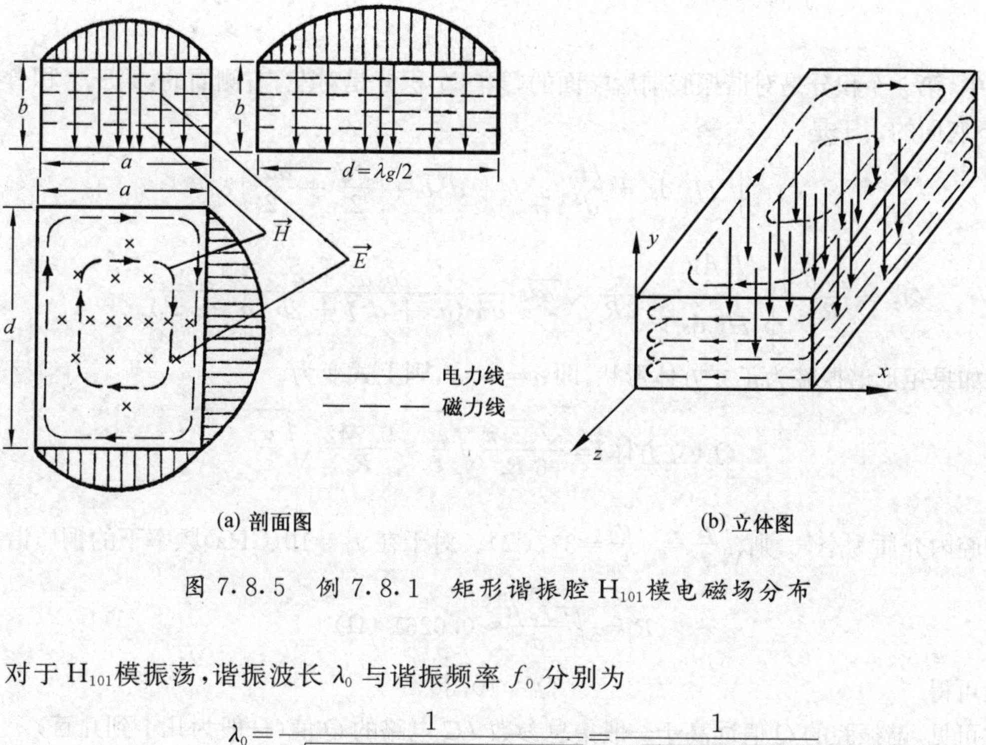

(a) 剖面图　　(b) 立体图

图 7.8.5　例 7.8.1　矩形谐振腔 H_{101}模电磁场分布

对于 H_{101}模振荡，谐振波长 λ_0 与谐振频率 f_0 分别为

$$\lambda_0=\frac{1}{\sqrt{\left(\frac{m}{2a}\right)^2+\left(\frac{n}{2b}\right)^2+\left(\frac{p}{2d}\right)^2}}=\frac{1}{\sqrt{\left(\frac{1}{2a}\right)^2+\left(\frac{1}{2d}\right)^2}}$$

$$f_0=\frac{v_0}{\lambda_0}=\frac{1}{\sqrt{\mu\varepsilon}}\sqrt{\left(\frac{1}{2a}\right)^2+\left(\frac{1}{2d}\right)^2}$$

$$\omega_0=2\pi f_0=\frac{2\pi}{\sqrt{\mu\varepsilon}}\sqrt{\left(\frac{1}{2a}\right)^2+\left(\frac{1}{2d}\right)^2}=\frac{\pi\sqrt{(a^2+d^2}}{ad\sqrt{\mu\varepsilon}}$$

固有品质因数 $Q_0=\dfrac{\omega_0\mu}{R_s}\dfrac{\int_V H_0^2\,\mathrm{d}V}{\oint_s H_{to}^2\,\mathrm{d}s}$

对于 H_{101} 模

$$\int_V H_0^2\,\mathrm{d}V=\int_0^d\int_0^b\int_0^a(H_x^2+H_z^2)\,\mathrm{d}x\,\mathrm{d}y\,\mathrm{d}z=$$

$$\int_0^d\int_0^b\int_0^a\Big[H_0^2\Big(\frac{a}{d}\Big)^2\sin^2\Big(\frac{\pi}{a}x\Big)\cos^2\Big(\frac{\pi}{d}z\Big)+$$

$$H_0^2\cos^2\Big(\frac{\pi}{a}x\Big)\sin^2\Big(\frac{\pi}{d}z\Big)\Big]\,\mathrm{d}x\,\mathrm{d}y\,\mathrm{d}z=$$

$$\frac{H_0^2}{4}\Big(a\,b\,d+\frac{a^3b}{d}\Big)$$

而

$$\oint_s H_{to}^2\,\mathrm{d}s=2\int_0^b\int_0^a(H_x)_{z=0}^2\,\mathrm{d}x\,\mathrm{d}y+2\int_0^d\int_0^b(H_z)_{x=0}^2\,\mathrm{d}y\,\mathrm{d}z+2\int_0^d\int_0^a(H_x^2+H_z^2)_{y=0}\,\mathrm{d}x\,\mathrm{d}z$$

上式中，第一个积分是对谐振腔前后端面的，第二个积分是对左、右侧面的，第三个积分是对上、下底面的。于是

$$\oint_s H_{to}^2\,\mathrm{d}s=\frac{H_0^2}{d^2}\Big(a^3b+d^3b+\frac{a^3d}{2}+\frac{ad^3}{2}\Big)$$

故 $$Q_0=\frac{\omega_0\,\mu}{R_s}\frac{\int_V H_0^2\,\mathrm{d}V}{\oint_s H_{to}^2\,\mathrm{d}s}=\frac{\pi}{4R_s}\sqrt{\mu/\varepsilon}\,\frac{2b(a^2+d^2)^{3/2}}{ad\,(a^2+d^2)+2b\,(a^3+d^3)}$$

如果矩形谐振腔为正立方体形状，即 $a=b=d$，则上式变为

$$Q_0(\text{立方体})=\frac{\sqrt{2}\,\pi}{6\,R_s}\sqrt{\frac{\mu}{\varepsilon}}\approx\frac{0.742}{R_s}\sqrt{\frac{\mu}{\varepsilon}}$$

又如腔内介质为空气，则 $\sqrt{\dfrac{\mu}{\varepsilon}}=\sqrt{\dfrac{\mu_0}{\varepsilon_0}}=377(\Omega)$。对于在 $f_0=10(\mathrm{GHz})$ 频率下的铜质谐振腔

$$R_s=\sqrt{\frac{\pi f_0\,\mu}{\sigma}}\approx0.0261\ (\Omega)$$

于是可得 $$Q_0\approx10730$$

由此可见，谐振腔的 Q 值远高于一般集总参数 LC 电路的 Q 值（一般为几十到几百）。

* 四、圆柱形谐振腔

圆柱形谐振腔由一段圆波导两端置金属导电平面而成，其中的电磁振荡也可看成是圆波导中导波的入射波与反射波叠加，而形成驻波分布。

1. E 型波振荡

对于圆波导中 E 型导波入射波与反射波叠加，在圆柱形谐振腔中形成的驻波场分布为

$$
\left.\begin{aligned}
\dot{E}_z &= \dot{E}_0\,\mathrm{J}_m(k_c r)\begin{pmatrix}\cos m\alpha\\ \sin m\alpha\end{pmatrix}\cos(k_z z)\\
\dot{E}_r &= -\frac{k_z}{k_c^2}\,\dot{E}_0\,\mathrm{J}'_m(k_c r)\begin{pmatrix}\cos m\alpha\\ \sin m\alpha\end{pmatrix}\sin(k_z z)\\
\dot{E}_\alpha &= \pm\frac{k_z}{k_c^2}\,\dot{E}_0\left(\frac{m}{r}\right)\mathrm{J}_m(k_c r)\begin{pmatrix}\sin m\alpha\\ \cos m\alpha\end{pmatrix}\sin(k_z z)\\
\dot{H}_z &= 0\\
\dot{H}_r &= \mp\mathrm{j}\,\frac{\omega_0\varepsilon}{k_c^2}\,\dot{E}_0\left(\frac{m}{r}\right)\mathrm{J}_m(k_c r)\begin{pmatrix}\sin m\alpha\\ \cos m\alpha\end{pmatrix}\cos(k_z z)\\
\dot{H}_\alpha &= -\mathrm{j}\,\frac{\omega_0\varepsilon}{k_c^2}\,\dot{E}_0\left(\frac{m}{r}\right)\mathrm{J}'_m(k_c r)\begin{pmatrix}\cos m\alpha\\ \sin m\alpha\end{pmatrix}\cos(k_z z)
\end{aligned}\right\}\tag{7.8.42}
$$

式中，k_z 由圆柱谐振腔 $z=d$（d 为圆柱腔的长度）处边界条件决定，应为

$$k_z=\frac{p\pi}{d}\quad p=0,1,2,\cdots\tag{7.8.43}$$

k_c 亦由边界条件得出为

$$k_c=\frac{\nu_{mn}}{a}\tag{7.8.44}$$

ν_{mn}为 m 阶贝塞尔函数 $\mathrm{J}_m(k_c a)$的第 n 个根。

2. H 型波振荡

对于圆波导中 H 型导波入射波与反射波叠加，在圆柱形谐振腔中形成的驻波场分布为

$$
\left.\begin{aligned}
\dot{H}_z &= \dot{H}_0\,\mathrm{J}_m(k_c r)\begin{pmatrix}\cos m\alpha\\ \sin m\alpha\end{pmatrix}\sin(k_z z)\\
\dot{H}_r &= \frac{k_z}{k_c^2}\,\dot{H}_0\,\mathrm{J}'_m(k_c r)\begin{pmatrix}\cos m\alpha\\ \sin m\alpha\end{pmatrix}\cos(k_z z)\\
\dot{H}_\alpha &= \mp\frac{k_z}{k_c^2}\,\dot{H}_0\left(\frac{m}{r}\right)\mathrm{J}'_m(k_c r)\begin{pmatrix}\sin m\alpha\\ \cos m\alpha\end{pmatrix}\cos(k_z z)\\
\dot{E}_z &= 0\\
\dot{E}_r &= \mp\mathrm{j}\,\frac{\omega_0\mu}{k_c^2}\,\dot{H}_r\left(\frac{m}{r}\right)\mathrm{J}_m(k_c r)\begin{pmatrix}\sin m\alpha\\ \cos m\alpha\end{pmatrix}\sin(k_z z)\\
\dot{E}_\alpha &= \mathrm{j}\,\frac{\omega_0\mu}{k_c^2}\,\dot{H}_r\left(\frac{m}{r}\right)\mathrm{J}'_m(k_c r)\begin{pmatrix}\cos m\alpha\\ \sin m\alpha\end{pmatrix}\sin(k_z z)
\end{aligned}\right\}\tag{7.8.45}
$$

式中， $k_c=\dfrac{\mu_{mn}}{a}$，μ_{mn}为 $\mathrm{J}'_m(k_c a)=0$ 的第 n 个根。 (7.8.46)

$$k_z=p\,\frac{\pi}{d}\quad(p=0,1,2,\cdots)\tag{7.8.47}$$

3. 圆柱形谐振腔的谐振波长与谐振频率

由谐振腔的一般理论，谐振波长

$$\lambda_0=\frac{2\pi}{k_0}=\frac{2\pi}{\sqrt{k_c^2+k_z^2}}$$

谐振频率
$$f_0=\frac{\omega_0}{2\pi}=\frac{v_0}{\lambda_0}=\frac{1}{2\pi\sqrt{\mu\varepsilon}}\sqrt{k_c^2+k_z^2}$$

对于 E 型振荡，因$(k_c)_{E_{mn}}=\frac{\nu_{mn}}{a}$，故

$$(\lambda_0)_{E_{mnp}}=\frac{2\pi}{\sqrt{\left(\frac{\nu_{mn}}{a}\right)^2+\left(\frac{p\pi}{d}\right)^2}} \tag{7.8.48}$$

而

$$(f_0)_{E_{mnp}}=\frac{1}{2\pi\sqrt{\mu\varepsilon}}\sqrt{\left(\frac{\nu_{mn}}{a}\right)^2+\left(\frac{p\pi}{d}\right)^2} \tag{7.8.49}$$

对于 H 型振荡，因$(k_c)_{H_{mn}}=\frac{\mu_{mn}}{a}$，故

$$(\lambda_0)_{H_{mnp}}=\frac{2\pi}{\sqrt{\left(\frac{\mu_{mn}}{a}\right)^2+\left(\frac{p\pi}{d}\right)^2}} \tag{7.8.50}$$

而

$$(f_0)_{H_{mnp}}=\frac{\omega_0}{2\pi}=\frac{1}{2\pi\sqrt{\mu\varepsilon}}\sqrt{\left(\frac{\mu_{mn}}{a}\right)^2+\left(\frac{p\pi}{d}\right)^2} \tag{7.8.51}$$

由于$\nu_{0n}=\mu_{1n}$，故圆柱形谐振腔中 E_{0np} 型振荡与 H_{1np} 型振荡的谐振波长相等。

圆柱形谐振腔中几种振荡模场分布如图 7.8.6 所示。

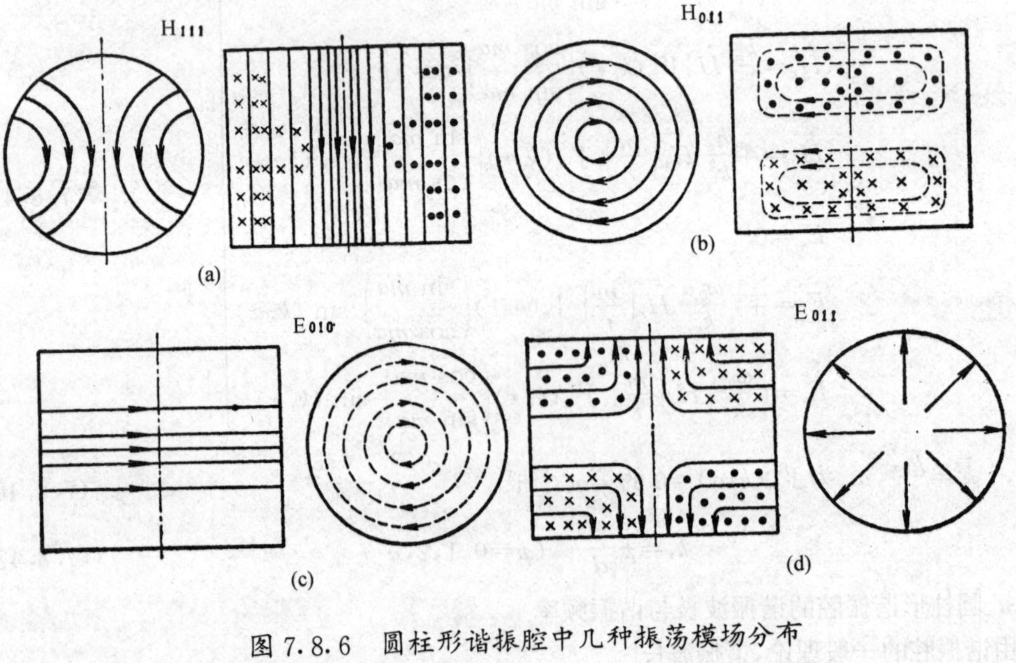

图 7.8.6　圆柱形谐振腔中几种振荡模场分布

＊§7.9　介质波导与阶跃光纤

波导的型式除前面已讨论过的金属空芯波导外，还有由介质构成的介质波导。在金属空芯波导中导波能量在封闭的金属导管中传输，这类波导称为闭波导。介质波导不具有封闭的金属结构，导波能量可分布在沿线附近空间中，这类敞开边界的波导称为开波导，如介质板波导、涂覆介质薄膜的导电平板波导、柱形介质波导、介质镜像线等。这种开放式导波结构是一种表面波传输系统，可以导行另一类传输模式的导波，其场分布特点是场强随离开表面的距离按指数规律衰减，波的能量主要集中在介质中及其表面并沿轴向传播。

本节主要介绍圆柱形介质波导，以期初步了解介质波导的分析方法及其基本特性。

一、圆柱形介质波导导波的电磁场分布及特征方程

在分析圆柱形介质波导中导波电磁场时，根据波导介质边界几何形状，选择使用圆柱坐标系。如图 7.9.1 所示。

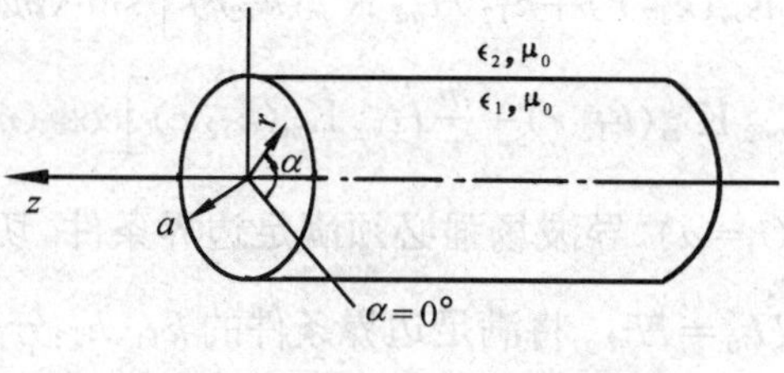

图 7.9.1　圆柱形介质波导

若波导沿轴向均匀，则沿轴向传播的导波场强可表示为下列形式

$$\dot{\vec{E}}(r,\alpha,z)=\dot{\vec{E}}_0(r,\alpha)e^{-jk_z z}$$

$$\dot{\vec{H}}(r,\alpha,z)=\dot{\vec{H}}_0(r,\alpha)e^{-jk_z z}$$

应为亥姆霍兹方程之解。其纵向场分量为：

在圆柱形介质内，即介质芯内区（$r\leqslant a$）　$\dot{E}_{z1}=\dot{E}_{m1}\,J_m(k_{T1}r)\cos(m\alpha)e^{-jk_z z}$　(7.9.1a)

$$\dot{H}_{z1}=\dot{H}_{m1}\,J_m(k_{T1}r)\sin(m\alpha)e^{-jk_z z}\qquad(7.9.1b)$$

在圆柱形介质外，即介质芯外区（$r\geqslant a$）　$\dot{E}_{z2}=\dot{E}_{m2}\,K_m(k_{T2}r)\cos(m\alpha)e^{-jk_z z}$　(7.9.1c)

$$\dot{H}_{z2}=\dot{H}_{m2}\,K_m(k_{T2}r)\sin(m\alpha)e^{-jk_z z}\qquad(7.9.1d)$$

这里考虑到介质芯区场强应为有限值，且沿径向 r 应为柱面驻波，因此亥姆霍兹方程之解中弃去纽曼函数项，而仅取贝塞尔函数项；沿周向 α 取正弦函数和余弦函数是为取线极化形式，亦是为满足介质圆柱表面边界切向场分量匹配所要求的。在介质芯外区纵向场分量与芯区内的不同在于沿径向应为向外衰减的柱面场，故选用第二类修正贝塞尔函数 $K_m(k_{T2}r)$ 来描述，且 k_{T2} 为实数，以保证芯外为衰减场。沿 z 向为行波，以 $e^{-jk_z z}$ 表示。

式(7.9.1)中 $\dot{E}_{m1}$、$\dot{H}_{m1}$、$\dot{E}_{m2}$、$\dot{H}_{m2}$ 和 k_{T1}、k_{T2} 均为待定常数。其中 k_{T1} 与 k_{T2} 应满足

$$k_{T1}^2=\omega^2\mu_0\varepsilon_1-k_z^2=k_1^2-k_z^2 \tag{7.9.2}$$

$$k_{T2}^2=k_z^2-\omega^2\mu_0\varepsilon_2=k_z^2-k_2^2 \tag{7.9.3}$$

在圆柱介质波导内、外的导波场强横向分量可由将其纵向分量代入式(7.2.9)求得：

$r\leqslant a$

$$\dot{E}_{r1}=-\mathrm{j}\frac{k_z}{k_{T1}^2}\left[\dot{E}_{m1}k_{T1}\mathrm{J}'_m(k_{T1}r)+\frac{\omega\mu_0 m}{k_z r}\dot{H}_{m1}\mathrm{J}_m(k_{T1}r)\right]\cos(m\alpha)\mathrm{e}^{-\mathrm{j}k_z z} \tag{7.9.4a}$$

$$\dot{E}_{\alpha1}=-\mathrm{j}\frac{k_z}{k_{T1}^2}\left[-\frac{m}{r}\dot{E}_{m1}\mathrm{J}_m(k_{T1}r)-\frac{\omega\mu_0 k_{T1}}{k_z}\dot{H}_{m1}\mathrm{J}'_m(k_{T1}r)\right]\sin(m\alpha)\mathrm{e}^{-\mathrm{j}k_z z} \tag{7.9.4b}$$

$$\dot{H}_{r1}=-\mathrm{j}\frac{k_z}{k_{T1}^2}\left[\frac{\omega\varepsilon_1 m}{k_z r}\dot{E}_{m1}\mathrm{J}_m(k_{T1}r)+k_{T1}\dot{H}_{m1}\mathrm{J}'_m(k_{T1}r)\right]\sin(m\alpha)\mathrm{e}^{-\mathrm{j}k_z z} \tag{7.9.4c}$$

$$\dot{H}_{\alpha1}=-\mathrm{j}\frac{k_z}{k_{T1}^2}\left[\frac{\omega\varepsilon_1 k_{T1}}{k_z}\dot{E}_{m1}\mathrm{J}'_m(k_{T1}r)+\frac{m}{r}\dot{H}_{m1}\mathrm{J}_m(k_{T1}r)\right]\cos(m\alpha)\mathrm{e}^{-\mathrm{j}k_z z} \tag{7.9.4d}$$

$r\geqslant a$

$$\dot{E}_{r2}=\mathrm{j}\frac{k_z}{k_{T2}^2}\left[\dot{E}_{m2}k_{T2}\mathrm{K}'_m(k_{T2}r)+\frac{\omega\mu_0 m}{k_z r}\dot{H}_{m2}\mathrm{K}_m(k_{T2}r)\right]\cos(m\alpha)\mathrm{e}^{-\mathrm{j}k_z z} \tag{7.9.4e}$$

$$\dot{E}_{\alpha2}=\mathrm{j}\frac{k_z}{k_{T2}^2}\left[-\frac{m}{r}\dot{E}_{m2}\mathrm{K}_m(k_{T2}r)-\frac{\omega\mu_0 k_{T2}}{k_z}\dot{H}_{m2}\mathrm{K}'_m(k_{T2}r)\right]\sin(m\alpha)\mathrm{e}^{-\mathrm{j}k_z z} \tag{7.9.4f}$$

$$\dot{H}_{r2}=\mathrm{j}\frac{k_z}{k_{T2}^2}\left[\frac{\omega\varepsilon_2 m}{k_z r}\dot{E}_{m2}\mathrm{K}_m(k_{T2}r)+k_{T2}\dot{H}_{m2}\mathrm{K}'_m(k_{T2}r)\right]\sin(m\alpha)\mathrm{e}^{-\mathrm{j}k_z z} \tag{7.9.4g}$$

$$\dot{H}_{\alpha2}=\mathrm{j}\frac{k_z}{k_{T2}^2}\left[\frac{\omega\varepsilon_2 k_{T2}}{k_z}\dot{E}_{m2}\mathrm{K}'_m(k_{T2}r)+\frac{m}{r}\dot{H}_{m2}\mathrm{K}_m(k_{T2}r)\right]\cos(m\alpha)\mathrm{e}^{-\mathrm{j}k_z z} \tag{7.9.4h}$$

在圆柱介质分界面上($r=a$)，导波场强必须满足边界条件，切向场强应连续。即 $\dot{E}_{z1}=\dot{E}_{z2}$，$\dot{H}_{z1}=\dot{H}_{z2}$及 $\dot{E}_{\alpha1}=\dot{E}_{\alpha2}$，$\dot{H}_{\alpha1}=\dot{H}_{\alpha2}$。将满足边界条件的 k_{T1}、k_{T2}分别用 k_{c1}、k_{c2}表示($k_{T1}=k_{c1}$，$k_{T2}=k_{c2}$)。由此可得

$$\dot{E}_{m1}\mathrm{J}_m(k_{c1}a)-\dot{E}_{m2}\mathrm{K}_m(k_{c2}a)=0 \tag{7.9.5a}$$

$$\dot{H}_{m1}\mathrm{J}_m(k_{c1}a)-\dot{H}_{m2}\mathrm{K}_m(k_{c2}a)=0 \tag{7.9.5b}$$

$$\dot{E}_{m1}\frac{k_z m}{k_{c1}^2 a}\mathrm{J}_m(k_{c1}a)+\dot{H}_{m1}\frac{\omega\mu_0}{k_{c1}}\mathrm{J}'_m(k_{c1}a)+\dot{E}_{m2}\frac{k_z m}{k_{c2}^2 a}\mathrm{K}_m(k_{c2}a)+\dot{H}_{m2}\frac{\omega\mu_0}{k_{c2}}\mathrm{K}'_m(k_{c2}a)=0 \tag{7.9.5c}$$

$$\dot{E}_{m1}\frac{\omega\varepsilon_1}{k_{c1}}\mathrm{J}'_m(k_{c1}a)+\dot{H}_{m1}\frac{k_z m}{k_{c1}^2 a}\mathrm{J}_m(k_{c1}a)+\dot{E}_{m2}\frac{\omega\varepsilon_2}{k_{c2}}\mathrm{K}'_m(k_{c2}a)+\dot{H}_{m2}\frac{k_z m}{k_{c2}^2 a}\mathrm{K}_m(k_{c2}a)=0 \tag{7.9.5d}$$

为使 $\dot{E}_{m1}$、$\dot{H}_{m1}$、$\dot{E}_{m2}$、$\dot{H}_{m2}$具有非零解，式(7.9.5)所表示的齐次线性方程组的系数行列式必须为零。由此可得圆柱形介质波导导行电磁波的特征方程为

$$\left[\frac{\mathrm{J}'_m(k_{c1}a)}{k_{c1}\mathrm{J}_m(k_{c1}a)}+\frac{\mathrm{K}'_m(K_{c2}a)}{k_{c2}\mathrm{K}_m(k_{c2}a)}\right]\left[\frac{\omega^2\mu_0\varepsilon_1\mathrm{J}'_m(k_{c1}a)}{k_{c1}\mathrm{J}_m(k_{c1}a)}+\frac{\omega^2\mu_0\varepsilon_2\mathrm{K}'_m(k_{c2}a)}{k_{c2}\mathrm{K}_m(k_{c2}a)}\right]=\frac{m^2k_z^2}{a^2}\left(\frac{1}{k_{c1}^2}+\frac{1}{k_{c2}^2}\right)^2 \tag{7.9.6}$$

将式(7.9.2)、(7.9.3)中 k_{T1}、k_{T2}改写成 k_{c1}、k_{c2}

$$k_{c1}^2=\omega^2\mu_0\varepsilon_1-k_z^2 \tag{7.9.7}$$

$$k_{c2}^2=k_z^2-\omega^2\mu_0\varepsilon_2 \tag{7.9.8}$$

与式(7.9.6)联立，就可确定 k_{c1}、k_{c2}(称为特征值)及 k_z，从而确定介质波导中可能传播的导

波模式及其传播特性。

圆柱形介质波导中的几种导波电磁场，如图 7.9.2 所示。

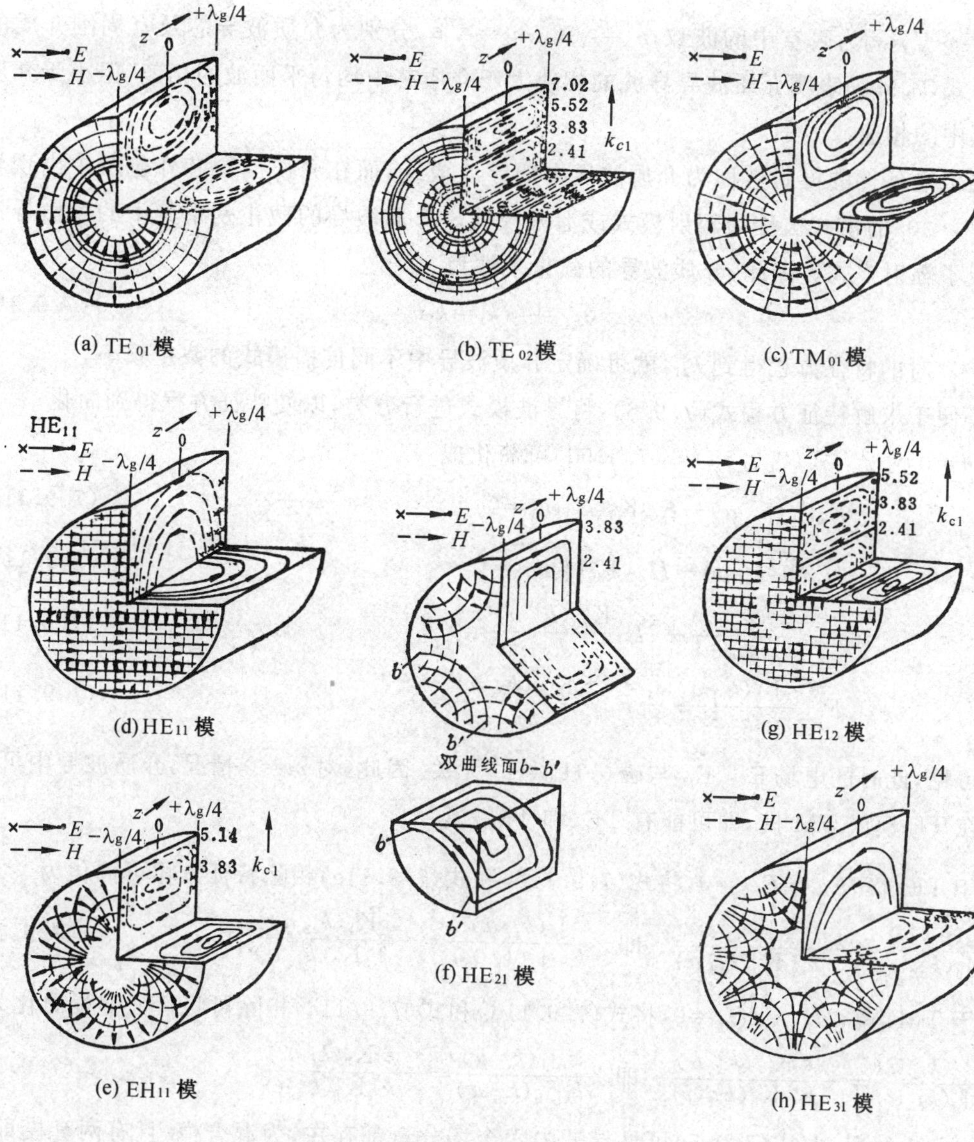

图 7.9.2　圆柱形介质波导中几种导波电磁场

二、介质波导中导波传播模式及其截止条件

在金属空芯波导中导波的传播条件只要 $k_z^2>0$，其中导波即能沿 z 轴正常传输。介质波导则不同，当 $0<k_z^2<\omega^2\mu_0\varepsilon_2$ 时，由式(7.9.8)得 $k_{c2}^2<0$，即 k_{c2} 为虚数。此时 $K_m(k_{c2}r)$ 和 $K'_m(k_{c2}r)$ 都不再是衰减函数。于是，场在沿 z 轴传播的同时，还有沿 r 方向有能量的辐射。因此，欲使导波沿 z 轴正常传播，还必须要求 $k_z^2>\omega^2\mu_0\varepsilon_2$。此外，为使场在介质波导芯内($r\leqslant a$)沿 r 方向呈驻波分布，即 $k_{c1}^2>0$，由式(7.9.7)得 $k_z^2<\omega^2\mu_0\varepsilon_1$。由此得到介质波导中各种导波模式

的传播条件为

$$\omega^2\mu_0\varepsilon_2 < k_z^2 < \omega^2\mu_0\varepsilon_1 \quad 或 \quad k_0 n_2 < k_z < k_0 n_1 \tag{7.9.9}$$

式中，$k_0=\omega\sqrt{\mu_0\varepsilon_0}$为真空中的波数；$n_1=\sqrt{\varepsilon_{r1}}$，$n_2=\sqrt{\varepsilon_{r2}}$分别为介质波导芯及其周围介质的折射率。式(7.9.9)表明介质波导导波的相速大于介质芯中均匀平面波的相速，但小于介质芯外包层中的相速。

满足传播条件的模式被称为介质波导中的导波模式，而在介质波导芯外包层中出现辐射现象($k_{c2}<0$)的模式被称为辐射模式或泄漏模式。介质波导的截止是指其中的场由导波模式变成了辐射模式。因此，介质波导的截止条件为

$$k_{c2}=0 \quad 或 \quad k_z=k_0 n_2 \tag{7.9.10}$$

求解 $k_{c2}=0$ 时的特征方程得到 k_{c1}，就可确定介质波导中不同传播模式的截止频率。

为了便于求解特征方程式(7.9.6)，将导波模式进行分类，以使特征方程得到简化。

对 $m=0$ 情况，式(7.9.5a)～(7.9.5d)可简化成

$$\dot{E}_{m1}\mathrm{J}_0(k_{c1}a)-\dot{E}_{m2}\mathrm{K}_0(k_{c2}a)=0 \tag{7.9.11a}$$

$$\dot{H}_{m1}\mathrm{J}_0(k_{c1}a)-\dot{H}_{m2}\mathrm{K}_0(k_{c2}a)=0 \tag{7.9.11b}$$

$$\dot{H}_{m1}\frac{\mathrm{J}'_0(k_{c1}a)}{k_{c1}}+\dot{H}_{m2}\frac{\mathrm{K}'_0(k_{c2}a)}{k_{c2}}=0 \tag{7.9.11c}$$

$$\dot{E}_{m1}\frac{\varepsilon_1\mathrm{J}'_0(k_{c1}a)}{k_{c1}}+\dot{E}_{m2}\frac{\varepsilon_2\mathrm{K}'_0(k_{c2}a)}{k_{c2}}=0 \tag{7.9.11d}$$

由上式可见，此时的电场 $\dot{E}_{m1}$、$\dot{E}_{m2}$与磁场 $\dot{H}_{m1}$、$\dot{H}_{m2}$无关。因此，对 $m=0$ 情况，介质波导中可以单独存在 TE 模或 TM 模，即可能有 TE_{on}和 TM_{on}模。

对于 TE_{on}模，$\dot{E}_{m1}=\dot{E}_{m2}=0$，将式(7.9.11b)和式(7.9.11c)相除特征方程可简化为

$$\frac{\mathrm{J}'_0(k_{c1}a)}{k_{c1}\mathrm{J}_0(k_{c1}a)}=-\frac{\mathrm{K}'_0(k_{c2}a)}{k_{c2}\mathrm{K}_0(k_{c2}a)} \quad 即 \quad \frac{\mathrm{J}_1(k_{c1}a)}{k_{c1}\mathrm{J}_0(k_{c1}a)}=-\frac{\mathrm{K}_1(k_{c2}a)}{k_{c2}\mathrm{K}_0(k_{c2}a)} \tag{7.9.12}$$

对于 TM_{01}模，$\dot{H}_{m1}=\dot{H}_{m2}=0$，将式(7.9.11d)和式(7.9.11a)相除可将特征方程简化为

$$\frac{\varepsilon_1\mathrm{J}'_0(k_{c1}a)}{k_{c1}\mathrm{J}_0(k_{c1}a)}=-\frac{\varepsilon_2\mathrm{K}'_0(k_{c2}a)}{k_{c2}\mathrm{K}_0(k_{c2}a)} \quad 即 \quad \frac{\varepsilon_1\mathrm{J}_1(k_{c1}a)}{k_{c1}\mathrm{J}_0(k_{c1}a)}=-\frac{\varepsilon_2\mathrm{K}_1(k_{c2}a)}{k_{c2}\mathrm{K}_0(k_{c2}a)} \tag{7.9.13}$$

对 $m\geqslant 1$ 情况，由式(7.9.5)可见导波中六个场分量都存在，为混合模，且有两套模即混合 HE_{mn}和 EH_{mn}模。下标 m、n 分别表示该模的场在 α 方向和 r 方向变化的次数。假设介质波导的 ε_1 与 ε_2 相近，即 $\varepsilon_1\approx\varepsilon_2$ 则 $k_z\approx k_2$ 及 $k_{c1}^2+k_{c2}^2=\omega^2\mu_0\varepsilon_0(\varepsilon_{r1}-\varepsilon_{r2})\approx 0$，于是特征方程式(7.9.6)简化成

$$\frac{\mathrm{J}'_m(k_{c1}a)}{k_{c1}\mathrm{J}_m(k_{c1}a)}+\frac{\mathrm{K}'_m(k_{c2}a)}{k_{c2}\mathrm{K}_m(k_{c2}a)}=\pm\frac{m}{a}\left(\frac{1}{k_{c1}^2}+\frac{1}{k_{c2}^2}\right) \tag{7.9.14}$$

若上式等号右边取正号，对应的模式称为 EH_{mn}模；若取负号，对应的是 HE_{mn}模。

利用贝塞尔函数的递推公式

$$\mathrm{J}'_m(x)=\frac{m}{x}\mathrm{J}_m(x)-\mathrm{J}_{m+1}(x)$$

$$K'_m(x)=\frac{m}{x}K_m(x)-K_{m+1}(x)$$

对于EH_{mn}模，特征方程式(7.9.14)可简化为

$$\frac{J_{m+1}(k_{c1}a)}{k_{c1}J_m(k_{c1}a)}=-\frac{K_{m+1}(k_{c2}a)}{k_{c2}K_m(k_{c2}a)} \tag{7.9.15}$$

利用贝塞尔函数的递推公式

$$J'_m(x)=J_{m-1}(x)-\frac{m}{x}J_m(x)$$

$$K'_m(x)=K_{m-1}(x)-\frac{m}{x}K_m(x)$$

对于HE_{mn}模特征方程式(7.9.14)可简化为

$$\frac{J_{m-1}(k_{c1}a)}{k_{c1}J_m(k_{c1}a)}=\frac{K_{m-1}(k_{c2}a)}{k_{c2}K_m(k_{c2}a)} \tag{7.9.16}$$

综上所述，介质波导中导波模式可分成四类：TE_{on}、TM_{on}、EH_{mn}和HE_{mn}模。它们各自对应着不同的特征方程，这些方程的求解可用数值解法。

若仅讨论介质波导各种模式的截止条件，即求解$k_{c2}=0$时的特征方程，则有

(1) TE_{on}模和TM_{on}模的截止条件

当$k_{c2}=0$时，$\frac{K_1(k_{c2}a)}{k_{c2}K_0(k_{c2}a)}\to\infty$，因此，由式(7.9.12)和式(7.9.13)得TE_{on}模和TM_{on}模的截止条件同为

$$J_0(k_{c1}a)=0$$

即

$$k_{c1}(TE_{on})=k_{c1}(TM_{on})=\frac{\nu_{on}}{a}\qquad(n=1,2,3,\cdots) \tag{7.9.17}$$

式中，ν_{on}为零阶第一类贝塞尔函数的第n个根，即

$$\nu_{01}=2.405,\quad \nu_{02}=5.520,\quad \nu_{03}=8.650,\ \cdots$$

(2) EH_{mn}模的截止条件

当$k_{c2}=0$时，EH_{mn}特征方程(7.9.15)右边$\frac{K_{m+1}(k_{c2}a)}{k_{c2}K_m(k_{c2}a)}\to\infty$。因此，必须$J_m(k_{c1}a)=0$，即

$$k_{c1}(EH_{mn})=\frac{\nu_{mn}}{a}\qquad\begin{cases}m=1,2,3,\cdots\\ n=1,2,3,\cdots\end{cases} \tag{7.9.18}$$

式中，ν_{mn}为m阶第一类贝塞尔函数除了零以外的第n个根，因为$k_{c1}\to0$时，式(7.9.15)左边

$$\frac{J_{m+1}(k_{c1}a)}{k_{c1}J_m(k_{c1}a)}\approx\frac{1}{2(m+1)}$$

是有限值，所以零不是$k_{c2}=0$时特征方程式(7.9.15)的解。

(3) HE_{1n}模的截止条件

当$k_{c2}=0$时，$\frac{K_0(k_{c2}a)}{k_{c2}K_1(k_{c2}a)}\to\infty$，由式(7.9.16)可得$HE_{1n}$模的截止条件为

$$J_m(k_{c1}a)=0$$

即 $$k_{c1}(\mathrm{HE}_{1n})=\frac{\nu_{1n}}{a}\quad(n=1,2,3,\cdots)\tag{7.9.19}$$

式中，ν_{1n}可以为零，即 $\nu_{11}=0$，　$\nu_{12}=3.832$，　$\nu_{13}=7.0156$，　…

(4) $\mathrm{HE}_{mn}(m>1)$模的截止条件

当 $k_{c2}=0$ 时，式(7.9.16)右边

$$\frac{\mathrm{K}_{m-1}(k_{c2}a)}{k_{c2}\mathrm{K}_m(k_{c2}a)}\approx\frac{1}{2(m-1)}$$

因此式(7.9.16)变为

$$\frac{\mathrm{J}_{m-1}(k_{c1}a)}{k_{c1}\mathrm{J}_m(k_{c1}a)}=\frac{1}{2(m-1)}\tag{7.9.20}$$

利用递推公式

$$\frac{2(m-1)}{x}\mathrm{J}_{m-1}(x)=\mathrm{J}_m(x)+\mathrm{J}_{m-2}(x)$$

式(7.9.20)可简化为

$$\mathrm{J}_{m-2}(k_{c1}a)=0$$

这就是 $\mathrm{HE}_{mn}(m>1)$模的截止条件，由此可得

$$k_{c1}(\mathrm{HE}_{mn})=\frac{\nu_{mn}}{a}\qquad\begin{pmatrix}m=2,3,4,\cdots\\ n=1,2,3,\cdots\end{pmatrix}\tag{7.9.21}$$

式中，ν_{mn}是 $m-2$ 阶第一类贝塞尔函数除零以外的第 n 个根，与 EH_{mn}模一样，上式中的 k_{c1}不能为零。

比较以上介质波导中导波模式的截止条件可知，介质波导中主模是 HE_{11}模。而且，由于 $k_{c1}(\mathrm{HE}_{11})\approx0$，$\mathrm{HE}_{11}$模几乎在任何频率上都能传播，永不会截止。随着频率的升高，最容易出现的是 TE_{01}模和 TM_{01}模。将 $k_{c1}(\mathrm{TE}_{01})=k_{c1}(\mathrm{TM}_{01})=\frac{2.405}{a}$和 $k_{c2}=0$ 代入式(7.9.7)和式(7.9.8)，解得 TE_{01}模和 TM_{01}模的截止频率为

$$f_c(\mathrm{TE}_{01})=f_c(\mathrm{TM}_{01})=\frac{2.405}{2\pi a\sqrt{\mu_0\varepsilon_1-\mu_0\varepsilon_2}}\tag{7.9.22}$$

因此，介质波导中主模 HE_{11}模的单模传播条件为

$$0<f<f_c(\mathrm{TE}_{01},\mathrm{TM}_{01})\tag{7.9.23}$$

光导纤维简称光纤，是传播光波的玻璃纤维。它是由两种不同的介质(ε_1,μ_0 和 ε_2,μ_0)组成，一种作为圆柱芯，另一种作为包层。最简单的光纤是内外两种介质都是均匀的阶跃光纤，且芯子的折射率 $n_1=\sqrt{\varepsilon_{r1}}$略大于包层的折射率 $n_2=\sqrt{\varepsilon_{r2}}$，实用中包层外还加有塑料的保护外层。光纤实际为一种特殊的圆柱介质波导。目前，光纤在大容量信息传播、通信、计算机和电子仪器及光电技术中有着广泛应用。由于光纤中导波场强在包层中迅速衰减，包层可当作无限厚。因此，对圆柱形介质波导中导波的分析也可以应用于阶跃光纤的分析。

*§7.10 分析导波的数值方法(有限差分法)简介

以上几节对矩形波导、圆波导和同轴波导等规则波导,使用分离变量法,根据边界条件求解导波的波动方程,可得其导波的解析解。如果波导横截面形状不规则,则由于边界条件过于复杂,而很难用分离变量法求得其导波的解析解。在这些情况下,常利用数值方法对波导中导波进行数值计算,以计算出波导的 k_c 和导波的场分布等。常用的数值方法有有限差分法,有限元法等等。本节对用有限差分法分析不规则波导作简单介绍。

沿 z 轴方向传播的导波场强为

$$\dot{\vec{E}}=\dot{\vec{E}}_0 e^{-jk_z z} \tag{7.10.1a}$$

$$\dot{\vec{H}}=\dot{\vec{H}}_0 e^{-jk_z z} \tag{7.10.1b}$$

应满足亥姆霍兹方程

$$\begin{aligned}\nabla^2\dot{\vec{E}}+k^2\dot{\vec{E}}&=\nabla_T^2\dot{\vec{E}}+\frac{\partial^2\dot{\vec{E}}}{\partial z^2}+k^2\dot{\vec{E}}=\\&\nabla_T^2\dot{\vec{E}}-k_z^2\dot{\vec{E}}+k^2\dot{\vec{E}}=\nabla_T^2\dot{\vec{E}}+(k^2-k_z^2)\dot{\vec{E}}=\\&\nabla_T^2\dot{\vec{E}}+k_T^2\dot{\vec{E}}=0\end{aligned} \tag{7.10.2a}$$

同理

$$\nabla_T^2\dot{\vec{H}}+k_T^2\dot{\vec{H}}=0 \tag{7.10.2b}$$

式中,

$$k_T^2=k^2-k_z^2 \tag{7.10.3}$$

由于边界条件的要求,k_T 必须等于特征值 k_c。即

$$k_T=k_c \tag{7.10.4}$$

故导波波动方程为

$$\nabla_T^2\dot{\vec{E}}+k_c^2\dot{\vec{E}}=0 \tag{7.10.5a}$$

$$\nabla_T^2\dot{\vec{H}}+k_c^2\dot{\vec{H}}=0 \tag{7.10.5b}$$

在直角坐标系中,各场强分量表示的波动方程为

$$\left.\begin{aligned}\nabla_T^2\dot{E}_x+k_c^2\dot{E}_x=0\\\nabla_T^2\dot{E}_y+k_c^2\dot{E}_y=0\\\nabla_T^2\dot{E}_z+k_c^2\dot{E}_z=0\end{aligned}\right\} \tag{7.10.6a}$$

及

$$\left.\begin{aligned}\nabla_T^2\dot{H}_x+k_c^2\dot{H}_x=0\\\nabla_T^2\dot{H}_y+k_c^2\dot{H}_y=0\\\nabla_T^2\dot{H}_z+k_c^2\dot{H}_z=0\end{aligned}\right\} \tag{7.10.6b}$$

由于各场强分量波动方程形式完全相同,因此可用符号 Φ 表示场强分量,这样就成为

$$\nabla_T^2\Phi+k_c^2\Phi=0 \tag{7.10.7}$$

现将上式改写成差分形式。将导波场域用正方形网格划分，图 7.10.1 表出了场域中网格点 o 与其周围网格点，h 为步长。

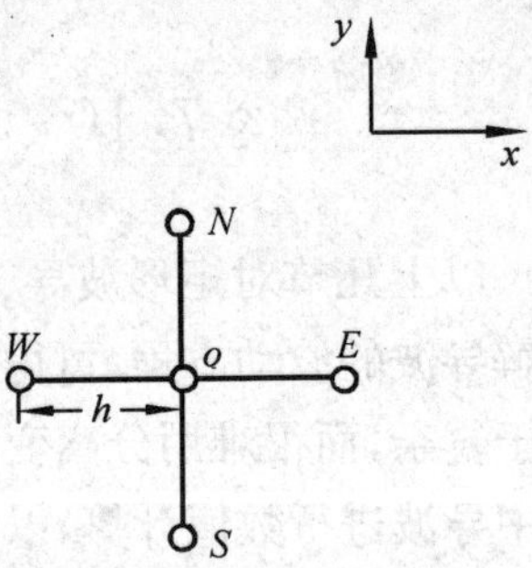

图 7.10.1 导波场域中网格点

网格点 o 与周围网格点 E、N、W、S 的 Φ 值之间关系为

$$\Phi_E=\Phi_0+h\left(\frac{\partial\Phi}{\partial x}\right)_0+\frac{h^2}{2!}\left(\frac{\partial^2\Phi}{\partial x^2}\right)_0+\frac{h^3}{3!}\left(\frac{\partial^3\Phi}{\partial x^3}\right)_0+\cdots \quad (7.10.8a)$$

$$\Phi_W=\Phi_0-h\left(\frac{\partial\Phi}{\partial x}\right)_0+\frac{h^2}{2!}\left(\frac{\partial^2\Phi}{\partial x^2}\right)_0-\frac{h^3}{3!}\left(\frac{\partial^3\Phi}{\partial x^3}\right)_0+\cdots \quad (7.10.8b)$$

$$\Phi_N=\Phi_0+h\left(\frac{\partial\Phi}{\partial y}\right)_0+\frac{h^2}{2!}\left(\frac{\partial^2\Phi}{\partial y^2}\right)_0+\frac{h^3}{3!}\left(\frac{\partial^3\Phi}{\partial y^3}\right)_0+\cdots \quad (7.10.8c)$$

$$\Phi_S=\Phi_0-h\left(\frac{\partial\Phi}{\partial y}\right)_0+\frac{h^2}{2!}\left(\frac{\partial^2\Phi}{\partial y^2}\right)_0-\frac{h^3}{3!}\left(\frac{\partial^3\Phi}{\partial y^3}\right)_0+\cdots \quad (7.10.8d)$$

将以上四式相加。当步长 h 很小时，略去 h 的高次项可得 $\nabla_T^2\Phi$ 的有限差分形式：

$$\nabla_T^2\Phi=\frac{\partial^2\Phi}{\partial x^2}+\frac{\partial^2\Phi}{\partial y^2}=\frac{\Phi_E+\Phi_N+\Phi_W+\Phi_S-4\Phi_0}{h^2}=\frac{\sum\limits_{ENWS}\Phi-4\Phi_0}{h^2} \quad (7.10.9)$$

将式(7.10.9)代入式(7.10.7)即得导波波动方程(亥姆霍兹方程)的有限差分形式：

$$\sum_{ENWS}\Phi-4\Phi_0+k_c^2 h^2\Phi_0=0 \quad (7.10.10)$$

用有限差分法求解亥姆霍兹方程与求解拉普拉斯方程有一重要的不同点，即在求解拉普拉斯方程时，对于所求区域的 Φ 值，可任意假设其初始值(当然，为了收敛快一些，应假设得合理一些)，然后根据边值条件，进行多次迭代后，即可求出区域中各网格点上的 Φ 值。但在求解亥姆霍兹方程式(7.10.10)中的 Φ 时，应首先知道 $k_c^2 h^2$ 的数值，但这一数值在方程解出之前是不知道的，这就使问题陷于困境。解决这一问题的办法是利用双重迭代法，即除了对所求区域的 Φ 值有初始估计值之外，同时对 $k_c^2 h^2$ 的数值也要进行初始假设，然后用这个假设 $k_c^2 h^2$ 值(一般都不是正确的)结合边界条件进行迭代求解 Φ 值，从而将 Φ 值改进到一个较好的程度(场的相对值比较符合实际情况)，一般说只需几次迭代就够了。然后再由改进了的 Φ 值计算新的 $k_c^2 h^2$ 值，用这个新的 $k_c^2 h^2$ 值，再进行迭代，求出相应的更好的 Φ 值。这样整个过程循环往复，直到 Φ 值和 $k_c^2 h^2$ 值都收敛到所要求的程度时，就可得到足够准确的 Φ 值分布和相应的 k_c^2 值。

根据 Φ 值计算 $k_c^2 h^2$ 值的公式推导如下：

将 $\nabla_T^2\Phi+k_c^2\Phi=0$ 乘以 Φ，并沿波导横截面 s_T 进行面积分，就得到

$$\int_{s_T}\Phi\nabla_T^2\Phi\,ds+k_c^2\int_{s_T}\Phi^2\,ds=0$$

即

$$k_c^2=-\frac{\int_{s_T}\Phi\nabla_T^2\Phi\,ds}{\int_{s_T}\Phi^2\,ds} \quad (7.10.11)$$

截止波数 k_c 在波导理论中有明确的物理意义，在讨论矩形波导和圆波导时已经知道。使用

式(7.10.11)计算 k_c^2 值,比用亥姆霍兹方程本身计算 k_c^2 更为准确,因为对波导横截面进行积分,可使假设 Φ 值的误差部分得到抵消。由于前面得到的 Φ 为数值解,所以式(7.10.11)也必须变成差分形式,即

$$k_c^2=-\frac{\sum\frac{\Phi_{ij}(\Phi_E+\Phi_N+\Phi_W+\Phi_S-4\Phi_{ij})}{h^2}\cdot h^2}{\sum\Phi_{ij}^2 h^2}=$$

$$-\frac{\sum\Phi_{ij}(\Phi_E+\Phi_N+\Phi_W+\Phi_S-4\Phi_{ij})}{\sum\Phi_{ij}^2 h^2} \tag{7.10.12}$$

在上式中,ds 用网络面积 h^2 代替,Φ_{ij}表示网格中第 i 行、第 j 列的 Φ 值,Φ_E、Φ_N、Φ_W、Φ_S 是网格节点(i,j)四周邻点的 Φ 值,积分则用和式来代替。上式也可写作

$$h_c^2 h^2=-\frac{\sum\Phi_{ij}(\Phi_E+\Phi_N+\Phi_W+\Phi_S-4\Phi_{ij})}{\sum\Phi_{ij}^2} \tag{7.10.13}$$

求解亥姆霍兹方程的计算过程如图 7.10.2 所示。

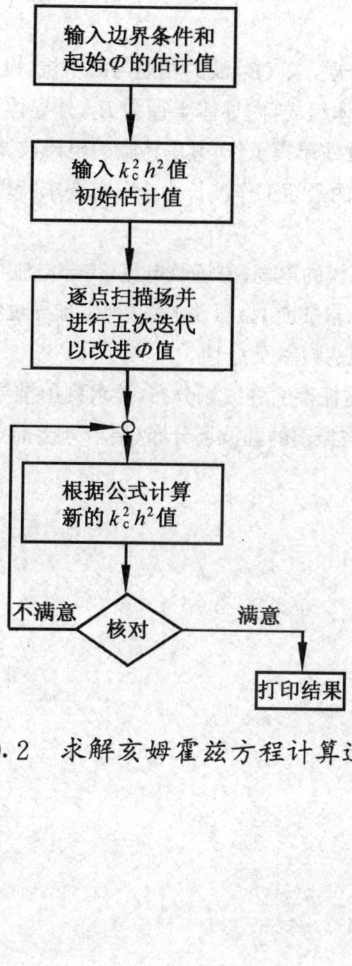

图 7.10.2　求解亥姆霍兹方程计算过程框图

习　题

7.1　矩形波导(波导内媒质为空气)$a=10\text{cm}$,$b=6\text{cm}$。求下列各型导波 TE_{10}、TE_{11}、TM_{11}、TM_{21}的截止波长及截止频率。

7.2　如上题波导中填充介质为聚苯乙烯($\varepsilon_r=2.52$),再求上题中各型波的截止频率,以及与这些频率相对应的截止波长。(从本题结果可以看出,在波导中填充介质可以降低波导的截止频率。)

7.3　空气填充矩形波导横截面尺寸为 $a=10\text{cm}$,$b=8\text{cm}$。问对于 4000MHz 的电磁波,有那些型波可以通过,求出这些型波的相速及波长。

7.4　矩形波导 $a=7\text{cm}$,$b=3\text{cm}$,求 TE_{10}波在其中的相速,设频率为该波型截止频率的 1.5 倍。

7.5　求证矩形波导中 TE 型波的波阻抗 $Z_H=Z_0(\lambda_g/\lambda)$。式中,$Z_0$ 为媒质的特性阻抗,λ_g 为波导波长,λ 为该频率电磁波在同一媒质的无限大空间中的波长。

7.6　求证矩形波导中 TM_{mn}型波的波阻抗 $Z_E=Z_0\dfrac{\lambda}{\lambda_g}=Z_0\sqrt{1-\left(\dfrac{m\lambda}{2a}\right)^2-\left(\dfrac{n\lambda}{2b}\right)^2}$,式中 λ 为该频率电磁波在无限大空间中的波长。

7.7　矩形波导中填充 $\varepsilon_r=2$ 的理想介质,求 TE_{20}波的相速与波阻抗,设频率为该模式截止频率的两倍。

7.8　设一同轴线内外导体由理想导体组成,内导体半径为 R_1,外导体内半径为 R_2,内外导体间填充理想介质,其参数为 ε、μ。试求欲使此同轴线单模工作,其中传输的电磁波波长或频率的范围。

7.9　设计一同轴线,它传输 TEM 波的最短工作波长为 10cm,要求特性阻抗为 50Ω。计算其尺寸(介质分别为空气和聚苯乙烯)。

7.10　定性绘出矩形谐振腔 H_{101}振荡模的电场、磁场及电流(传导电流与位移电流)的力线分布图。

7.11　矩形谐振腔腔体尺寸为 a、b、c,求 TE_{111}型振荡的场(列出推导过程)。如 $a=b=c=3\text{cm}$,导体的电导率 $\sigma=5.8\times10^7\text{S/m}$,求该型振荡的振荡频率及 Q 值。

7.12　试导出圆柱形谐振腔中 E 型波振荡的驻波场分布(要求列出推导过程)。

7.13　试导出圆柱形谐振腔中 H 型波振荡的驻波场分布(要求列出推导过程)。

第八章　电磁波的辐射

在前面几章讨论了电磁波的传播问题，并没有涉及电磁波的产生。电磁波由波源产生，而后在媒质中传播或在导行系统中传输。电磁波产生后，即使波源不复存在，已产生的电磁波仍可继续传播。电磁波由波源产生进而脱离波源传播的现象称为电磁波的辐射。辐射电磁波的装置称为辐射器或天线。

对于天线问题的求解，我们所关心的是它的辐射场强、方向性及辐射功率。

严格说来，天线上的波源和由它激发的电磁波是相互作用的。天线上波源激发电磁波的电磁场，而电磁场又反过来作用于波源，影响波源在天线上的分布。所以求解天线辐射问题本质上是一个边值问题，其严格求解在数学上往往遇到很大的困难，因此实际上是采用近似解法，即通过假定天线上的波源分布，进而计算此波源辐射电磁波的问题，亦即求解非齐次波动方程的问题。

本章首先讨论产生电磁波的各种波源，然后讨论位函数的非齐次波动方程的解——滞后位。应用它求解各基本辐射体（元辐射体）的电磁场，分析其辐射特性；其次，利用叠加原理，建立线状天线、面状天线和天线阵的概念，并求得它们的辐射场；最后，扼要介绍互易定理，从而获得天线用于接收时的有关特性。

§8.1　电磁波的波源

一、电荷、电流与虚拟的磁荷、磁流及电磁场方程的对称形式

在时变电磁场中电磁场方程由式(5.1.3)表示：

$$\nabla\times\vec{H}=\vec{J}+\frac{\partial\vec{D}}{\partial t}$$

$$\nabla\times\vec{E}=-\frac{\partial\vec{B}}{\partial t}$$

$$\nabla\cdot\vec{D}=\rho$$

$$\nabla\cdot\vec{B}=0$$

时变电磁场在空间以波动形式在空间传播，因此其场源电荷、电流（ρ、$\vec{J}$）又称为波源电荷、电流。在时变电磁场中它们之间并不独立，满足连续性方程

$$\nabla\cdot\vec{J}=-\frac{\partial\rho}{\partial t}$$

因此它们统称为电磁波的电源，常用电流表示。

迄今为止我们还未发现客观存在的孤立磁荷与磁流。但是在电磁场理论中为求解问题的方便，而引入磁荷与磁流的概念，它们在形式上与电荷、电流对应，均为电磁波的波源，称为磁源，并以下标 m 与电源区别（电源标以下标 e）。引入磁荷、磁流概念后，时变电磁场方程

就以对称形式出现：

$$\nabla\times\vec{H}=\vec{J}_e+\frac{\partial\vec{D}}{\partial t} \tag{8.1.1a}$$

$$\nabla\times\vec{E}=-\vec{J}_m-\frac{\partial\vec{B}}{\partial t} \tag{8.1.1b}$$

$$\nabla\cdot\vec{D}=\rho_e \tag{8.1.1c}$$

$$\nabla\cdot\vec{B}=\rho_m \tag{8.1.1d}$$

式中，磁荷密度 ρ_m 与磁流密度 $\vec{J}_m$ 亦不是相互独立的，磁流由磁荷流形成，它们之间满足连续性方程

$$\nabla\cdot\vec{J}_m=-\frac{\partial\rho_m}{\partial t} \tag{8.1.2}$$

它们统称为电磁波的磁源，常用磁流表示。

引入磁荷、磁流概念后，在两媒质边界上，电磁场的边界条件成为

$$\vec{n}\times(\vec{H}_1-\vec{H}_2)=\vec{J}_{le} \tag{8.1.3a}$$

$$\vec{n}\times(\vec{E}_1-\vec{E}_2)=-\vec{J}_{lm} \tag{8.1.3b}$$

$$\vec{n}\cdot(\vec{D}_1-\vec{D}_2)=\rho_{se} \tag{8.1.3c}$$

$$\vec{n}\cdot(\vec{B}_1-\vec{B}_2)=\rho_{sm} \tag{8.1.3d}$$

式中，$\vec{J}_{lm}$、ρ_{sm}分别为面磁流线密度与面磁荷密度。式(8.1.1)与式(8.1.3)中 $\vec{E}$、$\vec{D}$、$\vec{H}$、$\vec{B}$ 为电源产生的场 $\vec{E}_e$、$\vec{D}_e$、$\vec{H}_e$、$\vec{B}_e$ 与磁源产生的场 $\vec{E}_m$、$\vec{D}_m$、$\vec{H}_m$、$\vec{B}_m$ 的叠加。即

$$\vec{E}=\vec{E}_e+\vec{E}_m \tag{8.1.4a}$$

$$\vec{D}=\vec{D}_e+\vec{D}_m \tag{8.1.4b}$$

$$\vec{H}=\vec{H}_e+\vec{H}_m \tag{8.1.4c}$$

$$\vec{B}=\vec{B}_e+\vec{B}_m \tag{8.1.4d}$$

二、电磁对偶原理

由电源 ρ_e、$\vec{J}_e$ 产生的场 $\vec{E}_e$、$\vec{D}_e$、$\vec{H}_e$、$\vec{B}_e$ 满足

$$\nabla\times\vec{H}_e=\vec{J}_e+\frac{\partial\vec{D}_e}{\partial t} \tag{8.1.5a}$$

$$\nabla\times\vec{E}_e=-\frac{\partial\vec{B}_e}{\partial t} \tag{8.1.5b}$$

$$\nabla\cdot\vec{D}_e=\rho_e \tag{8.1.5c}$$

$$\nabla\cdot\vec{B}_e=0 \tag{8.1.5d}$$

式中，

$$\vec{D}_e=\varepsilon\vec{E}_e$$

$$\vec{E}_e=\mu\vec{H}_e$$

在边界上有边界条件：

$$\vec{n}\times(\vec{H}_{e1}-\vec{H}_{e2})=\vec{J}_{le} \tag{8.1.6a}$$

$$\vec{n}\times(\vec{E}_{e1}-\vec{E}_{e2})=0 \tag{8.1.6b}$$

$$\vec{n}\cdot(\vec{D}_{e1}-\vec{D}_{e2})=\rho_{se} \tag{8.1.6c}$$

$$\vec{n}\cdot(\vec{B}_{e1}-\vec{B}_{e2})=0 \tag{8.1.6d}$$

由磁源 ρ_m、J_m 产生的场 $\vec{E}_m$、$\vec{D}_m$、$\vec{H}_m$、$\vec{B}_m$ 满足

$$\nabla\times\vec{H}_m=\frac{\partial\vec{D}_m}{\partial t} \tag{8.1.7a}$$

$$\nabla\times\vec{E}_m=-\vec{J}_m-\frac{\partial\vec{B}_m}{\partial t} \tag{8.1.7b}$$

$$\nabla\cdot\vec{D}_m=0 \tag{8.1.7c}$$

$$\nabla\cdot\vec{B}_m=\rho_m \tag{8.1.7d}$$

式中，

$$\vec{D}_m=\varepsilon\vec{E}_m$$

$$\vec{B}_m=\mu\vec{H}_m$$

在边界上有边界条件

$$\vec{n}\times(\vec{H}_{m1}-\vec{H}_{m2})=0 \tag{8.1.8a}$$

$$\vec{n}\times(\vec{E}_{m1}-\vec{E}_{m2})=-\vec{J}_{lm} \tag{8.1.8b}$$

$$\vec{n}\cdot(\vec{D}_{m1}-\vec{D}_{m2})=0 \tag{8.1.8c}$$

$$\vec{n}\cdot(\vec{B}_{m1}-\vec{B}_{m2})=\rho_{sm} \tag{8.1.8d}$$

对比由电源产生的电磁场其方程及相应的边界条件式(8.1.5)、(8.1.6)与由磁源产生的电磁场其方程及边界条件式(8.1.7)、(8.1.8)，将发现这两组方程具有对偶关系。即对其中任一组方程如以下列互相对偶的量加以置换，便能得到另一组方程。这就是电磁对偶原理。

电磁对偶原理的电磁对偶关系如下：*

只有电源产生的场		只有磁源产生的场
$\vec{E}_e$	$\leftrightarrow$	$\vec{H}_m$
$(\vec{D}_e$	$\leftrightarrow$	$\vec{B}_m)$
$\vec{H}_e$	$\leftrightarrow$	$-\vec{E}_m$
$(\vec{B}_e$	$\leftrightarrow$	$-\vec{D}_m)$
$\vec{J}_e$	$\leftrightarrow$	$\vec{J}_m$
ρ_e	$\leftrightarrow$	ρ_m
ε	$\leftrightarrow$	μ
μ	$\leftrightarrow$	ε

(8.1.9)

由于存在这一对偶关系，如果电源与磁源的几何形状和尺寸均相同，这意味着它们的场域边界相同，则它们产生的电磁波的解只需按照对偶关系加以置换即能得出，而不必重新求解，这便极大地简化了电磁对偶波源产生电磁场的求解过程，这也是引入磁荷、磁流概念的主要原因。

三、等效原理　等效波源

由对称形式的电磁场方程式(8.1.1)可见电磁波的电磁场除由电源(ρ_e、$\vec{J}_e$)及磁源(ρ_m、

---

* 这种对偶关系不是惟一的，还有其他对偶关系，例如$\vec{E}_e\leftrightarrow\vec{H}_m$、$(\vec{D}_e\leftrightarrow-\vec{B}_m)$、$\vec{H}_e\leftrightarrow\vec{E}_m$、$(\vec{B}_e\leftrightarrow-\vec{D}_m)$、$\varepsilon\leftrightarrow-\mu$，$\rho_e\leftrightarrow-\rho_m$、$\vec{J}_e\leftrightarrow-\vec{J}_m$，这样对偶形式也是正确的。

$\vec{J}_m$)产生外，随时间变化的电磁场亦将再产生电磁场，这种波源称为二次波源。

基于电磁场的唯一性定理，二次波源可以用一组等效波源来代替，其边值问题的解可以用等效波源的解代替，这就是电磁场等效原理的精神实质。场的等效原理在研究电磁波的辐射、散射和绕射问题时，是非常有用的。

为建立场的等效原理的基本概念，下面考虑在空间分布有电磁波源 $\vec{J}_e$、ρ_e 及 $\vec{J}_m$、ρ_m，现用任一封闭曲面 s 将它们包围起来，将整个空间分为两部分 V_1 和 V_2，波源均被包围在 V_2 之中，空间 V_1 的边界为 s 及无限远处的封闭曲面 s_∞，如图 8.1.1 所示。设在空间 V_2 中电磁场分布为 $\vec{E}_2$、$\vec{H}_2$，在空间 V_1 中电磁场分布为 $\vec{E}_1$、$\vec{H}_1$。V_1 与 V_2 的分界面为 s，根据边界条件，在边界面 s 上有以下形式：

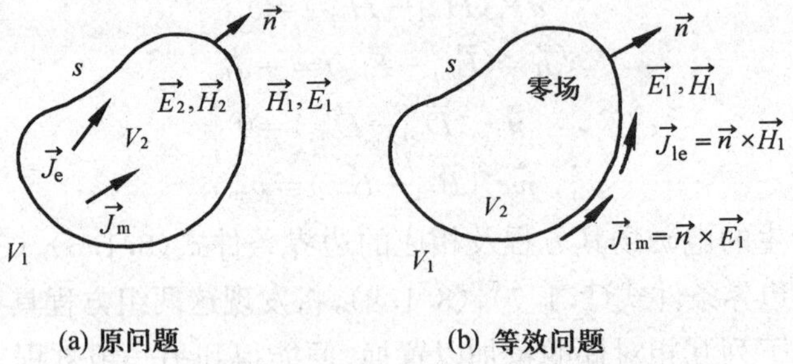

图 8.1.1

$$\vec{n}\times(\vec{E}_1-\vec{E}_2)=-\vec{J}_{lm} \tag{8.1.10a}$$

$$\vec{n}\times(\vec{H}_1-\vec{H}_2)=\vec{J}_{le} \tag{8.1.10b}$$

$$\vec{n}\cdot(\vec{B}_1-\vec{B}_2)=\rho_{sm} \tag{8.1.10c}$$

$$\vec{n}\cdot(\vec{D}_1-\vec{D}_2)=\rho_{se} \tag{8.1.10d}$$

上式中，$\vec{n}$ 为 s 面的外法线方向单位矢量，$\vec{J}_{lm}$、$\vec{J}_{le}$、ρ_{sm}、ρ_{se} 依次分别为 s 面上磁流线密度、电流线密度、磁荷面密度和电荷面密度。以上实际系人为设定 s 曲面，将空间分为 V_1 与 V_2，而将由波源产生的电磁场分别写为 $\vec{E}_1$、$\vec{H}_1$ 与 $\vec{E}_2$、$\vec{H}_2$，s 面两边实际为同一媒质，即 s 为虚拟界面，在其两侧的电磁场为连续的场分布，$\vec{E}_1=\vec{E}_2$，$\vec{H}_1=\vec{H}_2$，$\vec{B}_1=\vec{B}_2$，$\vec{D}_1=\vec{D}_2$，因此在 s 面上亦不存在表面磁流，磁荷及表面电流，电荷（$\vec{J}_{lm}=0$，$\rho_{sm}=0$，$\vec{J}_e=0$，$\rho_e=0$）。现引入等效概念，只要保持 V_1 的边界 s 及 s_∞ 上边界条件不变，则空间 V_1 中电磁场的分布 $\vec{E}_1$，$\vec{H}_1$ 不会发生改变，它是该边值问题的唯一解。设定 S 面内 V_2 空间电磁场为零场（$\vec{E}_2$，$\vec{H}_2=0$），则为保持 s 面上边界条件的不变，则由式(8.1.10)，在边界 s 上将出现表面磁流、磁荷及表面电流、电荷以维持 s 面处 V_1 中原来的电磁场 $\vec{E}_1$、$\vec{H}_1$，且由式(8.1.10)，它们应满足：

$$\vec{n}\times\vec{E}_1=-\vec{J}_{lm} \tag{8.1.11a}$$

$$\vec{n}\times\vec{H}_1=\vec{J}_{le} \tag{8.1.11b}$$

$$\vec{n}\cdot\vec{B}_1=\rho_{sm} \tag{8.1.11c}$$

$$\vec{n}\cdot\vec{D}_1=\rho_{se} \tag{8.1.11d}$$

式(8.1.11)为场的等效原理，$\vec{J}_{lm}$，ρ_{sm}，$\vec{J}_{le}$，ρ_{se}为与二次波源 $\vec{E}_1$，$\vec{D}_1$，$\vec{H}_1$，$\vec{B}_1$ 等效的等效波源。由于磁流、磁荷及电流、电荷分别满足各自的连续性原理，故常用磁流及电流表示磁源及电源。

等效原理表明，在封闭曲面 s 上的等效波源保持了 V_1 的边界条件，从而等效波源在 V_1 中产生的电磁场与原问题的场 $\vec{E}_1$，$\vec{H}_1$ 相同。而在 V_2 中的场 $\vec{E}_2$，$\vec{H}_2$ 为零场与原问题是不相同的，因此等效原理仅是对某个给定的区域而言，在此指的是空间 V_1。

§8.2 非齐次波动方程及其解

一、电源产生的电磁场矢量磁位与标量电位

在第五章中为求解电流产生的时变电磁场而引入了位函数作为辅助量来帮助求解。

由电磁场方程组式(8.1.5)中的式(8.1.5d)$\nabla\cdot\vec{B}_e=0$，而令

$$\vec{B}_e=\nabla\times\vec{A}_e \tag{8.2.1}$$

$\vec{A}_e$ 称为矢量磁位。

再由式(8.1.5b)$\nabla\times\vec{E}_e=-\frac{\partial\vec{B}_e}{\partial t}$，得

$$\nabla\times\vec{E}_e=-\frac{\partial\vec{B}_e}{\partial t}=-\frac{\partial}{\partial t}(\nabla\times\vec{A}_e)=-\nabla\times\frac{\partial\vec{A}_e}{\partial t}$$

即

$$\nabla\times\left(\vec{E}_e+\frac{\partial\vec{A}_e}{\partial t}\right)=0$$

因而引入标量电位，令其梯度

$$\nabla\varphi_e=-\left(\vec{E}_e+\frac{\partial\vec{A}_e}{\partial t}\right)$$

而

$$\vec{E}_e=-\nabla\varphi_e-\frac{\partial\vec{A}_e}{\partial t} \tag{8.2.2}$$

式(8.2.1)定义了矢量磁位 $\vec{A}_e$，为确定 $\vec{A}_e$ 的值，除定义其旋度外，尚需定义其散度，即洛仑兹条件

$$\nabla\cdot\vec{A}_e=-\mu\varepsilon\frac{\partial\varphi_e}{\partial t} \tag{8.2.3}$$

当矢量磁位 $\vec{A}_e$ 与标量电位 φ_e 满足洛仑兹条件时，它们与波源 $\vec{J}_e$、ρ_e 的关系将有较简单的形式：

$$\nabla^2\vec{A}_e-\mu\varepsilon\frac{\partial^2\vec{A}_e}{\partial t^2}=-\mu\vec{J}_e \tag{8.2.4}$$

$$\nabla^2\varphi_e-\mu\varepsilon\frac{\partial^2\varphi_e}{\partial t^2}=-\frac{\rho_e}{\varepsilon} \tag{8.2.5}$$

上两式均为非齐次波动方程。

求解以上非齐次波动方程，并利用辅助量 $\vec{A}_e$、φ_e 与场量的关系式(8.2.1)、(8.2.2)即能获得波源 $\vec{J}_e$、ρ_e 所产生的电磁场。

二、磁源产生的电磁场矢量电位与标量磁位

对于磁源 $\vec{J}_m$、ρ_m 产生的时变电磁场，它们满足式(8.1.7)。

$$\nabla\times\vec{H}_m=\frac{\partial\vec{D}_m}{\partial t}$$

$$\nabla\times\vec{E}_m=-\vec{J}_m-\frac{\partial\vec{B}_m}{\partial t}$$

$$\nabla\cdot\vec{D}_m=0$$

$$\nabla\cdot\vec{B}_m=\rho_m$$

对于以上场方程的求解，亦如对电源产生的电磁场的求解，可引用辅助量。

由式　$\nabla\cdot\vec{D}_m=0$，令

$$\vec{D}_m=-\nabla\times\vec{A}_m^{*} \tag{8.2.6}$$

$\vec{A}_m$ 称为矢量电位。

将上式代入 $\nabla\times\vec{H}_m=\frac{\partial\vec{D}_m}{\partial t}$ 得

$$\nabla\times\vec{H}_m=-\frac{\partial}{\partial t}(\nabla\times\vec{A}_m)=-\nabla\times\frac{\partial\vec{A}_m}{\partial t}$$

即

$$\nabla\times\left(\vec{H}_m+\frac{\partial\vec{A}_m}{\partial t}\right)=0$$

因而引入标量磁位 φ_m^{**}，令其梯度为

$$\nabla\varphi_m=-\left(\vec{H}_m+\frac{\partial\vec{A}_m}{\partial t}\right)$$

即

$$\vec{H}_m=-\nabla\varphi_m-\frac{\partial\vec{A}_m}{\partial t} \tag{8.2.7}$$

与定义矢量磁位 $\vec{A}_e$ 相似，为确定 $\vec{A}_m$，除定义其旋度外尚需定义其散度，即引入洛仑兹条件

$$\nabla\cdot\vec{A}_m=-\mu\varepsilon\frac{\partial\varphi_m}{\partial t} \tag{8.2.8}$$

在洛仑兹条件下，将 $\vec{A}_m$、φ_m 的定义式(8.2.6)，(8.2.7)代入电磁场方程组式(8.1.7)可得它们与波源 $\vec{J}_m$、ρ_m 的关系

$$\nabla^2\vec{A}_m-\mu\varepsilon\frac{\partial^2\vec{A}_m}{\partial t^2}=-\varepsilon\vec{J}_m \tag{8.2.9a}$$

$$\nabla^2\varphi_m-\mu\varepsilon\frac{\partial^2\varphi_m}{\partial t^2}=-\frac{\rho_m}{\mu} \tag{8.2.9b}$$

以上位函数方程为非齐次波动方程。

同样求解以上磁源产生的位函数方程得矢量位与标量位，即可获得其电磁场场量。

对比电源与磁源产生的电磁场位函数方程，式(8.2.4)、(8.2.5)与(8.2.8)、(8.2.9)，可以发现它们之间仍有电磁对偶原理之间的对偶关系，只要边界条件亦具对偶关系，则有

$$\vec{A}_e\leftrightarrow\vec{A}_m \tag{8.2.10}$$

---

* 定义 $\vec{A}_m$ 式中 $\vec{D}_m=-\nabla\times\vec{A}_m$，出现负号，是考虑到电磁对偶原理：$\vec{E}_m\leftrightarrow-\vec{H}_e$，$\varepsilon\leftrightarrow\mu$，$\vec{A}_m\leftrightarrow\vec{A}_e$

** 注意这里标量磁位与静态电磁场中标量磁位的不同

$$\varphi_e \leftrightarrow \varphi_m \tag{8.2.11}$$

利用这对偶关系，即可由电源产生的位函数得出其对偶的磁源产生的位函数。反之亦然，不必都求解方程。

对于时谐场，用复数表示，以电源产生的场为例，则

$$\dot{\vec{B}}_e = \nabla \times \dot{\vec{A}}_e \tag{8.2.12}$$

$$\dot{\vec{E}}_e = -\nabla \dot{\varphi}_e - j\omega \dot{\vec{A}} \tag{8.2.13}$$

洛仑兹条件变为

$$\nabla \cdot \dot{\vec{A}}_e = -j\omega\mu\varepsilon\, \dot{\varphi}_e \tag{8.2.14}$$

非齐次波动方程(8.2.4)，(8.2.5)式变为

$$\nabla^2 \dot{\vec{A}}_e + k^2 \dot{\vec{A}}_e = -\mu \dot{\vec{J}}_e \tag{8.2.15}$$

$$\nabla^2 \dot{\varphi}_e + k^2 \dot{\varphi}_e = -\frac{\dot{\rho}_e}{\varepsilon} \tag{8.2.16}$$

式中，$k^2 = \omega^2 \mu\varepsilon$。

可见对时谐场，用复数表示后，洛仑兹条件中 $\dot{\vec{A}}_e$ 与 $\dot{\varphi}_e$ 关系更为简单，故无需求解方程式(8.2.16)求 $\dot{\varphi}_e$，而只需由 $\dot{\vec{J}}_e$ 求 $\dot{\vec{A}}_e$，再由 $\dot{\vec{A}}_e$ 来求 $\dot{\vec{E}}_e$ 和 $\dot{\vec{H}}_e$

$$\dot{\vec{E}}_e = -j\,\omega \dot{\vec{A}}_e + \frac{\nabla\nabla \cdot \dot{\vec{A}}_e}{j\omega\mu\varepsilon} \tag{8.2.17}$$

$$\dot{\vec{H}}_e = \frac{1}{\mu} \nabla \times \dot{\vec{A}}_e \tag{8.2.18}$$

三、非齐次亥姆霍兹方程的解

非齐次亥姆霍兹方程式(8.2.15)、(8.2.16)有相同的表达形式，因此求解其一即可。现以式(8.2.15)中一坐标分量为代表进行讨论。

求解式(8.2.15)，引用格林定理

$$\oint_s (\Psi \nabla u - u \nabla \Psi) \cdot d\vec{s} = \int_V (\Psi \nabla^2 u - u \nabla^2 \Psi) dV \tag{8.2.19}$$

假定在整个空间电源 $\dot{\vec{J}}_e$ 的分布状态是已知的，且无限远处 $\dot{\vec{J}}_e = 0$，欲求空间某一点 P 的矢量磁位 $\dot{\vec{A}}_e$，可以从格林定理出发，在式(8.2.19)中，适当选择 u 和 Ψ，即能得到方程(8.2.15)的解。令 Ψ 等于 $\dot{\vec{A}}_e$ 的某一坐标分量 $\dot{A}_{ei}$($\Psi = \dot{A}_{ei}$)，代入式(8.2.19)，即得

$$\oint_s \left[\dot{A}_{ei}(r') \frac{\partial u}{\partial n} - u \frac{\partial \dot{A}_{ei}(r')}{\partial n}\right] ds' = \int_{V'} \left[\dot{A}_{ei}(r') \nabla^2 u - u \nabla^2 \dot{A}_{ei}(r')\right] dV' \tag{8.2.20}$$

选择

$$u = \frac{1}{R} e^{-jkR}$$

式中，$k = \omega\sqrt{\mu\varepsilon}$，$R = |\vec{r} - \vec{r}'|$ 为源点到场点 P 的距离，r 为场点坐标，r' 为源点坐标。如图 8.2.1(a)所示。

函数 $u = \frac{1}{R} e^{-jkR}$ 有

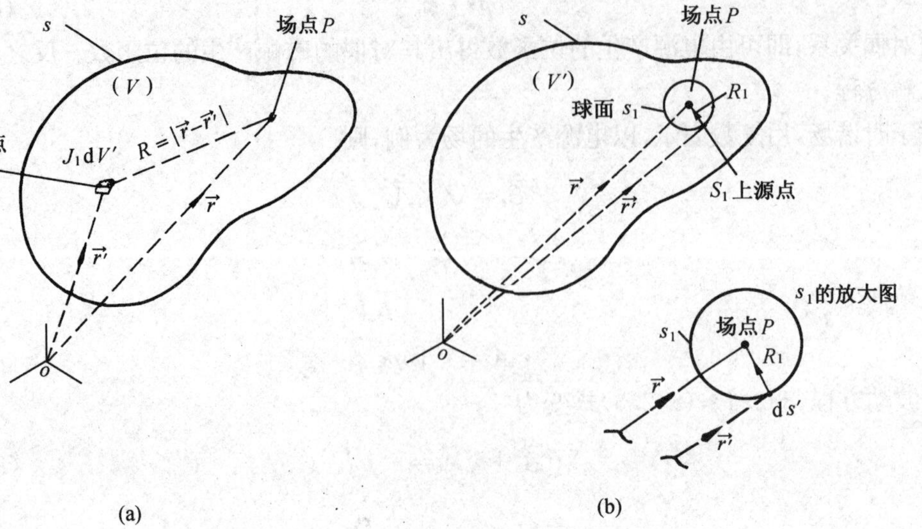

图 8.2.1

$$\nabla^2 u + k^2 u = 0 \tag{8.2.21}$$

u 在 $R=0$ 处出现奇异点，从而不能满足格林定理对函数的要求。为此，取以场点 $P(r)$ 为球心，R_1 为半径作一小球面 s_1 把 $P(r)$ 点包围起来。这样 s_1 与 s_2 之间的体积 V' 就是式(8.2.20)中体积分的积分区域，如图 8.2.1(b)所示。此时式(8.2.20)中面积分可写成

$$\oint_s \left[\dot{A}_{ei}(r')\frac{\partial}{\partial n}\left(\frac{e^{-jkR}}{R}\right) - \frac{e^{-jkR}}{R}\frac{\partial \dot{A}_{ei}(r')}{\partial n}\right]ds' = \oint_{s_1}[\quad]ds' + \oint_{s_2}[\quad]ds' \tag{8.2.22}$$

式中，[ ]内为式中左边的被积函数。

上式右边第一个面积分在小球面 s_1 上进行。由于 s_1 上法线指向球心，故有$\frac{\partial}{\partial n} = -\frac{\partial}{\partial R}$，于是

$$\oint_{s_1}[\quad]ds' = \oint_{s_1}\left[-\dot{A}_{ei}(r')\frac{\partial}{\partial R}\left(\frac{e^{-jkR}}{R}\right) + \frac{e^{-jkR}}{R}\frac{\partial \dot{A}_{ei}(r')}{\partial R}\bigg|_{R=R_1}\right]ds' =$$

$$\oint_{s_1}\left[\dot{A}_{ei}(r')\left(\frac{1}{R_1} + jk\right)\frac{e^{-jkR_1}}{R_1} + \frac{e^{-jkR_1}}{R_1}\frac{\partial \dot{A}_{ei}(r')}{\partial R}\bigg|_{R=R_1}\right]ds'$$

如以$\overline{\dot{A}_{ei}(r')}$和$\overline{\frac{\partial \dot{A}_{ei}(r')}{\partial R}}$分别表示面 S_1 上 $\dot{A}_{ei}(r')$和$\frac{\partial \dot{A}_{ei}(r')}{\partial R}$的中值，则上式可写成

$$\oint_{s_1}[\quad]ds' = \left[\overline{\dot{A}_{ei}(r')}\left(\frac{1}{R_1^2} + j\frac{k}{R_1}\right)e^{-jkR_1} + \frac{e^{-jkR_1}}{R_1}\overline{\frac{\partial \dot{A}_{ei}(r')}{\partial R}}\bigg|_{R=R_1}\right.\oint_{s_1}ds'$$

上式中，$\oint_{s_1}ds' = 4\pi R_1^2$，且当 $R_1 \to 0$ 时，$\overline{\dot{A}_{ei}(r')} \to \dot{A}_{ei}(r)$，于是

$$\lim_{R_1\to 0}\oint_{s_1}[\quad]ds' = 4\pi\dot{A}_{ei}(r) \tag{8.2.23}$$

对于式(8.2.21)中的体积分 $\int_{V'}[A_{ei}(r')\nabla^2 u - u\nabla^2 A_{ei}(r')]\mathrm{d}V'$

由于其中 u 选择为 $u=\frac{1}{R}\mathrm{e}^{-\mathrm{j}kR}$，它满足式(8.2.21)：

$$\nabla^2 u + k^2 u = 0$$

而 A_{ei} 为待求的空间矢量磁位的一坐标分量，它应满足非齐次亥姆霍兹方程

$$\nabla^2 \dot{A}_{ei} + k^2 \dot{A}_{ei} = -\mu \dot{J}_i$$

将 $\nabla^2 u$ 与 $\nabla^2 \dot{A}_{ei}$ 代入体积分被积函数中得

$$\int_{V'}[\dot{A}_{ei}(r')\nabla^2 u - u\nabla^2 \dot{A}_{ei}(r')]\,\mathrm{d}V' = \int_{V'}\frac{\mu \dot{J}_i(r')\mathrm{e}^{-\mathrm{j}kR}}{R}\,\mathrm{d}V' \tag{8.2.24}$$

将上式及式(9.2.22)、(9.2.23)代入式(8.2.20)中，即得

$$\dot{A}_{ei}(r) = \int_{V'}\frac{\mu \dot{J}_i(r')\mathrm{e}^{-\mathrm{j}kR}}{4\pi R}\,\mathrm{d}V' + \frac{1}{4\pi}\oint_s\left[\frac{\mathrm{e}^{-\mathrm{j}kR}}{R}\frac{\partial \dot{A}_{ei}(r')}{\partial n} - \dot{A}_{ei}(r')\frac{\partial}{\partial n}\left(\frac{\mathrm{e}^{-\mathrm{j}kR}}{R}\right)\right]\mathrm{d}s' \tag{8.2.25}$$

式中，已略去 s_2 的下标，因 s_1 由于 $R_1\to 0$ 而已不复存在了。V' 亦可改写为 s_2(或写成 s)所包围的体积 V。

式(8.2.25)为标量非齐次亥姆霍兹方程的一般解。式中体积分一项仅为体积 V' 内电流源对 $A_{ei}(r)$ 的贡献；而面积分一项则包含了 V' 外电流源对 $A_{ei}(r)$ 的贡献。

式(8.2.25)中封闭面 s 可以取成半径为无限大的球面，此时面元 $\mathrm{d}s'=R^2\mathrm{d}\Omega$($\mathrm{d}\Omega$ 为对 $\mathrm{d}s'$ 所张的立体角)，面积分可写成

$$\oint_s\left[\frac{\mathrm{e}^{-\mathrm{j}kR}}{R}\frac{\partial \dot{A}_{ei}(r')}{\partial n} - \dot{A}_{ei}(r')\frac{\partial}{\partial n}\left(\frac{\mathrm{e}^{-\mathrm{j}kR}}{R}\right)\right]\mathrm{d}s' =$$

$$\oint_s\left[\frac{\partial \dot{A}_{ei}(r')}{\partial R} + \mathrm{j}k\,\dot{A}_{ei}(r')\right]R\mathrm{e}^{-\mathrm{j}kR}\,\mathrm{d}\Omega + \oint_s \dot{A}_{ei}(r')\mathrm{e}^{-\mathrm{j}kR}\,\mathrm{d}\Omega$$

要排除在无限远处的源，就必须使上式为零。为此要求 $R\to\infty$ 时，$\dot{A}_{ei}(r')R$ 不为无限大。在这个限制条件下，上式左边第二项积分等于零；右边第一项积分在满足

$$\lim_{R\to\infty}\left[\frac{\partial \dot{A}_{ei}(r')}{\partial R} + \mathrm{j}k\,\dot{A}_{ei}(r')\right]R = 0 \tag{8.2.26}$$

时也等于零。上式称为辐射条件。所以当源仅分布在有限空间中(即排除了无限远处的源)，$\dot{A}_{ei}(r)$满足辐射条件时，式(8.2.25)中面积分等于零，$\dot{A}_{ei}(r)$仅由分布在有限空间的源决定，因而

$$\dot{A}_{ei}(r) = \int_V \frac{\mu \dot{J}_{ei}(r')\mathrm{e}^{-\mathrm{j}kR}}{4\pi R}\,\mathrm{d}V' \tag{8.2.27}$$

式(8.2.15)的解 $\vec{A}_e$ 可由三个坐标分量解 $\vec{a}_i\,\dot{A}_{ei}$ 的矢量和求得

$$\dot{\vec{A}}_e(r) = \int_V \frac{\mu \dot{\vec{J}}_e(r')\mathrm{e}^{-\mathrm{j}kR}}{4\pi R}\,\mathrm{d}V' \tag{8.2.28}$$

引入时间因子 $e^{j\omega t}$，上式可写成

$$\vec{A}_e(r,t)=\int_V \frac{\mu \dot{\vec{J}}_e(r')e^{j\omega(t-\frac{R}{v})}}{4\pi R}\,dV' \tag{8.2.29}$$

式中，v 为波在媒质(ε,μ)中的波速 $v=\dfrac{1}{\sqrt{\mu\varepsilon}}$。

用类似的方法可以得到式(8.2.16)的解为

$$\dot{\varphi}_e(r)=\int_V \frac{\dot{\rho}_e(r')e^{-jkR}}{4\pi\varepsilon R}\,dV'$$

或写成

$$\dot{\varphi}_e(r,t)=\int_V \frac{\dot{\rho}_e(r')e^{j\omega(t-\frac{R}{v})}}{4\pi\varepsilon R}\,dV' \tag{8.2.30}$$

现在我们来观察式(8.2.29)、(8.2.30)的物理涵义。

首先注意到当 $\omega=0$ 时式(8.2.29)和式(8.2.30)都还原到静态场位函数的解。其次在时变场中时间因子 $e^{j\omega(t-\frac{R}{v})}$ 表示，对离开源点距离为 R 的场点，某一时刻 t 的位函数 $\vec{A}_e(t)$ 或 $\varphi_e(t)$ 并不决定于此时刻的电流或电荷，而是决定于时刻 $t-\dfrac{R}{v}$（先于时刻 t）的电流 $\vec{J}_e\left(t-\dfrac{R}{v}\right)$ 或电荷 $\rho_e\left(t-\dfrac{R}{v}\right)$。换句话说，场点位函数随时间的变化滞后于源的变化，滞后的时间 $\dfrac{R}{v}$ 就是电磁波传播距离 R 所需要的时间。基于这种位函数的滞后，把式(8.2.29)和式(8.2.30)的 $\vec{A}_e$ 和 φ_e 称为滞后位。

解出 $\vec{A}_e$ 和 φ_e 之后，就可由式(8.2.13)、(8.2.12)求出电场与磁场。

对于由磁源($\vec{J}_m$、ρ_m)产生的场，可以用类似的方法求解。亦可以直接利用电磁对偶原理，由已求得的电源产生的电磁场得出其对偶的磁源产生的电磁场。

下节将利用滞后位来计算基本辐射元的电磁场。

§8.3　基本辐射元的电磁场

基本辐射元的尺寸远小于波长，其上电磁波源均匀分布。虽然孤立的基本辐射元实际上是不存在的，但是，将实际的天线看成为由许多很小单元组成，只要这许多小单元足够地小，其上电磁波源的大小与相位即可视为均匀分布。因此实际天线可看成由许多基本辐射元组成，其周围电磁场为这些基本辐射元的电磁场的叠加，所以对基本辐射元电磁场的分析计算是有意义的，它是实际天线工程计算的基础。

一、元电辐射体的电磁场

元电辐射体为基本辐射元之一，它是一段载有高频电流的线元，其直径 $2a$ 或横向尺寸 W 远小于长度 Δl，($2a\ll\Delta l$ 或 $W\ll\Delta l$)，此电流线元的长度 Δl 又远小于工作波长($\Delta l\ll\lambda$)，则可认为其上电流沿长度为均匀分布，可写成

$$\dot{I}=I_0e^{j\omega t} \tag{8.3.1}$$

根据电流连续性原理，元电辐射体的两端必有电荷积聚(等值异号)，相当于一个交变的电偶极子，这种元电辐射体又称为电偶极子或基本电振子。与其相关的电荷为 Q，可表示为

$$\dot{I}=\frac{\mathrm{d}\dot{Q}}{\mathrm{d}t}=\mathrm{j}\omega\dot{Q} \tag{8.3.2}$$

设元电辐射体位于坐标原点，轴线沿 z 轴，如图 8.3.1 所示。

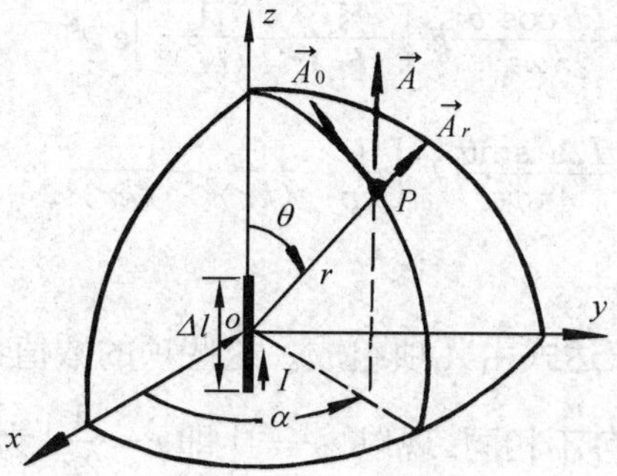

图 8.3.1　元电辐射体及其坐标系

由于空间仅此元电辐射体，无其他波源，因此决定场点 $P(r,\theta,\alpha)$ 的矢量磁位 $\vec{A}_{\mathrm{e}}$ 的表达式(8.2.25)中面积分项等于零，仅由式中的体积分决定，即

$$\dot{\vec{A}}_{\mathrm{e}}(r,\theta,\alpha)=\int_V\frac{\mu\dot{\vec{J}}_{\mathrm{e}}(r')\mathrm{e}^{-\mathrm{j}kR}}{4\pi R}\mathrm{d}V'$$

由于元电辐射体位于坐标原点，因此 $R=r$，并且电流元为线电流 $\dot{\vec{J}}_{\mathrm{e}}(r')\mathrm{d}V'$ 可用 $\vec{a}_z\dot{I}(z)\mathrm{d}z$ 代替。同时考虑到 $\Delta l\ll r$，及其上电流均匀分布 $I(z)=I$(常数)，在积分范围 Δl 内 r 可视为常数，则

$$\dot{\vec{A}}_{\mathrm{e}}(r,\theta,\alpha)=\vec{a}_z\frac{\mu}{4\pi}\int_{\Delta l}\frac{\dot{I}(z)\mathrm{e}^{-\mathrm{j}kr}}{r}\mathrm{d}z=\vec{a}_z\frac{\mu}{4\pi}\frac{\dot{I}\Delta l}{r}\mathrm{e}^{-\mathrm{j}kr} \tag{8.3.3}$$

采用球坐标系则，

$$\left.\begin{aligned}
\dot{A}_{\mathrm{e}r}&=\dot{A}_{\mathrm{e}z}\cos\theta=\frac{\mu\dot{I}\Delta l}{4\pi r}\cos\theta\mathrm{e}^{-\mathrm{j}kr}\\
\dot{A}_{\mathrm{e}\theta}&=-\dot{A}_{\mathrm{e}z}\sin\theta=-\frac{\mu\dot{I}\Delta l}{4\pi r}\sin\theta\,\mathrm{e}^{-\mathrm{j}kr}\\
\dot{A}_{\mathrm{e}\alpha}&=0
\end{aligned}\right\} \tag{8.3.4}$$

由 $\vec{A}_{\mathrm{e}}$ 与磁场的关系求得磁场，再利用电磁场方程由磁场求得电场，有

$$\dot{\vec{H}}_{\mathrm{e}}=\frac{1}{\mu}\nabla\times\dot{\vec{A}}_{\mathrm{e}}$$

$$\dot{\vec{E}}_{\mathrm{e}}=\frac{1}{\mathrm{j}\omega\varepsilon}\nabla\times\dot{\vec{H}}_{\mathrm{e}}$$

因此元电辐射体产生的电磁场为

$$\left.\begin{aligned}
&\dot{H}_{er}=0\\
&\dot{H}_{e\theta}=0\\
&\dot{H}_{e\alpha}=\frac{\dot{I}\Delta l}{4\pi}\,k^2\sin\theta\left[\frac{j}{kr}+\frac{1}{(kr)^2}\right]\mathrm{e}^{-jkr}\\
&\dot{E}_{er}=\frac{\dot{I}\Delta l\cos\theta}{2\pi\omega\varepsilon}\,k^3\left[\frac{1}{(kr)^2}-\frac{1}{(kr)^3}\right]\mathrm{e}^{-jkr}\\
&\dot{E}_{e\theta}=\mathrm{j}\,\frac{\dot{I}\Delta l\sin\theta}{4\pi\omega\varepsilon}\,k^3\left[\frac{1}{kr}-\frac{j}{(kr)^2}-\frac{1}{(kr)^3}\right]\mathrm{e}^{-jkr}\\
&\dot{E}_{e\alpha}=0
\end{aligned}\right\}\tag{8.3.5}$$

元电辐射体的电磁场的表达式由几项组成。这些项的数值都随着离开辐射体的距离 r 的增大而减小，但减小的程度各不相同，现以 $kr=1\left(即\ r=\dfrac{\lambda}{2\pi}\right)$ 为界限，分区加以讨论

(1) $kr\ll1\left(即\ r\ll\dfrac{\lambda}{6}\right)$ 的区域——近区

在近区里，$kr\ll1$，式(8.3.5)中起主要作用是分母含 kr 的高次项，其他项可以忽略不计，由此得

$$\left.\begin{aligned}
&\dot{H}_{e\alpha}\approx\frac{\dot{I}\Delta l}{4\pi}k^2\sin\theta\,\frac{1}{(kr)^2}\,\mathrm{e}^{-jkr}\approx\frac{\dot{I}\Delta l}{4\pi r^2}\sin\theta\\
&\dot{E}_{er}\approx-\mathrm{j}\,\frac{\dot{I}\Delta l}{2\pi\omega\varepsilon r^3}\cos\theta\,\mathrm{e}^{-jkr}\approx-\mathrm{j}\,\frac{\dot{I}\Delta l}{2\pi\omega\varepsilon r^3}\cos\theta\\
&\dot{E}_{e\theta}\approx-\mathrm{j}\,\frac{\dot{I}\Delta l}{4\pi\omega\varepsilon r^3}\sin\theta\,\mathrm{e}^{-jkr}\approx-\mathrm{j}\,\frac{\dot{I}\Delta l}{4\pi\omega\varepsilon r^3}\sin\theta
\end{aligned}\right\}\tag{8.3.6}$$

由式(8.3.6)可见，在近区，元电辐射体的电磁场(称为近区场)有如下性质：

① 由于 $\mathrm{e}^{-jkr}\approx1$，因此近区场对场源 $\dot{I}$ 的滞后效应不显著。

② 近区场中磁场的瞬时分布与恒定电流元所激发的恒定磁场相似。

近区场表达式中，以 $\dot{Q}=-\mathrm{j}\,\dfrac{\dot{I}}{\omega}$ 代入，则电场可表示为

$$\left.\begin{aligned}
&\dot{E}_{er}=\frac{\dot{Q}\Delta l}{2\pi\varepsilon r^3}\cos\theta=\frac{\dot{p}}{2\pi\varepsilon r^3}\cos\theta\\
&\dot{E}_{e\theta}=\frac{\dot{Q}\Delta l}{2\pi\varepsilon r^3}\sin\theta=\frac{\dot{p}}{2\pi\varepsilon r^3}\sin\theta
\end{aligned}\right\}\tag{8.3.7}$$

式中，$\dot{p}=\dot{Q}\Delta l$ 为电偶极矩。此结果表明近区电场的瞬时分布与静电偶极子的静电场相似。因此近区电磁场称为近区似稳场。

③ 近区场电场与磁场相位相差 $\dfrac{\pi}{2}$，因此代表电磁能流的复数坡印亭矢量是纯虚数，在一振荡周期内的平均坡印亭矢量为零，表示电磁能量在近区振荡，而不辐射出去，因此近区

场又称为感应场。

(2) $kr\gg 1\left(\text{即 } r\gg\frac{\lambda}{6}\right)$的区域——远区

在远区里，$kr\gg 1$，式(8.3.5)中起主要作用的是分母含 kr 的低次项(一次项)，其他项影响很小，可忽略，由此得

$$\left.\begin{aligned}\dot{H}_{e\alpha}&=\mathrm{j}\,\frac{\dot{I}\Delta l}{4\pi}\,k^2\sin\theta\,\frac{1}{kr}\,\mathrm{e}^{-\mathrm{j}kr}=\mathrm{j}\,\frac{\dot{I}\Delta l}{2\lambda r}\sin\theta\,\mathrm{e}^{-\mathrm{j}kr}\\ \dot{E}_{e\theta}&=\mathrm{j}\,\frac{\dot{I}\Delta l}{4\pi\omega\varepsilon}\,k^3\frac{\sin\theta}{kr}\,\mathrm{e}^{-\mathrm{j}kr}=j\,\frac{\dot{I}\Delta l}{2\lambda r}\,\frac{k}{\omega\varepsilon}\sin\theta\,\mathrm{e}^{-\mathrm{j}kr}\\ \dot{E}_{er}&\approx 0\end{aligned}\right\}\tag{8.3.8}$$

式中，$k=\omega\sqrt{\mu\varepsilon}=\frac{2\pi}{\lambda}$。

由式(8.3.8)可见，在远区，元电辐射体的电磁场(称为远区场)有如下性质：

① 球面波　$kr\gg 1$，故 $\mathrm{e}^{-\mathrm{j}kr}$不为1，表示远区场对场源的滞后效应显著，它是一个沿径向向外传播的球面波。

② TEM 波　远区场中，$\dot{E}_{er}\approx 0$，表示远区场为横电磁波(TEM 波)

③ $\vec{E}$ 与 $\vec{H}$ 的关系　远区场中电场与磁场方向相互垂直，相位相同，大小成比例：

$$\frac{\dot{E}_{e\theta}}{\dot{H}_{e\alpha}}=\frac{k}{\omega\varepsilon}=\sqrt{\frac{\mu}{\varepsilon}}=\eta\tag{8.3.9}$$

式中，η 为波阻抗，它与 Z_{TEM}等同。因此式(8.3.8)可改写成

$$\left.\begin{aligned}\dot{H}_{e\alpha}&=\mathrm{j}\,\frac{\dot{I}\Delta l}{2\lambda r}\sin\theta\mathrm{e}^{-\mathrm{j}kr}\\ \dot{E}_{e\theta}&=\mathrm{j}\,\frac{\dot{I}\Delta l}{2\lambda r}\,\eta\sin\theta\,\mathrm{e}^{-\mathrm{j}kr}\end{aligned}\right\}\tag{8.3.10}$$

④ 辐射场　远区场电场与磁场方向互相垂直，相位相同，其平均坡印亭矢量不等于零，方向沿径向向外，表示电磁场能量沿径向辐射出去，因此远区场称为辐射场。

⑤ 方向性　辐射场的振幅还与空间方向(θ、α)有关，所以辐射场是个非均匀球面波。在 r 一定的球面上，$\theta=0$ 的方向上，元电辐射体的辐射场等于零(即没有辐射)；$\theta=\frac{\pi}{2}$的方向上，元电辐射体辐射场最大(即辐射最强)；$\theta=0\sim\frac{\pi}{2}$之间，元电辐射体辐射场的振幅按 $\sin\theta$ 的规律变化，这说明辐射是有方向性的。

辐射场的方向性用方向性函数 $f(\theta、\alpha)$来描述。元电辐射体的方向性函数为

$$f(\theta、\alpha)=\sin\theta\tag{8.3.11}$$

它与 α 无关。

把方向性函数用图形表示出来，就是方向性图。用极坐标系表示的元电辐射体的方向性图如图 8.3.2(c)所示。方向性函数 $f(\theta、\alpha)$为两个坐标变量 θ、α 的函数，因此方向性图是一

个立体图形。元电辐射体方向性函数与 α 无关，因此相应的方向性图为以辐射体为轴线的旋转回旋体。工程上又常用与辐射场电场矢量平行或与磁场矢量平行的平面，即所谓 E 面与 H 面。在 E 面与 H 面内绘出方向性图，称为 E 面方向性图与 H 面方向性图，图 8.3.2(a)、(b)所示为元电辐射体的 E 面与 H 面方向图。

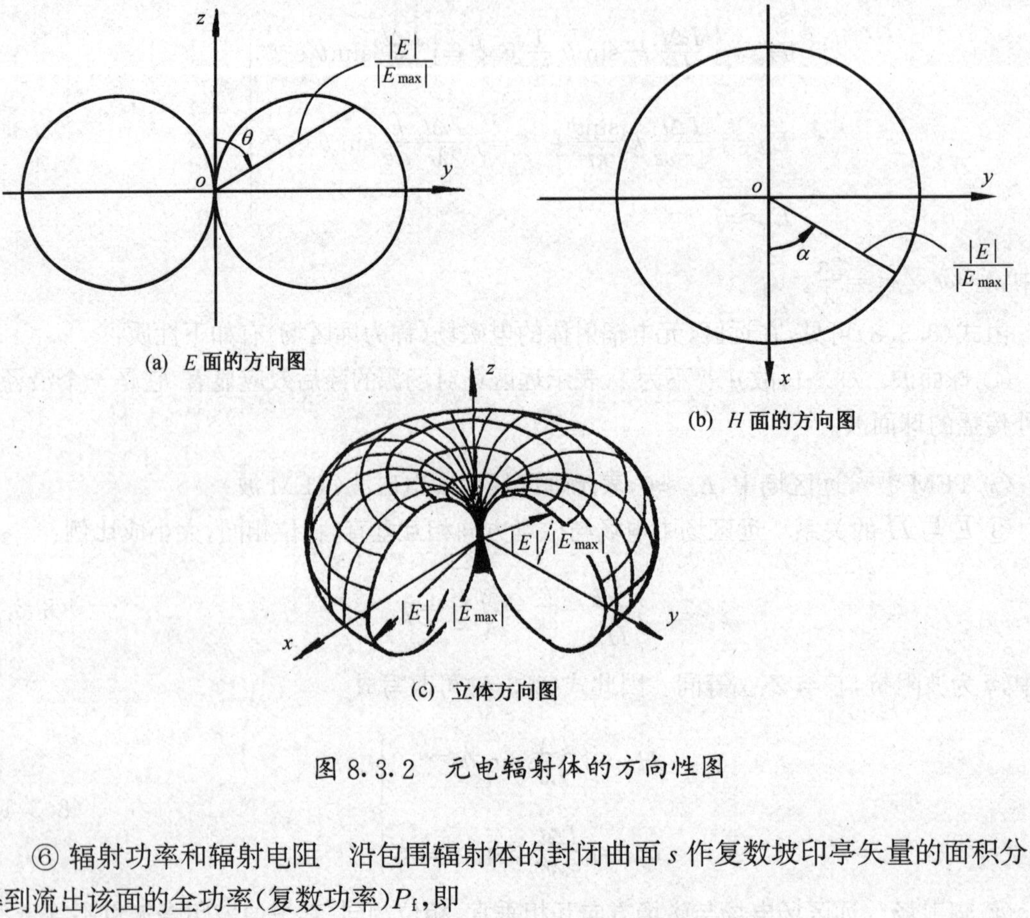

(a) E 面的方向图

(b) H 面的方向图

(c) 立体方向图

图 8.3.2 元电辐射体的方向性图

⑥ 辐射功率和辐射电阻　沿包围辐射体的封闭曲面 s 作复数坡印亭矢量的面积分，可得到流出该面的全功率(复数功率) P_{f}，即

$$P_{\mathrm{f}} = \oint_s \frac{1}{2}\ (\dot{\vec{E}} \times \dot{\vec{H}}^*) \cdot \mathrm{d}\vec{s} \tag{8.3.12}$$

取 s 为一包围辐射体的半径为 r 的球面，则

$$P_{\mathrm{f}} = \frac{1}{2}\int_0^{2\pi}\int_0^{\pi}(\dot{E}_\theta \dot{H}_\alpha^*)\ r^2 \sin\theta\,\mathrm{d}\,\theta\,\mathrm{d}\,\alpha \tag{8.3.13}$$

对于元电辐射体，将式(8.3.5)表示的 $\dot{E}_\theta$，$\dot{H}_\alpha$ 代入积分式，可得

$$P_{\mathrm{f}} = 40\pi^2\left(\frac{I\Delta l}{\lambda}\right)^2 - \mathrm{j}\,\frac{5}{\pi}\,\frac{I^2\Delta l^2\lambda}{r^3} \tag{8.3.14}$$

P_{f} 的实部 $\mathrm{Re}[P_{\mathrm{f}}] = \mathrm{Re}[\oint_s \frac{1}{2}(\dot{\vec{E}} \times \dot{\vec{H}}^*) \cdot \mathrm{d}\vec{s}]$ 表示从辐射体沿 $\vec{a}_r$ 方向辐射出去再不能返回的耗散功率，故称为辐射功率 P_{r}(对于时谐场亦为一个振荡周期内的平均功率 P_{av})

$$P_{\mathrm{r}} = \mathrm{RE}[P_{\mathrm{f}}] = \mathrm{Re}[\oint_s \frac{1}{2}(\dot{\vec{E}} \times \dot{\vec{H}}^*) \cdot \mathrm{d}\vec{s}] = 40\pi\left(\frac{I\Delta 1}{\lambda}\right)^2 \tag{8.3.15}$$

由上式可见，辐射功率 P_r 与 r 无关，这说明通过任一球面的实功率是相等的。因此，为求出辐射功率，积分可在 $r \gg \lambda$ 的远区范围的球面 s 上进行，显然，此时 $\dot{\vec{E}}$、$\dot{\vec{H}}$ 应为远区辐射场，于是

$$P_r = \frac{1}{2}\oint_s \mathrm{Re}(\vec{E}\times\vec{H}^*)\cdot d\vec{s} = \frac{1}{2\eta}\int_0^{2\pi}\int_0^{\pi}|E|^2 r^2 \sin\theta\, d\theta\, d\alpha \tag{8.3.16}$$

对元电辐射体，将式(8.3.35)表示的远区辐射场代入上式积分式，得元电辐射体的辐射功率

$$P_r = \frac{1}{2\eta}\int_0^{2\pi}\int_0^{\pi}\left(\frac{I\Delta l}{2\lambda r}\eta\sin\theta\right)^2 r^2\sin\theta d\theta d\alpha = 40\pi\left(\frac{I\Delta l}{\lambda}\right)^2$$

P_f 的虚部 $\mathrm{Im}[P_f]=P_x$ 为无功功率，振荡于辐射体附近 $r \ll \lambda$ 区域，不向外部空间传播。

辐射体辐射功率 P_r 与辐射体上激励波源电流的平方成正比。为表征辐射体辐射能力的大小，引入辐射电阻概念，其定义为辐射功率与电流(有效值)平方的比值

$$R_r = \frac{P_r}{\frac{1}{2}|\dot{I}|^2} = \frac{2P_r}{|\dot{I}|^2} \tag{8.3.17}$$

对于元电辐射体

$$R_r = 80\pi^2\left(\frac{\Delta l}{\lambda}\right)^2 \tag{8.3.18}$$

元电辐射体 $\Delta l \ll \lambda$，其 R_r 很小，可见元电辐射体的辐射能力是很弱的。

二、元磁辐射体的电磁场

元磁辐射体是与元电辐射体对偶的辐射体，它也是基本辐射体之一，它与元电辐射体在外形尺寸及场源分布上存在对偶关系。即其直径 $2a$ 或横向尺寸 W 较其纵向尺寸(长度) Δl 小得多，为线状辐射体，且 Δl 远小于工作波长 $\lambda(\Delta l \ll \lambda)$；沿纵向有等效的磁流，且沿纵向均匀分布，可写成

$$\dot{I}_m = I_{m0}\, e^{j\omega t} \tag{8.3.19}$$

元电辐射体沿纵向有电流，其表面有横向磁场。元磁辐射体表面有横向电场，根据等效原理，其表面电场等效为磁流，其等效关系为

$$\vec{n}\times\dot{\vec{E}} = -\dot{\vec{J}}_{lm} \tag{8.3.20}$$

其中 $\vec{n}$ 为辐射体表面法向单位矢量。元磁辐射体表面的纵向磁流 $\dot{I}_m$ 则为

$$\dot{I}_m = 2\pi a\,\dot{J}_{lm} \quad 或 \quad \dot{I}_m = W\,\dot{J}_{lm} \tag{8.3.21}$$

元磁辐射体与元电辐射体之间存在着对偶关系。因此元磁辐射体的电磁场可以应用电磁对偶原理获得：

$$\left.\begin{aligned}
&\dot{E}_{\mathrm{m}r}=0\\
&\dot{E}_{\mathrm{m}\theta}=0\\
&\dot{E}_{\mathrm{m}\alpha}=-\frac{\dot{I}_{\mathrm{m}}\Delta l}{4\pi}k^{2}\sin\theta\left[\frac{j}{kr}+\frac{1}{(kr)^{2}}\right]\mathrm{e}^{-\mathrm{j}kr}\\
&\dot{H}_{\mathrm{m}r}=\frac{\dot{I}_{\mathrm{m}}\Delta l\cos\theta}{2\pi\omega\mu}k^{3}\left[\frac{1}{(kr)^{2}}-\frac{1}{(kr)^{3}}\right]\mathrm{e}^{-\mathrm{j}kr}\\
&\dot{H}_{\mathrm{m}\theta}=\mathrm{j}\frac{\dot{I}_{\mathrm{m}}\Delta l\sin\theta}{4\pi\omega\mu}k^{3}\left[\frac{1}{kr}-\frac{j}{(kr)^{2}}-\frac{1}{(kr)^{3}}\right]\mathrm{e}^{-\mathrm{j}kr}\\
&\dot{H}_{\mathrm{m}\alpha}=0
\end{aligned}\right\}\tag{8.3.22}$$

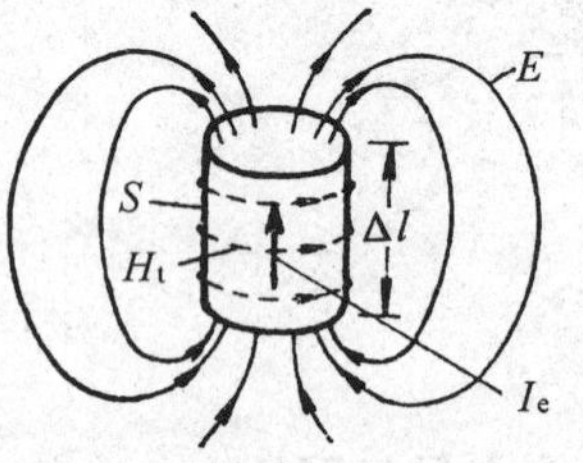

(a)元电辐射体附近的场分布

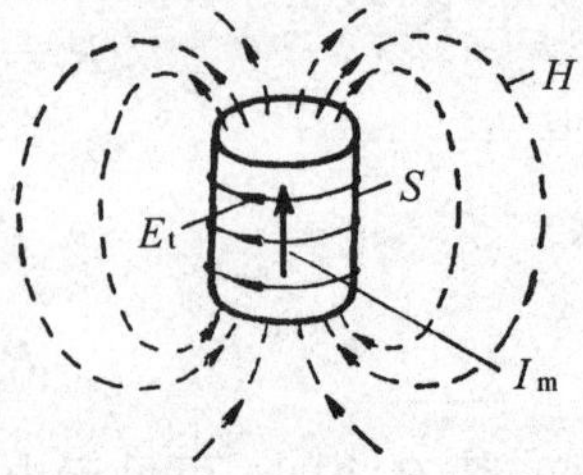

(b)元磁辐射体附近的场分布

图 8.3.3 元电辐射体与元磁辐射体的对比

元磁辐射体的电磁场也可以分成近区和远区来讨论。

近区：$kr\ll1,\mathrm{e}^{-\mathrm{j}kr}\approx1$。元磁辐射体在近区中电磁场主要由$(kr)^{-2}$和$(kr)^{-3}$项决定，近似为

$$\left.\begin{aligned}
&\dot{E}_{\mathrm{m}\alpha}=-\frac{\dot{I}_{\mathrm{m}}\Delta l}{4\pi r^{2}}\sin\theta\\
&\dot{H}_{\mathrm{m}r}=-\mathrm{j}\frac{\dot{I}_{\mathrm{m}}\Delta l}{2\pi\omega\mu r^{3}}\cos\theta\\
&\dot{H}_{\mathrm{m}\theta}=-\mathrm{j}\frac{\dot{I}_{\mathrm{m}}\Delta l}{4\pi\omega\mu r^{3}}\sin\theta
\end{aligned}\right\}\tag{8.3.23}$$

式(8.3.24)称为元磁辐射体近区场。近区场的电场与磁场相位相差$\frac{\pi}{2}$，其平均坡印亭矢量等于零，因此它不辐射电磁场功率，其性质与似稳场相似。

远区：$kr\gg1$。在远区，电磁场主要由$(kr)^{-1}$项决定，近似为

$$\left.\begin{aligned}
&\dot{E}_{\mathrm{m}\alpha}=-\mathrm{j}\frac{\dot{I}_{\mathrm{m}}\Delta l}{4\pi}k^{2}\sin\theta\frac{1}{kr}\mathrm{e}^{-\mathrm{j}kr}=-\mathrm{j}\frac{\dot{I}_{m}\Delta l}{2\lambda r}\sin\theta\,\mathrm{e}^{-\mathrm{j}kr}\\
&\dot{H}_{\mathrm{m}\theta}=\mathrm{j}\frac{\dot{I}_{\mathrm{m}}\Delta l\sin\theta}{4\pi\omega\mu}\frac{k^{3}}{kr}\mathrm{e}^{-\mathrm{j}kr}=\mathrm{j}\frac{\dot{I}_{\mathrm{m}}\Delta l}{2\lambda r\eta}\sin\theta\,\mathrm{e}^{-\mathrm{j}kr}
\end{aligned}\right\}\tag{8.3.24}$$

式(8.3.24)称为元磁辐射体远区场。远区场的电场与磁场矢量方向正交，在相位上同相，其平均坡印亭矢量不等于零，指向$+\vec{a}_r$方向，即向外部空间辐射电磁场功率，故又称为辐射场。

元磁辐射体的物理模型有：载有高频电流的小圆环，圆环半径$a \ll \lambda$，环上电流均匀分布；在金属导电平面上的小槽，槽长$\Delta l \ll \lambda$，槽宽$W \ll \Delta l$，槽上激励有横向的均匀电场。

三、元口径辐射体的电磁场

元电辐射体与元磁辐射体均为线状辐射体，其横向尺寸较纵向尺寸小得多，沿纵向有波源电流、磁流分布，它们是构成线状天线的基本辐射单元。元口径辐射体横向尺寸Δl_1与纵向尺寸Δl_2可比拟，但尺寸Δl_1与Δl_2均很小[$(\Delta l_1、\Delta l_2) \ll \lambda$]，辐射体呈平面状，口径面上有表面电磁场$\dot{\vec{E}}_s$、$\dot{\vec{H}}_s$，$\dot{\vec{E}}_s$与$\dot{\vec{H}}_s$在面上正交、均匀分布，且成比例$\dfrac{\dot{E}_s}{\dot{H}_s}=\dfrac{\dot{E}_0}{\dot{H}_0}=\sqrt{\dfrac{\mu_s}{\varepsilon_s}}=\eta_s$（$\eta_s$为口径面处波阻抗，它决定于口径面上媒质特性参量$\mu_s,\varepsilon_s$）。元口径辐射体是构成面状天线的基本辐射单元，又称为惠更斯元。

在图 8.3.4 所示的座标系中，xoy座标面上惠更斯元面积$\Delta s=\Delta l_1\Delta l_2$，口径面上表面电磁场$\dot{\vec{E}}_s$、$\dot{\vec{H}}_s$分别为

$$\left.\begin{aligned}\dot{\vec{E}}_s&=\vec{a}_y\dot{E}_0\\ \dot{\vec{H}}_s&=\frac{\vec{n}\times\dot{\vec{E}}_s}{\eta_s}=-\vec{a}_x\dot{H}_0\\ \frac{\dot{E}_s}{\dot{H}_s}&=\frac{\dot{E}_0}{\dot{H}_0}=\eta_s=\sqrt{\frac{\mu_s}{\varepsilon_s}}\end{aligned}\right\}\qquad(8.3.25)$$

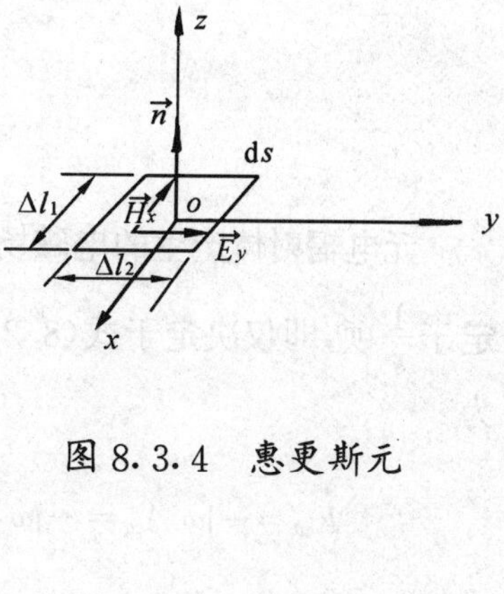

图 8.3.4　惠更斯元

元口径中心与座标原点重合。

按等效原理，元口径表面电磁场可等效为磁流和电流。其表面磁流密度和电流密度分别为

$$\left.\begin{aligned}\dot{\vec{J}}_m&=-\vec{n}\times\dot{\vec{E}}_s=\vec{a}_x\dot{E}_0\\ \dot{\vec{J}}_e&=\vec{n}\times\dot{\vec{H}}_s=-\vec{a}_y\dot{H}_0=-\vec{a}_y\frac{\dot{E}_0}{\eta_s}\end{aligned}\right\}\qquad(8.3.26)$$

式中，$\vec{n}$为元口径法向单位矢量，$\vec{n}=\vec{a}_z$。

元口径上磁流强度和电流强度分别为

$$\left.\begin{aligned}\dot{I}_m&=\dot{J}_m\Delta l_2=\dot{E}_0\,\Delta l_2\\ \dot{I}_e&=\dot{J}_e\Delta l_1=-\dot{H}_0\,\Delta l_1=-\frac{\dot{E}_0}{\eta_s}\,\Delta l_1\end{aligned}\right\}\qquad(8.3.27)$$

它们沿其流动方向均匀分布，将元口径辐射体等效为两互相正交的元磁辐射体与元电辐射体，因此元口径辐射体产生的电磁场为此两辐射体场的叠加。

现首先求解等效元电辐射体的场。等效元电辐射体轴线与y轴平行，其中电流流向沿$-\vec{a}_y$方向，等效电流$\dot{I}_e=\dfrac{\dot{E}_0}{\eta_s}\,\Delta l_1$，长度为$\Delta l_2$，因此这等效元电辐射体产生的矢量磁位的复数

振幅由式(8.2.29)可得：

$$\dot{\vec{A}}_e=\vec{a}_y\dot{A}_{ey}=-\vec{a}_y\frac{\mu\dot{I}_e\Delta l_2}{4\pi r}e^{-jkr}=$$

$$-\vec{a}_y\frac{\mu\dot{E}_0\Delta l_1\Delta l_2}{4\pi r\eta_s}e^{-jkr}=-\vec{a}_y\frac{\mu\dot{E}_0\Delta s}{4\pi r\ \eta_s}e^{-jkr} \quad (8.3.28)$$

在球座标系中 $\dot{\vec{A}}_e$ 的各分量为

$$\left.\begin{aligned}\dot{A}_{er}&=\dot{A}_{ey}\sin\alpha\sin\theta\\ \dot{A}_{e\theta}&=\dot{A}_{ey}\sin\alpha\cos\theta\\ \dot{A}_{e\alpha}&=\dot{A}_{ey}\cos\alpha\end{aligned}\right\} \quad (8.3.29)$$

式中，$\dot{A}_{ey}=-\frac{\mu\dot{E}_0\ \Delta s}{4\pi r\eta_s}e^{-jkr}$。

由电磁场量与位函数的关系式(8.2.17)与(8.2.18)，即可求得等效元电辐射体的电磁场量 $\dot{\vec{E}}_e$、$\dot{\vec{H}}_e$：

$$\dot{\vec{E}}_e=-j\omega\dot{\vec{A}}_e-j\frac{\nabla\nabla\cdot\dot{\vec{A}}_e}{\omega\mu\varepsilon}$$

$$\dot{\vec{H}}_e=\frac{1}{\mu}\nabla\times\dot{\vec{A}}_e$$

元电辐射体产生的电磁场中，辐射场部分的 $\vec{a}_r$ 方向场强分量很小，可忽略；且辐射场决定于 $\frac{1}{r}$ 项，即仅决定于式(8.2.17)中 $-j\omega\dot{\vec{A}}_e$ 项，因此等效元电辐射体的辐射场的电场分量为

$$\dot{E}_{e\theta}=-j\omega\dot{A}_{e\theta}=-j\omega\dot{A}_{ey}\sin\alpha\cos\theta=j\omega\frac{\mu\dot{E}_0\Delta s}{4\pi r\ \eta_s}\sin\alpha\cos\theta\, e^{-jkr} \quad (8.3.30a)$$

$$\dot{E}_{e\alpha}=-j\omega\dot{A}_{e\alpha}=-j\omega\dot{A}_{ey}\cos\alpha=j\omega\frac{\mu\dot{E}_0\ \Delta s}{4\pi r\ \eta_s}\cos\alpha\, e^{-jkr} \quad (8.3.30b)$$

辐射场的电场与磁场有固定关系，故等效元电辐射场中磁场分量可直接根据相应的电场分量得出

$$\dot{H}_{e\theta}=-\frac{\dot{E}_{e\alpha}}{\eta} \quad (8.3.30c)$$

$$\dot{H}_{e\alpha}=\frac{\dot{E}_{e\theta}}{\eta} \quad (8.3.30d)$$

式中，η 为空间媒质波阻抗 $\eta=\sqrt{\frac{\mu}{\varepsilon}}$，决定于空间媒质参量 μ、ε。

对于等效的元磁辐射体，其轴线沿 x 轴，其中磁流沿 $\vec{a}_x$ 方向，等效磁流 $I_m=E_0\Delta l_2$，长度为 Δl_1，因此这等效元磁辐射体产生的矢量电位的复数振幅为

$$\vec{A}_{\mathrm{m}}=\vec{a}_x\dot{A}_{\mathrm{m}x}=\vec{a}_x\frac{\varepsilon\dot{I}_{\mathrm{m}}\Delta l_1}{4\pi r}\mathrm{e}^{-\mathrm{j}kr}=\vec{a}_x\frac{\varepsilon\dot{E}_0\Delta l_1\Delta l_2}{4\pi r}\mathrm{e}^{-\mathrm{j}kr}=\vec{a}_x\frac{\varepsilon\dot{E}_0\Delta s}{4\pi r}\mathrm{e}^{-\mathrm{j}kr} \tag{8.3.31}$$

在球座标系中各分量为

$$\left.\begin{aligned}\dot{A}_{\mathrm{m}r}&=\dot{A}_{\mathrm{m}x}\cos\alpha\sin\theta\\ \dot{A}_{\mathrm{m}\theta}&=\dot{A}_{\mathrm{m}x}\cos\alpha\cos\theta\\ \dot{A}_{\mathrm{m}\alpha}&=-\dot{A}_{\mathrm{m}x}\sin\alpha\end{aligned}\right\} \tag{8.3.32}$$

式中，$\dot{A}_{\mathrm{m}x}=\dfrac{\varepsilon\dot{E}_0\Delta s}{4\pi r}\mathrm{e}^{-\mathrm{j}kr}$。

由电磁场量与位函数的关系，即可求得等效元磁辐射体的电磁场量

$$\vec{E}_{\mathrm{m}}=-\frac{1}{\varepsilon}\nabla\times\vec{A}_{\mathrm{m}}$$

$$\vec{H}_{\mathrm{m}}=-\mathrm{j}\,\omega\vec{A}_{\mathrm{m}}-\mathrm{j}\,\frac{\nabla\nabla\cdot\vec{A}_{\mathrm{m}}}{\omega\mu\varepsilon}$$

同样元磁辐射体产生的电磁场中，辐射场部分的 $\vec{a}_r$ 方向场强分量很小，可忽略；辐射场决定于其中$\dfrac{1}{r}$项，即仅决定于上式中$-\mathrm{j}\omega\vec{A}_{\mathrm{m}}$ 项，因此等效元磁辐射体的辐射场各场分量为

$$\dot{H}_{\mathrm{m}\theta}=-\mathrm{j}\omega\dot{A}_{\mathrm{m}x}\cos\alpha\cos\theta=-\mathrm{j}\omega\frac{\varepsilon\dot{E}_0\Delta s}{4\pi r}\cos\alpha\cos\theta\,\mathrm{e}^{-\mathrm{j}kr} \tag{8.3.33a}$$

$$\dot{H}_{\mathrm{m}\alpha}=\mathrm{j}\omega\dot{A}_{\mathrm{m}x}\sin\alpha=\mathrm{j}\,\omega\frac{\varepsilon\dot{E}_0\Delta s}{4\pi r}\sin\alpha\,\mathrm{e}^{-\mathrm{j}kr} \tag{8.3.33b}$$

$$\dot{E}_{\mathrm{m}\theta}=\dot{H}_{\mathrm{m}\alpha}\eta=\mathrm{j}\omega\frac{\varepsilon\dot{E}_0\,\eta\Delta s}{4\pi r}\sin\alpha\,\mathrm{e}^{-\mathrm{j}kr} \tag{8.3.33c}$$

$$\dot{E}_{\mathrm{m}\alpha}=-\dot{H}_{\mathrm{m}\theta}\eta=\mathrm{j}\omega\frac{\varepsilon\dot{E}_0\,\eta\Delta s}{4\pi r}\cos\alpha\cos\theta\,\mathrm{e}^{-\mathrm{j}kr} \tag{8.3.33d}$$

元口径辐射体等效为两正交的元电辐射体与元磁辐射体，故其电磁场为此两辐射体场叠加。元口径辐射体的辐射场为

$$\begin{aligned}\dot{E}_\theta&=\dot{E}_{\mathrm{e}\theta}+\dot{E}_{\mathrm{m}\theta}=\\ &\mathrm{j}\omega\frac{\mu\dot{E}_0\,\Delta s}{4\pi r\,\eta_s}\sin\alpha\cos\theta\,\mathrm{e}^{-\mathrm{j}kr}+\mathrm{j}\omega\frac{\varepsilon\dot{E}_0\,\eta\Delta s}{4\pi r}\sin\alpha\,\mathrm{e}^{-\mathrm{j}kr}=\\ &\mathrm{j}\omega\sqrt{\mu\varepsilon}\,\frac{\dot{E}_0\,\Delta s}{4\pi r}\sin\alpha\left(\frac{\eta}{\eta_s}\cos\theta+1\right)\mathrm{e}^{-\mathrm{j}kr}=\\ &\mathrm{j}\,\frac{\dot{E}_0\Delta s}{2\lambda r}\sin\alpha\left(\frac{\eta}{\eta_s}\cos\theta+1\right)\mathrm{e}^{-\mathrm{j}kr}\end{aligned} \tag{8.3.34a}$$

$$\begin{aligned}\dot{E}_\alpha&=\dot{E}_{\mathrm{e}\alpha}+\dot{E}_{\mathrm{m}\alpha}=\\ &\mathrm{j}\omega\frac{\mu\dot{E}_0\Delta s}{4\pi r\eta_s}\cos\alpha\,\mathrm{e}^{-\mathrm{j}kr}+\mathrm{j}\omega\frac{\varepsilon\dot{E}_0\,\eta\Delta s}{4\pi r}\cos\alpha\cos\theta\,\mathrm{e}^{-\mathrm{j}kr}=\end{aligned}$$

$$j\omega\sqrt{\mu\varepsilon}\ \frac{\dot{E}_0\,\Delta s}{4\pi r}\cos\alpha\left(\frac{\eta}{\eta_s}+\cos\theta\right)e^{-jkr}=$$

$$j\ \frac{\dot{E}_0\Delta s}{2\lambda r}\cos\alpha\left(\frac{\eta}{\eta_s}+\cos\theta\right)e^{-jkr} \tag{8.3.34b}$$

$$\dot{H}_\theta=-\frac{\dot{E}_\alpha}{\eta} \tag{8.3.34c}$$

$$\dot{H}_\alpha=\frac{\dot{E}_\theta}{\eta} \tag{8.3.34d}$$

其中 $\omega\sqrt{\mu\varepsilon}=\dfrac{2\pi}{\lambda}$。

元口径辐射体的辐射场有两个分量 E_θ 与 E_α，其合成场强 $\vec{E}=\vec{a}_\theta E_\theta+\vec{a}_\alpha E_\alpha$ 的大小为

$$E=\sqrt{E_\theta^2+E_\alpha^2} \tag{8.3.35}$$

E 与两角座标 θ、α 均有关，因此其方向性函数及方向性图亦与两角坐标有关。

当元口径面上媒质亦为空气，则其表面媒质波阻抗 $\eta_s=\sqrt{\dfrac{\mu_s}{\varepsilon_s}}$ 与空间波阻抗 $\eta=\sqrt{\dfrac{\mu_0}{\varepsilon_0}}$ 相等，从而式(8.3.34)成为

$$\dot{E}_\theta=j\ \frac{\dot{E}_0\Delta s}{2\lambda r}\sin\alpha(1+\cos\theta)\ e^{-jkr}=j\ \frac{\dot{E}_0\Delta s}{\lambda r}\sin\alpha\cos^2\frac{\theta}{2}\ e^{-jkr} \tag{8.3.36a}$$

$$\dot{E}_\alpha=j\ \frac{\dot{E}_0\Delta s}{2\lambda r}\cos\alpha(1+\cos\theta)\ e^{-jkr}=j\ \frac{\dot{E}_0\ \Delta s}{\lambda r}\cos\alpha\cos^2\frac{\theta}{2}\ e^{-jkr} \tag{8.3.36b}$$

$$\dot{H}_\theta=-\frac{\dot{E}_\alpha}{\eta} \tag{8.3.36c}$$

$$\dot{H}_\alpha=\frac{\dot{E}_\theta}{\eta} \tag{8.3.36d}$$

其合成场强 $\vec{E}$ 的大小

$$E=\sqrt{E_\theta^2+E_\alpha^2}=\frac{E_0\Delta s}{\lambda r}\cos^2\frac{\theta}{2} \tag{8.3.37}$$

仅与座标 θ 有关，因此其方向性函数及方向性图亦仅与一个角座标 θ 有关，方向性图为以口径面法线为旋转轴的旋转对称体。如图 8.3.5 所示。

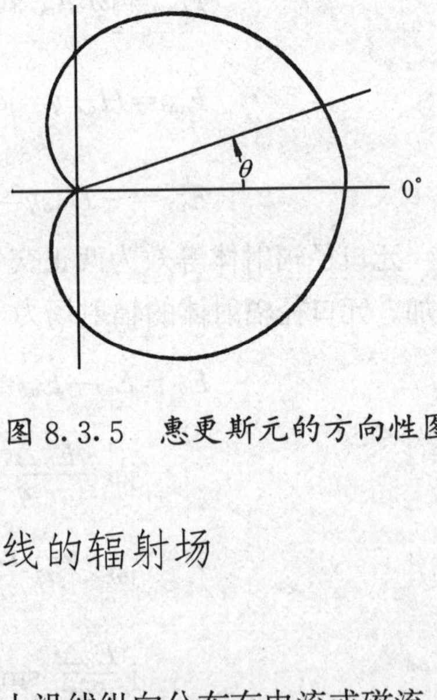

图 8.3.5　惠更斯元的方向性图

* §8.4　线状天线与面状天线的辐射场

一、线状天线的辐射场

线状天线的横向尺寸较其纵向尺寸小得多，线状天线上沿线纵向分布有电流或磁流。根据其电流或磁流的分布情况，线状天线又可分为振子天线与行波天线两大类。

1. 振子天线

天线上电流或磁流呈驻波分布的称为振子天线。例如终端开路的双线传输线上的电流

呈驻波分布，将此双线传输线张开 180°，即形成对称振子天线，如图 8.4.1(a)所示。

对称振子天线因其结构简单，而被广泛应用的一种线状天线，可应用于各波段中。对称振子天线上电流呈驻波分布，选取坐标系如图 8.4.1(b)所示，坐标原点取于振子对称点，z 轴沿振子轴线，若对称振子的单臂长为 l，则振子上电流可近似表示为

$$\dot{I}(z)=\dot{I}_{\mathrm{m}}\sin k(l-|z|) \tag{8.4.1}$$

式中，$\dot{I}_{\mathrm{m}}$ * 为驻波波腹点电流的复数振幅，$k=\frac{2\pi}{\lambda}$。

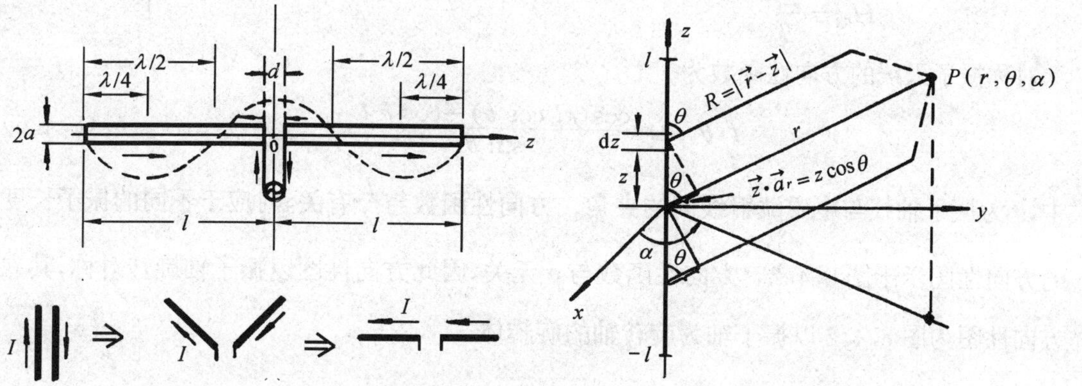

(a)对称振子及其上的近似电源分布　　(b)对称振子远区辐射场的计算

图 8.4.1　对称振子

把对称振子天线分成很多个长为 dz 的微分元，当微分元 dz 长度很小时，可认为每微分元上电流均匀分布，故这些微分电流元可视为元电辐射体，对称振子天线则由无数个首尾相连的元电辐射体组合。按照叠加原理，对称振子天线在空间 P 点的电磁场就是这些元电辐射体在该点的场的叠加。

在振子上 z 处电流元在远区 P 点的辐射场为

$$\mathrm{d}\dot{E}_\theta=\mathrm{j}\,\frac{\dot{I}(z)\eta}{2\lambda R}\sin\theta\,\mathrm{e}^{-\mathrm{j}kR}\,\mathrm{d}z \tag{8.4.2}$$

当远区 P 点离天线很远，振子上各点至 P 点的射线可视为平行线，则

$$\left.\begin{aligned} R&=|\vec{r}-\vec{z}|\approx r-z\cos\theta \\ \frac{\mathrm{e}^{-\mathrm{j}kR}}{R}&\approx\frac{\mathrm{e}^{-\mathrm{j}k(r-z\cos\theta)}}{r-z\cos\theta}\approx\frac{\mathrm{e}^{-\mathrm{j}kr}}{r}\,\mathrm{e}^{\mathrm{j}kz\cos\theta}\end{aligned}\right\} \tag{8.4.3}$$

因此式(8.4.2)可近似为

$$\mathrm{d}\dot{E}_\theta=\mathrm{j}\,\frac{\dot{I}(z)\eta}{2\lambda r}\sin\theta\,\mathrm{e}^{-\mathrm{j}kr}\,\mathrm{e}^{\mathrm{j}kz\cos\theta}\,\mathrm{d}z \tag{8.4.4}$$

由此利用叠加原理，即可求得对称振子天线的辐射场为

---

* 注意此处 $\dot{I}_{\mathrm{m}}$ 的物理意义为驻波波腹点电流的复数振幅，与上节(§8.3)中 $\dot{I}_{\mathrm{m}}$ 表示的磁流有不同的含义。

$$\left.\begin{aligned}\dot{E}_\theta &= \int \mathrm{d}\dot{E}_\theta = \mathrm{j}\,\frac{\dot{I}_\mathrm{m}\eta}{2\lambda r}\sin\theta\,\mathrm{e}^{-\mathrm{j}kr}\int_{-l}^{+l}\sin k(l-|z|)\mathrm{e}^{\mathrm{j}kz\cos\theta}\,\mathrm{d}z = \\ &\mathrm{j}\,\frac{60\,\dot{I}_\mathrm{m}}{r}\,\mathrm{e}^{-\mathrm{j}kr}\sin\theta\left[\frac{\cos(k\,l\cos\theta)-\cos kl}{\sin^2\theta}\right] = \\ &\mathrm{j}\,\frac{60\dot{I}_\mathrm{m}}{r}\left[\frac{\cos(kl\cos\theta)-\cos kl}{\sin\theta}\right]\mathrm{e}^{-\mathrm{j}kr} \\ \dot{H}_\alpha &= \frac{\dot{E}_\theta}{\eta}\end{aligned}\right\} \tag{8.4.5}$$

对称振子天线的方向性函数为

$$f(\theta,\alpha)=\frac{\cos(kl\cos\theta)-\cos k\,l}{\sin\theta} \tag{8.4.6}$$

式中，θ 为振子轴线与电磁波射线间的夹角。方向性函数与$\frac{l}{\lambda}$有关，对应于不同的振子长度$\frac{l}{\lambda}$的方向性图示于图 8.4.2。方向性函数与 α 无关，因此方向性图以振子轴旋转对称，其立体方向性图为图 8.4.2 以振子轴为旋转轴的旋转体。

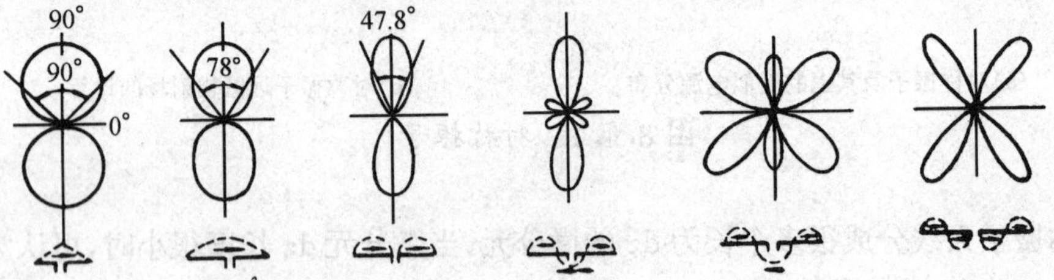

$2l\ll\lambda$　$2l=\frac{\lambda}{2}$　$2l=\lambda$　$2l=1.25\lambda$　$2l=1.5\lambda$　$2l=2\lambda$

图 8.4.2　对称振子的方向性图

对称振子方向性图随振子长度$\frac{l}{\lambda}$而变化的特性可用波的干涉概念作定性的说明。前已指出，对称振子的辐射场是许多元电辐射体辐射场的叠加。对于短天线，由于 $2l\ll\lambda$，各电流元到同一观测点的波程差可以忽略，各电流元的场均同相叠加，故振子方向性图只取决于电流元的方向性图。当对称振子的长度与波长可相比拟但 $2l\leqslant\lambda$ 时，振子臂上的电流是同相分布的，所以各电流元的辐射场除在赤道面上无波程差，其辐射场均同相叠加外，在其他方向上各电流元辐射场波程差不同，因而各元辐射场的相位各不相同，叠加是复数相加，从而引起各方向上辐射场幅度的变化。振子的电长度$\frac{l}{\lambda}$越长，波程差随角度变化越快，方向性图主瓣越窄。当 $2l>\lambda$ 时，振子上出现反相电流，这时各电流元辐射场的相位变化更快，反映在振子方向性图上，不仅主瓣变得更窄，且出现了较主瓣小的副瓣，从而分散了主瓣的辐射功率，这是天线工程中不希望的。因此长度 $2l=\frac{\lambda}{2}$ 的半波对称振子与 $2l=\lambda$ 的全波对称振子是最常用的对称振子天线。

2. 行波天线

天线上电流或磁流呈行波分布时，称为行波天线。单导线行波天线、菱形天线等均属行波天线。

对行波天线辐射场的求解仍利用叠加原理，由元辐射体的辐射场叠加求得。例如单导线行波天线(如图 8.4.3)，其电流分布为

$$\dot{I}(z)=\dot{I}_0 e^{-(\alpha+jk')z} \tag{8.4.7}$$

式中，$\dot{I}_0$ 为天线起始端电流；α 为衰减常数；k' 为相移常数。

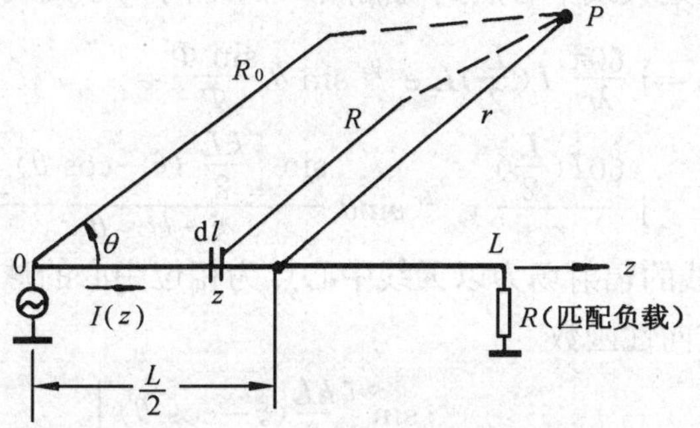

图 8.4.3 单导线行波天线

将天线分为许多电流元，其中一个电流元在距离为 R 的 P 点处所产生的辐射场为(见图 8.4.3)

$$d\dot{E}_\theta=j\frac{\dot{I}(z)\eta}{2\lambda R}\sin\theta\, e^{-jkR}dz \tag{8.4.8}$$

如果用 R_0 表示从天线输入端到观测点 P 的距离，则当 P 点很远时，可近似认为 R 与 R_0 平行，此时

$$R=R_0-z\cos\theta \tag{8.4.9}$$

式中，R 和 R_0 均很大，$z\cos\theta$ 较之很小，因此 $\frac{1}{R}\approx\frac{1}{R_0}$。将 $\dot{I}(z)=\dot{I}_0 e^{-(\alpha+jk')z}$ 和 $\eta=120\pi$ 代入式(8.4.8)，得

$$d\dot{E}_\theta=j\frac{60\pi}{\lambda R_0}\dot{I}_0\sin\theta\, e^{-jkR_0}e^{-\alpha z}e^{-jkz(\xi-\cos\theta)}dz \tag{8.4.10}$$

式中，$\xi=\frac{k'}{k}=\frac{\lambda}{\lambda'}=\frac{c}{v}$ 为电波在空间传播的速度 c 与电流沿导线传播 v 的速度之比。

单导线行波天线的辐射场为其上各电流元辐射场的叠加：

$$\dot{E}_\theta=j\frac{60\pi}{\lambda R_0}\dot{I}_0\sin\theta\, e^{-jkR_0}\int_0^L e^{-\alpha z}e^{-jkz(\xi-\cos\theta)}dz=$$

$$j\frac{60\pi}{\lambda R_0}\dot{I}_0 L e^{-U}e^{-jkR_0}\sin\theta\frac{\mathrm{sh}U}{U} \tag{8.4.11}$$

式中，L 为单导线行波天线的长度；$U=[\alpha+jk(\xi-\cos\theta)]\frac{L}{2}$。

当天线上行波电流无衰减时，$\alpha=0$，$U=\mathrm{j}\,\dfrac{kL}{2}\,(\xi-\cos\theta)$，则

$$\dot{E}_\theta=\mathrm{j}\,\frac{60\pi}{\lambda R_0}\,\dot{I}_0\,L\mathrm{e}^{-\mathrm{j}\Phi}\,\mathrm{e}^{-\mathrm{j}kR_0}\sin\theta\,\frac{\sin\Phi}{\Phi} \tag{8.4.12}$$

式中，$\Phi=\dfrac{kL}{2}(\xi-\cos\theta)$为天线始端(或终端)电流元的辐射场与中心电流元辐射场间的总相位差。

由于 $\dot{I}_0\,\mathrm{e}^{-\mathrm{j}\Phi}\,\mathrm{e}^{-\mathrm{j}kR_0}=(\dot{I}_0\mathrm{e}^{-\mathrm{j}k'\frac{L}{2}})\,\mathrm{e}^{-\mathrm{j}k(R_0-\frac{L}{2}\cos\theta)}$，其中 $\dot{I}_0\mathrm{e}^{-\mathrm{j}k'\frac{L}{2}}$恰为天线中心点 $z=\dfrac{L}{2}$的电流 $\dot{I}(\dfrac{L}{2})$，而 $R_0-\dfrac{L}{2}\cos\theta$ 则是天线中心点到观测点 P 的距离 r，于是式(8.4.12)可改写为

$$\dot{E}_\theta=\mathrm{j}\,\frac{60\pi}{\lambda r}\,\dot{I}(\frac{L}{2})L\,\mathrm{e}^{-\mathrm{j}kr}\sin\theta\,\frac{\sin\Phi}{\Phi}=$$

$$\mathrm{j}\,\frac{60\dot{I}(\frac{L}{2})}{r}\,\mathrm{e}^{-\mathrm{j}kr}\sin\theta\,\frac{\sin\left[\frac{kL}{2}\,(\xi-\cos\theta)\right]}{\xi-\cos\theta} \tag{8.4.13}$$

上式表明，单导线行波天线的辐射场为以天线中心点为相位中心的球面波。

单导线行波天线的方向性函数

$$f(\theta,\alpha)=\sin\theta\,\frac{\sin\left[\frac{kL}{2}(\xi-\cos\theta)\right]}{\xi-\cos\theta} \tag{8.4.14}$$

与坐标角 α 无关，因此其相应的方向性图为以导线为轴的旋转对称体。其通过天线轴线的平面方向性图如图 8.4.4 所示。

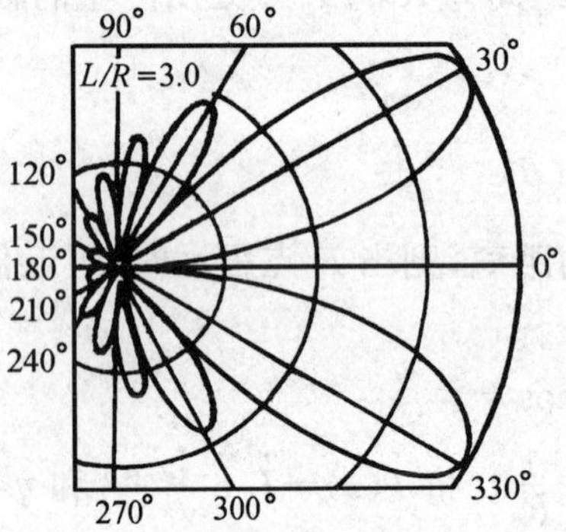

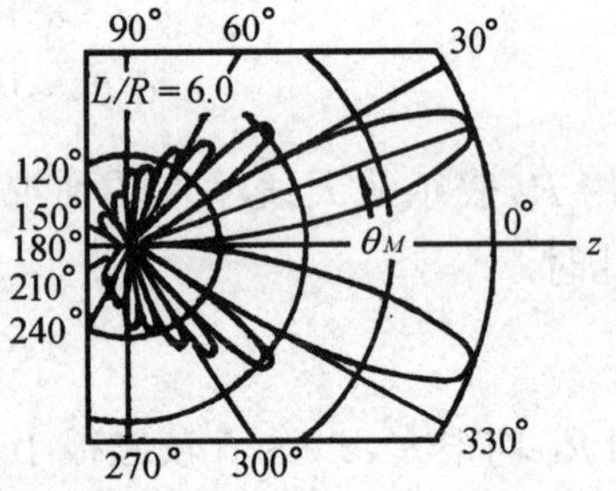

图 8.4.4　单导线行波天线的方向性图

菱形天线如图 8.4.5 所示，终端接匹配负载，其上电流为行波分布。菱形天线可视为由四根长为 L 的单导线行波天线组成，则其辐射场为此四根单导线行波天线的辐射场叠加。

二、面状天线的辐射场

面状天线口径呈面状，口径面的两正交方向尺寸相近，面上分布有表面电磁场(口径场)$\dot{E}_s$、$\dot{H}_s$，两者方向正交，大小成比例。

选取坐标系如图 8.4.6，口径面位于 xoy 平面上，口径面法线沿 z 轴方向。

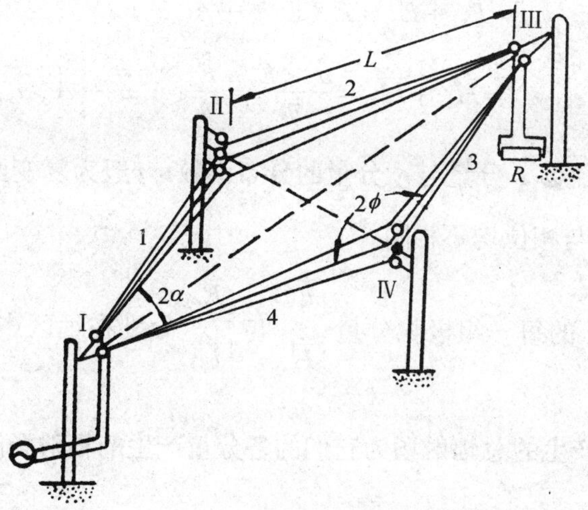

图 8.4.5　菱形天线

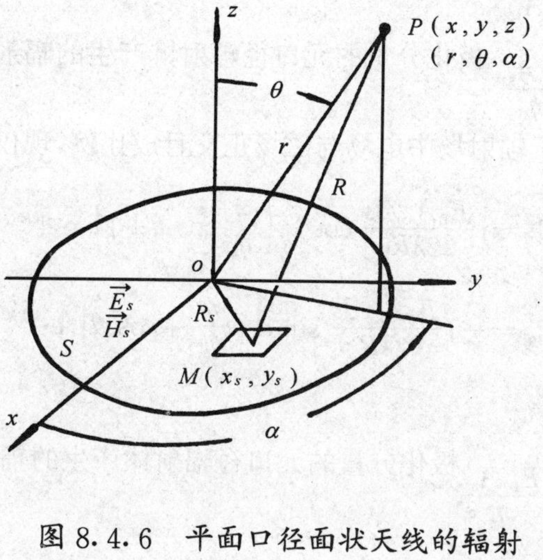

图 8.4.6　平面口径面状天线的辐射

口径面电磁场 $\dot{\vec{E}}_s$、$\dot{\vec{H}}_s$ 在口径面上的分布为

$$\left.\begin{aligned} &\dot{\vec{E}}_s=\dot{\vec{E}}_s(x_s,y_s)\text{或}\dot{\vec{E}}_s=\dot{\vec{E}}_s(R_s,\alpha_s)\\ &\dot{\vec{H}}_s=\frac{\vec{n}\times\dot{\vec{E}}_s}{\eta_s}\end{aligned}\right\} \tag{8.4.15}$$

式中，η_s 为口径面波阻抗，决定于口径面上的媒质特性，$\eta_s=\sqrt{\dfrac{\mu_s}{\varepsilon_s}}$；$\vec{n}$ 为口径面法向单位矢量，$\vec{n}=\vec{a}_z$。

口径电磁场 $\dot{\vec{E}}_s$、$\dot{\vec{H}}_s$ 的极化可以是任意的，用互相垂直的 x 分量与 y 分量叠加来表示：

$$\left.\begin{aligned}\vec{\dot{E}}_s(x_s,y_s)&=\vec{\dot{E}}_{sx}+\vec{\dot{E}}_{sy}=\dot{E}_0(\dot{A}_{sx}\vec{a}_x+\dot{A}_{sy}\vec{a}_y)\\ \vec{\dot{H}}_s(x_s,y_s)&=\vec{\dot{H}}_{sx}+\vec{\dot{H}}_{sy}=\frac{\vec{a}_z\times\vec{\dot{E}}_s}{\eta_s}=\frac{\dot{E}_0}{\eta_s}(\dot{A}_{sx}\vec{a}_y-\dot{A}_{sy}\vec{a}_x)\end{aligned}\right\}\quad(8.4.16)$$

式中，$\dot{A}_{sx}$、$\dot{A}_{sy}$分别为口径场 x 分量与 y 分量的分布函数，一般为复变函数。若 $\vec{\dot{E}}_s$ 为椭圆极化矢量，则 $\dot{A}_{sx}$、$\dot{A}_{sy}$幅度与相位均不相同。

口径电磁场 $\vec{\dot{E}}_s$、$\vec{\dot{H}}_s$ 的每一组极化分量$\begin{cases}\vec{\dot{E}}_{sx}\\ \vec{\dot{H}}_{sy}\end{cases}$与$\begin{cases}\vec{\dot{E}}_{sy}\\ \vec{\dot{H}}_{sx}\end{cases}$分别在远区产生的辐射场为$\begin{cases}\vec{\dot{E}}_1\\ \vec{\dot{H}}_1\end{cases}$与$\begin{cases}\vec{\dot{E}}_2\\ \vec{\dot{H}}_2\end{cases}$，则口径场 $\vec{\dot{E}}_s$、$\vec{\dot{H}}_s$ 产生的总辐射场为它们的各分量产生的辐射场的叠加。

下面分别讨论口径场各组极化分量产生的辐射场。

将口径面 s 分为很多面积元 ds、ds 上分布有口径场，当 ds 足够小时，此口径场在 ds 上均匀分布，因此这许多面积元可视为元口径辐射体。

口径场为$\begin{cases}\vec{\dot{E}}_{sx}=\vec{a}_x\dot{E}_0\dot{A}_{sx}\\ \vec{\dot{H}}_{sy}=\vec{a}_y\dfrac{\dot{E}_0\dot{A}_{sx}}{\eta_s}\end{cases}$极化分量的元口径辐射体产生的辐射场$\begin{cases}d\vec{\dot{E}}_1\\ d\vec{\dot{H}}_1\end{cases}$，由式(8.3.34)经坐标变换即可得出，由于辐射场中电场与磁场正交且成比例，现仅写出其电场各分量：

$$\left.\begin{aligned}d\dot{E}_{\theta1}&=j\frac{\dot{E}_0\dot{A}_{sx}\,ds}{2\lambda R}\cos\alpha\left(\frac{\eta}{\eta_s}\cos\theta+1\right)e^{-jkR}\\ d\dot{E}_{\alpha1}&=-j\frac{\dot{E}_0\dot{A}_{sx}\,ds}{2\lambda R}\sin\alpha\left(\frac{\eta}{\eta_s}+\cos\theta\right)e^{-jkR}\end{aligned}\right\}\quad(8.4.17)$$

口径场为$\begin{cases}\vec{\dot{E}}_{sy}=\vec{a}_y\dot{E}_0\dot{A}_{sy}\\ \dot{H}_{sx}=-\vec{a}_x\dfrac{\dot{E}_0\dot{A}_{sy}}{\eta_s}\end{cases}$极化分量的元口径辐射体产生的辐射场电场各分量为

$$\left.\begin{aligned}d\dot{E}_{\theta2}&=j\frac{\dot{E}_0\dot{A}_{sy}\,ds}{2\lambda R}\sin\alpha\left(\frac{\eta}{\eta_s}\cos\theta+1\right)e^{-jkR}\\ d\dot{E}_{\alpha2}&=j\frac{\dot{E}_0\dot{A}_{sy}\,ds}{2\lambda R}\cos\alpha\left(\frac{\eta}{\eta_s}+\cos\theta\right)e^{-jkR}\end{aligned}\right\}\quad(8.4.18)$$

口径场为$\begin{cases}\vec{\dot{E}}_s=\vec{\dot{E}}_{sx}+\vec{\dot{E}}_{sy}\\ \vec{\dot{H}}_s=\vec{\dot{H}}_{sx}+\vec{\dot{H}}_{sy}\end{cases}$的元口径辐射体的辐射场为式(8.4.17)、(8.4.18)各分量叠加：

$$\left.\begin{aligned}
&\mathrm{d}\dot{E}_\theta=\mathrm{d}\,\dot{E}_{\theta1}+\mathrm{d}\,\dot{E}_{\theta2}= \\
&\qquad \mathrm{j}\,\frac{\dot{E}_0}{2\lambda R}\left(\frac{\eta}{\eta_s}\cos\theta+1\right)\,(\dot{A}_{sx}\cos\alpha+\dot{A}_{sy}\sin\alpha)\,\mathrm{e}^{-\mathrm{j}kR}\,\mathrm{d}s \\
&\mathrm{d}\dot{E}_\alpha=\mathrm{d}\,\dot{E}_{\alpha1}+\mathrm{d}\,\dot{E}_{\alpha2}= \\
&\qquad -\mathrm{j}\,\frac{\dot{E}_0}{2\lambda R}\left(\frac{\eta}{\eta_s}+\cos\theta\right)\,(\dot{A}_{sx}\sin\alpha-\dot{A}_{sy}\cos\alpha)\,\mathrm{e}^{-\mathrm{j}kR}\,\mathrm{d}s
\end{aligned}\right\}\tag{8.4.19}$$

面状天线的辐射场则是由其口径面上各元口径辐射体辐射场的叠加：

$$\left.\begin{aligned}
&\dot{E}_\theta=\int\mathrm{d}\dot{E}_\theta=\mathrm{j}\,\frac{\dot{E}_0}{2\lambda}\left(\frac{\eta}{\eta_s}\cos\theta+1\right)\int_s(\dot{A}_{sx}\cos\alpha+\dot{A}_{sy}\sin\alpha)\,\frac{\mathrm{e}^{-\mathrm{j}kR}}{R}\,\mathrm{d}s \\
&\dot{E}_\alpha=\int\mathrm{d}\dot{E}_\alpha=-\,\mathrm{j}\,\frac{\dot{E}_0}{2\lambda}\left(\frac{\eta}{\eta_s}+\cos\theta\right)\int_s(\dot{A}_{sx}\sin\alpha-\dot{A}_{sy}\cos\alpha)\,\frac{\mathrm{e}^{-\mathrm{j}kR}}{R}\,\mathrm{d}s
\end{aligned}\right\}\tag{8.4.20}$$

远区观测点距口径距离很大，可近似认为口径面上各点至远区同一观测点之射线均为平行射线，故

$$R\approx r-\Delta r=r-(x_s\sin\theta\cos\alpha+y_s\sin\theta\sin\alpha)\tag{8.4.21}$$

式中，r 为坐标原点至观测点的距离；(x_s,y_s)为口径上点 M 的坐标。

在远区观测点 $r\gg\Delta r$，在计算辐射场强幅度时，$\frac{1}{R}\approx\frac{1}{r}$，故

$$\left.\begin{aligned}
&\dot{E}_\theta=\mathrm{j}\,\frac{\dot{E}_0}{2\lambda r}\left(\frac{\eta}{\eta_s}\cos\theta+1\right)\mathrm{e}^{-\mathrm{j}kr}\int_s(\dot{A}_{sx}\cos\alpha+\dot{A}_{sy}\sin\alpha)\mathrm{e}^{\mathrm{j}k(x_s\sin\theta\cos\alpha+y_s\sin\theta\sin\alpha)}\mathrm{d}s \\
&\dot{E}_\alpha=-\,\mathrm{j}\,\frac{\dot{E}_0}{2\lambda r}\left(\frac{\eta}{\eta_s}+\cos\theta\right)\mathrm{e}^{-\mathrm{j}kr}\int_s(\dot{A}_{sx}\sin\alpha-\dot{A}_{sy}\cos\alpha)\mathrm{e}^{\mathrm{j}k(x_s\sin\theta\cos\alpha+y_s\sin\theta\sin\alpha)}\mathrm{d}s
\end{aligned}\right\}\tag{8.4.22}$$

当口径面上媒质亦为空气时，$\eta_s=\eta$

$$\left.\begin{aligned}
&\dot{E}_\theta=\mathrm{j}\,\frac{\dot{E}_0}{\lambda r}\,\mathrm{e}^{-\mathrm{j}kr}\cos^2\frac{\theta}{2}\int_s(\dot{A}_{sx}\cos\alpha+\dot{A}_{sy}\sin\alpha)\,\mathrm{e}^{\mathrm{j}k\Delta r}\,\mathrm{d}s \\
&\dot{E}_\alpha=-\,\mathrm{j}\,\frac{\dot{E}_0}{\lambda r}\,\mathrm{e}^{-\mathrm{j}kr}\cos^2\frac{\theta}{2}\int_s(\dot{A}_{sx}\sin\alpha-\dot{A}_{sy}\cos\alpha)\,\mathrm{e}^{\mathrm{j}k\Delta r}\mathrm{d}s
\end{aligned}\right\}\tag{8.4.23}$$

式中，$\Delta r=x_s\sin\theta\cos\alpha+y_s\sin\theta\sin\alpha$。

*§8.5 天线阵

上节讨论了线状天线与面状天线的辐射场及其方向性，它们的辐射场是由各元辐射体的辐射场叠加，在空间干涉而成的，它和元辐射体的方向性、元辐射体在空间的排列情况以及天线上波源的幅度和相位分布等密切相关。这些影响天线辐射场及其方向性的因素，由于天线的结构限制不能根据需要而加以控制，因此就不能得到希望的方向性。例如对称振子天线在其长度 $2l\leqslant\lambda$ 范围内，增加天线长度能增强天线方向性，但当 $2l>\lambda$ 时，振子上出现反相波源，将减小主向辐射场的幅度，进而方向性图出现副瓣，而影响方向性。

根据天线辐射场叠加，在空间干涉，影响天线方向性的概念，将多个互相离散的单元天线按一定的规律排列起来(例如排列成一直线、或排列成一平面、或排列成一立体)，构成一个辐射系统，称此辐射系统为天线阵列或天线阵。构成天线阵的单元天线称为阵元。那么影响天线方向性的各因素，例如各阵元的排列形式、间距、各天线阵元上波源幅度和相位等，就可以根据需要分别加以控制，从而增强天线的方向性或形成所需要的方向性。

对天线阵方向性的分析仍基于其辐射场的叠加。N 元天线阵元排列成天线阵产生的辐射场为

$$\dot{\vec{E}}=\dot{\vec{E}}_1+\dot{\vec{E}}_2+\cdots+\dot{\vec{E}}_i+\cdots+\dot{\vec{E}}_N=\sum_{i=1}^{N}\dot{\vec{E}}_i \tag{8.5.1}$$

式中，$\dot{\vec{E}}_i(i=1,2,\cdots,N)$为天线阵中阵元的辐射场，它为一复数矢量，因此叠加时，必须考虑其方向、幅度和相位，总的合成场强 $\dot{\vec{E}}(\dot{\vec{E}}=\sum\limits_{i=1}^{N}\dot{\vec{E}}_i)$与各阵元的型式、尺寸、空间取向排列分布及阵元上波源的幅度、相位有关。场强的叠加是个复数矢量叠加问题，其计算是非常复杂的。

若组成天线阵的各阵元型式及尺寸相同，并且在空间取向一致(称这些阵元为相似天线元)，则各阵元在远区的辐射场 $\dot{\vec{E}}_i(i=1,2,\cdots,N)$的方向亦取向一致，而且在场强 $\dot{\vec{E}}=\sum\limits_{i=1}^{N}\dot{\vec{E}}_i$ 的叠加过程中，由矢量叠加变为标量的代数叠加，且因各阵元型式及尺寸相同而有公因子 $\dot{\vec{E}}_0$，即

$$\dot{\vec{E}}=\sum_{i=1}^{N}\dot{\vec{E}}_i=\dot{\vec{E}}_0\,f_N \tag{8.5.2}$$

式中，$\dot{\vec{E}}_0$ 为天线阵元单独产生于远区观测点的辐射场，由阵元的型式及尺寸决定；第二个因子 f_N 是由于天线排列成天线阵后，各阵元辐射场相互干涉而对方向性的影响，它决定于天线阵元个数，排列分布及各阵元间的馈电关系(幅度与相位)，而与阵元的型式、尺寸无关，这一因子称为阵因子。天线阵总的的辐射场等于阵元辐射场与阵因子的乘积，而天线阵的合成方向性函数等于单个阵元的方向性函数与阵因子的方向性函数的乘积。相应的天线阵的合成方向性图，为单个天线阵元的方向性图与阵因子的方向性图的乘积，这就是方向性图相乘原理。

现讨论工程上常用的一种简单天线阵即均匀直线天线阵，以说明分析天线阵方向性的方法。各相似阵元天线排列在一直线上的天线阵，称为直线阵。所谓均匀直线天线阵是指在这种天线阵中，各相似天线阵元的波源电流幅度大小相等，相位以均匀比例递增或递减，而且以相等间距，排列在一直线上。如图 8.5.1所示为 N 元均匀直线阵，其中相邻两天线阵元之间的距离为 d，相邻两阵元的电流幅度相等、相位差 β，即

$$\frac{\dot{I}_{i+1}}{\dot{I}_i}=\mathrm{e}^{\mathrm{j}\beta}\quad(i=1,2,\cdots,N-1) \tag{8.5.3}$$

由于远区观测点 P 很远，各天线阵元至 P 点的射线可看成为平行射线，相邻两阵元至

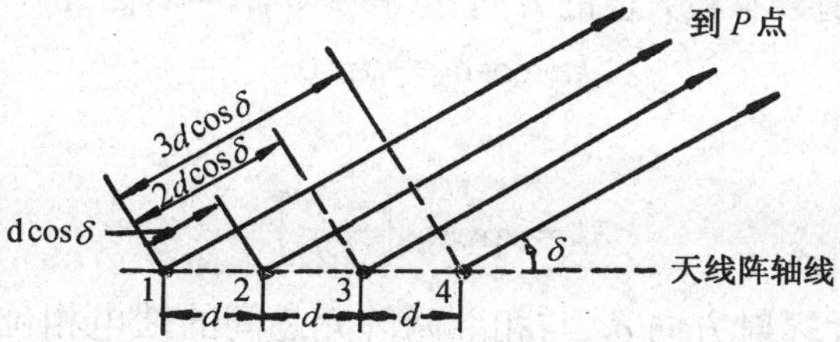

图 8.5.1 均匀直线天线阵

P 点的距离分别为 r_{i+1} 与 r_i，路程差为 Δr（见图 8.5.1）。

$$\Delta r = r_i - r_{i+1} = d\cos\delta \tag{8.5.4}$$

式中，δ 为射线与天线阵元排列的轴线（阵轴）间的夹角。因此相邻两阵元（第 $i+1$ 与第 i 元）的辐射场相位差 Ψ 由路程差 Δr 引起的相位差 $k\Delta r$ 与馈电电流相位差 β 两部分引起。即

$$\Psi = kd\cos\delta + \beta \tag{8.5.5}$$

因此天线阵在观测点产生的辐射场为

$$\dot{E} = \sum_{i=1}^{N} \dot{E}_i = \dot{E}_0(1 + e^{j\Psi} + e^{j2\Psi} + \cdots + e^{j(N-1)\Psi}) \tag{8.5.6}$$

其中 $\dot{E}_0 = \dot{E}_1$ 为阵元单独产生于 P 点的辐射场。在计算场强幅度时，近似令 $r_i \approx r_{i+1}$，但在计算相邻两阵元到 P 点的场强相位时，必须考虑路程差 Δr，因而采用较为准确的关系式：$r_i - r_{i+1} = \Delta r = d\cos\delta$

由式（8.5.6）可见，均匀直线天线阵的阵因子 f_N 为

$$f_N = 1 + e^{j\Psi} + e^{j2\Psi} + \cdots + e^{j(N-1)\Psi} = \sum_{n=0}^{N-1} e^{jn\Psi} = \frac{\sin\left(\dfrac{N\Psi}{2}\right)}{\sin\dfrac{\Psi}{2}} e^{j\frac{1}{2}(N-1)\Psi} \tag{8.5.7}$$

式中，$\frac{1}{2}(N-1)\Psi$ 是总辐射场强的相位因子，若不选择阵元 1 位置，而是以阵的中点作为相位参考点，则此因子为零。这在分析天线阵的方向性时，无影响。天线阵因子的方向性函数为

$$|f_N| = \frac{\sin\dfrac{N\Psi}{2}}{\sin\dfrac{\Psi}{2}} = \frac{\sin\left[\dfrac{N}{2}(kd\cos\delta + \beta)\right]}{\sin\left[\dfrac{1}{2}(kd\cos\delta + \beta)\right]} \tag{8.5.8}$$

式中，Ψ 为阵中相邻阵元辐射场的相位差。当 $\Psi = 0$ 时，各阵元的辐射场同相，叠加结果得 $|f_N|$ 的最大值 $|f_N|_{\max} = N$，因此均匀直线天线阵的归一化阵方向性函数为

$$F_N(\delta) = \frac{|f_N|}{|f_N|_{\max}} = \frac{\sin\dfrac{N\Psi}{2}}{N\sin\dfrac{\Psi}{2}} = \frac{\sin\left[\dfrac{N}{2}(kd\cos\delta + \beta)\right]}{N\sin\left[\dfrac{1}{2}(kd\cos\delta + \beta)\right]} \tag{8.5.9}$$

阵方向性函数 $F_N(\delta)$ 仅为表示空间方向角度 δ 的单变量函数，δ 为射线与天线阵元排列轴线（阵轴）间的夹角，因此相应的阵方向性图为以阵轴为旋转轴的旋转对称体。

在天线阵阵方向性函数有最大值的方向 δ_m 有 $\Psi(\delta_m)=0$，因此

$$kd\cos\delta_m+\beta=0$$

即

$$\delta_m=\arccos\left[\frac{-\beta}{kd}\right] \tag{8.5.10}$$

上式表明，天线阵的最大辐射方向 δ_m 与相邻两阵元之间的馈电相位差 β 及电间距 d/λ 有关。在 d/λ 一定的条件下，改变相位差 β，便可改变天线阵的最大辐射方向，从而实现波束的扫描，这就是相控阵天线的基本工作原理。

现研究两种常用的天线阵。

(1) 侧射式天线阵

当均匀直线天线阵的各阵元电流同相，即 $\beta=0$ 时，归一化阵方向性函数 $F_N(\delta)$ 变为

$$F_N(\delta)=\frac{\sin\left[\frac{N}{2}kd\cos\delta\right]}{N\sin\left[\frac{1}{2}kd\cos\delta\right]} \tag{8.5.11}$$

辐射最大的条件 $\Psi(\delta_m)=kd\cos\delta_m=0$，对应于

$$\delta_m=(2m+1)\frac{\pi}{2}\quad(m=0,1,2,\cdots) \tag{8.5.12}$$

在 δ 等于 $\frac{\pi}{2}$ 和 $\frac{3\pi}{2}$ 的方向，亦即在与天线阵轴垂直的方向天线阵有最大的辐射。这种各阵元同相馈电的均匀直线天线阵，因为在天线阵轴的侧面方向有最大辐射，所以称为侧射式天线阵。

图 8.5.2 表示间距为 $\frac{\lambda}{2}$ 的四元侧射式天线阵的阵方向性图。其立体图形为以阵轴为旋转轴的旋转对称体。

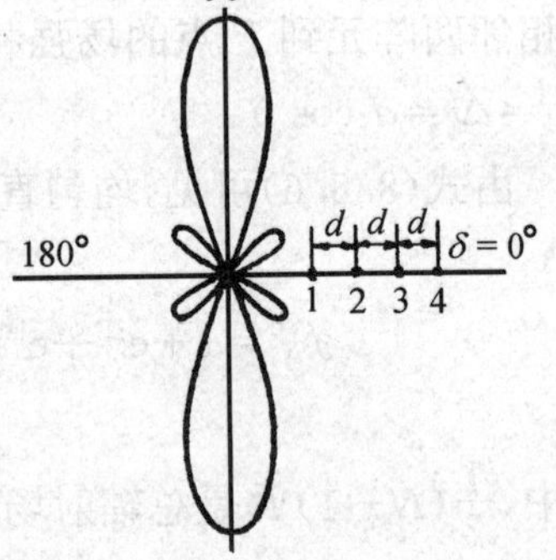

图 8.5.2　$d=\frac{\lambda}{2}$ 的四元侧射式天线阵的阵方向性图

(2) 端射式天线阵

当天线阵阵元馈电相位差 $\beta=-kd$，此时最大辐射方向 δ_m 由式(8.5.10)得

$$\delta_m=0 \tag{8.5.13}$$

即天线阵的阵轴方向，并指向阵中各阵元电流相位滞后的方向。在这方向上阵元辐射场相位差 $\Psi=0$，由馈电电流引起的相位滞后，被路程差 Δr 引起的相位超前 $k\Delta r$ 所补偿，因此在这方向上得到同相叠加的最大辐射场强。由于它的最大辐射方向是沿天线阵轴方向，这种 $\beta=-kd$ 的均匀直线天线阵称为端射式天线阵。

端射式天线阵的归一化阵方向性函数为

$$F_N(\delta)=\frac{\sin\left[\frac{N}{2}kd(\cos\delta-1)\right]}{N\sin\left[\frac{1}{2}kd(\cos\delta-1)\right]} \tag{8.5.14}$$

图 8.5.3 表示间距为$\frac{\lambda}{4}$的八元端射式天线阵的阵方向性图，其立体图形为以阵轴为旋转轴的旋转对称体。

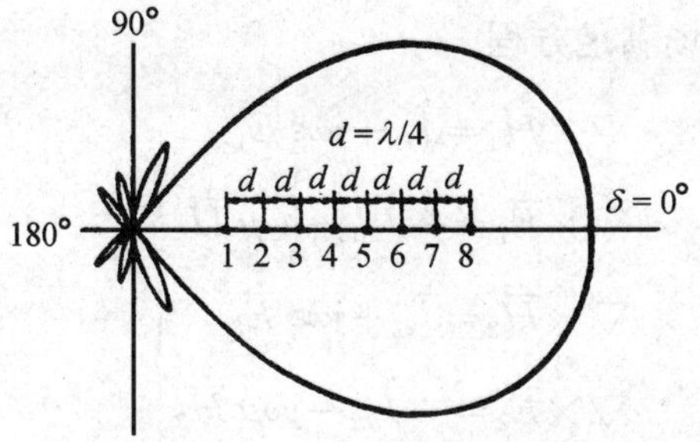

图 8.5.3　$d=\frac{\lambda}{4}$的八元端射式天线阵的阵方向性图

当端射式天线阵阵元间距 d 无限缩小时，天线阵变成线源，天线阵长度$L=(N-1)d$。N很大时，$L\approx Nd$，因此式(8.5.14)可近似表示为

$$F_L(\delta)=\frac{\sin\left[\frac{kL}{2}(\cos\delta-1)\right]}{\frac{kL}{2}(\cos\delta-1)} \tag{8.5.15}$$

如果线源内电流传输的速度与电磁波在空间的传播速度不相等，设用 $k'=-\frac{\beta}{d}$表示电流在导线内传输时每单位长度的相位变化，则式(8.5.15)变为

$$F_L(\delta)=\frac{\sin\left[\frac{kL}{2}(\cos\delta-\frac{k'}{k})\right]}{\frac{kL}{2}(\cos\delta-k'_k)}=\frac{\sin\left[\frac{kL}{2}(\cos\delta-\xi)\right]}{\frac{kL}{2}(\cos\delta-\xi)} \tag{8.5.16}$$

式中，$\xi=\frac{k'}{k}=\frac{c}{v}$，$c$ 为电磁波在空间的传播速度，v 为线源内电流传输的速度。

对照式(8.5.16)与式(8.4.14)我们将发现：单导线行波天线可以看成是由无限多个元电辐射体紧排在一条直线上的端射式天线阵。按照方向性图相乘原理，这种端射式天线阵的方向性函数应等于作为阵元的元电辐射体的方向性函数 $f_0=\sin\theta$，再乘上阵方向性函数$F_L(\delta)$(式(8.5.16))，即得到与式(8.4.14)表示的相同方向性。由此可见利用天线阵理论亦可分析简单天线，这是由于它们均基于场强的叠加原理。

＊§8.6　互易定理

到目前为止，我们只讨论了天线用作发射时的情况。当天线用作接收时，它的许多性能可以根据与发射天线之间的互易定理推出。

互易定理是电磁理论中很有用的定理之一，它联系着两个场源的电场矢量和磁场矢量。

为证明电路理论中的互易定理提供了基础，并可用于推导发射天线和接收天线的互易性。

为导出互易定理，设在各向同性的线性媒质中由边界 s 包围的空间 V 内，有电流 $\vec{J}_{e1}$ 与磁流 $\vec{J}_{m1}$ 及具有相同频率的电流 $\vec{J}_{e2}$ 与磁流 $\vec{J}_{m2}$ 分布如图 8.6.1 所示，它们所产生的电磁场分别为 $\vec{E}_1$、$\vec{H}_1$ 及 $\vec{E}_2$、$\vec{H}_2$。这些场满足方程

$$\left.\begin{aligned}\nabla\times\dot{\vec{H}}_1=\dot{\vec{J}}_{e1}+j\omega\varepsilon\dot{\vec{E}}_1\\ \nabla\times\dot{\vec{E}}_1=-\dot{\vec{J}}_{m1}-j\omega\mu\dot{\vec{H}}_1\end{aligned}\right\}\tag{8.6.1}$$

$$\left.\begin{aligned}\nabla\times\dot{\vec{H}}_2=\dot{\vec{J}}_{e2}+j\omega\varepsilon\dot{\vec{E}}_2\\ \nabla\times\dot{\vec{E}}_2=-\dot{\vec{J}}_{m2}-j\omega\mu\dot{\vec{H}}_2\end{aligned}\right\}\tag{8.6.2}$$

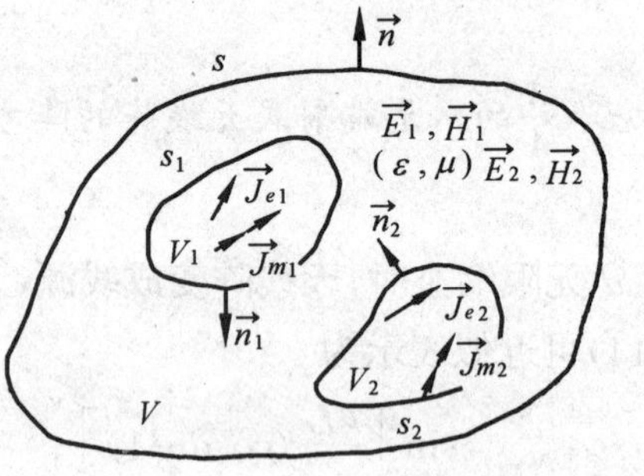

图 8.6.1　互易定理

根据矢量公式

$$\nabla\cdot(\vec{A}\times\vec{B})=\vec{B}\cdot(\nabla\times\vec{A})-\vec{A}\cdot(\nabla\times\vec{B})\tag{8.6.3}$$

有

$$\nabla\cdot(\dot{\vec{E}}_1\times\dot{\vec{H}}_2)=\dot{\vec{H}}_2\cdot(\nabla\times\dot{\vec{E}}_1)-\dot{\vec{E}}_1\cdot(\nabla\times\dot{\vec{H}}_2)\tag{8.6.4}$$

将式(8.6.1)及(8.6.2)代入上式，可得

$$\begin{aligned}\nabla\cdot(\dot{\vec{E}}_1\times\dot{\vec{H}}_2)&=\dot{\vec{H}}_2\cdot(-\dot{\vec{J}}_{m1}-j\omega\mu\dot{\vec{H}}_1)-\dot{\vec{E}}_1\cdot(\dot{\vec{J}}_{e2}+j\omega\varepsilon\dot{\vec{E}}_2)=\\&-j\omega(\mu\dot{\vec{H}}_1\cdot\dot{\vec{H}}_2+\varepsilon\dot{\vec{E}}_1\cdot\dot{\vec{E}}_2)-\dot{\vec{E}}_1\cdot\dot{\vec{J}}_{e2}-\dot{\vec{H}}_2\cdot\dot{\vec{J}}_{m1}\end{aligned}\tag{8.6.5}$$

仿此，将下标 1，2 对调，可得出

$$\nabla\cdot(\dot{\vec{E}}_2\times\dot{\vec{H}}_1)=-j\omega(\mu\dot{\vec{H}}_2\cdot\dot{\vec{H}}_1+\varepsilon\dot{\vec{E}}_2\cdot\dot{\vec{E}}_1)-\dot{\vec{E}}_2\cdot\dot{\vec{J}}_{e1}-\dot{\vec{H}}_1\cdot\dot{\vec{J}}_{m2}\tag{8.6.6}$$

从式(8.6.5)减去式(8.6.6)，得

$$\nabla\cdot(\dot{\vec{E}}_1\times\dot{\vec{H}}_2-\dot{\vec{E}}_2\times\dot{\vec{H}}_1)=(\dot{\vec{E}}_2\cdot\dot{\vec{J}}_{e1}-\dot{\vec{E}}_1\cdot\dot{\vec{J}}_{e2})-(\dot{\vec{H}}_2\cdot\dot{\vec{J}}_{m1}-\dot{\vec{H}}_1\cdot\dot{\vec{J}}_{m2})\tag{8.6.7}$$

将式(8.6.7)在空间区域 V 内积分，并应用散度定理将等式左端化为面积分，则得

$$\oint_s(\dot{\vec{E}}_1\times\dot{\vec{H}}_2-\dot{\vec{E}}_2\times\dot{\vec{H}}_1)\cdot\vec{n}\,ds=\int_V[(\dot{\vec{E}}_2\cdot\dot{\vec{J}}_{e1}-\dot{\vec{E}}_1\cdot\dot{\vec{J}}_{e2})-(\dot{\vec{H}}_2\cdot\dot{\vec{J}}_{m1}-\dot{\vec{H}}_1\cdot\dot{\vec{J}}_{m2})]dV\tag{8.6.8}$$

$\vec{n}$ 为区域 V 的闭合边界面 s 上的外法向单位矢量。

式(8.6.8)即为一般形式的电磁场互易定理。该定理有下述两种不同的形式。

一、洛伦兹互易定理——两组场之间的关系

在图8.6.1中，空间V分为三个区域V_1、V_2与V_3。在V_1、V_2中分布有场源，而在V中V_1、V_2之外的区域V_3中没有场源分布。当式(8.6.8)体积分是在区域V_3中进行，因为在这区域内没有场源，积分等于零。此时式(8.6.8)左端的面积分应在V_3的边界表面s_1、s_2和s_3，其表面法线方向$\vec{n}'$，指向V_3外部。(在图8.6.1中，s_1、s_2上$\vec{n}'$与图中$\vec{n}_1$、$\vec{n}_2$相反，s_3面上$\vec{n}'$与图中$\vec{n}$相同)

$$\oint_{s_1+s_2+s_3}(\dot{\vec{E}}_1\times\dot{\vec{H}}_2-\dot{\vec{E}}_2\times\dot{\vec{H}}_1)\cdot\vec{n}'\,\mathrm{d}s=0 \tag{8.6.9}$$

当空间V扩大到整个无限空间V_∞，则s_3扩大至无限远，即$s_3=s_\infty$。由于场源分布在有限区域V_1、V_2中，它们在无限远处s_∞面上任意点的场为平面电磁波，因而可以利用

$$\dot{\vec{E}}_1=\eta\dot{\vec{H}}_1\times\vec{a}_r,\quad \dot{\vec{E}}_2=\eta\dot{\vec{H}}_2\times\vec{a}_r$$

式中，$\eta=\sqrt{\dfrac{\mu}{\varepsilon}}$为$s_\infty$面上波阻抗。

因此在s_∞上，

$$\dot{\vec{E}}_1\times\dot{\vec{H}}_2=(\eta\dot{\vec{H}}_1\times\vec{a}_r)\times\dot{\vec{H}}_2=-(\dot{\vec{H}}_2\cdot\vec{a}_r)\dot{\vec{H}}_1+(\dot{\vec{H}}_2\cdot\dot{\vec{H}}_1)\vec{a}_r=(\dot{\vec{H}}_2\cdot\dot{\vec{H}}_1)\vec{a}_r$$

$$\dot{\vec{E}}_2\times\dot{\vec{H}}_1=(\eta\dot{\vec{H}}_2\times\vec{a}_r)\times\dot{\vec{H}}_1=-(\dot{\vec{H}}_1\cdot\vec{a}_r)\dot{\vec{H}}_2+(\dot{\vec{H}}_1\cdot\dot{\vec{H}}_2)\vec{a}_r=(\dot{\vec{H}}_1\cdot\dot{\vec{H}}_2)\vec{a}_r$$

上式中，$\dot{\vec{H}}_2\cdot\vec{a}_r=0$，$\dot{\vec{H}}_1\cdot\vec{a}_r=0$。将上式代入$\int_{s_\infty}(\dot{\vec{E}}_1\times\dot{\vec{H}}_2-\dot{\vec{E}}_2\times\dot{\vec{H}}_1)\cdot\vec{n}'\,\mathrm{d}s$：

$$\int_{s_\infty}(\dot{\vec{E}}_1\times\dot{\vec{H}}_2-\dot{\vec{E}}_2\times\dot{\vec{H}}_1)\cdot\vec{n}'\mathrm{d}s=\int_{s_\infty}[(\dot{\vec{H}}_2\cdot\dot{\vec{H}}_1)\vec{a}_r-(\dot{\vec{H}}_1\cdot\dot{\vec{H}}_2)\vec{a}_r]\cdot\vec{n}'\,\mathrm{d}s=0 \tag{8.6.10}$$

因此式(8.6.9)为

$$\oint_{s_1+s_2+s_3}[\dot{\vec{E}}_1\times\dot{\vec{H}}_2-\dot{\vec{E}}_2\times\dot{\vec{H}}_1]\cdot\vec{n}'\mathrm{d}s=\oint_{s_1+s_2}[\dot{\vec{E}}_1\times\dot{\vec{H}}_2-\dot{\vec{E}}_2\times\dot{\vec{H}}_1]\cdot\vec{n}'\,\mathrm{d}s=0$$

即

$$\oint_{s_1+s_2}(\dot{\vec{E}}_1\times\dot{\vec{H}}_2)\cdot\vec{n}'\,\mathrm{d}s=\oint_{s_1+s_2}(\dot{\vec{E}}_2\times\dot{\vec{H}}_1)\cdot\vec{n}'\,\mathrm{d}s \tag{8.6.11}$$

当两组场源均存在于区域V_3时，则区域V_1、V_2均为无源区域，在这区域中，利用式(8.6.8)：

$$\oint_{s_1}[\dot{\vec{E}}_1\times\dot{\vec{H}}_2-\dot{\vec{E}}_2\times\dot{\vec{H}}_1]\cdot\vec{n}\,\mathrm{d}s=\int_{V_1}[(\dot{\vec{E}}_2\cdot\dot{\vec{J}}_{e1}-\dot{\vec{E}}_1\cdot\dot{\vec{J}}_{e2})-(\dot{\vec{H}}_2\cdot\dot{\vec{J}}_{m1}-\dot{\vec{H}}_1\cdot\dot{\vec{J}}_{m2})]\,\mathrm{d}V$$
$$=0$$

$$\oint_{s_2}[\dot{\vec{E}}_1\times\dot{\vec{H}}_2-\dot{\vec{E}}_2\times\dot{\vec{H}}_1]\cdot\vec{n}\,\mathrm{d}s=\int_{V_2}[(\dot{\vec{E}}_2\cdot\dot{\vec{J}}_{e1}-\dot{\vec{E}}_1\cdot\dot{\vec{J}}_{e2})-(\dot{\vec{H}}_2\cdot\dot{\vec{J}}_{m1}-\dot{\vec{H}}_1\cdot\dot{\vec{J}}_{m2})]\mathrm{d}V$$
$$=0$$

故

$$\oint_{s_1+s_2}[\dot{\vec{E}}_1 \times \dot{\vec{H}}_2 - \dot{\vec{E}}_2 \times \dot{\vec{H}}_1] \cdot \vec{n}\, ds =$$

$$\int_{V_1+V_2}[(\dot{\vec{E}}_2 \cdot \dot{\vec{J}}_{e1} - \dot{\vec{E}}_1 \cdot \dot{\vec{J}}_{e2}) - (\dot{\vec{H}}_2 \cdot \dot{\vec{J}}_{m1} - \dot{\vec{H}}_1 \cdot \dot{\vec{J}}_{m2})]dV = 0 \qquad (8.6.12)$$

综合式(8.6.11)与(8.6.12)，只要两组场源都在 V_1+V_2 以内或以外，均有

$$\oint_{s_1+s_2}(\dot{\vec{E}}_1 \times \dot{\vec{H}}_2) \cdot \vec{n}\, ds = \oint_{s_1+s_2}(\dot{\vec{E}}_2 \times \dot{\vec{H}}_1) \cdot \vec{n}\, ds \qquad (8.6.13)$$

此式即为洛伦兹互易定理。

二、瑞利-卡松互易定理——两组场和源之间的关系

当空间 V 扩展到包括场源区域 V_1、V_2 在内的整个无限空间 V_∞ 时，其表面 s_3 扩至 s_∞，则由式(8.6.10)：

$$\oint_{S_\infty}(\dot{\vec{E}}_1 \times \dot{\vec{H}}_2 - \dot{\vec{E}}_2 \times \dot{\vec{H}}_1) \cdot \vec{n} ds = 0$$

使得式(8.6.8)右端亦等于零。

$$\int_V[(\dot{\vec{E}}_2 \cdot \dot{\vec{J}}_{e1} - \dot{\vec{E}}_1 \cdot \dot{\vec{J}}_{e2}) - (\dot{\vec{H}}_2 \cdot \dot{\vec{J}}_{m1} - \dot{\vec{H}}_1 \cdot \dot{\vec{J}}_{m2})]dV = 0 \qquad (8.6.14)$$

由于场源 $\dot{\vec{J}}_{e1}$，$\dot{\vec{J}}_{m1}$ 仅存在于 V_1，$\dot{\vec{J}}_{e2}$、$\dot{\vec{J}}_{m2}$ 仅存在于 V_2 内，故上式

$$\int_V[(\dot{\vec{E}}_2 \cdot \dot{\vec{J}}_{e1} - \dot{\vec{E}}_1 \cdot \dot{\vec{J}}_{e2}) - (\dot{\vec{H}}_2 \cdot \dot{\vec{J}}_{m1} - \dot{\vec{H}}_1 \cdot \dot{\vec{J}}_{m2})]dV =$$

$$\int_{V_1}(\dot{\vec{E}}_2 \cdot \dot{\vec{J}}_{e1} - \dot{\vec{H}}_2 \cdot \dot{\vec{J}}_{m1})\, dV - \int_{V_2}(\dot{\vec{E}}_1 \cdot \dot{\vec{J}}_{e2} - \dot{\vec{H}}_1 \cdot \dot{\vec{J}}_{m2})dV = 0$$

即

$$\int_{V_1}(\dot{\vec{E}}_2 \cdot \dot{\vec{J}}_{e1} - \dot{\vec{H}}_2 \cdot \dot{\vec{J}}_{m1})dV = \int_{V_2}(\dot{\vec{E}}_1 \cdot \dot{\vec{J}}_{e2} - \dot{\vec{H}}_1 \cdot \dot{\vec{J}}_{m2})dV \qquad (8.6.15)$$

式(8.6.15)称为瑞利-卡松互易定理。此式表明：场"1"对源"2"的反应等于场"2"对源"1"的反应，即反应是互易的。这是式(8.6.15)称为互易定理的基本原因。

式(8.6.13)和式(8.6.15)都是很有用的互易定理形式。这里要特别指出的是，它们只涉及两组场与源之间的关系，至于空间中是否存在其他源或者散射体(如介质体，导体等)都不影响上述等式的成立。很明显，如果存在其他的源，那么这些源所产生的场不能包括在等式之内；而当有散射体存在时，空间中的场要受到散射体的影响，式中的 $\dot{\vec{E}}_1$、$\dot{\vec{H}}_1$，$\dot{\vec{E}}_2$、$\dot{\vec{H}}_2$ 都和均匀自由空间不同，尽管等式仍然是成立的。

引用互易定理，可以得到天线作发射与接收的互易性质的结论。图 8.6.2 表示两天线，若将频率为 f、内阻抗为零的高频电源接到天线 1 时，其上电流密度为 $\dot{\vec{J}}_1$，此电流在天线 2 的开路端引起感应电压 $\dot{U}_{21}$。反之，将同频率高频电源接到天线 2 时，天线 2 出现电流密度 $\dot{\vec{J}}_2$，此电流在天线 1 的开路端引起感应电压为 $\dot{U}_{12}$。这种情况下：

$$\int_{V_1}\dot{\vec{E}}_2\cdot\dot{\vec{J}}_1\,\mathrm{d}V=\dot{I}_1\int_{l_1}\dot{\vec{E}}_2\cdot\mathrm{d}\vec{l}_1=\dot{I}_1\dot{U}_{12}$$

$$\int_{V_2}\dot{\vec{E}}_1\cdot\dot{\vec{J}}_2\,\mathrm{d}V=\dot{I}_2\int_{l2}\dot{\vec{E}}_1\cdot\mathrm{d}\vec{l}_2=\dot{I}_2\dot{U}_{21}$$

式中，$\dot{U}_{12}$为由电流$\dot{\vec{J}}_2$产生的电场$\dot{\vec{E}}_2$在天线1的开路端形成的电压；$\dot{U}_{21}$为由电流$\dot{\vec{J}}_1$产生的电场$\dot{\vec{E}}_1$在天线2的开路端形成的电压。

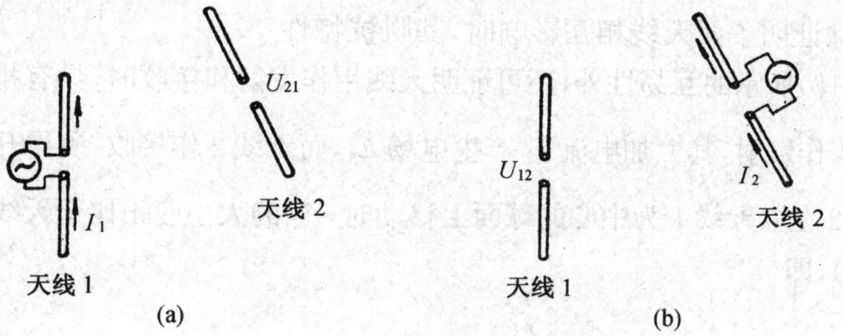

图 8.6.2　天线的互易性

根据互易定理式(8.6.15)，得

$$\dot{I}_1\dot{U}_{12}=\dot{I}_2\dot{U}_{21}$$

即

$$\frac{\dot{U}_{12}}{\dot{I}_2}=\frac{\dot{U}_{21}}{\dot{I}_1} \tag{8.6.16}$$

$\frac{\dot{U}_{12}}{\dot{I}_2}$表示天线2上每单位电流在天线1上产生的开路感应电压，称为天线1对天线2的互阻抗Z_{12}；$\frac{\dot{U}_{21}}{\dot{I}_1}$表示天线1上每单位电流在天线2上产生的开路感应电压，称为天线2对天线1的互阻抗Z_{21}。即

$$\dot{Z}_{12}=\frac{\dot{U}_{12}}{\dot{I}_2} \tag{8.6.17a}$$

$$\dot{Z}_{21}=\frac{\dot{U}_{21}}{\dot{I}_1} \tag{8.6.17b}$$

于是，式(8.6.18)可写为

$$Z_{12}=Z_{21} \tag{8.6.18}$$

如果将天线1、2与周围媒质视为二端口网络，如图8.6.3所示。天线1与2端口上的电压分别为$\dot{U}_1$与$\dot{U}_2$，则

$$\left.\begin{aligned}\dot{U}_1=\dot{U}_{11}+\dot{U}_{12}=\dot{I}_1 Z_{11}+\dot{I}_2\dot{Z}_{12}\\ \dot{U}_2=\dot{U}_{21}+\dot{U}_{22}=\dot{I}_1 Z_{21}+\dot{I}_2\dot{Z}_{22}\end{aligned}\right\} \tag{8.6.19}$$

图 8.6.3　两天线及其周围媒质的等效网络

式中，$\dot{U}_{11}$与$\dot{Z}_{11}$为天线 2 短路时天线 1 输入端电压与输入阻抗；$\dot{U}_{22}$与 Z_{22}为天线 1 短路时，天线 2 输入端电压与输入阻抗。

互易定理除证明了两天线相互影响时，其阻抗特性具有如式(8.6.18)所示的互易性外，还可证明天线用作发射和接收时，具有相同的方向性。

如果天线 1 作发射，其上加电流 $\dot{I}_1$ 产生电场 $\dot{\vec{E}}_1$，而天线 2 作接收，测得开路感应电压为 $\dot{U}_{21}$。则当天线 2 在以天线 1 为中心的球面上移动时，$\dot{U}_{21}$的大小应正比于天线 1 的发射方向性函数 $f_{发}(\theta,\alpha)$，即

$$\frac{\dot{U}_{21}}{\dot{I}_1}=Kf_{发}(\theta,\alpha) \tag{8.6.20}$$

现将天线 2 作发射，其上加电流 $\dot{I}_2$ 产生电场 $\dot{\vec{E}}_2$，而天线 1 作接收，测得开路感应电压为$\dot{U}_{12}$。则当天线 2 在以天线 1 为中心的球面上移动时，使天线 2 的最大辐射方向始终指向天线 1，天线 1 上的接收电压 $\dot{U}_{12}$的大小的变化应正比于天线 1 的接收方向性函数 $f_{收}(\theta,\alpha)$：

$$\frac{\dot{U}_{12}}{\dot{I}_2}=K\ f_{收}(\theta,\alpha) \tag{8.6.21}$$

由互易定理

$$\frac{\dot{U}_{21}}{\dot{I}_1}=\frac{\dot{U}_{12}}{\dot{I}_2}$$

因此

$$Kf_{发}(\theta,\alpha)=K\ f_{收}(\theta,\alpha)$$

即

$$f_{发}(\theta,\alpha)=f_{收}(\theta,\alpha)=f(\theta,\alpha) \tag{8.6.22}$$

上式表明天线用作发射与接收时，具有相同的方向性。

习　题

8.1　在距电偶极子(工作频率为 50Hz)多远的地方,其辐射场等于感应场?在距电偶极子一个波长处,其辐射场、感应场的相对振幅为何值?

8.2　一电偶极子天线的长度为 10m,运用频率为 10^6Hz,电流振幅 $I=1$A。试求在与该偶极子轴垂直的方向上,距离为 10m 及 100km 处的电场强度及其坡印亭矢量。该偶极子的全部辐射功率为多少?

8.3　在一电偶极子的天线的最大辐射方向上距离 $r=10$km 处(远区),磁场强度振幅 $H_0=10^4$A/m,求该偶极子的全部辐射功率。

8.4　一短天线的长度为 $2h(h<<\lambda)$,中心馈电,如以馈电点为坐标原点,天线轴为 z 轴,天线电流沿 z 轴呈三角形分布,近似表示为

$$\dot{I}(z)=\dot{I}_0\left(1-\frac{|z|}{h}\right)$$

试求:(1)远区的电场和磁场强度;(2)方向性函数;(3)辐射电阻。

8.5　对于一个给定电流分布的对称振子天线,为了方便,常定义一个称为有效长度的参量,它正比于远区场的场量的量值。由对称振子上电流 $\dot{I}(z)=\dot{I}_0\sin\left[\frac{2\pi}{\lambda}(l-|z|)\right]$定义振子天线有效长度 $2l_e$ 为

$$2l_e=\sin\theta\int_{-l}^{l}\sin\left[\frac{2\pi}{\lambda}(l-|z|)\right]e^{-j\frac{2\pi}{\lambda}z\sin\theta}\,dz$$

l 为对称振子单臂的长度。

试求:(1)半波振子的有效长度;(2)它的最大值为多少?

8.6　两半波振子平行放置,相距 $d=\frac{\lambda}{2}$,它们的电流振幅相等,相位同相激励。试用方向图乘法原理,给出三个主平面上的方向性图。

8.7　试用方向性乘法原理绘出:(1) $2l=1.5\lambda$,(2) $2l=2\lambda$ 的对称振子在 E 面与 H 面内的方向性图。

8.8　一平面波以角度 θ 斜入射至一平面导体板上的矩形孔(见题 8.8 附图),平面波的场强振幅为 E_0 和 H_0,试求孔上的等效源。

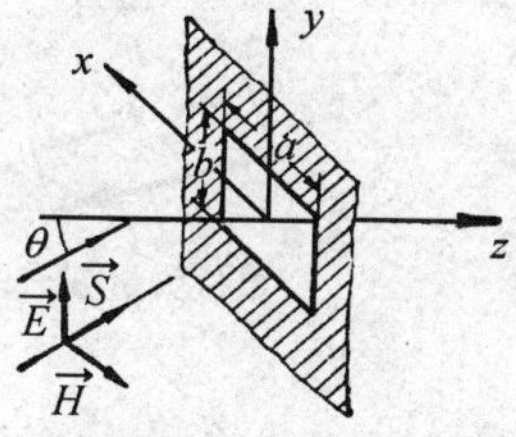

题 8.8 附图

附录一　电磁场数学基础

A. 矢量分析与场论

在电磁场理论中将讨论电磁场各个场量 $\vec{E}$、$\vec{D}$、$\vec{H}$、$\vec{B}$ 以及它们与场源 ρ、$\vec{J}$ 之间的关系，这些量都随时间和空间位置而变化，所以电磁场理论中大量地使用标量、矢量及微分和积分运算，涉及许多矢量分析与场论等工程数学知识。为此将矢量分析与场论等数学知识附录于本教材之后，以方便复习查阅。使得在对电磁场理论的讨论中将注意力放在这些数学的应用，而不是在它们的导出过程上。

A.1　矢量代数

一、标量与矢量

标量是仅需一个数值(可正或负)就可以完全描述的量。我们用字母符号来表示标量。常见的标量有温度 t、电量 q、电位 φ 以及功率 P 等等。

矢量是既要用数值又要用方向才能完整描述的量，它可以形象地用一有向直线段来描述，该有向线段长度正比于矢量的模值(数值大小)，而有向线段的指向就是矢量的方向，标有箭头的端为矢量的末端，另一端为矢量的始端。如图 A.1.1 所示。我们用带有矢量符号(→)的字母符号来表示矢量。一些常见的矢量有力 $\vec{F}$、加速度 $\vec{a}$、速度 $\vec{v}$、电场强度 $\vec{E}$ 以及磁场强度 $\vec{H}$ 等等。

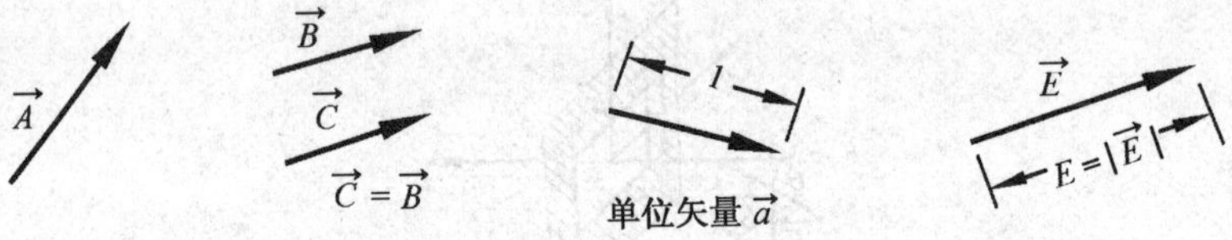

图 A.1.1　矢量的描述

二、标量和矢量相乘

标量 α 和矢量 $\vec{A}$ 相乘的乘积定义为矢量 $\vec{C}$，其模值等于标量大小和矢量模值的数量乘积，其方向与原矢量 $\vec{A}$ 一致或相反，具体情况依标量 α 是正还是负来定，故矢量乘以 −1 等于把它的方向颠倒。

$$\vec{C}=\alpha\vec{A}=\vec{A}\alpha \tag{A.1.1}$$

如定义 $\vec{a}_A$ 为表示某矢量 $\vec{A}$ 方向的单位矢量($\vec{a}_A$ 的模值等 1)，则该矢量 $\vec{A}$ 亦可表示为它的模值 A 与 $\vec{a}_A$ 的乘积，即 $\vec{A}=A\vec{a}_A$。

三、矢量的加法和减法

矢量 $\vec{A}$ 和矢量 $\vec{B}$ 相加的和定义为矢量 $\vec{C}$。

$$\vec{A}+\vec{B}=\vec{C} \tag{A.1.2}$$

$\vec{C}$ 由平行四边形法则得到，即 $\vec{C}$ 为以 $\vec{A}$、$\vec{B}$ 两矢量为相邻两边的平行四边形的对角线。如图 A.1.2(a)所示。

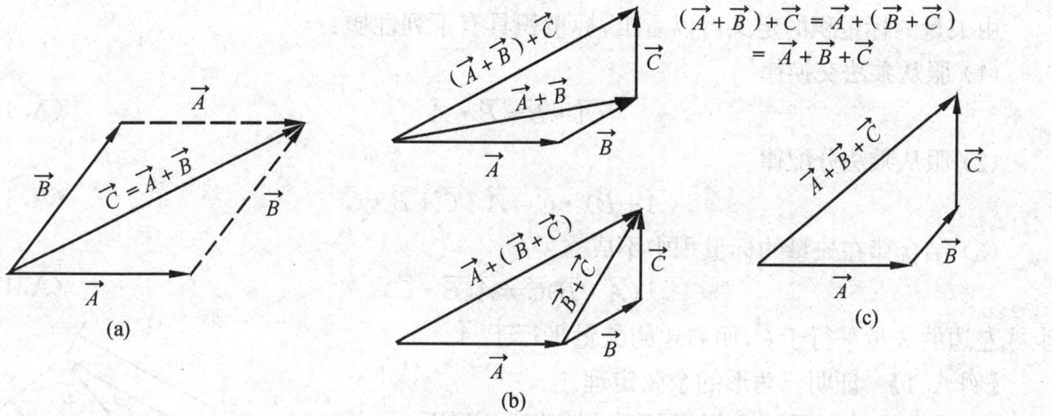

图 A.1.2 矢量的加法

当两个矢量有相同的模值(也就是长度)和方向，定义它们是相等的矢量。矢量的值与它在空间的位置无关，故可以将矢量在空间平移，从而为它们的计算提供了方便。因此矢量 $\vec{A}$、$\vec{B}$ 的和 $\vec{C}$ 亦可定义为由 $\vec{A}$ 的始端到一个与 $\vec{B}$ 相等的矢量末端的矢量，而该矢量的始端与 $\vec{A}$ 的末端重合，如图 A.1.2(a)所示。

由图 A.1.2(a)可见，$\vec{A}$ 和 $\vec{B}$ 交换时它们的和 $\vec{C}$ 不变，

$$\vec{C}=\vec{A}+\vec{B}=\vec{B}+\vec{A} \tag{A.1.3}$$

因此，矢量加法服从加法交换律。

三个或更多个矢量的相加就是两个矢量加法的重复运算如图 A.1.2(c)所示。从这图我们看出矢量加法也服从加法的结合律，即

$$(\vec{A}+\vec{B})+\vec{C}=\vec{A}+(\vec{B}+\vec{C})=\vec{A}+\vec{B}+\vec{C} \tag{A.1.4}$$

矢量 $\vec{A}$ 和矢量 $\vec{B}$ 相减 $\vec{A}-\vec{B}$ 等于 $\vec{A}$ 和 $-\vec{B}$ 的矢量和。如图 A.1.3 所示。

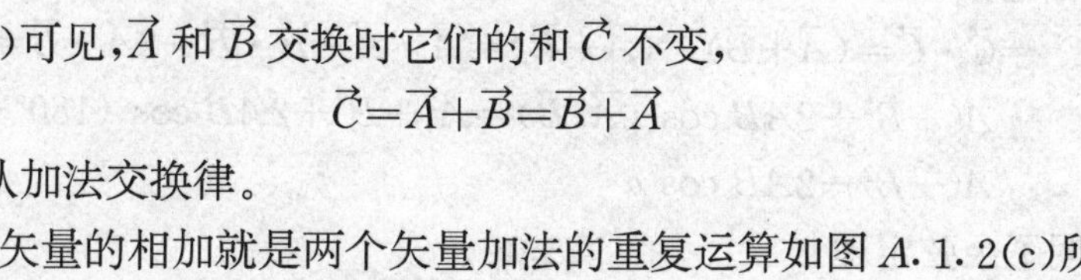

图 A.1.3 矢量的减法

四、矢量的乘法

1. 矢量的标量积

矢量 $\vec{A}$ 和 $\vec{B}$ 的标量积是一个标量，定义为

$$\vec{A} \cdot \vec{B} = AB\cos(\vec{A},\vec{B}) \tag{A.1.5}$$

式中，$(\vec{A},\vec{B})$ 为 $\vec{A}$、$\vec{B}$ 两矢量之间的较小的夹角。

由矢量的标量积的定义可以看出，标量积具有下列性质：

(1) 服从乘法交换律

$$\vec{A} \cdot \vec{B} = \vec{B} \cdot \vec{A} \tag{A.1.6}$$

(2) 服从乘法分配律

$$(\vec{A}+\vec{B}) \cdot \vec{C} = \vec{A} \cdot \vec{C} + \vec{B} \cdot \vec{C} \tag{A.1.7}$$

(3) 结合律在矢量的标量积中不成立

$$(\vec{A} \cdot \vec{B})\vec{C} \neq \vec{A}(\vec{B} \cdot \vec{C}) \tag{A.1.8}$$

上式左边的矢量平行于 $\vec{C}$，而右边的矢量平行于 $\vec{A}$。

【例 A.1】 证明三角形的余弦定理。

解： 余弦定理是一个标量关系，它以三角形两边的长度及其夹角来表示第三边的长度。见图 A.1.4。

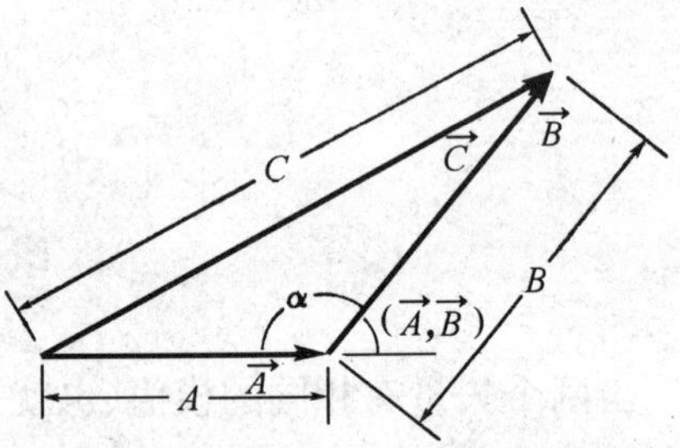

图 A.1.4 例 A.1 证明余弦定理

余弦定理写成 $C=\sqrt{A^2+B^2-2AB\cos\alpha}$

为证明此定理，可把三角形各边看作矢量，即

$$\vec{C} = \vec{A} + \vec{B}$$

计算 $\vec{C}$ 自乘的标量积

$$\begin{aligned} C^2 &= \vec{C} \cdot \vec{C} = (\vec{A}+\vec{B}) \cdot (\vec{A}+\vec{B}) = \vec{A} \cdot \vec{A} + \vec{B} \cdot \vec{B} + 2\vec{A} \cdot \vec{B} = \\ &A^2+B^2+2AB\cos(\vec{A},\vec{B}) = A^2+B^2+2AB\cos(180°-\alpha) = \\ &A^2+B^2-2AB\cos\alpha \end{aligned}$$

这样就直接证明了余弦定理。

2. 矢量的矢量积

矢量 $\vec{A}$ 和矢量 $\vec{B}$ 的矢量积 $\vec{A}\times\vec{B}$，定义为与矢量 $\vec{A}$ 和 $\vec{B}$ 都垂直的一个矢量，使用右手螺旋定则由 $\vec{A}$ 经过较小的角度右旋至 $\vec{B}$ 则螺旋前进的方向即为矢量积 $\vec{A}\times\vec{B}$ 的方向，如图 A.1.5 所示。

矢量积 $\vec{A}\times\vec{B}$ 的模值为

$$|\vec{A}\times\vec{B}| = |\vec{A}||\vec{B}|\sin(\vec{A},\vec{B}) = AB\sin(\vec{A},\vec{B}) \tag{A.1.9}$$

矢量积 $\vec{A}\times\vec{B}$ 表示为

$$\vec{A}\times\vec{B} = \vec{a}_n|\vec{A}\times\vec{B}| = \vec{a}_n AB\sin(\vec{A},\vec{B}) \tag{A.1.10}$$

式中，$\vec{a}_n$ 为垂直于 $\vec{A}$ 与 $\vec{B}$，且从 $\vec{A}$ 通过角 $(\vec{A},\vec{B})$ 旋转到 $\vec{B}$ 由右手螺旋定则决定方向的单位矢量。

由矢量的矢量积定义可以看出，矢量积具有下列性质：

(1) 不服从交换律

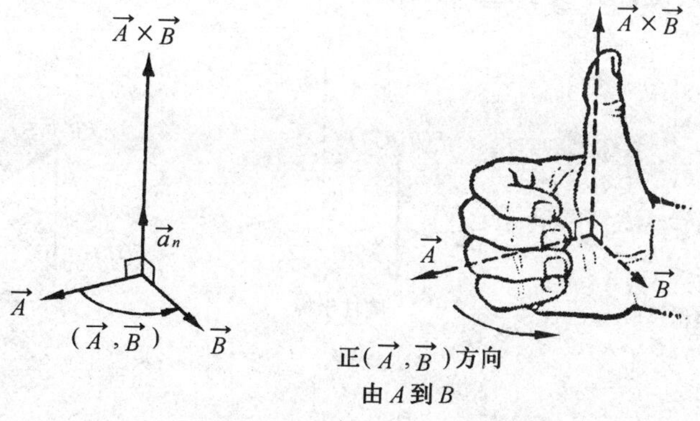

图 A.1.5　矢量的矢量积

$$\vec{A}\times\vec{B}\neq\vec{B}\times\vec{A},\qquad \vec{A}\times\vec{B}=-\vec{B}\times\vec{A} \tag{A.1.11}$$

(2) 服从分配律

$$(\vec{A}+\vec{B})\times\vec{C}=\vec{A}\times\vec{C}+\vec{B}\times\vec{C} \tag{A.1.12}$$

(3) 不服从结合律

$$(\vec{A}\times\vec{B})\times\vec{C}\neq\vec{A}\times(\vec{B}\times\vec{C}) \tag{A.1.13}$$

在定义矢量及矢量运算时没有参照任何坐标系，因此坐标系变化时矢量是不变的。但是如果在一个特定的坐标系中把矢量分解成在该坐标系所规定方向的分量将会给矢量运算带来方便。

A.2　坐标系

坐标系是相对于参考原点确定空间任一点位置的惟一方法。正交坐标系是常用的坐标系，它可以由三个互相垂直的曲面的交点来确定，在该点上这些曲面的法线方向便规定为坐标轴的方向。引用了坐标系可以利用坐标系中点的位置相对于参考原点的距离表示标量。在坐标系中再定义坐标变量的增加方向，即坐标轴的方向，则又可以在坐标系中表示矢量的大小和方向。

三个互相垂直的坐标曲面族，广义地用 u_1,u_2,u_3 表示，它们分别表示每族中通过空间任意 P 点的特定曲面，坐标曲面族 u_1,u_2,u_3 形状(如图 A.2.1)的选用可以有多种。例如直角坐标、圆柱坐标系及球坐标系等，如图 A.2.2。当然，任何问题的解答与所选用的坐标系无关，但根据所讨论问题的几何对称性，适当

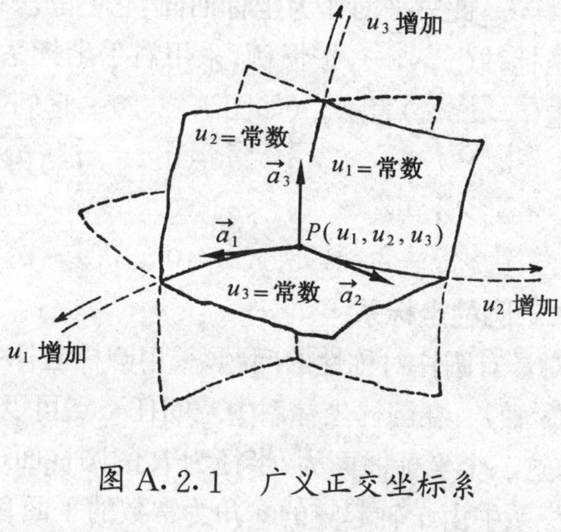

图 A.2.1　广义正交坐标系

地选择坐标系，往往会使计算及表达式简化。

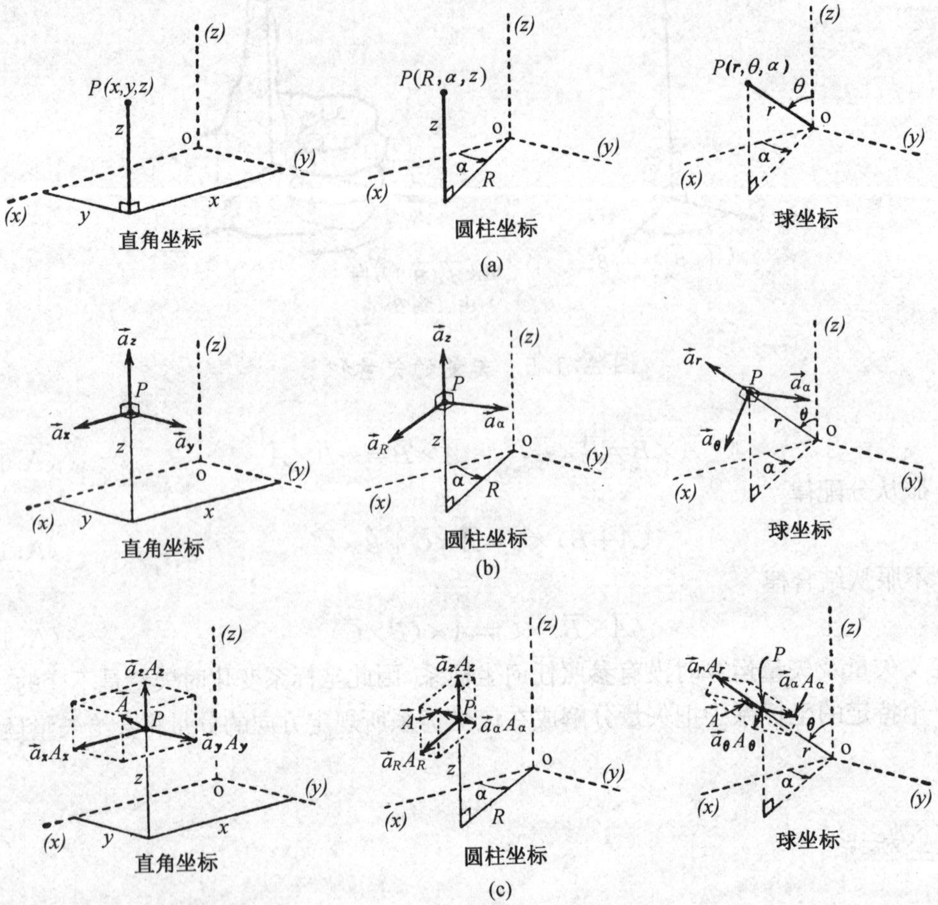

图 A.2.2　三个正交坐标系

一、直角坐标系

最普通和经常选用的坐标系是由三个相互垂直的平面确定的直角坐标系，即 $u_1=x,u_2=y,u_3=z$. 此三平面作为坐标曲面，它们的法线互相垂直，并使它们通过选定的参考原点 0 为其坐标轴(x,y,z)，按惯例，采用右手坐标系规定坐标轴的方向，并用沿坐标轴方向的单位矢量$(\vec{a}_x,\vec{a}_y,\vec{a}_z)$表示。(如图 A.2.2)。它们之间满足下列关系式：

$$\begin{matrix} \vec{a}_x\times\vec{a}_y=\vec{a}_z & \vec{a}_x\times\vec{a}_x=0 & \vec{a}_z\cdot\vec{a}_y=0 & \vec{a}_x\cdot\vec{a}_x=1 \\ \vec{a}_y\times\vec{a}_z=\vec{a}_x & \vec{a}_y\times\vec{a}_y=0 & \vec{a}_y\cdot\vec{a}_z=0 & \vec{a}_y\cdot\vec{a}_y=1 \\ \vec{a}_z\times\vec{a}_x=\vec{a}_y & \vec{a}_z\times\vec{a}_z=0 & \vec{a}_z\cdot\vec{a}_x=0 & \vec{a}_z\cdot\vec{a}_z=1 \end{matrix} \tag{A.2.1}$$

二、圆柱坐标系

对具有圆柱对称性的问题，采用圆柱坐标系是方便的。取圆柱中心对称轴为圆柱坐标中心轴(z 轴)。在圆柱坐标系中空间任一点可以定义为三个相互垂直的坐标曲面 u_1,u_2,u_3 的交点，这三个坐标曲面为：半径为 R 的圆柱面(以直角坐标系中 z 轴为圆柱的中心轴线)，直角坐标系中由 x 轴起算的 α 角为常数的平面和 z 为常数的平面。即

$$
\left.\begin{aligned}
&u_1=R=\sqrt{x^2+y^2}\\
&u_2=\alpha,0\leqslant\alpha\leqslant 2\pi\\
&u_3=z
\end{aligned}\right\}\tag{A.2.2}
$$

圆柱坐标系的坐标轴(R,α,z)与相应的曲面法线平行，坐标轴的正方向，仍按惯例构成右手系，沿坐标轴方向的单位矢量为 $\vec{a}_R,\vec{a}_\alpha,\vec{a}_z$。如图 A.2.2，它们之间满足：

$$
\begin{array}{llll}
\vec{a}_R\times\vec{a}_\alpha=\vec{a}_z & \vec{a}_R\times\vec{a}_R=0 & \vec{a}_R\cdot\vec{a}_\alpha=0 & \vec{a}_R\cdot\vec{a}_R=1\\
\vec{a}_\alpha\times\vec{a}_z=\vec{a}_R & \vec{a}_\alpha\times\vec{a}_\alpha=0 & \vec{a}_\alpha\cdot\vec{a}_z=0 & \vec{a}_\alpha\cdot\vec{a}_\alpha=1\\
\vec{a}_z\times\vec{a}_R=\vec{a}_\alpha & \vec{a}_z\times\vec{a}_z=0 & \vec{a}_z\cdot\vec{a}_R=0 & \vec{a}_z\cdot\vec{a}_z=1
\end{array}\tag{A.2.3}
$$

三、球坐标系

对具有点对称的问题，采用球坐标系是方便的，此时取对称点为坐标原点。球坐标系坐标曲面族 u_1,u_2,u_3 为由以原点为球心、半径为 r 的球面，从参考的直角坐标系中 z 轴起算的 θ 角的圆锥面和从 x 轴起算的 α 角为常数的平面，这样三个互相垂直的曲面构成。即

$$
\left.\begin{aligned}
&u_1=r=\sqrt{x^2+y^2+z^2}\\
&u_2=\theta,\ 0\leqslant\theta\leqslant\pi\\
&u_3=\alpha,\ 0\leqslant\alpha\leqslant 2\pi
\end{aligned}\right\}\tag{A.2.4}
$$

球坐标轴沿三个相应曲面的法线方向，其轴向的单位矢量 $\vec{a}_r,\vec{a}_\theta,\vec{a}_\alpha$ 构成右手关系，如图 A.2.2。它们之间满足下列关系式：

$$
\begin{array}{llll}
\vec{a}_r\times\vec{a}_\theta=\vec{a}_\alpha & \vec{a}_r\times\vec{a}_r=0 & \vec{a}_r\cdot\vec{a}_\theta=0 & \vec{a}_r\cdot\vec{a}_r=1\\
\vec{a}_\theta\times\vec{a}_\alpha=\vec{a}_r & \vec{a}_\theta\times\vec{a}_\theta=0 & \vec{a}_\theta\cdot\vec{a}_\alpha=0 & \vec{a}_\theta\cdot\vec{a}_\theta=1\\
\vec{a}_\alpha\times\vec{a}_r=\vec{a}_\theta & \vec{a}_\alpha\times\vec{a}_\alpha=0 & \vec{a}_\alpha\cdot\vec{a}_r=0 & \vec{a}_\alpha\cdot\vec{a}_\alpha=1
\end{array}\tag{A.2.5}
$$

四、直角、圆柱、球坐标系的坐标及单位矢量之间的关系

直角坐标	圆柱坐标	球坐标
x	$R\cos\alpha$	$r\sin\theta\cos\alpha$
y	$R\sin\alpha$	$r\sin\theta\sin\alpha$
z	z	$r\cos\theta$
$\vec{a}_x$	$\vec{a}_R\cos\alpha-\vec{a}_\alpha\sin\alpha$	$\vec{a}_r\sin\theta\cos\alpha+\vec{a}_\theta\cos\theta\cos\alpha+\vec{a}_\alpha\sin\alpha$
$\vec{a}_y$	$\vec{a}_R\sin\alpha+\vec{a}_\alpha\cos\alpha$	$\vec{a}_r\sin\theta\sin\alpha+\vec{a}_\theta\cos\theta\sin\alpha+\vec{a}_\alpha\cos\alpha$
$\vec{a}_z$	$\vec{a}_z$	$\vec{a}_r\cos\theta-\vec{a}_\theta\sin\theta$

圆柱坐标	直角坐标	球坐标
R	$\sqrt{x^2+y^2}$	$r\sin\theta$
α	$\arctan\dfrac{y}{x}$	α
z	z	$r\cos\theta$
$\vec{a}_R$	$\vec{a}_z\cos\alpha+\vec{a}_y\sin\alpha$	$\vec{a}_r\sin\theta+\vec{a}_\theta\cos\theta$

$\vec{a}_\alpha$	$-\vec{a}_x \sin\alpha+\vec{a}_y\cos\alpha$	$\vec{a}_\alpha$
$\vec{a}_z$	$\vec{a}_z$	$\vec{a}_r\cos\theta-\vec{a}_\theta\sin\theta$

球坐标	直角坐标	圆柱坐标
r	$\sqrt{x^2+y^2+z^2}$	R^2+z^2
θ	$\arccos\dfrac{z}{\sqrt{x^2+y^2+z^2}}$	$\arccos\dfrac{z}{\sqrt{R^2+z^2}}$
α	$\cos^{-1}\dfrac{x}{y}$	α
$\vec{a}_r$	$\vec{a}_x\sin\theta\cos\alpha+\vec{a}_y\sin\theta\sin\alpha+\vec{a}_z\cos\theta$	$\vec{a}_R\sin\theta+\vec{a}_z\cos\theta$
$\vec{a}_\theta$	$\vec{a}_x\cos\theta\cos\alpha+\vec{a}_y\cos\theta\sin\alpha-\vec{a}_z\sin\theta$	$\vec{a}_R\cos\theta-\vec{a}_z\sin\theta$
$\vec{a}_\alpha$	$-\vec{a}_x\sin\alpha+\vec{a}_y\cos\alpha$	$\vec{a}_\alpha$

五、矢量及矢量代数运算在坐标系中的表示

利用正交坐标系中三个互相正交的坐标单位矢量在空间某固定点有固定的方向，可以方便地表示矢量及矢量代数运算。

矢量 $\vec{A}$ 在各个坐标系中被分解为各自的坐标分量的情况表示如下：

$$\left.\begin{array}{ll}\text{直角坐标} & \vec{A}=\vec{A}_x+\vec{A}_y+\vec{A}_z=\vec{a}_xA_x+\vec{a}_yA_y+\vec{a}_z A_z\\ \text{圆柱坐标} & \vec{A}=\vec{A}_R+\vec{A}_\alpha+\vec{A}_z=\vec{a}_RA_R+\vec{a}_\alpha A_\alpha+\vec{a}_z A_z\\ \text{球坐标} & \vec{A}=\vec{A}_r+\vec{A}_\theta+\vec{A}_\alpha=\vec{a}_rA_r+\vec{a}_\theta A_\theta+\vec{a}_\alpha A_\alpha\end{array}\right\}\qquad(\text{A}.2.6)$$

其大小为

$$\left.\begin{array}{ll}\text{直角坐标} & A=\sqrt{A_x^2+A_y^2+A_z^2}\\ \text{圆柱坐标} & A=\sqrt{A_R^2+A_\alpha^2+A_z^2}\\ \text{球坐标} & A=\sqrt{A_r^2+A_\theta^2+A_\alpha^2}\end{array}\right\}\qquad(\text{A}.2.7)$$

矢量 $\vec{A}$ 与矢量 $\vec{B}$ 的和与差：

$$\left.\begin{array}{lll}\text{直角坐标} & \vec{A}=\vec{a}_xA_x+\vec{a}_yA_y+\vec{a}_zA_z & \vec{B}=\vec{a}_xB_x+\vec{a}_yB_y+\vec{a}_zB_z\\ & \multicolumn{2}{l}{\vec{A}\pm\vec{B}=\vec{a}_x(A_x\pm B_x)+\vec{a}_y(A_y\pm B_y)+\vec{a}_z(A_z\pm B_z)}\\ \text{圆柱坐标} & \vec{A}=\vec{a}_RA_R+\vec{a}_\alpha A_\alpha+\vec{a}_zA_z & \vec{B}=\vec{a}_RB_R+\vec{a}_\alpha B_\alpha+\vec{a}_zB_z\\ & \multicolumn{2}{l}{\vec{A}\pm\vec{B}=\vec{a}_R(A_R\pm B_R)+\vec{a}_\alpha(A_\alpha\pm B_\alpha)+\vec{a}_z(A_z\pm B_z)}\\ \text{球坐标} & \vec{A}=\vec{a}_rA_r+\vec{a}_\theta A_\theta+\vec{a}_\alpha A_\alpha & \vec{B}=\vec{a}_rB_r+\vec{a}_\theta B_\theta+\vec{a}_\alpha B_\alpha\\ & \multicolumn{2}{l}{\vec{A}\pm\vec{B}=\vec{a}_r(A_r\pm B_r)+\vec{a}_\theta(A_\theta\pm B_\theta)+\vec{a}_\alpha(A_\alpha\pm B_\alpha)}\end{array}\right\}\qquad(\text{A}.2.8)$$

矢量 $\vec{A}$ 与矢量 $\vec{B}$ 的标量积：

$$
\left.
\begin{aligned}
&\text{直角坐标}\quad \vec{A}\cdot\vec{B}=(\vec{a}_xA_x+\vec{a}_yA_y+\vec{a}_xA_x)\cdot(\vec{a}_xB_x+\vec{a}_yB_y+\vec{a}_zB_z)=\\
&\qquad\qquad\qquad A_xB_x+A_yB_y+A_zB_z\\
&\text{圆柱坐标}\quad \vec{A}\cdot\vec{B}=(\vec{a}_RA_R+\vec{a}_\alpha A_\alpha+\vec{a}_zA_z)\cdot(\vec{a}_RB_R+\vec{a}_\alpha B_\alpha+\vec{a}_zB_z)=\\
&\qquad\qquad\qquad A_RB_R+A_\alpha B_\alpha+A_zB_z\\
&\text{球坐标}\quad \vec{A}\cdot\vec{B}=(\vec{a}_rA_r+\vec{a}_\theta A_\theta+\vec{a}_\alpha A_\alpha)\cdot(\vec{a}_rB_r+\vec{a}_\theta B_\theta+\vec{a}_\alpha B_\alpha)=\\
&\qquad\qquad\qquad A_rB_r+A_\theta B_\theta+A_\alpha B_\alpha
\end{aligned}
\right\}
\quad (\text{A. 2. 9})
$$

矢量 $\vec{A}$ 与矢量 $\vec{B}$ 的矢量积：

$$
\left.
\begin{aligned}
&\text{直角坐标}\quad \vec{A}\times\vec{B}=(\vec{a}_xA_x+\vec{a}_yA_y+\vec{a}_zA_z)\times(\vec{a}_xB_x+\vec{a}_yB_y+\vec{a}_zB_z)=\\
&\qquad\qquad \vec{a}_x(A_yB_z-A_zB_y)+\vec{a}_y(A_zB_x-A_xB_z)+\vec{a}_z(A_xB_y-A_yB_x)=\\
&\qquad\qquad \begin{vmatrix} \vec{a}_x & \vec{a}_y & \vec{a}_x \\ A_x & A_y & A_z \\ B_x & B_y & B_z \end{vmatrix}\\
&\text{圆柱坐标}\quad \vec{A}\times\vec{B}=\vec{a}_R(A_\alpha B_z-A_zB_\alpha)+\vec{a}_\alpha(A_zB_R-A_RB_z)+\vec{a}_z(A_RB_\alpha-A_\alpha B_R)=\\
&\qquad\qquad \begin{vmatrix} \vec{a}_R & \vec{a}_\alpha & \vec{a}_z \\ A_R & A_\alpha & A_z \\ B_R & B_\alpha & B_z \end{vmatrix}\\
&\text{球坐标}\quad \vec{A}\times\vec{B}=\vec{a}_r(A_\theta B_\alpha-A_\alpha B_\theta)+\vec{a}_\theta(A_\alpha B_r-A_rB_\alpha)+\vec{a}_\alpha(A_rB_\theta-A_\theta B_r)=\\
&\qquad\qquad \begin{vmatrix} \vec{a}_r & \vec{a}_\theta & \vec{a}_\alpha \\ A_r & A_\theta & A_\alpha \\ B_r & B_\theta & B_\alpha \end{vmatrix}
\end{aligned}
\right\}
\quad (\text{A. 2. 10})
$$

A.3 线积分、面积分和体积分

在矢量分析与场论中将经常计算线积分、面积分和体积分，在计算这些积分时，各具体的坐标系中长度、面积和体积的微分元是不同的。

一、微分长度元、面积元和体积元

引入坐标系后，空间点的位置均用相应坐标变量的值来标定，例如广义正交坐标系中的点 $P(u_1,u_2,u_3)$ 及其相邻点 $Q(u_1+\mathrm{d}u_1,u_2+\mathrm{d}u_2,u_3+\mathrm{d}u_3)$（见图 A.3.1）。自 P 点移动至 Q 点的矢量微分长度元 $\mathrm{d}\vec{l}$ 在相应坐标中表示为各坐标方向的分量的矢量和：

$$\mathrm{d}\vec{l}=\mathrm{d}\vec{l}_1+\mathrm{d}\vec{l}_2+\mathrm{d}\vec{l}_3=\vec{a}_1\mathrm{d}l_1+\vec{a}_2\mathrm{d}l_2+\vec{a}_3\mathrm{d}l_3 \qquad (\text{A. 3. 1})$$

各坐标分量线段微分长度元 $\mathrm{d}\vec{l}_i(i=1,2,3)$ 对应各坐标变量的微分增量为 $\mathrm{d}u_i$

$$\mathrm{d}\vec{l}_i=\vec{a}_ih_i\mathrm{d}u_i \qquad (\text{A. 3. 2})$$

式中，h_i 为度量系数，它可能是三个坐标变量的函数 $h_i(u_1,u_2,u_3)$。

在图 A.3.2 所示直角坐标系中，点 $P(x,y,z)$ 的位置矢量为

$$\vec{l}=\vec{a}_x\,x+\vec{a}_y\,y+\vec{a}_z\,z \qquad (\text{A. 3. 3})$$

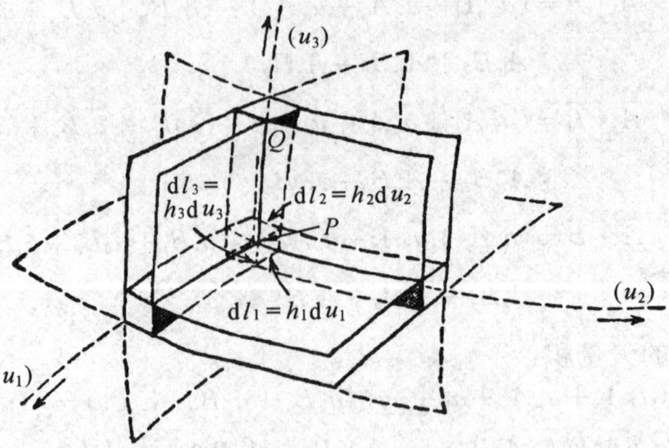

图 A.3.1 广义正交坐标系

P 点移至 $Q(x+dx,y+dy,z+dz)$点，则矢量微分长度元

$$d\vec{l}=\vec{a}_x\,dx+\vec{a}_y\,dy+\vec{a}_z\,dz \tag{A.3.4}$$

即矢量微分长度元 $d\vec{l}$ 在直角坐标系中的各坐标方向分量等于对应各坐标变量的微分增量

$$\left.\begin{array}{l} dl_x=dx \\ dl_y=dy \\ dl_z=dz \end{array}\right\} \tag{A.3.5}$$

在直角坐标系中各个度量系数 $h_i=1(i=1,2,3)$。

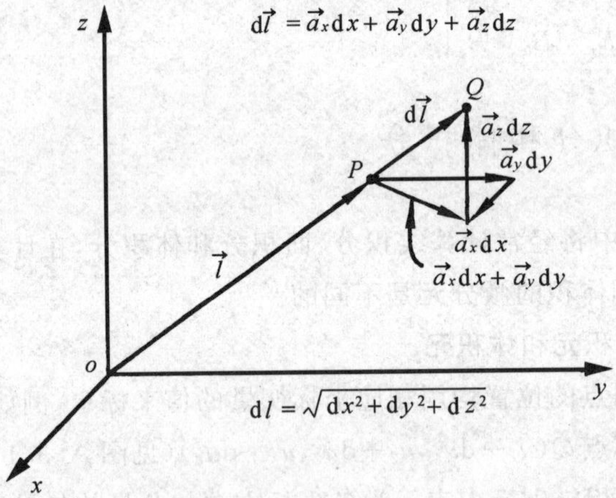

图 A.3.2 直角坐标系

在图 A.3.3 所示圆柱坐标系中，点 $P(R,\alpha,z)$的位置矢量为

$$\vec{l}(R,\alpha,z)=\vec{a}_R\,R+\vec{a}_z\,z \tag{A.3.6}$$

点 P 至点 $Q(R+dR,\alpha+d\alpha,z+dz)$ 矢量微分长度元

$$d\vec{l}=d\vec{l}_R+d\vec{l}_\alpha+d\vec{l}_z=\vec{a}_R\,dl_R+\vec{a}_\alpha\,dl_\alpha+\vec{a}_z\,dl_z \tag{A.3.7}$$

各坐标方向分量微分长度元可表示为对应各坐标变量的微分增量

$$\left.\begin{aligned} dl_R &= dR = h_1 dR \\ dl_\alpha &= R d\alpha = h_2 d\alpha \\ dl_z &= dz = h_3 dz \end{aligned}\right\} \tag{A.3.8}$$

其中坐标变量 R 和 z 的微分增量 dR 和 dz 分别直接形成直线微分长度元 dl_R 和 dl_z，而角度坐标 α 的增量 $d\alpha$ 使圆形的 α 坐标线形成一段半径为 R 长度为 $Rd\alpha$ 的微分长度元，即 $dl_\alpha(=Rd\alpha)$，于是度量系数 $h_1=1, h_2=R, h_3=1$。

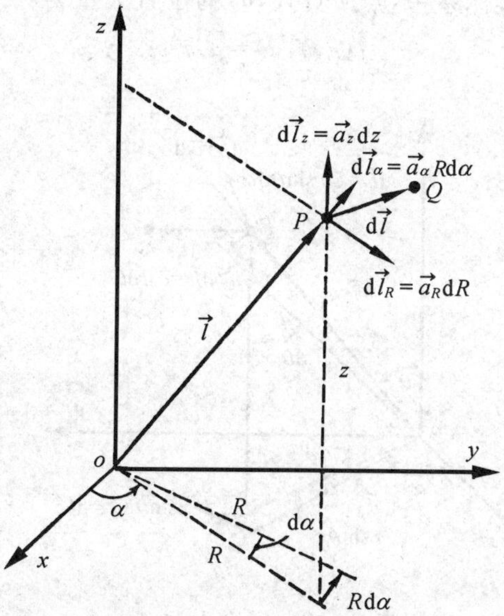

图 A.3.3 圆柱坐标系

以上关于圆柱坐标系中的 $d\vec{l}_i$ 除由图 A.3.3 所示外，还可以由 $\vec{l}(R,\alpha,z)$ 的表达式导出：

$$\vec{l}(R,\alpha,z)=\vec{a}_R R+\vec{a}_z z \tag{A.3.9}$$

故

$$d\vec{l}=\frac{\partial\vec{l}}{\partial R}dR+\frac{\partial\vec{l}}{\partial\alpha}d\alpha+\frac{\partial\vec{l}}{\partial z}dz \tag{A.3.10}$$

而

$$\left(\frac{\partial\vec{l}}{\partial R}\right)_{\substack{d\alpha=0\\dz=0}}=\vec{a}_R \tag{A.3.11}$$

$$\left(\frac{\partial\vec{l}}{\partial z}\right)_{\substack{dR=0\\d\alpha=0}}=\vec{a}_z \tag{A.3.12}$$

圆柱坐标系中除 $\vec{a}_z$ 的方向在空间各点均相同外，$\vec{a}_R$ 与 $\vec{a}_\alpha$ 在空间各点是不相同的。

$$\left(\frac{\partial\vec{l}}{\partial R}\right)_{\substack{d\alpha=0\\dz=0}}=\frac{\partial}{\partial R}(\vec{a}_R R+\vec{a}_z z)_{\substack{d\alpha=0\\dz=0}}=\frac{\partial}{\partial R}(\vec{a}_R R)=\vec{a}_R$$

$$\left(\frac{\partial\vec{l}}{\partial z}\right)_{\substack{dR=0\\d\alpha=0}}=\frac{\partial}{\partial z}(\vec{a}_R R+\vec{a}_z z)_{\substack{dR=0\\d\alpha=0}}=\frac{\partial}{\partial z}(\vec{a}_z z)=\vec{a}_z$$

$$\left(\frac{\partial\vec{l}}{\partial\alpha}\right)_{\substack{dR=0\\dz=0}}=\frac{\partial}{\partial\alpha}(\vec{a}_R R+\vec{a}_z z)_{\substack{dR=0\\dz=0}}=R\left(\frac{\partial\vec{a}_R}{\partial\alpha}\right)_{\substack{dR=0\\dz=0}}$$

由图 A.3.3 可见：

$$\left(\frac{\partial \vec{a}_R}{\partial \alpha}\right)_{\substack{dR=0\\dz=0}}=\lim_{\Delta\alpha\to 0}\left(\frac{\Delta \vec{a}_R}{\Delta \alpha}\right)=\vec{a}_\alpha$$

故

$$\left(\frac{\partial \vec{l}}{\partial \alpha}\right)_{\substack{dR=0\\dz=0}}=\vec{a}_\alpha R \tag{A.3.13}$$

在圆柱坐标系中矢量微分长度表示为

$$d\vec{l}=\vec{a}_R\,dR+\vec{a}_\alpha R\,d\alpha+\vec{a}_z\,dz \tag{A.3.14}$$

在图 A.3.4 所示的球坐标系中，点 $P(r,\theta,\alpha)$ 的位置矢量为

$$\vec{l}(r,\theta,\alpha)=\vec{a}_r\,r \tag{A.3.15}$$

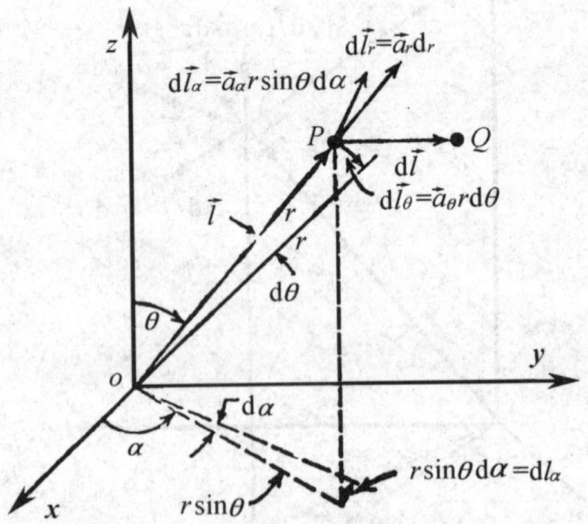

图 A.3.4 球坐标系

点 P 至点 $Q(r+dr,\ \theta+d\theta,\alpha+d\alpha)$ 的矢量微分长度元

$$d\vec{l}=\vec{a}_r\,dl_r+\vec{a}_\theta dl_\theta+\vec{a}_\alpha dl_\alpha \tag{A.3.16}$$

由图 A.3.4 可见各坐标方向分量微分长度元可表示为对应各坐标变量的微分增量

$$\left.\begin{aligned} dl_r&=dr=h_1dr\\ dl_\theta&=rd\theta=h_2d\theta\\ dl_a&=r\sin\,\theta d\alpha=h_3\,d\alpha\end{aligned}\right\} \tag{A.3.17}$$

故度量系数 $h_1=1, h_2=r, h_3=r\ \sin\theta$。

球坐标中矢量微分长度元 $d\vec{l}$ 亦可由 $\vec{l}(r,\theta,\alpha)$ 的微分增量导出：

$$\vec{l}=\vec{a}_r\,r$$

$$d\vec{l}=\frac{\partial \vec{l}}{\partial r}dr+\frac{\partial \vec{l}}{\partial \theta}d\theta+\frac{\partial \vec{l}}{\partial \alpha}d\alpha \tag{A.3.18}$$

在球坐标系中各坐标方向在空间各不同点是不相同的，即 $\vec{a}_r$，$\vec{a}_\theta$，$\vec{a}_\alpha$ 均为坐标变量 (r,θ,α) 的函数。由图 A.3.4 可见：

$$\left.\begin{aligned}
&\left(\frac{\partial \vec{l}}{\partial r}\right)_{\substack{d\theta=0\\ d\alpha=0}}=\frac{\partial}{\partial r}(\vec{a}_r\, r)_{\substack{d\theta=0\\ d\alpha=0}}=\vec{a}_r\\
&\left(\frac{\partial \vec{l}}{d\theta}\right)_{\substack{dr=0\\ d\alpha=0}}=\frac{\partial}{\partial \theta}(\vec{a}_r\, r)_{\substack{dr=0\\ d\alpha=0}}=r\left(\frac{\partial \vec{a}_r}{\partial \theta}\right)_{\substack{dr=0\\ d\alpha=0}}=\vec{a}_\theta r\\
&\left(\frac{\partial \vec{l}}{\partial \alpha}\right)_{\substack{dr=0\\ d\theta=0}}=\frac{\partial}{\partial \alpha}(\vec{a}_r\, r)_{\substack{dr=0\\ d\theta=0}}=r\left(\frac{\partial \vec{a}_r}{\partial \alpha}\right)_{\substack{dr=0\\ d\theta=0}}=\vec{a}_\alpha r\sin\theta
\end{aligned}\right\}\tag{A.3.19}$$

$$d\vec{l}=\vec{a}_r dr+\vec{a}_\theta r d\theta+\vec{a}_\alpha r\sin\theta d\alpha$$

微分面积元是由两个坐标方向分量微分长度元形成的曲边矩形，它的边等于相应的坐标线段，如图 A.3.5 所示。

例如，垂直于坐标线 u_1，且相应于增量 du_2 和 du_3 的微分面积元是

$$ds_1=dl_2dl_3=h_2h_3du_2du_3 \tag{A.3.20}$$

同样，相应于三个坐标方向分量长度微分元所形成的微分体积元是一个直角平行六面体，其各边等于相应的坐标线段，如图 A.3.6 所示。

$$dV=dl_1dl_2dl_3=h_1h_2h_3\,du_1du_2du_3 \tag{A.3.21}$$

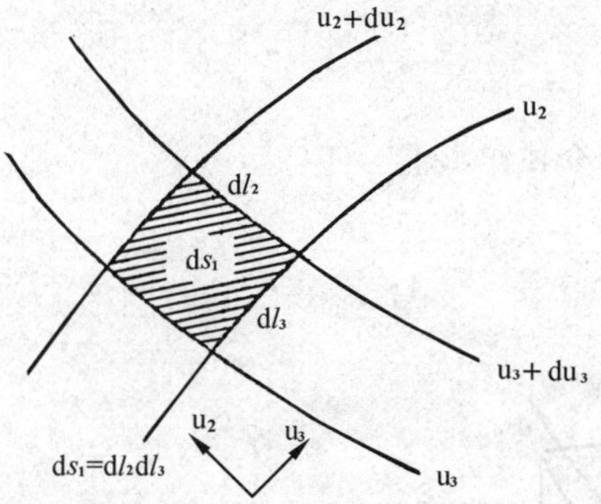

图 A.3.5　微分面积元

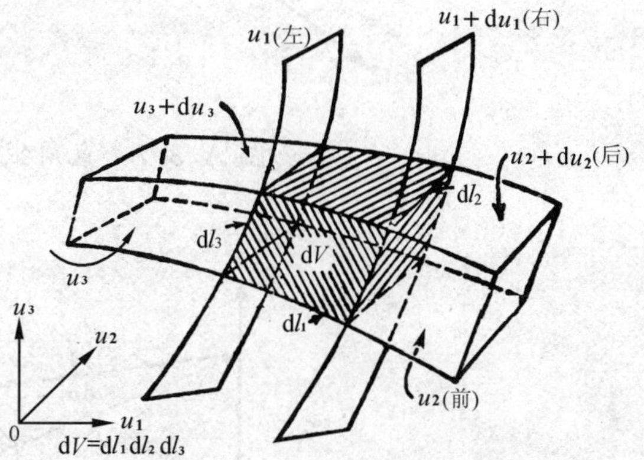

图 A.3.6　微分体积元

对于直角坐标系(图 A.3.7)，$h_1=1, h_2=1, h_3=1$。

$$\left.\begin{aligned}
ds_x&=h_2h_3\,dy\,dz=dy\,dz\\
ds_y&=h_1\,h_3dx\,dz=dx\,dz\\
ds_z&=h_1h_2\,dx\,dy=dx\,dy
\end{aligned}\right\}\tag{A.3.22}$$

$$dV=h_1h_2h_3dx\,dy\,dz=dxdydz \tag{A.3.23}$$

对于圆柱坐标系(图 A.3.8)，$h_1=1, h_2=R, h_3=1$。

$$\left.\begin{aligned}
ds_R&=h_2h_3\,d\alpha dz=Rd\alpha dz\\
ds_\alpha&=h_1h_3dRdz=dR\,dz\\
ds_z&=h_1h_2d\alpha dR=R\,d\alpha dR
\end{aligned}\right\}\tag{A.3.24}$$

$$dV=h_1h_2h_3dRd\alpha dz=RdRd\alpha dz \tag{A.3.25}$$

对于球坐标系(图 A.3.9)，$h_1=1, h_2=r, h_3=r\sin\theta$。

$$\left.\begin{aligned}ds_r&=h_2h_3 d\theta d\alpha=r^2\sin\theta\, d\theta d\alpha\\ ds_\theta&=h_1h_3 drd\theta=r\sin\theta drd\alpha\\ ds_\alpha&=h_1h_2 drd\theta=r\, drd\theta\end{aligned}\right\}\tag{A.3.26}$$

$$dV=h_1h_2h_3\, dr\, d\theta\, d\alpha=r^2\sin\theta\, dr\, d\theta\, d\alpha\tag{A.3.27}$$

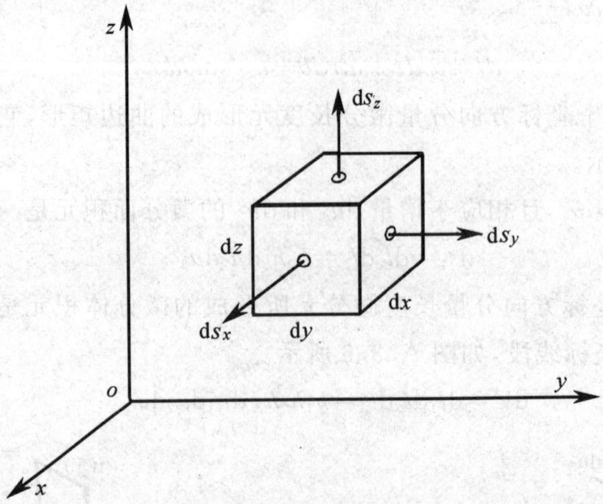

图 A.3.7　直角坐标系微分体积元

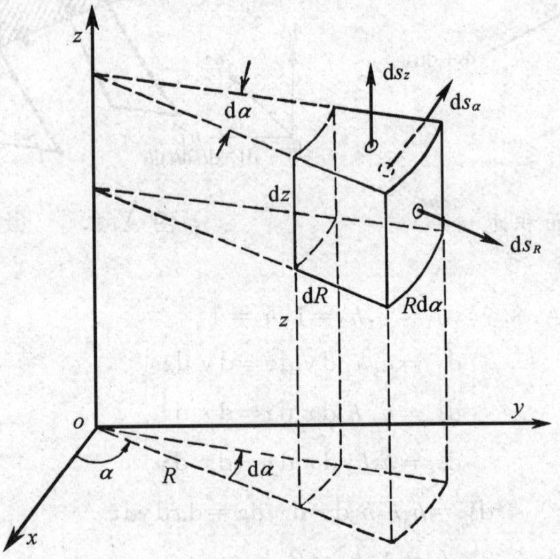

图 A.3.8　圆柱坐标系微分体积元

二、线积分

如果 $f(x,y,z)$ 是其定义域内连续且单值的函数，则在其定义域内路径 l 上 $f(x,y,z)$ 的线积分定义为沿 l 的积分区间的相加函数。即

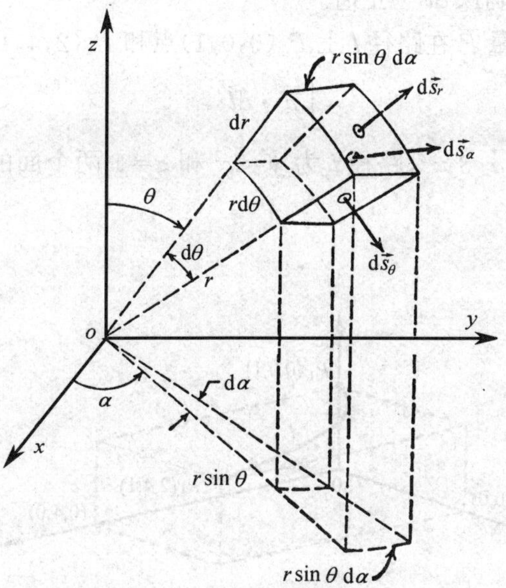

图 A. 3. 9　球坐标系微分体积元

$$\int_l f(x,y,z)\,\mathrm{d}l = \lim_{\substack{n\to\infty \\ \delta l_i\to 0}} \Big(\sum_{i=1}^{n} f_i\,\delta l_i\Big) \tag{A. 3. 28}$$

式中，$\delta l_i(i=1,2,\cdots,n)$ 为区间 l 被分成 n 个相邻线段的子区间，f_i 为子区间 δl_i 上某点的函数值。

为计算线积分

$$\int_l f(x,y,z)\,\mathrm{d}l$$

必须把它化为只包含一个自变量的定积分。这包括如下两个步骤：

第一，由于线积分是沿路径 l 积分的，函数 $f(x,y,z)$ 的值应是在 l 上各点的函数值，因此 $f(x,y,z)$ 的 y 和 z 用路径 l 的表达式 $y=f_1(x)$ 和 $z=f_2(x)$ 来表示，这就使 $f(x,y,z)=f[x,f_1(x),f_2(x)]$ 变成只是一个自变量 x 的函数。

第二，微分长度元 $\mathrm{d}l$ 用坐标变量的增量 $\mathrm{d}x,\mathrm{d}y,\mathrm{d}z$ 表示，然后再用 $\mathrm{d}x$ 的适当函数来代替 $\mathrm{d}y$ 和 $\mathrm{d}z$，它们可以从 l 的两个路径方程 $y=f_1(x)$ 和 $z=f_2(x)$ 得出，即 $\mathrm{d}y=\left(\frac{\partial f_1}{\partial x}\right)\mathrm{d}x$ 和 $\mathrm{d}z=\left(\frac{\partial f_2}{\partial x}\right)\mathrm{d}x$。

即微分长度元

$$\mathrm{d}l = \sqrt{\mathrm{d}\vec{l}\cdot\mathrm{d}\vec{l}} = \sqrt{\mathrm{d}x^2+\mathrm{d}y^2+\mathrm{d}z^2} = \sqrt{1+\left(\frac{\partial y}{\partial x}\right)^2+\left(\frac{\partial z}{\partial x}\right)^2}\,|\mathrm{d}x| = \sqrt{1+\left(\frac{\partial f_1}{\partial x}\right)^2+\left(\frac{\partial f_2}{\partial x}\right)^2}\,|\mathrm{d}x| \tag{A. 3. 29}$$

这里使用模值$|dx|$是为了确保 dl 为正值。

【例 A. 3. 1】 计算矢量$\vec{F}$在路径 l 上 $P_1(0,0,1)$点和 $P_2(2,4,1)$点之间的线积分

$$\int_l \vec{F} \cdot d\vec{l}$$

其中 $\vec{F}=\vec{a}_x 10x-\vec{a}_y 5x^2y+\vec{a}_z 3yz^2$,路径 l 为 $y=x^2$ 和 $z=1$ 两个面的交线,如图 A. 3. 10 所示。

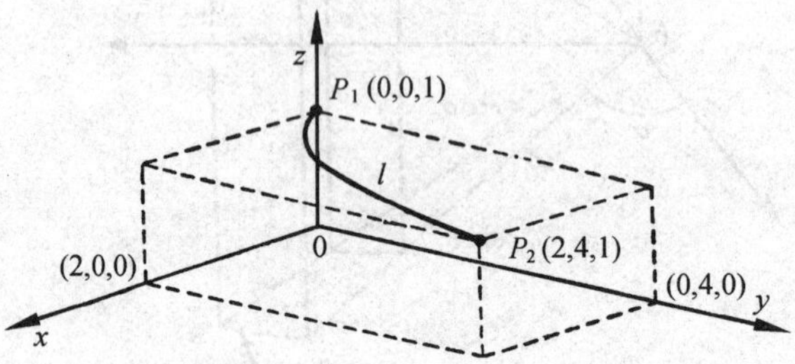

图 A. 3. 10　例 A. 3. 1 附图

解:

$$\int_l \vec{F} \cdot d\vec{l} = \int_l F_x dx + \int_l F_y dy + \int_l F_z dz =$$
$$\int_{x_1}^{x_2} F_x dx + \int_{y_1}^{y_2} F_y dy + \int_{z_1}^{z_2} F_z dz$$

其中(x_1,y_1,z_1)和(x_2,y_2,z_2)为 l 的两个端点 P_1 和 P_2 的坐标。$x_1=0,y_1=0,z_1=1$ 和 $x_2=2$,$y_2=4,z_2=1$。$F_x=10x,F_y=-5x^2y,F_z=3yz^2$。

由于路径 $l,y=x^2,z=1$,故 $dz=0$。

$$\int_l \vec{F} \cdot d\vec{l} = \int_{x=0}^{2} 10x\, dx - \int_{y=0}^{4} 5y^2 dy + 0 = 20 - 106.7 = -86.7$$

如果连接两端点 P_1,P_2 之间的路径 l 改变为由 $y=2x$ 和 $z=1$ 两个面相交的直线路径 l',则线积分

$$\int_{l'} \vec{F} \cdot d\vec{l} = \int_{x=0}^{2} 10x\, dx - \int_{y=0}^{4} 5x^2 y dy + \int_{z=1}^{1} 3yz^2\, dz =$$
$$\int_{x=0}^{2} 10x dx - \int_{y=0}^{4} 5\left(\frac{y}{2}\right)^2 y dy = \int_{x=0}^{2} 10x dx - \int_{y=0}^{4} \left(\frac{5}{4}\right) y^3 dy = -60$$

从本例所得结果可见,在同样两点之间,沿不同路径对一个确定函数进行线积分一般会有不同的值。

线积分的计算可用任何一种正交坐标系来表示:

$$\int_l \vec{F} \cdot d\vec{l} = \int_l F_1 dl_1 + \int_l F_2 dl_2 + \int_l F_3 dl_3 =$$
$$\int_l F_1 h_1 du_1 + \int_l F_2 h_2 du_2 + \int_l F_3 h_3 du_3 \qquad \text{(A. 3. 30)}$$

l 的两个端点分别为 P_1 与 P_2。

在直角坐标系：$P_1(x_1,y_1,z_1)$，$P_2(x_2,y_2,z_2)$

$$\int_l \vec{F}\cdot d\vec{l}=\int_{x_1}^{x_2}F_x dx+\int_{y_1}^{y_2}F_y dy+\int_{z_1}^{z_2}F_z dz \tag{A.3.31}$$

在圆柱坐标系：$P_1(R_1,\alpha_1,z_1)$，$P_2(R_2,\alpha_2,z_2)$

$$\int_l \vec{F}\cdot d\vec{l}=\int_{R_1}^{R_2}F_R dR+\int_{\alpha_1}^{\alpha_2}F_\alpha R d\alpha+\int_{z_1}^{z_2}F_z dz \tag{A.3.32}$$

在球坐标系：$P_1(r_1,\theta_1,\alpha_1)$，$P_2(r_2,\theta_2,\alpha_2)$

$$\int_l \vec{F}\cdot d\vec{l}=\int_{r_1}^{r_2}F_r dr+\int_{\theta_1}^{\theta_2}F_\theta\, r\, d\theta+\int_{\alpha_1}^{\alpha_2}F_\alpha\, r\sin\theta\, d\alpha \tag{A.3.33}$$

根据积分路径 l 的形状选择合适的坐标系，使得微分长度元 $d\vec{l}$ 的表示式特别简单。当积分路径与坐标系中的一条坐标线重合时，三个积分中有两个为零。

【例 A. 3. 2】 计算在 xy 平面上半径为 R，从点 $P_1(R,0,0)$到点 $P_2(0,R,0)$的圆形路径 l 的长度(见图 A. 3. 11。)

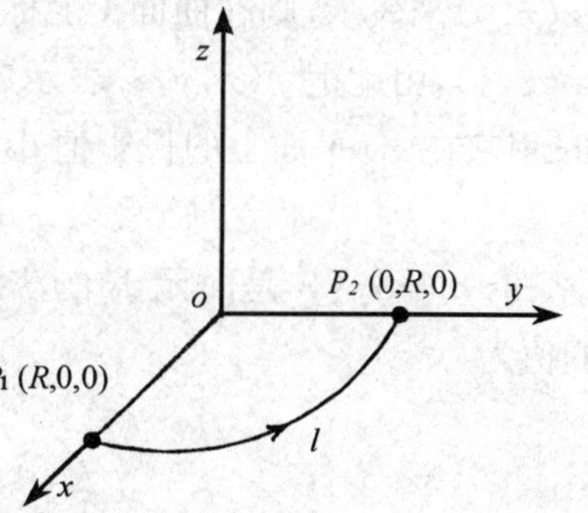

图 A. 3. 11 例 A. 3. 2 附图

解： 线积分 $\int_l f(x,y,z)\,dl$，当被积函数 $f(x,y,z)=1$ 时，$\int_l f(x,y,z)\,dl=\int_l dl$ 就变成求路径 l 的长度。本例实际是为了突出表明计算线积分时坐标系的选择，所以为简单起见令 $f(x,y,z)=1$。

在直角坐标系中，给定的路径 l 的方程为 $x^2+y^2=R^2$

因此

$$y=\sqrt{R^2-x^2},\qquad \frac{\partial y}{\partial x}=-\frac{x}{\sqrt{R^2-x^2}},\qquad dz=0$$

而微分长度元 $dl=\sqrt{dx^2+dy^2+dz^2}=\sqrt{1+\dfrac{x^2}{R^2-x^2}}\,|dx|=-\dfrac{R}{\sqrt{R^2-x^2}}dx$

因此路径 l 的长度

$$l=\int_l dl=\int_{x=R}^{0}-R\frac{dx}{\sqrt{R^2-x^2}}=R\Big[\arcsin\Big(\frac{x}{R}\Big)\Big]_{x=0}^{R}=\frac{\pi R}{2}$$

在本例中，路径 l 为在 xy 平面上，圆心在原点，半径为 R 的 1/4 圆。此路径与圆柱坐标系中 R 和 z 等于常数的坐标面的交线重合，于是沿着 l 有 $dR=0$ 和 $dz=0$，所以本例选用圆柱坐标系将使得 dl 的表达式特别简单：

$$dl=dl_\alpha=Rd\alpha$$

因此

$$l=\int_l dl=\int_{\alpha=0}^{\frac{\pi}{2}}Rd\alpha=\frac{\pi R}{2}$$

这个结果和以上用直角坐标系求得的结果相同，但省力得多。

三、面积分

面积分的定义与线积分的定义相似。若 $f(x,y,z)$ 是其定义域内连续且单值的函数，则在其定义域内曲面 s 上 $f(x,y,z)$ 的面积分定义为在曲面 s 区间的相加函数。即

$$\int_s f(x,y,z)\mathrm{d}s = \lim_{\substack{n\to\infty \\ \delta s_i\to 0}} \left(\sum_{i=1}^{n} f_i\, \delta s_i \right) \tag{A. 3. 34}$$

式中，$\delta s_i(i=1,2,\cdots,n)$ 为区间 s 被分成 n 个彼此相邻的子区间，f_i 则为子区间 δs_i 上某点 (x_i,y_i,z_i) 的函数值 $f(x_i,y_i,z_i)$。

面积分 $\int_s f(x,y,z)\mathrm{d}s$ 的计算，就是把它简化为两个自变量的二重积分。例如曲面 s 用 $z=z(x,y)$ 来表示，则在曲面 s 上标量函数 $f(x,y,z)$ 的曲面积分中的 z 必须满足曲面方程 $z=z(x,y)$，由此把 $f(x,y,z)$ 表示成只有 x 和 y 的函数 $f(x,y,z(x,y))$，同时将微分面积元 $\mathrm{d}s$ 用它在 xy 平面上的投影值 $\mathrm{d}s_{xy}=\mathrm{d}x\,\mathrm{d}y$ 来表示：

$$\mathrm{d}s_{xy}=\mathrm{d}x\,\mathrm{d}y=\cos\alpha_z\,\mathrm{d}s \tag{A. 3. 35}$$

式中，$\cos\alpha_z=\vec{a}_z\cdot\vec{n}$ 是面元 $\mathrm{d}s$ 的法线 $\vec{n}$ 相对于 z 轴方向 $\vec{a}_z$ 的方向余弦。可以证明这方向余弦的值为

$$\cos\alpha_z=\frac{1}{\sqrt{1+\left(\frac{\partial z}{\partial x}\right)^2+\left(\frac{\partial z}{\partial y}\right)^2}} \tag{A. 3. 36}$$

因此面积分可写成下列形式：

$$\int_s f(x,y,z)\mathrm{d}s = \int_{s_{xy}} f(x,y,z(x,y))\frac{\mathrm{d}s_{xy}}{\cos\alpha_z} =$$

$$\int_{x=a}^{b}\int_{y=y_1(x)}^{y_2(x)} f(x,y,z(x,y))\sqrt{1+\left(\frac{\partial z}{\partial x}\right)^2+\left(\frac{\partial z}{\partial y}\right)^2}\,\mathrm{d}x\,\mathrm{d}y \tag{A. 3. 37}$$

式中，积分成了对 s 在 xy 平面上投影 s_{xy} 的积分，积分限是该投影上 y 和 x 的端值，如图 A. 3. 12 所示的 $y_1(x)$、$y_2(x)$ 及 a、b。

面积分 $\int_s f(x,y,z)\,\mathrm{d}s$ 的计算同样亦可通过对 s 在直角坐标系的其他坐标平面上投影 s_{xz}、s_{yz} 的积分来计算：

$$\left.\begin{aligned} &\int_s f(x,y,z)\,\mathrm{d}s = \int_{s_{sz}} f(x,y(x,z),z)\,\frac{\mathrm{d}s_{xz}}{\cos\alpha_y} \\ &\mathrm{d}s_{xz}=\cos\alpha_y\,\mathrm{d}s=\mathrm{d}x\mathrm{d}z \\ &\cos\alpha_y=\frac{1}{\sqrt{\left(\frac{\partial y}{\partial x}\right)^2+1+\left(\frac{\partial y}{\partial z}\right)^2}} \end{aligned}\right\} \tag{A. 3. 38}$$

$$\left.\begin{aligned}&\int_s f(x,y,z)\mathrm{d}s = \int_{s_{yz}} f(x(y,z),y,z)\frac{\mathrm{d}s_{yz}}{\cos\alpha_x}\\&\mathrm{d}s_{yz} = \cos\alpha_x\mathrm{d}s = \mathrm{d}y\mathrm{d}z\\&\cos\alpha_x = \frac{1}{\sqrt{1+\left(\frac{\partial x}{\partial y}\right)^2+\left(\frac{\partial x}{\partial z}\right)^2}}\end{aligned}\right\} \qquad (A.3.39)$$

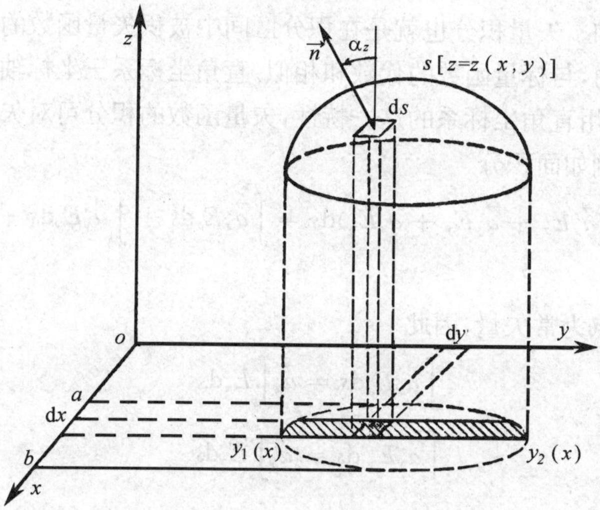

图 A.3.12　面积分的计算

面积分的计算根据积分曲面 s 的形状特征选用圆柱坐标系或球坐标系，以使微分面积元 $\mathrm{d}s$ 表达式变得简单，方便计算。

四、体积分

标量函数 $f(u_1,u_2,u_3)$ 的体积分是一个求积体各区间的相加函数，它的定义仍为和式的极限。

$$\int_V f(u_1,u_2,u_3)\mathrm{d}V = \lim_{\substack{n\to\infty\\ \delta V_i\to 0}}\sum_{i=1}^{n}(f_i\,\delta_{V_i}) \qquad (A.3.40)$$

体积分可写成三个自变量 (u_1,u_2,u_3) 的三重积分形式。如果三个积分的次序是 u_1、u_2、u_3，那么 u_3 的积分限是 u_1、u_2 的函数，u_2 的积分限是 u_1 的函数，u_1 的积分限是包围该体积的表面上 u_1 的最大值和最小值，而微分体积元 $\mathrm{d}V$ 在广义正交坐标系中的表达式为

$$\mathrm{d}V = h_1h_2h_3\mathrm{d}u_1\mathrm{d}u_2\mathrm{d}u_3 \qquad (A.3.41)$$

$$\int_V f(u_1,u_2,u_3)\mathrm{d}V = \int_{u'_1}^{u''_1}\int_{u'_2(u_1)}^{u''_2(u_1)}\int_{u'_3(u_1,u_2)}^{u''_3(u_1,u_2)} f(u_1,u_2,u_3)h_1h_2h_3\,\mathrm{d}u_1\mathrm{d}u_2\mathrm{d}u_3 \qquad (1.3.42)$$

式中，u'_1、u''_1，u'_2、u''_2，u'_3、u''_3 分别为体积 V 的表面上 u 的最小值和最大值。

在直角坐标系中，

$$\int_V f(x,y,z)\mathrm{d}V = \int_{x_1}^{x_2}\int_{y_1(x)}^{y_2(x)}\int_{z_1(x,y)}^{z_2(x,y)} f(x,y,z)\mathrm{d}x\,\mathrm{d}y\,\mathrm{d}z \qquad (A.3.43)$$

在圆柱坐标系中

$$\int_V f(R,\alpha,z)\mathrm{d}V = \int_{R_1}^{R_2}\int_{\alpha_1(R)}^{\alpha_2(R)}\int_{z_1(R,\alpha)}^{z_2(R,\alpha)} f(R_1,\alpha,z)R\mathrm{d}R\,\mathrm{d}\alpha\,\mathrm{d}z \tag{A.3.44}$$

在球面积系中

$$\int_V f(r,\theta,\alpha)\mathrm{d}V = \int_{r_1}^{r_2}\int_{\theta_1(r)}^{\theta_2(r)}\int_{\alpha_1(r,\theta)}^{\alpha_2(r,\theta)} f(r,\theta,\alpha)\, r^2\sin\theta\,\mathrm{d}r\,\mathrm{d}\theta\,\mathrm{d}\alpha \tag{A.3.45}$$

五、矢量积分

积分的概念是相加。矢量积分也就是在积分区间中被积矢量函数的相加。对同一直线上的矢量相加是简单的,与标量函数的代数和相似。直角坐标系三坐标轴的方向在空间各不同点是固定不变的。利用直角坐标系的这一特性,矢量函数的积分可对矢量函数的三个直角坐标分量进行计算。例如面积分

$$\int_s \vec{E}\,\mathrm{d}s = \int_s(\vec{a}_xE_x + \vec{a}_yE_y + \vec{a}_zE_z)\mathrm{d}s = \int_s\vec{a}_xE_x\mathrm{d}s + \int_s\vec{a}_yE_y\mathrm{d}s + \int_s\vec{a}_yE_z\mathrm{d}s \tag{A.3.46}$$

而 $\vec{a}_x,\vec{a}_y,\vec{a}_z$ 在空间各点为常矢量,因此

$$\int_s\vec{a}_xE_x\mathrm{d}s = \vec{a}_x\int_s E_x\mathrm{d}s$$

$$\int_s\vec{a}_yE_y\,\mathrm{d}s = \vec{a}_y\int_s E_y\mathrm{d}s$$

$$\int_s\vec{a}_zE_z\mathrm{d}s = \vec{a}_z\int_s E_z\mathrm{d}s$$

故

$$\int_s\vec{E}\mathrm{d}s = \vec{a}_x\int_s E_x\mathrm{d}s + \vec{a}_y\int_s E_y\mathrm{d}s + \vec{a}_z\int_s E_z\mathrm{d}s \tag{A.3.47}$$

在圆柱坐标系与球坐标系中,$\vec{a}_R$、$\vec{a}_\alpha$ 与 $\vec{a}_r$、$\vec{a}_\theta$、$\vec{a}_\alpha$ 在空间各点方向是不同的,不是常矢量,因此

圆柱坐标系中 $\int_s\vec{a}_RE_R\mathrm{d}s \neq \vec{a}_R\int_s E_R\mathrm{d}s$, $\int_s\vec{a}_\alpha E_\alpha\mathrm{d}s \neq \vec{a}_\alpha\int E_\alpha\mathrm{d}s$

球坐标系中 $\int_s\vec{a}_rE_r\mathrm{d}s \neq \vec{a}_r\int_s E_r\mathrm{d}s$, $\int_s\vec{a}_\theta E_\theta\mathrm{d}s \neq \vec{a}_\theta\int_s E_\theta\mathrm{d}s$, $\int_s\vec{a}_\alpha E_\alpha\mathrm{d}s \neq \vec{a}_\alpha\int_s E_\alpha\mathrm{d}s$

所以矢量积分必须将矢量函数分解成直角坐标分量进行,而不能分解为圆柱坐标或球面坐标分量进行计算。

将矢量积分分解为直角坐标分量积分后,各坐标分量的积分如同标量函数的积分一样,可根据积分区间的形状再选用合适的坐标系进行计算。

A.4 标量场的梯度

标量在空间分布形成标量场,在三维空间中涉及三个坐标变量,如果此标量且随时间变化,则它是四个变量(t,u_1,u_2,u_3)的函数,一般当四个变量中任何一个变化时,场量就可能发生变化。为突出标量场随空间位置的变化,可讨论在给定时刻下标量场的空间变化,这将涉及到此仅考虑空间变量的标量场 $\varphi(u_1,u_2,u_3)$对三个空间坐标变量的偏导数,同时这个变化

率可能随着空间位置变化方向的不同而有不同值，因此需要用一个矢量来定义这标量场在给定时刻和某一位置的空间变化率。这个矢量为标量场的梯度。

一、标量场及其等值线、等值面

标量场如用空间坐标的标量函数 $\varphi(u_1,u_2,u_3)$ 表示，一般它的值决定于所讨论点的空间位置，但在空间存在某些特定的曲线或曲面，在这些曲线或曲面上，它的值为一常数，则这些曲线或曲面称为等值线或等值面。其方程为

$$\varphi(u_1,u_2,u_3)=\text{常数} \tag{A.4.1}$$

二、梯度的定义

若 $\varphi(u_1,u_2,u_3)=\varphi_1$ 与 $\varphi(u'_1,u'_2,u'_3)=\varphi_1+\mathrm{d}\varphi$ 分别表示具有不同常数 φ_1 与 $\varphi_1+\mathrm{d}\varphi$ 的两个等值面，如图 A.4.1 所示，其中 $\mathrm{d}\varphi$ 为 φ 的小增量。点 P_1 在 φ_1 面上，P_2 与 P_3 均在 $\varphi_1+\mathrm{d}\varphi$ 面上，而 $\overrightarrow{P_1P_2}$ 沿 φ_1 面的法线矢量 $\mathrm{d}\vec{n}$ 方向，且 $\overrightarrow{P_1P_2}=\mathrm{d}\vec{n}$，$\overrightarrow{P_1P_3}$ 沿另一矢量 $\mathrm{d}\vec{l}$ 方向，且 $\overrightarrow{P_1P_3}=\mathrm{d}\vec{l}$，$(\mathrm{d}\vec{l}\neq\mathrm{d}\vec{n})$ 对于同样的 φ 的增量 $\mathrm{d}\varphi$，很明显沿 $\mathrm{d}\vec{n}$ 的空间变化率 $\frac{\mathrm{d}\varphi}{\mathrm{d}n}$ 是最大的，因为 $\mathrm{d}\vec{n}$ 是两个面之间的最短距离。由于 $\frac{\mathrm{d}\varphi}{\mathrm{d}l}$ 的大小取决于 $\mathrm{d}\vec{l}$ 的方向，因此 $\frac{\mathrm{d}\varphi}{\mathrm{d}l}$ 称为方向导数。现定义一矢量来表示标量场的空间变化率——标量的梯度。标量 φ 的梯度矢量的大小为方向导数的最大值，其方向沿得到最大方向导数的方向，即等 φ 面的法线方向。标量 φ 的梯度表示为

$$\mathrm{grad}\ \varphi=\vec{a}_n\frac{\mathrm{d}\varphi}{\mathrm{d}n} \tag{A.4.2}$$

为书写简洁起见，习惯上采用“del”算符 ∇，而将 $\mathrm{grad}\varphi$ 写成 $\nabla\varphi$，即

$$\nabla\varphi=\vec{a}_n\frac{\mathrm{d}\varphi}{\mathrm{d}n}$$

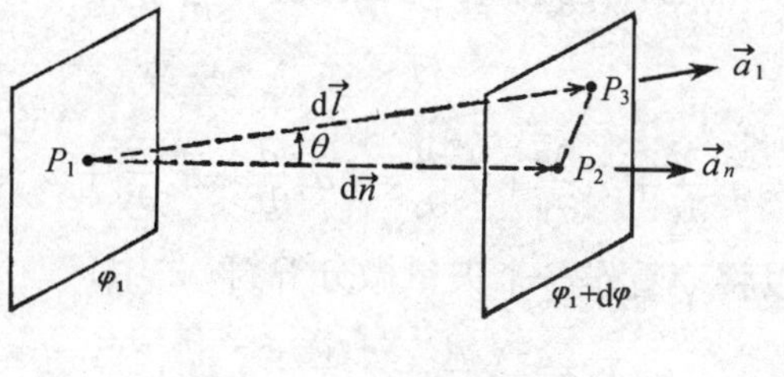

图 A.4.1　梯度定义

三、梯度的计算

设矢量 $\mathrm{d}\vec{l}=\vec{a}_l\,\mathrm{d}l$ 与法向矢量 $\mathrm{d}\vec{n}=\vec{a}_n\,\mathrm{d}n$ 之间的夹角为 θ，它们之间的大小为

$$\mathrm{d}n=\mathrm{d}l\cos\theta \tag{A.4.3}$$

沿 $\mathrm{d}\vec{l}$ 方向的方向导数是

$$\frac{\mathrm{d}\varphi}{\mathrm{d}l}=\frac{\mathrm{d}\varphi}{\mathrm{d}n}\frac{\mathrm{d}n}{\mathrm{d}l}=\frac{\mathrm{d}\varphi}{\mathrm{d}n}\cos\theta=\frac{\mathrm{d}\varphi}{\mathrm{d}n}\vec{a}_n\cdot\vec{a}_l=\nabla\varphi\cdot\vec{a}_l \tag{A.4.4}$$

由此，沿 $\mathrm{d}\vec{l}$ 方向标量的增量

$$\mathrm{d}\varphi=\nabla\varphi\cdot\vec{a}_l\,\mathrm{d}l=\nabla\varphi\cdot\mathrm{d}\vec{l} \tag{A.4.5}$$

或视 $d\varphi$ 为全微分

$$d\varphi=\frac{\partial\varphi}{\partial l_1}dl_1+\frac{\partial\varphi}{\partial l_2}dl_2+\frac{\partial\varphi}{\partial l_3}dl_3 \tag{A.4.6}$$

在广义曲线坐标系中

$$d\vec{l}=\vec{a}_{u_1}dl_1+\vec{a}_{u_2}dl_2+\vec{a}_{u_3}dl_3= \vec{a}_{u_1}(h_1du_1)+\vec{a}_{u_2}(h_2du_2)+\vec{a}_{u_3}(h_3du_3) \tag{A.4.7}$$

$$d\varphi=\left(\vec{a}_{u_1}\frac{\partial\varphi}{\partial l_1}+\vec{a}_{u_2}\frac{\partial\varphi}{\partial l_2}+\vec{a}_{u_3}\frac{\partial\varphi}{\partial l_3}\right)\cdot(\vec{a}_{u_1}dl_1+\vec{a}_{u_2}dl_2+\vec{a}_{u_3}dl_3)= \left(\vec{a}_{u_1}\frac{\partial\varphi}{\partial l_1}+\vec{a}_{u_2}\frac{\partial\varphi}{\partial l_2}+\vec{a}_{u_3}\frac{\partial\varphi}{\partial l_3}\right)\cdot d\vec{l} \tag{A.4.8}$$

比较得

$$\nabla\varphi=\vec{a}_{u_1}\frac{\partial\varphi}{\partial l_1}+\vec{a}_{u_2}\frac{\partial\varphi}{\partial l_2}+\vec{a}_{u_3}\frac{\partial\varphi}{\partial l_3}$$

或

$$\nabla\varphi=\vec{a}_{u_1}\frac{\partial\varphi}{h_1\partial u_1}+\vec{a}_{u_2}\frac{\partial\varphi}{h_2\partial u_2}+\vec{a}_{u_3}\frac{\partial\varphi}{h_3\partial u_3} \tag{A.4.9}$$

在直角坐标系中 $(u_1,u_2,u_3)=(x,y,z)$，$h_1=1,h_2=1,h_3=1$，于是

$$\nabla\varphi=\vec{a}_x\frac{\partial\varphi}{\partial x}+\vec{a}_y\frac{\partial\varphi}{\partial y}+\vec{a}_z\frac{\partial\varphi}{\partial z} \tag{A.4.10}$$

在圆柱坐标系中 $(u_1,u_2,u_3)=(R,\alpha,z)$，$h_1=1,h_2=R,h_3=1$，于是

$$\nabla\varphi=\vec{a}_R\frac{\partial\varphi}{\partial R}+\vec{a}_\alpha\frac{1}{R}\frac{\partial\varphi}{\partial\alpha}+\vec{a}_z\frac{\partial\varphi}{\partial z} \tag{A.4.11}$$

在球坐标系中 $(u_1,u_2,u_3)=(r,\theta,\alpha)$，$h_1=1,h_2=r,h_3=r\sin\theta$，于是

$$\nabla\varphi=\vec{a}_r\frac{\partial\varphi}{\partial r}+\vec{a}_\theta\frac{1}{r}\frac{\partial\varphi}{\partial\theta}+\vec{a}_\alpha\frac{1}{r\sin\theta}\frac{\partial\varphi}{\partial\alpha} \tag{A.4.12}$$

在直角坐标系中

$$\nabla\varphi=\vec{a}_x\frac{\partial\varphi}{\partial x}+\vec{a}_y\frac{\partial\varphi}{\partial y}+\vec{a}_z\frac{\partial\varphi}{\partial z}=\left(\vec{a}_x\frac{\partial}{\partial x}+\vec{a}_y\frac{\partial}{\partial y}+\vec{a}_z\frac{\partial}{\partial z}\right)\varphi$$

所以，在直角坐标系中可以将 ∇ 看作一个矢量微分算符

$$\nabla\equiv\vec{a}_x\frac{\partial}{\partial x}+\vec{a}_y\frac{\partial}{\partial y}+\vec{a}_z\frac{\partial}{\partial z} \tag{A.4.13}$$

形式上广义坐标系中的 ∇ 亦可定义为

$$\nabla\equiv\left(\vec{a}_{u_1}\frac{\partial}{h_1\partial u_1}+\vec{a}_{u_2}\frac{\partial}{h_2\partial u_2}+\vec{a}_{u_3}\frac{\partial}{h_3\partial u_3}\right) \tag{A.4.14}$$

但是必须注意这种定义虽然对标量的梯度仍会得正确的结果，可是同一符号 ∇ 将会被习惯地用来表示对矢量的一些其他不同的微分运算（散度和旋度），那时将 ∇ 推广为在广义正交坐标系中的一个算符便不正确了，∇ 仅作为某些运算的表示而已。

四、梯度的特性

梯度函数的一个重要数学特性是与线积分联系的。

已知标量函数 φ 的梯度，要求确定从 A 点到 B 点的函数 φ 的增量。自 A 点到 B 点取空

间任意路径 AMB(如图 A.4.2),沿此路径的线积分

$$\int_{AMB}\frac{\partial\varphi}{\partial l}\mathrm{d}l=\int_{AMB}\mathrm{d}\varphi=\varphi_B-\varphi_A \qquad (A.4.15)$$

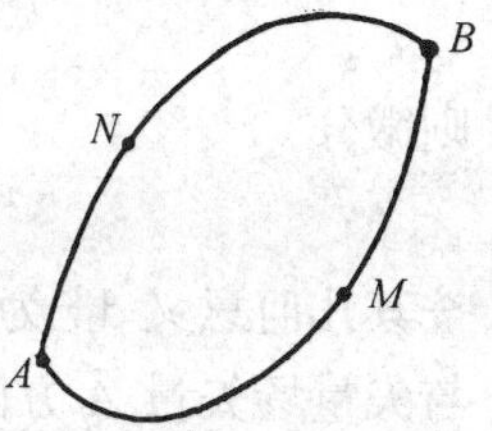

图 A.4.2

另一方面

$$\frac{\partial\varphi}{\partial l}=\nabla\varphi\cdot\vec{a}_l$$

$$\int_{AMB}\frac{\partial\varphi}{\partial l}\mathrm{d}l=\int_{AMB}(\nabla\varphi\cdot\vec{a}_l)\mathrm{d}l=\int_{AMB}(\nabla\varphi)\cdot\mathrm{d}\vec{l}$$
$$=\varphi_B-\varphi_A$$

式中,$\vec{a}_l$ 为路径 AMB 上单位矢量,$\mathrm{d}\vec{l}=\vec{a}_l\,\mathrm{d}l$ 为 AMB 上矢量微分长度元。

上式为 φ 的梯度从 A 点到 B 点沿 AMB 的线积分,得到函数 φ 的增量。但从 A 点到 B 点沿其他路径 ANB 进行线积分亦可得 φ 的同样增量。即

$$\int_{ANB}(\nabla\varphi)\cdot\mathrm{d}\vec{l}'=\int_{ANB}\frac{\partial\varphi}{\partial l'}\mathrm{d}l'=\int_{ANB}\mathrm{d}\varphi=\varphi_B-\varphi_A=$$
$$\int_{AMB}(\nabla\varphi)\cdot\mathrm{d}\vec{l} \qquad (A.4.16)$$

式中,$\mathrm{d}\vec{l}'=\vec{a}_{l'}\mathrm{d}l'$ 是 ANB 上的矢量微分长度元,$\vec{a}_{l'}$ 为 ANB 上单位矢量。因此空间任意两点之间标量函数的增量等于此标量函数的梯度沿连接两点的任意路径的线积分,与路径的形状无关。

梯度函数的线积分仅仅依赖于积分路径的两个端点,因此若使线积分路径为一闭合路径 C,其终点与起始点重合,例如路径 $AMBNA$,则

$$\oint_C(\nabla\varphi)\cdot\mathrm{d}\vec{l}=\oint_{AMBNA}(\nabla\varphi)\cdot\mathrm{d}\vec{l}=\int_{AMB}(\nabla\varphi)\cdot\mathrm{d}\vec{l}+\int_{BNA}(\nabla\varphi)\cdot\mathrm{d}\vec{l}=$$
$$\int_{AMB}(\nabla\varphi)\cdot\mathrm{d}\vec{l}-\int_{ANB}(\nabla\varphi)\cdot\mathrm{d}\vec{l}\,'=0 \qquad (A.4.17)$$

即梯度函数的闭合路径线积分恒等于零。

A.5 矢量场的散度和高斯定理

一、矢量场及其矢量线、通量

矢量除有一定的大小之外,还有一定的方向。矢量在空间的分布形成矢量场。为形象地表示矢量在空间的分布状况,引入矢量线的概念。所谓矢量线是表示矢量在空间分布的有向曲线族,在它上面每一点的切线方向与该点的矢量方向相同,如图 A.5.1 所示。而矢量线的密度与该点矢量的大小成正比,由此即可用矢量线在空间的分布来形象地表示矢量场。例如静电场中的电力线,磁场中的磁力线等都是矢量线的例子。

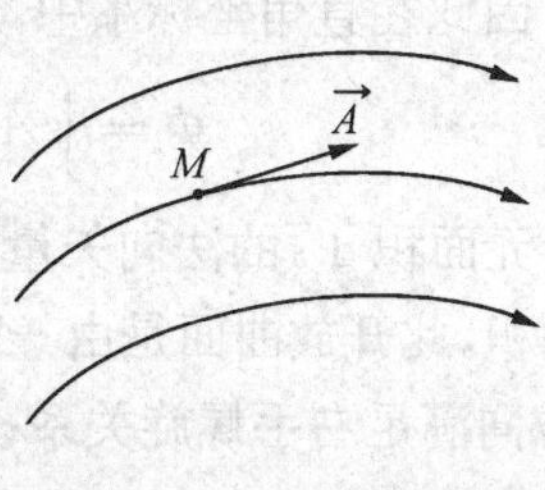

图 A.5.1　矢量线

在直角坐标系中，设 $M(x,y,z)$ 为矢量线上任一点，其矢径为

$$\vec{r}=\vec{a}_x x+\vec{a}_y y+\vec{a}_z z \tag{A.5.1}$$

则微分

$$\mathrm{d}\,\vec{r}=\vec{a}_x\,\mathrm{d}x+\vec{a}_y\,\mathrm{d}y+\vec{a}_z\,\mathrm{d}z \tag{A.5.2}$$

按其几何意义 $\mathrm{d}\,\vec{r}$ 为在 M 点处与矢量线相切的矢量。根据矢量线的定义，它必须在 M 点处与矢量场矢量 $\vec{A}$ 方向相同。

$$\vec{A}=\vec{a}_x A_x+\vec{a}_y A_y+\vec{a}_z A_z \tag{A.5.3}$$

因此有

$$\vec{A}=k\mathrm{d}\,\vec{r} \tag{A.5.4}$$

即

$$A_x=k\,\mathrm{d}x \qquad A_y=k\,\mathrm{d}y \qquad A_z=k\,\mathrm{d}z \tag{A.5.5}$$

$$\frac{\mathrm{d}x}{A_x}=\frac{\mathrm{d}y}{A_y}=\frac{\mathrm{d}z}{A_z} \tag{A.5.6}$$

这就是矢量线所应满足的微分方程。

矢量 $\vec{A}$ 沿有向曲面 s 某一侧的曲面积分

$$\Phi=\int_s \vec{A}\cdot\mathrm{d}\,\vec{s} \tag{A.5.7}$$

定义为矢量 $\vec{A}$ 向积分所沿一侧穿过曲面 s 的通量。由于矢量线的密度正比于矢量的大小，因此通量正比于矢量线的数量。

若 $\vec{A}=\vec{A}_1+\vec{A}_2+\cdots+\vec{A}_n=\sum_{i=1}^{n}\vec{A}_i$，则有

$$\Phi=\int_s \vec{A}\cdot\mathrm{d}\vec{s}=\int_s\left(\sum_{i=1}^{n}\vec{A}_i\right)\cdot\mathrm{d}\,\vec{s}=\sum_{i=1}^{n}\int_s \vec{A}_i\cdot\mathrm{d}\vec{s}=\sum_{i=1}^{n}\Phi_i \tag{A.5.8}$$

此式表明，通量是可以叠加的。

在直角坐标系中，设

$$\vec{A}=\vec{a}_x A_x+\vec{a}_y A_y+\vec{a}_z A_z$$

又 $\mathrm{d}\,\vec{s}=\vec{a}_n\,\mathrm{d}s=\vec{a}_x\,\mathrm{d}s\cos(\vec{n},\vec{x})+\vec{a}_y\,\mathrm{d}s\cos(\vec{n},\vec{y})+\vec{a}_z\,\mathrm{d}s\cos(\vec{n},\vec{z})=$

$$\vec{a}_x\mathrm{d}y\mathrm{d}z+\vec{a}_y\,\mathrm{d}x\,\mathrm{d}z+\vec{a}_z\,\mathrm{d}x\,\mathrm{d}y$$

式中，$\vec{a}_n$ 为元面积 $\mathrm{d}\,\vec{s}$ 的单位法向矢量，其方向余弦分别为 $\cos(\vec{n},\vec{x})$、$\cos(\vec{n},\vec{y})$、$\cos(\vec{n},\vec{z})$。因此在直角坐标系中，通量可表示为

$$\Phi=\int_s \vec{A}\cdot\mathrm{d}\,\vec{s}=\int_s(A_x\mathrm{d}y\,\mathrm{d}z+A_y\,\mathrm{d}x\,\mathrm{d}z+A_z\,\mathrm{d}x\,\mathrm{d}y) \tag{A.5.9}$$

元面积 $\mathrm{d}\,\vec{s}$ 的法向矢量 $\vec{n}$ 或 $\vec{a}_n$ 的方向的取法有两种情形：一是当 $\mathrm{d}\,\vec{s}$ 为开放性曲面上的元面积，此开放曲面是由一闭合曲线 C 所围成，则当选择一个绕行 C 的方向后，绕行方向与 $\vec{a}_n$ 方向满足右手螺旋关系；另一情形是 $\mathrm{d}\,\vec{s}$ 为封闭曲面上的元面积时，$\vec{a}_n$ 的方向为指向封闭的体积之外的方向。因此通量

$$\Phi=\oint_s \vec{A}\cdot\mathrm{d}\,\vec{s}$$

表示从内穿出 s 的正通量与从外穿入 s 的负通量的代数和。从而当 $\Phi>0$ 时，就表示穿出多于穿入，此时在 s 面包围的体积 V 中有产生矢量线的源（称为正源）；当 $\Phi<0$ 时，表示穿出小于穿入，此时在体积 V 中有终止矢量线的汇（称为负源）；而当 $\Phi=0$ 时，体积 V 中正源与负源恰好抵消，使得总通量为零。

二、散度的定义

由矢量场通量的概念知，矢量线由正源发出、而终止在负源。由于源的存在而使得矢量场强度在其流通方向产生改变。为了解源在空间的分布及源的强度，亦即了解它对矢量场在流通方向的影响，引入矢量场散度的概念。

散度的定义：在矢量场 $\vec{A}$ 中某点 M 的邻域内作一包含 M 点在内的任一闭合曲面 Δs，其包围空间区域的体积为 ΔV，当此矢量场在此 Δs 上的通量为 $\Delta\Phi$，而 Δs 无限收缩向 M 时，定义比例式

$$\lim_{\Delta V\to 0}\frac{\Delta\Phi}{\Delta V}=\lim_{\Delta V\to 0}\frac{\oint_{\Delta s}\vec{A}\cdot\mathrm{d}\vec{s}}{\Delta V}$$

为矢量场矢量 $\vec{A}$ 在点 M 处的散度，记作 $\mathrm{div}\vec{A}$，即

$$\mathrm{div}\,\vec{A}=\lim_{\Delta V\to 0}\frac{\Delta\Phi}{\Delta V}=\lim_{\Delta V\to 0}\frac{\oint_{\Delta s}\vec{A}\cdot\mathrm{d}\vec{s}}{\Delta V}\qquad(\text{A. 5. 10})$$

它表示矢量场中该点单位体积内散发出来的矢量 $\vec{A}$ 的通量，亦表示该点源的强度。

以上矢量场散度的定义对任何一种坐标系都适用的。当然正如 $\vec{A}$ 的表达式一样，$\mathrm{div}\,\vec{A}$ 的具体表达式与坐标系的选取有关。

在直角坐标系中 $\vec{A}=\vec{a}_x A_x+\vec{a}_y A_y+\vec{a}_z A_z$，为得出在空间中 $M(x_0,y_0,z_0)$ 点处的 $\mathrm{div}\,\vec{A}$ 的表达式，取以 $M(x_0,y_0,z_0)$ 为中心，边长为 Δx、Δy 和 Δz 的元体积 ΔV，其表面为 Δs 的六面体，如图 A. 5. 2 所示。

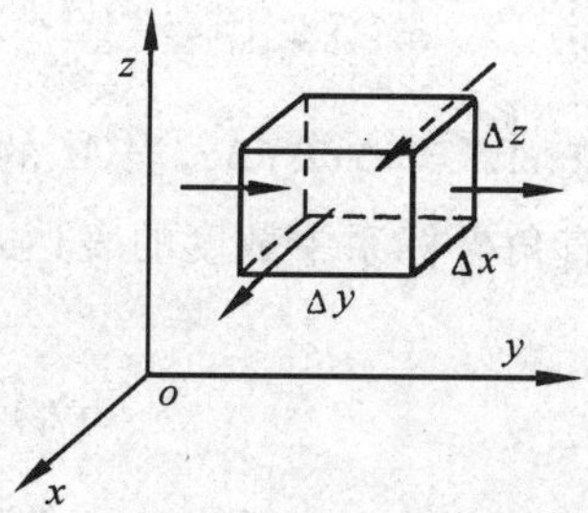

图 A. 5. 2　直角坐标系中计算 $\mathrm{div}\vec{A}$

由于 Δs 由六个面组成，因此面积分 $\oint_{\Delta S}\vec{A}\cdot\mathrm{d}\vec{s}$ 可分解成六部份

$$\oint_{\Delta s}\vec{A}\cdot\mathrm{d}\vec{s}=\left[\iint_{s_{前}}+\int_{s_{后}}+\int_{s_{右}}+\int_{s_{左}}+\int_{s_{顶}}+\int_{s_{底}}\right]\vec{A}\cdot\mathrm{d}\vec{s}$$

在 $s_{前}$ 上的通量

$$\int_{s_{前}}\vec{A}\cdot\mathrm{d}\vec{s}=\vec{A}_{前}\cdot\Delta\vec{s}_{前}=\vec{A}_{前}\cdot\vec{a}_x\,\Delta y\,\Delta z=A_x(x_0+\frac{\Delta x}{2},\,y_0,z_0)\Delta y\,\Delta z$$

$A_x(x_0+\dfrac{\Delta x}{2},y_0,z_0)$ 可以展开成在点 $M(x_0,y_0,z_0)$ 处的泰勒级数：

$$A_x(x_0+\frac{\Delta x}{2},y_0,z_0)=A_x(x_0,y_0,z_0)+\frac{\Delta x}{2}\left.\frac{\partial A_x}{\partial x}\right|_{(x_0,y_0,z_0)}+\Delta x\text{ 的高次项}$$

同理，在 $s_{后}$ 上的通量

$$\int_{s_{后}} \vec{A}\cdot d\vec{s} = \vec{A}_{后}\cdot \Delta\vec{s}_{后} = \vec{A}_{后}\cdot(-\vec{a}_x\,\Delta y\,\Delta z) = -A_x\left(x_0-\frac{\Delta x}{2},y_0,z_0\right)\Delta y\Delta z$$

$A_x\left(x_0-\dfrac{\Delta x}{2},y_0,z_0\right)$ 展开成在点 $M(x_0,y_0,z_0)$ 处的泰勒级数为

$$A_x\left(x_0-\frac{\Delta x}{2},y_0,z_0\right) = A_x(x_0,y_0,z_0) - \left(\frac{\Delta x}{2}\right)\frac{\partial A_x}{\partial x}\bigg|_{(x_0,y_0,z_0)} + \Delta x \text{ 的高次项}$$

因此前、后面上通量之和

$$\left[\int_{s_{前}} + \int_{s_{后}}\right]\vec{A}\cdot d\vec{s} = \frac{\partial A_x}{\partial x}\bigg|_{(x_0,y_0,z_0)} \Delta x\Delta y\Delta z + \Delta x \text{ 的高次项}$$

对 $s_{右}$ 和 $s_{左}$ 沿用同样的处理方法，分别令坐标变化为 $+\dfrac{\Delta y}{2}$ 和 $-\dfrac{\Delta y}{2}$，而 $\Delta s_{右}=\Delta s_{左}=\Delta x\Delta z$，可得

$$\left[\int_{s_{右}} + \int_{s_{左}}\right]\vec{A}\cdot d\vec{s} = \frac{\partial A_y}{\partial y}\bigg|_{(x_0,y_0,z_0)} \Delta x\Delta y\Delta z + \Delta y \text{ 的高次项}$$

对 $s_{顶}$ 和 $s_{底}$ 的通量，则有

$$\left[\int_{s_{顶}} + \int_{s_{底}}\right]\vec{A}\cdot d\vec{s} = \frac{\partial A_z}{\partial z}\bigg|_{(x_0,y_0,z_0)} \Delta x\Delta y\Delta z + \Delta z \text{ 的高次项}$$

因此

$$\oint_{\Delta s}\vec{A}\cdot d\vec{s} = \left(\frac{\partial A_x}{\partial x}+\frac{\partial A_y}{\partial y}+\frac{\partial A_z}{\partial z}\right)\bigg|_{(x_0,y_0,z_0)} \Delta x\Delta y\Delta z + \Delta x、\Delta y、\Delta z \text{ 的高次项}$$

由于 $\Delta V=\Delta x\Delta y\Delta z$，当 M 的包围面 Δs 向 M 点收缩，Δx、Δy 及 Δz 同时趋于零，$\Delta V\to 0$。因此直角坐标系中散度的表达式为

$$\mathrm{div}\vec{A} = \lim_{\Delta V\to 0}\frac{\oint_{\Delta s}\vec{A}\cdot d\vec{s}}{\Delta V} = \frac{\partial A_x}{\partial x}+\frac{\partial A_y}{\partial y}+\frac{\partial A_z}{\partial z} \tag{A.5.11}$$

在直角坐标系中已定义▽作为矢量微分算符

$$\nabla = \vec{a}_x\frac{\partial}{\partial x}+\vec{a}_y\frac{\partial}{\partial y}+\vec{a}_z\frac{\partial}{\partial z}$$

因此可以将直角坐标系中散度的表达式用 $\nabla\cdot\vec{A}$ 表示。但是，习惯上已将这记号 $\nabla\cdot\vec{A}$ 用于所有坐标系中的 $\mathrm{div}\vec{A}$ 即

$$\nabla\cdot\vec{A} = \mathrm{div}\vec{A}$$

必须记住，除了在直角坐标系中，▽已不是算符而仅是一个记号而已。在广义正交曲线坐标系 (u_1,u_2,u_3) 中，由散度的定义 $\mathrm{div}\vec{A}=\nabla\cdot\vec{A}=\lim\limits_{\Delta v\to 0}\dfrac{\oint_{\Delta s}\vec{A}\cdot d\vec{s}}{\Delta V}$ 可导出

$$\nabla\cdot\vec{A} = \frac{1}{h_1h_2h_3}\left[\frac{\partial}{\partial u_1}(h_2h_3A_1)+\frac{\partial}{\partial u_2}(h_1h_3A_2)+\frac{\partial}{\partial u_3}(h_1h_2A_3)\right] \tag{A.5.12}$$

例如在圆柱坐标系与球坐标系中计算由基本长度微分元组成的体积元 ΔV 及表面 Δs 的 $\vec{A}$ 的净通量，而得出相应坐标系中 $\mathrm{div}\vec{A}$ 的表达式。

在圆柱坐标系中

$$\vec{A}(R_0,\alpha_0,z_0)=\vec{a}_R A_R+\vec{a}_\alpha A_\alpha+\vec{a}_z A_z$$

而

$$\Delta V=R\Delta R\Delta\alpha\Delta z$$

如图 A.5.3 所示。

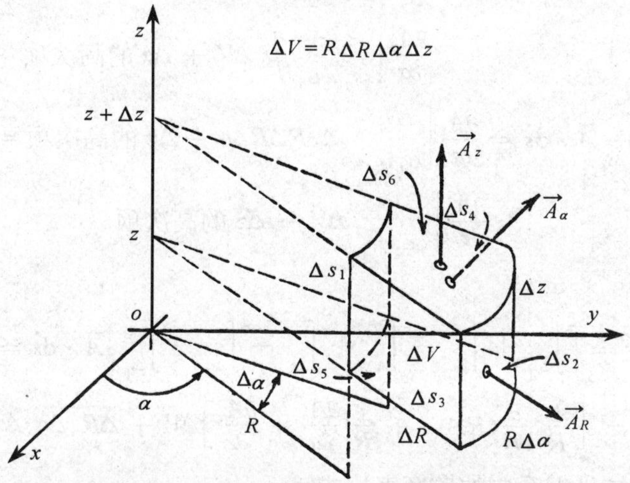

图 A.5.3 在圆柱坐标系中计算 $\mathrm{div}\vec{A}$

$\vec{A}$ 流出 ΔV 的净通量可以表示成六项共三对，它们分别是 $\vec{a}_R$、$\vec{a}_\alpha$ 和 $\vec{a}_z$ 方向的净通量。例如在 $\vec{a}_R$ 方向流出 ΔV 的净通量包括两项，其一是穿入 Δs_1 的通量

$$\int_{\Delta s_1}\vec{A}\cdot d\vec{s}=\vec{A}\cdot\Delta\vec{s}_1=\vec{a}_R A_R\left(R_0-\frac{\Delta R}{2},\ \alpha_0,z_0\right)\cdot\left[-\vec{a}_R\left(R_0-\frac{\Delta R}{2}\right)\Delta\alpha\Delta z\right]=$$

$$-A_R\left(R_0-\frac{\Delta R}{2},\ \alpha_0,z_0\right)\left(R_0-\frac{\Delta R}{2}\right)\Delta\alpha\ \Delta z$$

$A_R\left(R_0-\dfrac{\Delta R_0}{2},\alpha_0,z_0\right)\left(R_0-\dfrac{\Delta R}{2}\right)$ 的泰勒级数展开为

$$A_R\left(R_0-\frac{R}{2},\ \alpha_0,z_0\right)\left(R_0-\frac{\Delta R}{2}\right)=A_R(R_0,\alpha_0,z_0)R_0-\frac{\Delta R}{2}\left.\frac{\partial RA_R}{\partial R}\right|_{(R_0,\alpha_0,z_0)}+\Delta R\text{ 的高次项}$$

其次是流出 Δs_2 的通量

$$\int_{\Delta s_2}\vec{A}\cdot d\vec{s}=\vec{a}_R A_R\left(R_0+\frac{\Delta R}{2},\alpha_0,z_0\right)\cdot\vec{a}_R\left(R_0+\frac{\Delta R}{2}\right)\Delta\alpha\ \Delta z=$$

$$A_R\left(R_0+\frac{\Delta R}{2},\alpha_0,z_0\right)\left(R_0+\frac{\Delta R}{2}\right)\Delta\alpha\Delta z$$

而

$$A_R\left(R_0+\frac{\Delta R}{2},\alpha_0,z_0\right)\left(R_0+\frac{\Delta R}{2}\right)=A_R(R_0,\alpha_0,z_0)R_0+\frac{\Delta R}{2}\left.\frac{\partial RA_R}{\partial R}\right|_{(R_0,\alpha_0,z_0)}+\Delta R\text{ 的高次项}$$

则在 $\vec{a}_R$ 方向流出 ΔV 的净通量

$$\int_{\Delta s_1}\vec{A}\cdot d\vec{s}+\int_{\Delta s_2}\vec{A}\cdot d\vec{s}=\left.\frac{\partial RA_R}{\partial R}\right|_{(R_0,\alpha_0,z_0)}\Delta R\ \Delta\alpha\ \Delta z+\Delta R\text{ 的高次项}=$$

$$\left.\frac{\partial RA_R}{\partial R}\right|_{(R_0,\alpha_0,z_0)}\frac{1}{R}\Delta V+\Delta R\text{ 的高次项}$$

用类似方法可求出在 $\vec{a}_\alpha$ 方向和 $\vec{a}_z$ 方向流出 ΔV 的净通量

$$\int_{\Delta S_3}\vec{A}\cdot d\vec{s}+\int_{\Delta S_4}\vec{A}\cdot d\vec{s}=\left.\frac{\partial A_\alpha}{\partial\alpha}\right|_{(R_0\alpha_0z_0)}\Delta\alpha\Delta R\Delta z+\Delta\alpha\text{ 的高次项}=$$

$$\left.\frac{\partial A_\alpha}{\partial\alpha}\right|_{(R_0,\alpha_0,z_0)}\frac{1}{R}\Delta V+\Delta\alpha\text{ 的高次项}$$

$$\int_{\Delta S_5}\vec{A}\cdot d\vec{s}+\int_{\Delta S_6}\vec{A}\cdot d\vec{s}=\left.\frac{\partial A_z}{\partial z}\right|_{(R_0,\alpha_0,z_0)}\Delta zR\Delta R\Delta\alpha+\Delta z\text{ 的高次项}=$$

$$\left.\frac{\partial A_z}{\partial z}\right|_{(R_0,\alpha_0,z_0)}\Delta V+\Delta z\text{ 的高次项}$$

因此

$$\oint_{\Delta s}\vec{A}\cdot d\vec{s}=\left[\int_{\Delta s_1}+\int_{\Delta s_2}+\int_{\Delta s_3}+\int_{\Delta s_4}+\int_{\Delta s_5}+\int_{\Delta s_6}\right]\vec{A}\cdot d\vec{s}=$$

$$\left[\frac{1}{R}\frac{\partial}{\partial R}(RA_R)+\frac{1}{R}\frac{\partial A_\alpha}{\partial\alpha}+\frac{\partial A_z}{\partial z}\right]\Delta V+\Delta R\text{、}\Delta\alpha\text{、}\Delta z\text{ 的高次项}$$

由散度的定义得圆柱坐标系中的散度表达式：

$$\mathrm{div}\vec{A}=\nabla\cdot\vec{A}=\lim_{\Delta V\to 0}\frac{\oint_{\Delta S}\vec{A}\cdot d\vec{s}}{\Delta V}=\frac{1}{R}\frac{\partial}{\partial R}(RA_R)+\frac{1}{R}\frac{\partial A_\alpha}{\partial\alpha}+\frac{\partial A_z}{\partial z}\qquad\text{(A. 5. 13)}$$

类似地，在球坐标系中 $\vec{A}$ 的散度表达式可根据计算 $\vec{A}$ 流出体积元 ΔV 的净通量得出。在球坐标系中

$$\vec{A}=\vec{a}_rA_r+\vec{a}_\theta A_\theta+\vec{a}_\alpha A_\alpha$$

$$\Delta V=r^2\sin\theta\,\Delta r\Delta\theta\Delta\alpha$$

如图 A. 5. 4 所示

ΔV 由六个面组成闭合面 Δs，它们是 Δs_1、Δs_2、Δs_3、Δs_4、Δs_5、Δs_6，即 $\Delta s=\Delta s_1+\Delta s_2+\Delta s_3+\Delta s_4+\Delta s_5+\Delta s_6$。因此流出 ΔV 的净通量可表示成六项共三对，分别是 $\vec{a}_r$、$\vec{a}_\theta$ 和 $\vec{a}_\alpha$ 方向的净通量。

$$\left(\int_{\Delta s_1}+\int_{\Delta s_2}\right)\vec{A}\cdot d\vec{s}=\frac{\partial}{\partial r}(r^2A_r)\sin\theta\,\Delta r\,\Delta\theta\Delta\alpha+\Delta r\text{ 的高次项}$$

$$\left(\int_{\Delta s_3}+\int_{\Delta s_4}\right)\vec{A}\cdot d\vec{s}=\frac{\partial}{\partial\theta}(\sin\theta A_\theta)r\Delta r\Delta\theta\Delta\alpha+\Delta\theta\text{ 的高次项}$$

$$\left(\int_{\Delta s_5}+\int_{\Delta s_6}\right)\vec{A}\cdot d\vec{s}=\frac{\partial}{\partial\alpha}(A_\alpha)r\Delta r\Delta\theta\Delta\alpha+\Delta\alpha\text{ 的高次项}$$

而

$$\oint_{\Delta s}\vec{A}\cdot d\vec{s}=\left(\int_{\Delta s_1}+\int_{\Delta s_2}+\int_{\Delta s_3}+\int_{\Delta s_4}+\int_{\Delta s_5}+\int_{\Delta s_6}\right)\vec{A}\cdot d\vec{s}$$

因此在球坐标系中

$$\mathrm{div}\vec{A}=\nabla\cdot\vec{A}=\lim_{\Delta V\to 0}\frac{\oint_{\Delta S}\vec{A}\cdot d\vec{s}}{\Delta V}=$$

$$\frac{1}{r^2}\frac{\partial}{\partial r}(r^2 A_r)+\frac{1}{r\sin\theta}\frac{\partial}{\partial\theta}(\sin\theta A_\theta)+\frac{1}{r\sin\theta}\frac{\partial}{\partial\alpha}(A_\alpha) \tag{A.5.14}$$

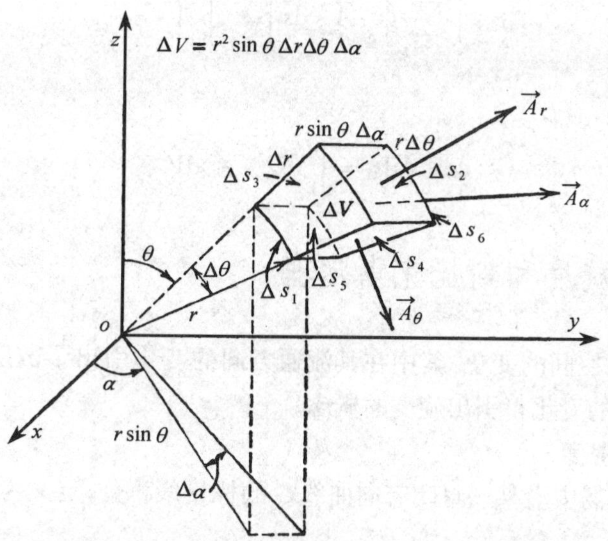

图 A.5.4 在球坐标中计算 $\mathrm{div}\vec{A}$

三、高斯定理

从散度的定义可以得到矢量分析中一个重要的定理：任何矢量 $\vec{A}$穿出闭合曲面 s 的通量可表示为 $\vec{A}$的散度在该面所包围体积 V 内的体积分。

$$\oint_s \vec{A}\cdot d\vec{s}=\int_V(\mathrm{div}\vec{A})dV=\int_V(\nabla\cdot\vec{A})dV \tag{A.5.15}$$

这关系称为高斯定理。

为证明这个定理，将 V 分成 N 个 ΔV 体积元，如图 A.5.5 所示。对 M_j 点的体积元 ΔV_j，应用散度的定义：

$$\oint_{\Delta s_j}\vec{A}\cdot d\vec{s}=(\nabla\cdot\vec{A})_j\Delta V_j \tag{A.5.16}$$

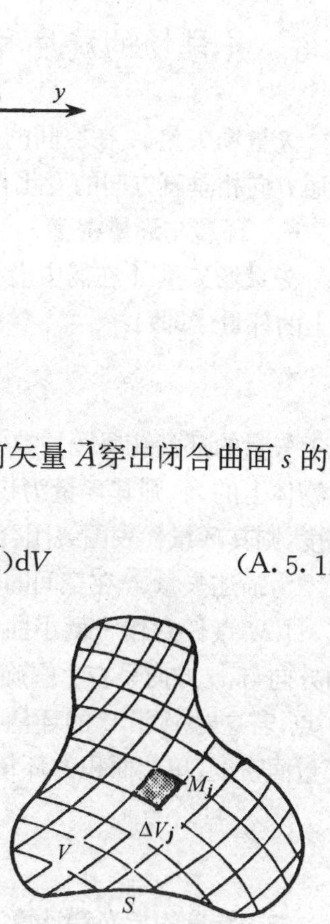

图 A.5.5 高斯定理

式中，Δs_j 是包围 ΔV_j 的表面。对上式，从 $j=1$ 到 $j=N$ 取和式，且在 $\Delta V_j\to 0$ 和 $N\to\infty$ 时取极限，上式右边则得 $\nabla\cdot\vec{A}$ 对 V 的体积分

$$\lim_{\substack{N\to\infty\\ \Delta V_j\to 0}}\left[\sum_{j=1}^{N}(\nabla\cdot\vec{A})_j\cdot\Delta V_j\right]=\int_V(\nabla\cdot\vec{A})dV \tag{A.5.17}$$

而关系式的左边等于

$$\lim_{\substack{N\to\infty\\ \Delta s_j\to 0}}\left[\sum_{j=1}^{N}\oint_{\Delta s_j}\vec{A}\cdot d\vec{s}\right]$$

因为相邻两体积元有一个公共的表面，这个公共表面上的通量对这两个体积元来说是等值异号的，它们在求和时就互相抵消了，因此在 V 内部体积元 ΔV_j 表面 Δs_j 上的通量贡献是相

互抵消的，而仅有包围体积V的外表面s上的面积元Δs_j上的通量才对面积分的和式有所贡献。即

$$\lim_{\substack{N\to\infty \\ \Delta s_j\to 0}}\left[\sum_{j=1}^{N}\oint_{\Delta s_j}\vec{A}\cdot d\vec{s}\right]=\oint_s\vec{A}\cdot d\vec{s}$$

由此证明了高斯定理：

$$\oint_s\vec{A}\cdot d\vec{s}=\int_V(\nabla\cdot\vec{A})dV$$

A.6 矢量场的旋度和斯托克斯定理

矢量场矢量$\vec{A}$在空间的变化，其中在其流通方向的变化引出了散度的概念，而在与其流通方向相垂直方向的变化将引出旋度的概念。

一、环量与环量密度

矢量场矢量$\vec{A}$在场中沿某一封闭有向曲线C的标量线积分，定义为矢量$\vec{A}$在闭合曲线C上的环量。即

$$\vec{A}\text{的环量}=\oint_C\vec{A}\cdot d\vec{l} \tag{A.6.1}$$

以上矢量的环量纯属一种数学定义，其物理意义则随矢量所代表的场而定。如果$\vec{A}$为作用在物体上的力，则其环量为物体绕闭合曲线C移动一周时该力所作的功；如果$\vec{A}$表示电场强度，则其环量代表围绕闭合曲线C的电动势。

为描述矢量$\vec{A}$在空间的分布情况，需讨论$\vec{A}$在空间点的情况。设M点为矢量场中的一点，过M点任意作一微小曲面$\Delta\vec{s}$，$\vec{a}_n$为$\Delta\vec{s}$的法向单位矢量，$\Delta\vec{s}$的周界即为闭合曲线C，C的方向与$\vec{a}_n$方向呈右手螺旋关系。当Δs无限缩小，同时保持M点在其上，闭合曲线C缩向M点，若这时$\vec{A}$沿C的环量与Δs之比的极限存在，则称其为矢量$\vec{A}$在M点处沿$\vec{a}_n$方向的环量面密度(单位面积的环量)。

$$\text{环量面密度}=\lim_{\Delta s\to 0}\frac{\oint_C\vec{A}\cdot d\vec{l}}{\Delta s} \tag{A.6.2}$$

二、旋度的定义和计算

在定义环量面密度时，$\Delta\vec{s}$的取向是任意的，显然其结果依赖于$\vec{a}_n$的方向，亦即环量面密度是一个和方向有关的概念。为此确定一个点函数以描述该点处矢量$\vec{A}$的变化，这个点函数为一矢量，称为$\vec{A}$的旋度，记为$\mathrm{rot}\vec{A}$。

$\mathrm{rot}\vec{A}$的方向为$\vec{A}$的环量面密度最大的方向，其模即为环量面密度的最大值。

$$\mathrm{rot}\vec{A}=\lim_{\Delta S\to 0}\frac{1}{\Delta s}\left(\vec{a}_n\oint_C\vec{A}\cdot d\vec{l}\right)_{\max} \tag{A.6.3}$$

旋度矢量从数值和方向上表出了最大环量面密度。

旋度矢量$\mathrm{rot}\vec{A}$，习惯上仍记为$\nabla\times\vec{A}$，此处∇除在直角坐标系外，将不再把它看作矢量算符。

$\nabla \times \vec{A}$ 在任意方向 $\vec{a}_u$ 上的分量为 $\vec{a}_u \cdot (\nabla \times \vec{A})$ 就等于该方向($\vec{a}_u$)上的环量面密度

$$(\nabla \times \vec{A})_u = \vec{a}_u \cdot (\nabla \times \vec{A}) = \lim_{\Delta s_u \to 0} \frac{\oint_{c_u} \vec{A} \cdot d\vec{l}}{\Delta s_u} \tag{A.6.4}$$

其中元面积 $\Delta \vec{s}_u$ 的周界线 C_u 的线积分方向和 $\Delta \vec{s}_u$ 的法向矢量 $\vec{a}_u$ 方向满足右手螺旋关系。

旋度与散度均是矢量在空间变化的描述。由旋度的定义可见它与所取元面积 $\Delta \vec{s}$ 的形状无关,即与坐标系无关。当然由于矢量 $\vec{A}$ 在各坐标系中的表达式不同,而使其散度及旋度的表达式亦不相同。

在广义正交曲线坐标系中其表达式为

$$\vec{A}(u_1,u_2,u_3) = \vec{a}_{u1} A_{u1}(u_1,u_2,u_3) + \vec{a}_{u2} A_{u2}(u_1,u_2,u_3) + \vec{a}_{u3} A_3(u_1,u_2,u_3)$$

$$\text{rot } \vec{A} = \vec{a}_{u1}(\text{rot}\vec{A})_{u1} + \vec{a}_{u2}(\text{rot}\vec{A})_{u2} + \vec{a}_{u3}(\text{rot}\vec{A})_{u3} \tag{A.6.5}$$

$\text{rot}\vec{A}$ 的每一个坐标分量为在该分量方向上 $\vec{A}$ 的环量面密度,例如 $\vec{a}_{u1}$ 分量为

$$\vec{a}_{u1}(\text{rot}\vec{A})_{u_1} = \vec{a}_{u1} \lim_{\Delta s_{u_1} \to 0} \frac{\oint_{c_{u_1}} \vec{A} \cdot d\vec{l}}{\Delta s_{u_1}} \tag{A.6.6}$$

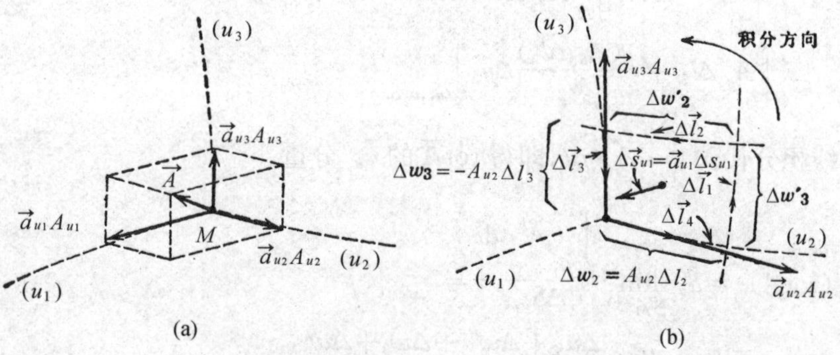

图 A.6.1　广义正交曲线坐标系中 $\text{rot}\vec{A}$ 的计算

根据 $\text{rot}\vec{A}$ 的定义,$\oint_{C_{u_1}} \vec{A} \cdot d\vec{l}$ 与闭合曲线 C_{u_1} 的形状是无关的,只要求 C_{u_1} 随着其所包围的面积 Δs_{u_1} 趋向于零,而收缩至 M 点即可。因此在求 $(\text{rot}\vec{A})_{u1}$ 时,在 u_2u_3 坐标面上取闭合曲线矩形为 C_{u_1} 其相邻两边长为 Δl_2 和 Δl_3,所围曲面 $\Delta \vec{s}_{u_1} = \vec{a}_{u_1} \Delta s_{u_1} = \vec{a}_{u_1} \Delta l_2 \Delta l_3$,如图 A.6.1 所示。而 $\oint_{C_{u1}} \vec{A} \cdot d\vec{l}$ 为

$$\oint_{C_{u_1}} \vec{A} \cdot d\vec{l} = \int_{\Delta l_1} \vec{A} \cdot d\vec{l} + \int_{\Delta l_2} \vec{A} \cdot d\vec{l} + \int_{\Delta l_3} \vec{A} \cdot d\vec{l} + \int_{\Delta l_4} \vec{A} \cdot d\vec{l} \tag{A.6.7}$$

沿 C_{u_1} 的底边 $\Delta \vec{l}_4$ 的线积分 Δw_2

$$\Delta w_2 = \int_{\Delta l_4} \vec{A} \cdot d\vec{l} = \int_{\Delta l_4} A_{u_2}\, dl = A_{u_2} \Delta l_2 = A_{u_2}(u_1,u_2,u_3) \Delta l_2(u_1,u_2,u_3)$$

其中　$\vec{A} = \vec{a}_{u_1} A_{u_1} + \vec{a}_{u_2} A_{u_2} + \vec{a}_{u_3} A_{u_3}$, $\Delta \vec{l}_4 = \vec{a}_{u_2} \Delta l_2 = \vec{a}_{u_2} h_2 \Delta u_2$

而沿 C_{u_1} 的顶边 $\Delta\vec{l}_2$ 的线积分 $\Delta w'_2$

$$\Delta w'_2=\int_{\Delta l_2}\vec{A}\cdot d\vec{l}=-\int_{\Delta l_2}A_{u_2}dl=-A_{u_2}(u_1,u_2,u_3+\Delta u_3)\Delta l_2(u_1,u_2,u_3+\Delta u_3)$$

其中 $\Delta\vec{l}_2=-\vec{a}_{u_2}\Delta l_2(u_1,u_2,u_3+\Delta u_3)=-\vec{a}_{u_2}h_2(u_1,u_2,u_3+\Delta u_3)\Delta u_2$

顶边 Δl_2 上由于 u_3 的增量 Δu_3，而使得 A_{u_2} 有一个增量，在广义曲线坐标系中一般 Δl_2 也有一个增量。由 M 点附近 Δw 的泰勒级数展开式可以求出

$$A_{u_2}(u_1,u_2,u_3+\Delta u_3)\Delta l_2(u_1,u_2,u_3+\Delta u_3)=$$

$$A_{u_2}\Delta l_2\big|_{(u_1u_2,u_3)}+\left.\frac{\partial(A_{u_2}\Delta l_2)}{\partial u_3}\right|_{(u_1,u_2,u_3)}\Delta u_3+(\Delta u_3)^2,(\Delta u_3)^3\text{ 等高次项}$$

如果 Δu_3 相当小，则取其前面项就足够了。因而

$$\Delta w'_2=-\left[A_{u_2}\Delta l_2+\frac{\partial(A_{u_2}\Delta l_2)}{\partial u_3}\Delta u_3\right]_{(u_1,u_2,u_3)}$$

同理，沿 C_{u_1} 的左边 $\Delta\vec{l}_3$ 的线积分

$$\Delta w_3=\int_{\Delta l_3}\vec{A}\cdot d\vec{l}=-\int_{\Delta l_3}A_{u_3}dl=-A_{u_3}(u_1,u_2,u_3)\Delta l_3(u_1,u_2,u_3)$$

而沿 C_{u_1} 的右边 $\Delta\vec{l}_1$ 的线积分

$$\Delta w'_3=\int_{\Delta l_1}\vec{A}\cdot d\vec{l}=\int_{\Delta l_1}A_{u_3}dl=A_{u_3}(u_1,u_2+\Delta u_2,u_3)\Delta l_3(u_1,u_2+\Delta u_2,u_3)=$$

$$\left[A_{u_3}\Delta l_3+\frac{\partial(A_{u_3}\Delta l_3)}{\partial u_2}\Delta u_2\right]_{(u_1,u_2,u_3)}$$

将沿四边的线积分代入 $\oint_{C_{u_1}}\vec{A}\cdot d\vec{l}$，即得 $\mathrm{rot}\vec{A}$ 的 $\vec{a}_{u_1}$ 分量

$$\vec{a}_{u_1}(\mathrm{rot}\vec{A})_{u_1}=\vec{a}_{u_1}\lim_{\Delta S_{u1}\to 0}\frac{\oint_{C_{u_1}}\vec{A}\cdot d\vec{l}}{\Delta S_{u_1}}=$$

$$\vec{a}_{u_1}\lim_{\begin{cases}\Delta l_2\to 0\\ \Delta l_3\to 0\end{cases}}\frac{\Delta w_2+\Delta w'_2+\Delta w_3+\Delta w'_3}{\Delta l_2\Delta l_3}=$$

$$\vec{a}_{u_1}\lim_{\begin{cases}\Delta u_2\to 0\\ \Delta u_3\to 0\end{cases}}\frac{\left[\frac{\partial(A_{u3}h_3)}{\partial u_2}\Delta u_3\Delta u_2-\frac{\partial(A_{u2}h_2)}{\partial u_3}\Delta u_2\Delta u_3\right]}{h_2h_3\Delta u_2\Delta u_3}=$$

$$\vec{a}_{u_1}\frac{1}{h_2h_3}\left[\frac{\partial(h_3A_{u3})}{\partial u_2}-\frac{\partial(h_2A_{u2})}{\partial u_3}\right]\tag{A. 6. 8}$$

用类似的方法可以得到 $\mathrm{rot}\vec{A}$ 的其余两个分量：

$$\vec{a}_{u_2}(\mathrm{rot}\vec{A})_{u_2}=\vec{a}_{u_2}\frac{1}{h_3h_1}\left[\frac{\partial(h_1A_{u1})}{\partial u_3}-\frac{\partial(h_3A_{u3})}{\partial u_1}\right]\tag{A. 6. 9}$$

$$\vec{a}_{u_3}(\mathrm{rot}\vec{A})_{u_3}=\vec{a}_{u_3}\frac{1}{h_1h_2}\left[\frac{\partial(h_2A_{u2})}{\partial u_1}-\frac{\partial(h_1A_{u_1})}{\partial u_2}\right]\tag{A. 6. 10}$$

于是，广义正交曲线坐标系下的 $\mathrm{rot}\vec{A}$ 表达式为

$$\mathrm{rot}\vec{A}=\vec{a}_{u_1}(\mathrm{rot}\vec{a})_{u_1}+\vec{a}_{u_2}(\mathrm{rot}\vec{A})_{u_2}+\vec{a}_{u_3}(\mathrm{rot}\vec{A})_{u_3}=$$

$$\frac{\vec{a}_{u_1}}{h_2h_3}\left[\frac{\partial(h_3A_{u_3})}{\partial u_2}-\frac{\partial(h_2A_{u_2})}{\partial u_3}\right]+\frac{\vec{a}_{u_2}}{h_3h_1}\left[\frac{\partial(h_1A_{u_1})}{\partial u_3}-\frac{\partial(h_3A_{u_3})}{\partial u_1}\right]+$$
$$\frac{\vec{a}_{u_3}}{h_1h_2}\left[\frac{\partial(h_2A_{u2})}{\partial u_1}-\frac{\partial(h_1A_{u_1})}{\partial u_2}\right] \tag{A. 6. 11a}$$

用行列式来表示 rot$\vec{A}$ 更简洁易记忆：

$$\nabla\times\vec{A}=\mathrm{rot}\vec{A}=\begin{vmatrix}\dfrac{\vec{a}_{u_1}}{h_2h_3} & \dfrac{\vec{a}_{u_2}}{h_3h_1} & \dfrac{\vec{a}_{u_3}}{h_1h_2}\\ \dfrac{\partial}{\partial u_1} & \dfrac{\partial}{\partial u_2} & \dfrac{\partial}{\partial u_3}\\ h_1A_{u1} & h_2A_{u_2} & h_3A_{u_3}\end{vmatrix}=\frac{1}{h_1h_2h_3}\begin{vmatrix}h_1\vec{a}_{u_1} & h_2\vec{a}_{u_2} & h_3\vec{a}_{u_3}\\ \dfrac{\partial}{\partial u_1} & \dfrac{\partial}{\partial u_2} & \dfrac{\partial}{\partial u_3}\\ h_1A_{u_1} & h_2A_{u_2} & h_3A_{u_3}\end{vmatrix} \tag{A. 6. 11b}$$

在直角坐标系中$(u_1,u_2,u_3)=(x,y,z)$；$h_1=1,h_2=1,h_3=1$ 于是

$$\nabla\times\vec{A}=\mathrm{rot}\vec{A}=\begin{vmatrix}\vec{a}_x & \vec{a}_y & \vec{a}_z\\ \dfrac{\partial}{\partial x} & \dfrac{\partial}{\partial y} & \dfrac{\partial}{z}\\ A_x & A_y & A_z\end{vmatrix} \tag{A. 6. 12}$$

在圆柱坐标系中$(u_1,u_2,u_3)=(R,\alpha,z)$；$h_1=1,h_2=R,h_3=1$，于是

$$\nabla\times\vec{A}=\mathrm{rot}\vec{A}=\begin{vmatrix}\dfrac{\vec{a}_R}{R} & \vec{a}_\alpha & \dfrac{\vec{a}_z}{R}\\ \dfrac{\partial}{\partial R} & \dfrac{\partial}{\partial \alpha} & \dfrac{\partial}{\partial z}\\ A_R & RA_\alpha & A_z\end{vmatrix}=\frac{1}{R}\begin{vmatrix}\vec{a}_R & R\vec{a}_\alpha & \vec{a}_z\\ \dfrac{\partial}{\partial R} & \dfrac{\partial}{\partial \alpha} & \dfrac{\partial}{\partial z}\\ A_R & RA_\alpha & A_z\end{vmatrix} \tag{A. 6. 13}$$

在球坐标系中$(u_1,u_2,u_3)=(r,\theta,\alpha)$；$h_1=1,h_2=r,h_3=r\sin\theta$。

于是

$$\nabla\times\vec{A}=\mathrm{rot}\vec{A}=\begin{vmatrix}\dfrac{\vec{a}_r}{r^2\sin\theta} & \dfrac{\vec{a}_\theta}{r\sin\theta} & \dfrac{\vec{a}_\alpha}{r}\\ \dfrac{\partial}{\partial r} & \dfrac{\partial}{\partial \theta} & \dfrac{\partial}{\partial \alpha}\\ A_r & rA_\theta & r\sin\theta A_\alpha\end{vmatrix}=$$
$$\frac{1}{r^2\sin\theta}\begin{vmatrix}\vec{a}_r & r\vec{a}_\theta & r\sin\theta\vec{a}_\alpha\\ \dfrac{\partial}{\partial r} & \dfrac{\partial}{\partial \theta} & \dfrac{\partial}{\partial \alpha}\\ A_r & rA_\theta & r\sin\theta A_\alpha\end{vmatrix} \tag{A. 6. 14}$$

图 A. 6. 2　斯托克斯定理

三、斯托克斯定理、旋度的数学特性

(一) 斯托克斯定理

对于任意表面 $\vec{s}$ 可将其细分成许多(例如 N 个)小的微面积 $\Delta\vec{s}_j(j=1,2,\cdots N)$，如图 A. 6. 2 所示。

对于微面积 $\Delta\vec{s}_j$，根据$\nabla\times\vec{A}$ 的定义

$$(\nabla\times\vec{A})_j\cdot\Delta\vec{s}_j=\oint_{C_j}\vec{A}\cdot\mathrm{d}\vec{l} \tag{A. 6. 15}$$

式中，C_j 为 $\Delta\vec{s}_j$ 的周界线。对于 s 的所有微面积，将上式左边相加，于是得到穿过 s 面的

$\nabla \times \vec{A}$ 的通量(在 $\Delta s_j \to 0$ 时的极限)

$$\lim_{\substack{N\to\infty \\ \Delta s_j \to 0}} \sum_{j=1}^{N} (\nabla \times \vec{A})_j \cdot \Delta \vec{s}_j = \int_s (\nabla \times \vec{A}) \cdot d\vec{s} \tag{A. 6. 16}$$

对于式(A. 6. 15)右边相加,由于 s 面内相邻微面积 $\Delta \vec{s}_j$ 共同周界线在各自的线积分中取向相反,使得积分值相加时相互抵消,而对于 s 的周界线 C 因没有共同部分而对总和有所贡献。

$$\lim_{\substack{N\to\infty \\ \Delta s_j \to 0}} \sum_{j=1}^{N} \oint_{C_j} \vec{A} \cdot d\vec{l} = \oint_C \vec{A} \cdot d\vec{l} \tag{A. 6. 17}$$

式(A. 6. 16) 与式(A. 6. 17) 结合在一起,即得到斯托克斯定理:

$$\int_s (\nabla \times \vec{A}) \cdot d\vec{s} = \oint_C \vec{A} \cdot d\vec{l} \tag{A. 6. 18}$$

此定理表明:一矢量的旋度在一开放曲面上的面积分,等于该矢量沿包围该曲面的周界线的闭合线积分。

(二) 旋度的数学特性

旋度的一个重要数学特性是:任何标量场的梯度的旋度恒等于零。

$$\nabla \times (\nabla \varphi) \equiv 0 \tag{A. 6. 19}$$

由斯托克斯定理对于任何曲面 s 均有

$$\int_s [\nabla \times (\nabla \varphi)] \cdot d\vec{s} = \oint_C (\nabla \varphi) \cdot d\vec{l} \tag{A. 6. 20}$$

而 $(\nabla \varphi) \cdot d\vec{l} = (\nabla \varphi)_l \, dl = \frac{\partial \varphi}{\partial l} dl = d\varphi$,因此

$$\oint_C (\nabla \varphi) \cdot d\vec{l} = \oint_C d\varphi = 0 \tag{A. 6. 21}$$

综观式(A. 6. 20)与式(A. 6. 21)可知 $\nabla \times (\nabla \varphi)$ 在任何开放曲面上的面积分为零,因此被积函数本身必然为零,即恒等式(A. 6. 19)必然成立。

旋度的第二个重要特性是:任何矢量场的旋度的散度恒等于零。

$$\nabla \cdot (\nabla \times \vec{A}) \equiv 0 \tag{A. 6. 22}$$

根据散度定理(高斯定理),对于任何被封闭曲面 s 包围的体积 V 有

$$\int_V \nabla \cdot (\nabla \times \vec{A}) dV = \oint_s (\nabla \times \vec{A}) \cdot d\vec{s}$$

将封闭曲面 s 分割成两个开放的曲面 s_1 和 s_2,它们以公共周界相连,公共周界画了两次分别标以 C_1 和 C_2,如图 A. 6. 3。然后应用斯托克斯定理于 C_1 为周界的曲面 s_1 以及以 C_2 为周界的曲面 s_2,则

$$\oint_s (\nabla \times \vec{A}) \cdot d\vec{s} = \int_{S_1} (\nabla \times \vec{A}) \cdot \vec{n}_1 ds + \int_{S_2} (\nabla \times \vec{A}) \cdot \vec{n}_2 ds =$$

$$\oint_{C_1} \vec{A} \cdot d\vec{l} + \oint_{C_2} \vec{A} \cdot d\vec{l}$$

曲面 s_1 和 s_2 的法线 $\vec{n}_1$ 和 $\vec{n}_2$ 均为外法线,它们与线积分路径 C_1 和 C_2 的方向关系服从右手

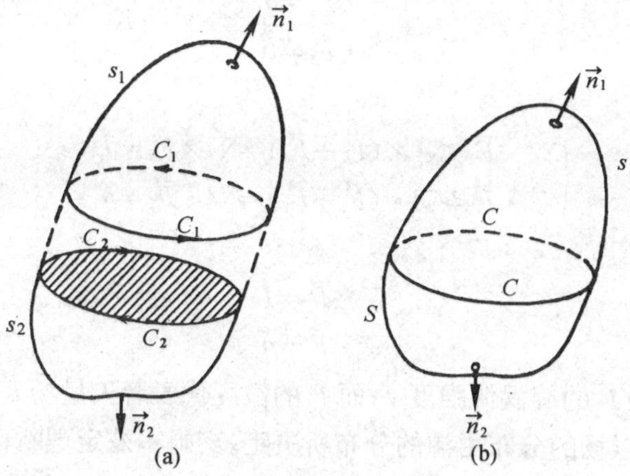

图 A. 6. 3

螺旋定则，由于 C_1 与 C_2 实际是同一周界线 C，即 s_1 和 s_2 的共同周界。上式右边的两线积分是沿相反方向在同一条路径进行的，因此二者互相抵消，而使 $\nabla\cdot(\nabla\times\vec{A})$ 的体积分等于零。因为这个结论是对任何体积均成立的，所以被积函数 $\nabla\cdot(\nabla\times\vec{A})$ 本身必须为零。

A.7 亥姆霍兹定理

前面介绍了标量与矢量概念，它们在空间的分布形成标量场与矢量场。标量在空间的变化情况用标量的梯度表示；矢量在空间的变化用矢量的散度和旋度表示。标量的梯度和矢量的散度与旋度都是表示场的性质的量度。

一、亥姆霍兹定理

亥姆霍兹定理：一个矢量场由它的散度和旋度确定，最多只差一个附加常矢量。对于无界区域假定矢量场的散度和旋度在无穷远处均为零。如果矢量场为限制于由封闭曲面所包围的一个区域内，则只要它在整个区域的散度和旋度以及区域边界封闭面上的矢量值都已给定，则该矢量场就确定了。这里假定矢量函数为单值，且有有限值及连续的导数。亥姆霍兹定理的证明见后，这里先说明它的结论。

一个矢量场 $\vec{F}$，如果其 $\nabla\times\vec{F}=0$，则称为无旋场；如果其 $\nabla\cdot\vec{F}=0$，则称为无散场。一般矢量场 $\vec{F}$ 可能既有旋度，又有散度，则这个矢量场可以表示为一个没有旋度只有散度的无旋场分量 $\vec{F}_i$ 和一个没有散度只有旋度的无散场（旋转场）分量 $\vec{F}_s$ 之和。

$$\vec{F}=\vec{F}_i+\vec{F}_s \tag{A.7.1}$$

其中 $\vec{F}_i$ 和 $\vec{F}_s$ 分别满足

$$\begin{cases}\nabla\times\vec{F}_i=0\\ \nabla\cdot\vec{F}_i=\rho\end{cases} \tag{A.7.2}$$

和

$$\begin{cases}\nabla\times\vec{F}_s=\vec{J}\\ \nabla\cdot\vec{F}_s=0\end{cases} \tag{A.7.3}$$

于是有

$$\begin{cases}\nabla\times\vec{F}=\nabla\times(\vec{F}_i+\vec{F}_s)=\nabla\times\vec{F}_s=\vec{J}\\ \nabla\cdot\vec{F}=\nabla\cdot(\vec{F}_i+\vec{F}_s)=\nabla\cdot\vec{F}_i=\rho\end{cases} \tag{A.7.4}$$

即

$$\begin{cases}\nabla\times\vec{F}=\vec{J}\\ \nabla\cdot\vec{F}=\rho\end{cases}$$

$\vec{F}$ 的旋度代表着矢量场 $\vec{F}$ 的旋涡源强度 $\vec{J}$；而 $\vec{F}$ 的散度代表着矢量场 $\vec{F}$ 的发散源强度 ρ。因为场由它的源引起，所以场的分布由源的分布所决定。亥姆霍兹定理断言，当 $\vec{J}$ 和 ρ 给定后，矢量函数 $\vec{F}$(即矢量场)一定可从 ρ 和 $\vec{J}$ 的积分中得到，最多仅差一积分常矢量。

由于 $\vec{F}_i$ 为无旋场，根据标量场 φ 的梯度的旋度恒等于零的性质，因此可以定义一个标量(位)函数 φ，使

$$\vec{F}_i=-\nabla\varphi \tag{A.7.5}$$

而由于矢量 $\vec{A}$ 的旋度的散度恒等于零($\nabla\cdot(\nabla\times\vec{A})\equiv0$)，及 $\vec{F}_s$ 为无散场，因此又可定义一个矢量位函数 $\vec{A}$，使得

$$\vec{F}_s=\nabla\times\vec{A}^{*} \tag{A.7.6}$$

根据亥姆霍兹定理，可将一般矢量函数 $\vec{F}$ 写成标量函数 φ 的梯度和另一矢量函数 $\vec{A}$ 的旋度之和。

$$\vec{F}=-\nabla\varphi+\nabla\times\vec{A} \tag{A.7.7}$$

二、亥姆霍兹定理的证明

亥姆霍兹定理表明，一般矢量场可能既有散度，又有旋度，则这个矢量场可以表示为一个没有旋度，只有散度的无旋场和一个没有散度的旋转场之和。

$$\vec{F}=\vec{F}_i+\vec{F}_s \tag{A.7.8}$$

其中无旋分量可由 $\vec{F}$ 的散度

$$\nabla\cdot\vec{F}=\nabla\cdot\vec{F}_i=\rho \tag{A.7.9}$$

完全确定；旋转分量可以由 $\vec{F}$ 的旋度

$$\nabla\times\vec{F}=\nabla\times\vec{F}_s=\vec{J} \tag{A.7.10}$$

完全确定。而 $\vec{F}$ 的散度 $\nabla\cdot\vec{F}$ 和旋度 $\nabla\times\vec{F}$ 分别对应着矢量场的发散源强度和漩涡源强度。

亥姆霍兹定理证明如下：

对于矢量函数 $\vec{F}$，当积分区域 V 包含点 $P(x,y,z)$ 在内时，我们有如下的积分，

$$\int_V\vec{F}(x',y',z')\delta(x-x')\delta(y-y')\delta(z-z')\mathrm{d}V'=\vec{F}(x,y,z) \tag{A.7.11}$$

---

* 由式(A.7.6)定义的矢量函数 $\vec{A}$ 可以相差任一标量函数 Ψ 的梯度 $\nabla\Psi$。由于 $\nabla\times\nabla\Psi\equiv0$，因此另一矢量 $\vec{A}'=\vec{A}+\nabla\Psi$ 亦可以用来表示 $\vec{F}_s$，即 $\vec{F}_s=\nabla\times\vec{A}=\nabla\times\vec{A}'$。所以代表 无散场 $\vec{F}_s$ 的矢量函数不是惟一的。

另外，点源的位（格林函数）$G=\frac{1}{4\pi R}$ 满足

$$\nabla^2\left(\frac{1}{4\pi R}\right)=-\delta(x-x')\delta(y-y')\delta(z-z') \tag{A.7.12}$$

其中 $R=\sqrt{(x-x')^2+(y-y')^2+(z-z')^2}$ 将上式代入式(A.7.11)

$$-\int_V \vec{F}(x',y',z')\nabla^2\left(\frac{1}{4\pi R}\right)\mathrm{d}V'=\vec{F}(x,y,z)$$

即

$$\vec{F}(x,y,z)=-\frac{1}{4\pi}\nabla^2\int_V\frac{\vec{F}(x',y',z')}{R}\mathrm{d}V' \tag{A.7.13}$$

其中算符 ∇^2 是对 x,y 和 z 的二阶微分运算与 (x',y',z') 无关，故可以和积分运算符交换顺序。代入

$$\nabla^2=\nabla\nabla\cdot-\nabla\times\nabla\times$$

上式变为

$$\vec{F}(x,y,z)=-\frac{1}{4\pi}\nabla\nabla\cdot\int_V\frac{\vec{F}(x',y',z')}{R}\mathrm{d}V'+\frac{1}{4\pi}\nabla\times\nabla\times\int_V\frac{\vec{F}(x',y',z')}{R}\mathrm{d}V' \tag{A.7.14}$$

把上式 $\vec{F}$ 视为一个标量函数的负梯度和一个矢量函数的旋度之和，即(A.7.7)式

$$\vec{F}(x,y,z)=\vec{F}_i+\vec{F}_s=-\nabla\varphi+\nabla\times\vec{A} \tag{A.7.15}$$

其中

$$\varphi=\frac{1}{4\pi}\nabla\cdot\int_V\frac{\vec{F}(x',y',z')}{R}\mathrm{d}V'$$

$$\vec{A}=\frac{1}{4\pi}\nabla\times\int_V\frac{\vec{F}(x',y',z')}{R}\mathrm{d}V'$$

交换上面两式中的算符 ∇ 和积分算符的运算顺序，第一式变为

$$\begin{aligned}
&\nabla\cdot\int_V\frac{\vec{F}(x',y',z')}{R}\mathrm{d}V'=\int_V\nabla\cdot\frac{\vec{F}(x',y',z')}{R}\mathrm{d}V'=\\
&\int_V\vec{F}(x',y',z')\cdot\nabla\left(\frac{1}{R}\right)\mathrm{d}V'=-\int_V\vec{F}(x',y',z')\cdot\nabla'\left(\frac{1}{R}\right)\mathrm{d}V'=\\
&-\int_V\nabla'\cdot\left(\frac{\vec{F}}{R}\right)\mathrm{d}V'+\int_V\frac{1}{R}\nabla'\cdot\vec{F}\,\mathrm{d}V'=\\
&-\oint_s\frac{\vec{F}(x',y',z')\cdot\vec{n}}{R}\mathrm{d}s'+\int_V\frac{1}{R}\nabla'\cdot\vec{F}(x',y',z')\,\mathrm{d}V'
\end{aligned}$$

第二式变为

$$\begin{aligned}
&\nabla\times\int_V\frac{\vec{F}(x',y',z')}{R}\mathrm{d}V'=\int_V\nabla\times\frac{\vec{F}(x',y',z')}{R}\mathrm{d}V'=\\
&\int_V\nabla\left(\frac{1}{R}\right)\times\vec{F}(x',y',z')\mathrm{d}V'=-\int_V\nabla'\left(\frac{1}{R}\right)\times\vec{F}(x',y',z')\mathrm{d}V'=\\
&-\int_V\nabla'\times\left(\frac{\vec{F}}{R}\right)\mathrm{d}V'+\int_V\frac{1}{R}\nabla'\times\vec{F}(x',y',z')\mathrm{d}V'=\\
&\int_V\frac{\nabla'\times\vec{F}(x',y',z')}{R}\mathrm{d}V'+\oint_s\frac{\vec{F}(x',y',z')\times\vec{n}}{R}\mathrm{d}s'
\end{aligned}$$

于是得到

$$\vec{F}(x,y,z) = -\nabla\left[\int_V \frac{\nabla'\cdot\vec{F}}{4\pi R}\,\mathrm{d}V' - \oint_s \frac{\vec{F}\cdot\vec{n}}{4\pi R}\,\mathrm{d}s'\right] + \nabla\times\left[\int_V \frac{\nabla'\times\vec{F}}{4\pi R}\,\mathrm{d}V' + \oint_s \frac{\vec{F}\times\vec{n}}{4\pi R}\,\mathrm{d}s'\right] \tag{A.7.16}$$

此式即为亥姆霍兹定理的表达式。表明：

(1) 矢量场矢量 $\vec{F}$ 可以用一个标量函数的梯度和一个矢量函数的旋度之和表示。此标量函数由 $\vec{F}$ 的散度和 $\vec{F}$ 在边界 s 上的法向分量完全确定；而矢量函数由 $\vec{F}$ 的旋度和 $\vec{F}$ 在边界上的切向分量完全确定。

(2) 矢量的散度 $\nabla'\cdot\vec{F}(x',y',z')$ 是发散源强度 $\rho(x',y',z')$；矢量的旋度 $\nabla'\times\vec{F}(x',y',z')$ 是漩涡源强度 $\vec{J}(x',y',z')$，体积分表示体积内的发散源和漩涡源的贡献，而面积分表示在 s 上的表面源的贡献。

(3) 表面源的物理意义：

图 A.7.1(a) 中 $\vec{F}$ 的力线由 s 外进入体积 V 内。如我们在 V 的表面 s 上切断这些力线，则在 V 内的场只有在这样的情形下才能维持原来的值：即我们在表面上放置一些等效源，它们在体积 V 内产生和原来相同的力线。这些源的强度等于原来单位表面上的通量，即等于 $(-\vec{F}\cdot\vec{n})$ 其中负号是由于 $(\vec{F}\cdot\vec{n})$ 表示向外的通量为正之故。同理，表面上另一种源 $(\vec{F}\times\vec{n})$ 是表面上等效漩涡源以维持体积 V 内的 $\vec{F}$ 的。如令

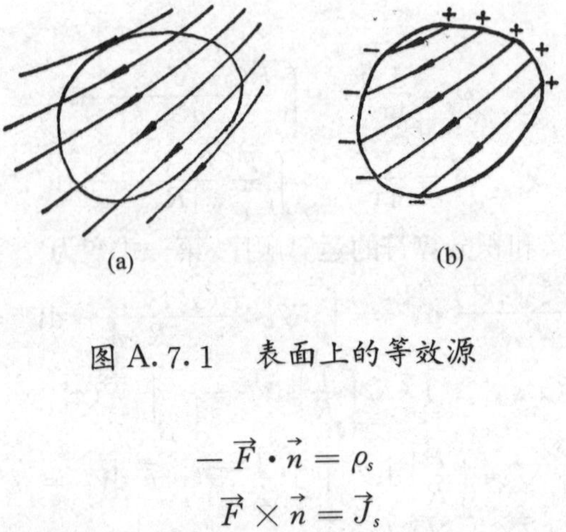

图 A.7.1　表面上的等效源

$$-\vec{F}\cdot\vec{n} = \rho_s \tag{A.7.17}$$

$$\vec{F}\times\vec{n} = \vec{J}_s \tag{A.7.18}$$

分别表示表面上的源，则亥姆霍兹定理可写成

$$\vec{F}(x,y,z) = -\nabla\left[\int_V \frac{\rho(x',y',z')}{4\pi R}\,\mathrm{d}V' + \oint_s \frac{\rho_s(x',y',z')}{4\pi R}\,\mathrm{d}s'\right] + \nabla\times\left[\int_V \frac{\vec{J}(x',y',z')}{4\pi R}\,\mathrm{d}V' + \oint_s \frac{\vec{J}_s(x',y',z')}{4\pi R}\,\mathrm{d}s'\right] \tag{A.7.19}$$

即矢量场 $\vec{F}$ 的无旋部分由体积内的源 $\rho(x',y',z')$ 和表面上的源 $\rho_s(x',y',z')$ 完全确定；而矢量场的无散部分由体积内的漩涡源 $\vec{J}(x',y',z')$ 和表面上的漩涡源 $\vec{J}_s(x',y',z')$ 完全确定。体积内的发散源和漩涡源分别与矢量场的散度和旋度相对应；表面上的发散源和漩涡源则与 $(-\vec{F}\cdot\vec{n})$ 和 $(\vec{F}\times\vec{n})$ 分别对应。则对于无界情况，即边界为无穷远处情况，则矢量场由它

的散度和旋度惟一地确定。

A.8 重要的矢量公式

一、矢量恒等式

$\vec{A}\cdot(\vec{B}\times\vec{C})=\vec{B}\cdot(\vec{C}\times\vec{A})=\vec{C}\cdot(\vec{A}\times\vec{B})$

$\vec{A}\times(\vec{B}\times\vec{C})=(\vec{A}\cdot\vec{C})\vec{B}-(\vec{A}\cdot\vec{B})\vec{C}$

$\nabla(\Psi V)=\Psi\nabla V+V\nabla\Psi$

$\nabla\cdot(\Psi\vec{A})=\Psi\nabla\cdot\vec{A}+\vec{A}\cdot\nabla\Psi$

$\nabla\times(\Psi\vec{A})=\Psi\nabla\times\vec{A}+\nabla\Psi\times\vec{A}$

$\nabla(\vec{A}\cdot\vec{B})=(\vec{A}\cdot\nabla)\vec{B}+(\vec{B}\cdot\nabla)\vec{A}+\vec{A}\times(\nabla\times\vec{B})+\vec{B}\times(\nabla\times\vec{A})$

$\nabla\cdot(\vec{A}\times\vec{B})=\vec{B}\cdot(\nabla\times\vec{A})-\vec{A}\cdot(\nabla\times\vec{B})$

$\nabla\cdot\nabla V=\nabla^2 V$

$\nabla\times\nabla\times\vec{A}=\nabla(\nabla\cdot\vec{A})-\nabla^2\vec{A}$

$\nabla\times\nabla V=0$

$\nabla\cdot(\nabla\times\vec{A})=0$

$$\int_V(\nabla\cdot\vec{A})\mathrm{d}V=\oint_s\vec{A}\cdot\mathrm{d}\vec{s}$$

$$\int_s(\nabla\times\vec{A})\cdot\mathrm{d}\vec{s}=\oint_C\vec{A}\cdot\mathrm{d}\vec{l}$$

$$\int_V(\nabla\times\vec{A})\mathrm{d}V=\oint_s(\vec{n}\times\vec{A})\mathrm{d}s$$

$$\int_V\nabla\Psi\,\mathrm{d}V=\oint_s\Psi\vec{n}\,\mathrm{d}s$$

$$\int_s(\vec{n}\times\nabla\Psi)\mathrm{d}s=\oint_C\Psi\,\mathrm{d}\vec{l}$$

二、梯度、散度、旋度和拉普拉斯运算

直角坐标系(x,y,z)：

$$\nabla\Psi=\vec{a}_x\frac{\partial\Psi}{\partial x}+\vec{a}_y\frac{\partial\Psi}{\partial y}+\vec{a}_z\frac{\partial\Psi}{\partial z}$$

$$\nabla\cdot\vec{A}=\frac{\partial A_x}{\partial x}+\frac{\partial A_y}{\partial y}+\frac{\partial A_z}{\partial z}$$

$$\nabla\times\vec{A}=\begin{vmatrix}\vec{a}_x & \vec{a}_y & \vec{a}_z\\ \dfrac{\partial}{\partial x} & \dfrac{\partial}{\partial y} & \dfrac{\partial}{\partial z}\\ A_x & A_y & A_z\end{vmatrix}$$

$$=\vec{a}_x\left(\frac{\partial A_z}{\partial y}-\frac{\partial A_y}{\partial z}\right)+\vec{a}_y\left(\frac{\partial A_x}{\partial z}-\frac{\partial A_z}{\partial x}\right)+\vec{a}_z\left(\frac{\partial A_y}{\partial x}-\frac{\partial A_x}{\partial y}\right)$$

$$\nabla^2\Psi=\frac{\partial^2\Psi}{\partial x^2}+\frac{\partial^2\Psi}{\partial y^2}+\frac{\partial^2\Psi}{\partial z^2}$$

圆柱坐标系(R,α,z)：

$$\nabla\Psi=\vec{a}_R\frac{\partial\Psi}{\partial R}+\vec{a}_\alpha\frac{1}{R}\frac{\partial\Psi}{\partial\alpha}+\vec{a}_z\frac{\partial\Psi}{\partial z}$$

$$\nabla\cdot\vec{A}=\frac{1}{R}\frac{\partial}{\partial R}(R\,A_R)+\frac{1}{R}\frac{\partial A_\alpha}{\partial\alpha}+\frac{\partial A_z}{\partial z}$$

$$\nabla\times\vec{A}=\begin{vmatrix}\frac{\vec{a}_R}{R} & \vec{a}_\alpha & \frac{\vec{a}_z}{R}\\ \frac{\partial}{\partial R} & \frac{\partial}{\partial\alpha} & \frac{\partial}{\partial z}\\ A_R & RA_\alpha & A_z\end{vmatrix}=\frac{1}{R}\begin{vmatrix}\vec{a}_R & R\vec{a}_\alpha & \vec{a}_z\\ \frac{\partial}{\partial R} & \frac{\partial}{\partial\alpha} & \frac{\partial}{\partial z}\\ A_R & RA_\alpha & A_z\end{vmatrix}$$

$$=\vec{a}_R\left(\frac{\partial A_z}{R\partial\alpha}-\frac{\partial A_\alpha}{\partial z}\right)+\vec{a}_\alpha\left(\frac{\partial A_R}{\partial z}-\frac{\partial A_z}{\partial R}\right)+\vec{a}_z\frac{1}{R}\left[\frac{\partial}{\partial R}(RA_\alpha)-\frac{\partial A_R}{\partial\alpha}\right]$$

$$\nabla^2\Psi=\frac{1}{R}\frac{\partial}{\partial R}\left(R\frac{\partial\Psi}{\partial R}\right)+\frac{1}{R^2}\frac{\partial^2\Psi}{\partial\alpha^2}+\frac{\partial^2\Psi}{\partial z^2}$$

球坐标系(r,θ,α)：

$$\nabla\Psi=\vec{a}_r\frac{\partial\Psi}{\partial r}+\vec{a}_\theta\frac{1}{r}\frac{\partial\Psi}{\partial\theta}+\vec{a}_\alpha\frac{1}{r\sin\theta}\frac{\partial\Psi}{\partial\alpha}$$

$$\nabla\cdot\vec{A}=\frac{1}{r^2}\frac{\partial}{\partial r}(r^2A_r)+\frac{1}{r\sin\theta}\frac{\partial}{\partial\theta}(\sin\theta\,A_\theta)+\frac{1}{r\sin\theta}\frac{\partial A_\alpha}{\partial\alpha}$$

$$\nabla\times\vec{A}=\frac{1}{r^2\sin\theta}\begin{vmatrix}\vec{a}_r & r\,\vec{a}_\theta & (r\sin\theta)\,\vec{a}_\alpha\\ \frac{\partial}{\partial r} & \frac{\partial}{\partial\theta} & \frac{\partial}{\partial\alpha}\\ A_r & r\,A_\theta & (r\sin\theta)\,A_\alpha\end{vmatrix}$$

$$=\vec{a}_r\frac{1}{r\sin\theta}\left[\frac{\partial}{\partial\theta}(A_\alpha\sin\theta)-\frac{\partial A_\theta}{\partial\alpha}\right]+\vec{a}_\theta\frac{1}{r}\left[\frac{1}{\sin\theta}\frac{\partial A_r}{\partial\alpha}-\frac{\partial}{\partial r}(rA_\alpha)\right]$$

$$+\vec{a}_\alpha\frac{1}{r}\left[\frac{\partial}{\partial r}(r\,A_\alpha)-\frac{\partial A_r}{\partial\theta}\right]$$

$$\nabla^2\Psi=\frac{1}{r^2}\frac{\partial}{\partial r}\left(r^2\frac{\partial\Psi}{\partial r}\right)+\frac{1}{r^2\sin\theta}\frac{\partial}{\partial\theta}\left(\sin\theta\frac{\partial\Psi}{\partial\theta}\right)+\frac{1}{r^2\sin^2\theta}\frac{\partial^2\Psi}{\partial\alpha^2}$$

B. 贝塞尔函数

在圆柱坐标系中求解拉普拉斯方程或波动方程时，常遇到如下形式的方程

$$\frac{1}{x}\frac{\mathrm{d}}{\mathrm{d}x}x\frac{\mathrm{d}f}{\mathrm{d}x}+\left(1-\frac{n^2}{x^2}\right)f=0 \tag{B.1}$$

称为贝塞尔方程。

贝塞尔方程的两个解用下面两个无穷级数表示

$$\mathrm{J}_n(x)=\sum_{m=0}^{\infty}\frac{(-1)^m\left(\frac{x}{2}\right)^{n+2m}}{m!\,(n+m)!} \tag{B.2}$$

$$\mathrm{N}_n(x)=\frac{2}{\pi}\left(\gamma+1\mathrm{n}\frac{x}{2}\right)\mathrm{J}_n(x)-\frac{1}{\pi}\sum_{m=0}^{n-1}\frac{(n-m-1)!}{m}\left(\frac{2}{x}\right)^{n-2m}-$$

$$\frac{1}{\pi}\sum_{m=0}^{\infty}\frac{(-1)^m\left(\frac{x}{2}\right)^{n+2m}}{n!\,(n+m)!}\left(1+\frac{1}{2}+\frac{1}{3}+\cdots+\frac{1}{m}+1+\right.$$

$$\left.\frac{1}{2}+\frac{1}{3}+\cdots+\frac{1}{n+m}\right) \tag{B.3}$$

其中$\gamma=0.5772$，为欧拉常数。

$J_n(x)$称为n阶第一类贝塞尔函数；$N_n(x)$称为n阶第二类贝塞尔函数（或称诺依曼函数）。贝塞尔函数在物理学和工程上有重要用途。已有专门的贝塞尔函数表，对任意自变量和各种阶数的贝塞尔函数的值可以直接查表得到。

图B.1和图B.2分别表示几个低阶数($n=0,1$)的$J_n(x)$和$N_n(x)$的图形。可以看出$J_n(x)$和$N_n(x)$的值都是正负交替地变化，且有$|J_n(x)|<1$。当$x=0$时，除$J_0(0)=1$外，所有$J_n(0)=0$。而所有阶次的$N_n(0)\to-\infty$，所以，包含$x=0$的区域的解中都不应有$N_n(x)$。

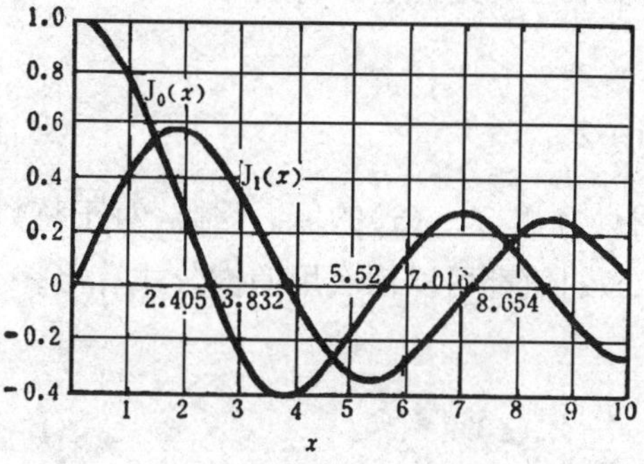

图B.1　$n=0,1$的第一类贝塞尔函数

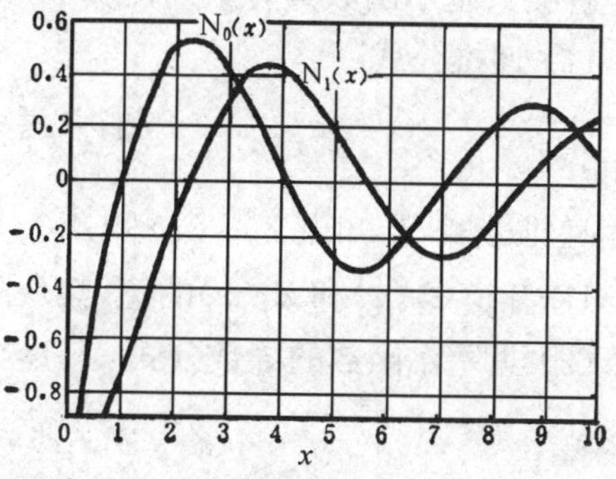

图B.2　$n=0,1$的第二类贝塞尔函数

$J_n(x)$和$N_n(x)$都有无穷个实根。表B.1列出了$J_0(x)$和$J_1(x)$的头几个实根。

表B.1　$J_0(x)$和$J_1(x)$的几个根

$J_0(x)$的根		$J_1(x)$的根	
根的序号	x	根的序号	x
1	2.405	1	3.832
2	5.520	2	7.016
3	8.654	3	10.173
4	11.792	4	13.324
5	14.931	5	16.471
6	18.071	6	18.616
7	21.212	7	22.760
8	24.352	8	25.904
9	27.494	9	28.047

当x很大时，贝塞尔函数用下面的渐近式表示

$$J_n(x)\approx\sqrt{\frac{2}{\pi x}}\cos\left(x-\frac{\pi}{4}-\frac{n\pi}{2}\right) \tag{B.4}$$

$$N_n(x)\approx\sqrt{\frac{2}{\pi x}}\sin\left(x-\frac{\pi}{4}-\frac{n\pi}{2}\right) \tag{B.5}$$

贝塞尔函数的如下的线性组合

$$\mathrm{H}_n^{(1)}(x)=\mathrm{J}_n(x)+\mathrm{j}\mathrm{N}_n(x) \tag{B.6}$$

$$\mathrm{H}_n^{(2)}(x)=\mathrm{J}_n(x)-\mathrm{j}\mathrm{N}_n(x) \tag{B.7}$$

称为第一类和第二类汉克尔函数。当 x 很大时，

$$\mathrm{H}_n^{(1)}(x)\approx\sqrt{\frac{2}{\mathrm{j}\pi x}}\ \mathrm{j}^{-n}\mathrm{e}^{\mathrm{j}x} \tag{B.8}$$

$$\mathrm{H}_n^{(2)}(x)\approx\sqrt{\frac{2\mathrm{j}}{\pi x}}\ \mathrm{j}^{n}\mathrm{e}^{-\mathrm{j}x} \tag{B.9}$$

各类贝塞尔函数具有下列性质(下面用 $Z_n(x)$表示任一类贝塞尔函数)：

(1) 递推公式

$$\frac{2n}{x}Z_n(x)=Z_{n-1}(x)+Z_{n+1}(x) \tag{B.10}$$

利用递推公式，当知道 $Z_{n-1}(x)$和 $Z_n(x)$的值时，可计算出 $Z_{n+1}(x)$的值。因此，对于整数阶次，只需知道 $Z_0(x)$和 $Z_1(x)$的值，其余阶次的 $Z_n(x)$的值都可以依次用递推公式算出。

(2) 贝塞尔函数的导数公式

$$Z'_n(x)=Z_{n-1}(x)-\frac{n}{x}Z_n(x) \tag{B.11}$$

$$Z'_n(x)=\frac{n}{x}Z_n(x)-Z_{n+1}(x) \tag{B.12}$$

当 $n=0$ 时，由(B.12)式，得

$$Z'_0(x)=-Z_1(x) \tag{B.13}$$

(3) 积分公式

$$\int x^{n+1}Z_n(x)\mathrm{d}x=x^{n+1}Z_{n+1}(x)+C \tag{B.14}$$

$$\int x^{1-n}Z_n(x)\mathrm{d}x=-x^{1-n}Z_{n-1}(x)+C \tag{B.15}$$

当 $n=0$ 和 $n=1$ 时，分别有

$$\int xZ_0(x)\mathrm{d}x=x_1Z_1(x)+C \tag{B.16}$$

$$\int Z_1(x)\mathrm{d}x=-Z_0(x)+C \tag{B.17}$$

(4) 贝塞尔函数的正交性

如果 ν_{nm} 和 ν_{nk} 是 n 阶贝塞尔函数的两个根，则

$$\int_0^1 xZ_n(\nu_{nm}x)Z_n(\nu_{nk}x)\mathrm{d}x=0 \quad (m\neq k) \tag{B.18}$$

$$\int_0^1 xZ_n^2(\nu_{nm}x)\mathrm{d}x=\frac{1}{2}[J_{n+1}(\nu_{nm})]^2 \tag{B.19}$$

当 $x=\mathrm{j}u$ 是虚数时，定义虚变量的贝塞尔函数：

$$\mathrm{I}_n(u)=-\mathrm{j}^nJ_n(-\mathrm{j}u) \tag{B.20}$$

$$K_n(u) = \frac{\pi}{2}(-j)^{n+1}H_n^{(2)}(-ju) \tag{B.21}$$

式(B. 20)、(B. 21)分别称为第一类和第二类修正(变态)贝塞尔函数。图 B. 3 表示零阶和一阶修正贝塞尔函数的曲线,其大自变量的渐近式为

$$I_n(u) \approx \frac{e^u}{\sqrt{2\pi u}} \tag{B.22}$$

$$K_n(u) \approx \sqrt{\frac{\pi}{2u}}\, e^{-u} \tag{B.23}$$

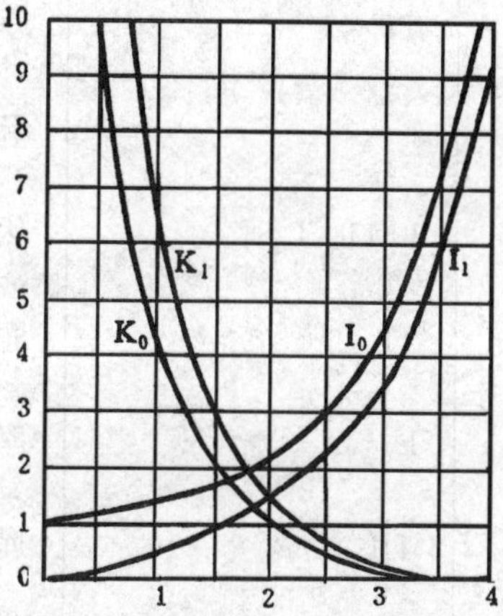

图 B. 3　修正贝塞尔函数

附录二　电磁场物理量单位表

物理量	符号	国际单位制(SI 制)量纲	国际单位制(SI 制)单位名称与符号
电荷[量]	Q,q	TI	库[仑](C)
电流	I,i	I	安[培](A)
电场强度	E	$\mathrm{LMT^{-3}I^{-1}}$	伏[特]每米(V/m)
电通[量]	ψ	TI	库[仑](C)
电通[量]密度(电位移)	D	$\mathrm{L^{-2}TI}$	库[仑]每平方米($\mathrm{C/m^2}$)
电偶极矩	p	TIL	库[仑]米(Cm)
电极化强度	P	$\mathrm{TIL^{-2}}$	库[仑]每平方米($\mathrm{C/m^2}$)
电位	φ	$\mathrm{L^2MT^{-3}I^{-1}}$	伏[特](V)
电容	C	$\mathrm{L^{-2}M^{-1}T^4I^2}$	法[拉](F)
介电常数	ε	$\mathrm{L^{-3}M^{-1}T^4I^2}$	法[拉]每米(F/m)
电阻	R	$\mathrm{L^2MT^{-3}I^{-2}}$	欧[姆](Ω)
电阻率	ρ	$\mathrm{L^3MT^{-3}I^{-2}}$	欧[姆]米(Ω·m)
电导	G	$\mathrm{L^{-2}M^{-1}T^3I^2}$	西[门子](S)*
电导率	γ,σ	$\mathrm{L^{-3}M^{-1}T^3I^2}$	西[门子]每米(S/m)
磁通[量]密度	B	$\mathrm{MT^{-2}I^{-1}}$	特[斯拉](T)**
磁场强度	H	$\mathrm{L^{-1}I}$	安[培]每米(A/m)
磁通[量]	Φ	$\mathrm{L^2MT^{-2}I^{-1}}$	韦[伯](Wb)

续上表

物理量	符号	国际单位制 (SI 制)量纲	国际单位制(SI 制)单位 名称与符号
面磁矩	$p_m=\mu_0 IS$ $p_m=IS$	$L^3MT^{-2}I^{-1}$ IL^2	伏特秒米(Vsm) 安[培]平方米(A·m²)
磁化强度	M	IL^{-1}	安[培]每米(A/m)
自感、互感	L、M	$L^2MT^{-2}I^{-2}$	亨[利](H)
磁导率	μ	$LMT^{-2}I^{-2}$	亨[利]每米(H/m)
真空介电常数	ε_0	$L^{-3}M^{-1}T^4I^2$	法[拉]每米 $\frac{F}{m}$
真空磁导率	μ_0	$LMT^{-2}I^{-2}$	亨[利]每米 $\frac{H}{m}$

* 1(S)=1(1/Ω)

* * 1(T)=1(Wb/m²)

附录三 习题参考答案

第一章

1.1 $\vec{E}=\vec{a}_z\dfrac{\rho_s}{2\varepsilon_0}\left(\dfrac{h}{|h|}-\dfrac{h}{\sqrt{a^2+h^2}}\right)$

1.2 (1) $r\leqslant a$ $\quad\vec{D}=\vec{a}_r\dfrac{\rho}{3}r$，$\vec{E}=\dfrac{\vec{D}}{\varepsilon_0}=\vec{a}_r\dfrac{\rho}{3\varepsilon_0}r$

(2) $a\leqslant r\leqslant b$ $\quad\vec{D}=\vec{a}_r\dfrac{a^3\rho}{3r^2}$，$\vec{E}=\vec{a}_r\dfrac{a^3\rho}{3\varepsilon r^2}$

(3) $r\geqslant b$ $\quad\vec{D}=\vec{a}_r\dfrac{a^3\rho}{3r^2}$，$\vec{E}=\vec{a}_r\dfrac{a^3\rho}{3\varepsilon_0 r^2}$

1.3 $\vec{D}=\vec{a}_R\left[\dfrac{R_1\rho_{s0}}{R}+\dfrac{R^2-R_1^2}{R(R_2+R_1)}\rho_{s0}\right]$

1.5 $\vec{E}=\vec{a}_R\dfrac{a^2\rho_0 R}{2\varepsilon_0(a^2+R^2)}$

1.6 $\vec{E}=\dfrac{\rho}{2\varepsilon}\vec{d}$ （$\vec{d}$的方向由 o 指向 o'）

1.7 $Q=2.78\times10^{-10}$(C)

1.8 $\rho=5\varepsilon_0 Ar^2$，$\vec{D}=\vec{a}_r\dfrac{\varepsilon_0 AR^5}{r^2}$，$\vec{E}=\vec{a}_r\dfrac{AR^5}{r^2}$

1.9 $\vec{B}=\vec{a}_z\dfrac{\mu_0 I}{4}\left(\dfrac{1}{a}-\dfrac{1}{b}\right)$ $\vec{a}_z$ 垂直于 I 成右螺旋关系

1.10 $\vec{H}=-(\vec{a}_x+\vec{a}_y)\dfrac{I}{4r}$

1.11 (1) $R\leqslant R_2$ $\quad\vec{H}=0$

(2) $R_2\leqslant R\leqslant R_1$ $\quad\vec{H}=\vec{a}_\alpha\dfrac{I}{2\pi R}\left(\dfrac{R^2-R_2^2}{R_1^2-R_2^2}\right)$

(3) $R\geqslant R_1$ $\quad\vec{H}=\vec{a}_\alpha\dfrac{I}{2\pi R}$

1.12 $\vec{H}=-\vec{a}_x\dfrac{Id}{2\pi(R_1^2-R_2^2)}$

1.13 (1) $R\leqslant R_1$ $\quad\vec{H}=\vec{a}_\alpha\dfrac{R}{2\pi R_1^2}I$

(2) $R_1\leqslant R\leqslant R_2$ $\quad\vec{H}=\vec{a}_\alpha\dfrac{I}{2\pi R}$

(3) $R_2\leqslant R\leqslant R_3$ $\quad\vec{H}=\vec{a}_\alpha\dfrac{I}{2\pi R}\dfrac{R_3^2-R^2}{R_3^2-R_2^2}$

(4) $R\geqslant R_3$ $\quad\vec{H}=0$

1.14 $|y|<\dfrac{d}{2}$ $\quad\vec{H}=y\vec{J}\times\vec{n}$ $\quad\vec{n}$为金属板外法线单位矢量

$|y|>\dfrac{d}{2}$ $\quad\vec{H}=\dfrac{d}{2}\vec{J}\times\vec{n}$

1.15 $\mathscr{E}=-\dfrac{d\Phi}{dt}=-0.3535\cos(1000t)$ (V)

第二章

2.1 $\varphi=\frac{\rho_s}{2\varepsilon_0}[(h^2+a^2)^{1/2}-|h|]$

2.2 $\vec{E}=\vec{a}_R\frac{\rho_l}{4\pi\varepsilon_0 R}\frac{L}{\sqrt{(\frac{L}{2})^2+R^2}}$

2.4 $\varphi_p=\frac{\rho_l}{2\pi\varepsilon}\ln\frac{r_2}{r_1}$　　r_1、r_2 分别为点 P 至 ρ_l 与 $-\rho_l$ 的距离

2.6 $\rho=\nabla\cdot\vec{D}=-2A\varepsilon$

2.7 (1) $\rho_l=\frac{2\pi\varepsilon U}{\ln\frac{R_2}{R_1}}$,内、外导体上分别带有正负电荷,内导体为正,外导体为负,其线密度分别为 ρ_l 与 $-\rho_l$。

(2) $\vec{E}=\vec{a}_r\frac{U}{r\ln\frac{R_2}{R_1}}$,　$\vec{D}=\varepsilon\vec{E}=\vec{a}_r\frac{\varepsilon U}{r\ln\frac{R_2}{R_1}}$

(3) $C=\frac{\rho_l}{U}=\frac{2\pi\varepsilon}{\ln\frac{R_2}{R_1}}$

2.9 设球外无穷远处为零电位。选取球坐标系,球心为坐标原点

$$\varphi_1=-\frac{1}{6\varepsilon}\rho_1 r^2+\frac{1}{2\varepsilon}[b^2\rho_2+a^2(\rho_1-\rho_2)]\quad(r\leqslant a)$$

$$\varphi_2=-\frac{1}{6\varepsilon}\rho_2 r^2+\frac{1}{3\varepsilon}a^3(\rho_1-\rho_2)\frac{1}{r}+\frac{1}{2\varepsilon}\rho_2 b^2\quad(a\leqslant r\leqslant b)$$

$$\varphi_3=\frac{1}{3\varepsilon}[a^3(\rho_1-\rho_2)+\rho_2 b^3]\frac{1}{r}\quad(r\geqslant b)$$

2.10 选取直角坐标系或圆柱坐标系,z 轴垂直于电容器极板。

$$\varphi_1=\phi+\frac{\phi'-\phi}{(\frac{h_1}{\varepsilon_1}+\frac{h_2}{\varepsilon_2})\varepsilon_1}z\quad(0\leqslant z\leqslant h_1)$$

$$\varphi_2=\frac{\phi'-\phi}{(\frac{h_1}{\varepsilon_1}+\frac{h_2}{\varepsilon_2})\varepsilon_2}(z-h)+\phi'\quad(h\leqslant z\leqslant h_2)$$

$$\vec{E}_1=\vec{a}_z(-\frac{\partial\varphi_1}{\partial z})=\vec{a}_z\frac{\phi-\phi'}{(\frac{h_1}{\varepsilon_1}+\frac{h_2}{\varepsilon_2})\varepsilon_1}\quad(0\leqslant z\leqslant h_1)$$

$$\vec{E}_2=\vec{a}_z(-\frac{\partial\varphi_2}{\partial z})=\vec{a}_z\frac{\phi-\phi'}{(\frac{h_1}{\varepsilon_1}+\frac{h_2}{\varepsilon_2})\varepsilon_2}\quad(h_1\leqslant z\leqslant h_2)$$

$$C=\frac{Q}{\phi-\phi'}=\frac{\rho_s s}{\phi-\phi'}=\frac{s}{\frac{h_1}{\varepsilon_1}+\frac{h_2}{\varepsilon_2}}$$

2.11 设内球带电 q_1,外球带电 q_2,则它们的电位分别为

$$\varphi_1=\alpha_{11}q_1+\alpha_{12}q_2,\qquad \varphi_2=\alpha_{21}q_1+\alpha_{22}q_2$$

其中电位系数为

$$\alpha_{11}=\frac{1}{4\pi\varepsilon r_1},\qquad \alpha_{12}=\alpha_{21}=\frac{1}{4\pi\varepsilon r_2},\qquad \alpha_{22}=\frac{1}{4\pi\varepsilon r_2}$$

部分电容

$$C_{11}=0,\qquad C_{22}=4\pi\varepsilon r_2,\qquad C_{12}=\frac{4\pi\varepsilon r_1 r_2}{r_2-r_1}$$

两球壳间等效电容

$$C=C_{12}+\frac{C_{11}C_{22}}{C_{11}+C_{22}}=\frac{4\pi\varepsilon r_1 r_2}{r_2-r_1}$$

2.12 同轴线每单位长度电场能量 We　$We=\frac{\rho_l^2}{4\pi\varepsilon}\ln\frac{b}{a}$

同轴线每单位长度的电容 C　$C=\frac{2We}{U^2}=\frac{2\pi\varepsilon}{\ln\frac{b}{a}}$

2.15 $G=\frac{\pi\sigma}{\ln\frac{D}{R}}=7.67\times10^{-5}(\text{S/m})$

2.16 $R=\frac{U}{I}=\frac{\ln\frac{R_2}{R_1}}{h\sigma\theta}$

2.17 (1) $\vec{J}=\vec{a}_R\frac{\sigma_1\sigma_2 U}{(\sigma_2\ln\frac{R_2}{R_1}+\sigma_1\ln\frac{R_3}{R_2})R}$

$$\vec{E}_1=\vec{a}_R\frac{\sigma_2 U}{(\sigma_2\ln\frac{R_2}{R_1}+\sigma_1\ln\frac{R_3}{R_2})R},\qquad \vec{D}_1=\varepsilon_1\vec{E}_1\qquad (R_1\leqslant R\leqslant R_2)$$

$$\vec{E}_2=\vec{a}_R\frac{\sigma_1 U}{(\sigma_2\ln\frac{R_2}{R_1}+\sigma_1\ln\frac{R_3}{R_2})R},\qquad \vec{D}_2=\varepsilon_2\vec{E}_2\quad (R_2\leqslant R\leqslant R_3)$$

(2) 同轴线单位长度的漏电导

$$G=\frac{I}{U}=\frac{2\pi\sigma_1\sigma_2}{\sigma_2\ln\frac{R_2}{R_1}+\sigma_1\ln\frac{R_3}{R_2}}$$

(3) 媒质分界面($R=R_2$)上的自由电荷面密度

$$\rho_s=\frac{(\sigma_1\varepsilon_2-\sigma_2\varepsilon_1)U}{(\sigma_2\ln\frac{R_2}{R_1}+\sigma_1\ln\frac{R_3}{R_2})R_2}$$

2.18 $\vec{E}_1=\vec{a}_x\frac{(\varphi_1-\varphi_2)\sigma_2}{\sigma_2 d_1+\sigma_1 d_2}\quad (0\leqslant x\leqslant d_1)$

$$\vec{E}_2=\vec{a}_x\frac{(\varphi_1-\varphi_2)\sigma_1}{\sigma_2 d_1+\sigma_1 d_2}\quad (\leqslant d_1\leqslant x\leqslant d_2)$$

$$\rho_s=\frac{(\varphi_1-\varphi_2)(\sigma_1\varepsilon_2-\sigma_2\varepsilon_1)}{\sigma_2 d_1+\sigma_1 d_2}$$

第三章

3.1 $\vec{A}=\vec{a}_z A_z=\vec{a}_z \dfrac{\mu_0 I}{4\pi}\ln\dfrac{\sqrt{R^2+(z+L)^2}+z+L}{\sqrt{R^2+(z-L)^2}+z-L}$其中 $R^2=x^2+y^2$

当 $L\gg R$　　$\vec{A}=\vec{a}_z \dfrac{\mu_0 I}{2\pi}\ln\dfrac{2L}{R}$，　　$\vec{B}=\nabla\times\vec{A}=\vec{a}_\alpha \dfrac{\mu_0 I}{2\pi R}$

3.2 $\nabla^2 A_{1z}=\dfrac{1}{R}\dfrac{\alpha}{\alpha R}(R\dfrac{\alpha A_{1z}}{\alpha_R})=-\mu J_z=-\dfrac{\mu I}{\pi a^2}$　　$(0\leqslant R\leqslant a)$

$\nabla^2 A_{2z}=0$　　$(a\leqslant R<\infty)$

$A_{1z}=-\dfrac{\mu R^2}{4\pi a^2}+\dfrac{\mu I}{4\pi}(1-2\ln a)$　　$(0\leqslant R\leqslant a)$

$A_{2z}=-\dfrac{\mu I}{2\pi}\ln R$　　$(a\leqslant R<\infty)$

$\vec{B}_1=\nabla\times\vec{A}_1=\vec{a}_\alpha \dfrac{\mu I}{2\pi a^2}R$　　$(0\leqslant R\leqslant a)$

$\vec{B}_2=\nabla\times\vec{A}_2=\vec{a}_\alpha \dfrac{\mu I}{2\pi R}$　　$(a\leqslant R<\infty)$

3.3 $L=\dfrac{\Psi}{I}=\dfrac{\mu_0 N^2}{l}s$

3.4 $L=\dfrac{\mu_1}{8\pi}+\dfrac{\mu_0}{2\pi}\ln\dfrac{R_1}{R_0}+\dfrac{\mu_2}{8\pi(R_2^2-R_1^2)}(-R_1^4-3R_2^4+4R_1^2R_2^2+4R_2^4\ln\dfrac{R_2}{R_1})$

3.5 $M=\dfrac{\Psi_{21}}{I_1}=\dfrac{\mu_0 c}{2\pi}\ln\dfrac{a+b}{a}$

3.6 $W_m=\dfrac{I^2}{4\pi}\Big\{\dfrac{\mu_1}{(R_2^2-R_1^2)^2}\Big[\dfrac{R_2^4-R_1^4}{4}+R_1^4\ln\dfrac{R_2}{R_1}-R_1^2(R_2^2-R_1^2)\Big]+\mu_0\ln\dfrac{R_3}{R_2}+$

$\dfrac{\mu_2}{(R_4^2-R_3^2)^2}\Big[\dfrac{R_4^4-R_3^4}{4}+R_4^4\ln\dfrac{R_4}{R_3}-R_4^2(R_4^2-R_3^2)\Big]\Big\}$

$L=\dfrac{2W_m}{I^2}$

第四章

4.1 $\rho_s=-D_n=-\dfrac{qh}{2\pi(h^2+R^2)^{3/2}}$

感应电荷 $Q=\displaystyle\int_s \rho_s ds=-\int_0^\infty \dfrac{qh}{2\pi(h^2+R^2)^{3/2}}2\pi R\mathrm{d}R=-q$

4.2 小球电位

$\varphi=\dfrac{q}{4\pi\varepsilon}\Big[\dfrac{1}{R}-\dfrac{1}{2b}-\dfrac{1}{2a}+\dfrac{1}{2\sqrt{a^2+b^2}}\Big]=898(\mathrm{V})$

xy 平面上感应电荷面密度

$\rho_{sxy}=-D_{n1}=-\dfrac{qb}{2\pi}\Big\{\dfrac{1}{[b^2+z^2+(x-a)^2]^{3/2}}-\dfrac{1}{[b^2+z^2+(x+a)^2]^{3/2}}\Big\}$

yz 平面上感应电荷面密度

$\rho_{syz}=-D_{n2}=-\dfrac{qa}{2\pi}\Big\{\dfrac{1}{[a^2+z^2+(y-b)^2]^{3/2}}-\dfrac{1}{[a^2+z^2+(y+b)^2]^{3/2}}\Big\}$

4.3　取直角坐标系，xoy 平面为对称平面，则

Ⅰ区$(y \geqslant \frac{D}{2})$　　$\vec{E}=\vec{a}_y \frac{\rho D}{2\varepsilon}$

Ⅱ区$(-\frac{D}{2} \leqslant y \leqslant \frac{D}{2})$　$\vec{E}=\vec{a}_y \frac{\rho y}{\varepsilon}$

Ⅲ区$(y \leqslant -\frac{D}{2})$　　$\vec{E}=-\vec{a}_y \frac{\rho D}{2\varepsilon}$

4.4　$\varphi=\sum_{n=1}^{\infty} C_n e^{-\frac{n\pi}{a}x} \sin\left(\frac{n\pi}{a}x\right)$，　其中　$C_n=\frac{4U_0}{n\pi}$　$(n=$奇数$)$，　$C_n=0$　$(n=$偶数$)$

4.5　$\varphi=\sin\left(\frac{\pi x}{a}\right)\sin\left(\frac{\pi z}{c}\right)\sum_{m=1}^{\infty}\frac{-4b^2}{\varepsilon_0(m\pi)^3}\frac{1}{(\frac{\pi}{a})^2+(\frac{\pi}{c})^2+(\frac{m\pi}{b})^2}\sin(\frac{m\pi}{b}y)$

4.6　当外导体电位为零时

$\varphi=-\frac{\rho}{4\varepsilon}r^2+257\ln R+874=(-28249R^2+257\ln R+874)$　(V)

$\vec{E}=\vec{a}_R(56498R-\frac{257}{R})$　(V/m)

4.7　在 $0 \leqslant \alpha \leqslant \frac{\pi}{6}$ 空间　$\varphi_1=\frac{600}{\pi}\alpha$，　$\vec{E}=-\vec{a}_\alpha \frac{600}{\pi R}$

在$\frac{\pi}{6} \leqslant \alpha \leqslant 2\pi$ 空间　$\varphi_2=-\frac{600}{11\pi}\alpha+\frac{1200}{11}$，　$\vec{E}_2=\vec{a}_\alpha \frac{600}{11\pi R}$

4.8　取圆柱坐标系，z 轴沿介质圆柱轴，且取 $R=0$ 为零电位参考点。

在圆柱外$(R \geqslant a)$　$\varphi_1=-E_0 R\cos\alpha+\frac{a^2E_0(\varepsilon_2-\varepsilon_1)}{R(\varepsilon_1+\varepsilon_2)}\cos\alpha$

$$\vec{E}_1=-\nabla\varphi_1=\vec{a}_R(1-\frac{\varepsilon_2-\varepsilon_1}{\varepsilon_1+\varepsilon_2}\frac{a^2}{R})E_0\cos\alpha+\vec{a}_\alpha(-1+\frac{\varepsilon_2-\varepsilon_1}{\varepsilon_1+\varepsilon_2}\frac{a^2}{R^2})E_0\sin\alpha$$

在圆柱内$(R \leqslant a)$　$\varphi_2=-\frac{2\varepsilon_1 E_0}{\varepsilon_1+\varepsilon_2}R\cos\alpha$

$$\vec{E}_2=-\nabla\varphi_2=\vec{a}_R\frac{2\varepsilon_1}{\varepsilon_1+\varepsilon_2}E_0\cos\alpha-\vec{a}_\alpha\frac{2\varepsilon_1}{\varepsilon_1+\varepsilon_2}E_0\sin\alpha$$

4.9　取圆柱坐标系，z 轴沿圆柱轴线，取 $R=0$ 为零电位参考点。

金属圆柱体$(R \leqslant a)$中电位相等　$\varphi_3=0$

在 $a \leqslant R \leqslant b$ 介质层中电位　$\varphi_2=-E_0R\cos\alpha+E_0b^2\frac{3a^2+b^2}{3b^2+a^2}\frac{1}{R}\cos\alpha$

在 $R \geqslant b$ 空气中电位　$\varphi_1=-\frac{2E_0b^2}{3b^2+a^2}R\cos\alpha+2E_0\frac{a^2b^2}{3b^2+a^2}\frac{1}{R}\cos\alpha$

在各区域中的电场强度　$\vec{E}=-\nabla\varphi$

在 $R \geqslant b$ 中　$\vec{E}_1=\vec{a}_R[E_0\cos\alpha+\frac{7E_0}{1300R^2}\cos\alpha]+\vec{a}_\alpha[-E_0\sin\alpha+\frac{7E_0}{1300R^2}\sin\alpha]$

在 $a \leqslant R \leqslant b$ 中　$\vec{E}_2=\vec{a}_R\left[\frac{2}{3.25}E_0\cos\alpha+\frac{E_0}{650R^2}\cos\alpha\right]+\vec{a}_\alpha\left[-\frac{2}{3.25}E_0\sin\alpha+\frac{E_0}{650R^2}\sin\alpha\right]$

4.10　取球坐标系，坐标原点与球心重合，且取球心 $r=0$ 为零电位参考点，则在空间各区域的电位及电场为

在 $r\geqslant b$ 中 $\varphi_1=-E_0r\cos\theta+\frac{1}{r^2}\left[b^3E_0-\frac{3E_0b^3(b^3-a^3)}{b^3(2+\frac{\varepsilon}{\varepsilon_0})-2a^3(1-\frac{\varepsilon}{\varepsilon_0})}\right]\cos\theta$

$$\vec{E}_1=\vec{a}_r\left\{E_0\cos\theta+\frac{2}{r^2}\left[b^3E_0-\frac{3E_0b^3(b^3-a^3)}{b^3(2+\frac{\varepsilon}{\varepsilon_0})-2a^3(1-\frac{\varepsilon}{\varepsilon_0})}\right]\cos\theta\right\}+$$

$$\vec{a}_\theta\frac{1}{r}\left\{-E_0r+\frac{1}{r^2}\left[b^3E_0-\frac{3E_0b^3(b^3-a^3)}{b^3(2+\frac{\varepsilon}{\varepsilon_0})-2a^3(1-\frac{\varepsilon}{\varepsilon_0})}\right]\right\}\sin\theta$$

在 $a\leqslant r\leqslant b$ $\varphi_2=\frac{-3E_0}{(2+\frac{\varepsilon}{\varepsilon_0})-\frac{a^3}{b^3}(1-\frac{\varepsilon}{\varepsilon_0})}r\cos\theta+\frac{1}{r^2}\frac{3E_0}{\frac{1}{a^3}(2+\frac{\varepsilon}{\varepsilon_0})-\frac{2}{b^3}(1-\frac{\varepsilon}{\varepsilon_0})}\cos\theta$

$$\vec{E}_2=\vec{a}_r\left\{\frac{3E_0}{(2+\frac{\varepsilon}{\varepsilon_0})-\frac{a^2}{b^3}(1-\frac{\varepsilon}{\varepsilon_0})}\cos\theta+\frac{2}{r^3}\frac{3E_0}{\frac{1}{a^3}(2+\frac{\varepsilon}{\varepsilon_0})-\frac{2}{b^3}(1-\frac{\varepsilon}{\varepsilon_0})}\cos\theta\right\}+$$

$$\vec{a}_\theta\frac{1}{r}\left\{\frac{-3E_0}{(a+\frac{\varepsilon}{\varepsilon_0})-\frac{a^3}{b^3}(1-\frac{\varepsilon}{\varepsilon_0})}r+\frac{1}{r^2}\frac{3E_0}{\frac{1}{a^3}(2+\frac{\varepsilon}{\varepsilon_0})-\frac{2}{b^3}(1-\frac{\varepsilon}{\varepsilon_0})}\right\}\sin\theta$$

第五章

5.3 (1) $\dot{\vec{J}}_l=\vec{n}\times\dot{\vec{H}}=-\vec{a}_z\dot{H}_0\sin\left(\frac{\pi x}{a}\right)e^{-jkz}+\vec{a}_x\frac{\pi}{a^2}\dot{H}_0\cos\left(\frac{\pi x}{a}\right)e^{-j(kz+\frac{\pi}{2})}$

$$\nabla\cdot\dot{\vec{J}}_1=-\frac{\partial\rho_s}{\partial t}=-j\omega\rho_s$$

$$\dot{\rho}_s=j\frac{\nabla\cdot\dot{\vec{J}}_l}{\omega}=-\frac{\dot{H}_0}{\omega}\left(\frac{\pi^2}{a^3}+k\right)\sin\left(\frac{\pi x}{a}\right)e^{-jkz}$$

(2) $D_n=\rho_s$, $\dot{E}_n=\frac{\dot{D}_n}{\varepsilon}=\frac{\dot{\rho}_s}{\varepsilon}$ $\dot{E}_t=0$

$$\dot{\vec{E}}=\vec{a}_yE_n=-\vec{a}_y\frac{\dot{H}_0}{\omega\varepsilon}\left(\frac{\pi^2}{a^3}+k\right)\sin\left(\frac{\pi x}{a}\right)e^{-jkz}$$

5.5 $\vec{A}=\vec{a}_xA_0\sin(\omega t-kz)$

$$\vec{H}=\frac{1}{\mu}\nabla\times\vec{A}=-\vec{a}_y\frac{k}{\omega}A_0\cos(\omega t-kz)$$

$$\vec{E}=-\vec{a}_x\omega A_0\cos(\omega t-kz)$$

5.6 $\vec{E}=\vec{a}_xE_0\sin(\omega t-kz)$

$$\vec{H}=\vec{a}_y\frac{k}{\omega\mu}E_0\sin(\omega t-kz)$$

$$\vec{S}=\vec{E}\times\vec{H}=\vec{a}_y\frac{k}{\omega\mu}E_0^2\sin^2(\omega t-kz)$$

$$\vec{S}_{av}=\mathrm{Re}\left(\frac{1}{2}\vec{E}\times\vec{H}^*\right)=\vec{a}_z\frac{kE_0^2}{2\omega\mu}$$

5.7 (1) $\vec{E}=\vec{a}_yE_0\sin kz\sin\omega t$

$$\vec{H}=\vec{a}_y\frac{k}{\omega\mu}E_0\cos kz\cos\omega t$$

(2) $\vec{S}=\vec{E}\times\vec{H}=\vec{a}_y\dfrac{kE_0^2}{4\omega\mu}\sin2kz\ \sin2\omega t$

在 $z=0$ 处：$\vec{S}=0$

在 $z=\dfrac{\pi}{4k}$处：$\vec{S}=\vec{a}_z\dfrac{kE_0^2}{4\omega\mu}\sin 2\omega t$

在 $z=\dfrac{\pi}{2k}$处：$\vec{S}=0$

$\vec{S}_{av}=\mathrm{Re}[\dfrac{1}{2}\dot{\vec{E}}\times\dot{\vec{H}}^*]=0$　故在任意 z 处，坡印亭矢量的平均值皆为零。

(3) $\vec{J}_l=\vec{a}_x\dfrac{kE_0}{\omega\mu}\sin(\omega t-\dfrac{\pi}{2})$

5.8 (1) $\dot{\vec{E}}=\vec{a}_y\dot{E}\sin\left(\dfrac{\pi x}{a}\right)e^{-jkz}$

$\dot{\vec{H}}=j\dfrac{1}{\omega\mu}\nabla\times\dot{\vec{E}}=-\vec{a}_x\dfrac{k}{\omega\mu}\dot{E}_0\sin\left(\dfrac{\pi x}{d}\right)e^{-jkz}+\vec{a}_z j\dfrac{\dot{E}}{\omega\mu}\dfrac{\pi}{d}\cos\left(\dfrac{\pi x}{d}\right)e^{-jkz}$

(2) $\vec{S}=\vec{E}\times\vec{H}\quad=\vec{a}_z\dfrac{kE_0^2}{\omega\mu}\sin^2\left(\dfrac{\pi x}{d}\right)\sin^2(\omega t-kz)+\vec{a}_x\dfrac{kE_0^2}{4\omega\mu}\dfrac{\pi}{d}\sin2\left(\dfrac{\pi x}{d}\right)\sin2(\omega t-kz)$

$\dot{\vec{S}}=\dfrac{1}{2}\dot{\vec{E}}\times\dot{\vec{H}}^*=\dfrac{1}{2}\left[\vec{a}_z\dfrac{kE_0^2}{\omega\mu}\sin^2\left(\dfrac{\pi x}{d}\right)-\vec{a}_x j\dfrac{E_0^2}{2\omega\mu}\dfrac{\pi}{d}\sin2\left(\dfrac{\pi x}{d}\right)\right]$

$\vec{S}_{av}=\mathrm{Re}(\dot{\vec{S}})=\vec{a}_z\dfrac{kE_0^2}{2\omega\mu}\sin^2\left(\dfrac{\pi x}{d}\right)$

(3) $\vec{J}_l=\vec{n}\times\vec{H}$

在 $x=0$ 的板上　$\dot{\vec{J}}_l=[\vec{n}\times\dot{\vec{H}}]_{x=0}=\vec{a}_x\times\dot{\vec{H}}|_{x=0}=\vec{a}_y\dfrac{\dot{E}_0\pi}{\omega\mu d}e^{-j(kz+\frac{\pi}{2})}$

在 $x=d$ 的板上　$\dot{\vec{J}}=[\vec{n}\times\dot{\vec{H}}]_{x=d}=-\vec{a}_x\times\dot{\vec{H}}|_{x=d}=\vec{a}_y\dfrac{\dot{E}\pi}{\omega\mu d}e^{-j(kz+\frac{\pi}{2})}$

第六章

6.1　(1) $\varepsilon_r=9$

(2) $\vec{H}=\vec{a}_y 3.96\times10^{-2}\sin2\pi(10^8t-z)$　(A/m)

6.2　(1) $\vec{H}=(\vec{a}_y+\vec{a}_x)2.66\times10^{-3}e^{j(\frac{\pi}{4}-kz)}$　(A/m)

(2) $\vec{S}_{av}=\vec{a}_z 2.66\times10^{-3}$　(W/m^2)

6.3　$H_y=-\vec{a}_y 3.96\times10^{-2}e^{-j2\pi\times10^{-2}z}$　(A/m)

$\vec{S}_{av}=\mathrm{Re}\left[\dfrac{1}{2}\dot{\vec{E}}\times\dot{\vec{H}}^*\right]=\vec{a}_z 9.95\times10^{-2}$　(W/m^2)

6.4　(1) $v_p=\dfrac{\omega}{\beta}=2.73\times10^8$(m/s)，　$\lambda=\dfrac{2\pi}{\beta}=0.14$(m)

(2) $\dot{H}=\dfrac{\dot{E}}{Z}=3.18\times10^{-5}\angle-22.8°$　(A/m)

(3) $z=3.67\times10^{-1}$(m)

6.5　(1) $f=50$(Hz)

$v_p=2.96(\text{m/s})$， $\lambda=5.9\times10^{-2}(\text{m})$

$\delta=9.43\times10^{-3}(\text{m})$， $Z=2.63\times10^{-6}\angle45°(\Omega)$

(2) $f=10^4(\text{Hz})$

$v_p=41.9(\text{m/s})$， $\lambda=4.19\times10^{-3}(\text{m})$

$\delta=6.67\times10^{-4}(\text{m})$， $Z=3.72\times10^{-5}\angle45°(\Omega)$

(3) $f=10^8(\text{Hz})$

$v_p=4190(\text{m/s})$， $\lambda=4.19\times10^{-5}(\text{m})$

$\delta=6.67\times10^{-6}(\text{m})$， $Z=3.72\times10^{-3}\angle45°(\Omega)$

6.6 (1) $\dot{E}=Z\dot{H}_0=5.7\times10^{-4}\angle45°(\text{V/m})$

(2) $S_{av}=\frac{1}{2}E_0H_0\cos45°=10^{-4}(\text{W/m}^2)$

6.8 (1) 左旋圆极化平面波

(2) 直线极化波

(3) 直线极化波

(4) 左旋椭圆极化平面波

6.9 (1) $\dot{\vec{E}}=\vec{a}_x\dot{E}_0\text{e}^{-\text{j}kz}=$

$$[\vec{a}_x\frac{1}{2}\dot{E}\text{e}^{-\text{j}kz}+\vec{a}_y\frac{1}{2}\dot{E}_0\text{e}^{-\text{j}(kz+\frac{\pi}{2})}]+[\vec{a}_x\frac{1}{2}\dot{E}_0\text{e}^{-\text{j}kz}-\vec{a}_y\frac{1}{2}\dot{E}_0\text{e}^{-\text{j}(kz+\frac{\pi}{2})}]=$$

$$[\vec{a}_x\frac{1}{2}\dot{E}\text{e}^{-\text{j}kz}+\vec{a}_y\frac{1}{2}\dot{E}_0\text{e}^{-\text{j}(kz+\frac{\pi}{2})}]+[\vec{a}_x\frac{1}{2}\dot{E}_0\text{e}^{-\text{j}kz}+\vec{a}_y\frac{1}{2}\dot{E}_0\text{e}^{-\text{j}(kz-\frac{\pi}{2})}]$$

上式第一项为右旋圆极化波,第二项为左旋圆极化波。

(2) $\dot{\vec{E}}=\vec{a}_x\dot{E}_0\text{e}^{-\text{j}kz}-\vec{a}_y\dot{E}_0\text{e}^{-\text{j}kz}=$

$$\left\{[\vec{a}_x\frac{1}{2}\dot{E}_0\text{e}^{-\text{j}kz}+\vec{a}_y\frac{1}{2}\dot{E}_0\text{e}^{-\text{j}(kz+\frac{\pi}{2})}]+[\vec{a}_x\frac{1}{2}\dot{E}_0\text{e}^{-\text{j}(kz+\frac{\pi}{2})}+\vec{a}_y\frac{1}{2}\dot{E}_0\text{e}^{-\text{j}(kz+\pi)}]\right\}+$$

$$\left\{[\vec{a}_x\frac{1}{2}\dot{E}_0\text{e}^{-\text{j}kz}+\vec{a}_y\frac{1}{2}\dot{E}_0\text{e}^{-\text{j}(kz-\frac{\pi}{2})}]+[\vec{a}_x\frac{1}{2}\dot{E}_0\text{e}^{-\text{j}(kz-\frac{\pi}{2})}+\vec{a}_y\frac{1}{2}\dot{E}_0\text{e}^{-\text{j}(kz-\pi)}]\right\}$$

第一项为两个右旋圆极化波,第二项为两个左旋圆极化波。

6.13 (1) $\dot{H}_{io}=\frac{\dot{E}_{io}}{Z_1}=\frac{1}{377}=2.65\times10^{-3}(\text{A/m})$

$$\dot{E}_{ro}=\dot{R}\dot{E}_{io}=\frac{\dot{Z}_2-\dot{Z}_1}{\dot{Z}_2+\dot{Z}_1}\dot{E}_i=0.33\angle180°(\text{V/m})$$

$$\dot{H}_{ro}=\frac{\dot{E}_{ro}}{Z_1}=8.75\times10^{-4}\angle180°(\text{A/m})$$

$$\dot{E}_{to}=\dot{T}\dot{E}_{io}=\frac{2\dot{Z}_2}{\dot{Z}_2+\dot{Z}_1}\dot{E}_i=0.67(\text{V/m})$$

$$\dot{H}_{to}=\frac{\dot{E}_{to}}{Z_2}=3.56\times10^{-3}(\text{A/m})$$

(2) 分界面上场强

$$\dot{E}_{to}=\dot{E}_{io}+\dot{E}_{ro}=0.67(\text{V/m})$$

$\dot{H}_{to}=\dot{H}_{io}-\dot{H}_{ro}=3.56\times10^{-3}$(A/m)

(3) 在第一介质内

距分界面$\frac{\lambda}{4}$的场强

$\dot{E}\left(\frac{\lambda}{4}\right)=[\dot{E}_{io}e^{j\frac{2\pi}{\lambda}z}+\dot{E}_{ro}e^{-j\frac{2\pi}{\lambda}z}]_{z=\frac{\lambda}{4}}=1.33\angle 90°$(V/m)

$\dot{H}\left(\frac{\lambda}{4}\right)=[\dot{H}_{io}e^{j\frac{2\pi}{\lambda}z}-\dot{H}_{ro}e^{-j\frac{2\pi}{\lambda}z}]_{z=\frac{\lambda}{4}}=3.52\times10^{-3}\angle 90°$(A/m)

在$z=\frac{\lambda}{3}$处场强　　$\dot{E}(\frac{\lambda}{3})=0.89\angle 139°$(V/m)

$\dot{H}(\frac{\lambda}{3})=2.36\angle 220°$(A/m)

在$\frac{\lambda}{2}$处场强　　$\dot{E}(\frac{\lambda}{2})=0.67\angle 180°$(V/m)

$\dot{H}(\frac{\lambda}{2})=3.53\times10^{-3}\angle 180°$(A/m)

6.14 (1) 在分界面上的场强

$\dot{E}_0=\dot{E}_{io}+\dot{E}_{ro}=\dot{E}_{to}=1$(V/m)

$\dot{H}_0=\frac{\dot{E}_{to}}{Z_2}=7.94\times10^{-3}$(A/m)

(2) 在距分界面1m处,两种媒质中的场强

在第一媒质中

$\dot{E}_1=2.66\angle 79.1°$(V/m)

$\dot{H}_1=2.64\times10^{-3}\angle 60°$(A/m)

在第二媒质中

$\dot{E}_2=1\angle 180°$(V/m)

$\dot{H}_2=7.94\times10^{-3}\angle 180°$(A/m)

6.15 (1) $\varepsilon_r=73$

(2) $\dot{E}_{io}=47.6$(V/m),　$\dot{H}_{io}=0.126$(A/m)

$\dot{E}_{ro}=37.6\angle 180°$(V/m),　$\dot{H}_{ro}=0.1\angle 180°$(A/m)

$\dot{E}_{to}=10$(V/m),　$\dot{H}_{to}=0.226$(A/m)

6.16 $\varepsilon_r=7.29$

6.17 $d=0.03$(m),　$R=1\%$

6.19 $\dot{E}_{3t}=\frac{4Z_0Z_2\dot{E}_{1i}}{(Z_0+Z_2)(Z_2+Z_1)e^{jk_2d}+(Z_0-Z_2)(Z_2-Z_1)e^{-jk_2d}}=1\angle 180°$(V/m)

$\dot{H}_{3t}=\frac{\dot{E}_{3t}}{Z_3}=2.66\times10^{-3}\angle 180°$(A/m)

6.20 (1) $\dot{E}_0=4.08\times10^{-4}\angle 44°$(V/m)

(2) 空气中距海面 2.5m 处的场强 $\dot{E}_1=2\times10^{-2}\angle 90°(\text{V/m})$， $\dot{H}_1=0$

(3) 海水中距海面 0.5m 处场强

$$\dot{E}_2=7.5\times10^{-9}\angle -265°(\text{V/m})$$

$$\dot{H}_2=9.7\times10^{-10}\angle -309°(\text{A/m})$$

6.21 $S_{av}=1.11\times10^{-4}(\text{W/m}^2)$

6.22 $$\dot{E}_{3to}=\frac{4Z_3Z_2\dot{E}_{1io}}{(Z_3+Z_2)(Z_2+Z_1)e^{+jk_2d}+(Z_3-Z_2)(Z_2-Z_1)e^{-jk_2d}}=$$

$$7.4\times10^{-5}\angle -216°(\text{V/m})$$

$$\dot{H}_{3to}=\frac{\dot{E}_{3to}}{Z_3}=1.12\times10^{-2}\angle -261°(\text{A/m})$$

6.23 (1) 传播方向单位矢量

$$\vec{k}_0=\frac{\vec{S}}{|\vec{S}|},\quad \vec{S}=\vec{E}\times\vec{H}$$

$$\vec{k}_0=\vec{a}_x\frac{2}{\sqrt{5}}-\vec{a}_y\frac{1}{\sqrt{5}}$$

(2) $H_0=5.93\times10^{-3}(\text{A/m})$

(3) $\vec{E}(\lambda,\lambda,\lambda)=\vec{E}(0,0,0)e^{-j\vec{k}\cdot\vec{r}},\vec{r}=\vec{a}_x\lambda+\vec{a}_y\lambda+\vec{a}_z\lambda$

$$\vec{E}(\lambda,\lambda,\lambda)=(\vec{a}_xE_0+\vec{a}_y2E_0)e^{-j\frac{2\pi}{\sqrt{5}}}\quad \vec{H}(\lambda,\lambda,\lambda)=\vec{a}_y\dot{H}_0e^{-j\frac{2\pi}{\sqrt{5}}}$$

(4) $\vec{S}_{av}=6.63\times10^{-3}(\text{W/m}^2)$

6.24 (1) $\vec{E}(0,0,0)=(\vec{a}_z-\vec{a}_y)\frac{1}{\sqrt{2}}Z_0\dot{H}_0$

(2) $\vec{E}_1(\frac{\lambda}{2},0,0)=(\vec{a}_z-\vec{a}_y)\frac{Z_0\dot{H}_0}{\sqrt{2}}$， $\vec{H}_1(\frac{\lambda}{2},0,0)=\vec{a}_x\dot{H}_0$

$$\vec{E}_1(\frac{\lambda}{2},0,0,t)=(\vec{a}_z-\vec{a}_y)\frac{Z_0\dot{H}_0}{\sqrt{2}}\sin\omega t,\quad \vec{H}_1(\frac{\lambda}{2},0,0,t)=\vec{a}_xH_0\sin\omega t$$

$$\vec{E}_2(0,\frac{\lambda}{2},0)=(\vec{a}_z-\vec{a}_y)\frac{Z_0\dot{H}_0}{\sqrt{2}}e^{-j\frac{\pi}{\sqrt{2}}},\quad \vec{H}_2(0,\frac{\lambda}{2},0)=\vec{a}_x\dot{H}_0e^{-j\frac{\pi}{2}}$$

$$\vec{E}_2(0,\frac{\lambda}{2},0,t)=(\vec{a}_z-\vec{a}_y)\frac{Z_0H_0}{\sqrt{2}}\sin(\omega t-\frac{\pi}{\sqrt{2}})$$

$$\vec{H}_2(0,\frac{\lambda}{2},0,t)=\vec{a}_xH_0\sin(\omega t-\frac{\pi}{\sqrt{2}})$$

$$\vec{E}_3(0,0,\frac{\lambda}{2})=(\vec{a}_z-\vec{a}_y)\frac{Z_0\dot{H}_0}{\sqrt{2}}e^{-j\frac{\pi}{\sqrt{2}}}\quad \vec{H}_3(0,0,\frac{\lambda}{2})=\vec{a}_x\dot{H}_0e^{-j\frac{\pi}{\sqrt{2}}}$$

$$\vec{E}_3(0,0,\frac{\lambda}{2},t)=(\vec{a}_z-\vec{a}_y)\frac{Z_0H_0}{\sqrt{2}}\sin(\omega t-\frac{\pi}{\sqrt{2}})$$

$$\vec{H}_3(0,0,\frac{\lambda}{2},t)=\vec{a}_xH_0\sin(\omega t-\frac{\pi}{\sqrt{2}})$$

6.25 $S_{av}=4.5\times10^{-2}(\text{W/m}^2)$

第七章

7.1 $(\lambda_c)_{mn}=\dfrac{2}{\sqrt{(\frac{m}{a})^2+(\frac{n}{b})^2}}$ $\quad f_c=\dfrac{v}{\lambda_c}=\dfrac{c}{\lambda_0\sqrt{\mu_r\varepsilon_r}}$

$(\lambda_c)_{TE_{10}}=2a=20(cm)$， $(f_c)_{TE_{10}}=1500(MHz)$

$(\lambda_c)_{TE_{11}}=(\lambda_c)_{TM_{11}}=10.3(cm)$， $(f_c)_{TE_{11}}=(f_c)_{TM_{11}}=2900(MHz)$

$(\lambda_c)_{TE_{21}}=(\lambda_c)_{TM_{21}}=7.7(cm)$， $(f_c)_{TE_{21}}=(f_c)_{TM_{21}}=3900(MHz)$

7.2 $(f_c)_{TE_{10}}=948(MHz)$， $(f_c)_{TE_{11}}=(f_c)_{TM_{11}}=1830(MHz)$，

$(f_c)_{TE_{21}}=(f_c)_{TM_{21}}=2400(MHz)$

7.3 $TE_{10}, TE_{01}, TE_{11}, TM_{11}, TE_{20}, TE_{02}, TE_{21}, TM_{21}$

$\lambda_g=\dfrac{\lambda}{\sqrt{1-(\frac{\lambda}{\lambda_c})^2}}$， $v_p=\lambda_g f$

$(\lambda_g)_{TE_{10}}=8.12(cm)$， $(v_p)_{TE_{10}}=3.26\times10^8(m/s)$

$(\lambda_g)_{TE_{01}}=8.53(cm)$， $(v_p)_{TE_{01}}=3.42\times10^8(m/s)$

$(\lambda_g)_{TE_{11}}=(\lambda_g)_{TM_{11}}=9.375(cm)$， $(v_p)_{TE_{11}}=(v_p)_{TM_{11}}=3.76\times10^8(m/s)$

$(\lambda_g)_{TE_{20}}=11.4(cm)$， $(v_p)_{TE_{20}}=4.56\times10^8(m/s)$

$(\lambda_g)_{TE_{02}}=21.7(cm)$， $(v_p)_{TE_{02}}=8.68\times10^8(m/s)$

$(\lambda_g)_{TE_{21}}=(\lambda_g)_{TM_{21}}=15.4(cm)$， $(v_p)_{TE_{21}}=6.56\times10^8(m/s)$

7.4 $v_p=\dfrac{c}{\sqrt{1-(\frac{f_c}{f})^2}}=4.02\times10^8(m/s)$

7.7 $(v_p)_{TE_{20}}=2.46\times10^8(m/s)$， $Z_H=\dfrac{Z_0}{\sqrt{\varepsilon_r}\sqrt{1-(\frac{f_c}{f})^2}}=309(\Omega)$

7.8 $\lambda>\pi(R_1+R_2)$， $f<\dfrac{1}{\pi(R_1+R_2)\sqrt{\mu\varepsilon}}$

7.9 (1) 同轴线中介质为空气时，内导体半径 R_1 与外导体内半径 R_2 分别为

$R_1=0.96(cm)$， $R_2=2.22(cm)$

(2) 介质为聚苯乙烯时 $\varepsilon_r=2.52$

$R_1=0.67(cm)$， $R_2=2.51(cm)$

7.11 $(f_0)_{TE_{11}}=8.67(GHz)$， $Q_0=1.057\times10^4$

第八章

8.1 (1) $\dfrac{1}{k}=\dfrac{\lambda}{2\pi}=959(km)$

(2) $r=\lambda$ 处：感应场/辐射场=1/39.6

8.2 (1) 在 $r=10m$ 处，处于该偶极子的近区范围内，其电磁场主要为感应场，在 $\theta=90°$ 方

向上

$\vec{E}=\vec{a}_\theta[-143\cos(2\pi\times10^6 t)]$ (V/m)

$\vec{H}=\vec{a}_\alpha 7.95\times10^{-3}\sin(2\pi\times10^6 t)$ (A/m)

波印亭矢量

$\vec{S}=\vec{E}\times\vec{H}=\vec{a}_r E_\theta H_\alpha=-\vec{a}_r 0.114\cos(2\pi\times10^6 t)\sin(2\pi\times10^6 t)$ (W/m^2)

(2) 在 $r=100$km 处,处于该偶极极子的远区范围,其电磁场主要为辐射场,在 $\theta=90°$ 方向上:

$\vec{E}=\vec{a}_\theta 6.28\times10^{-5}\cos(2\pi\times10^6 t-120°)$ (V/m)

$\vec{H}=\vec{a}_\theta 0.167\times10^{-6}\cos(2\pi\times10^6 t-120°)$ (A/m)

坡印亭矢量 $\vec{S}=\vec{E}\times\vec{H}=\vec{a}_r E_\theta H_\theta=\vec{a}_r 1.05\times^{-11}\cos^2(2\pi\times10^6 t-120°)$ (W/m^2)

(3) 该偶极子的全部辐射功率

$P_r=80\pi^2 I^2(\frac{l}{\lambda})^2=0.44$ (W)

8.3 $P_r=1580$ (W)

8.4 (1) $\vec{E}=\vec{a}_\theta \mathrm{j}\frac{60I_0 h}{2\lambda r}\sin\theta \mathrm{e}^{-\mathrm{j}kr}$

(2) $f(\theta,\alpha)=\sin\theta$

(3) $R_r=20\pi^2(\frac{2h}{\lambda})^2$

8.5 $l_e=\frac{\lambda}{\pi}$

8.8 小孔入射平面波场强 $\vec{E}_0$ 和 $\vec{H}_0$

$\vec{E}_0=\vec{a}_y E_0 \quad \vec{H}_0=-\vec{a}_x H_0\cos\theta+\vec{a}_z H_0\sin\theta$

小孔上等效源

$\vec{J}_{lom}=-\vec{n}\times\vec{E}_0=-\vec{a}_z\times\vec{a}_y E_0=\vec{a}_x E_0$

$\vec{J}_{loe}=\vec{n}\times\vec{H}_0=\vec{a}_z\times(-\vec{a}_x)H_0\cos\theta=-\vec{a}_y H_0\cos\theta$

$\rho_{soe}=\vec{n}\cdot\vec{D}=\vec{a}_z\cdot(\vec{a}_y\varepsilon E_0)=0$

$\rho_{som}=\vec{n}\cdot\vec{B}=\vec{a}_z\cdot\vec{a}_z\mu H_0\sin\theta=\mu H_0\sin\theta$

参 考 书 目

1 林志瑗,杨铨让,沙玉钧．电磁场工程基础．北京:高等教育出版社,1983.
2 谢处方,饶克谨．电磁场与电磁波．第2版．北京:高等教育出版社,1987.
3 卢荣章．电磁场与电磁波基础．第2版．北京:高等教育出版社,1990.
4 吴万春,李缉熙,冯亚伯等．电磁场理论．北京:电子工业出版社,1985.
5 [美]*David K Cheng* 著;赵姚同,黎滨洪译．电磁场与波．上海:上海交通大学出版社,1984.
6 [美]*Leonard M Magid* 等著;何国瑜,董金明,江贤祚等译．电磁场、电磁能和电磁波．北京:人民教育出版社,1982.
7 杨宪章．电磁场原理．北京:高等教育出版社,1985.
8 冯慈璋．电磁场．第2版．北京:高等教育出版社,1979.
9 毛钧杰,何建国．电磁场理论．长沙:国防科技大学出版社,1998.
10 曹伟,徐立勤．电磁场与电磁波理论．北京:北京邮电大学出版社,1999.
11 黎滨洪．表面电磁波和介质波导．上海:上海交通大学出版社,1990.
12 盛剑霓．电磁场数值分析．北京:科学出版社,1984.